遗传工程作物：经验与展望

Genetically Engineered Crops: Experiences and Prospects

美国国家科学院　美国国家工程院　美国国家医学院　编

张启发　林拥军　主译

科学出版社

北　京

图字：01-2017-3089 号

本项目由宝来惠康基金 1014345、戈登和贝蒂·摩尔基金会 4371、新风险基金 NVFGPA NRC GA 012114、美国农业部 59-0790-4-861 和 2014-33522-22219 拨款支持，还得到了美国国家科学院的额外支持。在此出版物中表达的任何意见、调查结果、结论或建议并不代表为该项目提供支持的组织或机构的观点。

内 容 简 介

本书由美国国家科学院组织编写，编写委员会成员由 4 个国家（美国、荷兰、德国、墨西哥）具有不同学科背景的 20 名顶级专家组成，成员的专业领域包括植物育种、农学、生态学、食品科学、社会学、毒理学、生物化学、科学传播、分子生物学、经济学、法学、杂草学和昆虫学。本书以实事求是的科学思想方法，对 20 年来全球遗传工程作物的商业化种植进行了全面的回顾性研究，以文献分析、研讨会、社会互动等多种方式所得到的共识为基础，全面地回应了有关遗传工程作物的争论。本书包含的内容广泛，涉及遗传工程作物的发展与应用、遗传工程作物对农业和环境的影响、遗传工程作物与人类健康相关的风险和益处、遗传工程作物的社会经济效益和风险、新兴的遗传工程技术和未来的遗传工程作物，以及各国对于遗传工程作物的监管体系等，堪称一本遗传工程作物的经典百科全书。

本书可为生物科学与生物技术领域的科学家提供研发方向的指导，为遗传工程作物的管理者提供政策、法规和办法的参考，为遗传工程作物的安全性评价人员提供评价内容、标准和方法的参考。

审图号：GS（2020）4933 号

图书在版编目(CIP)数据

遗传工程作物：经验与展望/美国国家科学院，美国国家工程院，美国国家医学院编；张启发，林拥军主译 .—北京：科学出版社，2021.6
书名原文：Genetically Engineered Crops：Experiences and Prospects
ISBN 978-7-03-069199-6

Ⅰ.①遗⋯ Ⅱ.①美⋯ ②美⋯ ③美⋯ ④张⋯ ⑤林⋯ Ⅲ.①作物-基因工程-研究 Ⅳ.①S33

中国版本图书馆 CIP 数据核字（2021）第 110624 号

责任编辑：丛　楠　周万灏 / 责任校对：郑金红
责任印制：张　伟 / 封面设计：无极视界

科 学 出 版 社 出版
北京东黄城根北街 16 号
邮政编码：100717
http://www.sciencep.com

北京虎彩文化传播有限公司 印刷
科学出版社发行　各地新华书店经销

*

2021 年 6 月第 一 版　开本：787×1092　1/16
2022 年 4 月第二次印刷　印张：26 1/2　插页：8
字数：628 000

定价：198.00 元

（如有印装质量问题，我社负责调换）

翻译人员名单

主　　译　张启发　林拥军

副 主 译　（以姓氏汉语拼音为序）
　　　　　陈　浩　马伟华　欧阳亦聃　尹昌喜　赵　毓　周　菲

参译人员　（以姓氏汉语拼音为序）
　　　　　林诺斯　卢馨妍　鲁　月　邵　林　魏　鑫　夏　凡
　　　　　徐聪昊　徐秋涛　杨　涛　张小雨

美国国家科学院·工程院·医学院

美国国家科学院于 1863 年由林肯总统签署通过国会法案成立。作为一个私立的，为国家提供科学技术方面建议的非政府机构。机构成员由领域内的同行选出，以表彰他们在研究领域内做出的杰出贡献。撰写本报告时院长为 Ralph J. Cicerone 博士。

美国国家工程院依据美国国家科学院的章程成立于 1964 年，其主旨是为国家提供有关工程技术实践的相关建议。组织成员由领域内的同行选出，以表彰他们在研究领域内做出的非凡贡献。撰写本报告时院长为 C. D. Mote，Jr. 博士。

美国国家医学院（前身为美国医学研究所）是根据美国国家科学院章程于 1970 年成立的，旨在为美国的医疗和健康问题提供建议。组织成员由领域内的同行选出，以表彰他们在研究领域内做出的卓越贡献。撰写本报告时院长为 Victor J. Dzau 博士。

这三个机构一起组成了美国国家科学院、工程院和医学院，为国家提供独立、客观的分析和建议，也组织开展其他项目以解决一些复杂问题，以及为公共决策提供相关信息。美国国家科学院还鼓励教育和研究，选拔表彰对知识传播做出杰出贡献的人。该组织还旨在增进公众对科学、工程和医学问题的了解。

读者可访问 www. national-academies. org 网站获取更多关于美国国家科学院、工程院和医学院的相关信息。

"遗传工程作物：经验与展望" 委员会

主席

Fred Gould，NAS[1]，North Carolina State University，Raleigh

成员

Richard M. Amasino，NAS[1]，University of Wisconsin-Madison

Dominique Brossard，University of Wisconsin-Madison

C. Robin Buell，Michigan State University，East Lansing

Richard A. Dixon，NAS[1] University of North Texas，Denton

José B. Falck-Zepeda，International Food Policy Research Institute（IFPRI），Washington，DC

Michael A. Gallo，Rutgers-Robert Wood Johnson Medical School（retired），Piscataway，NJ

Ken Giller，Wageningen University，Wageningen，The Netherlands

Leland Glenna，Pennsylvania State University，University Park

Timothy S. Griffin，Tufts University，Medford，MA

Bruce R. Hamaker，Purdue University，West Lafayette，IN

Peter M. Kareiva，NAS[1]，University of California，Los Angeles

Daniel Magraw，Johns Hopkins University School of Advanced International Studies，Washington，DC

Carol Mallory-Smith，Oregon State University，Corvallis

Kevin Pixley，International Maize and Wheat Improvement Center（CIMMYT），Texcoco，Mexico

Elizabeth P. Ransom，University of Richmond，VA

Michael Rodemeyer，University of Virginia（formerly），Charlottesville

David M. Stelly，Texas A&M University and Texas A&M AgriLife Research，College Station

C. Neal Stewart，University of Tennessee，Knoxville

Robert J. Whitaker，Produce Marketing Association，Newark，DE

1　National Academy of Sciences.

农业自然资源委员会

工作人员

Robin A. Schoen，Director

Camilla Yandoc Ables，Program Officer

Jenna Briscoe，Senior Program Assistant

Kara N. Laney，Program Officer

Janet M. Mulligan，Senior Program Associate for Research（until January 2016）

Peggy Tsai Yih，Senior Program Officer

食品营养委员会

主席

Cutberto Garza，NAM[1]，Boston College，MA

成员

Cheryl A. M. Anderson，University of California，San Diego

Patsy M. Brannon，Cornell University，Ithaca，NY

Sharon M. Donovan，University of Illinois，Urbana

Lee-Ann Jaykus，North Carolina State University，Raleigh

Alice H. Lichtenstein，Tufts University，Medford，MA

Joanne R. Lupton，NAM[1]，Texas A&M University，College Station

James M. Ntambi，University of Wisconsin-Madison

Rafael Pérez-Escamilla，Yale University，New Haven，CT

A. Catharine Ross，NAS[2]，Pennsylvania State University，University Park

Mary T. Story，NAM[1]，Duke University，Durham，NC

Katherine L. Tucker，University of Massachusetts，Lowell

Connie M. Weaver，NAM[1]，Purdue University，West Lafayette，IN

工作人员

Ann L. Yaktine，Director

Anna Bury，Research Assistant

Bernice Chu，Research Associate

Heather Cook，Program Officer

Geraldine Kennedo，Administrative Assistant

Renee Gethers，Senior Program Assistant

Amanda Nguyen，Research Associate

---

1   National Academy of Medicine.

2   National Academy of Sciences.

Maria Oria, Senior Program Officer

Lynn Parker, Scholar

Meghan Quirk, Program Officer

Ambar Saeed, Senior Program Assistant

Dara Shefska, Research Assistant

Leslie Sim, Senior Program Officer

Alice Vorosmarti, Research Associate

生命科学委员会

主席
James P. Collins，Arizona State University，Tempe

成员
Enriqueta C. Bond，NAM[1]，Burroughs Wellcome Fund，Marshall，VA

Roger D. Cone，NAS[2]，Vanderbilt University Medical Center，Nashville，TN

Nancy D. Connell，Rutgers New Jersey Medical School，Newark

Joseph R. Ecker，NAS[2]，Salk Institute for Biological Studies，LaJolla，CA

Sarah C. R. Elgin，Washington University，St. Louis，MO

Linda G. Griffith，NAE[3]，Massachusetts Institute of Technology，Cambridge

Elizabeth Heitman，Vanderbilt University Medical Center，Nashville，TN

Richard A. Johnson，Global Helix LLC，Washington，DC

Judith Kimble，NAS[2]，University of Wisconsin-Madison

Mary E. Maxon，Lawrence Berkeley National Laboratory，Emeryville，CA

Jill P. Mesirov，University of California，San Diego

Karen E. Nelson，J. Craig Venter Institute，Rockville，MD

Claire Pomeroy，NAM[1]，The Albert and Mary Lasker Foundation，New York，NY

Mary E. Power，NAS[2]，University of California，Berkeley

Margaret Riley，University of Massachusetts，Amherst

Lana SkirBoll，Sanofi，Washington，DC

Janis C. Weeks，University of Oregon，Eugene

工作人员
Frances E. Sharples，Director

Jo L. Husbands，Scholar/Senior Project Director

Jay B. Labov，Senior Scientist/Program Director for Biology Education

---

1　National Academy of Medicine.

2　National Academy of Sciences.

3　National Academy of Engineering.

鸣谢审稿人

这份报告初稿的审稿人从持不同观点的专家中选出。独立审查的目的是提供公正和批评性的意见以促使此报告所表现的观点尽可能全面，并确保报告的客观性、重证据和对研究任务的责任心。审查意见和初稿仍然保密，以保护整个过程的完整性。我们想对本报告的以下审查人员表示感谢：

Katie Allen，Murdoch Childrens Research Institute

Alan Bennett，UC Davis-Chile Life Sciences Innovation Center

Steve Bradbury，Iowa State University

A. Stanley Culpepper，University of Georgia

Gebisa Ejeta，Purdue University

Aaron Gassmann，Iowa State University

Dominic Glover，University of Sussex

Luis Herrera-Estrella，Center for Research and Advanced Studies

Peter Barton Hutt，Covington & Burling LLP

Harvey James，University of Missouri

Kathleen Hall Jamieson，University of Pennsylvania

Sheila Jasanoff，Harvard Kennedy School

Lisa Kelly，Food Standards Australia New Zealand

Fred Kirschenmann，Iowa State University

Marcel Kuntz，French National Centre for Scientific Research

Ajjamada Kushalappa，McGill University

Ruth MacDonald，Iowa State University

Marion Nestle，New York University

Hector Quemada，Donald Danforth Plant Science Center

G. Philip Robertson，Michigan State University

Joseph Rodricks，Ramboll Environ

Roger Schmidt，IBM Corporation

Melinda Smale，Michigan State University

Elizabeth Waigmann，European Food Safety Authority

L. LaReesa Wolfenbarger，University of Nebraska，Omaha

Yinong Yang，Pennsylvania State University

虽然上述审稿人提供了非常多建设性的意见和建议，但他们并没有被要求赞同报告中的结论或建议，也没有在报告发表之前看过定稿。该报告的审查工作由乔治·华盛顿大学的 **Lynn Goldman** 和俄亥俄州立大学的 **Allison A. Snow** 完成。他们确保按照制度程序对本报告进行独立审查，并认真审议了所有审稿人的意见。本报告的最终完成内容由本编写委员会和机构负责。

序　言

本委员会的任务是审查找寻有关目前商业化的遗传工程（GE）作物其潜在正负面影响的证据，以及审查未来 GE 作物的潜在正负面影响。在进行这项研究时，我和委员会成员都非常清楚地知道有关 GE 作物在美国乃至全球范围内的争议。在委员会召开第一次会议之前和会议期间，我们收到的来自个人和团体的评论认为，当前已确定的 GE 作物的安全性是经过充分审查并且有着非常坚实的科学证据的。委员会唯一需要做的是考察新兴的 GE 技术。我们考虑了这些意见，但我们认为现有的分析并不完整也不是最新的，因此，我们认为对当前和未来 GE 作物的生物和社会多样性数据的审查将是有用的。我们收到的一些其他评论指出，GE 作物对生物和社会产生不良影响的研究一直被忽视。由于委员会的组成情况，我们也很可能会忽视这些评论。但是我们将会采纳所有评论当做是对此项研究建设性的挑战。

本委员会与美国国家科学院的研究理念一致，那就是"努力征求直接参与其中的个人意见或在审议问题中有专门背景知识的相关人士意见"，并且这项研究报告将会展现"对涉及的主题的观点都是经过委员会审核后的可信观点，无论这些意见是否符合委员会的最终立场，本委员会绝不会选择性地使用优选资料来支持一个偏爱的观点"。我们听取了 80 位在 GE 作物方面拥有不同专业知识、经验和观点的人士的演讲以增加委员会所代表意见的多样性，演讲目录详见附录 C 和附录 D。我们还收到并仔细阅读了来自个人和组织的 700 多个涉及 GE 作物与其相关技术的具体风险和效益的评论和文件。除了以上这些资料之外，本委员会也认真研究了关于美国及其他地方与 GE 作物相关的收益与风险（同行评审和非评审）的文献。

虽然大部分文献自身都对 GE 作物做出了结论，但我们致力于重新审视原始资料本身。我们撰写这份报告的主要目的是向公众、研究人员和决策者提供一份全面的有关遗传工程作物争论中使用的证据，以及在争论中很少提及的相关研究信息的审查报告。鉴于 GE 作物的相关文献量巨大，我们怀疑我们遗漏了一些相关文章和结果。

我们收到了广泛的意见，要求我们审查和判断技术密集型农业对比原始的生态农业方法的优点。这是一个重要的比较点，但超出了本委员会所承担的具体任务的范围。

我们意识到一些公众对有关 GE 作物的文献保持怀疑的态度，因为他们认为许多的试验和结果是由经营这些 GE 作物的公司所进行的或受其影响的。因此，当我们提到报告中关于当前 GE 作物的三个主要章节（第 4～6 章）中的文章时，我们严格调查了文章作者的单位从属关系，并尽可能地确定了实验具体的资金来源。这些信息可以在我们的网站上找到（http://nas-sites.org/ge-crops/）。

为了使我们的报告每一项结论都可查阅，我们在网站上开发了一个用户友好界面，使报告中的每一项具体结论和建议都可查询。该界面可使用户查阅每一个报告中的主题直至做出的结论或建议。网站的第二个界面有一个摘要列表，列出公众向我们提出的或在正式演讲中提出的意见和问题，此界面使用户能够阅读本委员会如何处理特定的评论或问题。

我们努力地分析现有 GE 作物的论据，并根据我们的结论做出建议；但最后如何管控这些新作物则需要大家共同做出决定。毋庸置疑，最后的管理规章一定是建立在确凿科学依据的基础上，但根据以往经验，单纯的"科学定制规章"是不可取的。举个小例子，如何仅凭科学研究来确定防控帝王蝶数量的日趋减少的重要性？

公众急切要求我们给予 GE 作物一个简单、通俗并权威的答案。考虑到问题的复杂性，我们认为这样做并不恰当。但是，我们希望可以为公众和决策者提供充足的证据和框架，使他们能够对独立产品有清晰的认识并做出自己的决定。

在 1999 年，美国农业部部长 Dan Glickman 做过一个关于生物科技的演讲[1]，他表示"所有生物科技能够给予的，如果不被大众接受便毫无价值。这归根结底是信任问题。相信科学背后的过程，特别要相信所有规则制定都经过了彻底的审查，包括全程公开透明的公众参与"。信任必须建立在支持或反对遗传工程的双面权威论据之上。就这点而言，我们清楚地认识到没有一份报告可以充分平衡正反面观点，我们给出的报告是真诚满满的，并对有关遗传工程作物的流行观点审查时保持开放态度。

鸣　谢

本委员会首先要感谢我们的项目总监 Kara Laney。如果没有她的毅力、执着、对文献的惊人把握、写作技巧以及最大努力说服委员会成员的才能，这份报告将会成为泡影。Jenna Briscoe 为本委员会提供了极大的幕后支持。项目研究高级助理 Janet Mulligan 拿到了几乎不可拿到的资料并持续对收到的公众评论和文章进行了非常好的整理。美国国家科学院食品和营养委员会的项目高级专员 Maria Oria，为我们提供了有关食品安全部分的专业帮助。Norman Grossblatt 润色了此报告中所用语言。我们感谢农业自然资源委员会的总监 Robin Schoen，他鼓励本委员会成员摒弃先入为主的观念，倾听不同的声音，并深入挖掘有关遗传工程作物风险和收益的证据。本委员会成员的思想被那些参加委员会会议和网络研讨会以及向我们提交意见的组织和个人所挑战，并得到了拓展和升华，我们非常感谢他们给予的意见。最后，我们感谢所有外部审稿人帮助我们提高了报告的准确性。

Fred Gould

"遗传工程作物：经验与展望"委员会主席

1　Glickman，D. 1999. Speech to the National Press Club，Washington，DC，July 13. Reprinted on pp. 45-58 in *Environmental Politics Casebook：Genetically Modified Foods*. N. Miller，ed. Boca Raton，FL：Lewis Publishers.

前　　言

　　1972年重组DNA技术问世，1983年世界首例转基因植物（又称遗传工程植物）诞生，从20世纪90年代中期起，转基因作物在世界范围内迅速推广，至2019年全球种植面积达1.92亿公顷。转基因作物对世界的农业和食品生产产生了巨大的影响。然而，这一系列的技术和产品，尤其是转基因作物，从其诞生之日起，就一直深陷舆论的漩涡。参与争论者遍布世界每一个角落，各行各业人士概莫能外，从政治家、诺贝尔奖获得者、社会精英、科技人员、媒体从业者、学生，到出租车司机、深山农民，全社会几乎无人不在其中。对其盲目肯定与盲目否定并存，科学、技术、政治、经济、贸易、环境、社会等形形色色的问题参与其中，远远超出转基因作物及其科学技术的本身。

　　《遗传工程作物：经验与展望》一书由美国国家科学院、美国国家工程院和美国国家医学院组织编写，对全球遗传工程作物商业化种植20年进行全面的回顾性研究。该书的编写委员会由4个国家（美国、荷兰、德国、墨西哥）具有不同学科背景的20名顶级专家组成，成员的专业领域包括植物育种、农学、生态学、食品科学、社会学、毒理学、生物化学、科学传播、分子生物学、经济学、法学、杂草学和昆虫学等。

　　该书以全球视野和实事求是的科学态度，对转基因作物涉及的各方面话题进行了全面的梳理，以文献分析、研讨会、与社会人士互动等多种方式所得到的共识为基础，以普通民众为读者对象，撰写深入浅出。该书包含的内容广泛，涉及遗传工程作物的发展和应用、遗传工程作物对农业和环境的影响、遗传工程作物与人类健康相关的益处和风险、遗传工程作物与社会经济效益和风险、新兴的遗传工程技术和未来的遗传工程作物，以及各国对于遗传工程作物的监管体系等，首次全面系统地回应和澄清了大众关注的有关遗传工程作物常见的争论问题。

　　受科学出版社的邀请，我们希望此译著能够方便我国大众阅读该书，借此更好地了解遗传工程作物的相关知识，认识遗传工程作物的真实面貌，更加从科学、理性的角度看待遗传工程技术，理解这项技术所带来的机遇和挑战；为遗传工程作物的管理者提供其他国家的相关政策、法规和办法的参考；为遗传工程作物的安全性评价人员提供评价内容、标准和方法的参考；为遗传工程作物的研发者提供研发方向的参考。

　　本译著《遗传工程作物：经验与展望》由张启发院士和林拥军教授担任主译，陈浩博士、马伟华博士、欧阳亦聃博士、尹昌喜博士、赵毓博士、周菲博士任副主译，以及研究团队的多位成员共同参与，历经近一年时间翻译而成。本书得到国家重大科技专项"抗虫转基因水稻新品种培育"（2016ZX08001001）资助。在《遗传工程作物：经验与展望》译著付梓之际，首先感谢科学出版社对我们翻译团队的充分信任！感谢参与翻译的华中农业大学作物遗传改良国家重点实验室水稻团队的老师和同学们！特别感谢在出版过程中科学出版社诸位编辑和校对人员付出的大量心血！尽管我们以高度敬畏的心态和认真的精神，字斟句酌，反复修正，但译著中疏漏之处仍然在所难免，恳请广大读者批评指正！

张启发　林拥军

2021 年 3 月

目　　录

彩图

行 动 纲 领

自 20 世纪 80 年代起，生物学家采用遗传工程技术使作物表现出新的性状。由于种种原因，至 2015 年仅有两个性状——抗虫和抗除草剂的农作物被广泛运用。现有许多关于遗传工程作物的正面和负面影响的说法。"遗传工程作物：经验与展望"委员会的主要目的是审查这些说法相关的证据。本委员会还被要求评估新兴的遗传工程技术，评估它们可能对作物改良的贡献，以及它们可能对科技和监管带来的挑战。本委员会深入研究了相关文献，听取了 80 位不同主张人士的发言，并阅读了 700 多条来自公众的评论，旨在加深对遗传工程作物问题的理解。最后我们认为不能对遗传工程作物做出笼统结论，因为与之相关的问题是多维的。

现有的证据表明，遗传工程大豆、棉花和玉米的种植为生产者带来了良好的经济效益，但最后的收益还是取决于实际害虫数量、耕作方式和农业基本设施。那些具有抗虫性状的作物——基因取自一种细菌（苏云金芽孢杆菌或简称 Bt）——与非 Bt 品种相比，普遍减少了大小农场的产量损失和杀虫剂的使用。在一些案例中，广泛种植这种作物有效地减少了地域内特定害虫的数量，从而也减少了非 Bt 作物的损失。而且，种植 Bt 作物的农场比种植使用杀虫剂的非 Bt 品种的农场具有更高的昆虫多样性。然而，在没有遵循抗性管理策略的地方，一些目标昆虫也演化出了具破坏性的抗性水平。抗除草剂（HR）作物喷洒除草剂草甘膦比非 HR 对照作物的产量有小幅增长。调查中没有发现种植 HR 作物的农田的植物多样性低于非 HR 作物的农田。在严重依赖草甘膦种植 HR 性状作物的地区，一些杂草产生了抗药性，这将成为一个主要的农业问题。种植含 Bt 和 HR 性状作物的可持续性应用取决于综合管理策略。

有些人称遗传工程作物对人类健康产生不良影响。即便很多评论都指出遗传工程作物与非遗传工程作物一样安全，但本委员会还是重新审查了这个主题的原始研究。许多动物饲喂试验的设计与分析方案并不都是最佳的，但大量的试验结果证明遗传工程作物作为食物不会对动物造成危害。此外，对食用遗传工程作物前后牲畜健康影响的长期数据显示，遗传工程作物不会产生相关的副作用。本委员会还审查了有关癌症发病率、流行病学及其他人类健康问题的数据，没有确凿的证据显示食用遗传工程作物的食物比食用非遗传工程作物的食物更不安全。

遗传工程作物的社会和经济效益取决于其特有性状、作物品种对农场环境的适应性，以及遗传工程种子的质量和成本。遗传工程作物使各种规模农场的农民受益，但仅靠遗传工程作物无法解决所有农民，特别是小农户面临的各种各样的复杂挑战。考虑到农业的复杂性以及统一规划和执行的必要性，如果想在不同的区域长期实现其社会效益的最大化，必须要有公共环境及个人支持。

　　自 20 年前引入遗传工程作物以来，分子生物学取得了长足的进步。新兴技术为农作物带来更精确、多样的变化。抗病虫害性状将会在更多的农作物中广泛使用。提高产量潜力和肥料养分利用率的研究正在进行中，但现在还无法预测其是否成功。委员会建议对新兴遗传工程技术进行战略性公共投资以及采取其他方式以应对粮食安全问题和其他挑战。

　　组学技术可以测定植物中 DNA 的序列、基因表达和分子成分。该技术需要进一步改进，但预期将会提高非遗传工程和遗传工程作物的研发效率，还可以用来检测新作物品种，测试常规育种或遗传工程品种是否发生非预期变化。

　　各国对遗传工程作物的监管程序有着很大的差别，因为这反映了国家间的社会、政治、法律和文化差异。这些差异性的持续存在可能会引发各国间的贸易问题。新兴技术使得遗传工程和传统植物育种技术之间的区别变得模糊，流程监管体系在技术上很难实现。本委员会建议新品种——无论是遗传工程还是常规育种——如果它们具有可能存在潜在危险的新特性或非预期特性，则应使其接受安全测试。并且委员会提出了一种分层式评估监管法，这种方法在一定程度上基于新的组学技术，能够对比已经广泛种植的新品种和其对应的原始品种的分子图谱。此外，对遗传工程作物的管理应该是公开透明的。

摘　　要

遗传工程是通过引入或改变生物体中的 DNA、RNA 或蛋白质使其表达新性状或改变现有性状表达的过程，此技术起于 20 世纪 70 年代。采用常规育种技术和遗传工程育种技术相结合进行作物遗传改良比单独使用某种技术具有更多的优势，因为有些遗传性状无法单纯依靠常规育种引入或改造，必须依赖遗传工程技术。其他一些性状更容易通过常规育种得到改良。自 20 世纪 80 年代以来，生物学家已经利用遗传工程技术在植物中表达了许多特性，比如延长水果的货架期、增加维生素含量，以及提高抗病能力。

由于各种科学、经济、社会和监管方面的原因，大多数已被研发的遗传工程性状和作物品种并没有投入商业化生产。例外的情况是，抗除草剂和抗虫的遗传工程性状的作物自 20 世纪 90 年代中期在一些国家被商业化应用以来，一直在少数几个大田作物上广泛运用。至 2015 年，只有不到 10 种抗除草剂、抗虫的遗传工程作物被种植，含抗虫、抗除草剂或抗虫抗除草剂的遗传工程作物的种植面积占当年世界种植面积的 12% 左右（图 1）。在 2015 年，最常见的含以上一种或两种性状的遗传工程作物是大豆（占大豆种植总面积的 83%）、棉花（占棉花种植总种植面积的 75%）、玉米（占玉米种植总种植面积的 29%）和油菜（占油菜种植总种植面积的 24%）[1]。一些其他性状（如抗病毒、减缓苹果和土豆褐变）的遗传工程作物被准予在 2015 年商业化生产，但它们在世界范围内的生产面积相对较小。

由美国国家科学院负责的"遗传工程作物：经验与展望"委员会利用过去二十年来积累的证据来评估 GE 作物以及随之而来的新兴技术带来的正负面影响（见委员会任务说明，框 1）。考虑到遗传工程作物被商业化的性状及种类很少，本委员会获得的数据主要限于抗除草剂和抗虫性状的玉米、大豆和棉花，且在地理上也受到限制，只有少数国家长期种植这些作物。

每个人对遗传工程作物带给农业、环境、健康、社会和经济的好处和不足都有不同的看法。本委员会在本报告的第 4~6 章专门整理讨论了由受邀嘉宾或公众评论提交给委员会及文献中有关遗传工程作物效益主张的证据。关于这些效益的调查结果和建议展现在本摘要的"遗传工程的经验"部分。

本委员会还负责探索与农业相关的遗传工程新兴技术。在撰写本报告时，一些改变有

1　James，C. 2015. Global Status of Commercialized Biotech/GM Crops：2015. Ithaca，NY：International Service for the Acquisition of Agri-biotech Applications.

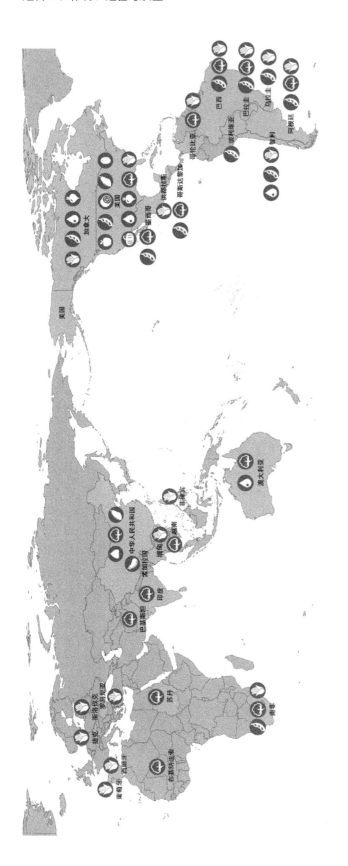

图 1　2015 年商业化种植的遗传工程（GE）作物的品种和位置[1]

2015 年，全球种植了近 1.8 亿公顷遗传工程作物，美国种植了 7 千多万公顷遗传工程作物，巴西、阿根廷、印度和加拿大生产的遗传工程作物面积超过 9000 万公顷，剩余的遗传工程作物种植分布于其他 23 个国家。

1　Adapted from James, C. 2014. Global Status of Commercialized Biotech/GM Crops: 2014. Ithaca, NY: International Service for the Acquisition of Agri-biotech Applications, and James, C. 2015. Global Status of Commercialized Biotech/GM Crops: 2015. Ithaca, NY: International Service for the Acquisition of Agri-biotech Applications.

框 1　任务说明

构建和更新以前美国国家研究委员会在报告中提出的概念和问题，其中涉及食品安全、环境、社会、经济、管理，以及遗传工程（GE）作物的其他相关概念和问题；以传统育种方法培育的作物为参照，本委员会将在当代全球粮食和农业系统的范围内对 GE 作物的现有资料进行广泛审查。这项研究将阐明如下问题：

• 审查 GE 作物在美国和国际上的发展和引进历史，包括未商业化的 GE 作物，以及不同国家的 GE 作物开发商和生产者的经验。

• 评估提出 GE 作物及其配套技术存在负面影响的证据，如减产、对人类和动物健康有害、增加杀虫剂和除草剂的使用量、产生"超级杂草"、减少遗传多样性、导致生产商面临更少的种子选择，以及其他对发展中国家农民和非 GE 作物生产者产生的负面影响等。

• 评估提出 GE 作物及其配套技术存在很多优点的证据，如减少杀虫剂的使用、通过与免耕措施协同作用减少土壤流失并改善水质、减少害虫和杂草对作物造成的损失、增加生产商在种植时间上的灵活性、减少腐烂和霉菌毒素污染、提升营养价值潜力、增强对干旱和盐碱的耐受性等。

• 审查当前对 GE 作物和食品进行的环境和食品安全评估所涉及的科学基础及相关技术，以及额外检测的必要性和潜在价值的证据。在适当的情况下，这项研究将探索如何对非 GE 作物和食品进行评估。

• 从农业创新和农业可持续发展的视角，探索 GE 作物科学与技术的新发展以及这些技术未来可能带来的机遇和挑战，包括研发、监管、所有权、农艺、国际以及其他机遇和挑战。

本委员会在介绍其研究结果时，将指出在收集 GE 作物和 GE 食品对多领域（如经济、农学、健康、安全及其他领域）造成影响的信息上存在不确定性及信息的缺乏性，并使用来自其他类型生产实践、与作物和食品具有可比性的信息，以便在恰当的情况下进行展望。要在世界当前背景下和预计的粮食与农业体系的背景下审查研究结果。本委员会建议开展研究或采取其他措施，以填补安全评估方面的空白，提高监管透明度，提升 GE 技术的创新性，拓宽获取 GE 技术的途径。

本委员会将撰写一份针对决策者的报告，作为非专业人员设计衍生产品的基础。

机体基因组的新方法，如基因组编辑、合成生物学和 RNA 干扰技术等正成为最流行的作物遗传工程技术。一些作物至少可以使用其中一种技术改变一个性状，如 2015 年获准在美国生产的防褐变的苹果。如何在未来使用这些技术改变农作物性状将在本报告的第 7 章和第 8 章中举例介绍，最后本委员会的结论及发现将展现在本摘要的"遗传工程的展望"部分。

在本委员会开始进行这项工作的时候，国家和地方正处在刚制定新监管体系以适应新遗传工程技术，甚至对遗传工程的基本定义进行更新的时候。这个过渡状态使本委员会有责任及时和富有挑战性地对环境和食品进行审查。在第 9 章中，本委员会对美国、欧盟、加拿大和巴西的监管体系进行了全面回顾，将其作为监管差异性的例子。在社会中，政治和文化的优先顺序常常影响一个国家管理制度构架。实际工作中，一些管理体制更强调管控改变基因组的过程。随着作物遗传工程技术的进步，一些既定的管理体制可能不能适应管理使用新方法创造的新性状。本委员会认为，美国现有的管理制度就是这种情况。

本委员会避免笼统地对遗传工程作物的收益或不利影响做出声明，因为多种原因会导致这样的声明对改变遗传工程作物的政策没有帮助。首先，遗传工程技术已经存在并会持续将更多潜在性状引入农作物；然而，有且只有两种性状——抗虫和抗除草剂——被广泛使用。现有转基因作物的影响的说法实际上就是指这两个性状导入作物可能引起的潜在影响；然而，不同的性状可能会有不同的影响。举例来说，改变作物营养成分的性状与抗除草剂性状很可能会对环境或经济产生不同的影响。其次，并不是所有现有的遗传工程作物都同时具有抗虫和抗除草剂性状。例如，在本委员会起草此报告时，美国的遗传工程大豆具有抗除草剂性状却没有抗虫性状，而印度的遗传工程棉花具有抗虫特性却没有抗除草剂特性。这两种性状对农业经济、环境和健康的影响是不同的，如果笼统将两者同一而论，这些区别就显示不出来了。最后，单一性状作物组合的效果取决于田间昆虫或杂草的种类、数量、生产规模、农民获得种子的渠道、农民可以得到的拓展服务，以及政府的农业政策管理制度。

最后，对遗传工程做笼统的结论是有问题的，因为遗传工程作物政策的形成不仅涉及技术风险评估，还涉及法律问题、经济激励、社会组成和构架，以及文化和个人价值观差异。的确，许多提交给本委员会的有关遗传工程作物管理的主张是关于允许或限制遗传工程作物研发和生产的法律或政府内外各方采取的社会战略的适宜性。本委员会认真审查了提交的文献和资料，寻找有关这些主张的证据。

本委员会研究流程

技术相关的风险和效益评估，常常是通过对科学文献的分析和对技术专家意见的审核而做出的统计学上的结论和建议。然而在 1996 年，美国国家研究委员会发布了备受好评的关于风险评估的创新报告——"理解风险：为民主社会的决策提供信息"。该报告指出，纯粹对技术风险的评估可能会导致其准确地回答了错误的问题，对决策者也几乎没有任何用处[1]。它概述了一种平衡分析法，某种程度上更像是回答那些疑虑和大家感兴趣的东西，以获得各方信任和信心的一种方式。这种分析-协商法旨在得到多方的广泛参与以让正确的问题可以获得最适合的证据被最优解答。

美国国家科学院的研究流程要求，在所有研究中，"努力征求直接参与其中的个人的意见或对审议问题有专门背景知识的相关人士的意见"[2]，报告应表明"涉及主题的观点都是经过委员会审核后的可信观点，无论这些意见是否符合委员会的最终立场。委员会绝不

---

[1]　National Research Council. 1996. Understanding Risk：Informing Decisions in a Democratic Society. Washington，DC：National Academies Press.

[2]　有关美国国家科学院研究过程的更多信息见 http://www.nationalacademies.org/studyprocess/。访问于 2015 年 7 月 14 日。

会选择性地使用优选资料来掩盖任何立场"[1]。因为对遗传工程技术的产品存在各种各样的说法,所以 1996 年美国国家研究委员会的报告和美国国家科学院的要求对处理 GE 作物和食品具有特别重要的意义。

为了得出一个回应所陈述的任务的报告,委员会根据推荐提名和拥有特定专业背景知识,征聘了 20 名不同学科的人员。在研究过程中的信息收集阶段,本委员会倾听了 80 位在 GE 作物方面拥有不同专业知识、经验和观点的人士的演讲[2]。此外,政府亦通过公开会议和网站,鼓励公众提供意见。委员会成员和工作人员从收集到的意见中仔细阅读了来自个人和组织的 700 多条涉及 GE 作物的意见。本委员会在报告中对这些意见做出了回应,可以通过其网站查阅答复信息。

评估遗传工程作物得到的结论和建议

本委员会评估农业遗传工程作物得出的经验主要与起初的单抗除草剂、单抗虫或两者兼抗的 GE 作物有关。委员会根据现有农业、环境、健康、社会和经济效益证据资料的评估,得出了以下结论和建议。

对农业和环境的影响

本委员会研究了 GE 抗虫作物的产量、杀虫剂使用、次生害虫及有害生物种群,以及目标昆虫种群对 GE 性状的抗性进化。研究了 GE 抗除草剂作物的产量、除草剂使用、杂草种类分布以及目标杂草对 GE 性状的抗性进化。本委员会还调查了遗传工程育种相较于传统育种对作物产量的贡献,并审查了 GE 作物对农田、景观和生态系统生物多样性的影响。

通过遗传工程将来自土壤的细菌苏云金芽孢杆菌(*Bacillus thuringiensis*,*Bt*)的基因,经过修饰导入植物基因组中使其产生一种 Bt 蛋白,当这种蛋白被目标昆虫摄入后,会破坏其消化系统的细胞,导致目标昆虫死亡。Bt 蛋白有许多种,可以向一种作物导入多个 *Bt* 基因,用来针对不同的目标昆虫种类,或者防止昆虫进化出对 Bt 毒素的抗性。

本委员会审查了在小块土地上进行的 *Bt* 作物品种和非 *Bt* 同类品种的产量比较试验的结果。还对若干国家大、小型农场的作物产量进行了评估调查。研究发现,1996 年至 2015 年,在非 *Bt* 品种大肆受到昆虫危害以及合成化学杀虫剂无法提供实际帮助的环境下,*Bt* 玉米和 *Bt* 棉花有助于缩小实际产量和潜在产量之间的差距(图 2)。

在小区试验研究中,*Bt* 和非 *Bt* 品种不是真正的近等基因系[3],产量的差异可能是由于昆虫损害造成,也可能是由于品种的其他特性差异造成,所以人们可能低估或高估了 *Bt* 抗虫性本身的作用。在对农民种植地的调查中,报告中的种植 *Bt* 和非 *Bt* 品种的产量差异可能是由于农民自身差异造成的,因为种植 *Bt* 品种的农民可能比不种植 *Bt* 品种的农

1　向全体委员会成员分发的一套指导方针摘自"NRC 优秀报告"。

2　这些演讲都被录制下来,可以访问 http://nas-sites.org/ge-crops/查看。

3　近等基因系:指除了外源基因外,其他基因位点相同的两个品种。

民具有其他生产优势，这种差异可能会放大 Bt 品种表现出的产量优势。

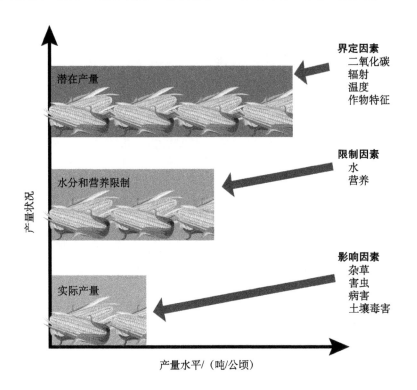

图 2　决定作物产量的因素[1]

潜在产量是指一个作物基因型的理论产量，是在某作物基因型不受水分或养分、虫害、杂草和病害的危害，设置特定的二氧化碳浓度、温度，以及没有灾害性的影响光合作用的辐射限制条件下获得的。如果实际生产上不能有效补充营养和水分，那么自然会造成潜在产量与实际产量之间的差距。实际产量也可能会因为"减产因素"而进一步减少，减产因素包括对植物体造成损伤的虫害和病害，与作物争夺水、光和营养物质的杂草，以及由涝渍、土壤酸度或土壤污染引起的中毒等。

　　美国和中国是 Bt 玉米或 Bt 棉花种植率很高的地区，有统计数据证明，一些害虫的数量在区域内减少，而这一现象对 Bt 作物的种植者和非种植者都是有好处的。在美国中西部的一些州，曾经有一种很严重的害虫叫欧洲玉米螟，自从引种 Bt 玉米后变得很少见了。目前大多数中西部地区都种植抗这种害虫的 Bt 玉米，从经济上考虑，这种做法是不可取的，且易造成对抗 Bt 欧洲玉米螟的持续选择。

　　有证据表明，种植 Bt 玉米和 Bt 棉花使得化学杀虫剂使用量减少，在一些案例中，对比非 Bt 作物品种和其他作物，采用 Bt 作物品种与杀虫剂的使用量降低是正相关的。一些次生（非靶标）害虫大量增加只在少数案例中构成了农业生产问题。在美国，政府规定的管理策略要求 Bt 作物含有足够高剂量的 Bt 蛋白来杀死对毒素有部分遗传抗性的昆虫，所以目标昆虫对 Bt 蛋白的抗性进化缓慢。这种管理策略还要求保持一部分非 Bt 作物品种的种植，并将之称为庇护所，即在 Bt 品种的田块内或附近的农田种植部分非 Bt 品种，由于

　　1　van Ittersum, M. K., K. G. Cassman, P. Grassini, J. Wolf, P. Tittonell, and Z. Hochman. 2013. Yield gap analysis with local to global relevance—a review. Field Crops Research 143：4-17.

对 Bt 蛋白敏感的昆虫种群中有一部分会因为没有接触到 Bt 蛋白而存活了下来，并与极少数在 Bt 品种区域存活下来具有抗性的个体交配，而仍然保持昆虫对 Bt 的敏感性。委员会发现，这种高剂量/庇护所策略成功地延迟了目标昆虫对 Bt 的抗性进化。然而在没有使用高剂量或没有庇护所政策的农场，进化出对 Bt 抗性的靶标昆虫事件在美国和其他国家均有发生。例如在印度，棉铃虫普遍对 GE 棉花中表达的两种 Bt 毒素具有了抗性。

在使用除草剂的条件下，抗除草剂作物存活，而非抗除草剂的其他植物则死亡。除草剂被用于抗除草剂作物的田地以控制对除草剂敏感的杂草。对 GE 抗除草剂作物的研究表明，由于特定除草剂的除草效果结合抗除草剂作物的使用，有助于控制杂草而提高作物产量。有关 GE 作物商业化后对除草剂使用量带来的变化，委员会发现，开始种植抗除草剂作物时，每公顷作物每年施用的除草剂总千克数有所减少，但随着种植年份的增加，这种减少并不可持续。尽管在评估转基因作物对环境或人类健康的风险时，常常会提到每公顷施用除草剂的总千克数，但这个数量是不能提供任何信息的，因为不同的除草剂对环境和人类健康造成的损害是不同的，因此，它们之间是没什么关联的。

延缓有害生物对抗除草剂和抗虫作物的抗性进化的策略不同。Bt 一直存在于抗虫作物中，而抗除草剂性状只有在田间施用相应的除草剂时才对抗性选择。反复暴露于同一种除草剂的杂草才有可能进化出对它的抗药性，因此，延缓抗除草剂作物田间杂草的抗性进化，需要多样化的杂草管理策略。本委员会发现，在许多地方的有些杂草已经对草甘膦产生了抗性，而大多数抗除草剂 GE 作物就是抗草甘膦的。采用综合的杂草管理方法，特别是在尚未连续暴露于草甘膦的种植地区可以延缓杂草的抗性进化。但是，本委员会建议进行进一步的研究，以发现更好的杂草抗性进化的管理方法。

有些杂草比其他杂草对某种特定的除草剂更敏感。在草甘膦广泛使用的地方，田间杂草对草甘膦的敏感性自然会降低且群体放大。本委员会找到了抗性杂草漂移的证据，但因此而造成农业损失的证据很少。

关于多少 GE 性状能比传统育种提高产量，研究人员未能达成一致意见。除了详细评估有关比较 GE 和非 GE 作物产量的调查和试验外，委员会还审查了美国农业部（USDA）报告的每公顷玉米、大豆和棉花从常规品种转向 GE 品种之前、期间和之后的产量变化。从那些数据中看不出作物增产速度有什么显著变化。尽管大量试验证据表明，GE 性状会对实际产量增加有贡献，但美国农业部的数据并没有显示他们实质性地提高了美国农作物的增产速度。

本委员会审查了多项关于测试 GE 种植系统中昆虫和杂草的丰富性和多样性的变化，以及种植作物种类的多样性和每种作物遗传多样性的研究。根据现有的数据，本委员会发现，种植 Bt 作物品种往往比那些种植需要使用化学杀虫剂的非 Bt 性状的相同品种的农田具有更高的昆虫种群多样性。尽管个别特殊杂草种群丰富性存在差异，但至少在美国，总体上种植 GE 抗除草剂与喷洒草甘膦的玉米和大豆农田，其杂草多样性与种植非 GE 作物的农田相似。

自 1987 年以来，美国种植的农作物多样性一直在下降，尤其在中西部，并且农作物轮作频率在降低。但是，本委员会没有找到关于测试使用 GE 作物与以上结果之间因果关系的研究。本委员会指出，如果在玉米中表达针对玉米根虫的 Bt 蛋白，那么在某些地区无需轮作就可以更容易地种植玉米。商品价格的变化可能导致轮作频率降低。这些数据无法说明主要作物品种之间的遗传多样性下降是由于 1996 年以来在一些国家广泛采用 GE 作物造成的。这并不意味着未来不会出现作物品种和相关生物多样性的下降。

总而言之，本委员会没有确凿证据证明 GE 作物与环境问题之间存在因果关系。然而，评估需要观察复杂自然环境的长期变化，所以往往很难得出明确的结论。这可以从帝王蝶越冬数量减少的例子中看出，据 2016 年 3 月对帝王蝶动态研究和分析表明，草甘膦对马利筋的抑制并不是造成帝王蝶数量下降的原因；而研究人员对增加草甘膦的使用与帝王蝶种群减少是否有关的问题也并无统一意见。在过去的两年里，帝王蝶的越冬数量有了适量增长；这有待持续监测。

关于农业和环境影响的推荐意见

- 为了评估当前和未来的 GE 性状是否以及多大程度增加整体农业产量，所进行的研究需消除各种环境和基因因素对产量的影响。

- 在未来进行的比较 *Bt* 作物品种和非 *Bt* 作物品种的试验调查研究中，重要的一点是评估产量的差异在多大程度上是由于昆虫破坏量减少，多大程度上可能是由于其他生物或社会因素造成。

- 鉴于理论和经验证据支持，使用高剂量/庇护所的 *Bt* 作物管理策略可以延缓抗性的进化，因此，不鼓励培育一种或多种毒素含量不高的作物品种，并应鼓励种植适度的庇护所。

- 应鼓励种子生产商不仅顾及抗性，而且应给农民提供适应种植地及耕作条件的高产作物品种。

- 因为不同除草剂的毒性不同，所以不鼓励研究人员发表单纯比较每公顷每年使用除草剂总量的数据，这样的数据可能会误导读者。

- 延缓具有一种以上抗除草剂特性的 GE 作物种植区内的杂草对除草剂的抗性进化，除了简单地喷洒不同除草剂外，还需要综合使用杂草管理方法。这将需要对农民实施有效的推广计划和激励措施。

- 虽然可以采用多种策略来延缓杂草的除草剂抗性，但没有足够的经验证据来确定在特定种植系统中哪种策略是最有效的。因此，应资助实验室和农场层面的研究，以改进管理杂草产生抗性的策略。

对人类健康的影响

本委员会听取了演讲者的发言，并听取了公众对 GE 作物加工的食品安全性担忧的意见。本委员会还收到并审查了几份同行评审报告，得出的结论是：没有任何证据表明 GE 作物食品会对人类健康产生风险。为了评估收到的意见的合理性，本委员会首先审查用于评估 GE 作物安全性的测试方法，然后，研究人员再寻找支持或否定 GE 作物食品影响健康的相关证据。本委员会在报告中明确指出，无论通过纯粹的传统育种还是结合遗传工程育种培育的作物所生产的食品，我们对其健康效应的了解都是有限的。急性效应往往比慢性效应更容易评估。

对 GE 作物及由 GE 作物加工的食品的检测分为三类：动物试验、成分分析、过敏原性试验及预测。动物试验通常使用啮齿动物，这些啮齿动物被分到喂食 GE 食物或非 GE

食物处理组。目前国际公认的动物试验方案是小样本试验方案，有限的数据量可能导致统计学上的不确定性，可能造成不能发现不同喂食组的真正差异，或是无法根据统计显著性而得到有无生物学相关性的结果。虽然许多动物试验的设计和分析都不是最优的，但是本委员会通过对现有的大量试验数据进行审查得到了充分的证据说明，食用 GE 作物加工的食物不会对动物造成伤害。除了试验数据，通过对 GE 作物引进前后一段时间内牲畜健康和饲料转化率的长期数据的分析也没有发现喂食 GE 作物会对牲畜产生副作用。

作为建立 GE 作物实质等同于非 GE 作物的监管程序的一部分，GE 作物品种的研发人需要提交他们对 GE 作物在营养成分和化学组成上与原受体品种（近等基因系）的比较数据。利用传统的成分分析方法，发现 GE 与非 GE 植物在营养成分和化学组成上存在显著差异，但这些差异被认为落入目前发现的非 GE 作物自然变异范围之内。研究人员已经开始采用一些新技术，包括转录组学、蛋白质组学和代谢组学来评估它们的成分差异。大多数被审查的案例中，在比对 GE 和非 GE 植物转录组、蛋白质组和代谢组时，发现它们之间的差异小于非 GE 作物品种的遗传和环境变化造成的差异。假如常规作物品种的化学组成变化超出自然变异范围，则 GE 作物也会发生这种变化。尽管与目前的方法相比较，组学技术更能发现这些差异，但组学方法发现了成分差异并不表明其存在安全问题。

评估 GE 作物加工的食物或食品的潜在致敏性是食品毒性检测的一个特别内容，主要基于两种方案：一是不是从已知为食物过敏原的植物中提取的蛋白质，二是导入的任何蛋白质都有可能成为潜在的新过敏原。目前还没有动物模型可以预测食物过敏原的致敏作用。因此，研究人员只能依靠多种间接方法来预测过敏反应是否由某种引入的预期蛋白质引起，或者是由转基因的非预期效应而出现在食物中的蛋白质引起的。同时，也必须监测 GE 作物中已知具有致敏性的内源蛋白质含量是不是由于遗传工程过程而增加。

为了鉴定是否导入潜在的过敏原，推荐使用的标准化测试方法是比较新表达蛋白质与已知的过敏原蛋白质的相似性。如果相似，那么新表达的蛋白质将被怀疑为潜在过敏原，然后对其在人体做过敏原测试后判定。如果它与已知的过敏原不相似，但又不能被模拟的胃肠液所消化，那它可能是一种新的食物过敏原；这一结论得自于一项研究，该研究表明，已知的过敏原蛋白质都不能被肠道液所消化。本委员会也注意到，相当一部分人体内没有高酸性的胃肠液，模拟的胃肠液测试对这些人可能是无效的。对于作物内源性过敏原，了解在不同环境中生长的不同作物品种中过敏原浓度的变化范围是很有帮助的，但最为重要的是要知道，将 GE 作物添加到食品中是否会改变人类对过敏原的总接触量。商业化之前的致敏性测试可能会遗漏掉人类之前从未接触过的过敏原，因此，商业化后持续做过敏原测试将有助于确保消费者不接触过敏原。但是本委员会也清楚地认识到，实施这些检测是困难的。

本委员会收到一些意见，他们称担心食用 GE 食品可能会导致更高概率癌症、肥胖、胃肠道疾病、肾病、自闭症和过敏等特殊的健康问题。已经有健康问题与环境及饮食的改变间存在相关性的假设，但是很难得到明确的数据来证明这些假设。在缺乏长期的独立事件研究的情况下，为了理清有关 GE 食品是否符合这个假设，本委员会审查了自 20 世纪 90 年代中期 GE 食品开始被人们食用后，美国和加拿大流行病的时间序列数据集，以及来自 GE 食品并没有被广泛食用的英国和西欧其他国家的类似数据集。针对某些特定健康问题的流行病学数据一般是可靠的（如癌症等），但其他疾病的流行病学数据就没那么可靠了。委员会承认，现有的流行病学数据带有很多的偏向性。

从 20 世纪 90 年代引入 GE 食品后的长期观测数据来看，本委员会没有发现任何证据表明，英国及西欧其他国家与美国和加拿大健康问题的增加或减少的数据存在差异。更具体地说，美国和加拿大，各种癌症的发病率已经随着时间发生了变化，但数据并未显示这些变化与从食用传统食物转变为食用 GE 食品之间存在关联。此外，美国和加拿大癌症发病率的变化与英国及西欧其他国家相似，而英国及西欧其他国家的饮食中，GE 作物的食物比美、加两国低得多。同样，现有的数据也不支持食用 GE 食品会导致美国更高的肥胖率或 2 型糖尿病或更普遍的慢性肾病这个假设。在引进 GE 作物和草甘膦使用量增加之前，美国的腹腔疾病发病率就开始增长；此疾病在英国也有类似的增长，即使他们一般不食用 GE 食品也没有增加草甘膦的使用量。美国和英国儿童自闭症也存在相似的增长，所以食用 GE 食品与自闭症发病率之间存在关联的假设也是不成立的。本委员会也没有发现食用 GE 食品导致食物过敏率增加之间的关系。

关于胃肠道，本委员会基于现有证据认为，给动物喂食 GE 作物加工的食物有时会引起动物肠道微生物种群微小变化，但不会造成健康问题。随着鉴别和定量肠道微生物的方法越来越成熟，对这一命题的理解将会更加完善。基于从植物到动物的基因水平转移所需要的条件以及 GE 生物已有的试验数据，委员会断定，从 GE 作物或非 GE 作物向人类的基因水平转移是极不可能发生的，所以不会对人类健康构成威胁。一些试验发现 Bt 基因片段即非完整的 Bt 基因可以进入器官，但也发现这些基因片段与非 GE 食品中的基因片段没有什么不同，这些非 GE 食品中基因片段也能以碎片的形式进入器官。没有证据表明在反刍动物的奶中发现 Bt 基因或 Bt 蛋白。因此，本委员会认为食用乳制品不会导致消费者接触 Bt 基因或 Bt 蛋白。

关于草甘膦对人体的潜在致癌性一直存在争议。2015 年，世界卫生组织的国际癌症研究机构（IARC）发布了一份报告，其中将草甘膦归为 2A 类（可能的人类致癌物）。然而，在 IARC 的报告发布后，欧洲食品安全局（EFSA）紧接着对草甘膦进行了评估，结果认为草甘膦不太可能对人类造成致癌风险。加拿大健康机构发现，目前的食品和皮肤接触到草甘膦，即使是那些直接接触草甘膦的人，只要遵照草甘膦产品说明使用，就不会构成健康问题。美国环保署（EPA）发现草甘膦不与雌激素、雄激素或甲状腺系统发生相互作用。因此，委员会的专家们对 GE 作物和在其他方面使用草甘膦可能对人体产生潜在健康影响的意见不统一。在确定草甘膦及其制剂的风险时，必须同时考虑边际暴露和潜在危害。

基于对目前商业化的 GE 食品与非 GE 食品在成分分析、急性和慢性动物毒性试验、食用 GE 食品牲畜的长期健康数据以及流行病学数据的详细对比研究，本委员会得出的结论是，没有发现任何差异表明 GE 食品对人体健康安全的风险高于非 GE 食品。本委员会非常谨慎地做出这个声明，确认任何新的食物——GE 或非 GE——都可能存在一些微妙的有利或不利的健康影响，即使仔细检查也很难发现，这种健康效应会随着时间的推移逐渐显现。

关于人类健康影响的推荐意见
- 在进行动物学试验之前，重要的是要首先明确各处理间被检测指标的生物学合理变异范围。

- 应尽可能根据已有的研究中各处理间的标准差，对每个生理指标进行统计效应分析，以增加试验鉴别生物学差异的能力。
- 对于早期发表的有关转基因作物对人类健康影响中模棱两可的研究结果，应采用更为可信的研究方案和更加可靠的研究人员的试验结果，以及选取更为专业的出版机构的出版数据，以减少试验结论的不确定性并提高行政决策的合法性。
- 当前期试验或预备试验结果模棱两可时（试验设计必须合理），美国的公共基金应为每个独立的后续试验提供资助。
- 急切需要公共资金资助研究新的分子方法来测试未来的遗传工程产品，这样，当新产品准备上市时，就可以使用精确的方法来测试。

社会与经济效益

本委员会审查了称种植 GE 作物影响农场或农场周边的社会及经济的证据，这些影响涉及消费者、国际贸易、监管要求、知识产权和食品安全。就农场层面而言，现有的证据表明，GE 抗除草剂或抗虫特性（或两者兼有）的大豆、棉花和玉米品种的植种，给种植户带来了良好的经济收益，但也存在高度的不均一性。GE 品种的收益取决于该品种的性状和遗传特性是否适合农场环境，以及 GE 种子的质量和成本。在某些情况下，农民种植 GE 作物却未带来可见的经济收益。委员会发现，田间管理灵活性的增加和其他因素正在推动 GE 作物应用，特别是抗除草剂作物的种植。

虽然 GE 作物在种植初期为许多小农户带来了经济收益，是否能持久且广泛地带来收益则取决于制度支持，如信贷可获取性、可负担的前期投入、推广服务以及具有当地和全球的销售市场。抗病毒番木瓜作为 GE 作物的一个例子，它有利于小规模的农户种植，因为它解决了种植中遇到病毒危害问题，却不需要购买化肥或杀虫剂等前期投入。具有害虫、病毒和真菌性病害的抗性以及耐旱性的 GE 植物正在开发中，如果将它们引入合适的作物和品种，对小规模农民应该是非常有用的。

有证据表明，种植抗虫和抗除草剂的 GE 作物对男性和女性的影响存在差异，这些差异取决于特定作物和特定地区的性别分工。部分研究表明，一般农户中女性参与是否种植新作物品种和土壤保护的决定权增加了，包括已种植 GE 作物的农户，但是这种性别影响 GE 作物种植的分析结果是不充分的。这一议题需要更多后续研究的支持，包括对信息和资源的获取差异，以及农户对劳动力使用时间的不同等都会对此产生影响。

对于美国和巴西来说，GE 品种被农民广泛种植，尽管非 GE 品种并没有消失，但非 GE 品种的供应已经减少。在美国、巴西和其他国家，这个发展趋势的速度是不确定的，需要进行更多的研究来监测和了解品种多样性和可用性的变化。

对于想要种植 GE 作物却资源贫乏的小农户来说，GE 种子的成本可能会影响他们的采用欲望。在大多数情况下，GE 种子和非 GE 种子的成本差只占生产总成本的小部分，但它仍可能由于信贷受限而造成财务问题。此外，小农户在提前购买转基因种子时也可能面临财务风险，因为作物可能会歉收，这是小农户需要考虑的重点。

在一些 GE 作物的案例中，"偶然出现"是指在非 GE 种子、谷物或食物中意外出现低水平的 GE 产品混杂。由于社会原因，防止"偶然出现"的发生是很有价值的，农民希望根据他们的技能、资源和市场机会自由决定种植什么作物，因为市场对有机食品和非有机食品的售价不同，有机食品的价格会较高。在美国，关于谁应该为农场发生的"偶然出现"承担经济责任的问题仍然没有得到解决。严格的企业标准又增加了一层复杂性，因为生产商可能符合政府对"偶然出现"制定的标准要求，但无法满足企业标准设定的合同要求。

各国政府都对 GE 作物做出监管规定。这是非常合适的，但其导致的结果是，GE 作物可能在一个国家获准生产，但尚未获得另一个国家的进口许可。而且，GE 作物性状开发商可能不会寻求进口地域的监管批准，这将增加一种可能，即在一个国家获得批准的产品可能无意间流入到另一个未获产品批准的国家。这两种情况统称为异步审批。异步审批的 GE 作物和违反进口国容忍值有关的贸易冲突已经发生而且这样的状况可能会持续发生，这对出口国和进口国来说代价都是非常高昂的。

任何监管审批制度的主要目的都是通过防止危害公众健康来造福社会和环境，以及预防由不安全或无效的产品引起的经济损害。有必要承认，法规涉及的不仅仅是这些问题，还包括影响风险和利益分配的各种社会、文化、经济和政治因素，如知识产权和分配责任的法律框架。GE 作物管理规章的制定本质上就需要权衡利弊。消费者对于 GE 食品的生物安全性和对供应的食品的信心是必要的，但它们也有经济和社会成本，可能会减缓有益产品的创新和部署。委员会审查的现有证据表明，需要使用稳健、一致和严格的方法来预估规章的成本和规章对创新的影响。

知识产权方面，关于专利是否促进或阻碍大学和产业间的知识共享、创新和有用产品的商业化，文献中存在分歧。无论专利是应用于非 GE 作物还是 GE 作物，拥有大量法律和财政资源的机构都能够获得专利保护，从而限制缺少支付授权费或提出法律异议的小农户、营销人员和植物育种者使用。

本委员会听取了关于 GE 作物对未来粮食安全影响的各种意见。已经商品化的 GE 作物在其种植区域可以保护产量而减少损失，但它们的产量潜力并不比非转基因作物高。与农业的其他技术进步一样，GE 作物本身无法完全解决小农户所要面临的各种复杂挑战，如土壤肥力、害虫综合管理、市场开发、储存和推广服务等问题都需要加以解决，以提高作物生产力、减少收获后损失和增加粮食安全。更重要的是，要了解即使 GE 作物可能提高生产力或营养价值，其惠及预期权益者的能力将取决于技术开发和推广的社会和经济环境。

关于社会和经济影响的推荐意见

- 对 GE 作物研发的投资可能是解决农业生产和粮食安全问题的潜在途径之一，因为通过改善种质、环境条件、管理方法、社会经济和基础设施都可以提高和稳定产量。政策制定者应在这些类别之间做出选择，确定最具成本效益的途径分配资源，用以改进生产。
- 应该开展更多的研究，以确定农民获得的知识有助于改善现有的监管。还需要研究确定是否是一般的遗传工程或特定的 GE 性状导致农民去技能化，如果是的话，有多大程度。
- 应该制定一个稳健、一致和严格的方法来估算 GE 作物通过监管程序的相关成本。
- 应该做更多的研究来阐明现有 GE 作物和常规作物的知识产权保护的益处和挑战。

- 应该进行更多的研究来确定种子市场集中度是否影响了 GE 种子的价格，如果是的话，这种影响对农民是有利还是有弊。
- 应该研究性状叠加（即在一个品种中包含一个以上的 GE 性状）是否会导致比农民预算更昂贵的花费去购买种子。
- 应该增加对基础研究的投资和对从事不能给市场带来巨大经济回报的作物研发的民营企业的投资。然而，有证据表明，公共机构已变得更像私营企业。

遗传工程的展望

进入 21 世纪，随着人们对农艺性状遗传基础了解的增加，以及数千种植物基因组和代谢组解析取得的进展，植物育种（无论传统育种还是遗传工程育种）技术将得到加强。像 CRISPR/Cas9 这样的基因组编辑工具的快速发展，能够通过提高 GE 的精准性而补充和拓展当代遗传改良方法。

新兴的组学技术正在被用来评估 GE 植物和非 GE 对照在基因组、细胞中的表达基因，以及细胞中产生的蛋白质和其他分子方面的差异。当然，有些技术在用于监管机构评估健康和环境效应前还需要进一步改进。

开发的新分子工具进一步模糊了传统育种和遗传工程育种产生的遗传差异。例如，CRISPR/Cas9 可以直接改变作物 DNA，导致蛋白质中几个氨基酸的改变从而赋予作物植株对除草剂的抗性。另外，解析全基因组 DNA 序列的新工具可以在化学诱变或辐射诱变的成千上万株植株中分离出一株或几株，其氨基酸发生突变并对同一种除草剂具有抗性。该抗除草剂性状都由新分子工具得到，也具有相似的风险和收益，但用第一种方法获得的植株目前被归类为遗传工程植株，而用第二种方法获得的植株则被认为是传统育种植株。

在许多情况下，遗传工程和现代常规育种都可以用来强化作物的性状，如抗虫性或耐旱性。然而，在一些情况下，有些性状只能通过遗传工程技术引入作物，因为所需的遗传变异不能通过有性杂交获得。在另外一些情况下，至少在可见的未来，当需要数十或数百个基因增强一种性状时，传统育种就成了实现预期目标的唯一可行方法。常规育种和遗传工程结合应用而不剥离，才能使作物改良取得更大进展。

这些新兴技术有望提高 GE 作物研发的精确性、复杂性和多样性。由于它们只是最近才被应用到作物上，因此很难预测它们在未来几十年对作物改良的潜在用途。但是，在委员会编写此报告时一些性状已经被研发了，如提高对非生物胁迫的耐受性（如干旱和高温）、提高植物生物合成的效率（如光合作用和氮的利用）以及提高营养成分含量。对生物胁迫的抗性（如对真菌和细菌性病害、昆虫和病毒的抗性）可能会扩大。

关于新兴遗传工程技术产生新性状的一个关键问题是，这些性状将对解决未来世界的食物问题做出多大程度的贡献。一些作物性状，如抗虫和抗病性，可能会被引入更多的作物种类以及针对的靶标害虫也会增加。如果使用得当，这些性状肯定会增加可收获的产量，并降低作物因重大病虫害爆发而减产的可能性。然而，利用新兴的遗传工程技术开发的性状是否会通过改善光合作用和增加养分的利用来增加作物的潜在产量还存在很大的不确定性。将 GE 性状纳入政策规划，作为养活世界的主要贡献者，应该对其潜在不确定性提出强力提醒。

研究人员和公众提出的另一个主要问题是，GE 作物是否会在不影响环境的情况下增加每公顷的作物产量。GE 抗虫作物的经验使人们期望，只要这些性状只影响小部分的昆虫，就不会对环境产生不利影响。对于其他性状，如耐旱性，合理地种植对生态是有利的，但是，如果以短期利益为目标，造成作物向之前无人管理的土地扩张或不可持续地使用农业用地，那样会导致全球生物多样性的减少和作物产量的非预期变化。当然，让资源贫乏的农民采用这些新作物有利于长期提高他们的经济收入，也可能使环境得到持续性的改善。

关于遗传工程展望的推荐意见

- 要实现多组学技术在评估新作物品种对人类健康和环境，以及提高作物产量和质量的预期与非预期影响的应用潜力，应当在系统层面上建立植物生物学知识库（DNA、RNA、蛋白质和代谢物），以覆盖传统育种和 GE 作物涉及的变异范围。

- 应该对这些新兴的遗传工程技术和其他各种方法进行平衡的公共投资，因为这对降低全球和地方粮食短缺的风险至关重要。

对现有和未来遗传工程作物的监管

GE 作物的风险分析和评估不仅为监管决策提供服务，也为建立和维护政府监管机构的合法性提供技术支持。本委员会审查了美国、欧盟、加拿大和巴西 GE 植物的监管体系。所有的系统都独具特点且随时间的推移而变化。欧盟和巴西对遗传工程有特别的监管，不包括传统的和其他育种方法。加拿大是基于新特性和潜在的危害而对食品和植物体进行监管而无关乎其育种技术。美国根据现有的法律来监管 GE 作物。从理论上讲，美国是以"产品"为基础的监管政策，但美国农业部和美国环保署决定对哪些植物体进行监管至少部分考虑植物体的培育方式。所有四个监管体系都遵从国际食品法典委员会和其他国际机构制定的准则，都是从对比 GE 或新作物品种与已知的传统育种品种对照开始的。它们测试的严格程度、对相关差异的认知、风险分析和风险评估的机构类型，以及公众参与的方式都存在差异。

不同国家对遗传工程产品的监管过程存在差异，这点毫不奇怪，因为它透射出不同国家社会、政治、法律和文化的不同。并非所有问题都仅靠技术评估来解决。事实上，关于GE 作物的审批往往取决于利益相关者和决策者如何在不同的考虑因素和价值观之间确定优先次序和进行权衡。各国在监管模式上的差异，以及由此产生的贸易分歧预计将继续成为国际议题的一部分。

新兴的遗传工程技术对植物的代谢、组分和生态将带来深刻的改变，但因模糊了遗传工程和传统植物育种之间的区别，所以它对大多数现有的监管体系构成了挑战。正如之前国家研究委员会的报告所指出的那样，应该监管的是产品，而不是过程。必须强调的是，无论是由遗传工程还是由传统育种造成的遗传变化的大小和程度，与植物的变化程度几乎没有相关性，与其造成的环境或食品安全的风险也几乎没有相关性。应该对植物特性（预期或非预期）的改变进行评估，因为这种改变有可能会带来风险。组学技术的最新进展在不久的将来可能实现对植物特性进行全面的评估。即使目前的研发阶段，这些技术也可以提供分层管理的方法，即如果新品种没有显示出与健康或环境有关的新特性，而且其成分中没有出现非预期的变化，都可以免于进一步测试（图3）。组学方法与目前监管评估的其他检测方法相比，成本是很低的，且还在下降。

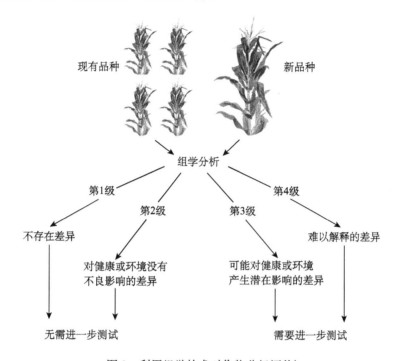

图 3　利用组学技术对作物分级评价[1]

根据各种组学技术的检测结果，可以采取分层的路径集。在第 1 层，所考虑的品种与一组代表该物种遗传和表型多样性范围的常规育种品种之间没有差异。在第 2 层中，检测到差异，但这些差异被认为预期不会产生不良健康影响。在第 3 层和第 4 层中，检测到可能对健康或环境有潜在影响的差异，因此需要做进一步的安全测试。

关于监管的推荐意见

- 除了产品安全问题外，超越产品安全的社会经济问题是技术管理问题，决策者、私营企业和公众应考虑各利益相关者之间的竞争及内在平衡。

- 监管当局特别应积极主动地向公众宣传新出现的遗传工程技术（包括基因组编辑和合成生物学）或其产品可能会被如何管理，以及新的管理方法（如使用组学技术）可能如何应用于其中。他们也应该积极主动地向公众征求建议。

- 在决定将哪些信息作为商业机密信息或基于其他的法律理由不公开披露时，监管当局应铭记透明度、信息获取和公众参与的重要性，并确保豁免范围尽可能窄。

- 负责环境风险的监管机构应该有权在 GE 作物被批准投入商业生产后，对其实施持续监管，并要求对非预期影响进行环境监测。

- 决定一种新的植物品种是否应该上市，其安全性应该先得到政府的批准，监管机构应该关注植物品种的新特性（包括预期的和非预期的）可能对人类健康或环境造成多大程度的风险，其潜在危害的严重性以及暴露的可能性，而不是考虑培育新植物品种的

1　图解来自 R. Amasino。

过程。

　　本委员会提出最后的建议，基于过程的评估方法在技术上越来越不具合理性，因为遗传工程的老技术已不再新颖，而新兴技术又不太符合原遗传工程的定义。此外，由于新兴技术有潜力增加变异而不造成实质性风险及大的变异可能带来问题，本委员会建议，应该发展分级监管方法，将特征新颖性、潜在危险性和暴露性作为标准。组学技术对实施这种监管方法至关重要。本委员会认识到这些技术是新的，并非所有新品种的开发人员都能使用这些技术，因此，需要公共投资。

1 美国国家科学院、工程院和医学院 对遗传工程作物的研究方案

自 20 世纪 70 年代遗传工程（GE）技术诞生以来，美国国家科学院、工程院和医学院（National Academies of Sciences，Engineering，and Medicine）一直参与评估和推荐与遗传工程相关的科学政策。多年来，美国国家科学院经常被要求解答与农作物相关的遗传工程技术的应用问题。2014 年，美国国家科学院成立了"遗传工程作物：经验与展望"委员会，对遗传工程技术进行广泛的回顾性研究，并预测不断发展的遗传工程技术对未来农业的影响。本委员会的报告以美国国家科学院之前报告中提出的概念和问题为基础，并对这些概念和问题进行了更新。

1.1 美国国家科学院与农业遗传工程

1863 年，亚伯拉罕·林肯总统根据国会宪章建立了美国国家科学院（NAS）。作为非政府组织，美国国家科学院及其伙伴（美国国家工程院和美国国家医学院[1]）为美国联邦政府提供独立的科学建议。应美国联邦机构或其他资助组织的要求，美国国家科学院、工程院和医学院召集特别委员会，就涉及科学、工程、技术和健康的问题撰写专家报告。在 2015 年之前，美国国家科学院的报告均以美国国家研究委员会（National Research Council，NRC）的名义发表。

重组 DNA 技术使某种生物体的遗传物质导入到非亲缘的生物体中成为可能，为遗传学的进一步研究提供了巨大的潜力。但是，有人担心这种技术可能对人类和动物的健康以及环境产生无法预见的，也许是有害的后果，如将细菌的遗传物质引入动物病毒。因此，在 1973 年召开的"核酸戈登研究会议"上，科学家们敦促美国国家科学院院长组建重组 DNA 分子委员会，由该委员会去"考虑重组 DNA 实验的安全性问题，并建议具体的行动或指导方案"（Singer and Soll，1973）。

1974 年，美国国家科学院首次就遗传工程问题召集了一次委员会会议。重组 DNA 分子委员会会议的报告中提到，"人们很担心，其中一些人工重组 DNA 分子可能具有生物学上的危险"（Berg et al.，1974）[2]。重组 DNA 分子委员会建议美国国家科学院召开一次国

1　2015 年之前，美国国家医学院一直被称为医学研究所。

2　本报告第 3 章详细地说明了重组 DNA 分子委员会所关切的问题性质和提出的建议。参见本章 3.3.1"基于科学和公众关注的政策应对"。

际会议，审查该领域的科学进展，并进一步讨论处理重组 DNA 分子潜在生物危害的适宜方法（Berg et al. ，1974）。

在接下来的十年里，美国国家科学院组织了三次关于遗传工程的大型会议。第一次会议是 1975 年在加利福尼亚 Asilomar 会议中心举行的重组 DNA 分子国际会议，这次会议是在重组 DNA 分子委员会建议下召开的。参会者评估了不同类型重组 DNA 实验的潜在风险。这次会议授权美国国立卫生研究院（National Institutes of Health，NIH）成立咨询委员会，本委员会的任务是发布重组 DNA 研究的指导方针。第二次会议是 1977 年由美国国家科学院发起召开的重组 DNA 研究论坛，其宗旨是在科学与社会交叉领域为国家政策做出贡献（NAS，1977：1）。该论坛不仅讨论了遗传工程技术的现状和未来，还就使用遗传工程技术的道德和伦理影响发表了意见并进行了辩论。第三次会议是专门围绕农业遗传工程主题组织的会议。到 20 世纪 80 年代初，遗传工程已经从细胞的基本操作发展到更复杂的包括植物在内的生物体。植物科学家利用遗传工程技术来更好地了解植物生物学，并确定了农作物的重要基因。1983 年，美国政府、大学和私营企业的科学家和决策者召开了本次会议，重点讨论农业研究机遇和有关植物遗传工程的政策问题，与会者预计遗传工程技术将在未来 10 年内投入商业应用（NRC，1984）。

随着遗传工程（GE）生物（包括植物）走出实验室的可能性越来越大，美国国家科学院理事会[1]召集了一个生物学家委员会，将重组 DNA 工程生物引入环境作为主题撰写了一份白皮书。理事会此举是为了区分重组 DNA 工程生物引入环境将面临的实际问题和假想问题，并且合理评估重组 DNA 工程生物可能对环境造成的不利影响（NAS，1987：5）。1987 年发表的白皮书总结说："引入重组 DNA 工程生物的风险与引入未经修饰的生物和通过其他方法修饰的生物的风险相同（NAS，1987：6），而且这些生物不会造成独特的环境危害。"

自 20 世纪 80 年代中期以来，农业遗传工程技术不断发展。从 GE 作物商业化之前，到第一批 GE 作物售出 20 多年后，美国国家科学院一直在提供专家意见。专家意见由具有相关专业知识的特设委员会编制，并且以美国国家研究委员会研究报告的形式印发（表1-1）。其中许多报告的研究项目由负责管理 GE 作物的美国政府机构资助，这些机构包括美国农业部（USDA）的动植物卫生检验局（APHIS）、美国环保署（EPA）和美国食品和药物管理局（FDA）。

自从美国国家研究委员会关于遗传工程技术的第一份报告发布以来，遗传工程技术已经取得长足的进步。从表1-1可以明显看出，随着遗传工程技术的发展，美国国家科学院经常被要求评估遗传工程技术对人类和动物健康以及对环境的潜在影响。美国国家研究委员会在很多报告中指出，评估遗传工程技术除了需要进行与农业相关的自然科学研究，还需要对社会影响进行社会科学研究，并在 GE 作物问题上需要与公众进行更多的交流活动。例如，"农业生物技术：国家竞争力战略"委员会在报告中敦促向公众开展生物技术教育，充分告知监管机构和公众有关遗传工程技术未来应用中所涉及的利益和可能的风险（NRC，1987：9）。"转基因植物对环境的影响：监管的范围和适当性"委员会在报告中建

1　美国国家科学院理事会由美国国家科学院院长和美国国家科学院选举的其他成员组成。

议，"由于对生物技术的信心不足，公众将要求评估社会经济影响和环境风险，还要求代表不同价值观的人有机会参与该技术影响的评估"，美国农业部动植物卫生检验局应该邀请更多感兴趣的团体和政党参与遗传工程技术的风险评估，并且其决策要具备科学依据（NRC，2002：15）。"遗传工程作物：经验与展望"委员会的任务是研究 GE 作物对人类和动物健康、环境和社会的直接或间接的不利影响和收益。为了遵循这一任务宗旨，委员会在撰写报告的过程中采取了许多步骤，让感兴趣的团体参与其中，同时进行咨询、审查，并以之前美国国家研究委员会报告中的许多调查结果和建议为基础来撰写研究报告（见本章 1.3 "征求来自不同角度的建议及评估信息"）。

表 1-1   美国国家研究委员会关于农业 GE 的共识报告，1985～2010[a]

报告标题	发布年份	资助者	任务	结论/建议
农业生物科学研究的新方向：高回报的机会	1985	美国农业部农业研究局（USDA-ARS)	确定美国农业部农业研究局如何利用分子遗传学技术在食用动物、作物、植物病原体和害虫的基础研究中产生新的见解	报告确定了新的分子遗传学技术将会是食用动物、作物、植物病原体和害虫的基础研究中最有用的领域，并指出美国农业部农业研究局可采取哪些措施来营造最佳的商业化研究氛围
农业生物技术：国家竞争力战略	1987	美国农业研究基金会，理查德·朗斯伯里基金会，美国农业部农业研究局，美国国家研究委员会	制定农业生物技术国家竞争力战略，研究生物技术研究中公立部门和私营企业的相互作用	报告建议增加对基础研究的重视，更加努力地将生物技术应用于解决农业科学问题，并更加注意发展有关农业生物技术生态方面的知识体系。报告概述了美国联邦政府、州政府和私营企业在资助研究和产品开发方面可以发挥的作用
遗传修饰生物的田间试验：决策框架	1989	生物技术科学协调委员会[b]	评估与遗传修饰植物和微生物引入环境的决策有关的科学信息[c]	报告指出，用常规育种方法改良的植物是安全的，用分子和细胞方法改良的作物应该不会造成不同的风险。基因改造、高度驯化作物的杂草化的可能性很低
遗传修饰抗虫植物：科学与管理	2000	美国国家科学院	调查遗传修饰抗虫植物的风险和效益，以及美国用来监管这些植物的框架，并重新审视 1987 年美国国家科学院理事会白皮书的结论	报告指出，没有发现任何证据表明来自 GE 作物的食物不安全性。报告的结论是，美国的监管框架是有效的，但因为该报告假定即将引入更多类型的 GE 作物，它提出了改进建议，并呼吁进行研究，以确定是否需要对 GE 抗虫植物进行长期的动物饲养试验。该报告提出，1987 年白皮书的结论对当时商业化的产品是有效的，用不涉及植物-昆虫基因的新重组 DNA 方法生产的植物可能不属于美国农业部的监管范围
转基因植物对环境的影响：调控的范围和适当性	2002	美国农业部	研究支撑美国农业部对 GE 作物相关环境问题的监管范围和适当性的科学依据	报告指出，与传统的作物改良方法相比，GE 过程没有出现新的风险类别。报告的结论是，由于从新的挑战中吸取了教训，美国农业部已经改进并将继续改进其监管体系。报告建议，让监管过程更加透明和严格，并包括商业化后的监测；美国农业部应放松对 GE 作物在区域农业实践中或系

报告标题	发布年份	资助者	任务	结论/建议
转基因植物对环境的影响：调控的范围和适当性	2002	美国农业部	研究支撑美国农业部对 GE 作物相关环境问题的监管范围和适当性的科学依据	统潜在影响上的管制和评估。该报告首次调查了具有非杀虫特性的 GE 作物商业化应用对农业和非农业环境的影响，并为多年来大规模评估商业化 GE 作物的潜在环境累积影响提供了指导
遗传工程食品的安全性：评估非预期健康效应的方法	2004	美国农业部、美国食品和药物管理局和美国环保署	概述基于科学的方法来评估或预测 GE 食品对健康的非预期效应，并将其非预期效应与其他传统基因改造方法产生的效应进行比较	报告的结论是，现有的全部证据都表明，所有形式的基因改造（包括 GE）都可能发生非预期的或意想不到的变化，而任何一种基因改造引起的成分变化，无论是通过 GE 还是通过其他手段，都不会自动导致意想不到的不利于健康的影响。报告指出，在人群中没有任何不利于健康的记录归因于 GE
遗传工程生物的生物限制	2004	美国农业部	评估 GE 生物的生物学限制的三种一般策略：减少 GE 生物的传播或持久性；减少从 GE 生物向其他生物的非预期基因漂移；限制转基因的表达	报告指出，没有足够的数据或科学技术来评估有效的生物学限制方法。当需要生物学限制时，它将要求 GE 生物的设计者和开发人员采取安全的做法，进行有效的监管，并在开发和实施适当的技术和方法时保持透明度和公众参与
遗传工程作物对美国农场可持续性的影响	2010	美国国家科学院	回顾和分析已发表的关于 GE 作物对美国农场生产力和经济影响的文献；研究农业实践和投入变化的证据；评估生产者在采用 GE 作物方面的决策	与传统农业中的非 GE 作物相比，GE 技术为美国农民带来了巨大的环境和经济效益，但这些效益并不是普遍存在的，而是随着时间的推移可能会发生变化，这项技术的社会影响在很大程度上尚未探索。展望未来，GE 作物相关的潜在风险和收益的资料可能会更多，因为这项技术未来可能会应用于更多种类的作物

a 除了达成共识的报告外，美国国家科学院还就农业遗传工程的各个方面举办了一些工作会、研讨会和论坛。例如，《生物技术和粮食供应：专题讨论会论文集》（1988）；发展中国家植物生物技术研究（1990）；知识产权与植物生物技术（1997）；设计农业基因组计划（1998）；遗传修饰作物的生态监测；研讨会摘要（2001）；遗传修饰生物、野生动物和栖息地：研讨会摘要（2008）；农业生物技术的全球挑战和方向；研讨会报告（2008）。所有的共识报告和国家科学院的其他报告都可以在 www.nap.edu 上查询。

b 生物技术科学协调委员会的成员来自美国农业部、美国环保署、美国食品和药物管理局、美国国立卫生研究院和美国国家科学基金会。

c "遗传修饰生物的现场试验：决策框架"的任务说明中提到小规模现场试验，它的风险属于小规模实地试验所构成的生态风险，不包括潜在的人类健康风险或大规模商业化种植 GE 作物可能产生的问题。

1.2 委员会及其职责

2014 年，"遗传工程作物：经验与展望"研究委员会的成员由美国国家科学院院长从研究委员会成立阶段提名的几百人中推荐产生。委员会成员的选任取决于他们个人的专业知识，而不是他们与任何机构的联系，他们得自愿花时间为此项研究服务。本委员会由不同学科背景的专家组成[1]。委员会成员的专业领域包括植物育种、农学、生态学、食品科学、社会学、毒理学、生物化学、生命科学传播、分子生物学、经济学、法学、杂草学和昆虫学。委员会成员的履历见附录 A。

一份任务说明指导着每个国家科学院的研究，并决定了委员会成员需要什么样的专业知识。委员会会撰写一份报告，尽可能严格地回答任务说明中提出的问题。因此，选择委员会成员的标准是，他们的经验和知识适合本研究的具体任务（框 1-1）。

框 1-1　任务说明[a]

构建和更新以前美国国家研究委员会在报告中提出的概念和问题，其中涉及食品安全、环境、社会、经济、管理，以及遗传工程（GE）作物的其他相关概念和问题；以传统育种方法培育的作物为参照，本委员会将在当代全球粮食和农业系统的范围内对 GE 作物的现有资料进行广泛审查。这项研究将阐明如下问题：

• 审查 GE 作物在美国和国际上的发展和引进历史，包括未商业化的 GE 作物，以及不同国家的 GE 作物开发商和生产者的经验。

• 评估提出 GE 作物及其配套技术存在负面影响的证据，如减产、对人类和动物健康有害、增加杀虫剂和除草剂的使用量、产生"超级杂草"、减少遗传多样性、导致生产商面临更少的种子选择，以及其他对发展中国家农民和非 GE 作物生产者产生的负面影响等。

• 评估提出 GE 作物及其配套技术存在很多优点的证据，如减少杀虫剂的使用、通过与免耕措施协同作用减少土壤流失并改善水质、减少害虫和杂草对作物造成的损失、增加生产商在种植时间上的灵活性、减少腐烂和霉菌毒素污染、提升营养价值潜力、增强对干旱和盐碱的耐受性等。

• 审查当前对 GE 作物和食品进行的环境和食品安全评估所涉及的科学基础及相关技术，以及额外检测的必要性和潜在价值的证据。在适当的情况下，这项研究将探索如何对非 GE 作物和食品进行评估。

• 从农业创新和农业可持续发展的视角，探索 GE 作物科学与技术的新发展以及这些技术未来可能带来的机遇和挑战，包括研发、监管、所有权、农艺、国际以及其他机遇和挑战。

1　每个国家科学院委员会在开始阶段都是临时的，当被任命的成员有机会成为固定的小组成员讨论他们的观点和任何与任务说明有关的潜在利益冲突时，标志着这些成员已经成为国家科学院委员会的正式成员。国家科学院委员会需要确定委员会是否缺少在任务说明中回答问题可能需要的专门知识。作为讨论的一部分，委员会成员需审议公众对委员会组成提出的意见。讨论将在委员会的第一次会议上进行。当委员会确定没有任何利益冲突的人员在委员会中任职，并且委员会成员具有处理任务的必要的专门知识时，委员会就不再是临时的。

"遗传工程作物：经验与展望"委员会没有发现其成员存在任何利益冲突。但是，鉴于在第一次会议之前收集到的公众意见，以及由于第一次会议前后有两名成员辞职，委员会增加了一名具有分子生物学经验的新成员和两名具有社会学国际经验的新成员，使委员会的成员增加到 20 名。对于美国国家科学院来说，这是一个庞大的委员会，但它确保了不同的观点能在委员会中讨论并能在最终报告中得以体现。

有关国家科学院研究过程的更多信息，包括与观点和利益冲突相关的定义和程序，见 http://www. nationalacademies. org/studyprocess/。访问于 2015 年 7 月 14 日。

本委员会在介绍其研究结果时，将指出在收集 GE 作物和 GE 食品对多领域（如经济、农学、健康、安全及其他领域）造成影响的信息上存在不确定性及信息的缺乏性，并使用来自其他类型生产实践、与作物和食品具有可比性的信息，以便在恰当的情况下进行展望。要在世界当前背景下和预计的粮食与农业体系的背景下审查研究结果。本委员会建议开展研究或采取其他措施，以填补安全评估方面的空白，提高监管透明度，提升 GE 技术的创新性，拓宽获取 GE 技术的途径。

本委员会将撰写一份针对决策者的报告，作为非专业人员设计衍生产品的基础。

———————

　　a　本委员会在第一次会议上审查了任务说明，然后调整了任务说明的措辞，以确保明确提出其目标。附录 B 显示了任务说明中被更改过的内容。

本研究是由宝来惠康基金、戈登和贝蒂·摩尔基金、新风险基金，以及美国农业部发起的，还得到了美国国家科学院的资助。在研究开始之前，发起者和美国国家科学院经常就任务说明中的问题（其中包括本研究的任务）进行磋商。发起者可以提名一些人加入委员会，但他们没有选择和任命的权力，他们不能在委员会审议期间干预委员会，也不能在报告被公开发表之前接触委员会。

1.3　征求来自不同角度的建议及评估信息

美国国家科学院的研究进程表明，在美国国家科学院的所有研究中，他们会在需要讨论的议题上努力召集与议题直接相关的人员和具备专业知识的人员参与其中[1]；本委员会必须就其所讨论的议题审议所有可信的意见，不管这些意见是否符合委员会的最终立场，委员会不能有所选择地使用一些资料来为优选的结果辩护[2]。本委员会在开始进行信息收集阶段就要在所关注议题的任务说明中确定相关规定，在信息收集期间，委员会必须齐心协力，听取许多发言人关于各种议题的发言，并广泛听取发言人对 GE 作物的立场。

1.3.1　信息收集会议和网络研讨会

由美国国家科学院委员会邀请演讲者在他们的研究过程中做演讲。演讲者要向委员会提供与研究的任务说明有关的具体主题的信息。当美国国家科学院委员会与受邀演讲者举行会议时，均向公众开放。

本委员会在 2014 年 9 月至 2015 年 5 月期间，就各种议题举行了三次公开会议和 15 次网络研讨会（表 1-2）。委员会总共听取了 80 个应邀者的演讲。许多委员会成员及 12 位演讲者还参加了为期一天的研讨会，比较了不同种植制度下的虫害管理措施对环境的影

———————

　　1　有关国家科学院研究过程的更多信息见 http://www.nationalacademies.org/studyprocess/。访问于 2015 年 7 月 14 日。

　　2　摘自"NRC 优秀报告"，这是分发给所有委员会成员的指导方针。

响[1]。本委员会举办报告的次数大大超过了以往为审查 GE 作物而召开的美国国家科学院委员会会议[2]。在研究过程中，本委员会听取了来自美国、法国、英国、德国、加拿大和澳大利亚的发言者以及来自非洲联盟、世界贸易组织和欧洲食品安全局的代表的发言[3]。

表 1-2　在委员会公开会议和网络研讨会上提出的议题

会议	日期	主题
公开会议 1	2014 年 9 月 15—16 日	1. 研究公众对遗传工程技术的认知和理解 2. 从不必要的限制和宽松的监管两方面，考虑对美国遗传工程（GE）作物监管体系 3. 巩固美国种子行业公司的所有权 4. 透视公共机构中农业研究企业的影响 5. 评论农业 GE 在满足世界粮食需求和公平地向资源贫乏的农民及低收入消费者分配利益方面的作用 6. 与 GE 作物和 GE 食品相关的健康和环境风险
网络研讨会 1	2014 年 10 月 1 日	美国不同作物种植区的农业推广专家对 GE 作物的看法
网络研讨会 2	2014 年 10 月 8 日	与 GE 作物有关的国际贸易问题
网络研讨会 3	2014 年 10 月 22 日	美国不同作物种植区的农业推广专家对 GE 作物的看法
网络研讨会 4	2014 年 11 月 6 日	GE 抗病作物，特别是针对番木瓜、李、木薯和马铃薯
公开会议 2	2014 年 12 月 10 日	1. 针对 GE 作物的新兴技术和合成生物学方法 2. 美国 GE 作物管理系统 3. 大型 GE 种子生产企业代表对农业 GE 的看法
网络研讨会 5	2015 年 1 月 27 日	在公共科研机构中植物育种的研究现状
网络研讨会 6	2015 年 2 月 4 日	在 GE 作物的采用和接受方面的社会科学研究
网络研讨会 7	2015 年 2 月 26 日	2004 年美国国家研究委员会报告，"遗传工程食品的安全性：评估非预期健康效应的方法"
公开会议 3	2015 年 3 月 5 日	1. 美国对 GE 作物的监管体系，用于评估 GE 食品的安全性 2. 欧洲食品安全局的职责和运作流程 3. 评估 GE 食品过敏性风险的方法 4. 了解 GE 食品对胃肠道黏膜的潜在干扰 5. 利用代谢组学分析方法确认 GE 在植物中的作用
网络研讨会 8	2015 年 3 月 19 日	与 GE 作物相关的发达国家的社会经济问题
网络研讨会 9	2015 年 3 月 27 日	GE 树
网络研讨会 10	2015 年 4 月 6 日	关于 GE 作物与人类肠道微生物群相互作用的知识
网络研讨会 11	2015 年 4 月 21 日	GE 食品，特别是 GE 苹果、马铃薯和紫花苜蓿的品质性状
网络研讨会 12	2015 年 4 月 30 日	参与农业发展的资助组织在 GE 作物方面的做法和优先事项
网络研讨会 13	2015 年 5 月 6 日	GE 作物的知识产权问题
网络研讨会 14	2015 年 5 月 7 日	RNA 干扰技术在作物生产中的应用前景、风险和效益
网络研讨会 15	2015 年 5 月 13 日	发展中国家与 GE 作物有关的社会经济问题

1　研讨会由美国农业部生物技术风险评估资助计划资助。

2　所有演讲者的姓名，现场会议和网络研讨会的议程见附录 C。演讲者姓名及工作议程载于附录 D。没有演讲者得到报酬，但是美国国家科学院提出为所有受邀参加会议的演讲者支付相关的差旅费。当先前承诺出席会议的演讲者无法参加时，就安排设备通过互联网参加。附录 E 载有因其他原因未能参加公开会议或通过网络研讨会向委员会提交报告、拒绝委员会邀请或未答复委员会邀请的受邀演讲者名单。

3　本委员会的几名成员还参加了由生命科学公众交流圆桌会议组织的国家科学院讲习班。该讲习班于 2015 年 1 月召开，主题为"科学与公民联系：遗传修饰生物的公众参与"。

本委员会鼓励市民出席会议，并努力利用技术手段使市民在无法出席会议时也能观看会议。所有的现场公开会议都是网络直播的，公众可以收听网络研讨会，现场公开会议和网络研讨会上的发言记录都存放在该研究的网站上。害虫比较管理讲习班也向公众开放，进行网络直播，并记录和存档[1]。在研究的信息收集阶段，超过 500 人参加或远程参加了至少一次由本委员会举办的现场公开会议、网络研讨会或讲习班。

1.3.2 公众的意见

美国国家科学院委员会邀请公众向委员会提供口头或书面的声明和资料。2014 年 9 月、2014 年 12 月和 2015 年 3 月在华盛顿特区举行的面对面会议确定了公众向本委员会提供意见的时间。选择发言的人可以亲自或通过电话会议发言。公众评论会议的录音被保存在研究网站上。

在该研究的资料收集阶段，本委员会亦邀请公众人士通过研究网站向获邀请的演讲者提供建议。

在研究过程中公众可随时向本委员会提出书面意见。评论和信息可以通过委员会会议或电子邮件发送给国家科学院的工作人员。公众人士也可以在研究网站上提交意见或上传相关文件。委员会共收到了 700 多份意见和文件并且阅读了所有这些意见和文件。

报告讨论了许多在公众意见中没有特别提出的议题，但委员会有义务评估所谓的有利和不利影响的证据，并且通过努力来解决公众提出的任何可以找到证据的问题。提交的公众意见包含了对 GE 作物的广泛关注和期望。表 1-3 总结了公众提出的问题，并展示了报告中被讨论过的问题。

在书面声明中或在公开会议上，一些评论人士告诉本委员会应该做出决定性声明来将 GE 作物作为有益类而定性，其他人则鼓励本委员会强烈谴责 GE 作物的开发和使用。然而，对 GE 作物的评估结果差异不大。GE 作物包含许多类型的性状，在不同构架的农业部门和监管体系的国家种植，而且，越来越多的 GE 作物通过一种或几种 GE 技术与传统的育种方法相结合培育出来。社会和科学上的挑战很可能取决于正在考虑种植哪种作物，或者在哪里种植这种作物。鉴于 GE 作物所涉及问题的多样性，本委员会认为笼统的发言是不恰当的。相反，本委员会处理公众提交的每一个问题，并研究现有的证据。本委员会促请读者就表 1-3（更详细的信息见附录 F）所列可能对个人或职业有重要意义的任何问题，进行综合评价。

表 1-3　公众意见中被讨论过的议题[a]

议题	页码
农业	
遗传工程对产量的影响	68-78，86-90，95
作物品种的遗传多样性	97-99

1　本委员会现场公开会议、网络研讨会和讲习班的记录载于 http://nassites.org/ge-crops/。访问于 2015 年 11 月 23 日。

续表

议题	页码
环境	
农场和农田的生物多样性	95-98
遗传工程作物和非遗传工程作物的共存	208-212
对环境的影响	95-104
对除草剂使用的影响	90-91
对害虫和杂草抗性的影响	83-86，92-94
对杀虫剂使用的影响	79-82
对景观生物多样性的影响	99-104
人类健康和食品安全	
恰当的动物试验	129-138
美国食品和药物管理局的监管	129-144，328-335
与抗除草剂作物相关的除草剂对健康的影响	148-149，162-163
Bt 作物对健康的影响	128-158，162-163
RNAi 技术对健康的影响	163-164
健康检测的充分性	123-144
经济	
监管成本	218-222
研发成本	218-222
对发达国家和发展中国家农民的影响	183-212
对全球化市场的影响	215-218
对发展中国家社会经济的影响	192-203
公共及社会资源	
农民的受教育情况	203-205
养活不断增长的世界人口	231-232，307-311
种子保护	222-223
信息获取	
数据质量和全面性	120
知识产权	222-231
遗传工程作物的管理	321-345
数据报告的透明度	351-354
科学进展	
关于遗传工程争论的影响	218-222
基因编辑的管理	345-350

1.3.3　评估证据的质量

为了评估 GE 作物所带来的效益和风险的证据，委员会利用了在现场公开会议、网络研讨会上提供的信息。在发言之后，委员会通常要求应邀发言者提供更多的数据或文件。委员会还审查了发言者或公众提交或引用的声明和文章，并彻底查阅了相关同行评议的科学文献。

为了使对 GE 作物感兴趣的各方都能获得可靠的信息来源，本委员会做出了极大的努力，获得并评估了报告中所涉及的每个主题的所有证据。关于 GE 作物的影响，有些具有大量来自不同来源的明确证据；而有些却缺乏证据或利用不确定的证据来评估所谓的效果。本委员会试图评估所涉及证据的不确定性程度。本委员会也意识到，GE 作物或相关技术的效果取决于它被引入的具体社会、环境和经济背景，委员会尽可能处理这些差异性。

1.4　报告的审核过程

美国国家科学院报告的最后阶段是审查。报告草稿完成后，将被提交给美国国家科学院的报告审查委员会。报告审查委员会征聘一个多样化和挑剔的审查员小组，他们的专业知识与委员会的专业知识具有互补性，以确保查明关键的差距和错误信息。评审人员在评审过程中对委员会是匿名的，他们的评论在报告发表后仍然是匿名的（参见评审人员的致谢）。评审人员被要求评估一份报告在多大程度上符合该项研究的任务说明。委员会必须对收到的每一项意见做出答复，并逐点向报告审查委员会解释其理由。当报告评审委员会确定了本委员会充分和恰当地处理了评审人员的意见之后，最终的报告才向公众和组织方公布。

1.5　报告的结构

在审查"遗传工程作物：经验与展望"研究报告时，撰写有关 GE 作物的效益和风险的提纲是具有挑战性的，因为随着 GE 的发展和使用方式的改变，许多影响会随着时间发生变化，这些影响还包括社会、经济和环境边界的重叠。对 GE 作物的空间效应进行广泛的调查是一个额外的挑战，因为世界各地农场的规模和机械化程度以及种植的作物种类差异很大。不过，本委员会在审查所谓的效益和风险时力求全面，并审查其在美国国内外的影响。本委员会还力求透彻地审查新 GE 技术带来的机会和挑战。

第 2 章为研究报告提供了框架。报告讨论了本委员会评估风险和效益的方法，回顾了公众对 GE 作物的态度，介绍了涉及农业遗传工程监管的概念和参与者，并定义了报告中使用的一些术语。

接下来的四章论述了由本委员会所负责的"经验"部分。第 3 章回顾了 GE 作物的发展和应用，简要介绍了重组 DNA 技术的机理以及植物最初是如何通过遗传工程技术进行转化的，列出了已经商业化的作物种类和特性，以及 2015 年它们的种植地点，还提供了关于未商业化或已退出市场的 GE 作物的信息，最后简要介绍了 GE 作物的管理办法。GE 作物对经济、环境和社会影响的论述放在第 4 章至第 6 章。第 4 章论述了 GE 作物对农业和环境的影响。第 5 章介绍了美国和其他国家检测 GE 作物和 GE 食品安全性的机制，还论述了与 GE 作物、人类健康，以及食品安全相关的风险和益处，如营养效应、杀虫剂和除草剂的使用、过敏原、胃肠道问题、疾病和慢性疾病等。第 6 章论述了 GE 作物与社会经济利益和风险的复杂问题。

　　第 7 章和第 8 章回应了本委员会有关"展望"的任务。第 7 章总结了新兴的遗传工程方法，其中一些已经被用于开发商业化的 GE 作物，并评估了（截至 2015 年）"组学"技术检测植物基因组变化的效果。第 8 章描述了 2015 年 GE 作物开发中的一些新性状，并讨论了 GE 作物与未来农业可持续性和粮食安全的关系。

　　第 9 章描述了现有的国际监管框架，并比较了美国、欧盟、加拿大和巴西对 GE 作物的监管体系。本章还评估了当前监管体系对新兴遗传工程技术的适用性，并就美国的监管体系提出了一般性和具体的建议。

参 考 文 献

Berg，P.，，D. Baltimore，H. W. Boyer，S. N. Cohen，R. W. Davis，D. S. Hogness，D. Nathans，R. Roblin，J. D. Watson，S. Weissman，and N. D. Zinder. 1974. Potential biohazards of recombinant DNA molecules. Science 185：303.

NAS（National Academy of Sciences）. 1977. Research with Recombinant DNA：An Academy Forum. Washington，DC：National Academy of Sciences.

NAS（National Academy of Sciences）. 1987. Introduction of Recombinant DNA-Engineered Organisms into the Environment：Key Issues. Washington，DC：National Academy Press.

NRC（National Research Council）. 1984. Genetic Engineering of Plants：Agricultural Research Opportunities and Policy Concerns. Washington，DC：National Academy Press.

NRC（National Research Council）. 1987. Agricultural Biotechnology：Strategies for National Competitiveness. Washington，DC：National Academy Press.

NRC（National Research Council）. 2002. Environmental Effects of Transgenic Plants：The Scope and Adequacy of Regulation. Washington，DC：National Academy Press.

Singer，M. and D. Soll. 1973. Guidelines for DNA hybrid molecules. Science 181：1114.

2 报告的框架

委员会认为，从一开始就为该报告奠定一些基础工作，这一点非常重要。在本章中，委员会根据美国国家研究委员会以往在该领域的工作，并结合公众对遗传工程（GE）作物的熟悉程度，解释了其对风险和效益评估的方法，描述农业遗传工程监管中涉及的概念和参与者，以及如何平衡或以其他方式适应它们的不同目标，并讨论报告中常用的一些术语。其他术语见本报告的词汇表（附录 G）。

2.1 对不熟悉的问题进行透彻评估

分析一项技术相关的风险和效益常常被认为是一项困难的科学任务，需要审查这项技术的最相关和质量最高的科学论文，并得出一套统计上支持的结论和建议。然而，在 1996 年，国家研究委员会在风险评估方面开辟了新的领域，发表了受到高度重视的"理解风险：为民主社会的决策提供信息"（以下简称为"理解风险"）报告，指出对风险进行纯粹的技术评估可能导致分析结果准确地回答了错误的问题，但对决策者几乎没有用处。该报告概述了一种平衡分析和审议的方法，这种方法更有可能以赢得有关各方信任和信心的方式解决其关切。采用这种分析-审议方法旨在获得广泛和多样化的参与，以便拟订正确的问题，并获得处理这些问题的最好和最适当的证据。这种风险描述的关键结果是综合了与关键问题有关的证据，包括与关键问题有关的知识状况和不确定性状况（NRC，1996）。

本报告侧重于效益和风险，但 1996 年国家研究委员会报告（以及后来的风险评估工作，如 NRC，2009）中概述的观点与委员会对其任务说明的方法有关。尽管在"理解风险"报告中设定的目标在理论上很有吸引力，但实现这些目标是困难的。委员会通过与对 GE 作物及其衍生食品持反对意见的人士和团体进行早期接触，努力实现提出最相关问题的目标。委员会邀请持 GE 作物对健康、环境、社会和经济不利影响观点的人士和持 GE 作物能带来实质性好处观点的人士在委员会第一次会议上发言[1]。

在早期的接触和许多报告以及后来本委员会收到的公众评论中，很明显地反映出人们对 GE 作物和 GE 食品的看法从极端危险到极其有益，并且大多数公众对 GE 作物持有极端负面或极端正面的看法。然而，美国的民意调查显示，大多数美国人对 GE 知之甚少，是因为它与农业有关。随着时间的推移，认识水平并没有发生太大的变化。在整个 20 世纪 90 年代，许多调查报告显示，至少有 50% 的受访者表示对与农作物有关的 GE "知之

1　第一次会议议程见附录 C。

甚少"或"一无所知"(Shanahan et al., 2001)。到 2014 年，尽管美国农业生产者广泛采用遗传工程技术，而且存在许多含有 GE 成分的食品(Runge et al., 2015)，公众对遗传工程技术的认识水平仍然很低，只有 40％的受访者听说过或读过至少"一些"关于遗传工程的"东西"，近 30％的美国公众没读过或没听过有关这个话题的任何东西。

虽然美国公众对农业领域的遗传工程认识处于很低水平，但是调查数据明显表明，认为 GE 食品对消费者健康构成严重危害的美国人比例稳步上升，从 1999 年的 27％上升到 2013 年的 48％(Runge et al., 2015)。然而，在 2014 年，69％的美国人表示，如果 GE 食品在生产过程中会降低杀虫剂的使用量，他们很可能或在一定程度上愿意购买遗传工程技术生产的产品。

来自其他国家的数据显示，公众对 GE 作物的反应不同。阿根廷(GE 作物的主要种植国之一)还没有看到大规模的公众反对在农业中使用遗传工程技术(Massarani et al., 2013)。然而在巴西，尽管公众强烈反对遗传工程技术，但农民广泛采用了遗传工程技术(Brossard et al., 2013)。因此，农民的接受程度并不总是代表一个特定国家的公众意见。在其他国家，GE 作物一直受到公众舆论的阻挠，从未被公开应用。例如，由于瑞士政府、工业界和科学界的强烈反对，瑞士公民在 2005 年投票支持在 10 年内暂停 GE 动植物在农业中的应用(Stafford，2005)。欧洲国家对 GE 作物的普遍抵制(Gaskell et al., 2006)也可能造成对向欧洲出口 GE 产品的国家的抵制。

关于遗传工程的一般知识或该技术的具体应用程度并不能准确地预测公众对遗传工程的支持或反对程度。事实上，所谓的知识赤字模型已经被社会科学研究证明是不可信的(Allum et al., 2008)。相反，个体往往依赖认知(思维过程)捷径来理解复杂的问题，如遗传工程，而由活跃的利益相关者群体塑造的大众媒体经常提供这些捷径(Scheufele，2006)。社会科学家指出，解释公众对遗传工程态度的社会心理过程是复杂的，超出了对技术背后科学的理解；成熟的个人信仰，如宗教信仰或对科学权威的尊重，在处理复杂的信息时会作为感知过滤器，因此，不同的人可能对相同的大众媒体信息有不同的理解，并就相应技术得出相互矛盾的结论(Scheufele，2006；Brossard and Shanahan，2007)。与此同时，对遗传工程技术相关的风险感知与社会、文化和特定背景有关(Slovic，2000)。因此，可以理解舆论对遗传工程的观点存在比较大的差异性，因为他们依赖于当地的社会政治、文化背景、舆论信息(包括大众媒体的覆盖面)和个人特征(如世界观、对现有体系的信任程度及其他心理因素)(Nisbet and Scheufele，2009；图 2-1)。

鉴于遗传工程的背景特殊性和公众意见的复杂性，本委员会告诫人们不要直接比较各国关于 GE 作物公众意见的数据，因为通常情况下，用于收集数据的方法不同，调查问题在不同的语言中措辞或解释也是不同的。在许多情况下，由于抽样的问题，结论缺乏普遍性。来自非洲的可靠民意数据尚未公布，而亚洲的数据得出了相互矛盾的结果。很明显，自从 20 世纪 90 年代中期 GE 作物商业化以来，公众对遗传工程作为一种技术及其潜在应用的认识水平在全球范围内一直很低。确切地说，不同国家对遗传工程的支持或反对程度会因国家、时间范围、文化和信息背景不同而大相径庭(Brossard，2012)；围绕 GE 作物的争议在世界各地的表现不尽相同。

秉承"理解风险"中描述的分析-审议过程，本委员会已竭尽所能考虑可能导致的对

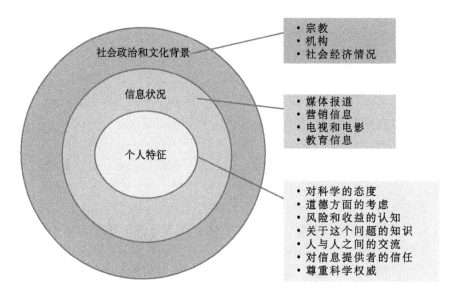

图 2-1　影响人们对科学创新认知的语境过滤器（D. Brossard 的工作，见 NRC，2015b）

风险和效益做出不同估计的备选假设；进而阐述 GE 对人类健康、安全以及社会、经济、生态和伦理的影响，并且考虑 GE 对特定人群及整个人群的风险（和效益）（NRC，1996：3）[1]。正如在"理解风险"中所述，阐述风险特征的目的是：以尽可能准确、全面和与决策相关的方式描述潜在的危险情况，解决有关各方和受影响方的重大关切，并使公共官员和各方能够理解和获得这些信息（NRC，1996：2）。本委员会认为，准确和全面的描述不仅适用于风险，也适用于效益。委员会一直努力以一种平衡细节的方式描述 GE 作物的风险和效益，并使其分析能够被广泛接受。

本委员会试图编写一份报告，帮助读者评估在委员会第一次会议上，以及在许多公众提交的意见中有关遗传工程在农业中应用的辩论维度（表 1-3）。已经熟悉 GE 作物的人们在 GE 作物对环境影响、GE 作物及其相关技术对人类健康影响方面的观点分别在第 4 章和第 5 章展示。种植各种 GE 作物对农民的风险和收益，以及采用 GE 作物对农村地区和发展中国家的影响的分歧观点放在第 6 章展现。委员会还讨论了技术所有权和获得技术的问题（第 6 章）。产品与技术所有权的争论也放在第 6 章。关于消费者是否有权知道他们的食品是否来自 GE 作物（第 6 章）和遗传工程安全评估的充分性（第 5 章和第 9 章）也存在争议。本委员会的目标是审查与这些问题有关的证据。

2.2　遗传工程作物的监管

调控（regulation）和监管（governance）这两个术语有时可以互换使用，但是调控只是涉及技术管理的范畴（Kuzma et al.，2008）。与之前的美国国家研究委员会的报告相一致，本委员会将监管理解为任何试图塑造个人或组织行为的制度安排（NRC，2005，

1　括号中为委员会进行的补充。

2015a）。在制定其报告的框架时，委员会认识到许多参与者对 GE 作物的监管做出了贡献。委员会在这里强调了任何 GE 作物监督机构所涉及的权衡问题。

2.2.1 监管人员

Busch（2011）指出，GE 作物和 GE 食品是 21 世纪食物网的一部分——"由过多的公共和私人的标准进行监管"，许多人都参与其中[1]。也就是说，没有任何一种单一的制度安排能够形成对一般粮食或 GE 作物的监管。事实上，委员会确定有一些机构试图在 GE 作物领域对农民、消费者和彼此间施加影响。

国家、地区[2]和地方政府在许多方面影响着人们的行为，包括法规、激励措施和资金。例如，政府为测试新的 GE 作物或性状颁发许可证，这可能伴随着有关限制条件和试验后监测的条款。政府颁布法律法规，要求对 GE 作物进行安全评估。他们可能会制定保护 GE 作物发明的知识产权规则。只要涉及 GE 作物的私人知识产权、合同纠纷或侵权行为，政府就会通过法院系统参与裁决这些行为。政府也可以成为 GE 作物研究资金的来源。

上游以盈利为目的的私营企业，如那些开发 GE 性状并将其转入作物品种的公司，也为研究提供资金。他们的目标是开发一种商业产品，这也可能是政府支持项目的研究目标。此外，公司通过研发获取知识产权，并保护其免受侵犯。他们与种植 GE 作物的农民签订技术使用协议（合同），其中农民同意不使用 GE 作物收获的种子在下一年种植。这些公司还从农民那里收取 GE 作物的技术使用费。

下游与食品消费者关系更密切的企业，如食品制造商和零售商，通过制定标准来施加影响。总的来说，这种做法已经成为全球农业食品体系中强有力的监管力量（Reardon and Farina，2001；Hatanaka et al.，2005；Henson and Reardon，2005；Fulponi，2006；Bain et al.，2013）。然而，私人标准的制定并不只是营利性公司的领域。许多非政府组织也制定标准，由制造商、零售商和非政府组织制定的私人标准与政府的监管标准并存。尽管它们很少具有法律约束力，但事实上，私人标准往往成为供应商的强制性标准（Henson and Reardon，2005；Henson，2008）。与 GE 作物相关的例子包括诸如一些生产商和第三方认证的非政府组织不允许使用 GE 作物制成的原料，以确定产品不是用任何 GE 作物生产的。私有标准可能会影响到上游的很多方面，影响 GE 种子开发商决定是否将一种特定的性状引入市场。

GE 作物监管的标准也可能制订成国际统一标准。例如，经济合作与发展组织（OECD，简称经合组织）通过早期指导方针的制定影响了 GE 作物的环境评估（OECD，1986）。没有一个国际权威机构监管食品生产和消费的所有方面（Busch，2011），但是国际食品法典委员会（Codex Alimentarius Commission）为评估 GE 作物食品的安全性制定了非法律约束力的标准（CAC，2003a，2003b）。许多国家利用《国际食品法典》标准制

1　参与者是一个社会科学概念，用于指个人或集体实体（如政府机构、公司、零售团体、非营利组织和公民），其行为是有意的和互动的。

2　欧盟是一个区域性政府。

定科学的食品安全风险评估，并制定国家监管体系。

国际贸易协定，如那些由世界贸易组织（WTO）监管的协定，也影响着 GE 作物的政策。世界贸易组织《实施卫生与植物卫生措施协定》（Agreement on the Application of Sanitary and Phytosanitary Measures，SPS 协定）规定了保护人类、动物和植物生命与健康的措施，包括食品安全。《SPS 协定》承认各国政府有权颁布这些措施，但也承认这些措施会成为事实上的贸易壁垒，因此规定了减少贸易壁垒的要求。此外，《SPS 协定》要求采取的措施必须以科学原则为基础，除非科学信息不足，否则不能在没有科学证据的情况下加以维持。在这种情况下，一个国家可以继续进行监管，但也必须寻求解决科学上的不确定性。

国际协定不限于贸易经济问题，它们还可能试图左右 GE 作物对环境的影响。2000 年《卡塔赫纳生物安全议定书》是根据 1992 年《生物多样性公约》制定的，它解决了通过国际贸易将 GE 种子或可繁殖的植物等"活的遗传修饰生物"引入各国可能带来的潜在环境问题。议定书明确采取了预防措施，允许各国在认为没有足够的科学证据证明 GE 产品是安全的情况下拒绝进口该产品，它还允许各国考虑社会经济问题。

其他机构也参与了 GE 作物的监管，包括为研究或宣传捐助资金的基金会，以及进行遗传工程基础研究或应用研究的教育机构。

更多不确定的形式，如消费者运动，也会影响 GE 作物的监管。解决粮食和农业问题的社会和公众运动并不新鲜，但自 20 世纪 90 年代以来，它们的多样性和透明度显著提高（Hinrichs and Eshleman，2014）。"农业食品运动"这一宽泛的分类包含了一系列广泛的问题[1]，其中包括环境和有机食品问题、农民市场、食品正义、反 GE 作物、动物福利等。学者们指出了农业食品运动扩大的许多原因，包括对环境退化的担忧、对体系安全缺乏信任、通过更多地了解谁种植了自己的食物来重获权力感和控制感、希望自己的价值观与所吃的食物保持一致，以及对主流消费习惯产生越来越多的道德质疑等（Nestle，2003；Morgan et al.，2006；Hinrichs and Eshleman，2014）。

GE 作物监管的最后一个要素与 GE 作物各方面的透明度和公众参与有关。一些相关规则是正式的，比如国际人权法、要求获得信息和公众参与的国际人权机构，以及各国政府的信息自由法。其他规则是非正式的，如与信息发布相关的公司惯例。

显然，GE 作物的监管领域有许多参与者，他们相互影响。例如，一些非政府组织努力动用消费者的意见去影响 GE 作物相关研究资金的分配，影响国家法律法规的制定、实施和监测。无论是受雇于政府部门、私营种子公司还是教育机构的研究人员都受到政府法规的影响。随着农业食品运动的发展，全球食品系统的其他参与者，特别是食品零售商，已经注意到并修改了他们自己的政策和做法，以响应或预判消费者的需求。研究表明，私人标准影响政府政策，并可能影响农场层面的实践（Gruère and Sengupta，2009；Tallontire et al.，2011）。

因此，GE 作物的管理是复杂的、多层次的、多机构的，涉及多个参与者不同的约束

1　农业食品运动指的是"可以被视为挑战目前盛行的农业综合食品体系现状的一个广泛的社会行动"（Friedland，2010，转引自 Hinrichs and Eshleman，2014：138）。

性和非约束性规范（Paarlberg and Pray，2007）。在理论上，许多监管形式为代表国家、市场和公众的不同参与者提供了更多的参与机会。在实践中，协调各种监管形式是具有挑战性的。

2.2.2 平衡管理目标

要为各种参与者创建秩序，必须在相互竞争的管理目标之间达成平衡。在监管方面的文献中（如 Gisselquist，2012a，2012b），委员会确定了重要的监管目标，如准确性、完整性、效率和透明度，这些目标必须与 GE 作物平衡或以其他方式适应[1]。

与本章前面描述的风险评估过程类似，GE 作物监管机构应该有可靠和可以接受的方法来确定决策中使用信息的准确性、内容的相对重要性，并考虑所有相关事实和情况。这些目标可能与监管效率的目标（即监管机构在合理的时间范围内做出决策的能力）相矛盾。决策者自然倾向于想要所有可能的相关信息，但是提供和获取这些信息需要成本和时间。作为一个实际问题，监管机构必须在其渴望准确和完整信息与需要及时做出决定（根据及时获得的信息及其现有资源范围做出决定）之间取得平衡。

一般来说，透明度和公众参与是建立国际人权法（如《世界人权宣言》第 19 条）所必需的，这不仅在"理解风险"报告（NRC，1996）中被提到，还被早期国家研究委员会的报告所承认，而且透明度和公众参与还涉及 GE 作物和其他 GE 生物（NRC，2002，2004）。在许多情况下，与监管相关的"公众参与"是一个模糊的概念，它包含许多类型的正式参与机制（从民意调查到共识会议），这些机制具有不同程度的相关利益者的投入和有效的共识构建（Rowe and Frewer，2005）。监管机构应该在一个允许开放和反复讨论的环境中运行，使参与者有可能通过反复过程重新定义他们的兴趣，从而对他们正在寻求解决的问题获得新的看法（De Schutter and Deakin，2005；Irwin et al.，2013）。这一过程对 GE 作物等问题尤为重要，因为它们具有多维度、复杂性，而且利益攸关方持有的对立观点往往超越了纯科学领域。这些机构的设计应确保有一个公平的竞争环境，以便资金充足的利益攸关方的声音不会淹没资金不足的利益攸关方的声音。此外，要根据行政效率的需要来审议充分参与的目标，以确保及时做出决定。

透明度涉及决策过程和用于决策的信息。例如，在政府监管方面，当公众能够看到监管机构决策所依据的数据时，透明度有助于建立信任和信心。透明度还有助于确保民主问责制，确保监管机构基于公开信息做出适当决定。然而，有关透明度的规则还应考虑到保护合法保密的商业信息和国家安全的需要。

有证据表明，在私营部门监管方面的透明度和公众参与度上，取得的成功是有限的（Fuchs et al.，2011；框 2-1）。发展和维护私人监管的合法性越来越受到关注，与公立部门监管不同，私人监管在政府的权威中不具有合法性。

1　其他质量也可能与监管相关，这取决于所采用的方法和使用的定义。例如，美国环保署的风险描述政策规定，"风险描述应以一种清晰、透明、合理的方式进行，并与该机构跨项目编写的其他类似范围的风险描述保持一致"（EPA，2000：14）。本委员会将重点放在透明度和公众参与上，因为实现透明度和公众参与为建立准确的决策数据库提供了最好的机会，这对协调不同价值观之间的关系至关重要，并且可以达到明确性、一致性和合理性。

框 2-1 参与私营机构监管

一般来说，四种类型的私营监管部门与粮食和农业相关（也与 GE 作物相关）：个体公司、行业协会、非政府行为体和多方利益相关倡议者（multi-stakeholder initiatives，MSIs）。其中，MSIs 是最常见的，它们可以包括行业界、学术界和非政府参与者。圆桌会议是活跃在农业和食品部门的 MSIs 的一种类型。例如，可持续棕榈油圆桌会议、负责任的大豆圆桌会议及可持续生物质能源圆桌会议的目的都是建立一个或一套标准来塑造整个商品链，而不是建立只创造区块市场的私人标准（Schouten et al.，2012）。

MSIs 被认为比其他形式的私营部门监管更合法，因为人们认为其他机制偏向于特定的利益，比如特定的公司或行业（Hatanaka and Konefal，2013）；但是，在 MSIs 的操作中也发现了一些不足之处，在对食品零售 MSIs 的比较研究中，发现民间社会组织的代表性尤其缺乏（Fuchs et al.，2011）。英国一项针对 GE 的 MSIs 研究发现，扩大决策基础的努力已经使潜在的科学不确定性、不完整性、矛盾的证据以及有争议的价值立场暴露得更加明显（Walls et al.，2005：656），这加剧了人们对 MSIs 的不信任（虽然 MSIs 试图努力提升人们对它的信任）。

GE 作物监管应该足够灵活，要考虑相关因素的变化及其存在的环境（Kuzma，2014）。例如，监管机构应该有能力对遗传工程技术及其潜力的变化做出适当的反应，有能力对与遗传工程、社会风险偏好、环境和社会条件以及科学理解有关技术的变化做出适当的反应，监管应该能够根据经验进行调整。与此同时，公众和受监管实体都需要一定程度的可预测性和稳定性。例如，在进行投资和开发决策时，公司需要对流程和标准有一个可靠的估计，在此基础上，如果要将产品推向市场，就需要获得批准。同样，农民需要对可能提供的产品类型有一个可靠的认识。

最后，从理论和广义上讲，监管 GE 作物应有助于在可接受的风险范围内从 GE 作物获取最大的社会效益，或者尽可能实现与 GE 作物相关的特定社会风险和收益水平所需的监管资源最小化这样一个目标[1]。而实际上，有必要从多个方面考虑可接受的风险水平，而不仅仅是一个方面，因为 GE 作物带来的风险会根据相关 GE 作物的性质、可能的用途和预期位置而变化。例如，与生物多样性、农村经济条件和食品安全相关的风险在 GE 作物之间存在差异，或者更具体地说，在 GE 性状之间存在差异。从 GE 作物或性状中获得的益处也是如此。因此，很难以任何精确的方式寻求在可接受的风险水平上从 GE 作物获取最大社会效益的目标；相反，该目标为在 GE 作物的背景下思考监管提供了一个框架。

GE 作物监管包括监管者、被监管者和社会其他要素之间的动态迭代和互动过程。这类似于为评估风险和收益创作的"理解风险"中概述的分析-审议过程（NRC，1996）。在本报告的后几章中，本委员会试图描述与 GE 作物有关的风险和收益，并解释监管遗传工程技术内在的平衡问题。

1　实现监管资源的最小化可能涉及多种方法，包括更改监管法规的数量或类型、执行方法或参与者的角色。

2.3 术语及其挑战

本委员会成员在开始处理任务说明时，需要将在报告中使用的术语和定义达成一致。与遗传工程相关的术语在科学文献和非专业文献中有时表示不同的意思。因此，委员会花了相当多的时间讨论术语和定义。

2.3.1 术语

本委员会首先界定了作物的含义，其影响到这项研究的任务说明范围。在本报告中，作物是指为生存、环境改善或经济利益而种植的维管植物。维管植物含有运输水分和营养的组织。在这个含义的限制下，细菌、藻类和动物不属于作物的范畴。本委员会界定的作物除粮食作物外，还包括观赏植物和苗圃植物，以及树木，这些树木可以为经济收益而种植，但也可以在未经监管的生态系统中种植和繁殖。

在这份报告中，遗传工程指的是引入或改变人工操纵的 DNA、RNA 或蛋白质，以影响有机体基因组或表观基因组的变化[1]。基因组是指生物体 DNA 的特定序列；基因组包含有机体的基因。表观基因组包含一些物理因子，其影响基因的表达而不影响基因组 DNA 序列组成。本委员会对遗传工程的定义包括农杆菌介导和基因枪介导的植物基因转移（见第 3 章），以及最近开发的技术，如 CRISPR、TALEN 和 ZFN（见第 7 章）。重组 DNA 是一种 DNA 分子，是由实验室操作创造的，它连接两个或多个 DNA 片段，这种连接方式是自然界中没有的。

选择理想的植物作为亲本与具有不同基因组的植物进行有性杂交，或用化学及辐射诱变方法改变基因组，这些都被认为是传统的植物育种，不属于遗传工程的范畴。分子标记辅助选择（marker-assisted selection，MAS）也是传统育种的一种方法。MAS 是在提取的 DNA 样本上进行人工操作，以确定哪些植物或其他生物体具有现有基因的特定序列，这些标记不会成为植物基因组的一部分。

本委员会将生物技术定义为除选择性育种和植物有性杂交以外赋予生物体新特性的方法。因此，本报告所使用的生物技术包括一些常规育种的类型，如利用诱变技术来改变植物基因组，利用胚胎培养技术使得远缘杂交种后代能够存活等。

转基因是指任何通过遗传工程技术转移到生物体中的外源基因。然而在本报告中，转基因生物是一种特定的生物，其基因包含另一个物种的序列或者通过遗传工程技术人工合成的序列[2]；这一定义将转基因生物与同源基因重组或基因内重组生物（如下所述）区分开来，它们都包含转基因。转基因事件是指外源基因插入到一个基因组的独立事件。在进行植物转化实验时，从组织培养中选择许多独立的转基因事件。在大多数系统中，转基因事件是监管批准的主题。

---

1 "遗传修饰"一词常与"遗传工程"同义，然而本委员会保持其术语与以前的国家研究委员会的报告一致（NRC，2004，2010）。"遗传修饰"更为普遍，指的是用来改变生物体基因组成的一整套方法，包括传统的植物育种。

2 转基因一词有时包括一种有机体，在这种有机体中，来自另一物种的遗传物质已经自然转移，即通过不受人类操纵的事件进行转移。本委员会决定不在本报告的转基因定义中包含这种自然转移，重点是人类操纵的遗传工程。

同源转基因（cisgenesis）是在有性可交配物种之内的遗传工程，也就是说，这种基因转移可以通过传统育种来完成。在同源转基因过程中，一个内源基因被完整地从一个有性繁殖的植物中克隆出来，并导入作物的基因组中。在基因内重组（intragenesis）过程中，各种各样来自同种作物不同品种或其亲缘物种的 DNA，被组合成一个基因传递盒，然后插入受体植物的基因组中[1]。因此同源转基因和基因内重组生物可能有外源基因，但它们不属于转基因生物。

2.3.2 定义术语的挑战

定义术语的一个主要挑战是，自然界并不存在明确的界限。例如，上面提到的同源转基因的常用定义是基于遗传工程受体植物是否能通过有性繁殖获得基因。然而，有性杂交亲和性的标准并不一定表明两种植物的确切亲缘关系。在许多情况下，植物一个基因的等位基因可造成有性杂交不亲和（Bomblies，2010；Rieseberg and Blackman，2010）。也就是说，除了一个基因的等位基因不同，有性杂交不亲和的植物可能有相同的基因组。此外，通常没有明确的分界点表明当一个基因组与另一个基因组的差异达到多大时，才有必要命名一个单独的物种。因此，尽管将基因从一个物种转移到另一个物种已经成为 GE 作物普遍关注的问题，但是相关的生物体是否是不同的物种并不总是清楚的。

值得注意的是，基因组通常包含在进化过程中从远亲生物体引入的 DNA。这种自然的（不是人类操纵的）基因转移被称为水平基因转移。例如，甘薯（*Ipomoea batatas*）天然含有根癌农杆菌的遗传物质（Kyndt et al.，2015），一些海蛞蝓含有藻类的 DNA（Rumpho et al.，2008）。

另一个挑战是，人类的聪明才智也没有固定的界限，技术的发展使多种途径在植物基因改造方面达到类似的效果。例如，一种被称为 TILLING 的技术（定向诱导基因组局部突变，见第 7 章中描述）是一种替代 GE 的方法，用于创造在特定基因中具有特定变化的植物（Henikoff et al.，2004）。根据上述定义（或大多数监管机构使用的定义），TILLING 技术不涉及遗传工程，但它可能会在整个基因组中产生变化，而遗传工程技术不能让一个基因的某个特定位点发生同样的变化。

本 章 小 结

改造基因组的方法与技术（如 CRISPR）快速发展，将继续带来定义和分析方面的挑战。本章的目的是介绍 GE 作物和遗传工程呈现出来的复杂性。许多持不同意见的利益攸关方在地方、国家、区域和国际等各级采取行动。他们经常努力与他人交流某个正在发展的科学过程，这个过程对社会、环境、经济，甚至可能对健康产生影响。本委员会的任务说明中责成利益攸关方处理 GE 作物的食品安全、环境、社会、经济、监管和其他方面的问题，而且利益攸关方确实这样做了。然而，正如本报告后面几章所显示的那样，特定 GE 作物品种的技术、特性和应用环境是多样化的，以至于无法将 GE 作物概括为单一的

1　第 7 章更详细地讨论了同源转基因和基因内重组。

定义实体。

参 考 文 献

Allum, N., P. Sturgis, D. Tabourazi, and I. Brunton-Smith. 2008. Science knowledge and attitudes across cultures: A meta-analysis. Public Understanding of Science 17: 35-54.

Bain, C., E. Ransom, and V. Higgins. 2013. Private agri-food standards: Contestation, hybridity and the politics of standards. International Journal of Sociology of Agriculture and Food 20: 1-10.

Bomblies, K. 2010. Doomed lovers: Mechanisms of isolation and incompatibility in plants. Annual Review of Plant Biology 61: 109-124.

Brossard, D. 2012. Social challenges: Public opinion and agricultural biotechnology. Pp. 17-31 in The Role of Biotechnology in a Sustainable Food Supply, J. Popp, M. Jahn, M. Matlock, and N. Kemper, eds. New York: Cambridge University Press.

Brossard, D., and J. Shanahan. 2007. Perspectives on communication about agricultural biotechnology. Pp. 3-20 in The Public, the Media, and Agricultural Biotechnology, D. Brossard, J. Shanahan, and T. C. Nesbitt, eds. Cambridge, MA: Oxford University Press.

Brossard, D., L. Massarani, C. Almeida, B. Buys, and L. E. Acosta. 2013. Media frame building and culture: Transgenic crops in two Brazilian newspapers during the "year of controversy." E-Compós 16: 1-18.

Busch, L. 2011. Food standards: The cacophony of governance. Journal of Experimental Botany 62: 3247-3250.

CAC (Codex Alimentarius Commission). 2003a. Guideline for the Conduct of Food Safety Assessment of Foods Using Recombinant DNA Plants. Doc CAC/GL 45-2003. Rome: World Health Organization and Food and Agriculture Organization.

CAC (Codex Alimentarius Commission). 2003b. Principles for the Risk Analysis of Foods Derived from Modern Biotechnology. Doc CAC/GL 44-2003. Rome: World Health Organization and Food and Agriculture Organization.

De Schutter, O., and S. Deakin. 2005. Reflexive governance and the dilemmas of social regulation. In Social Rights and Market Forces: Is the Open Coordination of Employment and Social Policies the Future of Social Europe? O. De Schutter and S. Deakin, eds. Brussels: Bruylant.

EPA (U. S. Environmental Protection Agency). 2000. Risk Characterization Handbook. Washington, DC: EPA.

Friedland, W. H. 2010. New ways of working and organization: Alternative agrifood movements and agrifood researchers. Rural Sociology 75: 601-627.

Fuchs, D., A. Kalfagianni, and T. Havinga. 2011. Actors in private food governance: The legitimacy of retail standards and multistakeholder initiatives with civil society participation. Agriculture and Human Values 28: 353-367.

Fulponi, L. 2006. Private voluntary standards in the food system: The perspective of major food retailers in OECD countries. Food Policy 31: 1-13.

Gaskell, G., A. Allansdottir, N. Allum, C. Corchero, C. Fischler, J. Hampel, J. Jackson, N. Kronberger, N. Mejlgaard, G. Revuelta, C. Schreiner, S. Stares, H. Torgersen, and W. Wagner. 2006. Europeans and Biotechnology in 2005: Patterns and Trends. Brussels: DG Research.

Gisselquist, R. M. 2012a. Good Governance as a Concept, and Why This Matters for Development Policy. Working Paper, No. 2012/30. Helsinki: UNU World Institute for Development Economics Research.

Gisselquist, R. M. 2012b. What does good governance mean? Online. WIDER Angle Newsletter. Available at http://www. wider. unu. edu/publications/newsletter/articles-2012/en _ GB/01-2012-Gisselquist/. Accessed September 17, 2015.

Gruère, G., and D. Sengupta. 2009. GM-free private standards and their effects on biosafety decision-making in developing countries. Food Policy 34: 399-406.

Hatanaka, M., and J. Konefal. 2013. Legitimacy and standard development in multi-stakeholder initiatives: A case study of the Leonardo Academy's sustainable agriculture standard initiative. International Journal of Sociology of Agriculture and Food 20: 155-173.

Hatanaka, M., C. Bain, and L. Busch. 2005. Third-party certification in the global agrifood system. Food Policy 30: 354-369.

Henikoff, S., B. J. Till, and L. Comai. 2004. TILLING: Traditional mutagenesis meets functional genomics. Plant Physiology 135: 630-636.

Henson, S. 2008. The role of public and private standards in regulating international food markets. Journal of International Agricultural Trade and Development 4: 63-81.

Henson, S., and T. Reardon. 2005. Private agri-food standards: Implications for food policy and the agri-food system. Food Policy 30: 241-253.

Hinrichs, C., and J. Eshleman. 2014. Agrifood movements: Diversity, aims and limits. Pp. 138-155 in Rural America in a Globalizing World: Problems and Prospects for the 2010s, C. Bailey, L. Jensen, and E. Ransom, eds. Morgantown: West Virginia University Press.

Irwin, A., T. E. Jensen, and K. E. Jones. 2013. The good, the bad and the perfect: Criticizing engagement practice. Social Studies of Science 43: 118-135.

Kuzma, J. 2014. Properly paced? Examining the past and present governance of GMOs in the United States. Pp. 176-197 in Innovative Governance Models for Emerging Technologies, G. Marchant, K. Abbott, and B. Allenby, eds. Cheltenham, UK: Edward Elgar.

Kuzma, J., J. Paradise, G. Ramachandran, J. Kim, A. Kokotovich, and S. M. Wolf. 2008. An integrated approach to oversight assessment for emerging technologies. Risk Analysis 28: 1197-1220.

Kyndt, T., D. Quispe, H. Zhai, R. Jarret, M. Ghislain, Q. Liu, G. Gheysen, and J. Kreuze. 2015. The genome of cultivated sweet potato contains *Agrobacterium* T-DNAs with expressed genes: An example of a naturally transgenic food crop. Proceedings of the National Academy of Sciences of the United States of America 112: 5844-5849.

Massarani, L., C. Polino, C. Cortassa, M. E. Fazio, and A. M. Vara. 2013. O que pensam os pequenos agricultores da Argentina sobre os cultivos geneticamente modificados? Ambiente & Sociedade 16: 1-22.

Morgan, K., T. Marsden, and J. Murdoch. 2006. Worlds of Food: Place, Power, and Provenance in the Food Chain. Oxford: Oxford University Press.

Nestle, M. 2003. Safe Food: Bacteria, Biotechnology, and Bioterrorism. Berkeley: University of California Press.

Nisbet, M., and D. Scheufele. 2009. What's next for science communication? Promising directions and lingering distractions. American Journal of Botany 96: 1767-1778.

NRC (National Research Council). 1996. Understanding Risk: Informing Decisions in a Democratic Society. Washington, DC: National Academy Press.

NRC (National Research Council). 2002. Environmental Effects of Transgenic Plants: The Scope and Adequacy of Regulation. Washington, DC: National Academy Press.

NRC (National Research Council). 2004. Biological Confinement of Genetically Engineered Organisms. Washington, DC: National Academies Press.

NRC (National Research Council). 2005. Decision Making for the Environment: Social and Behavioral Science Research Priorities. Washington, DC: National Academies Press.

NRC (National Research Council). 2009. Science and Decisions: Advancing Risk Assessment. Washington, DC: National Academies Press.

NRC (National Research Council). 2010. The Impact of Genetically Engineered Crops on Farm Sustainability in the United States. Washington, DC: National Academies Press.

NRC (National Research Council). 2015a. Industrialization of Biology: A Roadmap to Accelerate the Advanced Manufacturing of Chemicals. Washington, DC: National Academies Press.

NRC (National Research Council). 2015b. Public Engagement on Genetically Modified Organisms: When Science and

Citizens Connect. Washington, DC: National Academies Press.

OECD (Organisation for Economic Co-operation and Development). 1986. Recombinant DNA Safety Considerations. Paris: OECD.

Paarlberg, R., and C. Pray. 2007. Political actors on the landscape. AgBioForum 10: 144-153.

Reardon, T., and E. Farina. 2001. The rise of private food quality and safety standards: Illustrations from Brazil. The International Food and Agribusiness Management Review 4: 413-421.

Rieseberg, L. H., and B. K. Blackman. 2010. Speciation genes in plants. Annals of Botany 106: 439-455.

Rowe, G., and L. J. Frewer. 2005. A typology of public engagement mechanisms. Science, Technology & Human Values 30: 251-290.

Rumpho, M. E., J. M. Worful, J. Lee, K. Kannan, M. S. Tyler, D. Bhattacharya, A. Moustafa, and J. R. Manhart. 2008. Horizontal gene transfer of the algal nuclear gene psbO to the photosynthetic sea slug *Elysia chlorotica*. Proceedings of the National Academy of Sciences of the United States of America 105: 17867-17871.

Runge, K. K., D. Brossard, D. A. Scheufele, K. M. Rose, and B. J. Larson. 2015. Opinion Report: Public Opinion & Biotechnology. Madison, WI: University of Wisconsin-Madison, Department of Life Sciences Communication. Available from http://scimep. wisc. edu/projects/reports/. Accessed December 1, 2015.

Scheufele, D. A. 2006. Messages and heuristics: How audiences form attitudes about emerging technologies. Pp. 20-25 in Engaging Science: Thoughts, Deeds, Analysis and Action, J. Turney, ed. London: Wellcome Trust.

Schouten, G., P. Leory, and P. Glasbergen. 2012. On the deliberate capacity of private multi-stakeholder governance: The Roundtables on Responsible Soy and Sustainable Palm Oil. Ecological Economics 83: 42-50.

Shanahan, J., D. Scheufele, and E. Lee. 2001. The polls-trends: Attitudes about agricultural biotechnology and genetically modified organisms. Public Opinion Quarterly 65: 267-281.

Slovic, P., ed. 2000. The Perception of Risk. New York: Earthscan.

Stafford, N. December 1, 2005. New Swiss GM ban. Scientists raise concerns about the new law's potential effects on research. Online. The Scientist. Available at http://www. the-scientist. com/? articles. view/articleNo/23519/title/New-Swiss-GM-ban/. Accessed December 1, 2015.

Tallontire, A., M. Opondo, V. Nelson, and A. Martin. 2011. Beyond the vertical? Using value chains and governance as a framework to analyse private standards initiatives in agrifood chains. Agriculture and Human Values 28: 427-441.

Walls, J., T. O'Riordan, T. Horlick-Jones, and J. Niewöhner. 2005. The meta-governance of risk and new technologies: GM crops and mobile telephones. Journal of Risk Research 8: 635-661.

3 截至 2015 年的遗传工程作物

在前面的章节中，本委员会介绍了 GE 作物监管领域的主要参与者，定义了 GE 作物中常用的术语，为 GE 作物的风险和效益评估方法奠定了基础。在本章中，我们首先对美国国内外的 GE 作物进行介绍并对其发展历史进行回顾。这个回顾不仅包括在 2015 年已经商业化的 GE 作物，还包括已经被研发出来但未被商业化的、进入市场后被撤回或中断种植的 GE 作物，以及截至 2015 年已研发出来并即将投入市场的具有转基因特征的作物。除此之外，还介绍了政府为规范 GE 作物而制定的一些举措。

3.1 农业遗传工程的发展

人类驯化植物至少有一万年的历史。早期植物的驯化涉及对整株、果实、种子、花序或其他人们感兴趣的繁殖器官的选择。选择植物性状一般包括提高产量、降低毒害、改善种子或果实的形态和风味，以及不落粒且易收割穗（谷物类）或豆荚（豆类）。这样的选择使得人们将许多野生植物驯化成作物，如小麦（*Triticum aestivum*）、水稻（*Oryza sativa*）、玉米（*Zea mays*）、马铃薯（*Solanum tuberosum*）和番茄（*Solanum lycopersicum*）。

其中最具有代表性的驯化例子是玉米。大约在 6000～10 000 年前，古老的中美洲农民通过人工选择驯化了大刍草（小颖类蜀黍）（图 3-1）。大刍草是一种草本植物，有许多侧枝和穗轴，穗轴上有 5～12 个单独包裹的籽粒，籽粒成熟后会掉落到地面。通过人工选择，人类获得了一株没有侧枝（即单茎）但有几十甚至数百粒大种子（籽粒）的玉米植株，这是基于自然突变所产生的一种非常稀有却是人们特别期望得到的性状，又经过不断地选择才进化成了现代玉米（Doebley，2004；Flint-Garcia，2013；Wang et al.，2015）。

还有一些其他有趣的例子：①原产于美洲大陆的野生番茄不但小，而且口感不好，它也是通过人类的驯化和选择，果实的形状大小、种子的大小及果实的风味发生了改变，从而培育出了现在我们所食用的番茄（Bai and Lindhout，2007）。②胡萝卜的祖先（胡萝卜亚种）肥大的直根是木质化且粗糙的，颜色为白色，并不是现在看起来美味可口、形状均匀的橙色。③现今我们食用的草莓（*Fragaria×ananassa*）源于法国，后来发展到美国，其实它来自两个品种的杂交，一个种具有备受赞誉的风味（最初发现于美国弗吉尼亚州），另一个种则因为它的大小合适（生长在智利沿海）。

现代遗传学和植物育种学源于达尔文的进化论和自然选择学说，以及孟德尔在 19 世纪中期对遗传基本原理的阐述。应用遗传学的基本原理来阐述一个物种的遗传变异（生物

图 3-1　大刍草（左）经过人类的选择和驯化进化成为现代玉米（右）（Fuller，2005）

标尺为美国硬币（直径约 2 厘米）。

多样性）是植物育种的基石。作物的遗传变异主要来自自然突变（个体 DNA 序列的变化）、有性繁殖个体中等位基因（基因的变体）的重组以及供体物种的新基因或等位基因的渗入。

19 世纪末和 20 世纪初，科学研究的发展使人们对遗传学有了更深入的理解，植物育种家也可以越来越精确地应用这些理论。他们可以通过特定亲本杂交有意识地改变植物中的一些性状，从而产生具有理想性状的后代。此外，他们还发现了加快育种世代和检测遗传变异的方法，这些都促进了品种改良的针对性和高效性（见综述 Mba，2013）。在自然界，DNA 自发突变相对稀少（Ossowski et al.，2010），但是科学家发现使用化学试剂或辐射能高频率地诱发 DNA 突变（Roychowdhury and Tah，2013），因此可以增加物种的遗传变异[1]。由于自然与人工诱变是随机的（因为它们可以影响任何基因），所以育种家必须对突变的后代进行评估，以便丢弃那些具有不良甚至有害性状的个体、保留那些具有优良性状的个体来进一步培育新品种。

继达尔文和孟德尔的伟大发现近一个世纪之后，沃森（Watson）和克里克（Crick）因发现 DNA 的双螺旋结构而被授予 1962 年诺贝尔生理学或医学奖（图 3-2）。霍利（Holley）、柯雷拉（Khorana）和尼雷伯格（Nirenberg）因破译与蛋白质合成有关的遗传密码也获得了 1968 年诺贝尔生理学或医学奖。DNA 中每三个连续的碱基序列决定一个氨基

<hr />

1　电离辐射被用于培育多种水稻、小麦、大麦（*Hordeum vulgare*）和玉米（Roychowdhury and Tah，2013）的品种以及红果实的 Ruby Sweet 和 Rio Star 葡萄柚（*Citrus paradisi*）。见 http://www.texasweet.com/texas-grape-fruits-and-oranges/texas-grapefruit-history/。访问于 2015 年 9 月 18 日。

酸。这些序列或称"单词"构成模板，指导合成由特定氨基酸排列的蛋白质。基因则是由三个字母"单词"组成的长"句子"（图 3-3）。1973 年，科恩（Cohen）和他的同事首创了 DNA 重组（rDNA）技术，该技术可以使科学家从一个有机体的 DNA 中切割基因序列，并将它们拼接到另一个有机体的 DNA 中（Cohen et al.，1973）［译者注：重组 DNA 技术首先由 Jackson 等报道（Jackson et al.，1972），Paul Berg 完成了世界上第一次 DNA 重组试验，因此 Paul Berg 于 1980 年获得诺贝尔化学奖］。这种重组技术为生物育种包括作物 GE 中遗传多样性的增加提供了一条新途径。

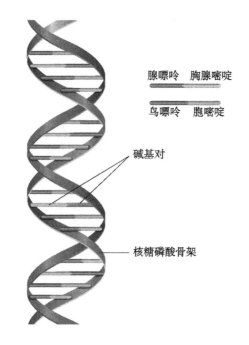

图 3-2　DNA 结构（见彩图）（来源于美国国家医学图书馆的插图）

DNA 是由一系列核苷酸链组成的分子，该核苷酸链包括核糖、磷酸盐和核苷酸的四个碱基［腺嘌呤（A）、鸟嘌呤（G）、胸腺嘧啶（T）和胞嘧啶（C）］中的任何一个。DNA 分子的骨架是核糖和磷酸基团，A、G、T 或 C 碱基从每一种核糖中伸出来。每两条链通过碱基之间的弱键互相结合在一起，如 A 与 T 配对、G 与 C 配对。因此，这两条链是互补的。

　　GE 作物是多项科学发现和技术发展相结合的产物。除了 20 世纪 70 年代初的 rDNA 技术外，植物 GE 技术还需要有效地通过组织培养操纵植物细胞再生的能力，以及了解农杆菌介导冠瘿病的生物学机理，以便实现农杆菌介导植物基因转移。

　　组织培养是一种在体外维持、培养和操作细胞、组织和器官的方法。它在植物中的应用至少可以追溯到 1902 年哈伯兰特（Haberlandt）在德国的研究（Haberlandt，1902）。20 世纪上半叶，植物组织培养在许多实验室得到了进一步的发展，Murashige 和 Skoog 于 1962 年发表了植物生物技术中使用最多的培养基——MS 培养基的配方（Murashige and Skoog），MS 培养基虽然最初是为烟草（*Nicotiana tabacum*）的组织培养专门研制的，但后来证实它对许多植物都有效。到 20 世纪 70 年代 rDNA 技术革命爆发的时候，植物生物学家已经能够操纵烟草及其他物种的单个细胞和组织，从而产生出完整的植株。这些技术的发展使得 GE 细胞的选择和再生出 GE 植株成为可能。

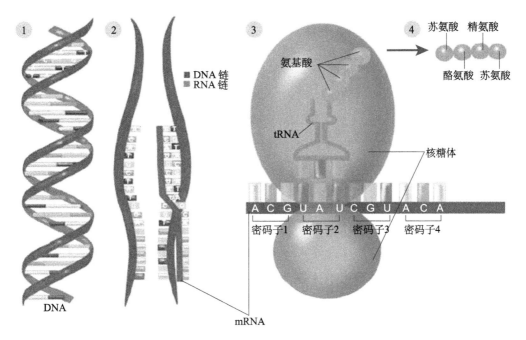

图 3-3 DNA 转录成 RNA，RNA 被翻译成蛋白质进而表现相应的遗传性状（见彩图）

(National Institute of General Medical，2010)

遗传性状的表达首先是把包含在 DNA 中的信息复制（转录）到核糖核酸 RNA 分子中；然后 RNA 分子指导特定蛋白质的合成，蛋白质为由氨基酸构成的链状分子。当 DNA①转录为 RNA②时，遗传信息被表达。在转录过程中，一条 DNA 链作为模板转录成信使 RNA（mRNA）的互补链。接下来，信使 RNA 从细胞核移动到细胞质中，核糖体附着于其上③，通过阅读遗传密码指导氨基酸链合成蛋白质④。氨基酸链折叠成蛋白质，参与一个或多个性状的形成。

组织培养再生的植株通常与原植物之间以及再生植物之间在形态上存在很大的差异，体细胞变异（somaclonal variation）这个术语指的就是这种表型变异（Larkin and Scowcroft，1981）。体细胞变异的早期解释包括几种类型的遗传变化（突变），但后来的证据也认为多种类型的表观遗传变化也参与其中（Neelakandan and Wang，2012）。转基因过程发生的基因突变会使获得有用的转基因植株效率降低[1]。因此，植物生物技术专家们通过尽量产生大量转基因植株的亲本家系或克隆，从中选择基因表达和表型理想的家系。如果当设计的转基因植株存在不利突变，或某些具有优良性状的种质不利于遗传转化，又或者希望将目标性状转到一系列不同的种质中时，那么最初获得的转基因植株首先要和所需遗传背景的植株进行杂交，然后不断进行回交，同时选择含有目标 DNA 片段的子代，直到大多数或所有的遗传突变、表观遗传变化或不想要的性状被去除为止。

冠瘿瘤的故事发生于 20 世纪初，这是一种特殊的细菌——根癌农杆菌（*Agrobacterium tumefaciens*）侵染植物所引起的植物肿瘤。20 世纪 40 年代，研究者发现即使在没有农杆菌的情况下，这些肿瘤细胞仍然保留了肿瘤的特性。这一发现使人们推测该细菌可能会导

---

1 不同植物种类和条件下的诱变率差异较大（Jiang et al.，2011；Stroud et al.，2013）。

致植物细胞发生永久性的遗传变化。直到 20 世纪 70 年代，这种遗传变化的机制才被阐述清楚，即农杆菌侵染植物细胞时将肿瘤诱导（Ti）质粒的部分 DNA 片段转移到植物细胞中[1]。被转移的 Ti 质粒片段称为可转移 DNA（T-DNA），其包含了在植物细胞中表达时就会引起肿瘤生长及破坏植物新陈代谢从而使细菌受益的基因。20 世纪 70 年代末，科学家先驱们发现，他们可以去除由农杆菌正常侵染后引起冠瘿瘤的基因，并用希望插入到植物细胞中的目标基因来取而代之，进而将这种细菌改造成一种有用的植物 GE 载体。不久，科学工作者就开始利用携带目标基因片段的 Ti 质粒进行农杆菌介导的植物遗传转化。

20 世纪 80 年代初，GE 对作物改良产生了相当大的影响。仔细阅读以 Barton 和 Brill（1983）以及 NRC（1984）为代表的专家的科学评论与论文就会发现，当时的研究人员通过 GE 已经在作物中获得了一系列的优良性状，并且乐观地预见作物改良的时代会迅速到来。Barton 和 Brill 预测通过 GE 可以改良作物中的如下问题：昆虫防治〔利用苏云金芽孢杆菌（Bt）基因〕、杂草控制（利用抗除草剂作物）以及干旱和其他胁迫的抗性。他们在文章最后乐观地预见："GE 技术的未来必定是令人兴奋的，一方面是因为那些我们还不能预测的应用，另一方面是因为那些已经被我们大家期望的应用。"

20 世纪 80 年代，一些实验室和公司着手研发可用于商业化应用的 GE 作物。1985 年，美国政府批准了第一批 GE 作物的环境释放[2]。到 1988 年，Calgene 公司获得了美国政府的批准，可以对 FLAVR SAVR™ 番茄进行田间测试，该番茄具有成熟期延迟的特性。后来，FLAVR SAVR™ 番茄在 1994 年成为第一个商业化应用的 GE 作物。1989 年，孟山都公司获得了抗除草剂草甘膦的转基因大豆（Glycine max）的田间试验许可证，该大豆于 1996 年首次在美国商业化销售[3]。

从 20 世纪 80 年代到 2015 年，GE 作物的发展主要依赖于以下三项关键技术：DNA 重组、组织培养和农杆菌介导的细胞转化。在 20 世纪 80 年代后半期出现了另一个重要的 GE 工具即微粒轰击，也称为基因枪（转化）方法，它的发展在一定程度上增加了可以被用于转基因的植物物种的数量（Klein et al.，1987）。基因枪是由康奈尔大学的桑福德（Sanford）和他的同事发明的。基因枪上设计了各种精巧部件用来加速包裹有 DNA 的微米大小的金或钨颗粒，进而穿透植物细胞进行遗传转化。用于植物转化的商业化基因枪主要利用氦气压力在真空室加速微粒后轰击培养皿中的植物组织。基因枪被认为是 GE 的第二个可靠的工具，因为以前被认为不能通过农杆菌转化的许多重要经济作物（如玉米），后来也可以利用农杆菌进行常规的遗传转化（Gelvin，2003）。目前，几乎所有的植物类群（包括蕨类植物）都被证实可以进行农杆菌介导的转化（Muthukumar et al.，2013），

1　质粒是细菌细胞中的一种遗传物质，它与细菌染色体 DNA 在物理上是分离的，可以独立复制。

2　第一批允许环境释放的遗传工程作物（在 www.isb.vt.edu 的美国农业部数据库中找到）来自 Agracetus 公司，其中包括转基因玉米、棉花、土豆、大豆、烟草和番茄，但由于商业机密的原因，这些遗传工程作物的特性没有公开。

3　草甘膦由孟山都公司以 Roundup（农达）商标名销售。孟山都出售的具有抗草甘膦特性的转基因大豆被称为 Roundup Ready 大豆。

但是一些物种中只有为数不多的几个基因型可以作为有效的转化受体。

3.2 21 世纪初的遗传工程作物

遗传工程是一项迅速发展的技术。至 2015 年，之前介绍的农杆菌介导转化方法逐渐被新的方法超越（将在第 7 章中讨论）。本节只讨论目前已培育的 GE 作物和性状以及商业化生产的 GE 作物的种植。

3.2.1 遗传工程作物的全球分布

2015 年，全球约 12%（15 亿公顷中的 1.797 亿公顷）的农田种植 GE 作物（FAO，2015；James，2015）。当年数据显示，GE 作物商业品种包括 9 种粮食作物、3 种非粮食作物和 2 种花卉，其中转基因玉米和大豆是种植最广泛的 GE 作物。

自从 1996 年转基因玉米首次商业化以来，其生产大幅增加，全球转基因玉米的种植面积从不到 30 万公顷（James，1997），增加到 2006 年的 2520 万公顷。到 2015 年，转基因玉米种植面积比 2006 年增加了一倍多，达到 5370 万公顷，占当年全球玉米种植面积的三分之一（James，2006，2015）。

2015 年，转基因大豆主导了大豆市场，占当年大豆种植面积的 80%（1.18 亿公顷）（James，2015；USDA，2016）。与玉米一样，自 1996 年引入以来，转基因大豆的种植率迅速增加。2001 年，全球种植转基因大豆的面积达 3300 万公顷（James，2002）；到 2015 年，种植面积已经超过 9200 万公顷（James，2015）。

在 2015 年种植的其他 7 种转基因食品作物分别是苹果（*Malus domestica*）、欧洲油菜（*Brassica napus*）、甜菜（*Beta vulgaris*）、番木瓜（*Carica papaya*）、马铃薯、南瓜和茄子（*Solanum melongena*）（James，2015）。除油菜籽外，这些 GE 作物对该作物生产的贡献都比较小。2015 年种植的 GE 油菜占 3600 万公顷总油菜面积的 24%（James，2015）。

在 2015 年种植的非食品类 GE 作物主要有紫花苜蓿（*Medicago sativa*，苜蓿）、棉花（*Gossypium hirsutum*，陆地棉）和杨树（*Populus* spp.）。GE 技术还被用来改变康乃馨（石竹属）和玫瑰（蔷薇属）的颜色，这些产品已经实现了商业化销售（S. Chandler，皇家墨尔本理工大学，私人通讯，2015 年 12 月 7 日）。

2015 年，GE 作物的种植在世界各地呈不均匀分布（图 3-4）。美国有 10 种 GE 作物，加拿大 4 种。转基因玉米、大豆和棉花在许多国家种植，而转基因苜蓿、苹果、杨树、马铃薯、南瓜和茄子分别在不同国家种植（每个国家一种）。在种植 GE 作物的 1.797 亿公顷的土地中，仅美国就占了 7000 多万公顷[1]，而巴西、阿根廷、印度和加拿大种植的 GE 作物加起来有 9130 万公顷，其余 1750 万公顷种植面积分布在其他 23 个国家。

---

[1] 7000 万公顷大约是美国全部农田的一半。因此，本委员会在撰写报告时称美国约有 50% 的农田种植遗传工程作物（Fernandez-Cornejo et al.，2014）。

图 3-4 2015 年全球商业化种植的 GE 作物分布（见彩图）（改编自 James，2014，2015）

除了地图上标注的作物外，转基因康乃馨（新花色）在哥伦比亚、厄瓜多尔和澳大利亚种植，并在加拿大、美国、欧盟、日本、澳大利亚、俄罗斯和阿拉伯联合酋长国的切花市场批发销售（S. Chandler，皇家墨尔本理工大学，2015 年 12 月 7 日；Florigene Flowers：一种产品，可在 http：//www. florigene. com/product/查阅。访问于 2015 年 12 月 15 日）。转基因玫瑰已在日本种植并进行商业化销售（S. Chandler，皇家墨尔本理工大学，私人通讯，2015 年 12 月 7 日）。

2015 年，一种木质素含量很低的苜蓿品种也准备进入美国市场，与此同时巴西已经批准了转基因四季豆（*Phaseolus vulgaris*）和转基因桉树（*Eucalyptus* spp.）的商业化种植。水稻、小麦、高粱（*Sorghum bicolor*）、木薯（*Manihot esculenta*）、香蕉、亚麻芥（*Camelina sativa*）、柑橘（*Citrus* spp.）、鹰嘴豆（*Cicer arietinum*）、豇豆（*Vigna unguiculata*）、花生（*Arachis hypogaea*）、芥菜（*Brassica* spp.）、木豆（*Cajanus cajan*）和红花（*Carthamus tinctorius*）的转基因品种也处于商业化前的不同发展阶段（James，2014）。抗枯萎病的转基因美洲栗（*Castanea dentata*）也在培育之中。其中许多作物和性状我们将在第 8 章中进一步讨论。

3.2.2 商业化作物的遗传工程性状

如图 3-4 所示，2015 年有 14 种 GE 作物投入商业化生产。许多 GE 作物具有一个或多个性状。例如在美国，一些转基因大豆品种可以抗一种或多种除草剂；而另一些品种则被改造成产生更多的油酸（表 3-1）。有的转基因玉米不仅可以抗一种或多种除草剂，而且还含有针对不同害虫的几种杀虫蛋白（框 3-1）。此外，一些玉米品种还具有增强抗旱的性状。有些 GE 作物可以抵抗病毒，而另一些则可以延缓成熟。因此，将一种作物描述为"GE"不能明确地说明对该作物进行基因改造的目的。本节回顾了 2015 年商业化农作物的 GE 性状。

表 3-1 截至 2015 年美国解除管制并批准在田间释放的遗传工程性状[1]

作物	作物拉丁名	性状	批准时间/年	培育单位
紫花苜蓿	*Medicago sativa*	草甘膦 HR[a,b]	2005	Monsanto & Forage Genetic
		低木质素	2014	Monsanto & Forage Genetic
苹果	*Malus domestica*	非褐化	2015	Okanagan Specialty Fruits
欧洲油菜/芜菁	*Brassica napus/Brassica rapa*	油成分改变[c]	1994	Calgene
		草胺膦 HR	1998	AgrEvo
		草甘膦 HR	1999	Monsanto
菊苣	*Cichorium intybus*	雄性不育[c]	1997	Bejo
棉花	*Gossypium hirsutum*	溴苯腈 HR[c]	1994	Calgene
		Bt IR[d]	1995	Monsanto
		草甘膦 HR	1995	Monsanto
		磺脲 HR	1996	DuPont
		草胺膦 HR	2003	Aventis
		麦草畏 HR	2015	Monsanto
		2,4-D HR	2015	Dow
亚麻	*Linum usitatissimum*	抗土壤残留磺脲除草剂[c]	1999	University of Saskatchewan

1 美国农业部动植物卫生检验局非管制状态申报书。见 http://www.aphis.usda.gov/biotechnology/petitions_table_pending.shtml。访问于 2015 年 12 月 20 日。

作物	作物拉丁名	性状	批准时间/年	培育单位
玉米	*Zea mays*	草铵膦 HR	1995	AgrEvo
		Bt IR	1995	Ciba Seeds
		雄性不育[c]	1996	Plant Genetic Systems
		草甘膦 HR	1997	Monsanto
		高赖氨酸[c]	2006	Monsanto
		咪唑啉酮 HR	2009	Pioneer
		α-淀粉酶	2011	Syngenta
		抗旱	2011	Monsanto
		ACCase[e] HR	2014	Dow
		2,4-D HR	2014	Dow
		多穗、高生物量	2015	Monsanto
番木瓜	*Carica papaya*	环斑病毒 VR[f]	1996	Cornell University, University of Hawaii, USDA Agricultural Research Service
欧洲李	*Prunus domestica*	李痘病毒 VR[c]	2007	USDA Agricultural Research Service
马铃薯	*Solanum tuberosum*	*Bt* IR[c]	1995	Monsanto
		马铃薯卷叶 VR[c]	1998	Monsanto
		马铃薯病毒 Y VR[c]	1999	Monsanto
		低丙烯酰胺	2014	Simplot Plant Sciences
		抗褐化	2014	Simplot Plant Sciences
		抗晚期枯萎病菌	2015	Simplot Plant Sciences
水稻	*Oryza sativa*	草铵膦 HR	1999	AgrEvo
蔷薇属	*Rosa* spp.	改变花色	2011	Florigene
南瓜	*Cucurbita pepo*	意大利黄瓜病毒 VR	1994	Upjohn
		西瓜花叶病 VR	1994	Upjohn
		黄瓜花叶病 VR	1996	Asgrow
大豆	*Glycine max*	草甘膦 HR	1994	Monsanto
		草铵膦 HR	1996	AgrEvo
		高油酸	1997	DuPont
		乙酰乳酸合酶 HR[c]	2008	Pioneer
		Bt IR[c]	2011	Monsanto
		改良脂肪酸组分[c]	2011	Monsanto
		十八碳四烯酸[c]	2012	Monsanto
		异噁唑草酮 HR[c]	2013	Bayer and M. S. Technologies
		增产[c]	2013	Monsanto
		咪唑啉酮 HR	2014	BASF
		2,4-D HR	2014	Dow
		HPPD[g]HR[c]	2014	Bayer/Syngenta
		麦草畏 HR	2015	Monsanto
甜菜	*Beta vulgaris*	草铵膦 HR[c]	1998	AgrEvo
		草甘膦 HR	1998	Novartis & Monsanto

作物	作物拉丁名	性状	批准时间/年	培育单位
烟草	*Nicotiana tabacum*	低尼古丁^c	2002	Vector
番茄	*Solanum*	改变果实成熟期^c	1992	Calgene
	lycopersicum	果实多聚半乳糖醛酸酶水平降低^c	1995	Zeneca &Petoseed
		Bt IR^c	1998	Monsanto

注：该表显示了美国第一次解除管制的一些特定作物的性状。一些解除管制的性状-作物组合从未在商业生产中使用过。

a HR 表示抗除草剂。

b 2007 年恢复管制状态；2011 年撤销管制。

c 2015 年未生产的性状-作物组合。

d IR 表示抗虫（不同的苏云金芽孢杆菌 *Cry* 基因编码杀死特定物种的蛋白质）。

e 乙酰辅酶 A 羧化酶抑制剂除草剂。

f VR 表示抗病毒。

g 4-羟基苯基丙酮酸双加氧酶抑制剂除草剂。

框 3-1　复合性状

　　一个生物体可以包含不止一个 GE 性状。引入多个 GE 性状称为叠加。导入的遗传物质可能来源不同或 GE 性状不同或二者兼而有之。这些 GE 性状可以在基因组的同一位点，也可以在不同位点。性状叠加不包括如下情况：植物中两个 GE 插入片段中的一个是选择标记基因，除非选择标记基因影响植物特性。GE 性状的叠加既可以通过 GE 实现，也可以通过两个植株（每个植株至少有一个 GE 性状）的传统杂交来现。

1. 除草剂抗性

　　具除草剂（HR）抗性可以使 GE 作物在除草剂使用时存活下来，同时除草剂损害或杀死那些敏感的植物（杂草）。2015 年，科学家开发了 9 种不同除草剂的抗性（HR）性状：其中大豆 8 个、棉花 6 个、玉米 5 个、油菜 2 个、甜菜 2 个和苜蓿 1 个（表 3-1），但并非所有的具有这些性状的作物都已投入商业化生产。例如，尽管抗草甘膦甜菜已经开发出来，但在本委员会撰写此报告时它还未进行商业化生产。2015 年，一些具有两种除草剂（如草甘膦和 2,4-D 或草甘膦和双氰胺）叠加性状的 GE 作物已经进入商业开发阶段。然而，在 1996～2015 年，大多数 HR 作物都被设计成只对一种除草剂具有抗性，在此期间使用的最常见的除草剂-HR 作物组合是草甘膦和抗草甘膦作物。大豆于 1996 年首次引入草甘膦抗性，到 2015 年，苜蓿、油菜、棉花、玉米和甜菜等也引入了草甘膦抗性。

2. 抗虫性

　　抗虫（IR）性状就是将杀虫特性引入植物中。GE 抗虫作物的一个主要例子是将从土壤细菌苏云金芽孢杆菌（*Bt*）克隆的编码晶体（Cry）蛋白的基因导入到植物（这些 Cry 蛋白也被称为 Bt 毒素）。当昆虫取食植物时，引入植物体的 Cry 蛋白对靶标害虫是有毒的。不同种类的 Cry 蛋白可以控制不同的害虫——其中主要是飞蛾、甲虫和蝇类（Höfte and Whiteley，1989）。此外，不同种类的 Bt 蛋白质可以叠加在一起，以保护植物免受多种害虫的侵害。在撰写本报告时，Bt 毒素是唯一一种已经商业化的转基因抗虫蛋白。2015 年，棉花、茄子、玉米、杨树和大豆等抗虫品种已经开始商品化生产。

3. 抗病毒性

抗病毒（VR）性可以防止特定的病毒对植物的侵染。2015 年改造的抗病毒（VR）作物中，就是把目标病毒外壳蛋白基因（如果需要抵抗多种病毒，则选取多种病毒外壳蛋白基因）转移到作物中。这种转基因可以成功地阻止病毒在宿主植物中复制。商业种植的抗病毒番木瓜品种是由康奈尔大学、夏威夷大学和美国农业部农业研究局联合研发的，并于 1998 年首次引入夏威夷州。在美国，抗病毒南瓜的生产始于 20 世纪 90 年代末。中国在 1998 年也批准了抗病毒甜椒的商业化，但在撰写本报告时还没有这种作物的商业化生产。

4. 商业化生产的其他性状

自 20 世纪 90 年代末以来，HR、IR 和 VR 性状一直处于持续商业化状态。2015 年生产的大多数 GE 作物对一种除草剂具有抗性，或含有一个或多个 IR 性状，或同时具有 HR 和 IR 性状。尽管每年都有更多的 GE 作物被引进，但是其中许多与防止昆虫危害或减少与杂草的竞争无关。

在大豆中，有研究试图提高油脂的氧化稳定性以避免在加氢过程中产生反式脂肪酸，并提高油中 ω-3 脂肪酸的含量以供在食品和饲料中使用。油酸含量高（约 80%）的油脂需要较少的加工处理，这为降低食品中反式脂肪酸的浓度提供了一条途径。利用转基因沉默相应的目标基因已被用于提高大豆中油酸的含量（Buhr et al.，2002）。2015 年，高油酸大豆在北美市场已经进行商业化销售，但是受特殊产品合同的限制仅能进行小面积生产（C. Hazel，DuPont Pioneer，私人通讯，2015 年 12 月 14 日）。

在玉米中，已经开发出了耐旱和高含量 α-淀粉酶两种 GE 品种。孟山都公司培育的耐旱玉米品种 DroughtGard™，表达一种枯草芽孢杆菌来源的冷休克蛋白 B 基因（$cspB$），在干旱条件下，该基因的表达可提高玉米的产量（与非转基因对照组相比）（Castiglioni et al.，2008）。先正达公司通过 GE 技术将 α-淀粉酶引入玉米胚乳创建了一种新的玉米品种，其籽粒比不携带这种酶的品种更适合用作乙醇生产的原料。

2015 年，苹果和马铃薯的防褐化品种被允许商业化销售。这是通过 GE 技术抑制多酚氧化酶家族中蛋白质的表达，从而抑制果实损伤后的褐化。这种防褐化性状有望减少苹果和土豆的浪费，同时也可以减少苹果在加工过程中化学防褐化剂的使用量。2015 年有 6 公顷防褐化苹果被种植（N. Carter，奥卡诺根特种水果公司，私人通讯，2016 年 4 月 13 日）。

马铃薯在高温下经过油炸或烘烤时，里面的天冬酰胺会分解，产生潜在的致癌物丙烯酰胺（Zyzak et al.，2003）。而防褐化转基因马铃薯中沉默了编码天冬酰胺合酶的基因，从而减少天冬酰胺的合成。2015 年，美国有 930 公顷防褐化和含低丙烯酰胺的马铃薯被商业化种植（C. Richael，辛普劳植物科技公司，私人通讯，2016 年 4 月 13 日）。

Florigene 是一家利用 GE 技术生产蓝色康乃馨和玫瑰的澳大利亚公司。康乃馨一般在哥伦比亚、厄瓜多尔和澳大利亚大面积种植，并作为鲜切花运往加拿大、美国、欧盟、日本、澳大利亚、俄罗斯和阿拉伯联合酋长国。目前转基因玫瑰也已在日本种植和销售

（S. Chandler，皇家墨尔本理工大学，私人通讯，2015 年 12 月 7 日）[1]。

中国已经批准商业化生产成熟期延迟的转基因番茄。但是本委员会编写本报告时，还未正式进行商业化生产。

3.2.3 即将上市的遗传工程作物

在我们撰写这份报告时，几个具有提高作物品质性状的 GE 作物品种已经准备投入商业化生产。另外，一些之前未发展转基因技术的作物也在培育具有抗虫转基因性状的品种。

辛普劳植物科技公司开发的马铃薯具有防褐化和低丙烯酰胺的 GE 性状，在撰写此报告时，该公司正准备将第二个马铃薯 GE 品种商业化。这个品种除了前面介绍的防褐化和低天冬酰胺含量性状外，还能抗马铃薯晚疫病，该疾病是 19 世纪 40 年代导致爱尔兰马铃薯饥荒的直接原因，也因此广为人知[2]。

2015 年，巴西批准了一个高产性状的遗传工程桉树品种的商业化生产。这种高产性状是通过转入一年生植物拟南芥的葡聚糖内切酶基因（FuturaGene，2015）获得的。桉树是纸张等产品的纤维素主要来源，转入的外源基因（葡聚糖内切酶基因）表达可使细胞壁中富集更多的纤维素，进而增加桉树中纤维素的含量。

次生细胞壁中含有较低木质素的转基因苜蓿将在 2015 年末投入商业化生产，这类转基因苜蓿因木质素含量低而更容易被奶牛消化。该 GE 品种是通过部分沉默苜蓿中编码参与木质素合成单体的基因来实现的。这种新的 GE 性状将作为单独性状或与抗草甘膦性状组合使用。

遗传工程抗有害生物性状已经在菜豆和李中获得应用。巴西政府研究机构 EMBRAPA 开发了一种 GE 抗病毒大豆（Faria et al.，2014），该产品于 2014 年获得商业生产许可。经过 24 年的研发，一个由欧洲和美国科学家组成的工作组培育出了一种能抵抗李痘病毒（PPV）的 GE 欧洲李（*Prunus domestica*），该病毒是一种威胁着世界各地核果类果树包括李、桃（*Prunus persica*）和杏（*Prunus armeniaca*）的病原体。李痘病毒的抗性机制采用的是共抑制和 RNA 沉默的方法（在第 7 章中有详细的介绍）。尽管截至 2015 年李痘病毒还没有在美国被发现，但美国政府已经批准了 GE 欧洲李的商业化种植，其目的是防止李痘病毒爆发。同时这种抗性也通过杂交方法转移到美国其他李品种中，从而防止李痘病毒带来的破坏。自 20 世纪 90 年代末以来，抗病毒李已在欧洲开展了田间试验。Scorza（2014）报道说，李痘病毒是欧洲面临的一个严重问题，因此欧洲研究人员一直在向欧洲食品安全局提交 GE 欧洲李的申请，希望获得批准。

3.2.4 已停产或从未被允许商业化的遗传工程性状或作物

许多 GE 性状已被开发出来但从未被商业化；还有一些性状的基因已被转入作物中，然而这些作物也未被成功商业化或在商业化初期就退出了市场。本书不可能列出已经开发

1　Florigene Flowers 产品见 http://www.florigene.com/product/。访问于 2015 年 12 月 15 日。

2　关于基因沉默和转基因马铃薯的更多细节将在第 8 章中介绍。

的每一个 GE 作物的性状，因为只有当研究团体将具有 GE 特征的作物带到政府监管机构审批时，这些性状才会为人所知。在本节中，本委员会汇总了接近商业化但从未出售或退出市场的 GE 性状和作物。导致上述情况的原因有：无盈利性或市场失策，消费者不认可或社会认知不够，以及未能遵守监管程序。

第一个商业化的 GE 作物 FLAVR SAVR 番茄由于成熟期推迟、货架期较长受到 Campbell Soup 公司的青睐。该公司原打算利用该品种进行食品加工，但是在遭到一些公众反对后，Campbell Soup 公司决定放弃在其产品中使用 FLAVR SAVR 番茄（Vogt and Parish，2001）。该番茄在 1994～1997 年曾被种植用于生鲜市场销售，后因其味道没有比同一市场上的其他番茄品种更好，同时价格还贵，被迫撤出市场（Bruening and Lyons，2000；Martineau，2001；Vogt and Parish，2001）。

在 20 世纪 90 年代中期，Zeneca 公司销售过一种 GE 番茄，该番茄因含水量少而用作加工番茄酱，其产品被标识为 GE 产品。到 1996 年，Safeway 和 Sainsbury 连锁店在英国出售该 GE 番茄酱，并在产品上进行了标识。最终由于新闻媒体"生物学效应……归因于 GE 过程产生"的报道，该产品也于 1999 年退出了市场（Bruening and Lyons，2000）。

另外一个由于私营食品零售商的管理决策失误以及与其他抗虫产品存在竞争，导致 GE 作物被迫退出了商业化生产的例子是具有 IR 和 VR 性状的转基因马铃薯。1995 年，孟山都公司获得美国政府批准种植用于控制科罗拉多州马铃薯甲虫（*Leptinotarsa decemlineata*）为害的 600 公顷抗虫马铃薯［含有 *Cry3A*（*Bt*）基因］。1998 年，抵抗马铃薯卷叶病毒（*Polerovirus* spp.）的 GE 马铃薯获批商业化生产，次年另一个抗马铃薯 Y 病毒的 GE 品种也获得了批准。*Bt* 性状既与抗马铃薯卷叶病毒性状进行组合也与抗马铃薯 Y 病毒性状进行组合。从 1995 年到 1998 年，转基因马铃薯生产面积增加到了大约 2 万公顷，占美国马铃薯种植面积的 3.5%（Hagedorn，1999）。但是，随着消费者对该产品的认可度降低，种植面积在 2000 年急剧下降（Guenthner，2002）。同年，一家大型快餐连锁店宣布不再购买 GE 马铃薯。马铃薯加工业无法有效地通过隔离和检测等措施向客户提供非 GE 马铃薯（Thornton，2003），而且种植者们也担心消费者不会购买他们种植的 GE 产品。此外，许多农民使用了一种新型杀虫剂来控制科罗拉多州马铃薯甲虫和其他害虫，而不是种植 GE 品种（Nesbitt，2005）。2001 年，孟山都关闭了其马铃薯部门。

孟山都在 20 世纪 90 年代中期开发了抗草甘膦的转基因小麦并计划将其商业化。然而，由于缺乏来自小麦行业的支持，该公司没有通过转基因小麦商业化所需的程序（Stokstad，2004）。此外，一些种植者也担心种植的转基因小麦会被国外市场拒之门外。

ProdiGene 公司致力于利用 GE 技术开发药品或工业产品。然而，由于没有遵守美国的监管程序，导致该公司的产品从未进入市场，而且该公司还因其违规行为而受到起诉（框 3-2）。

框 3-2 ProdiGene 公司事件：未能遵守监管程序

基于植物生产的药物或工业蛋白质有两个组成部分，即 GE 作物及获得最终产品的生物过程。ProdiGene 是得克萨斯州大学城的一家私营生物技术公司，该公司主要利用 GE 植物生产医药和工业应用的蛋白质、酶和生物分子。1997 年，ProdiGene 开始在内布拉斯加州、得克萨斯州和艾奥瓦州对 GE 玉米进行田间试验。该公司在 2001 年进行了规模最大的一次试验，种植了 22 公顷的玉米用以生产重组蛋白[a]。

2002 年中期，ProdiGene 公司与 Sigma-Aldrich 精细化学药品公司达成协议，利用该公司的 GE 植物体系生产重组胰蛋白酶，即在转基因玉米的籽粒中表达母牛胰蛋白酶基因（USDA-APHIS, 2004）。传统的胰蛋白酶商业化生产一般是在动物体系中实现（Wood, 2002），由于对非动物来源产品的高需求，这一合作有望使得合作双方都有可拓展性，并由此获利。但是在转基因玉米重组蛋白商业化生产的田间试验中，该公司因为一系列违规操作规定事件而受到惩罚。

2002 年 9 月，来自美国农业部（USDA）的检查人员在艾奥瓦州大豆田中发现了玉米自生苗[b]，该大豆田在上一个生长季节曾是 ProdiGene 公司的 GE 玉米田间试验场。ProdiGene 公司没有按照规定在发现抽穗的玉米自生苗的 24 小时内通知美国农业部。在被检查人员发现后，并在其监督下，ProdiGene 公司人员在前一年的试验场周围 400 米范围内销毁了约可种植 61 公顷的玉米种子和植株。

2002 年 10 月，美国农业部的检查人员再次发现在内布拉斯加州大豆试验田中出现了上一年在此进行田间试验的 GE 玉米抽穗自生苗。该公司被责令将所有 GE 玉米剔除，以防止其和大豆一起收割。然而，该公司不但没有按照规定剔除这些转基因玉米，而且还收割了 500 蒲式耳（1 蒲式耳＝36.3688 升）的大豆进入谷仓，在那里与另外存放的 50 万蒲式耳的大豆混合到了一起。事情败露后，美国农业部封存了该谷仓的所有大豆且全部销毁。

在美国农业部和执法部门完成调查之后，他们对 ProdiGene 进行了正式的行政诉讼。ProdiGene 被处以 25 万美元的罚款。在一项附加决议中，ProdiGene 同意支付美国农业部购买、剔除和焚烧违规大豆的所有费用并提供一份价值 100 万美元的保证金，以保证对未来任何违规行为负责。美国农业部向 ProdiGene 提供了一笔无息贷款，用于支付 375 万美元的罚款和清理费用。国际油籽经销股份有限公司于 2003 年 8 月收购 ProdiGene 后，该公司承担了 ProdiGene 公司向美国农业部贷款的未偿还费用。

2004 年，美国农业部的一名检查人员在 GE 玉米隔离区种植和收割的燕麦捆中又发现了 GE 玉米的自生苗。该隔离区旁边就是 ProdiGene 公司种植的一种用于生产药物或工业化合物的 GE 玉米品种的试验区。这些打好捆的燕麦即将被运到农场作为动物饲料。巡视员在环绕试验田周围的隔离区和距离隔离区 1.6 公里的高粱（*Sorghum bicolor*）田中发现了开花的 GE 玉米自生苗。作为补救措施，ProdiGene 公司销毁了隔离区以及高粱田里的所有玉米自生苗，并在美国农业部的监督下将田内所有可疑的燕麦捆都隔离起来，并随后销毁。

2007 年 7 月 26 日，ProdiGene 公司与美国农业部达成和解，支付了 3500 美元的民事罚款，并同意该公司及其"利益继承者"再也不向美国农业部提交 GE 产品的申请或许可。

---

a 生物技术信息系统。见 http://www.isb.vt.edu/search-releasedata.aspx。访问于 2015 年 9 月 25 日。

b 自生苗（volunteer）是指在前一季度种植，但是在后一季度自行发芽和生长的植株。这种情况在季节轮种作物间尤为明显，如玉米和大豆的轮作。

赖氨酸是大多数谷物中一种限制性必需氨基酸，因此玉米中的高赖氨酸含量是一个有利性状。由于玉米中的储存蛋白即醇溶蛋白中赖氨酸含量非常低，因此玉米食物中极度缺乏赖氨酸。研究发现在玉米中表达一种细菌来源的对反馈调节不敏感的酶（二氢二吡啶合酶）可以促进赖氨酸的合成，因此该酶可以被用于研制高赖氨酸转基因玉米（Lucas et al.，2007），但孟山都公司决定不将该产品商业化。

这些年在印度、孟加拉国和菲律宾发生的对 *Bt* 茄子观点演变的故事说明了社会和法律方面的复杂相互作用可能导致不同国家对 GE 食品产生不同的态度，尽管这些国家一开始都高度认可 *Bt* 茄子（框 3-3）。2015 年上市的抗草甘膦苜蓿的案例则体现了美国法律诉讼对 GE 作物商业地位的影响（框 3-4）。

框 3-3 孟加拉国、印度和菲律宾 *Bt* 茄子的故事

在南亚和东南亚，茄子是一种被广泛种植和消费的重要的富含营养的经济作物。茄白翅野螟（茄黄斑螟，*Leucinodes orbonalis*）是一种危害茄子果实和茎的钻蛀害虫。印度、孟加拉国和菲律宾公共和私营部门的相关人员进行了一项优先权评定分析，将对茄白翅野螟具有抗性的 *Bt* 茄子确定为高优先级产品（Gregory et al.，2008）。在此之后，不同品种的 *Bt* 茄子被不同公私合营实体培育出来，并提交给这三个国家的监管部门进行审批。在撰写本报告时，孟加拉国已经开始了 *Bt* 茄子的商业化种植，但是印度和菲律宾还没有。2009 年，*Bt* 茄子在印度已经进入了商业化审批期，但在 2010 年初，印度环境和林业部对一些公众的指控做出回应时称目前没有足够的数据证明这种作物可以安全食用，因此宣布暂停 *Bt* 茄子的商业化（Jayaraman，2010）。2014 年，在印度新政府的推动下，田间试验又被重新启动。但据当地媒体报道，绿色和平组织和其他组织向印度最高法院提出了请求，要求禁止这些试验（Chauhan，2014）。2013 年 9 月，在绿色和平组织发起的一场运动之后，菲律宾一家法院出于 GE 作物对人类健康和环境构成威胁的担忧，下令停止了转基因茄子试验。2014 年 4 月，一个农民团体向菲律宾最高法院提出撤销这一裁决的申请；2014 年 9 月，最高法院允许菲律宾生物技术联盟参与到此案的决策中。2015 年 12 月 8 日，最高法院批准了下级法院关于永久禁止 *Bt* 茄子田间试验的裁决（InterAksyon.com，2015）。2013 年 10 月，经过 7 年的田间和温室试验，孟加拉国批准释放 *Bt* 茄子用于种子生产和商业化种植，并于 2014 年初（雨季）开始种植（Choudhary et al.，2014）。在 2014 年的旱季和雨季，该国共种植了 12 公顷 *Bt* 茄子（James，2014），2015 年种植了 25 公顷（James，2015）。

框 3-4 遗传工程紫花苜蓿的开放、禁止和再度开放

美国抗草甘膦苜蓿商业化的经历生动地体现了 GE 作物在商业地位上的易变性（不稳定性）。2005 年 6 月，在美国农业部完成了环境评估（EA），认定抗草甘膦苜蓿不会对环境造成重大影响之后，该 GE 作物开始被商业化种植（USDA-APHIS，2005）。2006 年，美国食品安全中心（Center for Food Safety）和加州北部地区法院的其他机构以美国农业部没有完成《环境影响报告书》（EIS）为由提起了诉讼。原告声称，由于基因漂移（导致种子纯度下降）、抗草甘膦杂草进化及草甘膦使用量增加，种植非转基因苜蓿的农民将会受到不利影响。2007 年 2 月，法官裁定环境评估不够充分，并要求美国农业部提供《环境影响报告书》（Geertson Farms v. Johanns，2007）。截至 2007 年 3 月 30 日，已种植的 8 万公顷抗草甘膦苜蓿已获准继续生产。抗草甘膦苜蓿可以收获并出售，但是必须遵循规定的监管条例以确保将其与非转基因苜蓿的交叉污染最小化。然而，2007 年 3 月 12 日以后，不再允许销售抗草甘膦苜蓿种子。2007 年 3 月 23 日，美国农业部发布了《关于恢复抗草甘膦紫花苜蓿受监管地位的通知》（USDA-APHIS，2007）。美国农业部于 2010 年完成了《环境影响报告书》，并于 2011 年 1 月撤销了对抗草甘膦苜蓿的管制，这意味着该作物可以再次被商业化销售（USDA-APHIS，2011）。

3.3 遗传工程作物和食品监管政策的演变

第 2 章"遗传工程作物的监管"一节和上节中许多地方都提到政府对 GE 作物和源自 GE 作物的食品的监管或批准。那么为什么政府决定对这些产品进行监管？这些监管制度又是如何制定的呢？在本节中，本委员会将简要介绍政府对 GE 作物进行监管的原因以及各国政府对 GE 作物不同监管方式的发展历史。

3.3.1 基于科学和公众关注的政策应对

科恩等人于 1973 年发表了关于 rDNA 重组技术的文章之后，科学界几乎同时表示出对 GE 所带来的潜在生物安全风险的担忧。出席 1973 年核酸戈登研究会议的科学家们呼吁美国国家科学院应该召集一个研究小组，为重组分子的安全研究制定指导方针（Singer and Soll，1973）。1974 年重组 DNA 分子委员会发表报告建议，鉴于潜在生物安全风险的不确定性，科学家们在生物安全准则出来之前，应该主动地推迟进行高风险的研究（Berg et al.，1974）。该委员会特别关注的是经 rDNA 修饰的大肠杆菌可能会意外地泄露到实验室工作人员或更广泛的人类、动物、植物和细菌群体中，从而产生"不可预测的影响"。该报告还建议美国国立卫生研究院（NIH）设立一个关于 rDNA 研究生物安全准则的咨询委员会，并呼吁召开一次国际性科学会议，讨论"处理重组 DNA 分子潜在生物危害的适当方法"（Berg et al.，1974）。重组 DNA 分子国际会议于 1975 年 2 月在加利福尼亚州的 Asilomar 会议中心召开，与会者制定了生物安全准则，根据研究带来的风险为 rDNA 分子的安全研究实践提供指导，并允许重启之前主动暂停的研究（Berg et al.，1975）。

美国国立卫生研究院也对早些时候的建议进行了回应，并于 1974 年 10 月成立了重组 DNA 分子咨询委员会（后来改名为重组 DNA 咨询委员会）。在 Asilomar 会议之后，美国国立卫生研究院咨询委员会立即开会并制定研究指南，该指南于 1976 年 6 月作为与重组 DNA 分子有关研究的指南发布（NIH，1976）。美国国立卫生研究院早期的这些准则成功地保障了实验室对 rDNA 分子的研究得以安全进行。后来该准则经过多次修改直至 2016 年 5 月还仍然有效，并将重点放在对可能预见的会产生生物安全或环境风险的研究进行物理和生物遏制上。

然而，随着 20 世纪 70～80 年代研究工作的进行，一些科学家和民间社会团体对 rDNA 有关的潜在生物安全风险以及与该技术应用所引起的更广泛的社会和伦理问题产生了担忧。于是他们开始在美国公开批评和反对该项技术。正如 Schurman 和 Munro（2010）的记载，这些担忧最初在一些联系松散的批评者团体中获得了支持，这个群体包括消费者、环境组织和社会公益组织，以及参与国际发展项目和大规模工业化农业的团体。

20 世纪 80 年代的几次事件导致了人们对 DNA 重组技术更广泛且有组织地反对。1980 年，美国最高法院对戴蒙德诉查克拉巴蒂（Diamond v. Chakrabarty）一案进行裁决，支持人造生命体的专利权。这一裁决引发了人们对生命专利和种质私有化的伦理问题的关注，因为传统上种质资源被视为所有人共享的"公共资源"（Jasanoff，2005）。1983 年，美国国立卫生研究院批准了一种可以增强作物抵抗霜冻的转基因细菌的首次环境释放。这一决议引发了环保组织和其他市民团体的反对，同时也引起了新闻媒体的关注。相关团体成功地驳回了美国国立卫生研究院的这个决议（Foundation on Economic Trends v. Heckler，1985）。20 世纪 80 年代中期，一种来源于转基因细菌的能够促进奶牛产奶的人工合成牛促生长素的开发也遭到了包括小型奶农和动物福利组织在内的不同联盟的反对。

随着时间的推移，欧洲民间社会团体，包括农民组织和关注食品安全、动物福利和环境的团体的做法过度放大了人们对农业领域中 GE 的担忧（Schurman and Munro，2010）。20 世纪 90 年代中期发生的一系列食品恐慌，包括疯牛病的大规模爆发，也加剧了欧洲公众对食品供应安全的担忧。

针对这种新技术在环境中发挥作用的不确定性以及公众的担忧，一些政府制定了 GE 作物和 GE 作物衍生食品的监管方法。各国政府采取了不同的监管措施，监管程度取决于公众舆论以及重要选民的支持和反对。

3.3.2 对遗传工程作物和食品的不同监管政策

第 9 章将讨论各国监管方法之间的差异。本节重点关注其中一些要点，以便为后面的章节做铺垫。

政府对 GE 作物的监管方法在几个关键方面存在差异，如受监管计划约束的产品范围。各国制定了不同的法律框架，这些法律框架也反映其文化传统和公民的风险承受能力。决策者制定这些约束条款时综合了不同群体的建议，这些群体可能包括环境和食品安全组织、有机作物种植者、大规模养殖户、动物生产商、消费者、跨国农业公司以及参与复杂的全球食品生产和食品分销的许多实体。因此，各国监管政策的选项反映出不同政策的权衡就不足为奇了（第9章对美国、加拿大、巴西和欧盟的管理制度做了更详细的比较）。

不同国家对 GE 产品监管范围不同。有些国家根据开发产品的过程来决定该产品是否需要监管，也就是说，这些规定适用于使用 GE 技术培育的作物，但不适用于通过常规育种培育或生产的作物。另一些国家则侧重于与最终产品有关的潜在风险，而不管这些产品的研制过程。

在 GE 作物和食品风险评估和风险管理的责任方面，各国的监管体系也不相同。在一些国家，同一机构既负责对受管制的产品进行风险评估，又负责在符合安全标准的基础上做出最后的批准决定，如美国的监管体系（框 3-5）。其他一些国家的政府将风险评估（这是一个科学或技术机构的任务）与最终审批决定（这一决定将交给另一个政府机构，由它来考虑除安全以外的问题）分开。

框 3-5　美国遗传工程作物监管框架

美国的生物技术监管协调框架建立于 1986 年，该框架描述了美国为确保生物技术产品的安全而制定的监管政策，包括 GE 作物的田间试验、栽培及其衍生食品的安全审查（OSTP，1986）。三个监管机构对 GE 作物的不同方面拥有管辖权（图 3-5）：

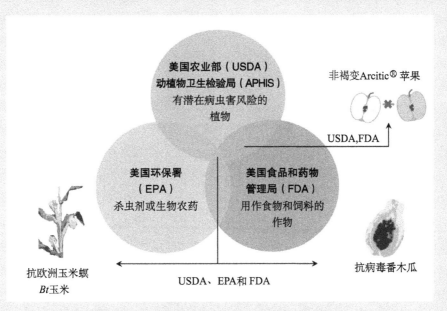

图 3-5　美国负责 GE 作物监管的机构（见彩图）（Turner，2014）

根据所讨论的 GE 特性，在 GE 作物商业化释放之前，可能需要由协调框架内的一个或所有三个机构进行评估。例如，GE 抗病毒番木瓜商业化通过了这三个机构的监管程序。具体如下，首先利用根癌农杆菌转移病毒抗性被 APHIS 归类为使用植物害虫；EPA 将病毒抗性归类为杀虫质量并完成评估（因为 GE 番木瓜是供人食用的）。相比之下，GE 非褐变的苹果只需要两个机构的评估，因为使用了根癌农杆菌而需要 APHIS 评估，也需要 FDA 评估，但是不需要 EPA 的评估，因为负责非褐变性状的基因没有被归类为植物嵌入式杀虫剂。

- 美国农业部（USDA）的动植物卫生检验局（APHIS）对 GE 植物进行监管，以控制和防止可能损害作物、植物或树木的植物害虫传播。
- 美国环保署（EPA）对杀虫剂和"植物合成保护剂"的安全性进行监管以保护环境和人类健康。
- 美国食品和药物管理局（FDA）监督食品和饲料的安全，包括对 GE 食品和常规食品数据的比较审查（FDA，1992）。

该协调框架自 1986 年建立以来定期更新，并于 2015 年 7 月开始修订，目的是使该监管体系更现代化，"通过清晰透明的公众参与增强公众对生物技术产品监督的信心"（OSTP，2015）。

不同国家的监管体系影响着本国种植 GE 作物的速度。一些国家采取了宽松的监管政策，允许相对快速地批准 GE 作物品种；另一些国家则采取了更为谨慎的监管政策，批准了相对较少的新 GE 作物。一些国家相对较快地采用了监管制度，另一些国家则仍然没有，从而导致了禁止进口或种植 GE 作物。有人根据生物技术的总体定位将 GE 作物的第一代监管系统分为四种模式，即促进性（推动型）、中立性（允许型）、预警性和预防性的模式（Paarlberg，2000）。总体来说，促进性的模式就是鼓励发展 GE 作物的总体框架；中立性政策相对宽松——既不鼓励也不阻止 GE 作物；而预警性政策往往会减缓 GE 作物和食物的采用；预防性政策的目的是阻止这项技术的发展。第 9 章进一步讨论了预防性政策（框 9-2）。

本 章 小 结

通过选择将性状导入作物，并对作物进行驯化已有数千年的历史。随着 20 世纪植物育种的快速发展，GE 性状得以进入农作物。20 世纪中叶遗传密码的破译、植物育种工具（包括组织培养）及根癌农杆菌特性的发现，使植物重组 DNA 技术成为可能。2015 年的统计数据表明，14 种作物已经具有 GE 性状。同年，全球转基因大豆和棉花种植面积已经占主导地位；在玉米和油菜的种植区中，GE 作物分别占据了三分之一和四分之一。目前大多数作物还没有培育出 GE 品种，但是 GE 作物已经在全世界 12% 的农田上种植。

尽管一些 GE 性状在 2015 年已经被开发出来，但大部分已进入商业化种植的作物（截至 2015 年）中尚不具有这些性状。在 GE 作物的前 20 年里，大多数商业上可用的性状都是瞄准作物抗除草剂或保护作物免受害虫伤害的性状。同时，一些经过基因改造可以抵抗病毒或者防褐化的作物也已经进入商业化。其他类型的性状，如那些让作物具有更好的营养品质或成为更好的乙醇生产原料成分的性状目前还在实现商业化生产的途中，更多的 GE 性状正在准备上市。

很显然，监管机构的批准对于 GE 作物进入市场是非常重要的。一些国家政府的监管体系对 GE 作物商业化的鼓励力度大于其他国家。GE 作物的监管体系也反映了每个国家不同的文化传统、历史传承和公众对风险的接受程度。

参 考 文 献

Bai，Y.，and P. Lindhout. 2007 Domestication and breeding of tomatoes：What have we gained and what can we gain in the future? Annals of Botany 100：1085-1094.

Barton，K. A.，and W. J. Brill. 1983. Prospects in plant genetic engineering. Science 219：671-676.

Berg，P.，D. Baltimore，H. W. Boyer，S. N. Cohen，R. W. Davis，D. S. Hogness，D. Nathans，R. Roblin，J. D. Watson，S. Weissman，and N. D. Zinder. 1974. Potential biohazards of recombinant DNA molecules. Science 185：303.

Berg，P.，D. Baltimore，S. Brenner，R. O. Roblin，and M. F. Singer. 1975. Summary statement of the Asilomar conference on recombinant DNA molecules. Proceedings of the National Academy of Sciences of the United States of America 72：1981-1984.

Bruening，G.，and J. M. Lyons. 2000. The case of the FLAVR SAVR tomato. California Agriculture 54：6-7.

Buhr，T.，S. Sato，F. Ebrahim，A. Q. Xing，Y. Zhou，M. Mathiesen，B. Schweiger，A. Kinney，P. Staswick，and T. Clemente. 2002. Ribozyme termination of RNA transcripts downregulate seed fatty acid genes in transgenic soybean. Plant Journal 30：155-163.

Castiglioni，P.，D. Warner，R. J. Bensen，D. C. Anstrom，J. Harrison，M. Stoecker，M. Abad，G. Kumar，S. Salvador，R. D'ordine，S. Navarro，S. Back，M. Fernandes，J. Targolli，S. Dasgupta，C. Bonin，M. H. Luethy，and J. E. Heard. 2008. Bacterial RNA chaperones confer abiotic stress tolerance in plants and improved grain yield in maize under waterlimited conditions. Plant Physiology 147：446-455.

Chauhan，C. October 27，2014. Govt allows field trials for GM mustard，brinjal. Online. Hindustan Times. Available at http：//www. hindustantimes. com/india-news/govt-allowsfield-trials-for-gm-mustard-brinjal/article1-1279197. aspx. Accessed June 12，2015.

Choudhary，B.，K. M. Nasiruddin，and K. Gaur. 2014. The Status of Commercialized Bt Brinjal in Bangladesh. Ithaca，NY：International Service for the Acquisition of Agri-biotech Applications.

Cohen，S. N.，A. C. Y. Chang，H. Boyer，and R. B Helling. 1973. Construction of biologically functional bacterial plasmids in vitro. Proceedings of the National Academy of Sciences of the United States of America 70：3240-3244.

Doebley，J. 2004. The genetics of maize evolution. Annual Review of Genetics 38：37-59.

FAO（Food and Agriculture Organization）. 2015. FAO Statistical Pocketbook 2015：World Food and Agriculture. Rome：FAO.

Faria，J. C.，P. A. M. R. Valdisser，E. O. P. L. Nogueira，and F. J. L. Aragao. 2014. RNAi-based *Bean golden mosaic virus*-resistant common bean（Embrapa 5. 1）shows simple inheritance for both transgene and disease resistance. Plant Breeding 133：649-653.

FDA（U. S. Department of Health and Human Services-Food and Drug Administration）. 1992. Statement of Policy：Foods Derived From New Plant Varieties. Federal Register 57：22984-23005.

Fernandez-Cornejo，J.，S. J. Wechsler，M. Livingston，and L. Mitchell. 2014. Genetically Engineered Crops in the United States. Washington，DC：United States Department of Agriculture-Economic Research Service.

Flint-Garcia，S. A. 2013. Genetics and consequences of crop domestication. Journal of Agricultural and Food Chemistry 61：8267-8276.

Foundation on Economic Trends，et al. v. *Margaret M. Heckler*，et al. 1985. U. S. Court of Appeals for the District of Columbia Circuit. 756 F. 2d 143. Decided February 27，1985. Available at http：//law. justia. com/cases/federal/appellate-courts/F2/756/143/162040/. Accessed November 23，2015.

Fuller，N. R. 2005. Image credit in National Science Foundation Press Release 05-088. Available at http：//www. nsf. gov/news/news _ images. jsp? cntn _ id = 104207&org = NSF. Accessed November 23，2015.

FuturaGene. 2015. FuturaGene's eucalyptus is approved for commercial use in Brazil. Available at http：//www. futuragene. com/FuturaGene-eucalyptus-approved-for-commercial-use. pdf. Accessed September 23，2015.

Geertson Farms Inc.，*et al*. v. *Mike Johanns*，*et al.*，*and Monsanto Company*：*Memorandum and order Re*：*Permanent injunction*. 2007. U. S. District Court for the Northern District of California. C 06-01075 CRB，Case #：3：06-cv-01075-CRB. Decided May 3，2007. Available at http：//www. centerforfoodsafety. org/files/199 _ permanent _ injunction _ order. pdf. Accessed September 23，2015.

Gelvin，S. B. 2003. Agrobacterium-mediated plant transformation：The biology behind the "Grene-Jockeying" tool. Microbiology and Molecular Biology Reviews 67：16-37.

Gregory，P.，R. H. Potter，F. A. Shotkoski，D. Hautea，K. V. Raman，V. Vijayaraghavan，W. H. Lesser，G. Norton，and W. R. Coffman. 2008. Bioengineered crops as tools for international development：Opportunities and strategic considerations. Experimental Agriculture 44：277-299.

Guenthner，J. 2002. Consumer acceptance of genetically modified potatoes. American Journal of Potato Research 79：309-316.

Haberlandt，G. 1902. Kulturversuche mit isolierten Pflanzenzellen. Sitzungsber. Akademie de Wissenschaften Wien，Math. -Naturwissenschaften. Kl. III：69-92.

Hagedorn，C. 1999. Update on 1998 transgenic crops acreage. Virginia Cooperative Extension Crop and Soil Environmental News. Available at http：//www. sites. ext. vt. edu/newsletterarchive/cses/1999-02/1999-02-02. html. Accessed September 23，2015.

Höfte，H.，and H. R. Whiteley. 1989. Insecticidal crystal proteins of *Bacillus thurengiensis*. Microbiological Reviews 53：242-255.

InterAksyon. com. December 13，2015. Supreme Court Bans Development of Genetically Engineered Products. Online. InterAksyon. com. Available at http：//www. interaksyon. com/article/121368/first-in-the-world--supreme-court-bans-development-of-geneticallyengineered-products. Accessed December 16，2015.

James，C. 1997. Global Status of Transgenic Crops in 1997. Commercialized Biotech/GM Crops：2014. Ithaca，NY：International Service for the Acquisition of Agri-biotech Applications.

James，C. 2002. Global Review of Commercialized Transgenic Crops：2001 Feature：Bt Cotton. Ithaca，NY：International Service for the Acquisition of Agri-biotech Applications.

James，C. 2006. Global Status of Commercialized Biotech/GM Crops：2006. Ithaca，NY：International Service for the Acquisition of Agri-biotech Applications.

James，C. 2014. Global Status of Commercialized Biotech/GM Crops：2014. Ithaca，NY：International Service for the Acquisition of Agri-biotech Applications.

James，C. 2015. Global Status of Commercialized Biotech/GM Crops：2015. Ithaca，NY：International Service for the Acquisition of Agri-biotech Applications.

Jasanoff，S. 2005. Designs on Nature：Science and Democracy in Europe and the United States. Princeton，NJ：Princeton University Press.

Jayaraman，K. 2010. *Bt* brinjal splits Indian cabinet. Nature Biotechnology 28：296.

Jiang，C.，A. Mithani，X. Gan，E. J. Belfield，J. P. Klingler，J. K. Zhu，J. Ragoussis，R. Mott，and N. P. Harberd. 2011. Regenerant *Arabidopsis* lineages display a distinct genome-wide spectrum of mutations conferring variant phenotypes. Current Biology 21：1385-1390.

Klein，T. M.，E. D. Wolf，R. Wu，and J. C. Sanford. 1987. High-velocity microprojectiles for delivering nucleic acids into living cells. Nature 327：70-73.

Larkin，P. J.，and W. R. Scowcroft. 1981. Somaclonal variation—a novel source of variability from cell cultures for plant improvement. Theoretical and Applied Genetics 60：197-214.

Laursen，L. 2013. Greenpeace campaign prompts Philippine ban on Bt eggplant trials. Nature Biotechnology 31：777-778.

Lucas，D. M.，M. L. Taylor，G. F. Hartnell，M. A. Nemeth，K. C. Glenn，and S. W. Davis. 2007. Broiler performance and carcass characteristics when fed diets containing lysine maize（LY038 or LY038×MON 810），control，or conventional reference maize. Poultry Science 86：2152-2161.

Martineau，B. 2001. First Fruit：The Creation of the Flavr Savr Tomato and the Birth of Biotech Food. New York：McGraw-Hill.

Mba，C. 2013. Induced mutations unleash the potentials of plant genetic resources for food and agriculture. Agronomy 3：200-231.

Murashige，T.，and F. Skoog. 1962. A revised medium for rapid growth and bio assays with tobacco tissue cultures. Physiologia Plantarum 15：473-497.

Muthukumar，B.，B. L. Joyce，M. P. Elless，C. N. Stewart Jr. 2013. Stable transformation of ferns using spores as targets：*Pteris vittata* and *Ceratopteris thalictroides*. Plant Physiology 163：648-658.

Neelakandan，A. K.，and K. Wang. 2012. Recent progress in the understanding of tissue culture-induced genome level changes in plants and potential applications. Plant Cell Reports 31：597-620.

Nesbitt，T. C. 2005. GE Foods in the Market. Ithaca，NY：Cornell University Cooperative Extension.

National Institute of General Medical Sciences. 2010. The New Genetics. Available at https：//publications. nigms. nih. gov/thenewgenetics/thenewgenetics. pdf. Accessed May 15，2015.

NIH（National Institutes of Health）. 1976. Guidelines for Research Involving Recombinant DNA Molecules. Federal Register 41：27902-27943.

NRC（National Research Council）. 1984. Genetic Engineering of Plants：Agricultural Research Opportunities and Policy Concerns. Washington，DC：National Academy Press.

Ossowski，S.，K. Schneeberger，J. I. Lucas-Lledo，N. Warthmann，R. M. Clark，R. G. Shaw，D. Weigel，and M. Lynch. 2010. The rate and molecular spectrum of spontaneous mutations in *Arabidopsis thaliana*. Science 327：92-94.

OSTP（Executive Office of the President，Office of Science and Technology Policy）. 1986. Coordinated Framework for Regulation of Biotechnology. Federal Register 51：23302. Available at https：//www. aphis. usda. gov/brs/fedregister/coordinated _ framework. pdf. Accessed December 18，2015.

OSTP（Executive Office of the President，Office of Science and Technology Policy）. 2015. Memorandum for Heads of Food and Drug Administration，Environmental Protection Agency，and Department of Agriculture. Available at https：//www. whitehouse. gov/sites/default/files/microsites/ostp/modernizing _ the _ reg _ system _ for _ biotech _ products _memo_final. pdf. Accessed September 25，2015.

Paarlberg，R. L. 2000. Governing the GM Crop Revolution：Policy Choices for Developing Countries. Washington，DC：International Food Policy Research Institute.

Roychowdhury，R.，and J. Tah. 2013. Mutagenesis—A potential approach for crop improvement. Pp. 149-187 in Crop Improvement：New Approaches and Modern Techniques，K. R. Hakeem，P. Ahmad，and M. Ozturk，eds. New York：Springer Science + Business Media，LLC.

Schurman，R. and W. Munro. 2010. Fighting for the Future of Food：Activists versus Agribusiness in the Struggle over Biotechnology. Minneapolis：University of Minnesota Press.

Scorza，R. 2014. Development and Regulatory Approval of *Plum pox virus* resistant 'Honeysweet' Plum. Webinar Presentation to the National Academies of Sciences，Engineering，and Medicine Committee on Genetically Engineered Crops：Past Experience and Future Prospects，November 6.

Singer，M.，and Soll，D. 1973. Guidelines for DNA hybrid molecules. Science 181：1114.

Stokstad，E. 2004. Monsanto pulls the plug on genetically modified wheat. Science 304：1088-1089.

Stroud，H.，B. Ding，S. A. Simon，S. Feng，M. Bellizzi，M. Pellegrini，G. L. Wang，B. C. Meyers，and S. E. Jacobsen. 2013. Plants regenerated from tissue culture contain stable epigenome changes in rice. eLife 2：e00354.

Thornton，M. 2003. The Rise and Fall of NewLeaf Potatoes. Pp. 235-243 in North American Agricultural Biotechnology Council Report 15：Science and Society at a Crossroad. Ithaca，NY：NABC.

Turner，J. 2014. Regulation of Genetically Engineered Organisms at USDA-APHIS. Presentation to the National Academy of Sciences' Committee on Genetically Engineered Crops: Past Experience and Future Prospects, December 10, Washington, DC.

USDA (U. S. Department of Agriculture). 2016. World Agricultural Production. Foreign Agricultural Service Circular WAP 4-16. Available at http://apps. fas. usda. gov/psdonline/circulars/production. pdf. Accessed April 13, 2016.

USDA-APHIS (U. S. Department of Agriculture-Animal and Plant Health Inspection Service). 2004. USDA APHIS environmental assessment in response to permit application (04-121-01r) received from ProdiGene Inc. for field testing of genetically engineered corn, *Zea mays*. Available at http://www. aphis. usda. gov/brs/aphisdocs/04 _ 12101r _ ea. pdf. Accessed November 23, 2015.

USDA-APHIS (U. S. Department of Agriculture-Animal and Plant Health Inspection Service). 2005. Monsanto Co. and Forage Genetics International; Availability Determination of Nonregulated Status of Alfalfa Genetically Engineered for Tolerance to Herbicide Glyphosate. Federal Register 70: 36917-36919.

USDA-APHIS (U. S. Department of Agriculture-Animal and Plant Health Inspection Service). 2007. Return to Regulated Status of Alfalfa Genetically Engineered for Tolerance to the Herbicide Glyphosate. Federal Register 72: 13735-13736.

USDA-APHIS (U. S. Department of Agriculture-Animal and Plant Health Inspection Service). 2011. Determination of Regulated Status of Alfalfa Genetically Engineered for Tolerance to the Herbicide Glyphosate; Record of Decision. Federal Register 76: 5780.

Vogt, D. U. , and M. Parish. 2001. Food Biotechnology in the United States: Science, Regulation, and Issues. Washington, DC: Congressional Research Service.

Wang, H. , A. J. Studer, Q. Zhao, R. Meeley, and J. F. Doebley. 2015. Evidence that the origin of naked kernels during maize domestication was caused by a single amino acid substitution in *tga1*. Genetics 200: 965-974.

Wood, A. 2002. Proteins-Sigma-Aldrich Fine Chemicals signs trypsin manufacturing deal with ProdiGene. Chemical Week 164: 28.

Zyzak, D. V. , R. A. Sanders, M. Stojanovic, D. H. Tallmadge, B. L. Eberhart, D. K. Ewald, D. C. Gruber, T. R. Morsch, M. A. Strothers, G. P. Rizzi, and M. D. Villagran. 2003. Acrylamide formation mechanism in heated foods. Journal of Agricultural and Food Chemistry 51: 4782-4787.

4 遗传工程作物对农业和环境的影响

本章主要分析了目前商业化 GE 作物对农业和环境影响的证据，以回顾为主，着眼于 20 世纪 90 年代 GE 作物首次商业化到 2015 年之间 GE 事件的影响。本章会涉及一点 GE 作物对经济的影响，在第 6 章中将对这一主题进行全面讨论。

如第 3 章所述，美国是第一个将 GE 作物商业化的国家。2014 年，美国约有一半土地都种植了 GE 作物——主要是玉米（*Zea mays*）、大豆（*Glycine max*）和棉花（*Gossypium hirsutum*），美国生产的 GE 作物占全世界 GE 作物总产量的 40%（Fernandez-Cornejo et al.，2014；James，2015）。鉴于 GE 作物在市场中的份额，关于 GE 作物对农业经济和环境影响的许多研究是在美国进行的就不足为奇了。本委员会的大部分分析主要依靠这些文献，但也借鉴了其他种植 GE 作物的国家的研究成果。从 20 世纪 90 年代到 2015 年商业化的大多数 GE 作物都具有抗除草剂、抗虫或两者兼有的特性。因此，对农业和环境影响的综述主要集中在这些性状上[1]。

本章首先分析了 GE 技术与作物产量之间的相互作用。随后，对抗虫（IR）作物的农艺效益进行了研究，特别是在作物产量、杀虫剂使用、次生害虫和目标昆虫种群对 GE 性状的抗性进化方面；对与抗除草剂（HR）作物相关的效应也进行了相应的阐述；同时还讨论了抗除草剂与抗虫性状聚合对作物产量的影响。接着，本章进一步讨论了 IR 和 HR 作物对农场内外的环境影响，包括对动植物群落生物多样性的影响、农场种植的作物种类和品种[2]多样性的影响，以及 GE 作物对景观和生态系统的潜在影响。一个 GE 品种的特性是由于 GE 性状和该性状所处的遗传背景相互作用而形成的。因此，本委员会致力于明确该性状对作物本身和环境的影响。除非另有说明，否则只要在本章中涉及的区别，在统计上都是显著的。

4.1 遗传工程对作物产量的影响

在研究过程中，一些受访者的部分意见和公众的评价认为 GE 作物及其相关技术并不能大幅度提高作物产量；但也有其他评论和受访者赞同作物 GE，认为该技术有助于作物

1　国家研究委员会认识到除了 GE 作物之外，还可以用其他方法来控制作物害虫，其中包括生产系统的实施，使用农业生态原则来减少农药的需求，这些都在 2010 年国家研究委员会关于 21 世纪可持续农业系统的报告（NRC，2010b）中讨论到。现任委员会已经认识到农业生态学在促进农业恢复方面的中心作用，但其报告尤其侧重于 GE 作物的作用和影响。

2　"品种"一词在本章中广泛使用，指变种、栽培种和杂交种。

高产、稳产或二者兼有[1]。在审查 GE 技术影响有关作物产量的现有证据之前，本委员会认为了解影响作物产量的因素是非常有必要的。

4.1.1 潜在产量与实际产量

美国国家研究委员会先前的一份报告（NRC，2010a）[2] 以及其他研究和报告（Sinclair，1994；van Ittersum and Rabbinge，1997；Gurian-Sherman，2009；Lobell et al.，2009）中讨论了作物潜在产量和实际产量之间的区别。潜在产量是指某基因型作物在特定的二氧化碳浓度、温度和光合有效辐射（译者注：主要指 400～700nm 的光谱）（图 4-1）下，在不受水分或营养物质限制、不受病虫害损失的情况下所能达到的理论产量（van Ittersum et al.，2013）。如果不能补充足够的营养和水分，那么自然养分和水分高效利用的限制会造成潜在产量和实际产量之间的差距。实际产量可能会因"减产因素"而进一步减少，减产因素可分为三大类：

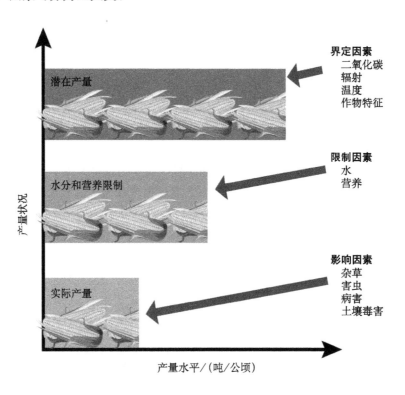

图 4-1　决定作物产量的因素（van Ittersum et al.，2013）

- 对作物造成物理损害的虫害和病害。
- 通过与作物争夺水、光和养分而减缓其生长的杂草。

1　关于这些观点评论可以在附录 F 中找到。
2　在 2010 年美国国家研究委员会的报告中，潜在产量被定义为"在没有被有害生物（如杂草与昆虫）破坏的情况下实现的产量"（NRC，2010a：138）。该报告承认，风、雨、干旱和霜冻等天气条件可能影响作物的产量。在本报告中，潜在产量的定义包括这些限制因素的更多细节。

- 由内涝、土壤酸度或土壤污染引起的毒性。

作物遗传改良可以缩小实际产量与潜在产量之间的差距，或者能够增加作物总体的潜在产量。这种改变可以通过三种方式来实现。首先，提高潜在产量，如可以通过改善植物的冠层结构来增加光合有效辐射的转化率；其次，通过提高植株对水分和养分捕获和利用效率来改善水分和养分供应；最后，通过保护作物免受杂草、害虫和病害等的侵害来降低减产因素的影响。

一般来说，这三种作物改良方法都可以通过传统的植物育种（在第 2 章和第 3 章中描述）、遗传工程或二者的结合来实现。例如，20 世纪 60～70 年代的常规植物育种促使了半矮秆小麦（*Triticum aestivum*）和水稻（*Oryza sativa*）的发展，它们比早期品种具有更高的潜在产量。选择和诱变都是常规的植物育种技术，它们被用来培育出了对咪唑啉酮类除草剂具有抗性的玉米、欧洲油菜（*Brassica napus*）、水稻、小麦和向日葵（*Helianthus annuus*）等品种（Tan et al.，2005），从而在施用除草剂时减少了作物和杂草对水、光和养分的竞争。

截至 2015 年，大多数 GE 作物都含有减少与作物竞争的杂草、防止昆虫危害或二者兼有的性状。少数商业化作物被设计用于抵御病毒；另一些则用于提高对非生物逆境的抗性，但是这些 GE 性状对产量影响的相关信息很少（框 4-1）。2010 年，美国国家研究委员会发布了一份关于 GE 作物对产量影响的报告，该报告以美国为重点研究对象，结论是"用于害虫防治的 GE 作物通过减少作物损失或有利于减少作物损失，对其产量会产生间接影响"（NRC，2010a：138）。也就是说，抗除草剂、抗虫和抗病毒的 GE 作物有可能缩小潜在产量和实际产量的差距，但它们不会直接增加作物的潜在产量。该报告还发现，抗除草剂（HR）作物的产量没有因为 HR 作物的特性而增加，但在遭受到易受 Bt 毒素影响的昆虫严重破坏的地区，抗虫作物的产量却有所增加。该报告还得出"GE 作物对产量的影响会随着时间而变化"的结论。

框 4-1　抗病毒作物的产量效应

只有少数作物具有 GE 抗病毒（VR）特性，遗憾的是它们没有被广泛种植，也没有得到广泛的研究。其中抗病毒番木瓜和南瓜是被商业化种植的，因此本委员会审查了现有的文献，以此来评估抗病毒性状对这些作物产量的影响。从理论上讲，如果抗病毒性状有效，当作物种植在相关病原体高发地区的时候，它们就可以有效地抵抗病原体从而稳定作物的产量。

番木瓜环斑病毒于 1992 年为害夏威夷主要的番木瓜产区（Manshardt，2012）。1992 年，该州的番木瓜产量为 33 065 千克/公顷（HASS，1993）；1998 年，产量为 21 072 千克/公顷（HASS，2000）。Ferreira 等人（2002）报道，1995 年种植的抗病毒番木瓜田间试验的果实产量是在番木瓜环斑病毒影响夏威夷番木瓜生产之前（1988～1992）年平均产量的 3 倍。抗病毒番木瓜于 1998 年引入种植，截至 2009 年，它占到夏威夷番木瓜种植面积的 75% 以上（USDA-NASS，2009）。本委员会没有找到关于抗病毒南瓜的最新研究，最新的信息来自 2008 年 Fuchs 和 Gonsalves 的研究，他们的报告称抗病毒南瓜占美国南瓜总产量的 12%，主要种植在新泽西州、佛罗里达州、佐治亚州、南卡罗来纳州和田纳西州。

针对产量限制因素（养分和水分）的商业化 GE 作物很少。本委员会在编写此报告时，市场上已经有了耐旱玉米品种。Chang 等人（2014）在 2009 年和 2010 年评估了南达科他州 8 个旱情严重地区 GE 玉米杂交种增加粮食产量的潜力。他们发现该性状对产量要素、地上和地下生物量及籽粒产量没有显著影响。耐旱玉米将在第 8 章中进一步讨论。

本委员会只找到一个提高产量的例子，即通过 GE 提高了植物的潜在产量。在此转基因事件中涉及的是一个单基因。据报道，把来源于一年生拟南芥（*Arabidopsis thaliana*）的内葡聚糖酶基因转到桉树（*Eucalyptus* spp.）中，可使桉树的生物量增加 20%（FuturaGene，2015）。桉树主要作为纸张等产品纤维素的来源，而内葡聚糖酶基因的表达使更多的纤维素沉积在桉树的细胞壁中，从而提高了其细胞中纤维素含量。2015 年，表达内葡聚糖酶的转基因桉树被批准在巴西种植园种植。

4.1.2 遗传工程性状与传统育种对产量的影响

本委员会从公众和研究人员的关注中获知，至 2015 年，与常规作物育种相比，商业化的 GE 作物并没有对产量的提高做出更多或更有效的贡献（Cotter，2014；Goodman，2014；Gurian-Sherman，2014；Dever，2015）。在过去的 20 年里，遗传工程和常规育种常常结合在一起用于 GE 作物商业化，因此很难将 GE 性状和常规育种对产量的影响分开。如果结合常规育种培育的 GE 品种比未结合常规育种的 GE 品种高产，那么 GE 品种的高产可能在很大程度上是由常规育种引起的。

本委员会审查了自 20 世纪 90 年代以来美国主要农作物的产量数据，从而审视遗传工程时代是否存在明显的特征。在图 4-2 中，Duke（2015）根据美国农业部（USDA）国家农业统计局（NASS）的数据，展示了自 1980 年至 2011 年美国玉米、棉花和大豆产量的变化，并进行了线性回归分析。从图中可以看出，自 1980 年以来，这三种作物的产量都大幅度增加。如果从 GE 品种商业化（虚线所示）以来，产量增长的斜率发生了变化，则可以将其视为影响产量的间接证据，但不能直接证明 GE 技术使产量更快地增长。而具有 *Bt* 与 HR 性状的棉花和玉米以及仅具有 HR 性状的大豆产量斜率变化并不明显。有人简单地说，假设不引入 GE 性状，产量增长速度就会下降。支持这一假设的机制包括最近常规育种工作的缩减、可利用的遗传变异的减少及全球气候变化的不利影响。但本委员会并没有发现支持这种机制的证据。

对 Duke（2015）使用的玉米产量数据进行分析，Leibman 等人（2014）发现自 GE 玉米商业化以来，其产量增长率一直在增加（图 4-3），但没有提供这种增长变化是否具有统计学上的显著性。Leibman 等人推测产量提高的程度可能在未来对产量的变化产生影响。如果这些改变是显著的，则非常有必要确定这些改变是由于耕种方式、GE 性状、传统育种或新兴遗传工程技术的效应，还是几种因素的结合（见第 7 章）。总而言之，不管是什么原因，自 GE 性状商品化以来，作物的产量一直在增加，但是没有明显的迹象表明年度间产量的相对变异有所增加。

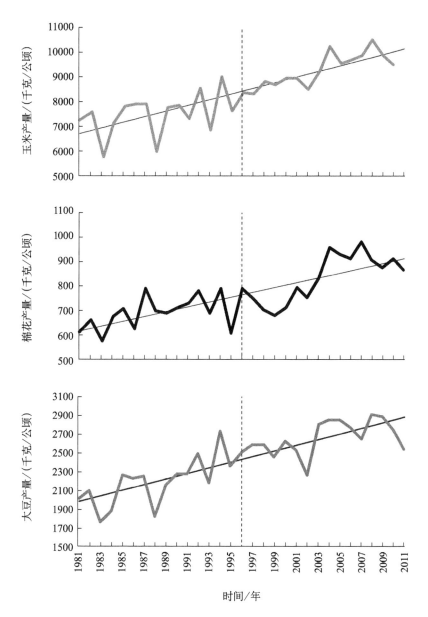

图 4-2　1980～2011 年美国玉米、棉花和大豆的产量（Duke，2015）
虚线表示这些作物的 GE 品种首次在美国引入的时间。

发现：美国全国范围内的玉米、棉花和大豆的统计数据并没有显示出 GE 技术对产量增长率的显著影响，但这并不意味未来不会实现这种增长，也不意味着当前的 GE 性状对农民没有好处。

建议：为了评估当前和未来 GE 性状本身是否以及在多大程度上对农业总体产量变化有贡献，我们在进行相关方面的研究时应该排除影响产量的各种环境和遗传因素。

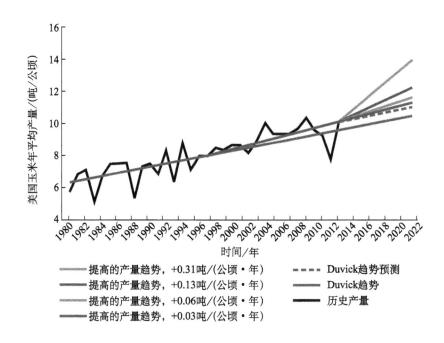

图 4-3　美国玉米的历年产量和预测产量（见彩图）（Leibman et al.，2014）

蓝色实线表示 Duvick（2005）提出的粮食产量每年增加 0.10 吨/公顷的趋势。紫色实线表示自 1996 年种植转基因玉米以来，粮食产量有较大的年平均增长趋势［0.13 吨/（公顷·年）］。蓝色虚线表示未来粮食产量将恢复到以前的历史平均年增长率［0.10 吨/（公顷·年）］。红色、橙色和浅绿色线条分别代表 0.03～0.31 吨/（公顷·年）产量增长趋势的预测并高于 0.10 吨/（公顷·年）的历史平均水平。

4.2　种植 *Bt* 作物的效益

本委员会审查了 GE 抗虫性对作物产量、杀虫剂使用、次生害虫种群的影响，以及目标昆虫种群对 GE 性状抗性演变的影响。

4.2.1　遗传工程抗虫性状的产量效应

截至 2015 年，抗虫性状已被引入到玉米、棉花、茄子和杨树中。这一章节部分依赖于对过去一些研究的综述，但这些综述通常未能向读者提供理解相关技术的注意事项。关于 GE 抗虫作物产量效应的说法一直存在争议，本委员会听取了许多与此相关的公众意见。因此，除了依靠相关综述文章，本委员会还审查了大量原始研究论文以仔细评估用来支持各种主张的数据的质量。

1. *Bt* 玉米

这里综述了对世界不同地区 *Bt* 玉米生产情况进行调查的整体分析和总结报告。Areal 等人（2013）比较了 *Bt* 玉米与非 *Bt* 玉米的产量。Areal 和同事根据从菲律宾、南非、美国、西班牙、加拿大和捷克收集的数据，发现 *Bt* 玉米的产量比非 *Bt* 玉米高 0.55 吨/公顷。Areal 等人（2013：27）慎重地指出，"虽然不能确定种植 GE 作物的优势是由于技术本身还是由于农民的管理技能（GE 作物种植者的效应），但是随着技术的进步，GE 作物种植者效应会减弱"，因为早期种植者通常是具有较好的管理技能（和资源）的农民，随着时间的推移，原先不具有多种管理技能的农民将也会使用该技术。

Fernandez-Cornejo 等人（2014）在审查 1997～2003 年在美国进行的调查（4 次）和试验（5 次）中发现，Bt 玉米比非 Bt 玉米具有明显的产量优势。然而，他们分析南非、德国和西班牙 2002～2007 年[1]收集的产量数据时并未发现 Bt 玉米和非 Bt 玉米总产量之间的差异，同时这三个国家的产量之间也没有明显的差异（Finger et al.，2011）。之所以出现这样的结果，可能因为这是从不同国家或区域采集的数据，再加上这些 GE 玉米中所使用的 Bt 性状以及其针对的目标害虫都没有具体说明。

Gurian-Sherman（2009）总结了美国和加拿大关于 GE 性状对玉米和大豆产量影响的研究结果。在玉米方面，他分析了 1997～2004 年发表的 6 项研究，得出的结论是在欧洲玉米螟（$Ostrinia\ nubilalis$）虫害严重的地区[2]，抗玉米螟的 Bt 性状将减少产量损失 7%～12%。根据对艾奥瓦州 2005～2008 年发表的另外三项研究分析，他认为在病虫害压力高、水分利用率低的情况下，以玉米根虫（$Diabrotica$ spp.）为目标的 Bt 性状能够显著减少产量损失。在没有这些限制因素的情况下，两种害虫的 Bt 性状对产量都没有影响。Gurian-Sherman（2009）估计，Bt 玉米实际产量距离其潜在产量缩减了 3%～4%。Klümper 和 Qaim（2014）把 GE 作物（包括具有 Bt 性状的作物）对产量的影响进行了整体分析。虽然他们没有将结果按作物分类，但总体来说，当存在 Bt 性状时，玉米和棉花的产量要高出 22%（$n=353$）。

上述研究表明，与 Bt 性状相关的作物效益是否存在很大差异取决于调查或实验区域的害虫丰度。从广泛的文献调查中我们还不清楚这些产量的差异仅仅是由于 Bt 性状减少了害虫的危害造成，还是由于使用该品种的农民之间的差异以及该品种之间的其他农艺性状的差异（框 6-1）造成。因此，本委员会仔细审查了自最初商业化以来对带有和不带有 Bt 性状的玉米进行的研究，这些研究可以评估害虫丰度和所测试的作物品种遗传背景对产量的作用。本委员会在这里引用了一组具体的研究，这些研究对于探讨各种影响 Bt 性状作物减少与理论产量差距的因素具有非常重要的参考价值。

Bowen 等人（2014）于 2010 年至 2012 年对亚拉巴马州几个不同地点的 7 组 Bt 玉米杂交种和对应的非 Bt 玉米品种产量进行了比较分析，此外还包括带有一个 Bt 性状的玉米杂交种和带有两个 Bt 性状的近等基因系[3]玉米杂交种的比较。在美国南部地区，Bt 杂交种的昆虫靶标主要是美洲棉铃虫（$Helicoverpa\ zea$）和草地贪夜蛾（秋黏虫，$Spodoptera\ frugiperda$）。在考察期间，美洲棉铃虫和草地贪夜蛾的爆发时间并不相同。Bowen 及其同事发现在考察的 3 年中有 2 年 Bt 玉米的产量高于非 Bt 玉米。但是虫害最严重年份（2010）的产量提高幅度却居中，因此害虫破坏程度与 Bt 增产之间并不存在明显的关系。

1　1997 年西班牙的产量数据也包括在内。

2　Gurian-Sherman（2009）根据 Rice 和 Ostlie（1997）的数据估计，欧洲玉米螟的高发区占美国玉米种植面积的 12%～25%。

3　一个等基因系具有基本一致的基因型（一般有一个或几个基因差异），因此在农业上的表现也应该类似。近等基因系的定义更为模糊，它们之间可能有多个不同的基因，因此在某些种植条件下可能有不同的表型。

Reay-Jones 和 Reisig（2014）开展了以美洲棉铃虫为靶标害虫的实地研究。在 2012 年和 2013 年，他们分别在北卡罗来纳州和南卡罗来纳州种植了具有 1～3 个 Bt 性状的玉米及其近等基因系的非 Bt 玉米，但并没有发现 Bt 和非 Bt 近等基因系之间的产量差异。同时他们对美国东南部在规定时间内种植的玉米进行产量分析也得出了类似的结果（Buntin et al.，2001，2004；Allen and Pitre，2006；Reay-Jones et al.，2009；Reay-Jones and Wiatrak，2011）。由于靶标昆虫在该地区造成的危害不大，因此他们认为针对美洲棉铃虫的 Bt 性状可能无法缩小实际产量与潜在产量之间的差距。

在加拿大以及美国中西部和东北部种植地区，在 Bt 玉米商业化后不久进行的实验中，欧洲玉米螟种群通常造成非 Bt 玉米的单产下降，Bt 玉米产量的增加显然与昆虫减少有关。Baute 等人（2002）认为在加拿大中西部，欧洲玉米螟的危害导致 1996 年和 1997 年的产量分别下降了 6% 和 2.4%。Dillehay 等人（2004）于 2000 年、2001 年和 2002 年每年在宾夕法尼亚州和马里兰州 4～6 个地点进行的试验中发现 Bt 玉米品种及其非 Bt 品种的平均产量分别为 9.1 吨/公顷和 8.6 吨/公顷（差异为 5.8%）。在非 Bt 植株中，每条玉米螟虫孔导致单株产量降低了 2.37%。

从 1996 年引入 Bt 玉米开始到 2009 年，Hutchison 等人（2010）发现欧洲玉米螟的数量及其造成的危害急剧减少。这一下降趋势似乎持续到欧洲玉米螟成虫很难在中西部地区找到的程度（框 4-2）。Bohnenblust 等人（2014）在 2010 年、2011 年和 2012 年分别在宾夕法尼亚州的 16 个、10 个和 3 个种植了 Bt 和非 Bt 玉米品种的农场进行了一项研究，他们发现这些农场中欧洲玉米螟种群数量普遍偏低，仅有 3 个农场的昆虫密度大到足以使非 Bt 品种减产 3%。从总体上看，Bt 品种的产量比非 Bt 品种增加 1.9%。这种微小的产量差异可能是由于害虫导致，也可能是由于品种本身差异所致。与宾夕法尼亚州的试验结果一致，目前中西部地区 Bt 和非 Bt 品种产量的差异可能并非由这种危害较大的害虫所引起的。

框 4-2　通过广泛采用 Bt 品种对害虫进行区域性的遏制

统计数据表明，在美国 Bt 玉米或 Bt 棉花种植率较高的地区，害虫数量已经减少——这对 Bt 和非 Bt 作物的种植者都是有益的。Carriere 等人（2003）研究表明，1999～2001 年在美国亚利桑那州 65% 以上的种植棉花地区具有 Bt 性状，该区域中棉红铃虫（Pectinophora gossypiella）的种群密度与 1992～1995 年（Bt 棉花商业化之前）的种群密度相比有所下降。2006 年，通过种植 Bt 棉花、释放不育棉铃虫及早期销毁染虫茎秆等三种措施结合消灭了亚利桑那州的棉红铃虫（Liesner，2015）。Adamczyk 和 Hubbard（2006）发现，由于种植 Bt 棉花，密西西比河三角洲的烟芽夜蛾（Heliothis virescens）数量下降了 90% 以上；Micinski 等人（2008）在路易斯安那州也发现了类似的情况。

Wu 等人（2008）在中国也发现棉铃虫（Helicoverpa armigera）锐减的类似现象，并将其归因于 1997 年开始使用 Bt 棉花品种。Bt 棉花的抗虫作用不仅降低了棉花的受害程度，而且减少了该害虫对其他作物的危害。

Hutchison 等人（2010）研究表明，在 *Bt* 玉米种植广泛的五个州（艾奥瓦、伊利诺伊、明尼苏达、内布拉斯加和威斯康星）欧洲玉米螟被大面积抑制。他们的结论是：由于该地区玉米螟数量下降导致种植非 *Bt* 玉米的农民比种植 *Bt* 玉米的农民获利更多。在这些州和大西洋中部地区，由于 *Bt* 玉米品种的种植，导致欧洲玉米螟数量的持续下降以至于这种昆虫在某些国家已经减少到不能称之为害虫的程度（Bohnenblust et al.，2014）。2014 年，威斯康星州的一项调查发现，229 个玉米田中有 193 个没有玉米螟为害的迹象；平均而言，只有 3% 的茎秆受到为害，平均预期产量损失小于 0.09%（WI Department of Agriculture，2014）。

Novacek 等人于 2008 年、2009 年和 2010 年在内布拉斯加州进行了田间试验，他们将具有抗欧洲玉米螟和玉米根虫的 *Bt* 基因抗虫性状和抗草甘膦性状的玉米杂交种与不具有 *Bt* 性状的玉米杂交种进行了比较（Novacek et al.，2014：94）。由于种植环境中没有欧洲玉米螟或玉米根虫（基于植株生长和收获期间的目测观察），因此产量的任何差异都不能归因于 Bt 蛋白的影响。不同试验区玉米植株密度为 49 300～111 100 株/公顷。2008 年，具有 *Bt* 性状的杂交种产量比非 *Bt* 品种高出 5% 左右，但在 2009 年和 2010 年却没有发现产量差异。2008 年产量的提高并不能用 *Bt* 靶标害虫对非 *Bt* 杂交种造成伤害进行解释。

在伊利诺伊州，Haegele 和 Below（2013）比较了 2008 年和 2009 年两组具有相同遗传背景的本地玉米杂交种。在每组中，一种杂交种具有抗草甘膦转基因性状，另一种具有抗草甘膦转基因性状和抗欧洲玉米螟、玉米根虫的 *Bt* 性状；每个杂交种在几个不同的施氮水平下生长；在 2008 年测量根系损伤并在 2009 年进行推论。他们指出，"基于这些低水平的根系损伤，可以预期非 *Bt* 和 *Bt* 杂交种之间的产量或农艺性状可能没有差异"（Haegele and Below，2013：588）。然而在不同氮肥施用量的结果平均水平上，*Bt* 杂交种的产量比非 *Bt* 杂交种要高：一组两个品种的差异约为 7%，而另一组的差异约为 18%。

伊利诺伊州的另一项研究将昆虫抗性作为影响玉米产量的五个因素之一（Ruffo et al.，2015）。同时将仅抗草甘膦的 GE 玉米与其近等基因系（抗欧洲玉米螟和玉米根虫 GE 品种）进行了比较。除此之外，其他影响产量的四个因素是：玉米单位面积种植密度、甲氧基丙烯酸酯类杀菌剂、磷硫锌复合肥和氮肥的施用情况。2009～2010 年生长季，在两个地点进行的田间试验中，对含有 Bt 和不含 Bt 蛋白两个品种的产量进行了考察。结果表明：当其他影响产量的四因素保持最优时，*Bt* 杂交种的产量比对照高 8.7%，当其他四因素都不是最优时，*Bt* 杂交种的产量比对照高 4.5%。作者认为造成这种产量差距的原因可能是成年玉米根虫取食花丝从而影响了非 *Bt* 玉米的籽粒形成和产量。但是因为没有昆虫方面的数据，所以很难确定玉米根虫是否对产量有影响。需要指出的是，2009 年和 2010 年伊利诺伊州的欧洲玉米螟数量非常少（Hutchison et al.，2010；框 4-1）。

Nolan 和 Santos（2012）汇总了 1997 年至 2009 年间多个涉农大学在美国 10 个玉米主产州进行的杂交试验结果。他们发现在具有除草剂抗性的杂交种中，抗欧洲玉米螟的

Bt 玉米和靶向玉米根虫的 *Bt* 玉米与非转基因杂交种相比，其产量有所增加。根据 1999～2009 年的数据（固定效应回归模型），以欧洲玉米螟为靶标的 *Bt* 玉米产量比非 *Bt* 玉米增加了 6%；同理根据 2005～2008 年的数据，以玉米根虫为靶标的 *Bt* 玉米产量比非 *Bt* 玉米增加了 7.4%。根据 2005～2009 年的数据，当这两个性状出现在同一品种中时，产量提高 7.1%。作者认为欧洲玉米螟的危害程度正在下降，这与该地区的调查结果是一致的，但没有提供有关害虫危害程度的数据来支持该论断。

Shi 等人（2013）通过对威斯康星州小区实验数据进行时间序列分析（1990～2010），来评估玉米产量的变化及其变异性。他们发现，抗欧洲玉米螟的 *Bt* 玉米全年平均产量比非 *Bt* 玉米增加了 410 千克/公顷，但抗玉米根虫的 *Bt* 玉米与非 *Bt* 玉米相比产量却减少了 765 千克/公顷。在调查的早期年份，抗欧洲玉米螟的 *Bt* 品种产量下降，但在后期年份，尽管害虫的数量下降了，*Bt* 品种的产量却有所增加。Shi 等人（2013）得出的结论是某些性状最初可能存在产量拖累，但随着多年连续育种，产量拖累效应减弱或逆转。这种逆转也可以解释上述其他实验结果。这些实验中，即使没有害虫压力，具有 *Bt* 性状的杂交种也比非 *Bt* 杂交种产量表现得更好。虽然 Shi 等人（2013）的研究表明在 2010 年期间抗根虫 *Bt* 性状对玉米产量有不利影响，但现在的情况可能已经不再是这样了。

Ozelame 和 Andreatta（2013）在巴西的圣卡塔琳娜州发现了一种以美洲棉铃虫和其他几种害虫为靶标的 *Bt* 玉米杂交品种，其产量比相同遗传背景的非 *Bt* 玉米品种高 6.89%，但该数据没有提供统计分析。这项研究是在 2010～2011 年丰收季进行的。2010 年菲律宾雨季时的一项研究表明，伊莎贝拉省 *Bt* 和非 *Bt* 玉米的产量在统计学上没有差异（Afidchao et al.，2014）。Gonzales 等人（2009）在菲律宾对 *Bt* 和非 *Bt* 玉米进行了调查，得出的结论是 *Bt* 玉米的产量增加了 4%～33%，但是由于没有提供足够的数据进行统计分析，因此无法对获得的结果进行定量评估。

人们关于 *Bt* 作物的一种观点是它们可以稳定产量，或者更确切地说，可以限制农民遭受巨大产量损失（作物歉收）的风险。考虑到 *Bt* 性状在高病虫害胁迫下增产效果较好，所以研究者认为在高病虫害胁迫下，*Bt* 品种可以减少作物损失。本委员会只找到三份经过同行评价的研究报告，这些报告专门侧重于量化 *Bt* 作物对避免作物损失的贡献。Crost 和 Shankar（2008）研究了农场中 *Bt* 和非 *Bt* 棉花的产量变化，他们发现在印度，品种间差异明显减少，但在南非却无明显的差异。Shi 等人（2013）在威斯康星的小区试验中考察了玉米产量，试验小区中玉米的平均产量为 11 650 千克/公顷。此外，他们发现抗欧洲玉米螟和西方玉米根虫的 *Bt* 品种将"风险成本"降低了 106.5 千克/公顷。Krishna（2016）等人与印度棉农合作时发现，*Bt* 棉花产量差异幅度不大，特别是低端棉花的平均产量只增加了 2.5%。

2008 年，美国农业部的风险管理机构认为："孟山都公司作为试验性 BYE（Biotechnology Yield Endorsement，生物技术产量认证项目）的共同提交者，已经证明与非转基因杂交品种相比，三性状叠加的特定组合可带来更低的产量风险。"[1] 如果农民们种植的玉

---

[1] RMA 批准 BYE 于 2008 年实施。2008 年 1 月 3 日。见 http://www.rma.usda.gov/news/2008/01/102bye.html. 访问于 2016 年 3 月 17 日。

米具有针对鳞翅目和玉米根虫的 *Bt* 性状以及抗草甘膦的 GE 性状，BYE 将为农民提供有折扣的作物保险。该折扣是基于认为这些品种具有相对较低的歉收风险。该项目于 2011 年结束。

2. *Bt* 棉花

Areal 等人（2013）进行的大数据分析发现，*Bt* 棉花的产量平均每公顷比非 *Bt* 棉花的产量多 0.30 吨。他们的研究是基于 1996～2007 年从印度、中国、南非、阿根廷、墨西哥和澳大利亚收集的数据。据此，他们分析得出的结论是 *Bt* 棉花在发展中国家比在发达国家有更大的优势。Finger 等人（2011）进行的分析使用了来自美国、中国、澳大利亚、印度和南非的数据。其中 1995～2007 年的产量数据来自 *Bt* 棉花的 237 项研究和非 *Bt* 棉花的 195 项研究。Areal 等人（2013）提供了所用研究的数据来源，但 Finger 等人（2011）没有提供，因此不能确定他们是否进行了相同的研究。Finger 等人（2011）的研究表明，当按国家划分时，印度 *Bt* 棉花的产量优势很突出，其 *Bt* 棉花比非 *Bt* 棉花产量高出 50.8％。因此，作者认为印度的产量优势比其他国家（尤其是美国和澳大利亚）大得多的原因可能是 *Bt* 棉花 2002 年在印度商业化时，其他国家的 *Bt* 棉花种植在几乎没有靶标害虫的生产区。此外，作者还认为印度 *Bt* 棉花的产量优势也可能取决于其具体的地理位置。

Stone（2011）批评早期的研究结论"自 2002 年 *Bt* 棉花获得批准后，直接促进了印度棉花产量的提高"没有考虑如下因素：新技术的早期采用者通常比后期采用者或非采用者拥有更多的资产（关于早期采用者资产的更多信息，见第 6 章 6.1.1 中的"早期应用的收入影响"）。然而，在 *Bt* 棉花被引入并被广泛采用后的几年中进行的研究发现 *Bt* 棉花确实具有产量优势[1]。Forster 等人（2013）比较了印度中央邦 *Bt*、非 *Bt*、有机农业和生物动力农业（biodynamic）[2] 四种农业耕作系统（2007～2008 年和 2009～2010 年）的棉花产量。在 2007～2008 年生长季，*Bt* 棉花产量比相同遗传背景的非 *Bt* 棉花产量高 16％；在 2009～2010 年生长季，*Bt* 棉花产量提高了 13.6％。在这项试验研究中，根据印度政府对 *Bt* 棉花增加投入的建议，*Bt* 棉花的总氮肥投入增加了约 8％，且收获时间提前。Forster 等人（2013）的研究认为这种产量差异在他们的试验中可能比在调查中要小得多，这是因为棉花的虫害问题在他们的试验田中比在典型的农场中有更好的防控。

Kathage 和 Qaim（2012）于 2002 年、2004 年、2006 年及 2008 年对印度马哈拉施特拉邦、卡纳塔克邦、安得拉邦和泰米尔纳德邦的棉农进行了调查。他们发现，在控制了其他影响因素后，能有效控制棉铃虫（*Helicoverpa armigera*）的 *Bt* 棉花产量比非 *Bt* 棉花高 51 千克/公顷，增产达到 24％。他们还发现在 2002～2004 年、2006～2008 年，每公顷 *Bt* 棉花的产量都有所增加；他们认为产量的增加可能归结于 2006 年后 *Bt* 棉花品种供应充足

---

[1] 2006 年，*Bt* 棉花在印度种植面积为 380 万公顷，占当年棉花产量的 42％（James，2006）。2008 年增长到 760 万公顷，占棉花产量的 82％（James，2008）。到 2010 年，*Bt* 棉花种植面积达到 940 万公顷，占棉花生产面积的 86％（James，2010）。

[2] Forster 等人（2013）对生物动力农业系统进行了如下描述：用肥料、矿物质和草药制成制剂，以极少量的方式激活和协调土壤的过程，从而加强植物健康，并刺激有机物分解。大多数生物动力农场包括生态、社会和经济的可持续性，其中许多是合作社。

以及与此同时新的 *Bt* 棉花品种投入市场。

对印度 2002 年至 2008 年的 19 项研究数据进行综合分析发现，与非 *Bt* 棉花相比，每公顷 *Bt* 棉的产量优势为 33%（Witjaksono et al.，2014）[1]。Stone（2011）在四个村庄的研究发现，从 2003 年没有农民种植 *Bt* 棉花，到 2007 年几乎所有的农民都种植，*Bt* 棉花的平均产量增加了 18%。然而他也指出，安得拉邦村庄的棉花产量并没有增加那么多，而只是恢复到 1994 年产量的最高值。Romeu-Dalmau 等人（2015）还提出了是否是棉花品种类型改变而造成产量增加的问题。于是他们比较了 *Bt* 陆地棉（*G. hirsutum*）与 20 世纪 80 年代从美国引进且在印度广泛种植的非 *Bt* 亚洲棉（*G. arboretum*）的产量。同时还采访了 36 位种植面积不足 5 公顷的农户，结果表明在印度马哈拉施特拉邦自然雨水灌溉的条件下，*Bt* 陆地棉的产量并不比非 *Bt* 棉花高。

Abedullah 等人（2015）在巴基斯坦旁遮普省的棉农（其中 248 位种植 *Bt* 棉花，104 位种植非 *Bt* 棉花）中进行了一项调查，发现种植 *Bt* 棉花具有 26% 的产量优势。该研究从 2010 年 12 月开始，于 2011 年 2 月结束，这刚好是巴基斯坦批准 *Bt* 棉花商业化种植后的第一个棉花种植季。作为此项研究的一部分，他们也调查了这些农民的资产状况，发现与之前 Stone（2011）的结论一致，即最先开始种植 *Bt* 棉花的农民拥有更多资产。除此之外，这些农民还具有其他优势，如受过更多的教育、拥有更多的土地和具有更多的贷款渠道。他们也更有可能拥有现代化的农具如拖拉机，另外，与没有种植 *Bt* 棉花的农民相比，这些农民会更早地了解 *Bt* 棉花的相关知识。

1999 年到 2005 年对中国进行的 17 项研究报告显示：与非 *Bt* 棉花相比，*Bt* 棉花有 18.4% 的产量优势（480 千克/公顷）（Witjaksono et al.，2014）。在 2004 年、2006 年和 2007 年，中国科学院农业政策研究中心研究人员对两个产棉区 500 名农民的调查报告显示，*Bt* 棉花的平均产量至少比非 *Bt* 棉花高 500 千克/公顷（Pray et al.，2011）。然而在 2006 年，只有 14 名农民种植非 *Bt* 棉花，2007 年这一数字已经缩减到 4 名，因此该报告中所说的两个品种之间的产量差异并不具有说服力。Qiao（2015）研究了 *Bt* 棉花自引入以来在中国的产量效应，发现它对棉花产量产生积极影响，从 1997 年采用 *Bt* 棉花到 2012 年研究结束时对产量的影响一直如此。

棉花是布基纳法索的主要经济作物。尽管其产量远远低于世界上最大的生产国（中国和印度），但布基纳法索在 2013 年的棉花产量位居世界第十。*Bt* 棉花是 2008 年引进并在当地商业化生产的。在商业化引进之前，Héma 等人（2009）于 2003 年、2004 年和 2005 年分别在两个地点进行了如下试验：将美国开发的含有内毒素蛋白 Cry1Ac 和 Cry2Ab 的 *Bt* 棉花分别与使用标准杀虫剂处理的当地非 *Bt* 品种、不使用杀虫剂的当地非 *Bt* 品种、不使用杀虫剂的美国非 *Bt* 品种进行了比较。*Bt* 棉花品种表达的 Bt 蛋白的靶标昆虫是棉铃虫和棉花卷叶螟（*Syllepte derogate*）。他们的研究发现这几组棉花产量在不同的时间和地点有所不同，如在 2003 年一个试验地点的 *Bt* 棉花产量高于其他几组；而在 2004 年，四组之间没有差异（研究者们认为该年没有差异的原因是虫害较少）。此外统计分析显示：2005 年 *Bt* 品种和经杀虫剂处理的当地品种在产量上也没有差异，但是显著高于两组未使

---

1 Kathage 和 Qaim（2012）及 Stone（2011）收集的数据都包含在了这项综合分析中。

用杀虫剂的非 *Bt* 棉花；而在另一个试验地点，3 年的试验数据都显示 *Bt* 品种和杀虫剂处理过的当地品种产量基本相当，并且高于另外两个品种。

Vitale 等人（2010）在 2009 年对布基纳法索三个产棉区 10 个村庄的 160 户农民进行了调查，当时 *Bt* 棉花的种植面积约占棉花总种植面积的 30%，结果显示，在这三个地区 *Bt* 棉花的平均产量比非 *Bt* 棉花高 18.2%。产量优势与特定区域之间在统计学上有明显的相关性，最高的是 36.6%，最低的是 14.3%。他们推测产量效应的地域差异可能是由于不同地区的昆虫种群不同所致。到 2012 年，*Bt* 品种已经占据了布基纳法索棉花种植面积的 51%（James，2012）。

Fernandez-Cornejo 等人（2014）查看了 1997～2007 年关于美国 *Bt* 棉花生产的三项试验和六项调查的公开数据，他们发现在三项试验中的两项以及所有的六项调查中，*Bt* 棉花品种比非 *Bt* 品种产量更高。当然，在文中作者也提出，"*Bt* 品种的使用不是随机的，被调查的农民依照他们是 *Bt* 作物采用者还是非 *Bt* 作物采用者被分成了试验组和对照组，结果发现，两者可能具有系统性差异（如在管理能力方面）"。

Luttrell 和 Jackson（2012）对 2000～2007 年美国棉花受虫害造成损失的数据进行了汇编，发现 *Bt* 棉花在各种虫害影响下（包括 Bt 蛋白的靶标昆虫和非靶标昆虫）其损失率（平均值为 4.13%）比非转基因棉花低（平均值为 6.46%），但没有发现 *Bt* 棉花和非转基因棉花之间存在产量差异。Kerns 等人（2015）评估了 2014 年阿肯色州、路易斯安那州、密西西比州和田纳西州的 1 个非 *Bt* 品种和 4 个 *Bt* 品种试验棉田的产量，发现当所有品种都喷洒鳞翅目害虫杀虫剂时，*Bt* 品种仍然具有产量优势。

3. *Bt* 茄子

截至 2015 年，*Bt* 茄子（*Solanum melongena*）仅在孟加拉国被商业化种植，其中转入的 *Bt* 基因主要是针对茄白翅野螟（茄黄斑螟，*Leucinodes orbonalis*）。*Bt* 茄子 2014 年春季首次进行商业化种植时，只在 4 个地区的 20 名农民总面积为 2 公顷的土地上种植了 4 个 *Bt* 茄子品种（Choudhary et al.，2014）。Krishna 和 Qaim（2008）总结了由执行田间试验的 MAHYCO 种子公司提供给他们的尚未发表的数据。2005 年左右，在印度的几个邦，他们发现 *Bt* 茄子杂交种未受虫害的果实产量比使用杀虫剂的非 *Bt* 近等基因系杂交种的未受虫害的果实产量高 117%，而与当地常见的开放授粉茄子品种进行比较时，*Bt* 杂交种的产量效益可以增加到 179%。Krishna 和 Qaim 预测，在相同的田间管理条件下，*Bt* 茄子杂交种与非 *Bt* 茄子杂交种相比将具有 40% 的产量优势，而与开放授粉品种（当地常见品种）相比的产量优势将达到 60%。印度蔬菜研究所在 2007～2008 年和 2008～2009 年进行的大规模田间试验也得出了相似的结果。他们在 8 个试验点种植了 7 个 *Bt* 茄子杂交种，周边种植非 *Bt* 茄子杂交种；若将 *Bt* 杂交种与已经渗入 *Bt* 性状的非 *Bt* 杂交种进行比较时，*Bt* 杂交种的产量比非 *Bt* 杂交种的产量高 37.3%，但该研究没有进行统计学分析；若与其他常用的杂交种进行比较时，*Bt* 杂交种的产量增加 54.9%，但同样也没有进行统计学分析（Kumar et al.，2010）。两项研究中展示的产量增加都是由于减少了茄白翅野螟的危害。Andow（2010）认为，非 *Bt* 茄子对勉强维系生活的农民的损失可能并不像这些研究估计得那么高，因为那些农民有销售或消费遭受虫害果实的渠道，而大规模商业化种植 *Bt* 茄子的农民却没有。

4. *Bt* 杨树

带有 *Bt* 基因的杨树从 1994 年就开始在中国进行田间试验种植，但直到 2005 年它们才被批准商业化。研究者用 *Bt* 基因对黑杨（*Populus nigra*）进行 GE 改造以对抗春尺蠖（*Apochemia cinerarius*）和梦尼夜蛾（*Orthosia incerta* Hufnagel）害虫（Hu et al.，2001）。虽然杨树可以作为燃料、纤维制品和林业产品等，但中国的杨树种植主要应用于中国北方的环境保护和植树造林（Hu et al.，2001；Sedjo，2005）。因此在中国，对 *Bt* 杨树的研究并未关注其产量效应。

其他国家的田间试验发现，在一些特定的 *Bt* 基因杨树克隆系中，*Bt* 性状对其产量有一定影响。其中在美国太平洋西北部的四种杨树克隆系（一种 *Populus deltoides* × *Populus nigra* 杂交种和三种 *Populus trichocarpa* × *Populus deltoides* 杂交种）的筛选试验中，*Bt* 基因插入的三个克隆系（表达 Cry3Aa）与其对应的非 *Bt* 品系植株在正常生长条件下没有显著差异（Klocko et al.，2014）。另一项研究显示，一种 *Bt Populus trichocarpa* × *Populus deltoides* 杂交种在第一年和第二年的测量数据中平均体积增长水平高于对照组。在筛选试验后，*Populus deltoides* × *Populus nigra* 杂交种被用于大规模试验。从第一季度到第二季度，*Bt* 植株的净体积增长平均比对照组高 8%（Klocko et al.，2014）。Hjältén 等人（2012）在温室盆栽试验中比较了表达 Bt 蛋白的杨树克隆系（*Populus tremula* × *Populus tremuloides*）与非 *Bt* 近等基因系。他们发现，在没有目标害虫蓝绿弗叶甲（*Phratora vitellinae*）的情况下，*Bt* 植株的株高比非 *Bt* 植株低。然而当甲虫种群数量足以导致大量落叶时，*Bt* 植株具有更高的株高。因此，该证据表明 GE 抗虫可以解决树木受虫害减产的问题。

发现：尽管研究者的试验结果不尽一致，但自从 1996 年 *Bt* 性状被引入作物商业化种植，到 2015 年，在靶标害虫对非 *Bt* 品种造成实质性损害并且合成化学杀虫剂不能有效控制害虫的情况下，*Bt* 性状在许多地方对减少实际产量和潜在产量之间的差距都有着统计学上的显著贡献。

发现：有统计证据表明，在美国一些大量种植 *Bt* 玉米或 *Bt* 棉花的地区，害虫种群区域性减少。虫害的减少不仅使种植 *Bt* 作物的人群受益，而且惠及了未种植 *Bt* 作物的人群。

发现：在农户调查中，*Bt* 和非 *Bt* 品种之间产量的差异可能是由于种植 *Bt* 和不种植 *Bt* 品种农民之间的差异所致。如果种植 *Bt* 作物的农民比未种植 *Bt* 作物的农民具有其他生产优势，这些差异可能会夸大 *Bt* 品种所表现的产量优势。

发现：在试验田中，*Bt* 和非 *Bt* 品种之间的产量差异有时被证实是由于 *Bt* 品种受到的虫害减少所致，但如果比较的两个品种不是近等基因系，其产量差异则可能是由于 *Bt* 品种的其他性状导致的，或是由作物品种和虫害减少的组合效应所引起的。这些差异可能会混淆我们对 *Bt* 品种表现出的产量优势的估计。

建议：在未来的试验和调查研究中，将具有抗虫特性的作物品种与非抗虫品种进行比较时，重要的是评估产量差异有多少是由虫害减少造成的，多少可能是由其他因素造成的。

4.2.2　抗虫作物引起杀虫剂使用的变化

随着 *Bt* 作物的投入使用，人们对于不同规模农场杀虫剂的使用变化已经有了大量的研究。毫无疑问，GE 作物的种植已经改变了农民对杀虫剂的使用量。因此，目前存在的主要争议是变化的规模和方向。例如，Klümper 和 Qaim（2014）的统计分析（样本数目 $n=108$）显示，*Bt* 棉花和 *Bt* 玉米的种植使杀虫剂的用量减少了 39%。2010 年美国国家研究委员会撰写了一份"GE 作物对美国的影响"的报告，该报告总结了美国农业部（USDA）从 1996 年到 2007 年收集的棉花和玉米种植过程中杀虫剂使用的数据，发现这两种作物每英亩（1 英亩＝0.4057 公顷）土地使用的活性杀虫成分磅数（1 磅＝0.4536 千克）均有显著下降（NRC，2010a）[1]。Fernandez-Cornejo 等人（2014）将 USDA 数据的评估延长至 2010 年，如图 4-4 所示，也发现种植和未种植 *Bt* 玉米的农民对杀虫剂的使用都显著减少（图 4-5）。他们认为未种植 *Bt* 玉米的农民杀虫剂用量之所以减少可能是由于该区域欧洲玉米螟种群整体下降所导致（框 4-2）。

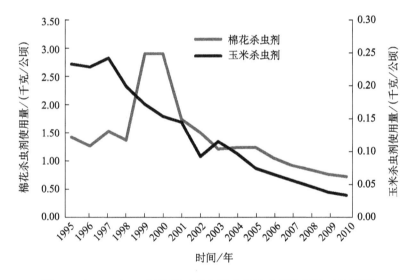

图 4-4　1995～2010 年美国玉米和棉花的杀虫剂使用量（见彩图）

（Fernandez-Cornejo et al.，2014）

对菲律宾农民的一项调查（Sanglestsawai et al.，2014）发现，在调查统计的两个生长季（2003～2004、2007～2008）中，*Bt* 玉米的杀虫剂使用量分别是非 *Bt* 玉米用量的三分之一和四分之一。

本委员会没有发现在小型农场中 *Bt* 玉米种植对杀虫剂使用影响的相关研究，这可能是因为这些农场的非转基因玉米通常不使用杀虫剂。

在澳大利亚，*Bt* 棉花的推广速度比美国慢，这是由于澳大利亚为了减缓害虫对 *Bt* 产生抗性，限制了农场中 *Bt* 棉花种植面积不能超过总面积的 30%，直到 2003 年单一 *Bt* 棉

1　例如，玉米中每英亩使用活性杀虫成分的量从 1996 年的 0.23 磅降至 2007 年的 0.05 磅，而棉花中每英亩使用量从 1996 年的 1.6 磅降至 2007 年的 0.7 磅。

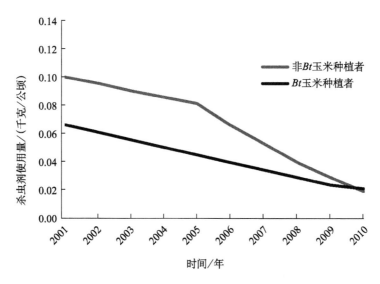

图 4-5　2001~2010 年美国 *Bt* 玉米种植者和非 *Bt* 玉米种植者杀虫剂使用量（见彩图）

(Fernandez-Cornejo et al.，2014)

花品种 Ingard® 被携带两种 Bt 蛋白的品种 Bollgard Ⅱ® 取代。从图 4-6 中可以看出，澳大利亚的 *Bt* 棉花和非 *Bt* 棉花的杀虫剂使用量均显著下降（Wilson et al.，2013）。

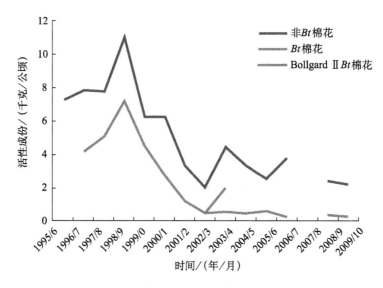

图 4-6　澳大利亚非 *Bt* 棉花、Ingard® 和 Bollgard Ⅱ® *Bt* 棉花杀虫剂的使用情况（见彩图）

(Wilson et al.，2013)

2007~2008 年没有收集数据，因为干旱导致棉花生产面积很小。

在中国，*Bt* 棉花的推广是非常迅速的：到 2011 年，*Bt* 棉花的种植面积已经达到 95% 以上（Lu et al.，2012）。*Bt* 棉花种植量的增加降低了靶标害虫棉铃虫（*Helicoverpa armigera*）的群体密度并减少了棉田杀虫剂的总体使用量（图 4-7）。

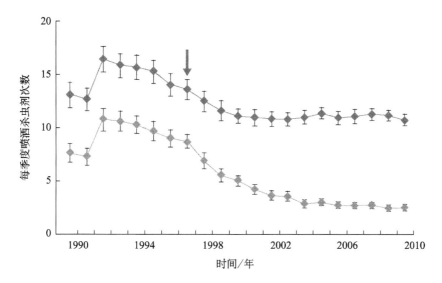

图 4-7　中国每季棉花喷洒杀虫剂的次数（见彩图）（Lu et al.，2012）

蓝点表示杀虫剂总用量，绿点表示针对棉铃虫的杀虫剂用量。红色箭头表示 *Bt* 棉花首次商业化的年份。

在印度，自从 2000 年前后 *Bt* 棉花种子开始普遍供应以来，许多研究就开始关注 *Bt* 棉花的种植引起的杀虫剂使用量变化。Qaim 和 Zilberman（2003）分析了 2001 年进行的田间试验数据，发现 *Bt* 棉花种植者对杀虫剂的用量（1.74 千克/公顷）比非种植者（5.56 千克/公顷）减少了 69%。随后的一系列研究对这一结果进行了拓展：Sadashivappa 和 Qaim（2009）发现 *Bt* 棉花的平均杀虫剂使用量是非 *Bt* 棉花的 41%，而 Kouser 和 Qaim（2011）则报道了二者之间杀虫剂使用量有 64% 的差异。Kouser 和 Qaim 的研究还显示，同期非 *Bt* 棉花的总杀虫剂使用量也下降了（但他们没有详细描述农药类别——杀虫剂还是其他类型农药）。Stone（2011）也报告了类似的结果，如印度安得拉邦瓦朗加尔地区棉花种植者的杀虫剂喷洒量从 2003 年到 2007 年下降了一半多（54.7%），其中杀虫剂使用量最大的地区减少的幅度也最大。

Shankar 等人（2008）研究了南非的杀虫剂使用量与 *Bt* 棉花种植之间的关系，发现种植 *Bt* 棉的农场使用的杀虫剂量是 1.6 升/公顷，而非 *Bt* 棉花的农场使用量则为 2.4 升/公顷。

在美国，尽管玉米田和棉花田中杀虫剂的总体使用量已经下降，但自 2003 年以来，用于处理玉米、棉花和大豆种子的新烟碱类杀虫剂用量大幅增加（Thelin and Stone，2013）。本委员会收到的一些公众意见认为，这种增加可能是由于 *Bt* 作物的种植增多或与之相关。Douglas 和 Tooker（2015）对 20 世纪 90 年代至 2011 年间美国新烟碱类杀虫剂使用量增加的数据进行了详细分析，发现这种增加趋势在大豆和玉米中同样显著。截至 2015 年，美国尚未利用商品大豆进行工程化生产 *Bt* 毒素，因此该作物中新烟碱类农药的使用增加显然与 *Bt* 品种的使用无关。与此同时，他们在未进行 GE 改造的蔬菜和水果中也观察到新烟碱类杀虫剂的使用量增加。以玉米为例，处理种子使用的新烟碱类杀虫剂因其浓度太低而不能影响玉米根虫，而玉米根中表达的 Bt 蛋白则只作用于玉米根虫，因此 Bt 蛋白和新烟碱类杀虫剂在杀灭害虫中是功能互补的（Petzold-Maxwell et al.，2013；

Douglas and Tooker，2015）。然而，另一项研究表明，使用杀虫剂处理种子可能对玉米根虫的存活率有影响，也可能与 Bt 蛋白相互作用（Frank et al.，2015），因此应进一步研究这两种化合物在灭杀玉米根虫方面的协同作用。尽管新烟碱类杀虫剂在种子处理中的使用量增加，玉米和棉花的整体杀虫剂使用量却有所下降，部分原因是新烟碱类活性成分每公顷仅需约 0.001 千克，USDA-NASS 的调查数据似乎没有包含用于处理种子的杀虫剂用量[1]（Douglas and Tooker，2015）。Bt 作物的种植和新烟碱类杀虫剂的使用有一个共同点：农民必须在播种之前决定是否使用它们，因此这种使用是预防性的。此外，农民的选择有时受到限制，因为他们能买到的大多数玉米和棉花种子很可能含有至少一种 Bt 蛋白且已经用新烟碱类杀虫剂处理过。

尽管种植 Bt 作物导致了合成杀虫剂的使用总量减少，但 Benbrook（2012）指出，种植具有多种 Bt 性状的玉米品种每公顷可产生 4.19 千克 Bt 蛋白。本章关于 GE 作物对环境影响的数据表明，与非 Bt 作物品种相比，Bt 蛋白对环境没有不利影响。这是因为 Bt 蛋白是特异针对昆虫的蛋白质，当 GE 作物的残余物分解时，Bt 蛋白会在微生物的作用下迅速降解。

Andow（2010）对 Bt 茄子种植会减少小型农场杀虫剂使用量的推断持有不同意见。他认为进行小规模种植的农民不会采用 Bt 品种，因此也不会减少杀虫剂用量。在本委员会撰写此份报告的同时，Bt 茄子已被孟加拉国的近 150 名农民种植，其对杀虫剂使用量的影响仍有待观察。

发现：在所有调查的案例中，使用 Bt 作物品种都减少了合成杀虫剂的使用量。在某些情况下，Bt 作物的种植也与非 Bt 作物及其他作物田地中的杀虫剂使用量减少相关。

4.2.3 Bt 作物引起的次生病虫害的变化

利用 Bt 蛋白控制目标害虫有时会为"次生"昆虫种群增加提供机会。次生昆虫种群增加是因为它们对作物中特定 Bt 蛋白不敏感或敏感性较低，因此在引进 Bt 作物之前所使用的广谱杀虫剂可以有效地控制这些害虫。

Bt 棉花和 Bt 玉米是目前种植最广泛的抗虫作物，其中含有的 Bt 蛋白种类及其针对的目标害虫有所不同：部分 Bt 蛋白针对于某些甲虫类，而另一部分则针对某些蛾类。在中国的 Bt 棉花生产中，有一个次生害虫大暴发的典型案例：从 1997 年引入 Bt 棉花开始至 2008 年期间进行的一项为期 10 年的研究发现，不受棉花 Bt 蛋白影响的一种害虫——盲蝽（Heteroptera；Miridae）的数量稳步增加（Lu et al.，2010）。作者认为这一增加是由于盲蝽偏好取食棉花，而在引入 Bt 棉花之前人们使用的广谱杀虫剂控制了其数量，但是在引入 Bt 棉花之后不使用广谱杀虫剂所致。此外，中国棉花种植地区其他作物中的盲蝽种群数量也增加了，这些增加与 Bt 棉花种植的比例密切相关。在这 10 年间，尽管杀虫剂的整体使用量有所减少，但是棉花及其他作物遭受的盲蝽虫害却增加，因此人们用于杀灭盲

---

1 有机认证的田间玉米中的害虫管理。北卡罗来纳州立大学昆虫学系。见 http://www.ces.ncsu.edu/plymouth/ent/neonicotinoidseedcoat.html。访问于 2016 年 4 月 5 日。

蜻的杀虫剂使用量也有所增加。Qiao（2015）在一份"关于次生害虫对中国转基因棉花影响"的总结报告中认为，与主要害虫数量和杀虫剂使用量的减少相比，次生害虫对棉花所造成的影响还是比较小的。

在美国东南部，椿象（*Nezara viridula* 和 *Euschistus servus*）造成的棉花减产与 *Bt* 棉花生产上杀虫剂使用减少有关（Zeilinger et al.，2011）。而在美国中西部，引入 *Bt* 玉米后，豆白缘切根虫（*Striacosta albicosta*）虫害增加。一些间接证据表明，由于豆类夜盗虫不像玉米的主要害虫毛虫（蛾类幼虫）一样受到 Bt 蛋白的影响，因此当毛虫被杀灭后，豆类夜盗虫就有了开放的生态位，从而使其种群数量增加（Dorhout and Rice，2010）。

Naranjo 等人（2008：163，167）在一项关于美国国内外次生害虫影响的研究综述中总结到：尽管 *Bt* 作物取代了广谱杀虫剂，但是一些次生害虫的数量有所增加；"大量的次生害虫物种对转基因棉花中的 Bt 蛋白不敏感，它们也影响着全世界的棉花生产"。通常大多数次生害虫都处于同样的生态位，并且在 *Bt* 和非 *Bt* 棉花种植体系中人们都有着持续的管理措施来应对这些害虫。Catarino 等人（2015）总结了一些其他案例，其中有些案例间接表明 *Bt* 棉花和 *Bt* 玉米中次生害虫种群有所增加。他们得出的结论是：次生害虫的危害"可能并没有严重到足以动摇 *Bt* 技术根基的地步，但是对于它们的危害确实需要进一步开展相关研究，从而为农民提供实用的和经济上可行的建议，并且使管理者意识到新作物品种批准阶段存在的一些潜在问题和风险"。

4.2.4 *Bt* 作物的抗性演变和抗性管理

在 *Bt* 作物的种植过程中，目标害虫逐渐进化出的 Bt 蛋白抗性给种植 *Bt* 作物的农民造成了一定的经济损失。部分公众、研究人员和农民认为这种抗性的产生表明 GE 技术是不可持续的。本委员会就此听取了这方面的意见并且调查了相关证据。

1996 年，美国环保署（EPA）农药项目对话委员会提出，苏云金芽孢杆菌及一些其他抗虫手段是环境友好的，但是"害虫抗性的进化将给使用这些杀虫手段的公共利益造成潜在损失"（EPA，1997）。虽然美国环保署委员会使用了"公共利益"一词，但尚不清楚如何对其定量评估，更不用说要求公众对其进行评价了（EPA，1997）。公众给 EPA 的反馈也不同，有的支持该方案，有的则强烈反对。2001 年，美国环保署澄清说，他们"认为保护昆虫（害虫）对 Bt 蛋白的敏感性属于公共利益"，因为他们"确定昆虫的抗性进化将对环境产生不利的影响"（EPA，2001）。其实 EPA 的这份声明是对其早期做法的强化，他们要求申请注册 *Bt* 作物的人员制定和实施合理的作物种植方案，从而延迟害虫的抗性进化。EPA 外部的科学顾问小组也赞同适当地使用抗性管理策略（EPA，1998，2002，2011，2014b）

国家研究委员会在 2000 年和 2010 年的报告中描述了由植物自身产生杀虫剂的情况下抗性管理策略及其科学依据（NRC，2000，2010a）。在各种管理策略中（Gould，1998），最受 EPA 和业内青睐的策略是高剂量/庇护所策略。此处仅提供简短摘要，因为此方法的详细信息已在之前的国家研究委员会报告中进行了讨论。高剂量/庇护所策略假定赋予昆虫高水平抗性的大多数等位基因必须是纯合的（两个基因拷贝均为具有抗性的等位基因），才能克服高浓度的 Bt 蛋白，并且此类等位基因在使用 Bt 蛋白之前的昆虫种群中是极罕见的。此外，该方法还要求存在"庇护所"，这样可以使无抗性的昆虫存活并保存群体中的易感等位基因。"庇护所"可以是不产生 Bt 蛋白的同种作物，也可以是昆虫可以取食的不含 Bt 蛋白的其他作物或野生植物。

最初，EPA 规定 *Bt* 作物必须含有比昆虫耐受力高的 Bt 蛋白。一些针对特定的昆虫如科罗拉多马铃薯甲虫（*Leptinotarsa decemlineata*）、棉红铃虫和烟芽夜蛾（*Heliothis virescens*）的 *Bt* 作物符合了这些要求。但对于其他害虫，如棉铃虫、草地贪夜蛾和西部玉米根虫，这些剂量还远远不够。对于这些缺乏高剂量 Bt 蛋白的案例，依据理论推测，需要建立更大的庇护所来延迟害虫产生抗性（EPA，2002）。目前已有的经验表明：当使用高剂量 Bt 蛋白时，害虫产生抗性的几率较低，并且在高剂量 Bt 蛋白和适当的庇护所同时存在的情况下，还没有害虫产生抗性的案例报道。Huang 等人（2011）指出，截至 2009 年，由于昆虫产生抗性导致的三个失败的田间案例都是由于无法获得或没有使用针对靶标昆虫的高剂量 *Bt* 品种引起的。Tabashnik 等人（2013）发现，在植物中的 Bt 蛋白达到高剂量标准的 9 个案例中，有 6 个案例靶标昆虫的易感性没有降低，或仅有不到 1% 的个体具有抗性；然而在剂量不够高的 10 个案例中，具有抗性的昆虫比例均超过了 1%，使得 Bt 蛋白失去效果。

EPA 制定的抗性管理策略存在一个问题就是农民并不按照规定种植庇护所（Goldberger et al.，2005；CSPI，2009；Reisig，2014）。在种植庇护所时，有时农药喷洒量过多会降低庇护所的效用。其他国家也制定了庇护所计划，但很少强制执行这些计划（Kruger et al.，2012）。而澳大利亚是一个例外，*Bt* 棉花的庇护所被严格地执行下来（Wilson et al.，2013）。

2010 年国家研究委员会关于 GE 作物在美国影响的报告（NRC，2010a）记录了一些抗性案例（定义为可遗传的 Bt 蛋白易感性变异），但这些案例中只有一个例子是导致了田间虫害损失增加。从那以后，更多的抗性案例在美国被广泛报道（Tabashnik et al.，2013），且又发现一例由于西部玉米根虫产生抗性造成的田间损失（Gassmann et al.，2014；Wangila et al.，2015）。在其他国家，害虫的抗性也逐渐达到了破坏性的水平，如印度的棉红铃虫（Bagla，2010；Kranthi，2015；Kasabe，2016）、南非的玉米蛀茎夜蛾（*Busseola fusca*）（Kruger et al.，2011）以及巴西的草地贪夜蛾（Farias et al.，2014）。在所有这些案例中，使用的 Bt 蛋白剂量相对于害虫耐受性都不够高，或是缺乏害虫的庇护所，或两者都没有。

棉红铃虫对 *Bt* 棉花产生抗性的案例给了我们很多启示。第一批含有一种 Bt 蛋白（Cry1Ac）的商业化棉花杂交种于 2002 年在印度上市。到 2005 年，在印度中部和南部，约 93% 的棉花都含有 *Bt* 基因。2008 年的一项调查显示印度 *Bt* 棉花的种植率达到 99%，这意味着他们没有种植庇护所（Kathage and Qaim，2012）。2009 年，孟山都公司的研究人员证实了棉红铃虫产生抗性导致了田间损失（Mohan et al.，2016）。随后具有两种 Bt 蛋白（Cry1Ac 和 Cry2Ab）的棉花杂交种被商业化并替换了大多数的单一 Bt 蛋白品种。到 2015 年，棉红铃虫已经在古吉拉特邦以及安得拉邦、特伦甘纳邦、马哈拉施特拉邦的一些地区进化出对双 *Bt* 棉花的抗性，导致的损失估计有 7%～8%（Kranthi，2015；Kasabe，2016）。幸运的是，棉铃虫（*Helicoverpa armigera*）还没有进化到足够高的抗性水平，不会对 *Bt* 棉花造成额外损害。

除了开发针对单一目标害虫的多 *Bt* 基因品种外，一些公司还开发了对抗不同害虫的多 *Bt* 基因组合品种。例如，孟山都公司的 SmartStax® 玉米品种有两个针对欧洲玉米螟和其他鳞翅目昆虫的 *Bt* 基因以及另外两个针对西部玉米根虫的 *Bt* 基因。这些多 *Bt* 基因组合品种可能使抗性管理方式变得更加复杂。例如，种植庇护所的方法通常有两种：将非 *Bt* 作物种植在 *Bt* 作物旁边的田地中，或播种前就在 *Bt* 种子中掺入一定比例的非 *Bt* 种子。对于欧洲玉米螟，最佳抗性管理方法是设置一定比例的田地（行或块）种植非 *Bt* 种子作为庇护所。混合种子的方法不适用于欧洲玉米螟，因为其幼虫可以在 *Bt* 和非 *Bt* 植株间移动取食，从而吸收中等剂量的 Bt 蛋白（Mallet and Porter，1992；Gould，1998）。对于美洲棉铃虫，混合种子的方式有时也会产生问题，因为非 *Bt* 植株可以被附近的 *Bt* 玉米授粉，从而导致玉米穗中有一半或一大半的谷粒具有 Bt 蛋白。所以当美洲棉铃虫取食"庇护所"玉米穗时会暴露在 Bt 蛋白之下，从而抵消了庇护所效用（Yang et al.，2014）。而对于玉米根虫，混合种子或间隔区域种植两种方式的效果差别不大。值得注意的是，对于美洲棉铃虫，Bt 蛋白水平并没有达到高剂量，因此除非抗性性状是隐性遗传，否则小规模的庇护所并不会发挥效用（Gould，1998；Brévault et al.，2015）。对于西部玉米根虫，混合 *Bt* 和非 *Bt* 种子的方案是可行的，因为土壤中生活的幼虫通常不会在植株间移动。鉴于此，2015 年的 GE 品种没有产生高剂量的 Bt 蛋白，因此不管幼虫是否会移动取食，小规模的庇护所效用都十分有限，除非昆虫的抗性性状是由隐性基因控制的。在一篇文章中（Andow et al.，2016），10 名从事玉米生产工作的昆虫学家和经济学家一同得出结论："应该鼓励农民从选择采用某种单一管理方案，转向多方位的综合的害虫管理方法。这种综合管理应该在一项新技术被商业化时立即使用，以便更有效地降低抗药性进化率，特别是对于 Bt 蛋白剂量不够高的品种。"本委员会也认为该方法行之有效，但它的实施需要进行精心安排并为农民提供长期激励措施。农民目前别无选择，只能等待下一个新抗虫性状出现。Badran 等人发表的文章（2016）展示了一种新技术，该技术可能会更快地生产新型 Bt 蛋白，从而提供人们所期盼的下一个新性状。然而在本委员会撰写报告时，该技术还停留在概念水平。

如框 4-2 所述，*Bt* 作物已经导致欧洲玉米螟种群数量下降到远低于经济阈值的水平，因此对农民来说种植针对于玉米螟的 *Bt* 玉米通常并不经济（Hutchison et al.，2010；Bohnenblust et al.，2014）。在田间间隔种植 *Bt* 和非 *Bt* 玉米似乎能够减轻欧洲玉米螟的抗性进化，但混合种子的方式可能会减弱庇护所效用（NRC，2010a；Carrière et al.，2016）。目前的情况还不是最理想的，因为即使玉米螟较少且损害很低，无论其虫口密度如何，都有同样百分比的玉米螟暴露于 Bt 蛋白，除非一个地区的害虫总数低于一百万只，对抗性基因频率增加的速率影响最大的是害虫暴露的百分比而不是暴露的数量。而即便在只有约 3% 的玉米受到虫害的威斯康星州，欧洲玉米螟的数量估计也超过 30 亿只。现在市场上还买不到专门针对西部玉米根虫而不针对欧洲玉米螟的 *Bt* 玉米品种。

随着多性状组合变得更加普遍且组合性状不仅涉及抗虫也涉及抗病，提供性状和庇护所的最佳组合变得更加重要。但是种子供应商难以储存足够多品种，让农民能够根据其特定需求来搭配不同的抗性性状。如果为了减缓抗性进化，这就是一个亟须解决的问题。

前文中提到了许多国家并不严格遵守庇护所制度，然而发展中国家还面临着另一个问题。截至2015年，作物中的Bt蛋白主要是针对美国的害虫而设计的，而发展中国家的主要害虫通常与美国不同。作物中的Bt蛋白可能对这些国家的害虫只有一些边缘作用，并且很有可能使这些国家的害虫产生抗性。针对美国害虫设计的Bt蛋白对于发展中国家的害虫，如非洲玉米螟（Kruger et al.，2011）和巴西的一些黏虫等（Bernardi et al.，2014）效果并不理想，并且已经使害虫发生了抗性进化。

发现：延迟Bt蛋白抗性进化的高剂量/庇护所策略似乎已经取得成功，但使用具有中等水平的Bt蛋白和小型庇护所的作物有时会导致害虫进化出抗性，从而抵消*Bt*作物的优势。

发现：*Bt*作物的广泛种植使一些昆虫害虫种群减少到一定程度，导致农民种植非*Bt*作物更为经济。在这些情况下种植不含*Bt*的作物品种会进一步延迟昆虫的抗性进化。

建议：鉴于目前的理论和经验证据都支持使用高剂量/庇护所策略来推迟害虫的抗性进化，不鼓励开发剂量不高的单一或多种Bt蛋白的作物品种，应鼓励种植适当的庇护所。

建议：应鼓励种子公司为农民提供在经济上和进化上适合该地区农业生产情况的抗虫性状高产作物品种。

4.3　种植抗除草剂作物的效益

本委员会调查了GE抗除草剂作物对其产量、除草剂使用量、杂草种类分布及目标杂草对GE性状抗性进化的影响。正如*Bt*作物的部分一样，我们的结果部分地依赖于以前的评论，但在审查特定研究方面超出了此范围，从而为读者提供用于支持有关抗除草剂作物特定观点研究的优缺点。

4.3.1　转基因抗除草剂性状的产量效应

截至2015年，转基因抗除草剂性状已被应用在大豆、玉米、棉花、油菜、甜菜和苜蓿之中。除苜蓿外，其他GE品种仅对草甘膦具有抗性。随后也开发了具有其他除草剂抗性的GE作物品种（表3-1），但还未全面商业化。在GE作物生产的前20年，草甘膦抗性是农民使用的主要抗除草剂性状。

1. 抗除草剂大豆

基于1996~2003年在美国、加拿大、阿根廷和罗马尼亚收集的数据综合分析，Areal等人（2013）发现抗除草剂大豆和非GE大豆在产量方面没有差异。Fernandez-Cornejo等人（2014）发现在1995~2004年发表的美国抗除草剂大豆产量研究中的几种不同结果：三项研究报告显示大豆产量增加；一项报告显示略有增加；一项报告则显示大豆产量略有减少；四项报告显示抗除草剂大豆和非GE大豆产量之间没有差异。

2007～2010 年在巴西三个生长季的田间试验中，Bärwald Bohm 等人（2014）发现抗草甘膦大豆在种植 28 天和 56 天后用草甘膦喷洒两次、仅喷洒一次或手工除草而不喷洒草甘膦三种处理情况下的大豆产量没有明显差异；并且它们的产量与人工除草的非抗除草剂近等基因系大豆的产量也没有差别。

巴西的另一项试验研究了 2003～2004、2004～2005、2005～2006 三个生长季总共 6 个田块中抗草甘膦大豆的产量（Hungria et al.，2014）。他们把用草甘膦处理的抗草甘膦大豆与其他四种试验处理的大豆分别进行了比较：使用非抗性大豆常用的除草剂处理抗草甘膦大豆、使用非抗性大豆常用的除草剂处理抗草甘膦大豆的非抗性亲本、人工除草的抗草甘膦大豆及其抗草甘膦大豆的非抗性亲本。在上述 6 个试验田块（用草甘膦处理、用其他除草剂处理及人工除草）中有 5 个田块的抗除草剂大豆与非抗除草剂大豆产量相比没有差异[1]。将用草甘膦处理的抗除草剂大豆与用其他除草剂处理的抗除草剂大豆相比，有 4 个田块中用草甘膦处理的产量更高。而将草甘膦处理的抗除草剂大豆与用其他除草剂处理的非抗性亲本进行比较时，有 3 个田块中抗除草剂大豆的产量更高。

2007 年和 2008 年在美国艾奥瓦州进行的田间试验中，Owen 等人（2010）发现抗除草剂品种（三个抗草甘膦及三个抗草铵膦品种）的产量高于三个非抗除草剂品种。在出苗后不使用除草剂，或在用草甘膦处理草甘膦抗性品种、草铵膦处理草铵膦抗性品种和出苗后除草剂处理非抗性品种的情况下，抗除草剂品种的产量均高于非抗性品种。然而在试验的两年间和三个试验地点中，几个抗除草剂品种之间均未观测到彼此之间产量的差异。在 2010 年艾奥瓦州的另一项研究中，除了在一个试验地点中一个抗草甘膦品种的平均产量比对照的非抗性品种高 1.6% 之外，三个抗草甘膦大豆品种和三个相应的非抗品种在四个种植地点的平均产量没有差异（De Vries and Fehr，2011）。

2009 年和 2010 年夏季，在密苏里州的两个地点进行的田间试验比较了在出苗前后不同的除草剂组合使用下非 GE 大豆、抗草甘膦大豆和抗草铵膦大豆的产量情况（Rosenbaum et al.，2013），发现在不同地点和处理的平均值中，抗草铵膦的大豆产量最高（2688 千克/公顷），其后是抗草甘膦的大豆（2550 千克/公顷）和非转基因大豆（2013 千克/公顷）；而在没有使用除草剂的对照地块，三个品种的产量没有差别。这些数据表明：与非 GE 大豆使用除草剂相比，施加草铵膦和草甘膦除草剂的 GE 大豆能更有效地控制竞争性杂草。

抗咪唑啉酮类除草剂的 GE 大豆于 2010 年首次在巴西批准并用于商业化生产。在 2007～2008 年，Hungria 及其同事测试了 GE 抗咪唑啉酮大豆及其非抗性近等基因系，将用咪唑啉酮除草剂处理的抗除草剂大豆与出苗后用其他除草剂处理的抗咪唑啉酮除草剂大豆和非抗性品种进行比较，这三组处理之间并没有观察到明显的产量差异（Hungria et al.，2015）。

Gurian-Sherman（2009）在一项关于 1999～2006 年美国进行的抗除草剂大豆研究的综述中也报道其对产量的影响很小或没有影响。他提出了产量拖累（yield drag）和产量滞

1　第六个实验田块遭遇干旱，因此只收集了一个生长季的产量数据。

后（yield lag）[1] 的问题，2010 年国家研究委员会关于 GE 作物的报告（NRC，2010a）也对此进行了讨论[2]。Gurian-Sherman 和国家研究委员会的报告都调查了从 21 世纪 10 年代早期开始的一系列研究，并发现了产量拖累和产量滞后的证据。然而，正如前文所提到的，最近一些研究表明抗除草剂大豆似乎已经克服了这两个问题，因为其产量与非抗除草剂大豆的产量相同，有时甚至高于非抗性品种。鉴于一些 Bt 作物表现出的相同情况，Owen 等人（2010）猜想，在 2007～2008 年的一项在非 GE 大豆（出苗后未用除草剂处理）中观察到的产量低于抗草甘膦大豆和抗草铵膦大豆（出苗后也未用相应除草剂处理）的试验结果可能是由于非 GE 品种遗传潜力造成的产量滞后效应。

2. 抗除草剂玉米

Thelen 和 Penner（2007）比较了用草甘膦处理和用其他除草剂处理的抗草甘膦玉米的产量，在密歇根州不同县的三个田间试验点开展了历时 5 年的监测（2002～2006 年）。在其中两个地点，用草甘膦处理的田地和用其他除草剂处理的田地之间 5 年平均产量没有差异。而在第三个地点，草甘膦处理的抗草甘膦玉米 5 年平均产量高于其他除草剂处理的抗草甘膦玉米。

研究人员 1999 年和 2000 年在伊利诺伊州的田间研究中（Nolte and Young，2002）比较了适应该种植区的 4 种玉米杂交种，其中包括一个非 GE 杂交种、一个未经 GE 改良但对咪唑啉酮类除草剂具有抗性的杂交种、一个 GE 抗草甘膦杂交种及一个 GE 抗草铵膦杂交种。非 GE 杂交种、非 GE 咪唑啉酮抗性杂交种和 GE 抗草铵膦杂交种之间的产量没有差异。在第一年 GE 抗草甘膦杂交种的产量较低，而在第二年其产量高于其他杂交种。作者猜测抗草甘膦杂交种对温度和水分胁迫更敏感，其在第一年遭遇外界胁迫较多，而第二年的生长条件比较理想。

目前关于抗除草剂玉米产量效应的数据几乎全部来自北美。然而 Gonzales 等人（2009）收集了菲律宾六个省份的数据，发现在 2007～2008 年雨季，有三个省份抗除草剂玉米的平均产量比非 GE 玉米有优势（但没有统计学分析），而另外三个省份的抗除草剂玉米则表现出产量劣势；在 2007～2008 年的旱季，有五个省份的抗除草剂玉米具有产量优势，而有两个省份的抗除草剂玉米和非抗玉米的平均产量相当。两年后，也就是 2010 年的雨季，Afidchao 等人（2014）的数据分析表明菲律宾伊莎贝拉省的抗除草剂玉米与非 GE 玉米产量相同。

3. 抗除草剂棉花

自 2005 年以来，在美国种植的大多数棉花品种都具有抗除草剂和抗虫的性状，其他棉花生产大国如印度、中国和巴基斯坦也种植 Bt 品种。当前广泛种植的是 Bt-抗除草剂品

---

1 产量滞后是由具有新性状（草甘膦抗性和 Bt）品种的培育时间导致的产量降低。由于开始培育具有新性状的栽培品种与其商业化之间存在延迟，在此之间与使用较新种质的杂交种相比，使用新培育的品种具有较低的增产潜力。因此，具有新性状的品种比没有新性状的新优良品种具有开始产生较低产量的趋势。随着时间的推移，产量滞后通常消失。

产量拖累是指由于基因（包括基因簇或启动子）的插入或位置效应而导致的产量潜力降低。当插入不同性状（如品质、抗虫和其他品质性状）时，这种产量降低的现象在植物育种的整个历史中是很常见的。通常随着时间推移和进一步培育新的栽培种，产量拖累现象会逐渐消失（NRC，2010a：142）。

2 国家研究委员会的报告（2010a）与 Gurian-Sherman（2009）和其他几项研究中审查的报告结论是相同的。

种或仅 Bt 品种，因而很少单独做抗除草剂这一种性状的影响比较研究。

4. 抗除草剂油菜

抗草甘膦或草铵膦的 GE 油菜正在商业化生产中。在英国进行的一项为期 3 年的研究发现，GE 抗草铵膦油菜的扩散性和持久性都低于非 GE 对照（Crawley et al.，1993）。Stringam 等人（2003）在加拿大引入 GE 油菜的综述中，采用来自 GE 和非 GE 油菜品种测试试验以及种植者的估产数据，这些数据都有统计学分析。他们发现 GE 品种的产量增加有时可以达到 39%，但大多数情况下产量与非 GE 的差异较小。Harker 等人（2000）报道，与用常规除草剂处理相比，用草甘膦或草铵膦处理相应的 GE 抗草甘膦或抗草铵膦品种的产量更高，这种产量增加有时高达 38%。他们认为产量的增加不仅由于杂草控制得到改善，而且还归因于抗除草剂品种的种质具有更高的产量潜力。然而在加拿大各地不同环境条件下进行的实地研究中，GE 和非 GE 品种的产量相似（Clayton et al.，2004）。Beckie 等人（2011）报道，转基因油菜的快速推广是由于其更好的杂草控制及更高的产量和经济回报。

5. 抗除草剂甜菜

2001 年和 2002 年（抗除草剂甜菜商业化销售之前），Kniss 等人（2004）在内布拉斯加州进行的几项研究中比较了两种非 GE 甜菜和两种 GE 抗草甘膦甜菜品种的产量。虽然这些研究中使用的品种不是近等基因系，但进行比较试验的品种都具有高度一致的遗传背景。非 GE 品种通常使用多种常用除草剂处理，而抗草甘膦品种只使用草甘膦这一种除草剂。在其中一个案例中发现抗草甘膦品种（Beta 4546RR）的蔗糖含量高于非抗性品种（Beta 4546）。研究者认为，产量差异是由于减少了其他除草剂的伤害以及更好地控制了杂草。然而在另外一个案例中，尽管 GE 抗除草剂甜菜品种（HM 1640RR）受到的损伤较少且杂草控制较好，其蔗糖含量也没有高于非抗性的 HM 品种。作者认为这种差异可能是由于 Beta 测试品种间的遗传相似性高于 HM 测试品种而导致，另外蔗糖产量并不是单基因控制的性状，因此两组品种之间蔗糖浓度的差异更多是由于品种本身差异而非抗性性状导致。在所进行的研究中，抗性 Beta 测试品种的产量和总蔗糖含量都高于非抗性品种，只有一项研究例外。HM 测试品种的产量比较结果不太明确，产量及总蔗糖含量差异不显著。研究者因此总结到：种植抗草甘膦品种与种植非抗品种相比不一定会带来更大的收益，但选择高产和适应当地环境的品种则至关重要。

Kniss（2010）也比较了 2007 年怀俄明州地区抗草甘膦甜菜及非 GE 甜菜的产量，这一年也是其商业化生产的第一年。试验田的选择基于以下标准：抗草甘膦甜菜及其对应的非 GE 甜菜由同一人种植；试验田具有相似的坡度、土壤类型、灌溉方式和生产历史；这两个试验田由种植者统一管理。抗草甘膦甜菜田地与非 GE 品种相比需要较少的人工耕作。试验结果显示，抗草甘膦和非抗性甜菜中的蔗糖浓度相似，但抗草甘膦甜菜的产量较高，因此总蔗糖含量更高。该研究仅进行了一年，原因是 2008 年农民对草甘膦抗性品种的种植率太高了，以至于没有非 GE 甜菜用作对照来重复该研究。

Wilson 等人（2002）和 Kemp 等人（2009）的研究中也包含了抗草铵膦品种，这些品种在所有处理中的杂草控制和产量都相似。在撰写本报告时，抗草铵膦的品种还没有进入商业化生产。

6. 抗除草剂紫花苜蓿

抗草甘膦紫花苜蓿的种植年限并没有其他抗性作物长，因此对它的研究较少。此外，由于紫花苜蓿是多年生作物，因此对其田间表现的评估需要考虑多年的数据，不像之前讨论的一年生作物。抗草甘膦紫花苜蓿产量的数据在同行评审的期刊中非常少。有一项研究（Sheaffer et al.，2007）比较了抗草甘膦紫花苜蓿和非 GE 紫花苜蓿的产量、总生物量和饲料质量，发现在播种的当年和第二年，这两种紫花苜蓿的产量和饲料质量比较相似。

发现：抗除草剂作物配合使用特定除草剂可使杂草控制得到改善，因此抗除草剂作物有助于提高产量。

4.3.2　抗除草剂作物导致的除草剂使用变化

抗草甘膦作物对每公顷作物的除草剂使用量有何影响，在不同研究中发现的结果各异。人们对于这种仅仅测定除草剂的用量而没有参考每千克每种除草剂对环境和人类健康影响的方法提出了质疑。本章将首先介绍一些关于除草剂用量数据的综述，然后再讨论这些数据间的相互关系。

Klümper 和 Qaim（2014）在 2014 年进行的一项评估中得出的结论是：与非 GE 对照相比，抗除草剂大豆、玉米和棉花使用的除草剂量基本没有变化（-0.6%；$n=13$）。同年，Barfoot 和 Brookes（2014）的结论是：在 1996 年至 2012 年期间的全球总体水平上，除草剂活性成分的使用量减少了 0.2%（大豆）至 16.7%（油菜），仅在甜菜中有所增加（25.6%）。Qaim 和 Traxler（2005）则发现从 1996 年到 2001 年，阿根廷抗除草剂大豆的除草剂使用量翻了一倍。在这些案例中，种植者使用草甘膦代替了更高毒性级别的其他除草剂（Nelson and Bullock，2003；Cerdeira and Duke，2006）。

在美国，Fernandez-Cornejo 等人（2014）发现，玉米中除草剂使用量从初期抗除草剂玉米采用的 2.9 千克/公顷，减少到了 2002 年的 2.2 千克/公顷。而从 2002 年到 2010 年，除草剂的使用量略有增加（图 4-8）。对于大豆和棉花，除草剂的使用量在抗性品种投入使用的初期也有一定减少，但 2008 年（大豆）和 2010 年（棉花）的用量则高于 1995 年（Fernandez-Cornejo et al.，2014）。美国农业部数据显示，2012 年大豆中的除草剂用量为 1.6 千克/公顷（USDA-NASS，2013），2014 年玉米中的除草剂用量为 2.1 千克/公顷（USDA-NASS，2015），然而这些报道中都没有进行统计学上的显著性分析。

Benbrook（2012）也对美国农业部的数据进行了评估，并得出结论（未进行统计学分析）：大豆和棉花的除草剂使用量在 2006～2010 年高于 1996 年（大豆 1996 年为 1.3 千克/公顷，2006 年为 1.6 千克/公顷；棉花 1996 年为 2.1 千克/公顷，2010 年为 3.0 千克/公顷）；但玉米中的使用量减少了（1996 年为 3.0 千克/公顷，2010 年为 2.5 千克/公顷）。Benbrook 指出，千克/公顷的数据可能会产生误导，因为一些除草剂的有效剂量约为 1.0 千克/公顷，而另一些除草剂则低于 0.1 千克/公顷。每公顷千克数的总体减少或增加可能只是反映了高效和低效除草剂的使用量变化，并不一定反映人类健康或环境保护方面的需求增加。为了解决这个问题，一些研究人员，包括 Barfoot 和 Brookes（2014），

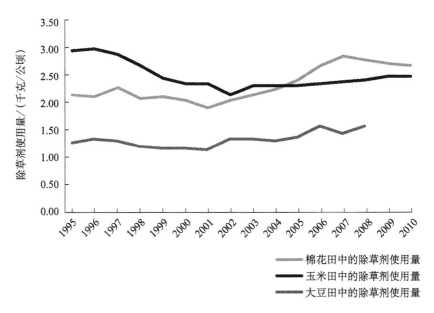

图 4-8 1995～2010 年美国棉花、玉米和大豆田中的除草剂使用量（见彩图）

(Fernandez-Cornejo et al.，2014)

使用了环境影响商（EIQ）来对除草剂和杀虫剂的影响进行评估（Kovach et al.，1992）。随后的研究发现，EIQ 作为环境影响指标与每公顷千克数相比并没有实质性的改善（Kniss and Coburn，2015）。Kniss 和 Coburn（2015）提出了有说服力的观点，他们认为每公顷千克数和 EIQ 都不是有效的指标，只有仔细地、逐个案例地评估每种除草剂对环境和健康的影响，才能算作有效的评估。他们建议使用 EPA 风险商法。Mamy 等人（2010）提供了针对草甘膦和其他除草剂的比较环境风险评估算法。Nelson 和 Bullock（2003）则提出了对每种除草剂测量其人体毒性风险的方法。虽然评估不同除草剂的相对影响可能具有一定的挑战性，但是很明显，如果仅仅确定每公顷每年使用除草剂的千克数是否上升或下降对评估其对人类和环境的风险是没有意义的。

发现：抗除草剂作物的使用通常在早期阶段与每公顷作物的除草剂使用总量的减少有关，但这种减少通常不会持续。然而这种简单地根据每公顷每年使用除草剂的总千克数是上升还是下降的方法对评估其对人类或环境风险的影响并不合适。

建议：不鼓励研究人员发表单纯比较除草剂使用的每年每公顷千克数的数据，因为这些数据可能会误导读者。

4.3.3 抗除草剂作物对杂草种群密度的影响

一旦抗除草剂作物被引入并连续种植，在没有其他杂草管理技术的情况下重复使用单一除草剂，会导致对此除草剂不敏感的杂草或应对其他生产条件变化的杂草种群增加。草甘膦可以控制许多单子叶和双子叶杂草，但它对不同杂草的控制效果有所不同。一些对草甘膦具有耐受性的杂草在抗草甘膦作物种植过程中变成了大问题。在美国，研究者于 2006 年对 11 个州的 12 位杂草科学家进行的一项调查表明，在抗草甘膦作物中有几种杂草种群正在增加（Culpepper，2006），其中包括矮牵牛、鸭跖草（*Commelina* spp.）和莎草（*Cyperus spp.*）；而普通马利筋（*Asclepias syriaca*）的种群密度则下降（Hartzler，2010）。在美国作物生产区，杂草的物种丰度也发生了一些变化，但这些变化是由于使用除草剂的时间变化导致的，而非由于杂草对除草剂的敏感性变化导致。Owen（2008）和Johnson 等人（2009）总结了相关文献，发现一些杂草种群密度发生了较大变化而难以控制，如三裂叶豚草（*Ambrosia trifida*）、小蓬（*Conyza canadensis*）、藜（*Chenopodium album*）、矮牵牛和野高粱（*Sorghum bicolor* ssp. *X. drummondii*）。一些杂草种群的变化也可能与当时生产上更多采用免耕和少耕手段有关。

现在聚合多种除草剂抗性诸如聚合草甘膦和 2,4-D 抗性的作物正在被商业化，这可能会引起不同的杂草种群增加或减少，但这种变化可能不会对农业生产造成危害，除非先前不占主导的杂草种群中产生了严重问题。此外，如后文所述（见 4.5.1 中的"抗除草剂作物与杂草生物多样性"），草甘膦的使用增加似乎并未影响其种植体系中杂草的多样性（Gulden et al.，2010；Schwartz et al.，2015）。

发现：有证据表明，随着抗虫和抗除草剂作物的广泛种植，一些害虫和杂草的种群数量有所增加。然而只有在极少数情况下，这种增加才会给农业生产带来问题。

4.3.4 抗除草剂作物的抗性演变与抗性管理

当抗草甘膦作物在美国商业化时，美国农业部和美国环保署都没有要求采取抗性管理策略来推迟抗草甘膦杂草的进化。随着抗草甘膦作物迅速而广泛地被种植，草甘膦在这些种植区的重复使用很快就选择出了对其产生抗性的杂草（框 4-3）。2000 年，第一个在抗除草剂种植系统中被证实的抗草甘膦杂草是小蓬（VanGessel，2001）。抗性小蓬是在单独使用草甘膦进行杂草管理的抗草甘膦大豆中，仅经过三年时间就被选择出来的。在 GE 作物出现之前，草甘膦被用于控制作物中的杂草已经有很多年了，它通常是在作物发芽前或收获后喷洒，且至今仍然被用于无抗性的非 GE 作物。然而，35 种被报道的抗草甘膦杂草中至少有 16 种是在抗除草剂作物的田地中选择进化出来的（Heap，2016）。在阿根廷、澳大利亚、玻利维亚、巴西、加拿大、智利、中国、哥伦比亚、哥斯达黎加、捷克、希腊、法国、印度尼西亚、以色列、意大利、日本、马来西亚、墨西哥、新西兰、巴拉圭、波兰、葡萄牙、南非、西班牙、瑞士、美国和委内瑞拉等地都发现了抗草甘膦杂草（Heap，2016）。国家研究委员会曾举办了一次研讨会来评估杂草抗性问题和可能的解决方案（NRC，2012）。美国农业部经济研究局（Livingston et al.，2015）进行的一项研究估计，抗草甘膦杂草对美国的玉米和大豆造成的损失分别为 165 美元/公顷和 56 美元/公顷。Livingston 及其同事（2015：i）的结论是："对于杂草的草甘膦抗性问题，尽管实施管理所需的成本高于置之不理，但在大约 2 年后，实施杂草抗性管理所获得的累积回报也会更高。"本委员会找不到其他国家的成本估算数据，但Binimelis 等人（2009）引用的阿根廷数据显示，控制抗草甘膦的石茅（*Sorghum halepense*）使大豆生产成本增加了 19%，除草剂成本也随之增加了一倍。

框4-3 草甘膦抗性长芒苋在抗草甘膦棉花中的进化

美国南方杂草科学协会从1974年到1995年进行的调查结果表明，尽管长芒苋（*Amaranthus palmeri*）在1974年的棉田杂草调查中排名第六，在1995年调查中排名第四，但其并不是棉田中的常见杂草或恶性杂草（Webster and Coble，1997）。然而该调查的作者指出，在预计会失控并产生重大问题的杂草种类中，长芒苋排名第一。此外作者还警告：除草剂抗性将会成为一个严重的问题。对二硝基苯胺类除草剂具有抗性的长芒苋已遍布于南卡罗来纳州。他们还指出，少耕技术、除草剂使用量的减少及抗除草剂作物的使用将改变现有的杂草种群。

抗草甘膦棉花的商业化生产开始于1997年。最初，抗草甘膦棉花似乎导致了棉花的单作面积和保护性耕作面积的增加以及非草甘膦除草剂和出苗前除草剂的使用减少（Culpepper et al.，2006）。种植单一作物和重复使用相同的除草剂与除草剂抗性杂草进化间有普遍的联系。

抗草甘膦长芒苋于2004年在抗草甘膦的棉田中被发现（Culpepper et al.，2006）。自2004年以来抗草甘膦长芒苋已遍布抗草甘膦作物种植区，包括抗草甘膦棉花、玉米和大豆（Nichols et al.，2009；Ward et al.，2013）。2009年，长芒苋被评为美国南部棉花生产中的头号杂草，主要是由于其对草甘膦的抗性（Webster and Nichols，2012）。2016年，美国25个州和巴西都发现了抗草甘膦的长芒苋（Heap，2016）。

抗草甘膦长芒苋的出现改变了美国南部抗除草剂棉花生产中的杂草管理方式。为了应对抗草甘膦长芒苋的进化和传播，佐治亚州的棉花种植者增加了非草甘膦除草剂的使用，其中包括那些必须掺入土壤中才可以发挥作用的除草剂以及伴随耕作强度增加的除草剂（为加入某些除草剂所需）。同时，机械除草方式以及掩埋长芒苋种子以阻止发芽的深耕手段的使用也增加，还增加了人工除草，其比例从棉花种植面积的3%陡增至52%（Sosnoskie and Culpepper，2014）。

具有草铵膦、麦草畏或2,4-D抗性性状的抗除草剂棉花品种已在美国解除管制并商业化（USDA-APHIS，2011，2015a，2015b）。这些品种整合了几种抗除草剂性状，因此可以通过使用除草剂混合物来控制杂草，并可控制进化出抗草甘膦的杂草。在一些案例中，草甘膦抗性作为聚合性状之一包含在多重抗性品种中。这些性状聚合是否能产生有效的抗性管理还有待于进一步观察（Inman et al.，2016）。

Powles（2008）指出，世界上许多地区还未进化出草甘膦抗性，一些广泛种植的作物如小麦和水稻目前还没有商业化的抗草甘膦品种。Powles从玉米和大豆的问题中得出了一个有力的结论，即持续使用草甘膦从长远来看是没有好处的。

杂草科学研究领域对于聚合多种抗除草剂性状并同时喷洒多种除草剂进行抗性管理这一方法是否有益还存在分歧（Wright et al.，2010；Egan et al.，2011；Mortensen et al.，2012）。进化理论表明，只有当对一种除草剂有抗性的杂草被混合的第二种除草剂杀死时，使用的除草剂组合才会比使用单一除草剂显著延迟抗性的产生（Tabashnik，

1989；Gould，1995；Neve et al.，2014）。当本委员会撰写报告时，聚合草甘膦、草铵膦、2,4-D 和麦草畏抗性的各种组合的 GE 作物已经或正在商业化。这些除草剂具有不同的作用位点，因此聚合其他除草剂抗性性状的作物可降低针对草甘膦的特定选择压。然而，对于所有杂草而言并非如此，因为一些杂草仅对混合除草剂中的一种除草剂敏感，如草甘膦对单子叶植物和双子叶植物都有活性，而 2,4-D 和麦草畏仅控制双子叶植物，因此，暴露于草甘膦和 2,4-D 或麦草畏混合物的单子叶杂草其实仅仅只受到了草甘膦的作用。

Evans 等人（2016：74）分析了伊利诺伊州 105 个农场的主要杂草糙果苋（*Amaranthus tuberculatus*）对草甘膦的抗性，并确定联合喷洒对杂草具有不同作用位点的除草剂（也称作混合剂），降低了抗草甘膦糙果苋在农场进化的可能性。研究者从他们的大规模分析中得出结论："尽管使用混合除草剂等措施可能会延迟杂草对草甘膦的抗性或其他除草剂抗性的发生，但这些措施并不能完全阻止抗性的产生。"

使用一种还是多种除草剂来延缓杂草对除草剂抗性进化的最佳方法目前还不能确定。喷洒除草剂混合物可能有一定效果，但这种方法的理论基础和经验证据很薄弱，还需要在农场层面以及实验田间，在生物化学、基因组和群体遗传方面进行更多的研究，以降低该措施的不确定性并开发更好的抗性管理方法。人们普遍认为，采取杂草控制措施的次数越少，杂草产生抗性所需的进化时间越长。一些综合性的杂草管理方法可以减少农作物对除草剂的严重依赖，但这些方法在美国的大规模种植系统中并没有被广泛实施（Wiggins et al.，2015）。使用智能耕作是杂草综合管理措施的一个关键组成部分（Mortensen et al.，2012），可以非常有效地抑制某些种植系统中抗除草剂杂草的生长（Kirkegaard et al.，2014）。在免耕和少耕作物耕作系统中每 5 年进行一次翻耕，不会对谷物产量或土壤性质产生不利影响（Wortmann et al.，2010；Giller et al.，2015）。杂草综合管理措施可以与保护性耕作相结合，如在美国的一些地区为了减少硝酸盐的流失，管理部门通过经济激励措施推进作物轮作和使用覆盖作物的方法（Mortensen et al.，2012）。一般而言，杂草综合管理需要详细了解特定区域的杂草群落生态。如果没有专业的推广机构来帮助农民实施控制杂草种群的方法，农民就很难摆脱大量使用除草剂的习惯。

美国环保署（EPA）2014 年收录了一份关于除草剂 Enlist Duo™ 注册的文件，文件显示该除草剂含有草甘膦和 2,4-D 有效成分，专门用于对两者都有抗性的 GE 作物，EPA 要求该注册公司制定相应的抗药性管理计划（EPA，2014a）。但是本委员会综合分析了理论和实践相关文献后，对于仅靠使用上述两种除草剂的混合物来延迟杂草产生抗性的这种看似有效的方法并没有达成科学共识。不断对杂草使用除草剂的方法显然是不够的，我们亟须开发新的杂草管理措施。

发现：杂草对草甘膦产生抗性是一个问题，但可以使用抗性管理策略延迟这种抗性的产生，特别是在尚未连续使用草甘膦处理杂草的种植系统和地区。

建议：为了在种植具有多种抗除草剂性状的 GE 作物的地方推迟杂草对除草剂抗性的进化，需要制定综合的杂草管理方法，而不仅仅是喷洒除草剂混合物。这需要有效的推广计划和对农民的激励措施。

建议：尽管人们可以使用多种策略来延迟杂草抗性的产生，但是没有足够的经验

证据来确定哪种策略在给定的种植系统中最有效。因此应当资助实验室和农场方面进行相关的研究，以改进抗性管理策略。

4.4 抗除草剂和抗虫遗传工程抗性性状的产量效应

截至 2015 年，一些国家已经有了抗除草剂和抗虫双抗性的 GE 大豆、玉米和棉花品种。大多数品种只有一种抗除草剂性状，最常见的是草甘膦抗性，但是许多品种含有一种以上的 Bt 蛋白来针对不同的害虫。

Bt-抗除草剂大豆从 2013 年开始在巴西、阿根廷、巴拉圭和乌拉圭进行商业化生产（Unglesbee，2014）。在两项环境研究中，Beltramin da Fonseca 等人（2013）发现 *Bt*-抗除草剂大豆的单株豆荚数和产量均高于非抗性大豆。

Nolan 和 Santos（2012）发现具有针对欧洲玉米螟的 Bt 蛋白和除草剂抗性的转基因玉米比非 GE 品种具有 501 千克/公顷的产量优势。具有针对玉米根虫的 Bt 蛋白且抗除草剂的品种具有更高的产量优势（921 千克/公顷）。三种性状组合的产量优势则达到了 927 千克/公顷。Afidchao 等人（2014）报道，2010 年菲律宾伊莎贝拉省的 *Bt*-抗除草剂玉米产量与非 GE 玉米产量相同。

Bauer 等人（2006）于 2000 年和 2001 年春季三个不同时期在南卡罗来纳州的田间试验中，将两种 *Bt*-抗除草剂棉花品种与其非 GE 亲本进行了比较。发现 GE 品系和亲本品系无论在什么时间种植，它们之间的产量都没有差异。

4.5 遗传工程作物的环境效应

人们就 GE 作物对环境产生不利影响的可能性表达了不同的看法，其中包括害虫天敌、蜜蜂（*Apis* spp.）和帝王蝶（*Danaus plexippus*）数量以及植物和昆虫生物多样性的下降。在生态系统水平，人们担心 GE 作物会通过基因漂移污染其他作物和野生近缘种。还有人担心 GE 作物会导致人们在某个区域和某个时间段更多地偏向栽培单一品种，因为种植单一作物不但减少了虫害，也可以高效使用除草剂，与此同时还具有最高经济回报。这可能会让人们觉得这样的种植模式有利可图而忽视了土地轮作。还有人认为，GE 作物会导致更多的肥料和除草剂流入自然水体。在本节中，本委员会审查了这些问题的相关证据。

4.5.1 遗传工程作物对农场生物多样性的影响

关于农场的生物多样性，本委员会调查了 GE 作物种植系统中昆虫和杂草的丰度与密度变化以及种植的作物种类多样性和每种作物遗传多样性的变化。

1. *Bt* 作物与节肢动物生物多样性

国家研究委员会关于 GE 作物对美国农业可持续性影响的报告中指出，在 *Bt* 作物取代非 *Bt* 作物的田地中，特别是当给非 *Bt* 作物喷洒合成杀虫剂时，*Bt* 作物种植地的害虫天敌种群通常不会变化或变得更丰富（NRC，2010a）。但是目前没有数据证实这一现象在农场中可以形成对害虫更有效的生物控制。最近 Lu 等人（2012）报道，随着 *Bt* 棉花的采用，中国的一些害虫天敌（瓢虫、草蛉和蜘蛛）数量普遍大量增加。害虫天敌的增加也扩散到非 *Bt* 作物（玉米、花生和大豆），并加强了非 *Bt* 作物对蚜虫的生物控制。值得注意的是，报道中提到的影响的产生是由非 *Bt* 棉花使用高强度杀虫剂（拟除虫菊酯和有机磷酸酯）与 *Bt* 棉花的杀虫剂使用量的显著减少所致。自公布这些结果以来，本委员会还未发现其他类似的研究。

可以预期的结果是，随着 *Bt* 作物导致害虫数量急剧下降，如同美国的欧洲玉米螟，该害虫的特异寄生蜂或病原体种群都会随之下降，甚至可能在当地灭绝（Lundgren et al.，2009）。在这种情况下，如果害虫后来进化出对 Bt 蛋白的抗性，可能会因为天敌的减少而造成害虫的数量重新增加。本委员会目前未能找到关于害虫特异性天敌数量减少的定量研究。

除了调查作物害虫的天敌之外，国家研究委员会关于 GE 作物影响的报告还指出了 *Bt* 作物对农场普通节肢动物生物多样性的影响（NRC，2010a）。通过比较 *Bt* 玉米和棉花，以及使用普通杀虫剂的非有机、非 *Bt* 品种的情况，该报告得出结论认为 *Bt* 作物对生物多样性有促进作用。但在不使用杀虫剂的条件下，*Bt* 作物的生物多样性与非 *Bt* 作物相似或低于非 *Bt* 作物。该报告的结论基于综合数据分析，其中整合了大量实验室和田间研究的结果，每条证据的权重取决于样本大小、平均值的差异和数据的离散程度（Marvier et al.，2007；Wolfenbarger et al.，2008）。随后的一些田间研究涉及了更多的作物和物种，并得出了类似的结论（Lu et al.，2014；Neher et al.，2014）。Hannula 等人（2014）总结了关于 *Bt* 作物对土壤真菌潜在影响的文献中报道的结果。他们发现不同的研究之间存在较大差异，并认为人们应当采用更加细致的研究方法来对不同作物进行个案调查。随着对作物根系微生物群体的了解越来越多，进行这种研究变得更加可行。我们仍需要继续进行综合分析并开发数据库，用以评估 *Bt* 作物对整体生物多样性的影响。当本委员会撰写报告时，有一项这样的工作正在玉米中开展（Romeis et al.，2014）。

人们对 *Bt* 玉米的花粉和花蜜对蜜蜂的影响尤为关注，因为蜜蜂在作物的授粉过程中扮演着重要的角色。Duan 等人（2008）将 Bt 蛋白对蜜蜂幼虫和成虫影响的 25 项研究进行了综合分析，得出的结论是没有证据表明 *Bt* 作物对蜜蜂有任何不良影响，但"如果怀疑温度、杀虫剂、病原体等胁迫会改变蜜蜂对 Bt 蛋白的敏感性，那么可能需要在该领域进行额外的研究"。花蜜中几乎没有 Bt 蛋白，花粉中也很少，因此蜜蜂接触的 Bt 蛋白剂量很低。当蜜蜂接触其在 *Bt* 玉米中取食量的 50 倍剂量的 Bt 蛋白时，没有造成蜜蜂死亡，但对成虫的学习行为有一定影响（Ramirez-Romero et al.，2008）。本委员会未发现任何关于 *Bt* 花粉与新烟碱类杀虫剂相互作用的研究。在蜜蜂毒理学研究的综述中，Johnson（2015）总结了许多研究的证据，表明 *Bt* 花粉和花蜜对蜜蜂无害。2013 年国家研究委员会的一份报告引发了研究人员对 Bt 蛋白之间潜在的协同作用的担忧（NRC，2013）。但目前本委员会没有找到关于花粉中 Bt 蛋白与蜜蜂受其他蛋白质胁迫影响的协同作用的研究。

2. 抗除草剂作物与杂草生物多样性

对于抗除草剂作物，人们担心使用草甘膦后对杂草的抑制效率过高而导致减少了杂草的丰度和多样性，这种减少反过来又会影响脊椎动物和无脊椎动物的多样性（Lundgren et al.，2009）。如前文所述，由于使用草甘膦抗性品种，在玉米和大豆田中优势杂草种类发生了变化。但 Owen（2008）和 Johnson 等人（2009）发现，抗草甘膦作物对杂草生物多样性的影响远远低于最初预期并且产生的实际影响更加复杂。在抗除草剂玉米和大豆田中，使用单一草甘膦来控制的杂草通常比使用其他除草剂的非 GE 作物田中的杂草具有更高的多样性和丰度。然而，在用草甘膦处理的抗除草剂甜菜中，杂草丰度远低于非 GE 甜菜；在油菜中，抗草甘膦作物种植系统中的杂草密度在生长季节初期比非 GE 作物种植系统中更高，但在生长后期则低于非 GE 作物种植系统；在 GE 玉米田中，杂草密度始终高于非 GE 品种（Heard et al.，2003）。

Young 等人（2013）和 Schwartz 等人（2015）分别报道了他们对美国东南部和中西部六个州 156 个农田中杂草种子库和地上杂草进行详细研究的结果。这些研究调查了几种种植系统：连续种植单一的抗除草剂作物，两种抗除草剂作物的轮作，抗除草剂作物与非抗除草剂作物的轮作。他们发现，在农场中玉米、棉花、大豆田杂草群落的多样性受其地理位置和前一年种植作物的强烈影响；不同的种植系统对特定的杂草会产生影响，但杂草的总体多样性受到地理位置的影响远大于受到种植系统的影响。Schwartz 等人（2015：437）的结论是："杂草种群的多样性包含种子库和地上杂草种群，会受到地理区域、种植制度和作物轮作的影响，而不受草甘膦抗性性状使用频率的影响。" Schwartz 等人还强调，如何将抗除草剂性状与其他杂草控制策略相结合将决定当地的杂草组成。

3. 遗传工程性状对农作物多样性的影响

在农场，维持农作物种类以及每种作物品种的多样性通常被认为可以缓解虫害和病害的爆发，并防止每年的环境波动可能对某一作物或品种造成特别的破坏（Hajjar et al.，2008；Davis et al.，2012；Mijatović et al.，2013）。在本委员会收到的一些意见中，人们对采用 GE 作物导致作物和品种多样性的减少表示担忧，同时也有人认为 GE 作物是实施特定的作物轮作制度的关键推动因素。

遗传工程性状对作物物种多样性的影响　　在 1978 年至 2012 年，Aguilar 等人（2015）对美国各州的调查发现，从 1987 年到 2012 年，作物种类的多样性减少了约 20%，其中中西部地区的作物多样性减少尤为明显。这些变化并不能归因于 GE 作物的出现，因为自 1996 年以来作物多样性变化趋势与 GE 作物的增加模式并不相符。此外，商品价格、种子和肥料等成本的投入、政府补贴和社会需求、水供应、气候条件等都会影响农民对种植作物的选择（NRC，2010b）。美国联邦政府和州政府的政策及其相关激励措施具有强大的影响力，如大多数美国农场按照联邦政府规定的农业法案指导进行管理以吸引商业投资或其他补贴（NRC，2010b）。一些补贴计划和政策，如 2007 年的《能源独立与安全法案》（110 P. L. 140）规定的使用可再生燃料，包括由玉米和大豆制成生物燃料的目标将会鼓励人们增加这些商业作物的种植面积，同时自然会减少作物的多样性（Heinemann et al.，2014）。

在美国，仅从某个农场来看，几乎没有证据表明自从引入 GE 玉米和大豆以来，玉米、大豆和小麦存在单一作物连续种植（3 年及以上）的情况（Wallander，2013；图 4-9）。然而，在中西部地区存在一种与美国其他地区略有不同的模式：农民 4 年连续种植玉米的频率增加了一倍（从约 3.5% 增加到约 7%）（Plourde et al.，2013），这一变化趋势可能是受到了玉米价格上涨的影响。

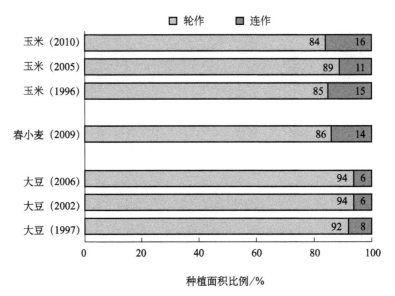

图 4-9　1996～2010 年美国玉米、春小麦和大豆连作和轮作的种植面积比例（见彩图）

(Wallander, 2013)

　　具有抗虫或抗除草剂性状的 GE 品种可以帮助农民成功地管理大面积的作物而不需要轮作，因为这些 GE 性状使农民能够灵活地减少耕作、减少农药使用以及减少为了控制杂草或昆虫而对轮作的依赖，并且也减少了对轮作作物有害的长期残留的除草剂使用。本委员会从美国农业部的一位昆虫学家（Lundgren, 2015）获悉，Bt 玉米的种植使农民更容易转向玉米单作（如当玉米价格高时）。最近有几项使用了美国农业数据库、农田数据层（CDL）和数字化航空照片（尤其针对那些面积小于玉米带的土地）的研究表明，在 GE 品种种植率高的地区，使用玉米-大豆的短期轮作方式有所增加。Fausti 等人（2012）的调查表明，南达科他州 GE 玉米和大豆的推广速度比其他任何州都快，Bt 玉米或多重性状 GE 玉米的种植面积从 2000 年的 37% 增加到 2009 年的 71%。同期，种植玉米和大豆的耕地面积比例大致翻了一番，从不到 25% 增加到约 50%。这种变化的另一个原因可能是灌溉技术的发展，但玉米和大豆价格的上涨（特别是在 2007～2009 年）可能是其推动因素，这也同时反映了将种植模式的变化归因于 GE 技术是困难的。

　　本委员会听取了一位受邀农民的介绍（Hill, 2015）。他表示，一些农民依靠种植 GE 作物来控制杂草，并使轮作非 GE 蔬菜和其他非 GE 作物成为可能，否则杂草控制会非常昂贵或困难。对于这些农民来说，GE 作物可以维持更多样化的种植系统。

　　遗传工程性状对作物种内遗传多样性的影响　　毫无疑问，全球种植的几种主要作物的遗传多样性在 20 世纪已经呈现出下降趋势。Gepts（2006：2281）指出："在墨西哥，1930 年记录的玉米品种中现在只能找到 20%；而在中国，1949 年种植的 10 000 个小麦品种中，目前仍在种植的只有 10%。"

　　尽管种植的作物品种数量有所下降，但通过对 44 篇期刊文章进行综合分析〔这些文章研究了 20 世纪 20 年代至 90 年代八种作物的现代作物品种（包括玉米、大豆和小麦）的分子水平（DNA 分子标记）多样性趋势〕，可以发现所有作物的多样性并没有发生普遍丢失，只有某些特定作物发生了多样性的增加或减少（van de Wouw et al.，2010）。一位特邀发言人提醒大家：如果广泛种植含有相同的一个或几个成功的 GE 性状插入与多个育种品系回交的品种，可能会降低遗传多样性；一旦出现针对这种含有相同侧翼序列插入的病原体或逆境胁迫，作物将变得更加易感（Goodman，2014）。例如，棉花中一个 Bt 蛋白 Cry1Ac 的单一插入目前在全世界都有发现，而通常只是五次甚至更少的回交产生（Dowd-Uribe and Schnurr，2016）。尽管本委员会没有发现 GE 作物导致遗传多样性下降以及产生超出预期的病原体或逆境胁迫问题的证据，但有证据表明，在培育非 GE 抗二叉蚜（*Schizaphis graminum*）高粱（*Sorghum bicolor*）时，种植的高粱总体遗传多样性下降（Smith et al.，2010）。这一现象提醒我们亟须对作物的遗传多样性进行全球监测。从 van de Wouw 等人（2010）及后来的有关作物品种遗传变异的研究中（Smith et al.，2010；Choudhary et al.，2013）可以清楚地看到，如果研究人员能够有途径通过 GE 作物的专利来进行遗传分析，他们就获得了可以密切监测遗传多样性丢失的工具。

发现：*Bt* 作物品种的种植通常会使昆虫的生物多样性高于使用合成杀虫剂的无 *Bt* 性状的相似作物品种。

发现：在美国，喷洒草甘膦的抗草甘膦 GE 作物的农田与非 GE 作物农田相比，杂草生物多样性相似或更高。

发现：自 1987 年以来，美国，特别是中西部地区，种植作物的多样性减少，作物轮作频率也有所下降。目前无法通过研究来确定 GE 作物与这种模式变化之间的因果关系。商品价格的变化也可能是造成这种种植模式变化的原因。

发现：虽然可用的作物品种数量在 20 世纪有所下降，但有证据表明，自从一些国家引入和广泛采用 GE 作物以来，主要作物品种的遗传多样性在 20 世纪末和 21 世纪初并未下降。

4.5.2　遗传工程作物对景观和生态系统的影响

前面一节中的讨论仅限于 GE 作物对农场本身生物多样性的潜在影响。然而，本委员会还试图探求 GE 作物对自然环境中生物多样性的减少、农场与自然环境共栖物种的种群数量下降以及 GE 作物基因对邻近的无管理植物群落和没有 GE 作物农场的潜在影响的证据。与此同时，本委员会也评估了 GE 作物有益于农场及其他地区采用免耕和少耕系统的证据。

1. 遗传工程作物及其农业在无人工管理环境中的扩展

基于 GE 作物对农场生物多样性影响的数据，有证据表明，由于除草剂与其他 GE 作物品种结合使用，尽管整体的植物生物多样性基本没有改变，但是田地中的某些特定杂草发生了一定的变化（Young et al.，2013；Schwartz et al.，2015）。然而众所周知的是，将栽培作物扩展到无人工管理的环境中，会导致动植物多样性的减少（Tilman et al.，2001）。如果 GE 作物像栽培作物一样扩展，就可能会影响景观生物多样性。

Wright 和 Wimberly（2013）的记录显示，2006 年至 2010 年美国草原净消失达到 530 000 公顷。许多环境敏感的土地被转化为栽培作物的耕地，包括湿地、高侵蚀性土地和保护区规划（一项联邦政府计划，向农民支付环境敏感土地的生产费用）中的土地。Lark 等人（2015）报告了 2008 年至 2012 年的类似变化，他们的抽样调查表明，最近转变为耕地的土地中有约 42 万公顷（或约 14%）来自 40 年以内从未经过耕种的土地。虽然没有分析是否是由于 GE 作物的应用促进了这些自然土地转化为玉米和其他作物耕地，但这些转变似乎主要是对液体生物燃料需求的增加以及作物价格快速上涨的反应，而非 GE 技术的推动。这是因为 GE 技术在非人工管理土地大量转变之前就已经大范围普及了。

自抗草甘膦作物商业化以来，阿根廷（Grau et al.，2005；Gasparri et al.，2013）和巴西（Morton et al.，2006；Vera-Diaz et al.，2009；Lapola et al.，2010）的大豆种植面积都发生了扩张。本委员会收集了关于使用 GE 大豆是否增加或加快这种扩张的信息。Kaimowitz 和 Smith（2001）及 Grau 等人（2005）认为大豆品种的改良，包括抗草甘膦性状，促进了大豆种植面积的扩张，但他们没有提供抗草甘膦性状在其中发挥作用的证据。抗除草剂性状促进了作物在各种无人工管理土地上的扩张是有可能的，但本委员会无法找到任何令人信服的证据证明这种扩张已经发生。

2. 遗传工程作物、马利筋和帝王蝶

人们对一些 GE 作物对景观生物多样性影响的担忧主要集中在由数千种物种构成的群落层面上，但在北美有一个物种比其他物种受到的关注更多。最早关于 Bt 玉米对帝王蝶影响的担忧始于一项实验室研究结果的发表，该实验证明了 Bt 玉米花粉对帝王蝶幼虫的生长和存活有实质性的影响（Losey et al.，1999）。由于帝王蝶迁飞路程长，且在农业和非农业地区都进行取食，因此对 Bt 蛋白可能造成其死亡的担忧是合理的。由于对 Losey 等人（1999）研究的合理性及其他发现或是未发现 Bt 对帝王蝶不利影响的研究存在争议，美国和加拿大政府机构、大学和工业界资助科学家们进行了详细和系统地研究，研究结果经过同行评审并在美国国家科学院院刊（PNAS）上被连续发表了六篇文章（Hellmich et al.，2001；Oberhauser et al.，2001；Pleasants et al.，2001；Sears et al.，2001；Stanley-Horn et al.，2001；Zangerl et al.，2001）。2002 年国家研究委员会关于 GE 植物对环境影响的报告提供了对这些研究的详细讨论（NRC，2002：71-75）并得出结论：玉米中的一个 GE 品种 Bt176 对帝王蝶构成风险，主要是因为 Bt176 花粉中含有高水平的 Bt 蛋白。但是在美国种植的绝大多数 Bt 玉米并不会造成这种风险。Bt176 后来撤出市场，从而消除了该品种对帝王蝶或其他传粉昆虫造成的风险。2002 年国家研究委员会的报告认为，这一配套研究以透明和开放获取数据的方式进行，并得到各种资助者的支持，成为社会各界成功处理有争议的 GE 作物问题的范例。为此他们提出这样的建议："目前的公共研究计划如生物技术风险评估和风险管理亟须大幅度扩展。"该报告提出了与此相关的美国农业部生物技术风险评估研究资助计划（NRC，2002：197-198）。本委员会同意了 2002 年提出的这一建议，原因很明显，当研究由技术开发者操纵或有受到操纵嫌疑时，研究的正当性经常也会受到质疑。

除了 Bt 玉米可能对帝王蝶种群有直接影响之外，抗除草剂作物也可能间接地影响了帝王蝶种群，因为它们可能引起马利筋的丰度下降，而马利筋正是帝王蝶幼虫的唯一食物来源。Hartzler（2010）的记录显示从 1999 年到 2009 年，马利筋在艾奥瓦州农田中减少了 90%，这主要是由于草甘膦的使用。Pleasants 和 Oberhauser（2013）使用这些数据和其他数据来了解艾奥瓦州非耕地区域的马利筋的丰度，以估算其总体下降程度。他们估计，从 1999 年到 2010 年，马利筋的种群丰度下降了 58%。尽管有数据显示生长在作物田中的马利筋上的虫卵增多，但据估计艾奥瓦州的帝王蝶潜在数量下降了 81%。在帝王蝶分布范围的其他区域还无法获得如此详细的数据。当然，马利筋的减少可能对一些农民有利，但是马利筋对玉米和大豆产量的具体影响目前还不清楚。

有数据显示在墨西哥的越冬地区，帝王蝶种群密度也发生了下降。1995～2002 年冬季成虫的密度约为每公顷 9.3 只，但 2003～2011 年的平均密度仅为每公顷 5.5 只，呈现整体下降的趋势（Brower et al.，2012）。2014 年种群密度持续下降，只有 0.7 只/公顷，但预计 2015 年可能增加到 3～4 只/公顷（Yucatan Times，2015）。

美国马利筋的丰度减少与帝王蝶越冬种群减少之间的因果关系尚不确定。如果较低的马利筋丰度限制了帝王蝶种群，那么在除了墨西哥冬季栖息地以外的其他地点也应该观测到它们的群体密度变化。2015 年发表的一系列文章查阅了 1995～2014 年收集的关于帝王蝶在春季向北迁飞以及秋季南返期间的种群动态变化数据，数据来源既有科研人员也有民间观测（Badgett and Davis，2015；Crewe and McCracken，2015；Howard and Davis，2015；Nail et al.，2015；Ries et al.，2015；Steffy，2015；Stenoien et al.，2015）。收集到的群体数据每年都有变化，但能直接证明在此期间帝王蝶种群数量下降的证据则很少。这项工作的一般结论是，"虽然越冬种群（以及早春迁飞种群）的规模似乎在缩小，但这些早期迁飞的帝王蝶似乎利用高繁殖率作为补偿，使得后代的帝王蝶能够完全重新占据它们在北美东部的繁殖地"（Howard and Davis，2015：669）。研究人员建议进行更详细的研究以了解导致秋季种群减少的原因，这一建议在 Inamine 等人（2016）的一篇论文中得到了回应。该论文并未发现马利筋丰度降低导致帝王蝶种群衰退的证据。作者猜想，可能由于花蜜变少及栖息地被破坏等因素影响了帝王蝶秋季迁飞过程中的存活率。

Pleasants 等人（2016）批评了 Howard 和 Davis（2015）关于没有证据表明帝王蝶种群下降的结论。而 Dyer 和 Forister（2016）又反驳了 Pleasants 等人的观点。如果没有详细数据，则很难排除越冬种群数量下降是由极端天气事件或天敌和病原体引起的可能性。解决这一争论将需要对马利筋丰度影响帝王蝶种群规模的程度进行建模和直接实验评估，且需要一项能够提供对帝王蝶的生命周期进行完整分析的长期研究。

国家研究委员会的几份报告"GE 抗虫植物：科学和法规"（NRC，2000）和"GE 植物的环境影响"（NRC，2002）以及 Marvier 等人（2007）发表的文献，都呼吁建立一个关于 GE 作物、相关耕作方法和环境数据的空间明确的国家级数据库，从而解答关于 GE 技术的可持续性以及其他许多问题。在 2015 年进行审查时，本委员会发现此类数据库还不完善。这限制了他们评估帝王蝶以及其他物种丰度所受影响的能力。

3. 从遗传工程作物向野生物种的基因扩散

基因漂移指的是通过配子、个体或从其他群体引入一个或多个基因，而造成群体中基因频率的变化（Slatkin，1987）。在评估从 GE 作物到野生近缘种群的基因漂移时，应当考虑种子、花粉和营养器官的传播途径。以花粉为媒介的基因漂移程度取决于许多因素，包括授粉的生物学特性、性状的遗传、花粉来源池的大小以及花粉的传播时间和距离。当可相互交配的植物间的田间距离近到花粉能够到达可接受花粉的柱头，且植物同步开花并没有繁殖障碍时，田间基因漂移就发生了。

GE 作物商业化以来，是否会通过花粉将外源基因传递到其他有性杂交亲和性物种而发生基因漂移是 GE 长期争论的焦点（如 Snow and Palma，1997）。许多早期的关注是基于基因漂移会促使近缘物种杂草化的假设（Wolfenbarger and Phifer，2000）。然而，截至 2015 年获批的 GE 作物几乎都没有能与其杂交的杂草或天然植物物种，特别是在北美洲。因此关注的重点已转向从 GE 作物到非 GE 作物的基因漂移。引入与野生物种有更多杂交亲和性的 GE 作物可能会产生与目前观察到的不同的结果。在作物的原产地中散布 GE 作物也引起了人们对遗传资源保护的担忧（Kinchy，2012）。如果从 GE 作物向非 GE 作物的基因漂移导致了 Bt 蛋白的表达，并且保护了该物种免受食草动物和害虫的侵害，则该物种可能会在生存竞争中胜过其他近缘物种并使生物多样性减少，但直到目前没有证据表明发生了这种情况。

抗除草剂基因向亲缘物种的漂移在没有除草剂的情况下会增加该物种竞争力或使其杂草化的情况目前还没有被报道过。然而使用除草剂造成的选择压将使得抗除草剂作物种群扩大，且易感植物逐渐消失。抗除草剂苜蓿、油菜和匍匐翦股颖（*Agrostis stolonifera*）种群中产生的可以在非人工培育条件下存活的野化种群随着除草剂的选择压力增加而不断扩大，并持续成为外源基因的花粉源（Knispel et al.，2008；Zapiola et al.，2008；Schafer et al.，2011；Bagavathiannan et al.，2012；Greene et al.，2015）。

2011 年和 2012 年，在加利福尼亚州、爱达荷州和华盛顿州的种子生产区发现了耐草甘膦的野化苜蓿。在发现野化苜蓿的 404 个地点中有 27% 种植了 GE 植物（Greene et al.，2015）。作者没有确定野生种群的抗性基因来源是由于种子传播还是花粉散播。虽然美国没有野生或本地物种可以与苜蓿杂交，但如果草甘膦是路边和非作物种植区域被用于植被管理的唯一除草剂的话，野化种群的数量将会持续增加。

有许多研究报道了 GE 油菜在人工栽培体系以外可以建立种群（Pessel et al.，2001；Aono et al.，2006；Knispel and McLachlan，2010；Schafer et al.，2011），这也许与油菜同多种近缘物种能够杂交有关（Warwick et al.，2003）。Warwick 等人（2008）鉴定到了 GE 抗除草剂欧洲油菜（*Brassica napus*）与杂草种群芜菁（*B. rapa*）产生的杂交种，并在群体中鉴定出了多代杂交，这表明基因漂移持续存在并且可以跨代传播。人们在该群体中仅发现了一个高世代的回交杂种，这表明基因漂移的渐渗现象在该系统中很少见。据报道，这些杂种的适应性和花粉活力都有所降低，但这种基因漂移现象持续了 6 年的时间，且在此期间都不存在除草剂选择压力。该研究结果表明，基因漂移现象可能持续存在，但如果不使用除草剂，杂交种的竞争力就不会增加。Warwick 等人（2008：1393）总结说："到目前为止，没有令人信服的数据说明野生或杂草化亲缘物种中抗除草剂基因的存在具有内在的风险。"

当本委员会撰写本报告时，美国俄勒冈州没有种植抗草甘膦匍匐翦股颖已经 13 年了，且每年都仍然在清除，但抗草甘膦匍匐翦股颖种群仍然存在（Mallory-Smith，个人观察）。2010 年在俄勒冈州的马尔赫野生动物保护区发现了草甘膦抗性匍匐翦股颖种群，且其生产并没有获得许可（Mallory-Smith，个人观察）。抗草甘膦匍匐翦股颖被选择出来是因为控制杂草的草甘膦混入灌溉河道中，在人们采取控制措施之前，它们已经随着运河和水渠遍布数百公里。由于 GE 匍匐翦股颖可以与野生和归化的亲缘物种杂交，因此在栽培条件外已经鉴定到了转基因匍匐翦股颖与其野生种和归化种之间的杂交种（Reichman et al.，2006；Zapiola and Mallory-Smith，2012）。物种之间的杂交、基因进一步渗入以及在路边和水道上使用草甘膦造成的选择压，这些都可能使得抗草甘膦的性状永久保留在环境中。

目前还没有从 Bt 作物到野生物种的基因流动导致野生物种竞争力增加的实例报道。在一项研究中，Bt 性状从 GE 向日葵转移到野生向日葵中，不但减少了昆虫取食对野生向日葵的伤害，而且增加了它们的繁殖力（Snow et al.，2003）。在另一项研究中，将 Bt 基因从欧洲油菜转移到野生芥菜（B. juncea）中，并将 F_1 代回交以产生 F_2 代（Liu et al.，2015）。在试验田中，单独种植 Bt 植物时无论有无虫害，Bt 植物都比敏感植物产生更多的生物量；然而在混合种植中，易感植物在没有虫害存在时会比有虫害时产生更多种子。当 Bt 植物的比例随着昆虫摄食压力的增加而增加时，其生物量和种子产量都会增多，这种现象表明 Bt 植物的存在可能为易感植物提供了一定程度的保护。在这两种情况下，随着时间的推移，基因漂移可能会为野生种群提供优势。然而，应该指出的是，这些研究都是在非商业化种植的植物中进行的。

发现：虽然基因漂移现象已经发生，但没有任何实例证明从 GE 作物到野生相关植物物种的基因漂移会产生不利的环境影响。

4. 抗除草剂作物、少耕措施和生态系统演变过程

农业生产中的免耕和少耕措施可以减少土壤的风化和水侵蚀，这些都为人们所熟知（Montgomery，2007）。还有观点认为免耕和少耕农业往往会增加土壤的碳库并减少温室气体排放（Barfoot and Brookes，2014）。然而，许多声称土壤碳含量增加的研究报告都存在方法上的缺陷：它们没有考虑土壤容重的增加和免耕条件下土壤缺少混合的现象（Ellert and Bettany，1995；Wendt and Hauser，2013）。其他作者总结认为，即使免耕技术使地面覆盖物得以保留，其对温室气体排放的影响也是很微弱的（Baker et al.，2007；Giller et al.，2009；Powlson et al.，2014）。仅从环境角度来看，免耕减少了土壤侵蚀这一点就显得尤为重要。

免耕和少耕方法的采用始于 20 世纪 80 年代，且在各种因素的综合作用下其采用率有所提高，如廉价有效的除草剂出现、可以进行直接种植的新机器研发以及美国 1985 年《食品安全法》（Food Security Act）中新的土壤保持政策等。这些因素都推动了农民更多地采取保护性耕作措施，即保持土壤表面至少有 30％由作物残茬或其他覆盖物保护，从而减少土壤侵蚀。因此，免耕和保护性耕作技术大规模推广及其伴随的土壤侵蚀减少实际上早于 1996 年第一批抗除草剂玉米和大豆品种的使用（NRC，2010a）。

国家研究委员会关于 GE 作物在美国影响的报告中（NRC，2010a）总结的几项研究表明，采用抗除草剂作物的农民更有可能实施保护性耕作，反之亦然。在 1997～2002 年，抗除草剂作物和保护性耕作（包括免耕）的使用都有所增加，但其间的因果关系尚不清楚（Fernandez-Cornejo et al.，2012）。1997 年，种植抗除草剂大豆的土地约有 60％属于免耕或保护性耕作，而种植非 GE 大豆的土地仅有 40％（Fernandez-Cornejo and McBride，2002）。

　　种植抗除草剂品种的作物可能促使农民决定实施保护性耕作的方式，或者进行保护性耕作的农民更易于种植抗除草剂作物。Mensah（2007）建立了一个"双向因果关系"，即两种因果关系同时成立。Fernandez-Cornejo 等人（2012）使用了主要大豆产地的州级数据，来进一步探讨这一因果关系及除草剂使用的变化。与以前的研究不同，他们发现在美国"抗除草剂大豆的采用对实施保护性耕作具有极显著的正向影响（$P<0.0001$）"（Fernandez-Cornejo et al.，2012：236-237）。他们将这种关系进行量化，发现抗除草剂大豆种植面积每增加 1%，保护性耕作的比例将会增加 0.21%。Carpenter（2011）在一项综合分析中指出，从 1996 年到 2008 年，大豆保护性耕作的种植率从种植总面积的 51% 增加到了63%。Fernandez-Cornejo 等人（2014）还得出了这样的结论：在美国，与非转基因品种的种植者相比，抗除草剂作物的种植者们更倾向于实行保护性耕作和免耕措施。该现象在抗除草剂大豆种植者中尤为明显，同时在棉花和玉米中也是如此。这些结论是基于总体趋势的总结，并不能确定是 GE 除草剂抗性的引入使得人们采用免耕措施，还是免耕的增加促使了 GE 抗除草剂作物的种植。

　　在全球范围内，抗除草剂作物的种植对保护性耕作的影响尚不清楚，因为目前只有零星的研究。在阿根廷，抗草甘膦大豆的引入被认为是免耕快速增长的一个促成因素，因为免耕的采用率从 1996 年大豆种植面积的约三分之一增加到 2008 年的 80% 以上（Trigo et al.，2009）。也有其他因素促成免耕技术在阿根廷的发展，如有利的宏观经济政策、持续的推广努力及除草剂成本的减少。加拿大也发生了免耕生产的大幅增长：从 1996 年到 2005 年免耕油菜地面积从 80 万公顷增加到 260 万公顷，约占油菜种植总面积的一半（Qaim and Traxler，2005）。

　　发现：在过去二十年中，GE 作物种植面积和免耕、少耕土地比例均有所增加，但是其因果关系很难确定。

本 章 小 结

　　人们对 GE 作物带来的利与弊存在着激烈的争论。本委员会几乎没有找到能够将 GE 作物及其相关技术与农业生产或环境问题的负面影响相互关联的证据。例如，Bt 作物或抗除草剂作物的使用不仅没有导致农场的生物多样性水平大幅下降，反而有时还增加了生物多样性。在收益方面，证据不一。当虫害很严重时，种植 Bt 作物可以提高产量，但几乎没有证据表明 GE 作物引入后导致美国农场作物产量的每年增加速度比引入前更快。Bt 作物的种植显然与杀虫剂使用量的减少相关联，但对于抗除草剂作物与除草剂使用量之间的关联目前还没有明确证据。很重要的一点是大多数研究只报告了使用的农药千克数，但该指标不一定能反映其对环境或人类健康的影响。

　　由于 GE 和非 GE 作物品种可能在其他产量相关性状方面存在差异，因此 GE 性状本身对试验田地产量的贡献有时难以定量。在关于作物产量、杀虫剂与除草剂使用量的田间调查中，土地质量和经济状况不同的农民对 GE 作物的种植率不同，使得一些结果具有迷惑性。因此相关的调查和实验方法亟须改进，以便将 GE 性状本身的影响与其他影响产量的因素区分开来。

害虫对 Bt 蛋白进化出抗性通常与使用的抗虫品种中 Bt 蛋白剂量不够高或缺少庇护所有关，而杂草进化出除草剂抗性与单一除草剂的过量使用有关。如果要使 GE 作物的种植具有可持续性，必须给农民制定相应的法规和给予一定的激励措施。只有这样，才可以使综合的、可持续的病虫害管理方法对农民而言是经济可行的。

总而言之，本委员会没有发现证据能够证明 GE 作物与环境问题之间存在因果关系。然而，评估长期环境变化本身的复杂性使我们难以做出定论。帝王蝶种群数量下降的情况就是一个很好的例子。从 2015 年开始对帝王蝶种群动态变化进行的详细研究并未显示出草甘膦使用增加与帝王蝶种群数目下降相关，但研究人员仍然没有达成共识，即草甘膦的使用对马利筋的影响并未导致帝王蝶种群减少。

本委员会建议，投入公共资源进行细致严格的试验和分析，可以使社会对与 GE 作物相关的潜在利益及存在的问题进行更严格的评估。由关心这些问题的公众来对 GE 作物的利弊进行研究，将比由该技术的开发者资助的研究更为可信。

参 考 文 献

Abedullah，S. Kouser，and M. Qaim. 2015. *Bt* cotton，pesticide use and environmental efficiency in Pakistan. Journal of Agricultural Economics 66：66-86.

Adamczyk，J. J.，and D. Hubbard. 2006. Changes in populations of *Heliothis virescens*（F.）（Lepidoptera：Noctuidae）and *Helicoverpa zea*（Boddie）(Lepidoptera：Noctuidae) in the Mississippi Delta from 1986 to 2005 as indicated by adult male pheromone traps. Journal of Cotton Science 10：155-160.

Afidchao，M. M.，C. J. M. Musters，A. Wossink，O. F. Balderama，and G. R. de Snoo. 2014. Analysing the farm level economic impact of GM corn in the Philippines. NJAS-Wageningen Journal of Life Sciences 70-71：113-121.

Aguilar，J.，G. G. Gramig，J. R. Hendrickson，D. W. Archer，F. Forcella，and M. A. Liebig. 2015. Crop species diversity changes in the United States：1978-2012. PLoS ONE 10：e0136580.

Allen，K. C.，and H. N. Pitre. 2006. Influence of transgenic corn expressing insecticidal proteins of *Bacillus thuringiensis* Berliner on natural populations of corn earworm（Lepidoptera：Noctuidae）and southwestern corn borer（Lepidoptera：Crambidae）. Journal of Entomological Science 41：221-231.

Andow，D. A. 2010. Bt Brinjal：The Scope and Adequacy of the GEAC Environmental Risk Assessment. Available at http://www. researchgate. net/publication/228549051 _ Bt _ Brinjal _ The _ scope _ and _ adequacy _ of _ the _ GEAC _ environmental _ risk _ assessment. Accessed October 23，2015.

Andow，D. A.，S. G. Pueppke，A. W. Schaafsma，A. J. Gassmann，T. W. Sappington，L. J. Meinke，P. D. Mitchell，T. M. Hurley，R. L. Hellmich，and R. P. Porter. 2016. Early detection and mitigation of resistance to *Bt* maize by western corn rootworm（Coleoptera：Chrysomelidae）. Journal of Economic Entomology 109：1-12.

Aono，M.，S. Wakiyama，M. Nagatsu，N. Nakajima，M. Tamaoki，A. Kubo，and H. Saji. 2006. Detection of feral transgenic oilseed rape with multiple-herbicide resistance in Japan. Environmental Biosafety Research 5：77-87.

Areal，F. J.，L. Riesgo，and E. Rodríguez-Cerezo. 2013. Economic and agronomic impact of commercialized GM crops：A meta-analysis. Journal of Agricultural Science 151：7-33.

Armstrong，J. J. Q.，and C. L. Sprague. 2010. Weed management in wide- and narrow-row glyphosate-resistant sugarbeet. Weed Technology 24：523-528.

Badgett，G.，and A. K. Davis. 2015. Population trends of monarchs at a northern monitoring site：Analyses of 19 years of fall migration counts at Peninsula Point，MI. Annals of the Entomological Society of America 108：700-706.

Badran, A. H., V. M. Guzov, Q. Huai, M. M. Kemp, P. Vishwanath, W. Kain, A. M. Nance, A. Evdokimov, F. Moshiri, K. H. Turner, P. Wang, T. Malvar, and D. R. Liu. 2016. Continuous evolution of *Bacillus thuringiensis* toxins overcomes insect resistance. Nature 533: 58-63.

Bagavathiannan, M. V., G. S. Begg, R. H. Gulden, and R. C. Van Acker. 2012. Modelling of the dynamics of feral alfalfa populations and its management implications. PLoS ONE 7: e39440.

Bagla, P. 2010. Hardy cotton-munching pests are latest blow to GM crops. Science 327: 1439.

Baker, J. M., T. E. Ochsner, R. T. Venterea, and T. J. Griffis. 2007. Tillage and soil carbon sequestration—What do we really know? Agriculture, Ecosystems & Environment 118: 1-5.

Barfoot, P., and G. Brookes. 2014. Key global environmental impacts of genetically modified (GM) crop use 1996-2012. GM Crops and Food: Biotechnology in Agricultural and the Food Chain 5: 149-160.

Bärwald Bohm, G. M., C. V. Rombaldi, M. I. Genovese, D. Castilhos, B. J. Rodrigues Alves, and M. Gouvêa Rumjanek. 2014. Glyphosate effects on yield, nitrogen fixation, and seed quality in glyphosate-resistant soybean. Crop Science 54: 1737-1743.

Bauer, P. J., D. D. McAlister, III, and J. R. Frederick. 2006. A comparison of Bollgard/glyphosate tolerant cotton cultivars to their conventional parents for open end yarn processing performance. Journal of Cotton Science 10: 168-174.

Baute, T. S., M. K. Sears, and A. W. Schaafsma. 2002. Use of transgenic *Bacillus thuringiensis* Berliner corn hybrids to determine the direct economic impact of the European corn borer (Lepidoptera: Crambidae) on field corn in eastern Canada. Journal of Economic Entomology 95: 57-64.

Beckie, H. J., K. N. Harker, A. Legere, M. J. Morrison, G. Seguin-Swartz, and K. C. Falk. 2011. GM canola: The Canadian experience. Farm Policy Journal 8: 43-49.

Beltramin da Fonseca, P. R., M. G. Fernandes, W. Justiniano, L. H. Cavada, and J. A. Neta da Silva. 2013. Leaf chlorophyll content and agronomic performance of Bt and non-Bt soybean. Journal of Agricultural Science 5: 117-125.

Benbrook, C. M. 2012. Impacts of genetically engineered crops on pesticide use in the U. S. —the first sixteen years. Environmental Sciences Europe 24: 24.

Bernardi, O., R. J. Sorgatto, A. D. Barbosa, F. A. Domingues, P. M. Dourado, R. A. Carvalho, S. Martinelli, G. P. Head, and C. Omoto. 2014. Low susceptibility of *Spodoptera cosmioides*, *Spodoptera eridania* and *Spodoptera frugiperda* (Lepidoptera: Noctuidae) to geneticallymodified soybean expressing Cry1Ac protein. Crop Protection 58: 33-40.

Binimelis, R., W. Pengue, and I. Monterroso. 2009. "Transgenic treadmill": Responses to the emergence and spread of glyphosate-resistant johnsongrass in Argentina. Geoforum 40: 623-633.

Bohnenblust, E. W., J. A. Breining, J. A. Shaffer, S. J. Fleischer, G. W. Roth, and J. F. Tooker. 2014. Current European corn borer, *Ostrinia nubilalis*, injury levels in the northeastern United States and the value of Bt field corn. Pest Management Science 70: 1711-1719.

Bowen, K. L., K. L. Flanders, A. K. Hagan, and B. Ortiz. 2014. Insect damage, aflatoxin content, and yield of Bt corn in Alabama. Journal of Economic Entomology 107: 1818-1827.

Brévault, T., B. E. Tabashnik, and Y. Carrière. 2015. A seed mixture increases dominance of resistance to Bt cotton in *Helicoverpa zea*. Scientific Reports 5: 9807.

Brower, L. P., O. R. Taylor, E. H. Williams, D. A. Slayback, R. R. Zubieta, and M. I. Ramírez. 2012. Decline of monarch butterflies overwintering in Mexico: Is the migratory phenomenon at risk? Insect Conservation and Diversity 5: 95-100.

Buntin, G. D., R. D. Lee, D. L. Wilson, and R. M. McPherson. 2001. Evaluation of YieldGard transgenic resistance for control of fall armyworm and corn earworm (Lepidoptera: Noctuidae) on corn. Florida Entomologist 84: 37-42.

Buntin, G. D., J. N. All, R. D. Lee, and D. L. Wilson. 2004. Plant-incorporated *Bacillus thuringiensis* resistance for control of fall armyworm and corn earworm (Lepidoptera: Noctuidae) in corn. Journal of Economic Entomology 97: 1603-1611.

Carpenter, J. E. 2011. Impact of GM crops on biodiversity. GM Crops 2: 7-23.

Carrière, Y., C. Ellers-Kirk, M. Sisterson, L. Antilla, M. Whitlow, T. J. Dennehy, and B. E. Tabashnik. 2003. Long-term regional suppression of pink bollworm by *Bacillus thuringiensis* cotton. Proceedings of the National Academy of Sciences of the United States of America 100: 1519-1524.

Carrière, Y., J. A. Fabrick, and B. E. Tabashnik. 2016. Can pyramids and seed mixtures delay resistance to Bt crops? Trends in Biotechnology 34: 291-302.

Catarino, R., G. Ceddia, F. J. Areal, and J. Park. 2015. The impact of secondary pests on *Bacillus thuringiensis* (*Bt*) crops. Plant Biotechnology Journal 13: 601-612.

Cerdeira, A. L., and S. O. Duke. 2006. The current status and environmental impacts of glyphosate-resistant crops. Journal of Environment Quality 35: 1633-1658.

Chang, J., D. E. Clay, S. A. Hansen, S. A. Clay, and T. E. Schumacher. 2014. Water stress impacts on transgenic drought-tolerant corn in the northern Great Plains. Agronomy Journal 106: 125-130.

Choudhary, G., N. Ranjitkumar, M. Surapaneni, D. A. Deborah, A. Vipparla, G. Anuradha, E. A. Siddiq, and L. R. Vemireddy. 2013. Molecular genetic diversity of major Indian rice cultivars over decadal periods. PLoS ONE 8: e66197.

Choudhary, B., K. M. Nasiruddin, and K. Gaur. 2014. The Status of Commercialized *Bt* Brinjal in Bangladesh. Ithaca, NY: International Service for the Acquisition of Agri-biotech Applications.

Clayton, G. W., K. N. Harker, J. T. O'Donovan, R. E. Blackshaw, L. M. Dosdall, F. C. Stevenson, and T. Ferguson. 2004. Fall and spring seeding date effects on herbicide-tolerant canola (*Brassica napus* L.) cultivars. Canadian Journal of Plant Science 84: 419-430.

Cotter, J. 2014. GE Crops—Necessary? Presentation to the National Academy of Sciences' Committee on Genetically Engineered Crops: Past Experience and Future Prospects, September 16, Washington, DC.

Crawley, M. J., R. S. Hails, M. Rees, D. Kohn, and J. Buxton. 1993. Ecology of transgenic oilseed rape in natural habitats. Letters to Nature 363: 620-623.

Crewe, T. L., and J. D. McCracken. 2015. Long-term trends in the number of monarch butterflies (Lepidoptera: Nymphalidae) counted on fall migration at Long Point, Ontario, Canada (1995-2014). Annals of the Entomological Society of America 108: 707-717.

Crost, B., and B. Shankar. 2008. Bt-cotton and production risk: Panel data estimates. International Journal of Biotechnology 10: 123-131.

CSPI (Center for Science in the Public Interest). 2009. Complacency on the Farm. Washington, DC: CSPI.

Culpepper, A. S. 2006. Glyphosate-induced weed shifts. Weed Technology 20: 277-281.

Culpepper, A. S., T. L. Grey, W. K. Vencill, J. M. Kichler, T. M. Webster, S. M. Brown, A. C. York, J. W. Davis, and W. W. Hanna. 2006. Glyphosate-resistant palmer amaranth (*Amaranthus palmeri*) confirmed in Georgia. Weed Science 54: 620-626.

Davis, A. S., J. D. Hill, C. A. Chase, A. M. Johanns, and M. Liebman. 2012. Increasing cropping system diversity balances productivity, profitability and environmental health. PLoS ONE 7: e47149.

De Vries, B. D., and W. R. Fehr. 2011. Impact of the MON89788 event for glyphosate tolerance on agronomic and seed traits of soybean. Crop Science 51: 1023-1027.

Dever, J. 2015. Conventional Breeding at Public Institutions. Webinar presentation to the National Academy of Sciences' Committee on Genetically Engineered Crops: Past Experience and Future Prospects, January 27.

Dillehay, B. L., G. W. Roth, D. D. Calvin, R. J. Karatochvil, G. A. Kuldau, and J. A. Hyde. 2004. Performance of Bt corn hybrids, their near isolines, and leading corn hybrids in Pennsylvania and Maryland. Agronomy Journal 96:

818-824.

Dorhout，D. L.，and M. E. Rice. 2010. Intraguild competition and enhanced survival of western bean cutworm（Lepidoptera：Noctuidae）on transgenic Cry1Ab（MON810）*Bacillus thuringiensis* corn. Journal of Economic Entomology 103：54-62.

Douglas，M.，and J. F. Tooker. 2015. Large-scale deployment of seed treatments has driven rapid increase in use of neonicotinoid insecticides and preemptive pest management in U. S. field crops. Environmental Sciences & Technology 49：5088-5097.

Dowd-Uribe，B.，and M. A. Schnurr. 2016. Burkina Faso's reversal on genetically modified cotton and the implications for Africa. African Affairs 115：161-172.

Duan，J. J.，M. Marvier，J. Huesing，G. Dively，and Z. Y. Huang. 2008. A meta-analysis of effects of Bt crops on honey bees（Hymenoptera：Apidae）. PLoS ONE 3：e1415.

Duke，S. O. 2015. Perspectives on transgenic，herbicide-resistant crops in the USA almost 20 years after introduction. Pest Management Science 71：652-657.

Duvick，D. N. 2005. Genetic progress in yield of United States maize（*Zea mays* L.）. Maydica 50：193-202.

Dyer，L. A.，and M. L. Forister. 2016. Wherefore and whither the modeler：Understanding the population dynamics of monarchs will require integrative and quantitative techniques. Annals of the Entomological Society of America sav160.

Egan，J. F.，B. D. Maxwell，D. A. Mortensen，M. R. Ryan，and R. G. Smith. 2011. 2，4-Dichlorophenoxyacetic acid （2，4-D）-resistant crops and the potential for evolution of 2，4-D-resistant weeds. Proceedings of the National Academy of Sciences of the United States of America 108：E37.

Ellert，B. H.，and J. R. Bettany. 1995. Calculation of organic matter and nutrients stored in soils under contrasting management regimes. Canadian Journal of Soil Science 75：529-538.

EPA（U. S. Environmental Protection Agency）. 1997. Plant pesticides resistance management：Notice of meeting. Federal Register 62：19115-19117.

EPA（U. S. Environmental Protection Agency）. 1998. Memorandum：Transmittal of the Final Report of the FIFRA Scientific Advisory Panel Subpanel on *Bacillus thuringiensis*（*Bt*）Plant-Pesticides and Resistance Management，Meeting held on February 9 and 10，1998. Available at http：//archive. epa. gov/scipoly/sap/meetings/web/pdf/finalfeb. pdf. Accessed November 22，2015.

EPA（U. S. Environmental Protection Agency）. 2001. Biopesticides Registration Action Document—*Bacillus thuringiensis* Plant-Incorporated Protectants. Available at http：//www3. epa. gov/pesticides/chem _ search/reg _ actions/pip/bt _ brad. htm. Accessed November 22，2015.

EPA（U. S. Environmental Protection Agency）. 2002. Memorandum：Transmittal of Meeting Minutes of the FIFRA Scientific Advisory Panel Meeting Held August 27-29，2002. Available at http：//archive. epa. gov/scipoly/sap/meetings/web/pdf/august2002final. pdf. Accessed November 22，2015.

EPA（U. S. Environmental Protection Agency）. 2011. Memorandum：Transmittal of Meeting Minutes of the FIFRA Scientific Advisory Panel Meeting Held December 8-9，2010 to Address Scientific Issues Associated with Insect Resistance Management for SmartStax™ Refuge-in-the-Bag，a Plant-Incorporated Protectant（PIP）Corn Seed Blend. Available at http：//archive. epa. gov/scipoly/sap/meetings/web/pdf/120810minutes. pdf. Accessed November 22，2015.

EPA（U. S. Environmental Protection Agency）. 2014a. Final Registration of Enlist Duo™ Herbicide. Available at http：//www2. epa. gov/sites/production/files/2014-10/documents/final_registration_-_enlist_duo. pdf. Accessed November 24，2015.

EPA（U. S. Environmental Protection Agency）. 2014b. SAP Minutes No. 2014-01：A Set of Scientific Issues Being Considered by the Environmental Protection Agency Regarding Scientific Uncertainties Associated with Corn Rootworm Resistance Monitoring for Bt Corn Plant Incorporated Protectants（PIPs）. Available at http：//www2. epa. gov/sites/production/files/2015-06/documents/120413minutes. pdf. Accessed November 22，2015.

Evans, J. A. , P. J. Tranel, A. G Hager, B. Schutte, C. Wu, L. A. Chatham, and A. S. Davis. 2016. Managing the evolution of herbicide resistance. Pest Management Science 72: 74-80.

Farias, J. R. , D. A. Andow, R. J. Horikoshi, R. J. Sorgatto, P. Fresia, A. C. Santos, and C. Omoto. 2014. Field-evolved resistance to Cry1F maize by *Spodoptera frugiperda* (Lepidoptera: Noctuidae) in Brazil. Crop Protection 64: 150-158.

Fausti, S. W. , T. M. McDonald, J. G. Lundgren, J. Li, A. R. Keating, and M. Catangui. 2012. Insecticide use and crop selection in regions with high GM adoption rates. Renewable Agriculture and Food Systems 27: 295-304.

Fernandez-Cornejo, J. , and W. D. McBride. 2002. Adoption of Bioengineered Crops. Agricultural Economic Report No. 810. Washington, DC: U. S. Department of Agriculture-Economic Research Service.

Fernandez-Cornejo, J. , C. Hallahan, R. Nehring, S. Wechsler, and A. Grube. 2012. Conservation tillage, herbicide use, and genetically engineered crops in the United States: The case of soybeans. AgBioForum 15: 231-241.

Fernandez-Cornejo, J. , S. J. Wechsler, M. Livingston, and L. Mitchell. 2014. Genetically Engineered Crops in the United States. Washington, DC: U. S. Department of Agriculture-Economic Research Service.

Ferreira, S. A. , K. Y. Pitz, R. Manshardt, F. Zee, M. Fitch, and D. Gonsalves. 2002. Virus coat protein transgenic papaya provides practical control of *Papaya ringspot virus* in Hawaii. Plant Disease 86: 101-105.

Finger, R. , N. El Benni, T. Kaphengst, C. Evans, S. Herbert, B. Lehmann, S. Morse, and N. Stupak. 2011. A meta analysis on farm-level costs and benefits of GM crops. Sustainability 3: 743-762.

Forster, D. , C. Andres, R. Verma, C. Zundel, M. M. Messmer, and P. Mäder. 2013. Yield and economic performance of organic and conventional cotton-based farming systems—results from a field trial in India. PLoS ONE 8: e81039.

Frank, D. L. , R. Kurtz, N. A. Tinsley, A. J. Gassmann, L. J. Meinke, D. Moellenbeck, M. E. Gray, L. W. Bledsoe, C. H. Krupke, R. E. Estes, and P. Weber. 2015. Effect of seed blends and soil-insecticide on western and northern corn rootworm emergence from mCry3A + eCry3. 1Ab Bt maize. Journal of Economic Entomology 108: 1260-1270.

Fuchs, M. and D. Gonsalves. 2008. Safety of virus-resistant transgenic plants two decades after their introduction: Lessons from realistic field risk assessment studies. Annual Review of Phytopathology 45: 173-202.

FuturaGene. 2015. FuturaGene's eucalyptus is approved for commercial use in Brazil. Available at http://www. futura-gene. com/FuturaGene-eucalyptus-approved-for-commercial-use. pdf. Accessed September 23, 2015.

Gasparri, N. I. , H. R. Grau, and J. Angonese. 2013. Linkages between soybean and neotropical deforestation: Coupling and transient decoupling dynamics in a multi-decadal analysis. Global Environmental Change 23: 1605-1614.

Gassmann, A. J. , J. L. Petzold-Maxwell, E. H. Clifton, M. W. Dunbar, A. M. Hoffmann, D. A. Ingber, and R. S. Keweshan. 2014. Field-evolved resistance by western corn rootworm to multiple *Bacillus thuringiensis* toxins in transgenic maize. Proceedings of the National Academy of Sciences of the United States of America 111: 5141-5146.

Gepts, P. 2006. Plant genetic resources conservation and utilization: The accomplishments and future of a societal insurance policy. Crop Science 46: 2278-2292.

Giller, K. E. , E. Witter, M. Corbeels, and P. Tittonell. 2009. Conservation agriculture and smallholder farming in Africa: The heretics view. Field Crops Research 114: 23-34.

Giller, K. E. , J. A. Andersson, M. Corbeels, J. Kirkegaard, D. Mortensen, O. Erenstein, and B. Vanlauwe. 2015. Beyond conservation agriculture. Frontiers in Plant Science 6: 870.

Goldberger, J. , J. Merrill, and T. Hurley. 2005. Bt corn farmer compliance with insect resistance management requirements in Minnesota and Wisconsin. AgBioForum 8: 151-160.

Gonzales, L. A. , E. Q. Javier, D. A. Ramirez, F. A Cariño, and A. R. Baria. 2009. Modern Biotechnology and Agriculture: A History of the Commercialization of Biotech Maize in the Philippines. Los Baños, Philippines: STRIVE Foundation.

Goodman, M. 2014. Presentation to the National Academy of Sciences's Committee on Genetically Engineered Crops: Past Experience and Future Prospects, September 15, Washington, DC.

Gould，F. 1995. Comparisons between resistance management strategies for insects and weeds. Weed Technology 9：830-839.

Gould，F. 1998. Sustainability of transgenic insecticidal cultivars：Integrating pest genetics and ecology. Annual Review of Entomology 43：701-726.

Grau，H. R.，N. I. Gasparri，and T. M. Aide. 2005. Agriculture expansion and deforestation in seasonally dry forests of north-west Argentina. Environmental Conservation 32：140-148.

Greene，S. L.，S. R. Kesoju，R. C. Martin，and M. Kramer. 2015. Occurrence of transgenic feral alfalfa （*Medicago sativa* subsp. *sativa* L) in alfalfa seed production areas in the United States. PLoS ONE 10：e0143296.

Gulden，R. H.，P. H. Sikkema，A. S. Hamill，F. Tardif，and C. J. Swanton. 2010. Glyphosate-resistant cropping systems in Ontario：Multivariate and nominal trait-based weed community structure. Weed Science 58：278-288.

Gurian-Sherman，D. 2009. Failure to Yield：Evaluating the Performance of Genetically Engineered Crops. Cambridge，MA：UCS Publications.

Gurian-Sherman，D. 2014. Remarks to the National Academy of Sciences' Committee on Genetically Engineered Crops：Past Experience and Future Prospects，September 16，Washington，DC.

Guza，C. J.，C. V. Ransom，and C. Mallory-Smith. 2002. Weed control in glyphosate-resistant sugarbeet （*Beta vulgaris* L.）. Journal of Sugar Beet Research 39：109-123.

Haegele，J. W.，and F. E. Below. 2013. Transgenic corn rootworm protection increases grain yield and nitrogen use of maize. Crop Science 53：585-594.

Hajjar，R.，D. I. Jarvis，and B. Gemmill-Herren. 2008. The utility of crop genetic diversity in maintaining ecosystem services. Agriculture，Ecosystems & Environment 123：261-270.

Hannula，S. E.，W. de Boer，and J. A. van Veen. 2014. Do genetic modificiations in crops affect soil fungi? A review. Biology and Fertility of Soils 50：433-446.

Harker，K. N.，R. E. Blackshaw，K. J. Kirkland，D. A. Derksen，and D. Wall. 2000. Herbicide-tolerant canola：Weed control and yield comparisons in western Canada. Canadian Journal of Plant Science 80：647-654.

Hartzler，R. G. 2010. Reduction in common milkweed （*Asclepias syriaca*） occurrence in Iowa cropland from 1999 to 2009. Crop Protection 29：1542-1544.

HASS （Hawaii Agricultural Statistic Service）. 1993. Statistics of Hawaiian Agriculture 1992. Honolulu：Hawaii Department of Agriculture.

HASS （Hawaii Agricultural Statistic Service）. 2000. Statistics of Hawaiian Agriculture 1998. Honolulu：Hawaii Department of Agriculture.

Heap，I. 2016. Weeds resistant to EPSP synthase inhibitors （G/9）. The international survey of herbicide resistant weeds. Available at http：//weedscience. org/summary/moa. aspx? MOAID = 12. Accessed March 23，2016.

Heard，M. S.，C. Hawes，G. T. Champion，S. J. Clark，L. G. Firbank，A. J. Haughton，A. M. Parish，J. N. Perry，P. Rothery，R. J. Scott，M. P. Skellern，G. R. Squire，and M. O. Hill. 2003. Weeds in fields with contrasting conventional and genetically modified herbicide-tolerant crops：I. Effects on abundance and diversity. Philosophical Transactions of the Royal Society B 358：1819-1832.

Heinemann，J. A.，M. Massaro，D. S. Coray，S. Z. Agapito-Tenfen，and J. D. Wen. 2014. Sustainability and innovation in staple crop production in the US Midwest. International Journal of Agricultural Sustainability 12：71-88.

Hellmich，R. L.，B. D. Siegfried，M. K. Sears，D. E. Stanley-Horn，M. J. Daniels，H. R. Mattila，T. Spencer，K. G. Bidne，and L. C. Lewis. 2001. Monarch larvae sensitivity to *Bacillus thuringiensis*-purified proteins and pollen. Proceedings of the National Academy of Sciences of the United States of America 98：11925-11930.

Héma，O.，H. N. Somé，O. Traoré，J. Greenplate，and M. Abdennadher. 2009. Efficacy of transgenic cotton plant containing CrylAc and Cry2Ab genes of *Bacillus thuringiensis* against *Helicoverpa armigera* and *Syllepte derogata* in cotton cultivation in Burkina Faso. Crop Protection 28：205-214.

Hill，J. 2015. Pest Management in Corn and Vegetable Production. Presentation at National Academies Workshop on

Comparing the Environmental Effects of Pest Management Practices Across Cropping Systems, March 4, Washington, DC.

Hjältén, J., E. P. Axelsson, T. G. Whitman, C. J. LeRoy, R. Julkunen-Tiitto, A. Wennström, and G. Pilate. 2012. Increased resistance of *Bt* aspens to *Phratora vitellinae* (Coleoptera) leads to increased plant growth under experimental conditions. PLoS ONE 7: e30640.

Howard, E., and A. K. Davis. 2015. Investigating long-term changes in the spring migration of monarch butterflies (Lepidoptera: Nymphalidae) using 18 years of data from Journey North, a citizen science program. Annals of the Entomological Society of America 108: 664-669.

Hu, J. J., Y. C. Tian, Y. F. Han, L. Li, and B. E. Zhang. 2001. Field evaluation of insect-resistant transgenic *Populus nigra* trees. Euphytica 121: 123-127.

Huang, F., D. A. Andow, and L. L. Buschman. 2011. Success of the high-dose/refuge resistance management strategy after 15 years of Bt crop use in North America. Entomologia Experimentalis et Applicata 140: 1-16.

Hungria, M., I. Carvalho Mendes, A. Shigueyoshi Nakatani, F. Bueno dos Reis-Junior, J. Z. Morais, M. C. Neves de Oliveria, M. Ferreira Fernandes. 2014. Effects of the glyphosate-resistance gene and herbicides on soybean: Field trials monitoring biological nitrogen fixation and yield. Field Crops Research 158: 43-54.

Hungria, M., A. Shigueyoshi Nakatani, R. A. Souza, F. B. Sei, L. M. de Oliveira Chueire, and C. Arrabal Arias. 2015. Impact of the *ahas* transgene for herbicides resistance on biological nitrogen fixation and yield of soybean. Transgenic Research 24: 155-165.

Hutchison, W. D., E. C. Burkness, P. D. Mitchell, R. D. Moon, T. W. Leslie, S. J. Fleischer, M. Abrahamson, K. L. Hamilton, K. L. Steffey, M. E. Gray, R. L. Hellmich, L. V. Kaster, T. E. Hunt, R. J. Wright, K. Pecinovsky, T. L. Rabaey, B. R. Flood, and E. S. Raun. 2010. Areawide suppression of European corn borer with *Bt* maize reaps savings to non-*Bt* maize growers. Science 330: 222-225.

Inamine, H., S. P. Ellner, J. P. Springer, and A. A. Agrawal. 2016. Linking the continental migratory cycle of the monarch butterfly to understand its population decline. Oikos 125: 1081-1091.

Inman, M. D., D. L. Jordan, A. C. York, K. M. Jennings, D. W. Monks, W. J. Everman, S. L. Bollman, J. T. Fowler, R. M. Cole, and J. K. Soteres. 2016. Long-term management of Palmer amaranth (*Amaranthus palmeri*) in dicamba-tolerant cotton. Weed Science 6: 161-169.

James, C. 2006. Global Status of Commercialized Biotech/GM Crops: 2006. Ithaca, NY: International Service for the Acquisition of Agri-biotech Applications.

James, C. 2008. Global Status of Commercialized Biotech/GM Crops: 2008. Ithaca, NY: International Service for the Acquisition of Agri-biotech Applications.

James, C. 2010. Global Status of Commercialized Biotech/GM Crops: 2010. Ithaca, NY: International Service for the Acquisition of Agri-biotech Applications.

James, C. 2012. Global Status of Commercialized Biotech/GM Crops: 2012. Ithaca, NY: International Service for the Acquisition of Agri-biotech Applications.

James, C. 2015. Global Status of Commercialized Biotech/GM Crops: 2015. Ithaca, NY: International Service for the Acquisition of Agri-biotech Applications.

Johnson, R. M. 2015. Honey bee toxicology. Annual Review of Entomology 60: 415-434.

Johnson, W. G., V. M. Davis, G. R. Kruger, and S. C. Weller. 2009. Influence of glyphosate-resistant cropping systems on weed species shifts and glyphosate-resistant weed populations. European Journal of Agronomy 31: 162-172.

Kaimowitz, D., and J. Smith. 2001. Soybean technology and the loss of natural vegetation in Brazil and Bolivia. Pp. 195-211 in Agricultural Technologies and Tropical Deforestation, A. Angelsen and D. Kaimowitz, eds. Oxon, UK: CABI Publishing.

Kasabe, N. February 19, 2016. Efforts on to Protect Cotton Crop from Pink Bollworm During Coming Season. Online. The Financial Express. Available at http://www. financialexpress. com/article/markets/commodities/efforts-on-toprotect-cotton-crop-from-pink-bollworm-during-coming-season/213353/. Accessed April 5，2016.

Kathage，J.，and M. Qaim. 2012. Economic impacts and impact dynamics of *Bt*（*Bacillus thuringiensis*）cotton in India. Proceedings of the National Academy of Sciences of the United States of America 109：11652-11656.

Kemp，N. J.，E. C. Taylor，and K. A. Renner. 2009. Weed management in glyphosate- and glufosinate-resistant sugar beet. Weed Technology 23：416-424.

Kerns，D.，G. Lorenz，J. Gore，D. Cook，A. Catchot，G. Studebaker，S. Stewart，S. Brown，N. Seiter，and R. Viator. 2015. Effectiveness of Bt cotton towards bollworms and benefit of supplemental oversprays. Pp. 819-829 in Proceedings of the 2015 Beltwide Cotton Conferences，January 5-7，San Antonio，TX.

Kinchy，A. 2012. Seeds，Science，and Struggle：The Global Politics of Transgenic Crops. Cambridge：The MIT Press.

Kirkegaard J. A.，M. K. Conyers，J. R. Hunt，C. A. Kirkby，M. Watt，and G. J. Rebetzke. 2014. Sense and nonsense in conservation agriculture：Principles，pragmatism and productivity in Australian mixed farming systems. Agriculture，Ecosystems & Environment 187：133-145.

Klocko，A. L.，R. Meilan，R. R. James，V. Viswanath，C. Ma，P. Payne，L. Miller，J. S. Skinner，B. Oppert，G. A. Cardineau，and S. H. Strauss. 2014. Bt-Cry3Aa transgene expression reduces insect damage and improves growth in field-grown hybrid poplar. Canadian Journal of Forest Research 44：28-35.

Klümper，W. and M. Qaim. 2014. A meta-analysis of the impacts of genetically modified crops. PLoS ONE 9：e111629.

Knispel，A. L.，and S. M. McLachlan. 2010. Landscape-scale distribution and persistence of genetically modified oilseed rape（*Brassica napus*）in Manitoba，Canada. Environmental Science and Pollution Research 17：13-25.

Knispel，A. L.，S. M. McLachlan，R. C. Van Acker，and L. F. Friesen. 2008. Gene flow and multiple herbicide resistance in escaped canola populations. Weed Science 56：72-80.

Kniss，A. R. 2010. Comparison of conventional and glyphosate-resistant sugarbeet the year of commercial introduction in Wyoming. Journal of Sugar Beet Research 47：127-134.

Kniss A. R.，and C. W. Coburn. 2015. Quantitative evaluation of the Environmental Impact Quotient（EIQ）for comparing herbicides. PLoS ONE 10：e0131200.

Kniss，A. R.，R. G. Wilson，A. R. Martin，P. A. Burgener，and D. M. Feuz. 2004. Economic evaluation of glyphosate-resistant and conventional sugar beet. Weed Technology 18：388-396.

Kouser，S.，and M. Qaim. 2011. Impact of *Bt* cotton on pesticide poisoning in smallholder agriculture：A panel data analysis. Ecological Economics 70：2105-2113.

Kovach，J.，C. Petzoldt，J. Degni，and J. Tette. 1992. A method to measure the environmental impacts of pesticides. New York Food and Life Sciences Bulletin 139：1-8.

Kranthi，K. R. 2015. Pink Bollworm Strikes Bt-Cotton. Cotton Statistics & News. Mumbai：Cotton Association of India.

Krishna，V. V.，and M. Qaim. 2008. Potential impacts of *Bt* eggplant on economic surplus and farmers' health in India. Agricultural Economics 38：167-180.

Krishna，V. V.，M. Qaim，and D. Zilberman. 2016. Transgenic crops，production risk，and agrobiodiversity. European Review of Agricultural Economics 43：137-164.

Kruger，M.，J. B. J. Van Rensburg，and J. Van den Berg. 2011. Resistance to Bt maize in *Busseola fusca*（Lepidoptera：Noctuidae）from Vaalharts，South Africa. Environmental Entomology 40：477-483.

Kruger，M.，J. B. J. Van Rensburg，and J. Van den Berg. 2012. Transgenic Bt maize：Farmers' perceptions，refuge compliance and reports of stem borer resistance in South Africa. Journal of Applied Entomology 136：38-50.

Kumar，S.，P. A. L. Prasanna，and S. Wankhade. 2010. Economic Benefits of *Bt* Brinjal—An Ex-ante Assessment. New Delhi：National Centre for Agricultural Economics and Policy Research.

Lapola，D. M.，R. Schaldach，J. Alcamo，A. Bondeau，J. Koch，C. Koelking，and J. A. Priess. 2010. Indirect land-use changes can overcome carbon savings from biofuels in Brazil. Proceedings of the National Academy of Sciences of the United States of America 107：3388-3393.

Lark，T. J.，J. M. Salmon，and H. K. Gibbs. 2015. Cropland expansion outpaces agricultural and biofuel policies in the

United States. Environmental Research Letters 10: 044003.

Leibman, M., J. J. Shryock, M. J. Clements, M. A. Hall, P. J. Loida, A. L. McClerren, Z. P. McKiness, J. R. Phillips, E. A. Rice, and S. B. Stark. 2014. Comparative analysis of maize (*Zea mays*) crop performance: Natural variation, incremental improvements and economic impacts. Plant Biotechnology Journal 12: 941-950.

Liesner, L. 2015. 2014 Arizona pink bollworm eradication program update. Pp. 848-851 in Proceedings of the 2015 Beltwide Cotton Conferences, January 5-7, San Antonio, TX.

Liu, Y-B., H. Darmency, C. N. Stewart, Jr., W. Wei, Z-X. Tang, and K-P. Ma. 2015. The effect of *Bt*-transgene introgression on plant growth and reproduction in wild *Brassica juncea*. Transgenic Research 24: 537-547.

Livingston, M., J. Fernandez-Cornejo, J. Unger, C. Osteen, D. Schimmelpfennig, T. Park, and D. Lambert. 2015. The Economics of Glyphosate Resistance Management in Corn and Soybean Production. Washington, DC: U. S. Department of Agriculture-Economic Research Service.

Lobell, D. B., K. G. Cassman, and C. B. Field. 2009. Crop yield gains: Their importance, magnitudes and causes. Annual Review of Environment and Resources 34: 179-204.

Losey, J. E., L. S. Raynor, and M. E. Carter. 1999. Transgenic pollen harms Monarch larvae. Nature 399: 214.

Lu, Y., K. Wu, Y. Jiang, B. Xia, P. Li, H. Feng, K. A. G. Wyckhuys, and Y. Guo. 2010. Mirid bug outbreaks in multiple crops correlated with wide-scale adoption of *Bt* cotton in China. Science 328: 1151-1154.

Lu, Y., K. Wu, Y. Jiang, Y. Guo, and N. Desneux. 2012. Wide-spread adoption of *Bt* cotton and insecticide decrease promotes biocontrol services. Nature 487: 362-365.

Lu, Z. B., J. C. Tian, N. S. Han, C. Hu, Y. F. Peng, D. Stanley, and G. Y. Ye. 2014. No direct effects of two transgenic Bt rice lines, T1C-19 and T2A-1, on the arthropod communities. Environmental Entomology 43: 1453-1463.

Lundgren, J. 2015. Risks of GM Crops and Sustainable Pest Management Alternatives. Presentation at National Academies Workshop on Comparing the Environmental Effects of Pest Management Practices Across Cropping Systems, March 4, Washington, DC.

Lundgren, J. G., A. J. Gassmann, J. Bernal, J. J. Duan, and J. Ruberson. 2009. Ecological compatibility of GM crops and biological control. Crop Protection 28: 1017-1030.

Luttrell, R. G., and R. E. Jackson. 2012 *Helicoverpa zea* and *Bt* cotton in the United States. GM Crops and Food: Biotechnology in Agriculture and the Food Chain 3: 213-227.

Mallet, J., and P. Porter. 1992. Preventing insect adaptation to insect-resistant crops: Are seed mixtures or refugia the best strategy? Proceedings of the Royal Society London B: Biological Sciences 250: 165-169.

Mamy, L., B. Gabrielle, and E. Barriuso. 2010. Comparative environmental impacts of glyphosate and conventional herbicides when used with glyphosate-tolerant and non-tolerant crops. Environmental Pollution 158: 3172-3178.

Manshardt, R. 2012. The papaya in Hawai'i. HortScience 47: 1399-1404.

Marvier, M., C. McCreedy, J. Regetz, and P. Kareiva. 2007. A meta-analysis of effects of *Bt* cotton and maize on nontarget invertebrates. Science 316: 1475-1477.

Mensah, E. C. 2007. Economics of Technology Adoption: A Simple Approach. Saarbrücken, Germany: VDM Verlag.

Micinski, S., D. C. Blouin, W. F. Waltman, and C. Cookson. 2008. Abundance of *Helicoverpa zea* and *Heliothis virescens* in pheromone traps during the past twenty years in northwestern Louisiana. Southwestern Entomologist 33: 139-149.

Mijatović, D., F. van Oudenhoven, P. Eyzaguirre, and T. Hodgkin. 2013. The role of agricultural biodiversity in strengthening resilience to climate change: Towards an analytical framework. International Journal of Agricultural Sustainability 11: 95-107.

Mohan, K. S., K. C. Ravi, P. J. Suresh, D. Sumerford, and G. P. Head. 2016. Field resistance to the *Bacillus thuringiensis* protein Cry1Ac expressed in Bollgard® hybrid cotton in pink bollworm, *Pectinophora gossypiella* (Saunders), populations in India. Pest Management Science 72: 738-746.

Montgomery, D. R. 2007. Soil erosion and agricultural sustainability. Proceedings of the National Academy of Sciences of the United States of America 104：13268-13272.

Mortensen, D. A. , J. F. Egan, B. D. Maxwell, M. R. Ryan, and R. G. Smith. 2012. Navigating a critical juncture for sustainable weed management. BioScience 62：75-84.

Morton, D. C. , R. S. DeFries, Y. E. Shimabukuro, L. O. Anderson, E. Arai, F. D. Espirito-Santo, R. Freitas, and J. Morisette. 2006. Cropland expansion changes deforestation dynamics in the southern Brazilian Amazon. Proceedings of the National Academy of Sciences of the United States of America 103：14637-14641.

Nail, K. R. , C. Stenoien, and K. S. Oberhauser. 2015. Immature monarch survival：Effects of site characteristics, density, and time. Annals of the Entomological Society of America 108：680-690.

Naranjo, S. E. , J. R. Ruberson, H. C. Sharma, L. Wilson, and K. M. Wu. 2008. The present and future role of insect-resistant genetically modified cotton in IPM. Pp. 159-194 in Integration of Insect-Resistant Genetically Modified Crops with IPM Systems, J. Romeis, A. M. Shelton, and G. G. Kennedy, eds. Berlin：Springer.

Neher, D. A. , A. W. N. Muthumbi, and G. P. Dively. 2014. Impact of coleopteran-active *Bt* maize on non-target nematode communities in soil and decomposing corn roots. Soil Biology & Biochemistry 76：127-135.

Nelson, D. S. , and G. C. Bullock. 2003. Simulating a relative environmental effect of glyphosate-resistant soybeans. Ecological Economics 45：189-202.

Neve, P. , R. Busi, M. Renton, and M. M. Vila-Aiub. 2014. Expanding the eco-evolutionary context of herbicide resistance research. Pest Management Science 70：1385-1393.

Nichterlein, H. , A. Matzk, L. Kordas, J. Kraus, and C. Stibbe. 2013. Yield of glyphosate-resistant sugar beets and efficiency of weed management systems with glyphosate and conventional herbicides under German and Polish crop production. Transgenic Research 22：725-736.

Nichols, R. L, J. Bond, A. S. Culpepper, D. Dodds, V. Nandula, C. L. Main, M. W. Marshall, T. C. Mueller, J. K. Norsworthy, A. Price, M. Patterson, R. C. Scott, K. L. Smith, L. E. Steckel, D. Stephenson, D. Wright, and A. C. York. 2009. Glyphosate-resistant Palmer amaranth（*Amaranthus palmeri*）spreads in the southern US. Resistant Pest Management Newsletter 18：8-10.

Nolan, E. , and P. Santos. 2012. The contribution of genetic modification to changes in corn yield in the United States. American Journal of Agricultural Economics 94：1171-1188.

Nolte, S. A. , and B. G. Young. 2002. Efficacy and economic return on investment for conventional and herbicide-resistant corn（*Zea mays*）. Weed Technology 16：371-378.

Novacek, M. , S. C. Mason, T. D. Galusha, and M. Yaseen. 2014. *Bt* transgenes minimally influence grain yield and lodging across plant population. Maydica 59：90-95.

NRC（National Research Council）. 2000. Genetically Modified Pest-Protected Plants：Science and Regulation. Washington, DC：National Academy Press.

NRC（National Research Council）. 2002. Environmental Effects of Transgenic Plants：The Scope and Adequacy of Regulation. Washington, DC：National Academy Press.

NRC（National Research Council）. 2010a. The Impact of Genetically Engineered Crops on Farm Sustainability in the United States. Washington, DC：National Academies Press.

NRC（National Research Council）. 2010b. Toward Sustainable Agricultural Systems in the 21st Century. Washington, DC：National Academies Press.

NRC（National Research Council）. 2012. National Summit on Strategies to Manage Herbicide-Resistant Weeds：Proceedings of a Symposium. Washington, DC：National Academies Press.

NRC（National Research Council）. 2013. Assessing Risks to Endangered and Threatened Species from Pesticides. Washington, DC：National Academies Press.

Oberhauser, K. S. , M. D. Prysby, H. R. Mattila, D. E. Stanley-Horn, M. K. Sears, G. Dively, E. Olson, J. M. Pleasant. W. -K. F. Lam, and R. L. Hellmich. 2001. Temporal and spatial overlap between monarch larvae and corn pollen. Proceedings of the National Academy of Sciences of the United States of America 98：11913-11918.

Owen，M. D. K. 2008. Weed species shifts in glyphosate-resistant crops. Pest Management Science 64：377-387.

Owen，M. D. K.，P. Pedersen，J. L. De Bruin，J. Stuart，J. Lux，D. Franzenburg，and D. Grossnickle. 2010. Comparisons of genetically modified and non-genetically modified soybean cultivars and weed management systems. Crop Science 50：2597-2604.

Ozelame，O.，and T. Andreatta. 2013. Evaluation of technical and economic performance：A comparative study between hybrid corn and *Bt* corn. Custos e Agronegócio Online 9：210-232.

Pessel，F. D.，J. Lecomete，V. Emeriau，M. Krouti，A. Messean，and P. H. Gouyon. 2001. Persistence of oilseed rape (*Brassica napus* L.) outside of cultivated fields. Theoretical and Applied Genetics 102：841-846.

Petzold-Maxwell，J. L.，L. J. Meinke，M. E. Gray，R. E. Estes，and A. J. Gassmann. 2013. Effect of Bt maize and soil insecticides on yield，injury，and rootworm survival：Implications for resistance management. Journal of Economic Entomology 106：1941-1951.

Pleasants，J. M.，and K. S. Oberhauser. 2013. Milkweed loss in agricultural fields because of herbicide use：Effect on the monarch butterfly population. Insect Conservation and Diversity 6：135-144.

Pleasants，J. M.，R. L. Hellmich，G. P. Dively，M. K. Sears，D. E. Stanley-Horn，H. R. Mattila，J. E. Foster，P. Clark，and G. D. Jones. 2001. Corn pollen deposition on milkweeds in and near cornfields. Proceedings of the National Academy of Sciences of the United States of America 98：11919-11924.

Pleasants，J. M.，E. H. Williams，L. P. Brower，K. S. Oberhauser，and O. R Taylor. 2016. Conclusion of no decline in summer monarch population not supported. Annals of the Entomological Society of America 109：169-171.

Plourde，J. D.，B. C. Pijanowski，and B. K. Pekin. 2013. Evidence for increased monoculture in the Central United States. Agriculture，Ecosystem & Environment 165：50-59.

Powles，S. B. 2008. Evolved glyphosate-resistant weeds around the world：Lessons to be learnt. Pest Management Science 64：360-365.

Powlson，D. S.，C. M. Stirling，M. L. Jat，B. G. Gerard，C. A. Palm，P. A. Sanchez，and K. G. Cassman. 2014. Limited potential of no-till agriculture for climate change mitigation. Nature Climate Change 4：678-683.

Pray，C. E.，L. Nagarajan，J. K. Huang，R. F. Hu，and B. Ramaswami. 2011. The impact of *Bt* cotton and the potential impact of biotechnology on other crops in China and India. Pp. 83-114 in Genetically Modified Food and Global Welfare，C. A. Carter，G. C. Moschini，and I. Sheldon，eds. Bingley，UK：Emerald Group Publishing.

Qaim，M.，and G. Traxler. 2005. Roundup Ready soybeans in Argentina：Farm level and aggregate welfare effects. Agricultural Economics 32：73-86.

Qaim，M.，and D. Zilberman. 2003. Yield effects of genetically modified crops in developing countries. Science 299：900-902.

Qiao，F. 2015. Fifteen years of *Bt* cotton in China：The economic impact and its dynamics. World Development 70：177-185.

Ramirez-Romero，R.，N. Desneux，A. Decourtye，A. Chaffiol，and M. H. Pham-Delègue. 2008. Does Cry1Ab protein affect learning performances of the honey bee *Apis mellifera* L.（Hymenoptera，Apidae）? Ecotoxicology and Environmental Safety 70：327-333.

Reay-Jones，F. P. F.，and P. Wiatrak. 2011. Evaluation of new transgenic corn hybrids producing multiple *Bacillus thuringiensis* toxins in South Carolina. Journal of Entomological Science 46：152-164.

Reay-Jones，F. P. F.，and D. D. Reisig. 2014. Impact of corn earworm injury on yield of transgenic corn producing *Bt* toxin in the Carolinas. Journal of Economic Entomology 107：1101-1109.

Reay-Jones，F. P. F.，P. Wiatrak，and J. K. Greene. 2009. Evaluating the performance of transgenic corn producing *Bacillus thuringiensis* toxins in South Carolina. Journal of Agricultural and Urban Entomology 26：77-86.

Reichman，J. R.，L. S. Watrud，E. H. Lee，C. A. Burdick，M. A. Bollman，M. J. Storm，G. A. King，and C. Mallory-Smith. 2006. Establishment of transgenic herbicide-resistant creeping bentgrass (*Agrostis stolonifera* L.) in non-agronomic habitats. Molecular Ecology 15：4243-4255.

Reisig, D. 2014. North Carolina Grower Experience with Crops Expressing Bt. Webinar presentation to the National Academy of Sciences' Committee on Genetically Engineered Crops: Past Experience and Future Prospects, October 1.

Rice, M. E. and K. Ostlie. 1997. European corn borer management in field corn: A survey of perceptions and practices in Iowa and Minnesota. Journal of Production Agriculture 10: 628-634.

Ries, L. , D. J. Taron, and E. Rendón-Salinas. 2015. The disconnect between summer and winter monarch trends for the eastern migratory population: Possible links to differing drivers. Annals of the Entomological Society of America 108: 691-699.

Romeis, J. , M. Meissle, F. Alvarez-Alfageme, F. Bigler, D. A. Bohan, Y. Devos, L. A. Malone, X. Pons, and S. Rauschen. 2014. Potential use of an arthropod database to support the non-target risk assessment and monitoring of transgenic plants. Transgenic Research 23: 995-1013.

Romeu-Dalmau, C. , M. B. Bonsall, K. J. Willis, and L. Dolan. 2015. Asiatic cotton can generate similar economic benefits to Bt cotton under rainfed conditions. Nature Plants 1: 15072.

Rosenbaum, K. K. , R. E. Massey, and K. W. Bradley. 2013. Comparison of weed control, yield, and net income in conventional, glyphosate-resistant, and glufosinate-resistant soybean. Crop Management 12.

Ruffo, M. L. , L. F. Gentry, A. S. Henninger, J. R. Seebauer, and F. E. Below. 2015. Evaluating management factor contributions to reduce corn yield gaps. Agronomy Journal 107: 495-505.

Sadashivappa, P. , and M. Qaim. 2009. Bt cotton in India: Development of benefits and the role of government seed price interventions. AgBioForum 12: 172-183.

Sanglestsawai, S. , R. M. Rejesus, and J. M. Yorobe. 2014. Do lower yielding farmers benefit from Bt corn? Evidence from instrumental variable quantile regressions. Food Policy 44: 285-296.

Schafer, M. G. , A. A. Ross, J. P. Londo, C. A. Burdick, E. H. Lee, S. E. Travers, P. K. Van de Water, and C. L. Sagers. 2011. The establishment of genetically engineered canola populations in the US. PLoS ONE 6: e25736.

Schwartz, L. M. , D. J. Gibson, K. L. Gage, J. L. Matthews, D. L. Jordan, M. D. K. Owen, D. R. Shaw, S. C. Weller, R. G. Wilson, and B. G. Young. 2015. Seedbank and field emergence of weeds in glyphosate-resistant cropping systems in the United States. Weed Science 63: 425-439.

Sears, M. K. , R. L. Hellmich, D. E. Stanley-Horn, K. S. Oberhauser, J. M. Pleasants, H. R. Mattila, B. D. Siegfried, and G. P. Dively. 2001. Impact of Bt corn pollen on monarch butterfly populations: A risk assessment. Proceedings of the National Academy of Sciences of the United States of America 98: 11937-11942.

Sedjo, R. A. 2005. Will developing countries be the early adopters of genetically engineered forests? AgBioForum 8: 205-212.

Shankar, B. , R. Bennett, and S. Morse 2008. Production risk, pesticide use and GM crop technology in South Africa. Applied Economics 40: 2489-2500.

Sheaffer, C. C. , D. J. Undersander, and R. L. Becker. 2007. Comparing Roundup Ready and conventional systems of alfalfa establishment. Forage and Grazinglands 5.

Shi, G. , J. -P. Chavas, and J. Lauer. 2013. Commercialized transgenic traits, maize productivity, and yield risk. Nature Biotechnology 31: 111-114.

Sinclair, T. R. 1994. Limits to crop yield? Pp. 509-532 in Physiology and Determination of Crop Yield, K. J. Boote, J. M. Bennett, T. R. Sinclair, and G. M. Paulsen, eds. Madison, WI: ASA, CSSA, SSSA.

Slatkin, M. 1987. Gene flow and the geographic structure of natural-populations. Science 236: 787-792.

Smith, S. , V. Primomo, R. Monk, B. Nelson, E. Jones, and K. Porter. 2010. Genetic diversity of widely used U. S. sorghum hybrids 1980-2008. Crop Science 50: 1664-1673.

Snow, A. A. , and P. M. Palma. 1997. Commercialization of transgenic plants: Potential ecological risks. Bioscience 47: 86-96.

Snow, A. A. , D. Pilson, L. H. Rieseberg, M. J. Paulsen, N. Pleskac, M. R. Reagon, D. E. Wolf, and S. M. Selbo.

2003. A *Bt* transgene reduces herbivory and enhances fecundity in wild sunflowers. Ecological Applications 13：279-286.

Sosnoskie，L. M.，and A. S. Culpepper. 2014. Glyphosate-resistant palmer amaranth（*Amaranthus palmeri*）increases herbicide use，tillage，and hand-weeding in Georgia cotton. Weed Science 62：393-402.

Stanley-Horn，D. E.，G. P. Dively，R. L. Hellmich，H. R. Mattila，M. K. Sears，R. Rose，L. C. H. Jesse，J. E. Losey，J. J. Obrycki，and L. Lewis. 2001. Assessing the impact of Cry1Ab-expressing corn pollen on monarch butterfly larvae in field studies. Proceedings of the National Academy of Sciences of the United States of America 98：11931-11936.

Steffy，G. 2015. Trends observed in fall migrant monarch butterflies（Lepidoptera：Nymphalidae）east of the Appalachian Mountains in an inland stopover in southern Pennsylvania over an eighteen year period. Annals of the Entomological Society of America 108：718-728.

Stenoien，C.，K. R. Nail，and K. S. Oberhauser. 2015. Habitat productivity and temporal patterns of monarch butterfly egg densities in the eastern United States. Annals of the Entomological Society of America 108：670-679.

Stringam，G. R.，V. L. Ripley，H. K. Love，and A. Mitchell. 2003. Transgenic herbicide tolerant canola—the Canadian experience. Crop Science 43：1590-1593.

Stone，G. D. 2011. Field versus farm in Warangal：*Bt* cotton，higher yields，and larger questions. World Development 39：387-398.

Tabashnik，B. E. 1989. Managing resistance with multiple pesticide tactics：Theory，evidence，and recommendations. Journal of Economic Entomology 82：1263-1269.

Tabashnik，B. E.，T. Brevault，and Y. Carriere. 2013. Insect resistance in Bt crops：Lessons from the first billion acres. Nature Biotechnology 31：510-521.

Tan，S.，R. R. Evans，M. L. Dahmer，B. K. Singh，and D. L. Shaner. 2005. Imidazolinone-tolerant crops：History，current status and future. Pest Management Science 61：246-257.

Thelen，K. D.，and D. Penner. 2007. Yield environment affects glyphosate-resistant hybrid response to glyphosate. Crop Science 47：2098-2107.

Thelin，G. P.，and W. W. Stone. 2013. Estimation of Annual Agricultural Pesticide Use for Counties of the Conterminous United States，1992-2009. Reston，VA：U. S. Geological Survey.

Tilman，D.，J. Fargione，B. Wolff，C. D'Antonio，A. Dobson，R. Howarth，D. Schindler，W. H. Schlesinger，D. Simberloff，and D. Swackhamer. 2001. Forecasting agriculturally driven global change. Science 292：281-284.

Trigo，E.，E. Cap，V. Malach，and F. Villareal. 2009. The Case of Zero-Tillage Technology in Argentina. Washington，DC：International Food Policy Research Institute.

Unglesbee，E. March 5，2014. Soybeans：Monsanto Assessing Fit of Bt Varieties in the U. S. Online. AgFax. Available at http：//agfax. com/2014/03/05/soybeans-monsanto-assessing-fit-bt-varieties-u-s-dtn/. Accessed December 21，2015.

USDA-APHIS（U. S. Department of Agriculture-Animal and Plant Health Inspection Service）. 2011. Bayer CropScience LP：Determination of nonregulated status of cotton genetically engineered for insect resistance and herbicide tolerance. Federal Register 76：63278-63279.

USDA-APHIS（U. S. Department of Agriculture-Animal and Plant Health Inspection Service）. 2015a. Determination of nonregulated status for Dow AgroSciences DAS-8191Ø-7 cotton. Available at https：//www. aphis. usda. gov/brs/aphisdocs/13_26201p_det. pdf. Accessed April 14，2016.

USDA-APHIS（U. S. Department of Agriculture-Animal and Plant Health Inspection Service）. 2015b. Record of Decision：Monsanto petitions（10-188-01p and 12-185-01p）for determination of nonregulated status for dicamba-resistant soybean and cotton varieties. Available at https：//www. aphis. usda. gov/brs/aphisdocs/dicamba_feis_rod. pdf. Accessed April 14，2016.

USDA-NASS（U. S. Department of Agriculture-National Agricultural Statistics Service）. 2009. Hawaii Papayas. Available at http：//www. nass. usda. gov/Statistics_by_State/Hawaii/Publications/Archive/xpap0809. pdf. Accessed April 17，2016.

USDA-NASS（U. S. Department of Agriculture-National Agricultural Statistics Service）. 2013. NASS Highlights：2012 Agricultural Chemical Use Survey-Soybean. May 2013. Available at http://www. nass. usda. gov/Surveys/Guide _ to _ NASS _ Surveys/Chemical _ Use/2012 _ Soybeans _ Highlights/ChemUseHighlights-Soybeans-2012. pdf. Accessed November 22，2015.

USDA-NASS（U. S. Department of Agriculture-National Agricultural Statistics Service）. 2015. NASS Highlights：2014 Agricultural Chemical Use Survey-Corn. May 2015. Available at http://www. nass. usda. gov/Surveys/Guide _ to _ NASS _ Surveys/Chemical _ Use/2014 _ Corn _ Highlights/ChemUseHighlights _ Corn _ 2014. pdf. Accessed November 22，2015.

van de Wouw, M. , T. van Hintum, C. Kik, R. van Treuren, and B. Visser. 2010. Genetic diversity in twentieth century crop cultivars：A meta analysis. Theoretical & Applied Genetics 120：1241-1252.

VanGessel, M. J. 2001. Glyphosate-resistant horseweed from Delaware. Weed Science 49：703-705.

van Ittersum, M. K. , and R. Rabbinge. 1997. Concepts in production ecology for analysis and quantification of agricultural input-output combinations. Field Crops Research 52：197-208.

van Ittersum, M. K. , K. G. Cassman, P. Grassini, J. Wolf, P. Tittonell, and Z. Hochman. 2013. Yield gap analysis with local to global relevance-a review. Field Crops Research 143：4-17.

Vera-Diaz, M. C. , R. K. Kaufmann, and D. C. Nepstad. 2009. The Environmental Impacts of Soybean Expansion and Infrastructure Development in Brazil's Amazon Basin. Medford, MA：Tufts University.

Vitale, J. , G. Vognan, M. Ouattara, and O. Traoré. 2010. The commercial application of GMO crops in Africa：Burkina Faso's decade of experience with *Bt* cotton. AgBioForum 13：320-332.

Wallander, S. 2013. While Crop Rotations Are Common, Cover Crops Remain Rare. USDA Economic Research Service. Amber Waves, March. Available at http://www. ers. usda. gov/amber-waves/2013/march/while-crop-rotations-are-common-cover-crops-remain-rare/. Accessed August 11，2015.

Wangila, D. S. , A. J. Gassmann, J. L. Petzold-Maxwell, B. W. French, and L. J. Meinke. 2015. Susceptibility of Nebraska western corn rootworm（Coleoptera：Chrysomelidae）populations to Bt corn events. Journal of Economic Entomology 108：742-751.

Ward, S. M. , T. M. Webster, and L. E. Steckel. 2013. Palmer amaranth（*Amaranthus palmeri*）：a review. Weed Technology 12：12-27.

Warwick, S. I. , M. -J. Simard, A. Lègére, H. B. Beckie, L. Braun, B. Zhu, P. Mason, G. Séguin-Swartz, and C. N. Stewart, Jr. 2003. Hybridization between transgenic *Brassica napus* L. and its wild relatives：*Brassica rapa* L. , *Raphanus raphanistrum* L. , *Sinapis arvensis* L. , and *Erucastrum gallicum*（Willd. ）O. E. Schulz. Theoretical and Applied Genetics 107：528-539.

Warwick, S. I. , A. Lègére, M. -J. Simard, and T. James. 2008. Do escaped transgenes persist in nature? The case of an herbicide resistance transgene in a weedy *Brassica rapa* population. Molecular Ecology 17：1387-1395.

Webster, T. M. , and H. D. Coble. 1997. Changes in the weed species composition of the southern United States：1974 to 1995. Weed Technology 11：308-217.

Webster, T. M. , and T. L. Nichols. 2012. Changes in the prevalence of weed species in the major agronomic crops of the southern United States：1994/1995 to 2008/2009. Weed Science 60：145-157.

Wendt, J. W. , and S. Hauser. 2013. An equivalent soil mass procedure for monitoring soil organic carbon in multiple soil layers. European Journal of Soil Science 64：58-65.

WI Department of Agriculture. 2014. Wisconsin Pest Bulletin 59, November 13. Available at https://datcpservices. wisconsin. gov/pb/pdf/11-13-14. pdf. Accessed March 24，2016.

Wiggins, M. S. , M. A. McClure, R. M. Hayes, and L. E. Steckel. 2015. Integrating cover crops and POST herbicides for glyphosate-resistant Palmer amaranth（*Amaranthus palmeri*）control in corn. Weed Technology 29：412-418.

Wilson, L. , S. Downes, M. Khan, M. Whitehouse, G. Baker, P. Grundy, and S. Maas. 2013. IPM in the transgenic era：A review of the challenges from emerging pests in Australian cotton systems. Crop and Pasture Science 64：737-

749.

Wilson，R. G.，C. D. Yonts，and J. A. Smith. 2002. Influence of glyphosate and glufosinate on weed control and sugar-beet（*Beta vulgaris*）yield in herbicide-tolerant sugarbeet. Weed Technology 16：66-73.

Witjaksono，J.，X. Wei，S. Mao，W. Gong，Y. Li，and Y. Yuan. 2014. Yield and economic performance of the use of GM cotton worldwide over time：A review and meta-analysis. China Agricultural Economic Review 6：616-643.

Wolfenbarger，L. L.，and P. R. Phifer. 2000. The ecological risks and benefits of genetically engineered plants. Science 290：2088-2093.

Wolfenbarger，L. L.，S. Naranjo，J. Lundgren，R. Bitzer，and L. Watrud. 2008. *Bt* crop effects on functional guilds of non-target arthropods：A meta-analysis. PLoS ONE 3：e2118.

Wortmann，C. S.，R. A. Drijber，and T. G. Franti. 2010. One-time tillage of no-till crop land five years post-tillage. Agronomy Journal 102：1302-1307.

Wright，C. K.，and M. C. Wimberly. 2013. Recent land use change in the Western Corn Belt threatens grasslands and wetlands. Proceedings of the National Academy of Sciences of the United States of America 110：4134-4139.

Wright，T. R.，G. Shan，T. A. Walsh，J. M. Lira，C. Cui，P. Song，M. Zhuang，N. L. Arnold，G. Lin，K. Yau，S. M. Russell，R. M. Cicchillo，M. A. Peterson，D. M. Simpson，N. Zhou，J. Ponsamuel，and Z. Zhang. 2010. Robust crop resistance to broadleaf and grass herbicides provided by aryloxyalkanoate dioxygenase transgenes. Proceedings of the National Academy of Sciences of the United States of America 107：20240-20245.

Wu，K. -M.，Y. -H. Lu，H. -Q. Feng，Y. -Y. Jiang，and J. -Z. Zhao. 2008. Suppression of cotton bollworm in multiple crops in China in areas with Bt toxin-containing cotton. Science 321：1676-1678.

Yang，F.，D. L. Kerns，G. P. Head，B. R. Leonard，R. Levy，Y. Niu，and F. Huang. 2014. A challenge for the seed mixture refuge strategy in Bt maize：Impact of cross-pollination on an ear-feeding pest，corn earworm. PLoS ONE 9：e112962.

Young，B. G.，D. J. Gibson，K. L. Gage，J. L. Matthews，D. L. Jordan，M. D. K. Owen，D. R. Shaw，S. C. Weller，and R. G. Wilson. 2013. Agricultural weeds in glyphosate-resistant cropping systems in the United States. Weed Science 61：85-97.

Yucatan Times. November 17，2015. Monarch butterfly population expected to quadruple in Mexico. Online. Available at http：//www. theyucatantimes. com/2015/11/monarch-butterfly-population-expected-to-quadruple-in-mexico/. Accessed November 24，2015.

Zangerl，A. R.，D. McKenna，C. L. Wraight，M. Carroll，P. Ficarello，R. Warner，and M. R. Berenbaum. 2001. Effects of exposure to event 176 *Bacillus thuringiensis* corn pollen on monarch and black swallowtail caterpillars under field conditions. Proceedings of the National Academy of Sciences of the United States of America 98：11908-11912.

Zapiola M. L.，and C. A. Mallory-Smith. 2012. Crossing the divide：Gene flow produces intergeneric hybrid in feral transgenic creeping bentgrass population. Molecular Ecology 21：4672-4680.

Zapiola，M. L.，C. K. Campbell，M. D. Butler，and C. A. Mallory-Smith. 2008. Escape and establishment of transgenic glyphosate-resistant creeping bentgrass（*Agrostis stolonifera*）in Oregon，USDA：A 4-year study. Journal of Applied Ecology 45：486-494.

Zeilinger，A. R.，D. M. Olson，and D. A. Andow. 2011. Competition between stink bug and heliothine caterpillar pests on cotton at within-plant spatial scales. Entomologia Experimentalis et Applicata 141：59-70.

5 遗传工程作物对人类健康的影响

在本章中，本委员会的学者们重新审查了关于遗传工程食品对人类健康产生有益或不利影响这一话题的案例证据。虽然有关遗传工程食品的安全性，已有众多学术评论和官方声明（框5-1），但是，为了进行这次案例审查，本委员会的学者们仍然通读了大量带有原始数据的案例资料，这些原始数据有助于保障案例证据评估的严谨性。

框5-1 有关遗传工程作物和遗传工程食品安全性的声明示例

美国国家研究委员会（2004）："直至今天，没有任何文献表明遗传工程对人类健康存在不利影响。"

美国科学促进会（2012）："事实上，在科学层面，下面问题的答案是非常清晰的：现代生物技术改良的作物是安全的。"

美国科学和公共健康委员会（2012）："基因改良食品已经进入市场约20年，这期间，同行评议的学术论文中未见任何公开发表的结果表明基因改良食品与人类健康之间的相关性。"

世界卫生组织（2014）："现今国际市场上的遗传工程食品已经通过了安全性评估，不大可能对人类健康存在风险。此外，没有任何结果表明，摄取遗传工程食品对人类健康存在影响。"

FDA（2015）："来自那些计划种植在美国的遗传工程植物的食品，FDA通过磋商程序对其安全性进行评估，在FDA对其安全性存在的疑问没有解决之前，此类产品不会进入市场，同样，此类遗传工程作物也不会在美国种植。"

欧盟委员会（2010a）："通过对涵盖25年、130个科研项目支持的500多个独立研究小组的研究结果进行总结，得出的主要结论为：生物技术，特别是遗传工程作物本质上并不比常规植物育种技术具有更多的风险。"

本章中用到的案例证据来自美国环保署（EPA）、美国农业部（USDA）和美国食品和药物管理局（FDA），这些机构的职责都包含美国遗传工程作物的管理。还有一些案例证据来自已发表的研究论文，发表这些论文的机构主要包括美国以外的国家管理部门、相关公司、非政府组织和学术机构。另外，本委员会的学者们也从学术会议的口头报告中搜

集了一些案例证据[1]。

本委员会希望首先澄清一个事实，人类已有的知识无法完全了解任何一种食物对健康的影响，无论这种食物是否含有遗传工程成分。如果需要澄清的问题类似于"我今天吃了这个食物，明天会因此生病吗？"，那么，研究人员完全可以提供确凿的数据和答案。然而，如果问题变成了"我连续多年吃这种食物会比从来没有吃过这种食物活得更短吗？会短1年还是几年？"，那么，这个问题的答案就没有那么确定了。对于这个问题，研究人员能够提供基于食物化学组成、流行病学数据、种群遗传变异性、动物实验结果等信息的概率预测，但是很难得到确凿的答案。再者，由于精确评估化学混合物或整体食物对人体的影响很难实现，现今的毒理学数据主要来自针对单个化合物的测定结果（Feron and Groten，2002；NRC，2007；Boobis et al.，2008；Hernández et al.，2013）。

针对不确定的问题，可以注意到框5-1中大多对遗传工程食品安全性的声明使用带有限制适用范围的描述，例如："未见任何公开发表的结果""没有任何结果表明对健康存在影响""本身不会存在更高的风险""不大可能对人类健康存在风险"。科学研究可以回答许多问题，但是，有关某类食物或者某些活动对健康的绝对安全性永远是不确定的。

本章首先回顾了非遗传工程植物来源食品的安全性，以及在食用安全评价研究中如何使用这些非遗传工程植物来源食品作为遗传工程作物来源食品的参照物。然后，评估了美国对遗传工程食品安全的监管测试内容，以及在此机构之外进行的遗传工程食品安全性研究。本章还审查了由遗传工程作物引起的各种假设健康风险和益处，本章最后简要讨论了社会在评估新兴遗传工程食品安全性方面将面临的挑战。

5.1　遗传工程作物的参照物

在遗传工程作物和非遗传工程作物的比较中，一个经常被提及的风险是，遗传工程的过程可能引起作物自身蛋白质合成过程或者代谢路径的非自然变异，并由此导致食品中产生一些非预期的毒素或者过敏原（Fagan et al.，2014）。由于遗传工程作物风险评估的过程中要求分析转入基因本身的翻译产物可能造成的风险，因此，有关遗传工程食品可能含有未知有害物质的争论基于如下假设：外源基因的转入相比常规育种或环境胁迫更有可能引起作物内源代谢的混乱。本章接下来首先从食品安全角度谈一谈天然植物的化学构成，以提供有关天然植物毒素及不同非遗传工程植物含有不同毒素的背景知识，然后解释遗传工程作物管理机构在对比遗传工程和非遗传工程对照物时所基于的前提。

5.1.1　植物内源毒素

植物和动物主要新陈代谢过程（如碳水化合物、蛋白质、脂肪和核酸的形成过程）中的大多数化合物是一致的，因此这些化合物不太可能有毒。人们对植物化合物变异可能带来风险的顾虑，主要来自那些某种植物特有化合物的变异，所谓的植物特有化合物俗称植

---

[1]　本委员会已编制了本章所用参考文献的资助信息和第一作者单位信息，具体信息可查询 http://nas-sites.org/ge.crops/。

物天然产物，学术上又称之为次生代谢产物。所有的植物次生代谢产物加起来超过 20 万种（Springob and Kutchan，2009）。不同作物产生的次生代谢产物种类和数量不同。例如，马铃薯（*Solanum tuberosum*）的次生代谢产物种类繁多，可产生超过 20 种的倍半萜烯（同类化合物），其中一些倍半萜烯与植物抗病性有关（Kuc，1982）。植物次生代谢产物在特定植物组织中的含量可能很高（如绿咖啡豆干物质中单独绿原酸的含量可以达到 12%）（Ferruzzi，2010）；也可能只有痕量水平（如豆科植物中的皂苷类物质）。植物次生代谢产物的含量还可能因植物发育时期的不同而异（有些化合物仅存在于植物种子中），或者因受外部刺激而增加，如遇到病虫害入侵、干旱，或者矿物营养含量变化（Small，1996；Pecetti et al.，2006；Nakabayashi et al.，2014）等。许多次生代谢产物对植物具有保护功能，如吸收具有破坏性的紫外线辐射（Treutter，2006）、充当抗营养素（Small，1996）或者对作物害虫和病原菌具有防御功能（Dixon，2001）。具有抗病活性的植物次生代谢产物可分为组成型抗菌素（植物在病原菌入侵之前已持续表达该类抗菌物质）和诱导型抗菌素（植物受病原菌入侵诱导后表达该类抗菌物质）（VanEtten et al.，1994；Ahuja et al.，2012）。一些植物次生代谢产物对病原菌的毒性特点已为人们所熟知，但是大多数植物次生代谢产物还没有被研究过。常见植物源食品内的某些次生代谢产物或其他分子（如蛋白质或多肽）在大量进食时可对人产生毒性，例如：

- 绿马铃薯皮中的糖苷生物碱可造成胃肠道不适，甚至引起呕吐和腹泻。
- 大黄中的草酸可引起呼吸困难，甚至昏迷。
- 棉籽油和棉籽饼中的棉酚可引起呼吸窘迫、厌食、生殖系统受损，干扰单胃动物（包括猪、人等）的免疫功能。
- 苜蓿苗中的非蛋白质氨基酸——刀豆氨酸具有神经毒性。
- 豆科植物中的溶血性三萜皂苷可增加血红细胞膜的透性。
- 杏仁和木薯中的氰苷可造成氰化物中毒。
- 芹菜中的光毒性补骨脂素被阳光中的紫外线激活后可引起皮炎和晒伤，还会提高患皮肤癌的风险。

Friedman（2006）的研究表明，马铃薯中的一些配糖生物碱对人体可同时产生有害和有益的影响。联合国粮食及农业组织承认食品中常常含有一些天然的毒素或抗营养素，但是其天然的含量在正常摄取量的前提下，对人体是安全的（Novak and Haslberger，2000；OECD，2000）。常见食物含有的植物次生代谢产物带来的健康风险已经比较清楚了，并且为了避免有毒次生代谢产物对人体的伤害，人们常在有毒次生代谢产物含量低时收获作物，也可以去除有毒次生代谢产物含量高的植物组织，或者使用特殊的食品加工工艺去除食用部分的有毒次生代谢产物，如木薯（*Manihot esculenta*）。但是在某些食品加工过程中可能产生有毒次生代谢产物（如高温煎炸马铃薯和烘烤面包都可产生潜在的致癌物质——丙烯酰胺）。作物育种家在培育作物品种时，一般都会以此类植物特有的毒素作为选择指标，排除那些毒素含量高的品系。

常规育种过程可能非预期性地引起作物体内次生代谢产物含量的变化（Sinden and Webb，1972；Hellenas et al.，1995）。在某些情况下，有些常规育种作物品种由于含有过高浓度的毒素而退出市场，如瑞典马铃薯于 20 世纪 80 年代停止销售，原因就是其含有过高浓度的配糖生物碱。

除去以上那些令人担忧的事情，许多植物次生代谢产物可对人类健康有利，相关产品的销售量持续大幅增长（Murthy et al.，2015），这包括许多豆类植物，如大豆（*Glycine max*）和车轴草属（*Trifolium* spp.）都含有植物雌激素异黄酮，被认为具有有益活性，能够化学预防乳腺癌和前列腺癌、心血管病和绝经后的疾病（Dixon，2004；Patisaul and Jefferson，2010）。同样，各种已知的抗氧化剂，如花青素（Martin et al.，2013）和一些皂苷可能具有抗癌活性（Joshi et al.，2002）。然而，许多化合物在通过草药或膳食摄取的浓度下，究竟对健康有利还是有害仍然存在争论（如 Patisaul and Jefferson，2010）。

发现：作物在自然情况下可在体内产生一系列的化合物以保护自己远离害虫和病原菌的侵害。某些此类化合物在被大量摄取时，可能对人体产生毒性。

5.1.2　遗传工程作物和非遗传工程作物的实质等同性

遗传工程作物管理中的一个主要问题是：基因转化事件是否改变了有毒次生代谢产物的含量。实质等同性原则（substantial equivalence）要求比较分析每个遗传工程作物和其相对受体品种内植物毒素的含量差异，此外，还需要比较分析营养成分、外源基因和外源蛋白质及其代谢产物。

实质等同性的概念早已应用于遗传工程食品的安全性评价工作中。这个术语和概念"借用了美国 FDA 关于新医疗设备的定义，与其前身没有实质性差异，因此不会引起新的监管问题"（Miller，1999：1042）。遗传工程食品监管文献中并没有发现实质等同性的定义。1993 年，经济合作与发展组织（OECD）曾做出进一步解释："实质等同性的概念所体现的理念是，在评价人们食用一种被改造或新的遗传工程食品或食品组分的安全性时，所有现有的可作为食物或食物来源的生物体均可被用作对照（OECD，1993：14）。"

国际食品法典委员会的《重组 DNA 植物衍生食品的安全性评价指南》中对于实质等同性的描述较为慎重："实质等同性的理念在安全性评价过程中至关重要。然而，实质等同性的概念不仅仅适用于安全性评价过程本身，更是构建新兴食品相对于其同类常规食品安全性评价体系的出发点（CAC，2003：2）。"该指南也明确指出，以实质等同性原则为基础的新兴食品安全性评估"并不意味着绝对安全，而是关注任何可识别差异的安全性，从而认为新兴食品与其同类常规食品一样安全"（CAC，2003：2）。经济合作与发展组织（2006）的观点与之相似。利益相关者之间的冲突通常在于确定是什么构成了与实质等同的差异，并且具备详细的证据，以证明食品安全评估是合理的。

国际食品法典委员会得出结论：实质等同性的概念"有助于识别潜在的安全和营养问题，是迄今为止最合适的重组 DNA 植物衍生食品安全性评估策略"（CAC，2003：2）。尽管对实质等同性概念本身（Millstone et al.，1999）及其可操作性问题（如 Novak and Haslberger，2000）存在一些批评，但它仍然是监管机构对遗传工程食品进行安全性评估的基础。本委员会审查了它的实用性及其经验局限性。

预防性原则（见第 9 章框 9-2）是与健康、安全和环境管理有关的审议性原则，通常选择采取措施避免不确定的风险。对于预防性原则已有多种表述方法，但是它不一定与实质等同性的概念不相容。对于食品而言（包括遗传工程食品），考虑到数十亿人可能正在食用这些食物，完全可以合理地认为，即便是对健康轻微的慢性不良影响也应加以预防。然而，在面对不确定性时采取预防措施的级别是一项政策决定，在不同国家或随着不确定性的具体情况不同而有所不同。例如，许多欧洲国家乃至整个欧盟（EU）通常对遗传工程食品和气候变化采取较高级别的预防措施，而美国历史上则对烟草产品和臭氧消耗也采取了较高级别的预防措施（Wiener et al.，2011）。读者可参阅第9章，其对不同监管框架如何描述遗传工程食品安全性的不确定性进行了更深入的探讨。

遗传工程食品与其非遗传工程同类食品之间的一些差异是有意为之，并且可被鉴别（如玉米粒中表达的Bt杀虫蛋白），或是与遗传工程作物的种植过程直接相关（如草甘膦用量的增加）。根据遗传转化成分的生理生化特征，遗传工程作物的遗传变异带来的某些风险是可以预料的。评估上述可预期的风险一般都有既定的方案，尤其是评估转入一个已知毒素的遗传工程作物时。然而，也有观点认为，由于暴露途径不同，遗传工程作物表达的外源因子（如Cry杀虫蛋白在转Bt基因作物问世之前的环境暴露途径主要是Bt杀虫剂的喷施）可能带来新的风险。新的环境暴露途径可能产生意想不到的影响。

与这些可预期的差异相比，遗传工程作物与其非遗传工程同类作物之间的某些潜在差异并非有意为之，并且很难预测和识别（NRC，2004）。可能影响食品安全的非预期差异一般指以下两个：

• 遗传工程作物的遗传改良对其衍生食品的非目标性状产生非预期影响（如遗传工程植物细胞中出现新化合物或某种化合物含量增加可能引起植物代谢变化而影响其他化合物的丰度）。

• 与遗传工程过程相关的非预期影响（如植物组织培养引起的遗传变化）。

民众和科学家对遗传工程食品安全性的担忧主要集中在非预期差异带来的潜在风险上。由政府机构实施或要求的某些生化和动物试验旨在评估这种非预期差异的毒性，但是在评估某一具体毒性时，却很难确定充分且恰当的检测方法。在某些情况下，遗传工程作物带来的非预期影响在一定程度上是可以被预测或确定的，这时较易于设计针对此类毒性的检测方法。在其他情况下，遗传工程作物带来的变异或风险可能是一些从未被人们考虑过的事情，此时唯一有效的检测方法就是对整个食物本身进行检测。如第6章所述，人们需要权衡检测风险所需的成本与降低风险所带来的社会效益。

比较作物新品种与现有品种的方法同样适用于比较分子育种与常规育种研发的作物品种（见第9章）。本章5.1.1有关植物内源毒素的论述表明，作物新品种存在一定风险。2000年，美国国家研究委员会题为"遗传工程抗病虫作物"的年度报告指出，"常规抗病虫作物和遗传工程抗病虫作物对健康和环境可能造成的风险没有绝对的区别"（NRC，2000：4）。同样，2004年，美国国家研究委员会题为"遗传工程食品的安全性"的年度报告再次指出，所有形式的常规育种和遗传工程育种都可能产生非预期影响；遗传工程产生非预期影响的概率在各种常规育种方法产生非预期影响的概率范围之内。2002年，美国国家研究委员会题为"遗传工程植物对环境的影响"的年度报告明确指出，"与常规育种相比，遗传工程育种不会带来任何新风险种类，由上述两种育种过程赋予作物新性状带来的风险完全一致"（NRC，2002：5）。这一发现在食品安全方面依然有效，并支持以下结论：实质等同性概念适用于评估常规育种方法获得的作物新品种的安全性。

发现：实质等同性的概念有助于鉴定与遗传工程育种和常规育种带来的预期和非预期差异相关的潜在安全和营养问题。

发现：常规育种和遗传工程育种均可能引起次生代谢产物种类和含量的变化。

5.2 美国对人体健康风险监管的检测方法概述

尽管本委员会赞同常规育种获得的作物新品种同样可能导致食品安全风险，但是委员会的职能侧重于遗传工程作物。此外，遗传工程作物新品种及其育种技术与常规作物新品种及其育种技术之间的相对安全性存在正、反两方面的说法。因此，本章的剩余部分将探讨与遗传工程作物相关的潜在风险或益处，以及评估政府监管体系内外的针对遗传工程作物潜在风险或益处的评价方法。

无论安全性评价是出于监管目的还是超出监管范畴，评价方法通常包括三类：动物急性和慢性毒性检测、化学组分分析和过敏原检验或预测。尽管各国对检测结果的准确性、透明度、具体步骤和结果分析各不相同，但对安全性评价充分性的批评与其说是针对国家，不如说是针对评价方法和类别。例如，可能存在的争论本该是 90 天的全食品（whole-food）动物喂养试验是否比 28 天的试验更合适，事实上更关键的问题是人们关心的全食品动物喂养试验是否合适。本委员会将以美国安全性评价方法的论述为例，但偏重于审视对食品安全评价方法的批评。

美国遗传工程作物监管流程构架以生物技术监管协调框架为基础，其内容在第 3 章曾简略阐述，将在第 9 章详细说明，本章内容将关注检测方法本身。本节通过描述两个已商业化的遗传工程作物目标性状，*Bt* 抗虫性状与对草甘膦和 2,4-D 的抗除草剂性状的风险评价方法，方便读者深度了解美国的安全性评价程序。

5.2.1 对含有 Bt 蛋白作物的监管检测

EPA 认为植物产生的 Bt 杀虫蛋白是一类"植物嵌入式杀虫剂"产品，该类产品通常定义为："一种能在植物活体中表达和发挥作用的杀虫剂，以及表达该杀虫剂所需的遗传物质（40 CFR §174.3）。"EPA 特意豁免了来源于具有性亲和植物遗传物质编码的植物嵌入式杀虫物质。Bt 杀虫蛋白基因不能被免除，因为它们来自细菌（见第 9 章监管细节部分）。

但对于遗传工程作物产生的 Bt 杀虫蛋白，EPA 考虑到针对微生物杀虫剂中的 Bt 杀虫蛋白已经开展过毒性检验，并且 Bt 杀虫蛋白本质是蛋白质，如果有毒，通常在低剂量下就可立即显示出毒性（EPA，2001a；框 5-2）。农药安全性试验主要涉及小鼠急性毒性试验和模拟胃液消化的研究，因为食物过敏原的一个特征是它们不能被这种模拟胃液快速消化。

框 5-2 逐字逐句地展示了 EPA 试验报告表中用于 Cry1F 杀虫蛋白安全性评价的试验步骤，以便读者了解安全性试验中涉及的内容。实际的研究工作通常不是由 EPA 自己完成的，而是由注册方完成的。Cry1F 杀虫蛋白安全性评价试验结果显示，即使以 576 毫克/千克体重的浓度［相当于 90.7 千克（200 磅）的人服用 1/4 杯纯 Cry1F 杀虫蛋白］饲喂 Cry1F 杀虫蛋白，也没有观测到任何临床毒性迹象。框 5-2 中描述的另一部分试验是过敏原检测。后面的章节将针对每类检测方法分别进行阐述。

框 5-2　EPA 对 Cry1F 的安全性评价试验报告（EPA，2001a）

"提交的经口急性毒性数据支持 Cry1F 蛋白对人类没有毒性这一结论。给雄性和雌性小鼠（各 5 只）饲喂 15%（W/V）剂量的受试样品，其中 *Bacillus thuringiensis* var. *aizawai* Cry1F 蛋白的净浓度为 11.4 %。两次饲喂受试样品间隔约一小时，总施用量达到 33.7 毫升/千克体重。在为期 14 天的试验过程中，观察并记录了小鼠的外在临床体征和体重。试验观察结束时进行的肉眼尸检未发现毒性症状。试验期间未发现死亡或临床症状。该微生物源受试材料的半致死剂量（LD_{50}）约为 >5050 毫克/千克体重。试验中 Cry1F 蛋白的实际饲喂剂量为 576 毫克/千克体重。在该剂量下，未得到其 LD_{50} 值，且未观测到毒性。转 Cry1F 玉米每千克种子中含有 1.7~3.4 毫克 Cry1F 蛋白。"

"当蛋白质有毒时，往往表现为急性毒性，且在极低剂量水平便可发挥毒性（Sjoblad, Roy D., et al., 1992）。即便在相对高剂量水平下也没有发现由植物嵌入式杀虫剂造成的影响，因此我们不认为 Cry1F 蛋白是有毒的。此外，氨基酸序列比对显示，Cry1F 蛋白的序列与公共蛋白质数据库中已知的毒性蛋白序列之间没有相似性。"

"由于 Cry1F 是一种蛋白质，因此必须考虑其是否存在致敏性。当前科学对过敏原的认知表明，常见的食物过敏原难以被热、酸和蛋白酶降解，可能是糖基化的，并在食物中含量很高。"

"研究结果表明，Cry1F 蛋白可在体外被胃液快速降解，且为非糖基化蛋白。在摩尔比为 1∶100 的 Cry1F∶胃蛋白酶溶液中，Cry1F 在 5 分钟内被完全降解为氨基酸和小肽。"

"热稳定性研究表明，75℃下 30 分钟后 Cry1F 蛋白对烟草天蛾初孵幼虫的生物活性丧失。提交给 EPA 的所有室内动物试验表明，苏云金芽孢杆菌或其成分（包括晶体蛋白的 δ 内毒素）没有任何导致过敏反应的迹象。此外，与已知过敏原的氨基酸序列进行比较，即使在 8 个相邻氨基酸残基的评估水平上，Cry1F 与已知过敏原也没有任何同源性。"

5.2.2　抗草甘膦和 2,4-D 作物以及除草剂新施用方式的安全性评价方法

针对遗传工程抗除草剂作物（HR）的监管措施与评估 *Bt* 抗虫作物的监管措施不同。对于 *Bt* 抗虫作物，监管措施与作物本身有关。对于遗传工程抗除草剂作物，不仅有针对植物本身的监管程序，也有针对新的除草剂暴露方式的单独监管程序，这些新的暴露方式伴随着遗传工程品种的种植，即该遗传工程品种种植之前从未对作物或作物生长阶段喷洒过此类除草剂。

EPA 负责管理诸如草甘膦和 2,4-D 等除草剂的注册。在遗传工程作物商业化之前，草甘膦和 2,4-D 均已登记在册。但是，如果除草剂的施用方式或环境暴露特征发生变化，EPA 有权对其进行再次审查。

再次审查的代表案例就是 2014 年 EPA 对陶氏农业科学公司 Enlist Duo® 除草剂的注册审批，Enlist Duo® 同时含有草甘膦和 2,4-D，用于遗传工程玉米（*Zea mays*）和遗传工程大豆田间除草。由于 Englit Duo 的草甘膦成分已经在遗传工程玉米和遗传工程大豆上登记使用，EPA 就没有要求单独对草甘膦做进一步的检测。然而，2,4-D 之前的使用登记仅适用于玉米生长达 20 厘米前和大豆播种前。在遗传工程作物田间使用 2,4-D 将改变其原用的施用方式和环境暴露特征，从而需要对其再次进行安全性评估。此外，EPA 比较了含有两种除草剂的复合制剂与单个除草剂的毒性差异，并得出结论：与单独使用两种除草剂相比，复合制剂没有表现出更大的毒性或风险。

在 EPA Enlist Duo 登记文件中人类健康风险评估部分，包括了下列针对 2,4-D 的检测结果：

- 大鼠经口急性毒性试验结果表明，最低不良反应水平（LOAEL）为 225 毫克/千克〔相当于体重 200 磅的人摄入约 1 盎司（1 盎司＝28.3495 克）2,4-D〕。
- 大鼠经口慢性毒性终点观察试验，即延伸的一代生殖毒性试验发现，雌性大鼠的最低不良反应水平为 46.7 毫克/千克，雄性大鼠则更高。
- 为期 28 天的大鼠呼吸毒性试验结果表明，最低不良反应水平为 0.05 毫克/（升·天）。
- 兔经皮毒性试验中，以 1000 毫克/（千克·天）的极限剂量重复施用后，未显示任何局部或全身毒性症状。
- 相关的流行病学和动物学研究表明，人类癌症和 2,4-D 暴露之间没有关系。

对上述结果的分析，并综合其农艺性状和环境安全性评估，EPA 最终登记注册了该产品。

针对 2,4-D 新施用方式登记申请的预审，EPA 收到了超过 400 000 条意见。其中一些提交给 EPA 的意见与公众向委员会公开征询的意见类似，包括 EPA 是否只考虑了活性成分本身的毒性而非复合制剂的毒性，以及是否测试了 2,4-D 和草甘膦的增效作用。EPA（2014b：7）的回应如下：

> 有关 2,4-D 胆碱盐和草甘膦复合制剂的经口急性毒性、经皮和呼吸毒性、皮肤和眼部刺激性以及皮肤致敏性的有关数据都已获得，可用于与 2,4-D 母体化合物和草甘膦母体化合物的相关数据进行比较，与上述结果相近。与任何一种单独的母体化合物相比，复合制剂没有表现出更大的毒性。虽然没有开展更长时间的毒性试验，但仍可预计 2,4-D 的施用不会产生毒性，因为 2,4-D 的最大允许暴露量至少比其化学纯品产生毒性的暴露量低 100 倍，而且对人体的暴露量也远低于该水平。

本委员会没有从注册方那里获得即时数据[1]。

1　2015 年 11 月，最新的数据信息表明两种除草剂之间可能存在增效作用，并可能对非靶标植物产生更大的毒性（Taylor，2015），EPA 根据这一最新的数据信息采取措施，撤销了上述两种除草剂的产品注册。2016 年 1 月，法院裁决允许上述除草剂继续在市场上销售，因此 EPA 不得不考虑其他行政措施（Callahan，2016）。

EPA 不是管理遗传工程抗除草剂作物商业化的行政部门，根据《植物保护法》的规定，这是美国农业部动植物卫生检验局（APHIS）的职能。在法定授权下，APHIS 控制和防止植物病虫害的传播（框 3-5）。在植物病虫害风险评估（USDA-APHIS，2014a）的基础上，APHIS 得出结论，适用于 Enlist Duo 除草剂的 Enlist™ 遗传工程抗除草剂玉米和遗传工程抗除草剂大豆不可能成为超级杂草，并于 2014 年 9 月 18 日解除了对其管制（USDA-APHIS，2014b）。在关于取消对 Enlist 遗传工程抗除草剂玉米和遗传工程抗除草剂大豆的管制文件中（USDA-APHIS，2014a：ii），APHIS 的总体方针是，"如果 APHIS 认为遗传工程植物不可能成为超级杂草，那么 APHIS 必须发布对其解除监管的行政公告，因为该机构没有监管杂草的行政权力。当对其解除监管的行政公告发布后，遗传工程植物就可以进行环境释放而不需要 APHIS 的监管"。

FDA 在与陶氏农业科学公司就 Enlist 玉米和大豆品种的商业化问题进行磋商时，未发现任何安全或监管问题（FDA，2013）。陶氏农业科学公司的结论之一即申请商业化的 Enlist 大豆与其他大豆品种在成分上没有"实质性差异"，FDA 还对该结论的数据基础做出了如下解释（FDA，2013）：

陶氏农业科学公司报告了大豆籽粒中 62 种化合物的分析结果，包括粗蛋白、粗脂肪、灰分、水分、碳水化合物、水合物、酸性洗涤纤维（ADF）、中性洗涤纤维（NDF）、食物总纤维（TDF）、凝集素、植酸、棉子糖、水苏糖、胰蛋白酶抑制剂、大豆异黄酮（即总黄豆苷元、总木黄酮、总大豆黄素）、矿物质、氨基酸、脂肪酸和维生素。DAS-44406-6 大豆与对照品种间有 29 个组分丰度在整体处理效应和成对比较水平上无统计学显著差异。DAS-44406-6 大豆与对照品种间有 16 个组分［粗蛋白、碳水化合物（个别有差异的种类）、NDF、钙、钾、胱氨酸、棕榈酸、油酸、亚油酸、亚麻酸、二十二酸、叶酸、γ-生育酚、总生育酚、凝集素和胰蛋白酶抑制剂］在整体处理效应水平上存在统计学显著差异，然而两个品种之间的差异很小。DAS-44406-6 大豆与对照品种之间的差异可被认为无生物学意义，因为组分丰度的平均值要么在参考线生成的范围内，要么与已发表文献中的范围一致，或者两种情况同时存在。

发现：美国对抗除草剂遗传工程作物的监管评估由美国农业部（USDA）和 FDA（如果该作物被食用）执行，而当除草剂存在新的潜在暴露风险时由 EPA 评价。

发现：当在一种新的遗传工程作物种植过程中使用除草剂复合制剂时，EPA 通过与除草剂单剂对比，评价复合制剂内是否存在互作。

5.2.3 遗传工程作物对人类健康风险的技术评估

如第 2 章所述，遗传工程作物的开发和使用不仅仅受国家和地区监管标准的管理。以 2015 年在美国和其他一些国家商业化的遗传工程作物为例，许多公共和私人机构对他们关心的问题提出了意见和建议，这些意见和建议影响了由公司、机构和其他研究人员开展的遗传工程食品安全评价方式的类型和程度。许多利益相关者批评美国和其他国家评价机构使用的检测方法缺乏严谨性（如 Hilbeck et al.，2015）。来自公司、非政府组织和大学的研究人员开展的安全评价试验有时比国家机构要求得更广泛，或对现有数据重新分析，如下所述。截至 2015 年，所有安全性评价试验可分为三类：动物试验、组分分析和食物过敏性检测与预测。

1. 动物试验

特定化合物或"天然食品"的短期和长期啮齿动物饲喂试验　　对美国和其他地方的评价机构开展的动物试验的一个常见批评是试验周期太短（如 Séralini et al.，2014；Smith，2014）。的确，评价机构使用的动物试验方案在试验持续时间和受试化合物剂量方面有一个范围，具体方案部分取决于被评价对象本身的特点。亚慢性和慢性毒性试验中使用的最低剂量（暴露水平）通常比预期的暴露剂量高出许多倍，这样做是为了确保在慢性毒性试验整个周期完成时，确定暴露剂量是否会引起急性不良反应。如上所述，EPA 在评价 2,4-D 时，依据已有的与之相关的具有致癌风险的长期研究经验，对雄性和雌性大鼠开展了延伸至一代的生殖毒性试验。Bt 杀虫蛋白 Cry1F 在遗传工程抗 2,4-D 的玉米和大豆田中应用的安全性评估中，公司提交给 EPA、FDA 和 USDA 的数据来自急性毒性测试。在上述所有情况下，试验都是通过在动物饲料中添加大剂量单一待测化合物来进行的。使用高剂量化合物是 EPA 典型的农药安全性评价方案。

遗传工程作物评价和一般农用化合物评价的不同之处在于，评价遗传工程作物时可使用"全食品"代替特定化合物。此举旨在便于对因作物遗传改良可能引起的预期或非预期的变异而产生的潜在危害进行综合评估。在此类试验中，由于人们对潜在的非预期影响通常不了解，所以不可能设置比作物本身含量更高的试验处理。因此，研究人员不可能知道应该在动物人工饲料中增加哪个组分的含量，而评估非预期影响的唯一方法就是将遗传工程作物本身饲喂给测试动物。在遗传工程玉米、大豆和水稻[1]的动物试验中，上述作物种子磨成粉后以大约 $10\% \sim 60\%$ 的含量混入动物饲料中。如果作物产品对动物营养补给有利，可以在饲料中混入更高含量的作物产品。反之则不便于在饲料中混入过高含量的作物产品（无论是遗传工程作物还是非遗传工程作物），否则将可能导致被测动物营养失衡。虽然监管机构通常对大鼠的"全食品"饲喂试验只要求 28 天或 90 天，但是某些研究人员已经开展了连续多代的饲喂试验。

许多政府机构、产业界和学术界的研究人员都对"全食品"饲喂试验的效用提出了质疑（如 Ricroch et al.，2014），且多个国家的监管机构并无开展此类试验的硬性要求（CAC，2008；Bartholomaeus et al.，2013）。然而，欧洲研究与创新总局在 2014 年题为"欧盟资助的遗传工程研究十年回顾 2001—2010"的年度报告中总结道："一项精心设计的90 天啮齿动物饲喂试验的数据，连同涵盖插入序列分析、遗传工程作物组分分析和遗传工程食品毒性分析的数据，构成了在商业化前，遗传工程食品与其传统食品安全性比较评价的最佳依据（EC，2010a：157）。"欧洲食品安全局（EFSA）按照欧盟委员会的要求（EFSA，2011b）制定了啮齿动物 90 天"全食品"饲喂试验方案的准则和指南，并且 90天的啮齿动物"全食品"饲喂试验属于欧盟委员会强制要求开展的范畴（EC，2013）。尽管某些毒性评价研究发现，遗传工程与非遗传工程产品在统计学上存在显著差异，但是，大多数同行评议的学术论文得出的研究结论是：遗传工程产品在生物学及毒理学层面上不

1　遗传工程水稻在 2015 年并没有商业化，但研发中的遗传工程水稻品种已经开展过安全性评价试验。

存在任何不良影响（如 Knudsen and Poulsen，2007；MacKenzie et al.，2007；He et al.，2008，2009；Onose et al.，2008；Liu et al.，2012）。

对"全食品"饲喂试验的批评有两种观点。其中一种观点认为，"全食品"饲喂试验无法提供可信的数据，因为该试验的精度不足以检测到差异（如 Bartholomaeus et al.，2013；Kuiper et al.，2013；Ricroch et al.，2013a，2014），甚至没必要开展此类动物试验，因为其他类型的评价试验结果已经确保了对安全性的评判（Bartholomaeus et al.，2013；Ricroch et al.，2014）。Ricroch 等人（2014）指出了 90 天动物试验的费用约为 25 万欧元（以 2013 年物价水平计算）。另一种观点认为，"全食品"饲喂试验也许是有意义的，但是问题在于它的试验设计、实施方式，或者该由哪个机构承担试验（商业化遗传工程作物公司）。这一观点体现在 Séralini 等人（2007）、Domingo 和 Bordonaba（2011）、Hilbeck 等人（2015）和 Krimsky（2015）的文章中。框 5-3 和框 5-4 描述了评价试验所涉及的一些具体步骤和方法。

框 5-3　用于安全性评价的啮齿动物毒性试验的通用程序

最常用的试验动物种类为各种大鼠和小鼠品系。室内饲养大鼠的正常寿命为 2~3 年；室内饲养小鼠的正常寿命为 18 个月~2 年。公立和私立实验室都曾多次报道过可影响室内饲养老鼠寿命的因素。这些因素包括测试鼠品系的来源（近交系还是开放交配系）、食物的类型（如合成的还是基于谷物的）和饲量（定量还是随意取食），以及饲养环境（每笼单只或多只、照明情况、换气情况等）。这些试验旨在检测试验动物的行为学和健康状况，如生长发育、食物和水的摄入量、血液生化指标、尿液分析和组织病理学等生理变化。在急性毒性试验中，给药剂量范围较大，便于确定毒性症状。通常通过急性毒性试验（在短时间内对较少量小鼠或大鼠给药，最多 2 周）确定长期饲喂试验使用的剂量范围，或者应用于亚急性和亚慢性（实验周期为 28 天和 90 天）毒性试验（FDA，2000a，2007 年修订）。一般来说，在急性毒性试验中只对动物进行宏观病理学检查。如果发现病变，可对靶组织进行组织病理学检查。在亚急性（28 天）、亚慢性（90 天）和慢性（1 年或更长）试验结束时，要对每只动物进行尸检，并且对 30 个以上的器官或组织进行宏观和微观病理检查。

框 5-4　通用的实验室规范

出于监管目的开展的毒性试验（如针对食品添加剂、药品和农药的毒性评估）必须根据良好实验室规范（GLP）指南执行（FDA，1979；EPA，1989；OECD，1998b）。GLP 指南是为了室内动物毒性和药效试验过程的质量控制。在 GLP 指南发布之前，毒性试验设计各不相同，因此许多研究的可重复性和质量难以保证。此外，GLP 指南还规定了在毒性试验中如何确定在饲料中添加的化合物剂量或剂型。GLP 指南确保了试验研究结果可以得到较广泛的认可。GLP 指南的模式已经在全世界范围内被广泛认可和接受。

委员会就某个科研小组（Séralini et al.，2012，2014）的研究工作广泛征集了书面的、公开的评论，该研究小组曾多次开展过针对遗传工程抗除草剂、抗虫作物，甚至草甘膦的"全食品"饲喂试验，而这些评论意见来自受邀参会的报告人（Entine，2014；Jaffe，2014）和在会议上提出意见的公众代表。在本章本委员会收到的某些评论意见认为，该研究小组发表的学术论文可以作为遗传工程作物和遗传工程食品对人类健康有害的证据；而另一些评论则质疑该研究小组试验结果的可靠性和准确性。本委员会也在一次会议上听取了该研究小组首席研究员本人的报告（Séralini，2014）。由于这个特殊的研究小组获得了许多关注，本委员会特意审查了该小组的原始论文和许多与之相关的文章（框 5-5）。

框 5-5　一个关于遗传工程作物和草甘膦动物饲喂试验的争议性结果

2012 年，Gilles-Éric Séralini 及其同事在 *Food and Chemical Toxicology* 杂志上发表了一篇题为 "Long Term Toxicity of a Roundup Herbicide and a Roundup-Tolerant Genetically Modified Maize" 的论文（Séralini et al.，2012）[a]。该论文的实验设计、结果、结论，以及数据的呈现方式都受到了广泛的批评（如 Berry，2013；Dung and Ham，2013；Hammond et al.，2013；Sanders，2013）。2014 年 1 月，该杂志主编在众多谴责的基础上撤回了上述论文（Hayes，2014）。关于撤稿一事似乎流传着很多版本，本委员会细致审查了整个过程。*Food and Chemical Toxicology* 杂志主编对撤稿一事的说明为："该文章中的结果（即便不是完全错误的）是无效的，因此没有达到本杂志的发表标准。"主编还明确表示："他感谢文章的通讯作者在此事处理过程中的配合，并赞扬其推动科学进步的热心。此外，没有从文章中发现造假或故意歪曲数据的证据（Hayes，2014：244）。"作者对调查工作的配合表现在向杂志编辑和公众提供了所有原始数据。撤稿声明发出后，有对此支持的声音也有反对撤稿的意见（如 Folta，2014；John，2014），包括一名前该杂志编辑委员会成员对撤稿提出了批评（Roberfroid，2014）。2014 年晚些时候，该文章的一个修改版本绕过同行评审环节直接发表在 *Environmental Sciences Europe*（ESEU）杂志上（Séralini et al.，2014），修改版本里面对试验动机、结果与讨论部分做了大量的改动，但是没有改动数据。*ESEU* 杂志的编辑在该文的第一页写下了如下声明：

科学的进步需要争论，以谋求最佳的方法获得客观的、可靠的和有效的结果，从而接近事实的真相。这种方法论上的竞争是科学进步所需要的。从这个意义上说，*ESEU* 希望通过重新发表 G.-É. Séralini 等人的文章（*Food Chem. Toxicol.* 2012，50：4221-4231）让人们能够理性地讨论该文章。这样一来，有关该论文内容的任何评价就不会被隐藏起来。此举唯一的目的是促进科学研究的透明度，并在此基础上不隐藏针对方法论的任何争议。

Séralini 等人（2014）修改版的文章中这样陈述道："本研究首次详细记录了长期取食遗传工程食品（抗农达遗传工程玉米）和摄入农达（草甘膦类，世界上使用最广泛的除草剂）所产生的有害影响。" Séralini 等人（2014）的研究以 5 周大的 Sprague-Dawley

大鼠白化变种为实验对象，并"在依据 OECD 指南认证的 GLP 实验室进行"。据作者所说，其"实验设计为慢性毒性检测，是针对孟山都开展的有关 NK603 遗传工程玉米毒性评价的后续研究"，作者还说之所以开展这项工作是由于他重新分析了 Hammond 等人（2004）的研究结果［但不是 EFSA 的重新分析（2007）］后发现 NK603 处理组对实验对象存在影响的一些趋势。Séralini 等人（2014）的实验中设置了 10 个处理：一个对照组饲喂纯水和标准饲料（与遗传工程玉米品系亲缘关系最近的等基因非遗传工程玉米品系）；三个遗传工程玉米+除草剂处理组，分别饲喂饲料中含 11％、22％和 33％的遗传工程 NK603 玉米品系（种植期间喷施农达）；三个遗传工程玉米处理组，分别饲喂饲料中含 11％、22％和 33％的遗传工程 NK603 玉米品系（种植期间不喷施农达）；三个农达处理组，分别饲喂含 0.50 毫克/升、400 毫克/升和 2250 毫克/升农达的标准饲料。每个处理设置 20 只大鼠（10 只雄性，10 只雌性），总计 20 只大鼠作为对照，180 只大鼠用于实验处理。这些大鼠用上述饲料饲喂了 2 年，但其中一些在实验结束前就已经死亡。Séralini 等人（2014）检测了各处理大鼠的行为、外观、可触及肿瘤和感染情况。为了发现变异，他们还对各处理大鼠的血液和尿液进行了显微检查和生化分析。Séralini 等人（2014）报道的平均肿瘤发病率与 Davis 等（1956）、Brix 等（2005）和 Dinse 等（2010）报道的 Sprague-Dawley 大鼠常规平均肿瘤发病率相当。

本委员会的分析侧重于肿瘤数据，因为它们最受公众和新闻媒体的关注（如 Amos，2012；Butler，2012；Johnson，2014）。如图 5-1 所示，Séralini 等人（2014）检测了不同饲喂时期所有大鼠的总肿瘤数量（以时间为横坐标的折线图），柱形图给出了每处理组发现的肿瘤总数（请注意这里显示的是肿瘤总数，而不是有肿瘤的大鼠数量，因此这样整理数据等于认为每个肿瘤都是独立发生的）。雌性大鼠比雄性大鼠的肿瘤多。柱形图最左边的柱子显示的是对照组雌性大鼠的肿瘤数量，这个数量总是低于其他处理组的数量。如该文讨论部分所说，处理剂量与雌性大鼠体内肿瘤数量之间没有相关性，即便直接通过喂水混入浓度范围为 0.50～2250 毫克/升的农达时也是如此。据此，该文作者提出假设：上述结果也许说明引起肿瘤发生的物质阈值较低，比如可能是农达这个化合物，它对动物内分泌系统具有干扰作用（农达是否为动物内分泌系统干扰物本身没有明确的证据）（Gasnier et al.，2009）。值得注意的是，柱形图中雌性大鼠对照组的所有标准差都是相同的，因为作者总是用同一个 10 只雌性大鼠的数据与不同的处理组的数据进行比较分析。如果对照组中只有三只雌性大鼠具有一个额外的肿瘤，那么图中就不会显示出任何差异。对数据的重新分析（EFSA，2012）确实未发现统计学上的显著差异。

Séralini 等人（2014）在其再次发表的文章摘要中陈述的一个主要结论是："他们的结果表明，彻底评估遗传工程食品和农药制剂的安全性需要进行长期动物饲喂试验（2 年）。"*Food and Chemical Toxicology* 杂志主编在对其发表的原始版本文章的评述中说道，"其研究结果（尽管不是完全错误）是无效的"，这个观点足以驳斥重新发表研究中的结论。重新发表论文的结果表明，应该进行更大样本量的长期饲喂试验，从而可以确定饲喂试验定位在 2 年的周期是否足够合理，但是本委员会不认为有关方面仅因此项研究而对全球遗传工程作物安全性评价策略做出较大调整。

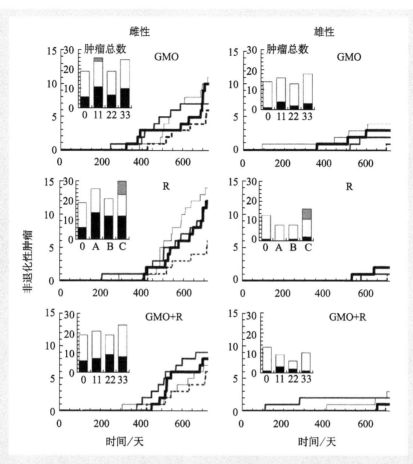

**图 5-1 取食遗传工程玉米、遗传工程玉米＋农达、农达、常规玉米和水的大鼠体内
非退化性肿瘤数量（Séralini et al.，2014）**

标有"GMO"的图表示大鼠取食的饲料含 11％、22％和 33％（分别用细、中、粗线条表示）的遗传工程 NK603 玉米（种植期间喷施或不喷施农达），并与其亲缘关系最近的等基因非遗传工程玉米品系对照组（虚线）进行比较。标有"R"的图表示饲喂大鼠水中含有三种剂量（分别用细、中、粗线条表示）农达：一般环境残留水平（A）、某些遗传工程作物中的最大残留水平（B）和最低农业水平减半（C）。标有"GMO＋R"的图表示饲喂大鼠同时含有遗传工程玉米和农达的饲料。大型肿瘤计数标准为直径超过 20 毫米（雄性大鼠）和 17.5 毫米（雌性大鼠），因为 95％以上超过这个直径的肿瘤为非退化性肿瘤。各种类型肿瘤的数量都显示在柱形图中，黑色代表大型非退化性肿瘤，白色代表小型内部肿瘤，灰色代表转移瘤。

许多已发表的针对 Séralini 等人（2012，2014）试验结果的批评都是关于试验中动物个体数量太少，以及试验选用的大鼠品系。与其他"全食品"饲喂研究相比，Séralini 等人（2012，2014）试验中使用的大鼠个体数量和品系都很少见（Bartholomaeus et al.，2013）。事实上，OECD Test No. 408 文件规定的 90 天动物饲喂试验（OECD，1998a）要求每处理包括 10 个雄性个体和 10 个雌性个体。对 Séralini 等人（2014）实验结果的批评在于他们在数据分析过程中增加了肿瘤发生率这个因素，那么就需要更大的样品量以获得更有力的分析结果（EFSA，2012）。

―――――――――――

a Roundup 是孟山都公司农达制剂的商品名。

在所有"全食品"饲喂动物试验中，一个普遍的问题是，究竟需要使用多少动物个体和进行多长时间才能全面地评估食品安全？这个问题关系到受试食品对动物的影响程度，而这一影响又只能通过饲喂试验才能检测。一种名为功效分析（power analysis）的统计程序可以回答第一个问题，但本委员会在与遗传工程食品全食品试验相关的文章中没有看到这种分析方法的应用。EFSA 的科学委员会（EFSA，2011b）提供了如何使用功效分析的通用指南。图 5-2（来自 EFSA 的报告）展示了每处理组样本（动物饲养笼，每笼有 2 只受试动物个体）的数量与功效分析中的标准差之间的关系。标准差量化了测量同一饲料处理组里动物个体间某一参数的实验差异。该报告得出结论，如果研究人员按照 OECD Test No.408 中规定的每处理包括 10 个雄性和 10 个雌性个体的试验设计（OECD，1998a），那么此项试验的差异检测范围大约为 1 个标准差（置信度为 90%）。除非被测食品对雄性和雌性的影响不同，在这种情况下，最小的差异检测范围可能是约 1.5 个标准差。

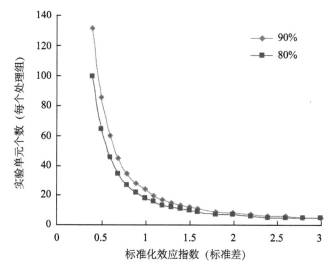

图 5-2 双侧 t 检验中每处理所需实验单元个数对标准化效应指数
（80% 效应、90% 效应和 5% 显著性水平）的影响（EFSA，2011b）
一个实验单元指在一个笼子里的 2 只动物。该图模拟了 2（处理）×2（性别）因子的试验设计。

由于这种相关性的概念对非统计学家来说是非常抽象的，本委员会转而检验了多个有关安全性评价的论文中"全食品"动物饲喂试验结果的标准差范围。我们发现，标准差范围与被测性状平均值的比例在很大程度上取决于被测性状本身和具体的研究文章。例如，在 Hammond 等人（2004）的研究中，4 个处理（每处理含 9 或 10 个 Sprague-Dawley 大鼠）中的平均白细胞数量是 6.84×10^3/微升，平均标准差则为 1.89×10^3/微升。根据以上数据粗略计算，该试验有能力从统计学上以 90% 的置信度检测出遗传工程食品造成白细胞数量约 35% 的增加量。如果雄性大鼠白细胞数量效应和标准差与雌性大鼠相似，那么该实验可以检测到 25% 的增加量。

OECD（1998a）对每处理的试验单元数目（一个笼子有两个动物个体）（如 Hammond et al.，2004）提出了一般性建议。遵循 OECD（1998a）指南的实验结果都符合如下假设：试验处理间白细胞数量少于 25% 的差异与生物学处理无关，即不具备生物学意义。欧盟食品链和动物健康常务委员会规定对遗传工程作物安全性评价强制使用 90 天的"全食品"动物饲喂试验，其试验方案通常遵循 OECD 评价化合物的试验指南（EC，2013）。

EFSA 还发布了一份专门针对以下问题的文件（EFSA，2011c）：统计显著性的含义是什么？生物学相关性的含义是什么？该文件用通俗易懂的语言清晰地说明，统计显著性和生物学相关性是完全不同的两个事情，且在设计一个试验来检验无差异的无效假设之前，设定生物学相关性的差异范围是非常重要的。对于大多数"全食品"动物饲喂试验，关键问题在于确定具有生物学意义的差异范围。在大多数动物试验数据具有统计学显著性差异的文献中，报道了约 10%～30% 的变化，但是作者没有详细解释为什么他们的数据有统计学显著性差异，又得出与生物学意义无关的结论。常见的说明是：此类差异仍然在该物种正常的变异范围内。但是，由于相关的数据通常来自多个不同的实验室，类似于这样的说明往往令人难以信服，除非已知开展同类试验的不同实验室、使用的仪器以及研究动物对象的健康状况具有可比性。

很明显，欧盟委员会之所以选用 90 天的动物饲喂试验用于评估遗传工程食品的安全性，其依据不仅来自学术专家的判断，也来自公众关注的方面。那么，需要明白究竟如何协调专家和公众在这个问题上的比重。正如美国国家研究委员会 2002 年度报告指出，"遗传工程植物的风险分析必须继续发挥两个不同的作用：①提供行政决策的技术支持；②建立和维护政府监管的合法性"（NRC，2002：6）。上述两点要求将使不同国家和地区制定符合各自利益的政策。这个问题将在第 9 章中进一步讨论。

对 90 天动物饲喂试验的批评中有一个比较特殊，该批评的内容围绕着 Poulsen 等（2007）承担的一个欧盟资助项目。其中，项目涉及的遗传工程水稻可表达菜豆外源凝集素 E 型，且已知此蛋白具有毒性。在 90 天的试验中，大鼠分别被饲喂含 60% 转凝集素基因水稻的饲料或含 60% 非遗传工程水稻的饲料。该实验研究人员得出的结论是，他们没有发现两种处理之间存在任何有生物学意义的差异。然而，在含 0.1% 重组凝集素（高剂量）的处理中，大鼠表现出生物效应，包括小肠、胃和胰腺重量以及血浆生物化学指标的显著差异。Poulsen 等人也总结了饲喂 28 天的数据和含水稻饲料的成分分析。对该试验的批评涉及的问题是：如果用已知毒素进行的"全食品"动物饲喂试验也不能检测到不良影响，怎么能认为这种试验有用（Bartholomaeus et al.，2013）？如果"全食品"动物饲喂试验发现统计学上的显著影响，显然需要进一步的安全性测试，但如果结果不显著，则不确定是否对健康有不利影响。在转凝集素基因水稻的这个例子中，可以认为"全食品"动物饲喂试验的统计效应不足，或者说当毒素基因在水稻中表达时，表达产物不再具有毒性，因此水稻是安全的。

其他长期的啮齿动物饲喂试验　除了 Séralini 等（2012，2014）的工作之外，还有其他长期的啮齿动物饲喂研究，其中包括一些连续多代的饲喂试验。Magana-Gomez 和 de la Barca（2009）、Domingo 和 Bordonaba（2011）、Snell 等（2012）和 Ricroch 等（2013b）发表了针对此类研究的综述文章。有些研究没有发现统计学上的显著差异，但相当多的研究结果出现了统计学上的显著差异，作者通常认为这些差异与生物学处理无关，一般也都没有给出正常数值的范围。在连续多代的饲喂试验中，添加了被测成分的饲料用于饲喂每一代的雄鼠和雌鼠及他们的子代，最终观察被测成分被多代连续取食后的累计效果，包括生长发育、行为和表型特征。某些试验甚至连续饲喂 3 或 4 代。例如，Kiliç 和 Akay（2008）进行了一项三代大鼠饲喂研究，饲料中含有 20% 的 Bt 玉米或同源非遗传工程玉米。同一处理组所有世代的雌性和雄性大鼠都被饲喂相同的饲料，第三代个体在成长 3.5 个月后用于解剖分析。作者发现，遗传工程玉米处理组和非遗传工程玉米处理组的大鼠肾脏和肝脏重量，以及肾小球直径在统计学上差异显著，但作者认为这种显著性差异与生物学处理无关。同样，两处理组之间的球蛋白和总蛋白的含量也存在显著的统计学差异。文章中没有任何陈述关于判断生物学相关性的标准，以及试验中指标的正常值范围。

长期试验中测量单个试验对象某特征（此处为影响程度）的标准差与短期试验类似。因此，长期试验检测到统计学意义的显著性差异的能力范围应在 10%～30% 之间。本委员会找不到充分的理由相信这样的统计学显著性的差异识别能力。可以说，研究中的重复数量（每处理中含两个动物个体的试验单元数量）应该大幅增加，但另一个反对增加重复数量的观点与伦理道德有关，因为试验中重复数量的增加将导致更多的动物生命用于科学试验（EC，2010b）。还有人可能会说，开展一项统计学显著性差异识别能力不足的研究是不道德的。然而，大多数（不是所有的）啮齿动物饲喂试验基于广泛接受的安全性评价试验方案，只是每个处理使用的实验动物数量有所不同。在这种情况下，人类健康风险评估和风险评估试验中消耗的实验动物数量之间的文化价值观是冲突的。正如 Snell 等（2012）所述，对多个长期和多代试验的细致分析表明，某些试验设计确实存在问题，最常见的问题比如选用的遗传工程作物和非遗传工程作物遗传背景不同，或是遗传工程作物和非遗传工程作物的种植地点不同（或种植地点未知）。这些试验设计问题导致无法明确试验处理间的差异是由遗传工程过程引起的，还是由目标性状引起的，或是由作物营养质量变异引起的。

如果安全性评价试验结果模棱两可或缺乏严谨性，则需要开展具有更可信的研究方案、由更可靠的科研人员实施和更诚信的出版机构检验的后续试验，以此来减少不确定性并提高行政决策的合法性。在有关遗传工程作物环境安全性评估的文献中，确实有这类后续试验的先例，因此，开展后续实验可以作为食品安全评估的常规模式（见第 4 章 4.5.2 中的"遗传工程作物、马利筋和帝王蝶"）。美国农业部生物技术风险评估研究资助项目中的一些课题中就使用了后续试验。

非啮齿动物试验　　毒性试验中常见的实验对象为小鼠和大鼠，因为它们与人类的生理属性相似，且体型小，但是也有人认为一些家畜比啮齿动物更适合作为人体生理模型。最好的例子就是猪，尤其是在评估营养对人体生理影响方面（Miller and Ullrey，1987；Patterson et al.，2008；Litten-Brown et al.，2010）。数十年来，猪胰岛素一直被用于控制儿童期糖尿病（1 型糖尿病）患者的血糖。猪心脏瓣膜可用于人二尖瓣置换术，猪皮肤也曾在用于人皮肤修复方面被研究过。猪和人一样是单胃，它的胃肠道吸收和营养物质（脂类和微量营养素）代谢的方式和人一样。

有关遗传工程食品动物饲喂试验的研究综述通常包括以啮齿动物和家畜为实验对象的

研究（Bartholomaeus et al.，2013；DeFrancesco，2013；Ricroch et al.，2013a，2013b，2014；Swiatkiewicz et al.，2014；Van Eenennaam and Young，2014）。这些动物饲喂试验充分利用了玉米和大豆是许多家畜饲料的主要组成部分这个条件。以家畜为实验对象的研究在实验设计上与以啮齿类动物为实验对象的研究类似，只是实验持续时间不同，但重复次数相近。有些研究只进行了 28 天（如 Brouk et al.，2011；Singhal et al.，2011），有些试验持续时间较长（Steinke et al.，2010），甚至有些研究还开展了多代连续饲喂的试验（Trabalza-Marinucci et al.，2008；Buzoianu et al.，2013b）。

以猪为实验对象的研究工作易于互相关联，往往几个研究都来自同一个多产的实验室（Walsh et al.，2011，2012a，2012b，2013；Buzoianu et al.，2012a，2012b，2012c，2012d，2013a，2013b）。这些研究包括从检测仔猪的短期生长发育情况到母猪和仔猪的多代研究，并混合设计单代或两代都暴露于转 Bt 基因玉米或非遗传工程玉米的研究。被检测的生理指标包括取食量和生长发育情况、器官大小和健康情况、免疫指标和微生物群落。作者一般对研究结果总结为：转 Bt 玉米不影响猪的健康，但他们也报告了转 Bt 玉米处理组和对照玉米处理组之间的某些指标存在统计学的显著性差异。在一个试验中（Walsh et al.，2012a），断奶仔猪在饲喂转 Bt 玉米后的第 14～30 天（$P>0.007$）的饲料转化效率较低，但在整个试验期间没有显著影响。在另一个试验中（Buzoianu et al.，2013b），断奶仔猪在饲喂转 Bt 玉米后的第 71～100 天（$P>0.01$）的饲料转化效率较低，但在整个实验过程中同样没有影响。

在这些以猪或其他家畜或啮齿动物为实验对象的研究中，显然每个研究中动物饲料要么来源于遗传工程食品，要么来源于非遗传工程食品，而且通常不清楚不同来源是否为近等基因品系或是否种植于同一地理位置。这种情况下很难确定试验中的统计学差异是目的性状引起的还是由饲料批次引起的，至少在某些报道中，饲料批次的营养成分含量有所不同，生物活性物质（由植物应激反应产生）含量也可能有所不同，而生物活性物质可能对营养生理指标产生明显的影响。另一个问题是在大多数研究中进行了许多统计检验。这样可能导致假阳性结果的累积（Panchin and Tuzhikov，2016）。虽然这种情况下不一定要对多重检验进行严格的校正（Dunn，1961），但是需要谨慎解释实验动物个体数据的显著性差异，因为多重检验可能导致人为阳性结果。多重检验结果的问题在许多领域都很常见，遗传学中使用的一种方法是使用初始检验来产生假设，并进行后续试验来检验先验假设（如 Belknap et al.，1996）。如果在动物饲喂试验结果的多重检验中直接应用邦费罗尼校正定律，无论是针对遗传工程作物还是任何其他潜在的有毒物质，试验规模可能需要 1000 多只动物才能获得合理的统计功效（Dunn，1961）。

除了有关以家畜为实验对象的研究文献外，Van Eenennaam 和 Young（2014）回顾了美国畜牧业饲料来源从非遗传工程作物向遗传工程作物转变后，牲畜健康情况和饲料转化率的历史。从事牛、奶牛、猪、鸡和其他牲畜饲养的人非常关心牲畜的饲料转化率，因为饲料转化率与利润有关。文中使用的数据自 1983 年到 2011 年。因此，文中所用数据的年代跨度覆盖了牲畜饲料从来源于非遗传工程作物转变为大部分来源于遗传工程作物这段时期。Van Eenennaam 和 Young 发现，自遗传工程作物用于畜牧业以来，如果一定要比较的话，总体上所有牲畜的健康情况和饲料转化效率都持上升趋势，且这一增长是稳步上升的，但其原因更大的可能是更加有效的农事操作，而与含遗传工程成分的饲料无关。上述综述中所有试验样本量巨大（数以千计）。当然，现实中大多数牲畜都是在衰老前被屠宰的，因此，综述中的数据不能用于阐述动物寿命的问题。然而，如果考虑到健康状况和寿命之间的联系，这些数据是有用的。

发现：基于 OECD 指南，现行化合物的动物安全性评估试验方案中样本量较小，从而限制了统计功效；因此，它们可能检测不到遗传工程作物和非遗传工程作物之间的差异，或者可能产生不具有生物学意义的统计学显著性结论。

发现：除动物饲喂试验结果外，畜牧业使用遗传工程作物前后牲畜的健康情况和饲料转化效率的长期观测结果认为，含遗传工程成分的饲料对牲畜没有不良影响。这些研究结果也许可用于评估遗传工程作物与人类健康之间的关系，但是却未能阐述其间的因果关系。

发现：在进行动物学试验之前，重要的是要首先明确各处理间被检测指标的生物学合理变异范围。

发现：应尽可能根据已有的研究中各处理间标准差，对每个生理指标进行统计效应分析，以增加试验鉴别生物学差异的能力。

发现：对于早期发表的有关遗传工程作物与人类健康影响中模棱两可的研究结果，应开展具有更为可信的研究方案、依靠更加可靠的研究人员和经过更为严谨的出版机构检验的后续试验，以减少试验结论的不确定性并提高行政决策的合法性。

建议：当前期试验或预备试验结果模棱两可时（试验设计必须合理），美国的公共基金应为每个独立的后续试验提供资助。

2. 组分分析

遗传工程作物的组分分析　　为了满足监管策略中有关遗传工程作物和非遗传工程作物实质等同性的要求，遗传工程作物研发者需要提交相关数据，其中一部分即是比较遗传工程品系与遗传背景接近的非遗传工程品系的营养成分和化学组成。在美国，向 FDA 提交的遗传工程品种申请中此类数据都是非强制性的，甚至直到 2015 年，这些检测似乎都是由遗传工程作物开发方来完成。开发方和监管机构将遗传工程品种的关键组分含量与已知该作物常规品种的营养成分、抗营养因子和有毒物质的含量及多样性进行比较，常规品种的产品已经作为食品在市场上销售[1]。本章 5.2.2 "抗草甘膦和 2,4-D 作物以及除草剂新施用方式的安全性评价方法" 中列出了通常需要检测的营养成分和化合物类型的例子。在遗传工程抗 2,4-D 和草甘膦大豆的案例中，陶氏农业科学公司提交了大豆中 62 种组分的测定结果，有 16 个组分的含量在遗传工程品系与对照品系间存在显著性差异。这些差异其实很小，并且未超出已发表的其他常规大豆品种中同类组分的含量范围。因此，这些

---

[1]　OECD 的共识文件为粮食作物现有化合物组分含量提供了参考值（OECD，2015）。这些数据已在网上公开 http://www.oecd.org/science/biotrack/consensusdocumentsfortheworkonthesafetyofnovelfoodsandfeedsplants.htm。访问于 2016 年 5 月 9 日。国际生命科学研究所（ILSI）也维护着一个作物组分数据库，网址为 www.cropcomposition.org。访问于 2016 年 5 月 9 日。ILSI 报告说，到 2013 年，该数据库包含超过 843 000 个数据点，代表 3150 个组成成分。

显著性差异"不具备生物学意义"。正如在"全食品"动物饲喂试验中,作物组分分析很难确定各成分含量的变异范围,因为作物品种不同、种植条件不同和实验设备不同都可导致组分含量的测量值不同。在美国,获取用于化学组分比较分析的样品时,监管机构要求将遗传工程品系与同源常规品系并排种植于同一小区。如此一来就很难再将测量值的差异归因于遗传工程过程以外的其他因素。

> **发现:通过传统的组分分析方法,可发现遗传工程植物和非遗传工程植物在营养和化学组分含量上的统计学显著性差异,但这些差异未超出现有非遗传工程作物中某种组分含量的自然变异范围。**

遗传工程食品加工后的组分分析 一般组分和外源蛋白质的分析通常用于未经加工的产品形态,如玉米粒或大豆种子。然而,大多数情况下人类食用的产品都是经过烹饪或其他方式加工之后的形态。如果在食品加工过程中,遗传工程食品中外源蛋白质含量增加,那么消费者面临的风险可能会与使用未经加工的"全食品"动物饲喂试验结果不同。以食用油为例,食品加工的目标是将油与原料作物中的其他化合物(如蛋白质和碳水化合物)分离。食用油加工的粗提品中含有植物蛋白(Martín-Hernández et al.,2008),但在高纯度的食用油中,即使是精密的方法也检测不到任何未降解的蛋白质(Hidalgo and Zamora,2006;Martín-Hernández et al.,2008)。这些结果也反映出了这样一个事实:对大豆过敏的人不会受到高纯度的大豆油影响(Bush et al.,1985;Verhoeckx et al.,2015)。

有些研究试图研发一种在植物油中鉴定 DNA 的方法,来确定油的来源为遗传工程作物或非遗传工程作物,以便于商品标签标记(Costa et al.,2010a,2010b)或确定橄榄油的产地(Muzzalupo et al.,2015)。在高纯度食用油中检测到 DNA 是可能的,但 DNA 的含量通常减少到原料的 1% 或更少。同样,Oguchi 等(2009)在从甜菜提纯的糖中也没有发现任何 DNA。一些国家在产品中检测不到外源蛋白质或 DNA 的情况下,免除了其产品的遗传工程标识。比如在日本,含有遗传工程成分的食品通常需要产品标签标识,但是不包括食用油、酱油和糖,因为产品中检测不到外源蛋白质和 DNA(Oguchi et al.,2009)。澳大利亚和新西兰对糖和油等高度精制食品也有类似的政策(FSANZ,2013)。

其他加工食品中的外源蛋白质和 DNA 的检测取决于加工类型。例如,在玉米圆饼中通过免疫分析检测到的 Bt 蛋白 Cry1Ab 的含量取决于其烹饪时间(de Luis et al.,2009)。玉米面包、松饼和玉米糊样品中 Cry9C 蛋白含量约为全粒玉米中的 13%、5% 和 3%(Diaz et al.,2002)。对于大米中的 Cry1Ab,Wang 等(2015)发现烘焙比微波能更有效地降低 Cry1Ab 多克隆抗体的检测量,但在 180℃烘焙 20 分钟后,大米内只能留下约 40% 的总蛋白质。蛋白质的热变性可以降低蛋白质与抗体的表位结合,从而导致外源蛋白质检测率降低。

> **发现:食物成分中外源蛋白质和 DNA 的含量取决于食品加工过程的具体类型;有些食物不含可检测的蛋白质和少量 DNA。在一些国家,有强制性的遗传工程食品标签标识,同时也考虑到,检测不到外源 DNA 或蛋白质的食品不用标签标识。**

评估实质等同性的新方法 如第 2 章所述,遗传工程作物的管理包括政府监管管理。虽然政府管理机构没有要求，但公司和学术研究人员已经超越了食品组分的传统检测方法，转而采用涉及转录组学、蛋白质组学和代谢组学的新技术。新技术可广泛地、非靶向地评估数以千计的植物表征，包括植物或食物中大多数的信使 RNA、蛋白质和其他小分子的含量。与目前的监管机构提供的方法相比，这些技术更便于检测遗传工程给作物带来的变异。如果一个遗传工程作物表征的改变完全符合预期，那么在理论上，组学技术检测到的变异在一定的环境条件下是可预测的。这些技术背后的科学原理，包括目前解读其结果的局限性，将在第 7 章中讨论。本章将着重讨论组学技术在已商业化的遗传工程作物健康风险评估中的应用情况。

Ricroch 等（2011）回顾了 44 项有关作物和模式植物拟南芥组学研究的数据。在这些研究中，17 个使用转录组学技术，12 个使用蛋白质组学技术，26 个使用代谢组学技术。Ricroch（2013）的综述中将回顾的研究数量更新至 60 项。本委员会发现，这些综述文章发表以来又有更多的此类研究发表，其中一些还应用了多种组学方法。研究的复杂程度有所提高（Ibáñez et al.，2015），还可能进一步提高。正如第 7 章所建议，确实需要进一步研发和共享组学数据库（Fukushima et al.，2014；Simó et al.，2014）。

某些遗传工程植物仅插入了单纯的标记基因，其转录组与受体植物相比几乎没有变化（El Ouakfaoui and Miki，2005），但其他组学技术的检测结果则出现变异（Ren et al.，2009）。例如，在抗草甘膦大豆和非遗传工程大豆的一个比较研究中，García-Villalba 等（2008）发现，遗传工程大豆的三个游离氨基酸，氨基酸前体和黄酮类次生代谢产物（甘草素、柑橘素和花旗松素）含量显著高于非遗传工程大豆，以及只在非遗传工程大豆检测到 4-羟基-L-苏氨酸，而遗传工程大豆中则未检测到此化合物。作者就此提出一个假说来解释遗传工程抗除草剂大豆中类黄酮次生代谢产物含量变化的可能的原因，即遗传工程作物中的具备草甘膦抗性的 EPSPS 酶（芳香族氨基酸代谢路径中莽草酸途径的关键酶）经过修饰后，其酶的特性可能与野生型酶不同，从而影响芳香族氨基酸的含量。在这项代谢组学研究之前，本委员会从来没有意识到这种假说存在的可能性〔曾有一份向本委员会提交的评论中表达过此类担忧，即 EPSPS 修饰类遗传工程食品可能引起动物内分泌紊乱。本委员会没有发现任何证据表明，由 García-Villalba 等（2008）报道的遗传工程抗除草剂大豆中的物质含量变异可以产生这类影响〕。

在以往实验的基础上，可预测的是，当遗传工程作物中的外源基因是非酶蛋白质编码基因（如 *Bt* 基因）时，外源基因引起的植物代谢组变异很小（Herman and Price，2013）。然而，当外源基因可特异性改变某一植物代谢途径时，在遗传工程作物中已经发现了许多可预测的和不可预测的植物代谢组变化。例如，Shepherd 等（2015）发现，马铃薯中有两个有毒配糖碱（α-卡茄碱和 α-龙葵素），当作者通过遗传工程技术沉默（即降低表达量或酶活）其中一个的生物合成路径相关酶时，另一个配糖碱的含量通常增加。当作者同时沉默两个有毒配糖碱的合成路径相关基因时，β-谷甾醇和岩藻甾醇的含量增加了。不过，这两种化合物的毒性都达不到 α-卡茄碱和 α-龙葵素的程度。上述遗传工程马铃薯中还有一些其他化合物含量也不同于对照组，但这些含量差异可能是由于组织培养过程产生的，而不是导入基因造成的。

许多研究发现遗传工程作物与其近等基因品系之间的代谢组存在差异，但对于许多代谢产物而言，不同常规品种之间的差异比遗传工程和非遗传工程品种之间的差异更大（Ricroch et al.，2011；Ricroch，2013）。此外，研究过程中的环境条件，以及果实或种子的发育阶段都可以影响结果。第 7 章将讨论未来组学技术在遗传工程作物安全性评价中的应用前景。

发现：在大多数研究结果中，遗传工程和非遗传工程植物的转录组、蛋白质组和代谢组水平的比较组学差异，与传统育种作物品种间由于遗传和环境因素而发生的自然变异相比是很小的。

发现：如果遗传工程作物出现某种超出作物品种自然变异范围的不可预测的化学组分含量改变，那么，现代组学技术比常规手段更易于检测这些差异。

发现：组学技术检测到作物组分的差异本身并不意味存在安全性的问题。

3. 食物过敏性检测与预测

过敏性是一种广泛存在的副作用，可由食物、某些作物、树和草的花粉、工业化学品、化妆品和药物引起。对最常见的食物过敏原（牛奶、鸡蛋、小麦、大豆、花生、坚果、鱼和甲壳类）终身都有过敏反应的人占总人口的 1%～6%（Nwaru et al.，2014）。过敏反应分为两个步骤：首先接触外源蛋白质或肽段诱发致敏作用，然后在第二次接触相同或类似分子时激发过敏反应。致敏作用和激发反应通常由免疫球蛋白介导，主要是 IgE，反应程度从轻微的腭部或皮肤瘙痒和鼻炎到严重的支气管痉挛和喘鸣、过敏反应及死亡。除了 IgE 调节对食物过敏原的过敏反应外，IgA 也被鉴定为可诱导的免疫调节因子，主要在胃肠黏膜调控对食物、外源蛋白质、病原微生物和毒素的过敏反应。IgA 在典型的过敏现象中的作用已有相关研究（Macpherson et al.，2008）。

评估遗传工程食物或食物产品的潜在致敏性是食品毒性检测中的特殊案例，一般分为两种情况：遗传工程植物中的外源蛋白质来源于已知具有食物致敏性的植物，和外源基因编码的蛋白质可能是一个新型过敏原。针对（遗传工程或非遗传工程）食物中过敏原开展的预测性动物试验不足以进行过敏性评估（Wal，2015）。研发可预测过敏性的动物模型的相关研究工作正在进行之中（Ladics and Selgrade，2009），但至今仍未成功（Goodman，2015）。因此，研究人员只能依赖多种间接方法来预测过敏反应是否可能是由转入的外源蛋白质引起的，或者是由遗传工程的非预期效应而出现在食物中的蛋白质引起的。同时，也必须监测遗传工程作物中具有已知致敏性的内源蛋白质含量，因为它们的含量可能伴随遗传工程过程而增加。

图 5-3 为由国际食品法典委员会（CAC，2009）和欧洲食品安全局（EFSA，2010，2011a）推荐的过敏原检测方法流程图（Wal，2015）；框 5-2 中描述 EPA 对 Bt 蛋白 Cry1F 的检测过程，就是遵循这个流程。这个流程背后的逻辑基于如下事实：来源于可引起食物过敏的植物外源蛋白质编码基因比来源于不曾引起食物过敏的植物外源蛋白质编码基因更易于引起过敏反应。如果遗传工程作物中的外源蛋白质和已知的过敏原相似，则它可能有致敏性，应邀请对相关蛋白质过敏的人进行测试。最后，如果某种蛋白质不具备上述特征，但也不能被模拟肠液消化，那么它可能是一种新的食物过敏原；已有的研究显

示，一些（但不是全部）已知为过敏原的蛋白质可抵抗肠液消化。

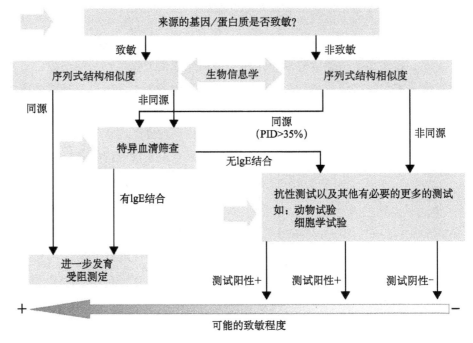

图 5-3　遗传工程生物外源蛋白质致敏性评估证据权重方法流程图［Wal，2015，书中的 CAC（2009）和 EFSA（2010，2011a）部分］

这个流程起始于将基因来源的植物种类、基因编码蛋白质的序列和结构与已知过敏原进行对比。然后对蛋白质本身进行更多的生物学试验。如果某个特定蛋白质的检测流程终止于左下角，则代表其过敏性风险太高，以至于无法继续该遗传工程作物的研发工作。

　　应用这个流程的一个例子就是在早期检测到遗传工程作物的过敏性问题而致使该遗传工程作物未能商业化，第二个例子是检测到已上市的遗传工程食品可能含有过敏原而使该遗传工程食品退出市场。第一个例子中的遗传工程大豆表达的外源蛋白质来自巴西坚果（Bertholletia excelsa），已知其含有过敏原。巴西坚果过敏患者的血浆是可获得的，且对大豆蛋白质过敏性检测为阳性。由于无法保证遗传工程大豆的该蛋白质完全不被用作人类食品，该遗传工程大豆研发项目被终止（Nordlee et al.，1996），该遗传工程大豆品种从未商业化种植。

　　在第二个例子中，EPA 曾允许由 Aventis CropScience 公司研发的、商品名为 Star-Link™ 的转 Bt 玉米品种上市，该玉米品种表达的 Bt 蛋白（Cry9c）具有潜在致敏性（由于 Cry9c 在模拟胃液中的消化率较低），并规定该遗传工程玉米仅能作为牛饲料使用；正是由于这种潜在致敏性，该遗传工程玉米未获准直接供人食用。然而，该 Bt 蛋白却在人类食品中被发现，因此，该转 Bt 玉米品种的商业化种植被终止。经过这个事件，EPA 在对转 Bt 作物的审批中不再区别对待食品中的 Bt 蛋白和动物饲料中的 Bt 蛋白（EPA，2001b）。转 Bt 作物产品要么在美国所有市场都获准销售，要么不准销售。

　　当遗传工程作物表达的外源蛋白质不影响植物代谢路径时（如 Bt 杀虫蛋白），上述评价流程适用于该遗传工程作物。上述评价方法并没有覆盖由遗传工程的非预期效应引起植物内源致敏原含量上升的情况。2013年，欧盟委员会设置了评估遗传工程作物内源致敏原的要求（EC，2013）。此后，许多文章要么支持这个做法（Fernandez et al.，2013），要么认为没有必要且不切实际（Goodman et al.，2013；Graf et al.，2014）。大豆是一种含有内源致敏原的作物。一篇关于大豆内源致敏原的论文得出结论，人们仅对某些大豆致敏原具有足够的了解来开展适当的检测（Ladics et al.，2014）。正如Wal（2015）所强调的，在常规育种作物品种中，内源致敏原的含量存在相当大的差异，尤其是当它们的种植条件不同时。因此，在评价遗传工程作物内源致敏原的含量变异时，必须参照已有的变异范围。当然，这个问题不仅在于内源致敏原含量的变异程度，还在于全人类对致敏原的总体暴露程度可能发生的变化。

玉米种子中的一个潜在致敏原是 γ-玉米醇溶蛋白，它是玉米种子中的一种储存蛋白，也是一种相当难消化的蛋白质（Lee and Hamaker，2006）。人们担心遗传工程玉米中 γ-玉米醇溶蛋白的含量可能升高，从而可能引起其致敏性升高（Smith，2014）。Krishnan 等（2010）发现食用遗传工程玉米的小猪体内产生了 γ-玉米醇溶蛋白的抗体。这个结果加上该蛋白质不受胃蛋白酶消化的事实，说明 γ-玉米醇溶蛋白可能是一种过敏原。在对转 *Bt* 玉米品系 MON810 和非 *Bt* 玉米的比较研究中，包括 27kDa 和 50kDa 的 γ-玉米醇溶蛋白在内的已知玉米过敏原的含量没有显著差异（Fonseca et al.，2012）。另一方面，据报道常规玉米品种 Quality Protein Maize 中 27 kDa 的 γ-玉米醇溶蛋白含量却比大多数玉米品种高出 2～3 倍（Wu et al.，2010）。事实上有项专利是关于通过遗传工程技术降低玉米中 γ-玉米醇溶蛋白的含量[1]。

免疫反应和过敏反应之间可能存在联系。Finamore 等（2008）开展的研究被广泛应用，他曾评估了取食转 *Bt* 玉米对小鼠肠道和外周免疫系统的影响。他们发现，给刚断奶的小鼠饲喂转 *Bt* 玉米 30 天，和年长的小鼠类似，可发现其体内 T 细胞和 B 细胞比例，肠道和外周部位的 CD4＋、CD8＋、γδT 和 αβT 亚群有微小却有统计学意义的变化，以及血清细胞因子的变化。然而，饲喂至 90 天的小鼠却没有上述差异，这与免疫系统的进一步成熟有关。他们得出的结论是，没有证据表明遗传工程玉米中的 Bt 蛋白可引起实质性的免疫功能障碍。同样，Walsh 等（2012a）也发现，即使长期（80 或 110 天）给猪饲喂 *Bt* MON810 玉米与非遗传工程玉米，也未产生猪免疫功能的变化。总之，没有任何证据说明取食转 *Bt* 玉米和免疫功能变化之间有关系。

在本委员会举行的一次有关遗传工程食品与人类健康的公开会议上，有人提出了一个顾虑，即目前对过敏原的检测手段是否不足，因为有些人的胃没有酸性环境。针对这一顾虑，假设未消化的蛋白质可能导致新的过敏原片段进入人体，那么蛋白质的可消化性可用模拟胃液（0.32% 胃蛋白酶，pH1.2，37℃）评估（Astwood et al.，1996；Herman et al.，2006）。胃液通常是酸性的，其 pH 为 1.5～3.5，正好是胃蛋白酶（胃中的消化酶）发挥活性的适宜范围，胃液的体积为 20～200 毫升（大约 1～3 盎司）。模拟胃液是为了模拟人体胃内环境而研制的，常用于研究药物和食品的生物利用率（U.S. Pharmacopeia，

---

1 Jung，R.，W.-N. Hu，R. B. Meeley，V. J. H. Sewalt，and R. Nair. Grain quality through altered expression of seed proteins. U. S. Patent 8，546，646，filed September 14，2012，and issued October 1，2013.

2000）。

　　一般来说，如果胃液的 pH 大于 5，胃蛋白酶活力就会下降，大分子质量蛋白质降解将会减少。因此，无论是用于非遗传工程食品还是遗传工程食品的检测，模拟胃液在酸性较低（高 pH）条件下的可用性是有问题的。Untersmayr 和 Jensen-Jarolim（2008：1301）得出的结论是，"人一生中胃环境的变化经常发生，包括处于年轻或年老生理期，或是胃肠道疾病导致的。此外，酸抑制药物经常用于治疗消化不良疾病"。Trikha 等（2013）请一组被诊断为胃食管反流病（GERD）的 4724 名儿童（18 岁以下）接受了胃酸抑制药物治疗。与另一组同样被诊断为 GERD 的但未接受此类治疗的 4724 名儿童相比对，服用降酸药物的儿童比没有服用降酸药物的儿童出现食物过敏的可能性高出 1.5 倍。两组间的显著性差异具有统计学意义（危害比率为 1.68；95％置信区间在 1.15～2.46）。

　　美国国家研究委员会题为"遗传工程食品的安全性"的报告指出，在遗传工程作物商业化之前，对遗传工程食品的过敏性预测存在着重大的局限性（NRC，2004）。自从该报告发布以来，过敏原数据库得到了改进，并且加强资助遗传工程作物商业化前致敏性预测技术的研发。然而，正如本委员会从一位受邀的报告人那里听到的，"在没有实质暴露的情况下，没有什么新技术可以用于预测致敏性和过敏反应"（Goodman，2015）。在商业化之前，一般人群可能不会接触到与遗传工程作物中导致交叉反应性的过敏原足够类似的物质，因此仅能将商业化前的过敏原预测试验作为一个粗略的预测指标。为确保食物中没有过敏原，"遗传工程食品的安全性"报告中要求对遗传工程作物中的致敏原检测分为两步：商业化前检测和商业化后检测。尽管自 2004 年该报告发表以来，有关过敏性预测技术的相关研究取得了一些进展，但本委员会发现，商业化后检测将有助于确保不再引入新的过敏原。自 2004 年以来，还未开展过遗传工程作物商业化后的致敏原检测工作。本委员会意识到，如向 EFSA 提交的一篇科学报告所述，这种商业化后的致敏原检测在逻辑上具有挑战性（ADAS，2015）。即便对某个类似于药物和医疗器械的特定物质的商业化后检测都是困难的，而在患者身上测试时通常还会有一个明确的试验重点。可是对于食品而言，对特定蛋白质过敏反应的检测结果会被饮食过程中的多次暴露所混淆。然而，几个区域范围内的人们已经暴露于遗传工程食品多年，而其他人没有；这可以使一个先验假设得到检验，即暴露于特定遗传工程食品的人群对此类食品不会表现出更高的过敏反应率。

　　发现：对于含有内源性致敏原的作物来说，在评价其遗传工程品系的致敏性时，先充分了解多个常规品种中致敏原含量的变异范围是有必要的，但最重要的是要了解如果在食物供应中增加遗传工程作物的量，是否会改变之前人类对过敏原的接触情况。

　　发现：因为在遗传工程作物商业化前的过敏原检测可能会漏掉人类以前没有接触过的过敏原，商业化后的过敏原检测将有助于确保消费者不会接触过敏原，但这种检测很难开展。

　　发现：有许多人的胃部 pH 高于通常的水平，因此应用模拟酸性胃液开展的蛋白质消化率的试验结果可能与此类人群无关。

5.3 遗传工程作物与人类疾病和慢性症状的发生

啮齿类动物和其他动物进行的短期和长期动物试验的总体研究结果，以及有关遗传工程食品营养成分和次生代谢物质的数据，使大多数（如 Bartholomaeus et al.，2013；Ricroch et al.，2013a，2013b；Van Eenennaam and Young，2014）但并非全部研究人员（如 Dona and Arvanitoyannis，2009；Domingo and Bordonaba，2011；Hilbeck et al.，2015；DeFrancesco，2013）相信，目前市场上销售的来自遗传工程作物的食品与来自常规作物的食品一样安全。委员会收到过来自一位受邀报告人（Smith，2014）和公众的意见，是关于某些慢性病发病率增加与遗传工程食品进入人类饮食之间的相关性。附录 F 列出了通过网络通信发送给本委员会的有关遗传工程食品安全的代表性意见。这些意见提到了对诸如癌症、糖尿病和帕金森综合征等慢性疾病、器官特异性损伤（如对肝和肾的毒性）、自闭症和过敏等疾病的关注。Smith（2003：39）声称："从 1990 年到 1998 年，糖尿病发病率上升了 33%，淋巴癌发病率也上升了，许多其他疾病的发病率也在上升。可是，这与遗传工程食品有联系吗？我们不知道，因为没人研究过。"

作为本委员会任务的一部分，我们需要"评估导致遗传工程作物及其伴随技术具有负面影响相关传言的证据"，我们利用现有的同行评审数据和政府报告来评估是否有任何健康问题与遗传工程作物商业化有关，或根据毒性研究的结果预判将来是否可能有关。本章编委会提供了动物试验以外的生化数据，但主要依赖于应用时间序列的流行病学研究。某些特殊健康问题的流行病学数据通常随时间延长而趋于稳定（如癌症），但这类数据可能对研究其他类型问题的可靠性较低。本委员会提供了一些可用的数据（这些数据曾导致许多偏见），以及与这些数据有关的以时间为因素的检测方案和检测某个慢性病的仪器信息。尽管这些数据可能不够完善，但从某种程度来讲，它们是除了动物饲喂实验结果之外，可用于推断或测试关于遗传工程食品与特定疾病之间可能存在某种联系这一假设的唯一可用信息。本委员会指出，缺乏有关疾病发病率的细致数据将严重影响遗传工程食品对健康影响的评估。有关疾病的时间、地点和社会文化趋势更细致的数据，将有助于更好地评估由环境因素和其他新技术产品引起的潜在健康问题。

5.3.1 癌症发病率

美国癌症协会的数据表明，除与吸烟有关的肺癌和支气管癌以外，美国和加拿大所有癌症类别的死亡率都在持续下降或保持稳定。死亡率降低的部分原因是癌症的早期发现和治疗技术的改进，因此，癌症死亡率数据掩盖了癌症发生的频率。所以，本委员会寻求癌症发病率数据而非癌症死亡率数据。图 5-4 和图 5-5 分别显示了 1975～2011 年美国女性和男性癌症发病率的变化（NCI，2014 年）。如果遗传工程食品可导致癌症发生，那么图中的癌症发病率应在 1996 年后显示出明显的上升曲线，因为 1996 年遗传工程性状首次出现在商业化的大豆和玉米品种中。事实上图中数据显示，某些癌症发病率升高，某些癌症发病率降低，但自从遗传工程产品在美国商业化销售以来，癌症发病率的趋势没有明显变化。图 5-6 和图 5-7 显示了英国女性和男性的癌症发病率，在英国人们从不食用遗传工程食品。对于同一类型癌症，其发病率模式在美国和英国不存在任何与消费遗传工程食品相关的差异（由于计算方法的不同，同一类型癌症发病率具体数值之间无法进行比较）。

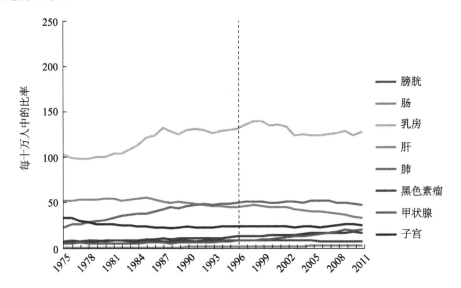

图 5-4　1975～2011 年美国女性癌症发病率趋势（见彩图）（NCI，2014）
将年龄调整为 2000 年美国标准人口，并根据报告延迟进行调整。1996 年的虚线表示遗传工程大豆和玉米
在美国首次商业化种植。

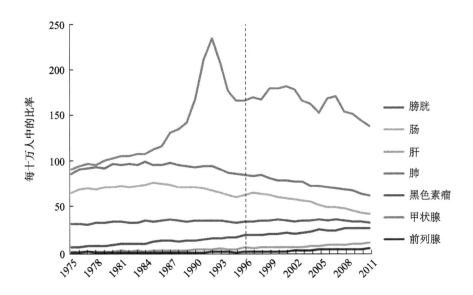

图 5-5　1975～2011 年美国男性癌症发病率趋势（见彩图）（NCI，2014）
将年龄调整为 2000 年美国标准人口，并根据报告延迟进行调整。1996 年的虚线表示遗传工程大豆和玉米
在美国首次商业化种植。

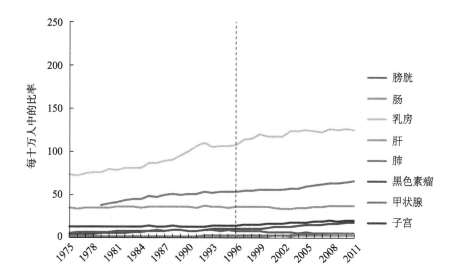

图 5-6　1975～2011 年英国女性癌症发病率趋势（见彩图）（英国癌症研究中心，
见 http://www.cancerresearchuk.org/health-professional/cancer-statistics。2015 年 10 月 30 日数据）
1996 年的虚线表示遗传工程大豆和玉米在美国首次商业化种植。

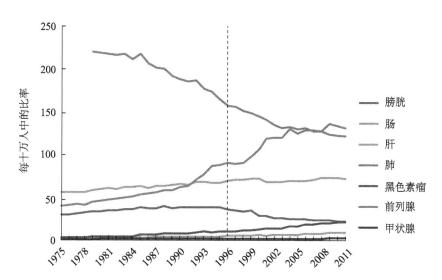

图 5-7　1975～2011 年英国男性癌症发病率趋势（见彩图）（英国癌症研究中心，
见 http://www.cancerresearchuk.org/health-professional/cancer-statistics。2015 年 10 月 30 日数据）
1996 年的虚线表示遗传工程大豆和玉米在美国首次商业化种植。

　　Forouzanfar 等（2011）发表了 1980 年至 2010 年全世界乳腺癌和宫颈癌发病率的数据。如图 5-8 所示，这两种癌症的发病率在全球范围内有所增加。对于食用遗传工程食品的北美地区（高收入群体）（美国和加拿大）与不食用遗传工程食品的西欧地区来说，乳腺癌发病率均有类似的增长趋势，而宫颈癌发病率均没有增长趋势。这些数据完全不支持消费遗传工程食品与乳腺癌和宫颈癌相关的观点［此处北美（高收入群体）和西欧的数据不同于上述关于美国和英国癌症发病率研究的数据］。

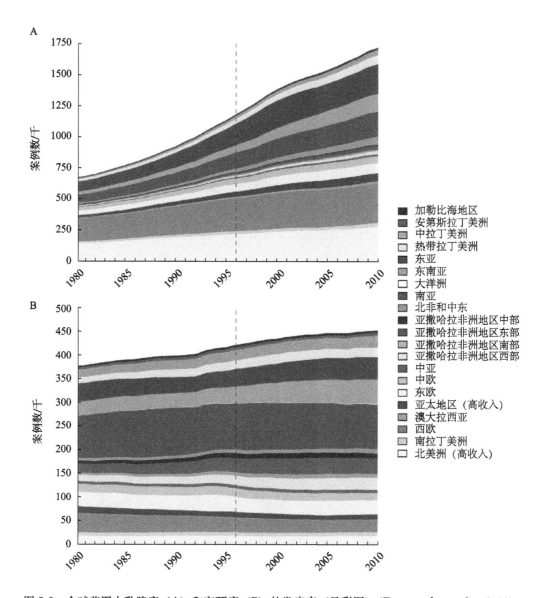

图 5-8　全球范围内乳腺癌（A）和宫颈癌（B）的发病率（见彩图）（Forouzanfar et al.，2011）
北美（高收入群体）：加拿大、美国；西欧：安道尔、奥地利、比利时、塞浦路斯、丹麦、芬兰、法国、德国、希腊、冰岛、爱尔兰、以色列、意大利、卢森堡、马耳他、荷兰、挪威、葡萄牙、西班牙、瑞典、瑞士、英国（译者注：以色列地处亚洲）。1996 年的虚线表示遗传工程大豆和玉米在美国首次商业化种植。

综上所述，图 5-5～图 5-8 都不支持遗传工程食品导致癌症发病率大幅增加的假设。然而，这些数据却不能确定癌症和遗传工程食品之间没有关系，因为癌症的发病较遗传工程作物商业化也可能会延迟，从而掩盖了相关性的趋势，而且，人们可以说，美国遗传工程作物商业化后还发生了一些其他什么事情，这些事情正巧可以降低癌症发病率，从而掩盖了癌症发病率和遗传工程食品之间的相关性。可被本委员会用来做出判断的证据虽然有限，但是这些证据都不支持所谓因食用遗传工程食品而致使癌症发病率上升的说法。

关于草甘膦潜在致癌性的争论仍在继续。草甘膦的安全性评估可影响本委员会的结论，因为它是除草剂抗性作物上使用的主要除草剂（Livingston et al.，2015），而且已有研究表明，使用草甘膦处理的抗除草剂大豆中其残留量高于非遗传工程大豆（Duke et al.，2003；Bøhn et al.，2014）。框 5-5 提供了 Séralini 等（2012，2014）一项研究的细节并得出结论，草甘膦可导致大鼠产生肿瘤。本委员会发现这项研究结果并不确凿，而且数据统计方法不正确。关于癌症与草甘膦以及其他农用化学品之间的关系最详细的流行病学研究发现，"没有任何正相关一致性关联模式可表明全身癌症（成人或儿童）或任何特定部位癌症与草甘膦暴露之间存在因果关系"（Mink et al.，2012：440；另见本章 5.5.2"暴露于杀虫剂和除草剂对农民健康的影响"）。

1985 年，EPA 依据促成小鼠肿瘤的形成将草甘膦归类为 C 类化合物（可能致癌类化合物）。然而，1991 年，在对当年小鼠肿瘤实验的数据进行重新评估后，EPA 将草甘膦分类改为 E 类化合物（具有对人类非致癌性证据的化合物）。2013 年，EPA 重申："基于两项规范的啮齿动物致癌性试验结果中均缺乏致癌性证据这一事实，草甘膦预计不会对人类造成癌症风险。"（EPA，2013：25399）

2015 年，国际癌症研究机构（IARC）和世界卫生组织（WHO）发布了一份关于草甘膦的专题，作为其有机磷杀虫剂和除草剂卷册的一部分（IARC，2015）。在此专题中，IARC 将草甘膦分类到 2A 类化合物（可能对人类致癌的化合物）。关于 IARC 分类的摘要和原因发表于《柳叶刀肿瘤学》（Guyton et al.，2015）。

IARC 2015 年工作组发现，尽管"草甘膦对人类致癌性的证据有限"，但"草甘膦对实验动物致癌性的证据充分"（IARC，2015：78）。此外，IARC 指出，草甘膦可诱导氧化应激反应（可能导致 DNA 损伤），而且有一些流行病学数据支持这个观点。

EFSA（2015）在 IARC 报告发布后对草甘膦进行了评估并得出结论，草甘膦不可能对人类造成致癌风险。加拿大卫生部的结论是："IARC 没有考虑到可决定草甘膦实际风险的人类暴露水平。"（Health Canada，2015）加拿大的研究机构发现，目前来讲，通过食物和皮肤接触草甘膦，即使直接施用草甘膦，只要按照产品标签上的指示规范使用，就不会存在健康问题（Health Canada，2015）。EPA（2015）发现草甘膦不与雌激素、雄激素或甲状腺系统相互作用。

提交给本委员会的一项评论对草甘膦分解成甲醛表示关注，因为 IARC 将甲醛归类为已知的人类致癌物质（2006）。然而，这个假设没有得到支持；Franz 等（1997）使用放射性标记的草甘膦，并使其在正常环境降解，结果未显示甲醛的形成。

发现：美国各种类型癌症的发病率随着时间的推移而变化，但这些变化与食用遗传工程食品无关。此外，美国癌症发病率的变化模式与英国和欧洲的癌症发病率变化模式大体相似，而英国和欧洲的饮食中几乎没有遗传工程作物成分。这些数据不支持癌症发病率因食用遗传工程作物而上升的说法。

发现：不同的专家委员会对用于遗传工程作物种植田或其他地方的草甘膦可能造成的潜在危害存在重大分歧。在确定草甘膦及其制剂的风险时，必须同时考虑暴露水平和潜在危害。

5.3.2 肾脏疾病

有人推测，食用遗传工程食品可能引起肾脏疾病，原因是外源蛋白质可到达肾脏。本委员会审查了相关流行病学数据，以确定食用遗传工程食品与慢性肾病（CKD）患病率之间是否存在相关性。

在美国，慢性肾病各阶段的总患病率从 1988～1994 年的约 12% 上升到 1999～2004 年的 14%，但此后总患病率没有显著上升。图 5-9 显示了慢性肾病五个逐渐严重的、公认的不同阶段的患病率数据（USRDS，2014）。增长的最大百分比出现在第 3 阶段，据研究（USRDS，2014），绝大部分百分比增长来自心血管疾病并发症患者中。慢性肾病的患病率随着年龄的增长而大幅增加（Coresh et al.，2003），因此美国人口的老龄化可能会导致整体的慢性肾病患病率增长（U. S. Census Bureau，2014），糖尿病和高血压的增加也会导致慢性肾病患病率增长（Coresh et al.，2007）。

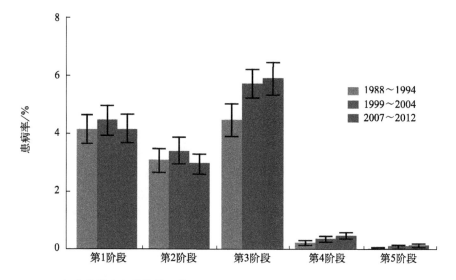

图 5-9　1988～2012 年全美健康和营养检查普查（NHANES）参与者中各阶段慢性肾病的患病率（见彩图）
（NHANES 1988～1994、1999～2004 和 2005～2012，参与者年龄在 20 岁及以上，见 USRDS，2014）
误差线表示 95% 的置信区间。

发现：根据美国慢性肾病患病率的现有数据显示，从 1988 年到 2004 年，慢性肾病患病率增加了 2%，但这不是由于食用遗传工程食品造成的。

5.3.3 肥胖症

肥胖在人类中是一种复杂的疾病，与多个遗传和环境因素有关，包括地理、种族、社会经济地位、缺乏锻炼、新鲜水果和蔬菜的供应量、低营养进食（Thayer et al.，2012）及功能性微生物群落的改变（Turnbaugh et al.，2009）。

对不同动物物种的研究检测了分别喂食遗传工程作物、非遗传工程近等基因系或非遗传工程非近等基因系后体重的增加量。作者得出的结论是，无论试验进行的时间长短，体重增加都没有生物学相关的差异（Rhee et al.，2005；Hammond et al.，2006；Arjó et al.，2012；Buzoianu et al.，2012b；Ricroch et al.，2013a，2013b；Halle and Fla-chowsky，2014；Nicolia et al.，2014）。

人类群体研究表明，肥胖在美国越来越普遍（如 Fryar et al.，2014）。An（2015）提供了 1984～2013 年美国成年人（按教育水平排序）体重变化的图表（图 5-10）。从图中可以看出，美国成年人的肥胖比例持续上升至 2009 年左右，之后似乎趋于平稳。由于遗传工程作物商业化后肥胖率的增长率并没有增加，因此这些数据并不支持遗传工程作物可增加人类肥胖率的观点。这些时间序列数据并不能证明遗传工程作物和肥胖率上升没有关联，但即便存在关联，这种关联性也不强。

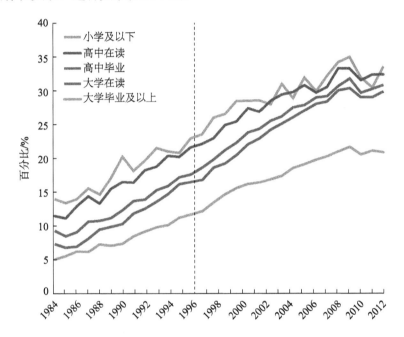

图 5-10　1984～2013 年美国不同受教育水平成年人肥胖患病率的年度趋势（见彩图）（An，2015）
肥胖患病率根据性别、年龄、民族或种族进行了调整。1996 年的虚线表示遗传工程大豆和玉米在美国首次
商业化种植。

关于肥胖的统计数据与美国 2 型糖尿病发病率的统计数据一致，因此，已有数据并不支持遗传工程作物与 2 型糖尿病之间存在关系。

发现：本委员会没有发现任何已发表的证据支持以下假设：即食用遗传工程食品导致美国人肥胖或 2 型糖尿病的发病率上升。

5.3.4　胃肠道疾病

虽然胃肠道已经进化到胃负责消化饮食中的蛋白质，而小肠可有效吸收和利用氨基酸，但是一些完整的蛋白质或它们的片段通过细胞旁路径（细胞间隙）或受损的黏膜穿过肠屏障也是常见的情况，大量存在于肠壁界面和内循环中的免疫系统将相应地做出反应。鉴于当今分析设备的高灵敏度，在不同体液中检测到微量蛋白质或片段也不奇怪。检测方法并非针对遗传工程作物产生的外源蛋白质，而是可以测定任何能够从胃肠道进入血液和组织的膳食蛋白质或片段。膳食蛋白或其片段存在于血液或组织中并不奇怪，也不是引起健康问题的原因。

大约 60%～70% 的人体免疫系统位于胃肠道相关的淋巴组织中，该淋巴组织可与肠腔内容物（包括毒素、过敏原和相关微生物群）接触。对于遗传工程作物来说，一个公众关注的问题是由于人体摄入遗传工程作物表达的外源蛋白质而使免疫系统受损。在检测免疫系统生物标记物和上皮细胞完整性的动物试验中，这种可能性已经得到了研究（见本章 5.2.3 中的"非啮齿动物试验"和 Walsh et al.，2011）。

有人在专题报告和公众评论中建议本委员会：遗传工程片段可能具有某些特殊性质，如果被人体消化道吸收可能导致人类疾病。尽管 Smith（2013）假设食用遗传工程食品可能增加肠道通透性，但遗传工程作物的外源基因或蛋白质对人体的影响机制尚不清楚。

发现：本委员会没有发现任何发表的证据支持以下假设：即遗传工程食品可产生独特的基因或蛋白质片段，并因此影响身体健康。

5.3.5 乳糜泻

乳糜泻是一种自身免疫性疾病，影响西方国家约 1% 的人口。它是由于易感人群食用含麸质谷物而引发的（Fasano et al.，2003；Catassi et al.，2010）。乳糜泻的症状是免疫反应的结果，这种免疫反应导致麦醇溶蛋白敏感人群出现明显的胃肠道炎症，麦醇溶蛋白是在小麦、黑麦（*Secale cereale*）和大麦（*Hordeum vulgare*）中存在的一种谷蛋白成分（Green and Cellier，2007）。除了接触麸质外，乳糜泻的病因是多因素的，包括遗传体质、胃肠道微生物感染、接触抗生素和胃肠道侵蚀（Riddle et al.，2012）。该病的诊断是基于检测血清中（血清型）的 IgA 组织转谷氨酰胺酶和肌内膜抗体 IgA 的浓度、不再接触麸质后的过敏症状缓解程度和组织活检。在大约 30% 的白种人中发现了与 IgA 血清型相关的遗传变化，但在这些人中只有 1% 的人易患乳糜泻（Riddle et al.，2012）。

本委员会找到了英国乳糜泻发病率的数据（West et al.，2014；图 5-11），以及美国明尼苏达州某县的梅奥诊所进行的详细研究数据（Murray et al.，2003；Ludvigsson et al.，2013）。在明尼苏达州和英国的研究中，乳糜泻发病率（至少被检测到或病患自我报告的发病程度）在 1996 年前开始有一个明显的上升模式（Catassi et al.，2010），那时美国公民开始食用遗传工程食品和使用草甘膦，而英国则不是。这一上升幅度与美国军事人员患病率的上升幅度相似，美国军事人员的患病率从 1999 年的 1.3/100000 上升到 2008 年的 6.5/100000（Riddle et al.，2012）。作者警告说，大多数乳糜泻病例并没有确诊。某些乳糜泻患病率的增加可能与诊断标准的改进、医生和患者对该病意识的提高、血液检查技术的改进及活检数量的增加有关。然而，最近的观察表明，乳糜泻发病率在上述因素之外仍然有所增加（J. A. Murray，Mayo Clinic，私人通讯，2016 年 2 月 1 日）。

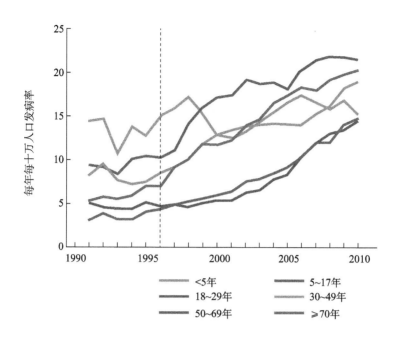

图 5-11 1990～2011 年英国不同年龄阶段乳糜泻平均发病率（见彩图）（West et al.，2014）
1996 年的虚线表示遗传工程大豆和玉米在美国首次商业化种植。

根据 2009～2010 年美国健康和营养普查收集的数据，Rubio-Tapia 等（2012）在 7798 名受试者的样本中，报告了 0.71% 的乳糜泻患病率，其中非西班牙裔白人患病率为 1.01%。应当注意的是，世界上还没有遗传工程小麦、黑麦或大麦的商业化生产。本委员会没有发现任何证据表明引入遗传工程食品可影响全球乳糜泻的发病率或流行率。

发现：在引进遗传工程作物和增加使用草甘膦之前，美国的乳糜泻患病率已经开始上升。在英国，遗传工程食品通常不被食用，草甘膦的使用也没有增加，其乳糜泻患病率也同样上升。这些数据并不确凿，但是，两个国家在乳糜泻发病率的增长率上没有显示出显著差异。

5.3.6 食物过敏

某些研讨会的报告人和一些公众认为，遗传工程作物导致食物过敏的发病率有所上升。本委员会审查了美国食物过敏患病率随时间变化的记录。如图 5-12 和 Jackson 等（2013）所示，美国食物过敏的患病率正在上升。本委员会审查了英国的食物过敏患者随时间变化的数据（图 5-13），并做了一个粗略的比较。与美国相比，英国公民食用的遗传工程作物食物少得多。这些数据（Gupta et al.，2007）表明，英国的食物过敏率与美国以相同的速度增长（但诊断类型不同）。

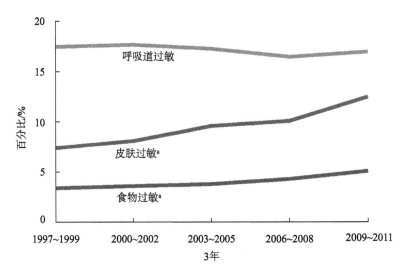

图 5-12　1997～2011 年前 12 个月美国 0～17 岁儿童过敏状况的百分比
（见彩图）（Jackson et al.，2013）

a　从 1997～1999 年到 2009～2011 年，食物和皮肤过敏比率呈显著线性上升趋势。

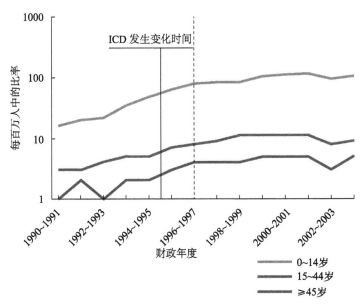

图 5-13　1990～2004 年英国不同年龄段与食物过敏相关的过敏反应住院率的变化趋势
（见彩图）（Gupta et al.，2007）

ICD 为国际疾病分类。绿色为 0～14 岁；蓝色为 15～44 岁；红色为 45 岁以上。1996 年的虚线表示
遗传工程大豆和玉米在美国首次商业化种植。

发现：委员会没有发现食用遗传工程食品与食物过敏患病率上升之间的关系。

5.3.7 自闭症

自闭症通常表现为沟通困难、不易形成人际关系、使用语言和抽象概念困难等症状。根据美国精神病学协会（2013 年）的解释，自闭症（ASD）包括以前诊断为孤独症、艾斯伯格症候群、未另行分类的普遍性发育障碍和儿童崩解症。准确诊断自闭症很困难，但是，美国在过去的三十年里正努力提高识别儿童自闭症的能力（CDC，2014）。

2010 年，美国 11 个地区疾病控制与预防中心（CDC）的自闭症普查中（CDC，2014），8 岁儿童的总体患病率约为 1/68（1.47%），但不同地区和社会文化群体的儿童之间存在很大差异。CDC 的报告指出，"这种差异可能在一定程度上归因于民族/种族群体或社会经济层面存在差异，由于医疗条件不足，或不同区域间临床或教育实践中的差异而产生的对自闭症诊断能力和认识不足，可能影响本报告结果"（CDC，2014:1）。1990 年以来，ASD 患病率的上升是否由于诊断方法的改进，目前也不清楚。

1990 年之前，美国或英国很少有儿童诊断出患有自闭症（Taylor et al.，2013），但这两个国家的患病率急剧上升。美国和英国的研究人员撰写了一份报告，研究了英国自闭症患病率随着时间的变化动态，并将其与美国的患病率进行了比较（Taylor et al.，2013）。他们得出的结论是："在两个国家，确诊为自闭症的儿童人数同时持续地出现了惊人的上升，始于 20 世纪 90 年代初并持续了 10 年。首次诊断率按年龄和性别分布相同。各国之间以及各国不同地区之间的这些相似之处都指向了这一特殊病例拥有的共同病因。"（Taylor et al.，2013:5）美国的患病率较高，但很难评估这是否是因为在诊断方法上以及社会文化因素上的差异影响了患病率。在很少食用遗传工程食品的英国和食用遗传工程食品的美国，自闭症患病率的总体相似性表明，自闭症患病率上升的主要原因与食用遗传工程食品无关。

发现：美国和英国儿童自闭症患病率上升模式的相似性并不支持食用遗传工程食品与自闭症患病率之间存在联系的假设。

5.4 与遗传工程作物有关的其他人类健康问题

本委员会听取了一些公众人物和一些受邀发言人的意见，即认为胃肠道疾病可能是由遗传工程作物或其相关技术或遗传工程食品引起的。本委员会调查了与该假设相关的证据。

5.4.1 胃肠道微生物群落

本委员会收到来自公众的评论，认为遗传工程食品可能对肠道微生物种群存在不利影响。遗传工程作物对肠道微生物群的潜在影响可能有三种情况：遗传工程作物表达的外源物质（如 Bt 杀虫蛋白）的影响、遗传工程植物次生代谢物种类的非预期改变、除草剂（和助剂）残留（如草甘膦）及其在除草剂抗性作物中降解产物的影响。

人类肠道微生物群落的研究正在迅速发展，最近的报告（Dethlefsen and Relman，

2011；David et al.，2014）表明，由于饮食成分或抗生素治疗方式的改变，人类肠道微生物群落变异很快。目前，肠道微生物群落的组成和动态被公认为与非传染性慢性病和其他健康问题有关，因此研究人员和临床医生都对可引起肠道微生物群落有益或不利变化的因素非常感兴趣。然而，科学还没有达到了解肠道微生物群组分的具体变化如何影响健康，以及什么才是"健康"的微生物群落的程度。不同饮食模式（如高脂肪和高碳水化合物饮食）对肠道微生物群的影响也可以与代谢综合征有关（Ley，2010；Zhang et al.，2015）。

如上所述，大多数蛋白质（包括遗传工程作物和常规品种中的蛋白质）在胃里至少一部分被胃蛋白酶消化，胃蛋白酶在大多数人胃的酸性环境中发挥作用。进一步的消化和吸收是小肠的功能，氨基酸、二肽和三肽在那里被吸收。因此，无论是来自遗传工程食品还是非遗传工程食品中的蛋白质都不可能对肠道微生物群落产生影响。然而，有证据表明，Bt 蛋白对微生物有毒性（Yudina et al.，2007）。Buzoianu 等（2012c，2013a）研究了饲喂 *Bt* 玉米对猪体内肠道微生物群落组成的影响。在他们 2012 年的研究中，饲喂 *Bt* 玉米（MON810 品种）和近等基因非遗传工程玉米品种 110 天后，肠杆菌、乳酸杆菌和肠道厌氧菌没有差异；16S rRNA 测序显示除了霍尔德曼氏菌属（*Holdemania*）外（没有任何健康影响）细菌类群没有差异（Buzoianu et al.，2012c）。后续研究中利用 16S rRNA 测序技术检测了母猪及其后代肠道内容物，结果显示与对照组相比，唯一观察到的细菌群落差异是，饲喂 *Bt* 玉米的生育前的母猪和断奶后的后代中，蛋白菌的丰度较低（Buzoainu et al.，2013a）。喂养遗传工程玉米的后代粪便中拟杆菌丰度较高。还有其他一些低丰度微生物群落表现出不一致的差异。根据他们研究的结果，作者得出结论，实验中观察到的任何差异都不会对实验动物产生生物学上健康相关的影响。

相对而言，很少有研究检测作物的植物次生代谢产物对肠道微生物群的影响。Valdés 等（2015）的综述中强调了富含多酚的食物（如红酒、茶、可可和蓝莓）对肠道微生物群落影响的研究，结论是影响甚微。如上所述（见本章 5.1.1 "植物内源毒素"），目前商业化的遗传工程作物没有产生明显可对肠道微生物群落产生影响的次生代谢物质。

没有研究表明食用遗传工程食品的动物肠道微生物群落受到值得关注的影响。然而，本委员会的结论是：这一话题尚未得到充分探讨。开展有关遗传工程食品或遗传工程食品和其他化学物质是否对肠道微生物群落产生生物学相关影响的研究非常重要。

发现：根据现有证据，本委员会确定，食用遗传工程食品对动物肠道微生物群落产生的较小影响预计不会导致健康问题。随着识别和量化肠道微生物技术的成熟，可能更好理解这一话题。

5.4.2 肠道微生物或动物体细胞的水平基因转移

水平（或横向）基因转移是指"在不经过生殖行为或人类干预的情况下，遗传物质从一个生物体向另一个生物体的稳定转移"（Keese，2008：123）。自从遗传工程作物商业化以来，一些科学家和公众表示，通过遗传工程技术将外源 DNA 导入作物中，在食用遗传工程食品后，外源 DNA 可能被转移到人体肠道微生物群落中，或直接或间接（即通过细菌）地进入人类体细胞。大多数关于水平基因转移的关注都集中在作为遗传工程事件标记的抗生素抗性基因上，还有一些其他外源基因，如 Bt 杀虫蛋白的基因也受到关注。

水平基因转移的先决条件是重组 DNA 必须在食品加工过程和胃肠道的不利条件下留存下来。Netherwood 等（2004）的数据显示，在小肠末端手术植入出口管（回肠造口术）的患者中，少量遗传工程大豆的外源 EPSPS 基因通过上消化道到达回肠末端；在没有回肠造口术的受试者中，没有从他们的粪便中发现外源基因。Rizzi 等（2012）在关于食物中 DNA 在胃肠道稳定性和降解的综述中指出，在非反刍动物的胃肠道中可检测到遗传工程植物外源 DNA 片段，但在血液或其他组织中则无，并且也检测到植物内源 DNA。作者得出结论：某些植物内源 DNA 片段可存在于动物和人类的胃肠道管腔及血液中。

对于一个确认的水平基因转移事件，DNA 必须以功能性（而不是片段）基因的形态进入细菌或体细胞，并与一个合适的启动子结合到基因组中，并且不能对细胞的生存竞争力产生不利影响；否则，其存在将是短暂的。

植物 DNA 尚未被证实可与动物细胞整合；然而，它已被证明可在原核生物（细菌）中发生水平转移。事实上，分子遗传学家必须研发有效的遗传工程技术，使外源 DNA 进入真核细胞，并整合到基因组中。欧盟资助的"遗传工程研究十年报告（2001－2010）"（EC，2010a）描述了一项研究，该研究表明，暴露于 Bt176 玉米 2 或 3 年的瘤胃纤毛虫（一种微生物）并不能整合 Bt176 中的外源基因。遗传工程植物外源 DNA 水平基因转移到人类胃肠微生物群落或人体细胞中的例子不可重复。三篇独立的文献综述（van den Eede et al.，2004；Keese，2008；Brigulla and Wackernagel，2010）认为，肠道细菌通过水平基因转移获得新基因是罕见的，不会造成健康风险。

发现：根据对从植物到动物水平基因转移过程的理解以及已有的遗传工程生物的数据，本委员会得出结论，从遗传工程作物或传统育种作物到人类的水平基因转移不会构成实质性的健康风险。

5.4.3　遗传工程物质通过肠道屏障转移到动物器官

关于遗传工程食品中完整的外源基因和外源蛋白质穿过肠道屏障的问题存在着相互矛盾的报道。Spisák 等（2013）发表的研究结果表明，食品中的完整基因可以进入人体血液。这也许是合理的，但 Lusk（2014）研究了 Spisák 等人使用实验步骤，发现实验结果更有可能是样品污染造成的。Lusk 强调在这类研究中需要阴性对照。Schubbert 等（1998）在小鼠胎儿中发现了外源 DNA 出现在胎盘中，但同一实验室后续研究（Hohlweg and Doerfler，2001）则发现连续八代的试验中并没有发现这种转移。

在对奶牛和山羊的研究中，尽管在牛奶中检测到叶绿体的 DNA 片段，却没有在牛奶中发现外源的基因或蛋白质（Phipps et al.，2003；Nemeth et al.，2004；Calsamiglia，et al.，2007；Rizzi et al.，2008；Guertler et al.，2009；Einspanier，2013；Furgał-Dierżuk et al.，2015）。这就清楚地表明，在乳制品中不存在含有外源基因或蛋白质的潜在可能性。然而，这些动物是反刍动物，它们的消化系统不同于人类。

Walsh 等（2012a）研究了 *Bt* 基因和蛋白质在猪体内（猪的消化系统与人类更相似）的代谢路径。他们在用 *Bt* 玉米饲喂 110 天后，没有在猪的任何器官或血液中检测到外源基因或蛋白质，但在胃、盲肠和结肠的消化内容物中检测到了外源基因或蛋白质。在使用 *Bt* 玉米饲喂的猪的血液、肝脏、脾脏和肾脏中可检测到 *Cry1Ab* 基因片段（以及其他常见的玉米基因片段），但未发现完整的 *Bt* 基因（Mazza et al.，2005）。

发现：实验发现，*Cry1Ab* 基因片段，而非完整的 *Bt* 基因，可能进入到器官中，并且这些片段与食用普通非遗传工程食品后进入到器官中的食物基因片段没有区别。

发现：没有证据表明在反刍动物的乳汁中发现了 *Bt* 基因或蛋白质。因此，本委员会发现食用乳制品不会接触 *Bt* 基因或蛋白质。

遗传工程食品对人体健康所谓不利影响的总体发现：在通过对目前商业化的遗传工程食品和非遗传工程食品的化学组分分析、急性和慢性动物毒性试验、饲喂家畜遗传工程食品的长期动物实验，以及人类流行病学数据等方面进行详细比较分析的基础上，本委员会发现——遗传工程食品与非遗传工程食品对人类健康的风险没有差异。

5.5　遗传工程作物对人类健康益处的评估

目前已有许多遗传工程作物的例子，有些已经商业化，有些正在走向商业化，它们具有可以增进人类健康的遗传工程特性。增进人类健康可能是通过遗传工程的手段培育特定作物性状的唯一目的，也可能是另一主要目的之外的间接效应。例如，培育较高 β-胡萝卜素含量的遗传工程水稻的特定目标或直接目的即降低维生素 A 缺乏症对人类的危害。而研发转 *Bt* 基因玉米的直接目的本是减少害虫的危害，但其间接效应还可能减少真菌对玉米粒的污染。真菌可产生真菌毒素（如伏马菌素），高暴露量的真菌毒素将损害人体健康。遗传工程作物不仅具有增进人类健康的直接作用，而且由于种植某些遗传工程作物可减少杀虫剂的施用，进而降低了喷施杀虫剂的人及其家庭接触杀虫剂的机会，因此可为社会带来潜在的间接效益。

5.5.1　含有额外营养成分或其他有益健康的遗传工程食品

1. 提高微量营养元素的含量

据世界卫生组织称，约 2.5 亿学龄前儿童缺乏维生素 A。每年有 25 万至 50 万缺乏维生素 A 的儿童失明，其中一半在失明后 12 个月内死亡[1]。与富裕阶层的儿童不同，这些儿童的饮食大多局限于营养成分含量不够充分的食物，比如大米（Hefferon，2015）。全面改善这些儿童及其父母的饮食结构是人类尚未完成的目标之一；也许改进主粮营养质量的策略不是最好的解决问题的办法，但是却是最值得做的。作物育种家已经利用常规育种方法提高了玉米（Gannon et al.，2014；Lividini and Fiedler，2015）、木薯、香蕉、车前

1　微量营养素缺乏症。见 http://www.who.int/nutrition/topics/vad/en/。访问于 2015 年 10 月 30 日。

草（Saltzman et al.，2013）和甘薯（*Ipomoea batatas*）中 β-胡萝卜素的含量（Hotz et al.，2012a，2012b）。β-胡萝卜素在储藏和烹饪过程中会有一些损失，但生物利用率仍然很好（Sanahuja et al.，2013；De Moura et al.，2015）。有研究对产于莫桑比克和乌干达地区的高 β-胡萝卜素品种，即橙色甘薯（β-胡萝卜素含量高）的效果进行了严格的评估。结果发现在这两个国家民众的 β-胡萝卜素摄入量都有所增加。在乌干达，高 β-胡萝卜素甘薯的消费量与民众摄入维生素 A 水平呈正相关（Hotz et al.，2012a）。莫桑比克最近的一项研究发现，当地腹泻患病率下降与食用高 β-胡萝卜素的甘薯相关（Jones and DeBrauw，2015）。

没有任何已报告的实验结果表明高 β-胡萝卜素含量作物产生了非预期效应。人们一直担心作物中 β-胡萝卜素浓度过高可能带来不良影响，因为高维生素 A 综合征是一种由于直接摄入过多维生素 A 引起的综合征，但当直接摄入的是 β-胡萝卜素时，这个问题就不存在了（Gannon et al.，2014）。

黄金大米，即通过遗传工程技术提高 β-胡萝卜素在大米中的含量，也是公认的利用遗传技术提高作物营养价值的最具代表性的例子之一。培育黄金大米的原理是水稻叶片中含有生物合成 β-胡萝卜素的整套酶反应通路，而水稻籽粒中却没有这个通路。研发黄金大米的突破点在于发现水稻胚乳中合成 β-胡萝卜素必需的两个基因（Ye et al.，2000）。第一代黄金大米的 β-胡萝卜素含量为 6 微克/克。为了将 β-胡萝卜素含量提高到在不需要进食大量大米的情况下，便足以缓解维生素 A 缺乏的状况，第二代黄金大米转化了玉米的 *psy* 基因，其胡萝卜素含量提高到了 30 微克/克（Paine et al.，2005）。产量高、口感好、烹饪品质好，且不会因非预期变异而对健康造成不良影响的遗传工程水稻品种，将对人类的健康状况产生非常重要的效益（Demont and Stein，2013；Birol et al.，2015）。黄金大米从做好了商业化种植准备至今已经超过 10 年了（Hefferon，2015），但事实上却一直未得到推广。

第一代黄金大米田间试验的论文（Datta et al.，2007）已经发表，但是，本委员会却找不到与更新的、更高 β-胡萝卜素含量的黄金大米有关的同行评议文献。因此，本委员会联系了国际水稻研究所（IRRI）黄金大米项目协调员 Violeta Villegas，以了解该项目的最新进展情况。在与 Villegas 博士的讨论中（IRRI，私人通讯，2015）了解到，该项目正在进行一个新的遗传转化事件：GR2-E，因为之前的遗传转化事件 GR2-R 很难继续培育下去。应多个国家（包括菲律宾、孟加拉国和印度尼西亚等）的要求，GR2-E 遗传转化事件已回交到多个国家的地方品种中。截至 2016 年 3 月，品种 PSBRc82 和 BRRI dhan20 遗传背景下的黄金大米 GR2-E 遗传转化事件已经分别在菲律宾和孟加拉国的某些限定田块进行了试验种植。上述两个黄金大米品种在限定田块试验种植前，已经在温室内进行了初步评估。如果它们在限定田块的田间表现良好，将会进一步开展多个地域的大田种植试验。一旦 GR2-E 遗传转化事件在任何一个上述国家获得食品监管部门的种植批准，IRRI 将向独立的第三方机构提供 GR2-E 遗传转化事件的遗传工程水稻，以评估其缓解维生素 A 缺乏症的效果。

过去因各种原因反对黄金大米的人或组织，或多或少地影响了 IRRI 黄金大米研发项目的进度，但是从项目总体情况[1]来看，研发满足农民和消费者需求，完全符合监管制度的黄金大米品种仍然是首要目标。IRRI 关于其黄金大米项目的总结声明是："只有成功地将黄金大米开发成适合亚洲的水稻品种、得到国家监管机构的批准并被证明可改善民众维生素 A 缺乏的状况，黄金大米才可能广泛地提供给农民和消费者。如果发现黄金大米是安全和有效的，将有一个可持续的供给计划将确保黄金大米被提供给最需要的人。"[2]

提高 β-胡萝卜素的含量只是常规育种和遗传工程育种的一个目标。在小麦、御谷（*Pennisetum glaucum*）和扁豆（*Lens culinaris*）等不同作物中提高铁和锌含量的项目正处于不同的研发阶段（Saltzman et al.，2013）。

发现：应用含有较高微量元素的常规作物品种开展的试验结果表明，具有这些性状的遗传工程和非遗传工程作物都能对数百万人的健康产生有利影响，并且多个高微量元素作物研发项目已处于完成和测试的不同阶段。

2. 改善油性成分

人们为提高大豆油（世界上主要食用油）的氧化稳定性已做了大量的努力，包括避免通过氢化过程产生反式脂肪和提高 ω-3 脂肪酸含量以便用于食用和饲用。大豆油主要由五种脂肪酸组成：棕榈酸（16：0，碳原子数：双键数）、硬脂酸（18：0）、油酸（18：1）、亚油酸（18：2）和亚麻酸（18：3），分别约占 10%、4%、18%、55% 和 13%。高含量的不饱和脂肪不利于工业加工过程，因为氢化作用易于氧化和产生反式脂肪。而油酸含量高（约 80%）的油则需要较少的加工，并提供另一种途径来降低食品中反式脂肪的含量。通过下调脂肪酸去饱和酶 FAD2-1A 和 FAD2-1B 的表达，可降低大豆中反式脂肪的含量，从而生产出高油酸大豆（EFSA，2013）。2015 年，高油酸大豆在北美上市，并在美国的少部分地区以特殊产品合同的形式生产（C. Hazel，DuPont Pioneer，私人通讯，2015 年 12 月 14 日）。

欧洲油菜（*Brassica napus*）是加拿大的主要油料作物。加拿大曼尼托巴大学的 Downey 和 Stefansson 在 20 世纪 70 年代早期通过传统育种方法培育出了一种油菜，其菜籽油具有良好的营养特性——58% 的油酸和 36% 的多不饱和脂肪酸，以及较低含量的芥酸和中等含量的饱和脂肪酸（6%）。为了满足无反式脂肪的饱和功能性油脂市场的需求，通过"农杆菌介导的转化方法，转入的可转移 DNA（T-DNA）含有来源于加州月桂（*Umbellularia californica*）的编码 12：0 ACP 硫酯酶（bay TE）的基因和编码新霉素磷酸转移酶 II（NPT II）的基因序列。此外，受体植物基因组中再没有其他可翻译的外源 DNA 序列。利用 NPT II 酶的活性作为标记性状来筛选含有 *bay TE* 基因的转化植株"（Health Canada，1999；1），1995 年成功研发了高月桂酸含量的油菜品种。含有月桂酸（12：0）的菜籽油可作为其他含有月桂酸成分的产品油（如椰子油和棕榈油）的替代品，如糖果的涂层和填充物、人造黄油、食用涂抹油、植物起酥油和商用煎炸油。它还被用作可可脂、猪油、牛油、棕榈油及部分或全部氢化大豆油、玉米油、棉籽油、花生油、红花油和向日葵油

1　What is the status of the Golden Rice project coordinated by IRRI? 可查询 http://irri.org/golden-rice/faqs/what-is-the-status-of-the-golden-rice-project-coordinated-by-irri。访问于 2015 年 10 月 30 日。

2　同上。

的替代品（Health Canada，1999：2）。然而，低产量和相对较差的农艺性状已经使高月桂酸含量菜籽油从商业市场上消失。含油量变化的作物是否能够长期使用是不确定的。

发现：油成分改变的作物可能会改善人类健康，但这将取决于作物性状的具体变异、产量和产品的使用方式。

3. 低毒素含量的遗传工程食品

淀粉类食品在高温烹饪时可产生丙烯酰胺。薯条和薯片的制作过程及烤面包可产生丙烯酰胺。这被视为一个问题，因为美国国家毒理学项目（2014 年）得出结论认为，丙烯酰胺"根据动物试验得到了致癌性的充分证据，完全可以被预设为人类致癌物"，并可在高剂量暴露情况下造成神经损伤。丙烯酰胺是由天冬酰胺和还原糖之间的化学反应产生的，因此降低两者其中之一的含量都会降低丙烯酰胺含量。一个马铃薯遗传工程品系具有低含量的游离天冬酰胺，并且在之前的检测中，经过高温烹饪后，其丙烯酰胺含量仅为非遗传工程马铃薯的 5%（Rommens et al.，2008）。

2014 年，USDA 解除了对辛普劳植物科技公司（USDA-APHIS，2014c）培育的低丙烯酰胺遗传工程马铃薯的管制。辛普劳植物科技公司同样向 FDA 递交了申请。FDA 未发现有关该遗传工程马铃薯的化学组成成分或安全性评估的问题（FDA，2015）。值得注意的是，许多人期望通过减少土豆中的丙烯酰胺含量来大幅降低总丙烯酰胺的摄入，但是许多其他食物中也含有丙烯酰胺（FDA，2000b，2006 年修订）。FDA 对常见食品的调查显示，7 个不同地方的麦当劳薯条成品的平均丙烯酰胺含量为 288ppb（1ppb＝10^{-9}），而 Gerber Finger Foods 饼干的平均丙烯酰胺含量为 130 ppb，以及 Wheatena 烘焙小麦早餐粉的平均丙烯酰胺含量为 1057 ppb，远远高于快餐店的薯条（FDA，2002，2006 年修订）[1]。任何烤面包都含有高含量的丙烯酰胺。因此，人们依靠低丙烯酰胺遗传工程马铃薯来减少总丙烯酰胺摄入量的程度取决于个人饮食习惯。此外，EPA 已经确定了丙烯酰胺的最大允许残留量，目前实际生活中接触到的含量通常低于这个值。

尽管低丙烯酰胺马铃薯仍然是美国放开管制的唯一一种更低食品毒素含量的遗传工程作物，但是其他更低天然毒素含量的遗传工程作物的审批也在进行中。"致命茄科"中的土豆和其他作物（茄科，包括番茄和茄子）可产生配糖生物碱，其中一些对人类有毒性（见本章 5.5.1 "植物内源毒素"）。Langkilde 等（2012）对具有较低含量茄碱、较高含量卡茄碱的马铃薯开展了化学组分和毒性分析。这项研究中使用叙利亚金黄仓鼠代替老鼠，因为仓鼠对配糖生物碱非常敏感。实验结果显示出了一些统计学上的显著性差异，但被认为不具有生物学意义。在这个问题上，目前的证据不足以证明低配糖生物碱马铃薯对人类更健康。

玉米籽粒上的镰刀菌和曲霉菌可产生剧毒化学物质（黄曲霉素和伏马菌素）（Bowers et al.，2014）。美国国家毒理学项目（2014 年）将黄曲霉素视为"基于医学研究的具有充分致癌性证据的人类致癌物"。黄曲霉素还与其他多个疾病相关，被认为是全球性的健康问题（Wild and Gong，2010）。伏马菌素可引起多种生理性失调或障碍，也可能致癌（IARC，2002）。多位研究人员曾报道，*Bt* 玉米中的伏马菌素含量显著低于多个常规玉米

---

[1] FDA 报告中丙烯酰胺含量是指个人购买的食品，并未根据单位间差异进行调整。

品种（Munkvold and Desjardins，1997；Bowers et al.，2014）。然而，*Bt* 玉米与黄曲霉素含量之间没有明显的相关性（Wiatrak et al.，2005；Abbas et al.，2007；Bowen et al.，2014）。

利用遗传工程技术研发抑制产生黄曲霉素的遗传工程玉米和花生（*Arachis hypogaea*）品种一直是研究的热点之一，但是至今仍然很难找到一个成功的解决方案（Bhatnagar-Mathur et al.，2015）。降低玉米和花生中黄曲霉素的含量必将给发展中国家公众的健康情况带来巨大益处（Williams et al.，2004；Wild and Gong，2010）。

发现：通过遗传工程手段降低食物中植物毒素的含量和人体摄入这些毒素的机会，从而改善人类的健康状况是有可能的。但是，没有足够的信息来评估这种可能性的大小。然而，通过遗传工程植物间接或直接减少食物中真菌毒素的产生和摄入，必然为世界上的贫困人口带来实质性的益处，因为这类人群通过食物摄入真菌毒素的量是最多的。

5.5.2　暴露于杀虫剂和除草剂对农民健康的影响

第4章提供的数据表明，种植某些 *Bt* 作物过程中杀虫剂的使用大大低于常规作物。预期杀虫剂使用量的减少将降低农田工作者对杀虫剂的暴露量，从而降低健康负担，这是符合逻辑的，在那些经常出现因喷洒杀虫剂而发生急性中毒事件的国家更是如此。Racovita 等（2015）回顾了来自中国、印度、巴基斯坦和南非关于 *Bt* 棉花的五项研究工作，这些研究工作的研究周期从一个生长季节到四个生长季节不等。所有研究结果都显示 *Bt* 棉田杀虫剂使用次数与非 *Bt* 棉田相比都有所下降。在中国，Huang 等（2002）的一项研究指出，*Bt* 棉花在生长季节使用杀虫剂处理 6.6 次，而非 *Bt* 棉花则使用了 19.8 次。且种植 *Bt* 棉花和非 *Bt* 棉花的农民农药中毒的发生频率在 1999 年分别为 5% 和 22%，在 2000年分别为 7% 和 29%，在 2001 年分别为 8% 和 12%。Kouser 和 Qaim（2011）在印度进行的一项研究中发现，棉田杀虫剂使用量整体上趋于降低：*Bt* 棉田平均施药 1.5 次，非 *Bt* 棉田平均施药 2.2 次。在这项研究中还报道了种植 *Bt* 棉花的农民每季度的中毒事件发生频率为 0.19 次，而种植常规棉花的农民此项数据为 1.6 次。Bennett 等（2006）研究了南非的棉农。在此项试验开始时，*Bt* 棉花在南非还没有被广泛应用，只有一部分农民种植了 *Bt* 棉花并减少了农药的施用量。这项研究根据医院的记录对总体农药中毒情况进行了研究；在 *Bt* 棉花种植前一年有 20 起棉农农药中毒事件，但在随后一年中仅有 4 起中毒事件，此时 *Bt* 棉花的种植比例已达到 60%。

上述研究以及其他研究（如 Huang et al.，2005；Dev and Rao，2007；Kouser and Qaim，2013）的结果都可用来预期：相较种植非 *Bt* 棉花，种植 *Bt* 棉花可降低农药中毒事件的发生频率。然而，Racovita 等（2015：15）仔细评估了上述每一项研究，发现了其中存在许多不足之处，并得出结论："种植遗传工程作物与农药中毒事件减少之间的联系应仍被视为是间接的。"不足之处包括，农药中毒事件的数量是基于农民对事件的回忆，有时距事件发生已经过去一年多，或者仅简单地根据医院记录统计的，如 Bennett 等（2006）的研究。另一个问题是，种植和未种植 *Bt* 棉花的农民在农药中毒风险规避意识上都可能存在差异。最后一点，有些研究关注的是农场主而不是农场工人，但是农场主并不参与农场作业。考虑到种植 *Bt* 作物这一问题的政治属性，Racovita 等（2015）呼吁进行更严谨的研究以解决先前研究的缺点。

美国和其他发达国家的农场工人暴露于杀虫剂和除草剂的风险要低于那些资源相对贫乏地区的农场工人。然而，在美国确实存在大量的农药暴露事件，且由此产生的影响往往引起全世界的关注。有关人体健康的前瞻性群体研究是流行病学研究的重要基准，由美国国家环境健康科学研究所资助的农业健康研究（AHS）使用这种方法评估了艾奥瓦州和北卡罗来纳州的私人和企业的农药使用者的健康情况。这项具有里程碑意义的研究产出了两篇有关草甘膦暴露和癌症发病率的同行评审论文（De Roos et al.，2005；Mink et al.，2012），以及一篇有关草甘膦暴露和非癌症类健康影响的同行评审文章（Mink et al.，2011）。De Roos 等（2005：49）得出的结论为："草甘膦暴露与癌症总发病率无关，且与研究中涉及的大多数癌症亚型发病率无关。"此项研究的数据还显示出草甘膦接触与多发性骨髓瘤之间存在较弱的相关性（病例数目很少），但在后续实验中却再未发现这种相关性（De Roos et al.，2005；Mink et al.，2012）。Mink 等（2012：440）在 AHS 群体研究后续实验的报告中指出："没有任何线性正相关趋势表明总癌症（成人或儿童）或任何特定部位的癌症发病率与草甘膦接触之间存在因果关系。"Mink 等（2011）曾回顾了草甘膦暴露对非癌症类人体健康的影响，包括呼吸系统疾病、糖尿病、心肌梗死、生殖和发育功能性疾病、类风湿性关节炎、甲状腺疾病和帕金森综合征。同时分析 AHS 研究中相关的群体、病例对照和代表性案例的研究结果，发现"没有证据表明任何疾病与草甘膦接触之间存在线性正相关的因果关系"。

发现：有证据表明，发展中国家种植 *Bt* 棉花与杀虫剂中毒事件频率下降相关。然而，需要更严谨的实验数据来弥补现有上述相关性研究的不足之处。

发现：一项由政府资助的有关美国农场工人健康状况的前瞻性研究说明喷施草甘膦并没有引起癌症或其他任何健康问题发生率的显著上升。

5.6　利用新兴遗传工程技术培育的食品安全性评价

5.6.1　提高遗传工程改造的精度和复杂性

在本委员会撰写这部分内容时，主要的商业化遗传工程作物都是农杆菌介导或基因枪技术介导的遗传工程事件，这两种转化技术均可引起外源基因半随机性地插入作物基因组。由于外源基因插入位点的随机性，其表达量在不同遗传工程株系间不一致。正是由于这种不稳定性，必须通过筛选大量的遗传工程植株以确定最佳的株系。美国的法规要求一种作物的遗传工程品种无论之前是否曾被批准释放，在该作物任何一个新转化事件释放前都必须重新申请并得到批准。此类要求在一定程度上是因为每次基因插入都有可能产生与插入位置相关的非预期效应。

如今，精确的基因组编辑技术已实现将单个或多个基因插入到基因组的特定目标位置，从而消除由于位置效应引起的性状差异（见第 7 章）。虽然这种精确性并不能完全消除体细胞变异的影响，但可以减少基因插入的非预期效应（在第 7 章中讨论）。

将全套外源代谢途径的基因转入作物可以改善食物营养成分。最简单的例子是同时转入仅含两个基因的代谢途径，如可产生维生素 A 前体的黄金大米。另一个复杂的例子是在植物体内合成鱼油（极长链不饱和脂肪酸），改善植物油的健康属性；根据受体物种的不同，这一过程需要在作物中转入少则 3 个、最多 9 个外源基因（Abbadi et al.，2004；Wu et al.，2005；Ruiz-Lopez et al.，2014）。如果这些外源基因都通过单独的遗传工程事件被整合在不同的染色体上，那么将需要多代杂交才能将它们全部集中到同一个遗传工程株系中。反之，如果能将所有的外源基因同时或一个接一个地插入染色体上同一个位点，它们就不会彼此分离，如此可实现将多个基因同时导入优良品种中。从食品安全的角度来看，将多个外源基因插入同一位点也可以确保整个代谢通路的顺利表达，从而持续合成正确的终产物。如今，新的遗传工程技术已经可以在一个载体上放置几个基因，在未来，这一数量将会大幅增加。

在未来，遗传工程应用的范围可能会远远超过改善食用油的属性。本委员会曾听某位报告人报道过有关旨在改善水稻整个光合途径（Weber，2014）以创造一种全新作物的研发项目（Zhu et al.，2010；Ruan et al.，2012）。本委员会还听科研人员谈过有兴趣研发可固氮的谷物作物。这些项目将在第 8 章中进一步讨论。虽然未来遗传改良技术的精确度可降低遗传工程过程中的非预期效应，但植物遗传变异的复杂性可能使上述遗传工程作物难以实质等同于其受体品系。

同样重要的是，在本委员会撰写此部分内容时，RNA 干扰（RNAi）介导的遗传工程作物正在争取商业化。EPA 召集了一个科学咨询小组来评估此类作物可能带来的危害。该小组得出结论："摄入的 RNA 在哺乳动物消化系统中可被大量降解，核糖核酸酶（RNase）和酸性物质一起可确保所有结构形式的 RNA 在整个消化过程中被完全降解。没有令人信服的证据表明，摄入的双链 RNA 会以一种可引起生理不良反应的结构形式被哺乳动物的肠道吸收（EPA，2014c：14）。"当本委员会撰写此部分内容时，RNAi 介导的遗传工程作物研发还是一项新技术。EPA 的小组提出了一些建议，包括检测可能影响双链 RNA 吸收和作用的因素，以及检测健康状况不佳的人群体内双链 RNA 的稳定性。

发现：现代遗传工程技术的精确性应能减少遗传工程植物中某些非预期效应的来源，从而简化食品安全性检验。然而，涉及代谢途径重大变化或插入多个植物抗性相关基因的遗传改良将使食品安全性评估复杂化，因为已知代谢途径的变化可对植物代谢产物产生非预期效应。

5.6.2 适于遗传改良的作物种类多样性

新兴遗传工程技术最广泛的影响可能来自适于遗传改良和商业化作物的多样性。本委员会在阅读综述文献时，商业化的遗传工程作物种类主要包括表达跨生物界基因的高产商用作物（玉米、大豆和棉花），但新兴遗传工程技术的应用范围更广，这些技术可以很容易地应用于任何能够在组织培养中再生的植物物种。此外，第 7 章中描述的新兴技术可以应用于任何一种基因（即便改变单个核苷酸都有可能获得期望的性状）。

因此，本委员会预计遗传工程粮食作物品种数量将大幅增加。未来的遗传工程作物可包括饲料作物（草和各种豆科植物），直接食用的豆类作物，加工后食用的豆类作物，各种蔬菜、草药、香料及芳香植物。遗传工程作物研发的新性状可能包括纤维含量（增加纤维含量或减少纤维含量以提高可消化性）、改善食用油品质、降低抗营养素含量、提高或稳定抗氧化剂（如类黄酮）和植物雌性激素（如异黄酮或木质素）等植物化学物质的含量，以及提高矿物质含量。某些性状将在第8章中做进一步介绍。

从食品安全的角度来看，新型遗传工程作物种类和转入性状的增加将带来更多挑战。首先，需要研究获得更好、更细致的常见农作物常规品种的化学组分和转录组属性的基线数据（见第7章）。如果作物产品不能用于试验动物饲料的主要组成部分，那么"全食品"动物饲喂试验的方案设计可能会成为更大的问题。动物饲料中玉米、稻米、大豆和其他谷物的比例可达到30%而不会对试验动物的健康状况产生不利影响。但是，在饲料中混入香料植物或一些蔬菜则不太可能达到这样的比例。如果能研发出新的、公众可接受的、不需要试验动物的检测方法将大有裨益（NRC，2007；Liebsch et al.，2011；Marx-Stoelting et al.，2015）。第9章中论述了根据新遗传工程作物或新遗传工程食品的新颖性，应用完全基于产品特点的监管和检测方法的潜在必要性。

发现：某些未来的遗传工程作物设计思路将与目前的遗传工程作物大不相同，并且可能不像目前商业化的遗传工程作物那样易于通过动物饲喂试验评估其食用安全性。

发现：迫切需要公益性资助的研究项目研发用于评估未来遗传工程产品安全性的新型分子评价技术，以便在新型遗传工程产品准备好商业化时提供准确的评估方案。

本 章 小 结

本委员会的目标是审查那些支持或否定与遗传工程食品相关的风险或效益的特定假设或声明的试验证据。正如本章开头所述，了解任何食物（无论是非遗传工程食品还是遗传工程食品）对健康的影响都是困难的。大多数植物次生代谢物的性质尚不清楚，单独分析不同食物对动物（包括人类）的影响具有挑战性。目前已有较完备的新型食品潜在致敏性的评估技术，但是这些技术仍然可能漏掉一些过敏原。然而，利用试验动物对遗传工程食品化学成分的研究表明，食用遗传工程食品对人类健康的风险不会比食用非遗传工程食品更高。虽然长期的流行病学研究并未直接应用到分析食用遗传工程食品带来的健康问题上，但是现有的时间序列流行病学数据并未显示食用遗传工程食品与任何人类疾病特别是慢性病相关。本委员会并未找到具有说服力的证据可以直接将任何不利健康因素归因于食用遗传工程食品。

检测食物组分的新技术（包括转录组技术、蛋白质组技术和代谢组技术）提供了广泛的、非靶向性的评估手段，可用于同时检测数以千计的植物RNA、蛋白质和化合物。当应用这些技术比较遗传工程植物与非遗传工程植物时，发现它们之间的差异往往小于常规作物不同品种间自然发生的差异。使用组学技术检测到的差异本身并不表示存在安全问题。

有证据表明，种植遗传工程抗虫作物可减少杀虫剂中毒和接触伏马菌素的频率，因此对人类健康有利。某些旨在有益于人类健康的遗传工程作物品种已经研发成功或正在研发过程中；然而，在本委员会撰写此部分内容时，此类遗传工程作物近期才进入人们的视野，尚未得到广泛种植，因此本委员会无法评估它们是否具有预期的效益。

利用新兴的遗传工程技术研发的新型遗传工程作物正处于商业化过程中。新兴技术带来的插入位点的精确性应该能够减少可能伴随遗传工程事件的非预期效应，从而可以简化食品安全检测过程。然而，涉及重大代谢途径变异或插入多个植物抗性相关基因的遗传改良将使食品安全性评价复杂化，因为已知代谢途径的变异将对植物代谢产物产生非预期效应。因此，需要公益性资助的研究项目研发用于评估未来遗传工程产品安全性的新型评价技术，以便在新型遗传工程产品准备商业化时提供准确的评价方案。

参 考 文 献

Abbadi，A.，F. Domergue，J. Bauer，J. A. Napier，R. Welti，U. Zähringer，P. Cirpus，and E. Heinz. 2004. Biosynthesis of very-long-chain polyunsaturated fatty acids in transgenic oilseeds：Constraints on their accumulation. Plant Cell 16：2734-2748.

Abbas，H. K.，W. T. Shier，and R. D. Cartwright. 2007. Effect of temperature，rainfall and planting date on aflatoxin and fumonisin contamination in commercial Bt and non-Bt maize hybrids in Arkansas. Phytoprotection 88：41-50.

Abraham，T. M.，K. M. Pencina，M. J. Pecina，and C. S. Fox. 2015. Trends in diabetes incidence：The Framingham heart study. Diabetes Care 38：482-487.

ADAS，2015. Strategy support for the post-market monitoring (PMM) of GM plants：Review of existing PPM strategies developed for the safety assessment of human and animal health. EFSA supporting publication 2014：EN-739.

Ahuja，I.，R. Kissen，and A. M. Bones. 2012. Phytoalexins in defense against pathogens. Trends in Plant Science 17：73-90.

American Association for the Advancement of Science. 2012. Statement by the AAAS Board of Directors on Labeling of Genetically Modified Foods. October 20. Available at http：//www. aaas. org/sites/default/files/AAAS _ GM _ statement. pdf. Accessed October 13，2015.

American Psychiatric Association. 2013. Diagnostic and Statistical Manual of Mental Disorders，Fifth Edition. Arlington，VA：American Psychiatric Publishing.

Amos，J. September 19，2012. French GM-fed Rat Study Triggers Furore. Online. BBC News. Available at http：//www. bbc. com/news/science-environment-19654825. Accessed December 13，2015.

An，R. 2015. Educational disparity in obesity among U. S. adults，1984-2013. Annals of Epidemiology 25：637-642.

Arjó，G.，T. Capell，X. Matias-Guiu，C. Zhu，P. Christou，and C. Piñol. 2012. Mice fed on a diet enriched with genetically engineered multivitamin corn show no sub-acute toxic effects and no sub-chronic toxicity. Plant Biotechnology Journal 10：1026-1034.

Astwood，J. D.，J. N. Leach，and R. L. Fuchs. 1996. Stability of food allergens to digestion in vitro. Nature Biotechnology 14：1269-1273.

Bartholomaeus，A.，W. Parrott，G. Bondy，and K. Walker. 2013. The use of whole food animal studies in the safety assessment of genetically modified crops：Limitations and recommendations. Critical Reviews in Toxicology 43：1-24.

Belknap，J. K.，S. R. Mitchell，L. A. O'Toole，M. L. Helms，and J. C. Crabbe. 1996. Type I and type II error rates for quantitative trait loci (QTL) mapping studies using recombinant inbred mouse strains. Behavior Genetics 26：

149-160.

Bennett，R.，S. Morse，and Y. Ismael. 2006. The economic impact of genetically modified cotton on South African smallholders: Yield, profit and health effects. Journal of Development Studies 42: 662-677.

Berry，C. 2013. Letter to the Editor. Food and Chemical Toxicology 53: 445-446.

Bhatnagar-Mathur，P.，S. Sunkara，M. Bhatnagar-Panwar，F. Waliyar，and K. K. Sharma. 2015. Biotechnological advances for combating Aspergillus flavus and aflatoxin contamination in crops. Plant Science 234: 119-132.

Birol，E.，J. V. Meenakshi，A. Oparinde，S. Perez，and K. Tomlins. 2015. Developing country consumers' acceptance of biofortified foods: A synthesis. Food Security 7: 555-568.

Bøhn，T.，M. Cuhra，T. Traavik，M. Sanden，J. Fagan，and R. Primicerio. 2014. Compositional differences in soybeans on the market: Glyphosate accumulates in Roundup Ready GM soybeans. Food Chemistry 153: 207-215.

Boobis，A. R.，B. C. Ossendorp，U. Banasiak，P. Y. Hamey，I. Sebestyen，and A. Moretto. 2008. Cumulative risk assessment of pesticide residues in food. Toxicology Letters 180: 137-150.

Bowen，K. L.，K. L. Flanders，A. K. Hagan，and B. Ortiz. 2014. Insect damage, aflatoxin content, and yield of Bt corn in Alabama. Journal of Economic Entomology 107: 1818-1827.

Bowers，E.，R. Hellmich，and G. Munkvold. 2014. Comparison of fumonisn contamination using HPLC and ELISA methods in *Bt* and near-isogenic maize hybrids infested with European corn borer or Western bean cutworm. Journal of Agricultural and Food Chemistry 62: 6463-6472.

Brigulla，M.，and W. Wackernagel. 2010. Molecular aspects of gene transfer and foreign DNA acquisition in prokaryotes with regard to safety issues. Applied Microbiology and Biotechnology 86: 1027-1041.

Brix，A. E.，A. Nyska，J. K. Haseman，D. M. Sells，M. P. Jokinen，and N. J. Walker. 2005. Incidences of selected lesions in control female Harlan Sprague-Dawley rates from twoyear studies performed by the National Toxiology Program. Toxicologic Pathology 33: 477-483.

Brouk，M. J.，B. Cvetkovic，D. W. Rice，B. L. Smith，M. A. Hinds，F. N. Owens，C. Iiams，and T. E. Sauber. 2011. Performance of lactating dairy cows fed corn as whole plant silage and grain produced from genetically modified corn containing event DAS-59122-7 compared to a nontransgenic, near-isogenic control. Journal of Dairy Science 94: 1961-1966.

Bush，R. K.，S. L. Taylor，J. A. Nordlee，and W. W. Busse. 1985. Soybean oil is not allergenic to soybean-sensitive individuals. Journal of Allergy and Clinical Immunology 76: 242-245.

Butler，D. October 11，2012. Hyped GM Maize Study Faces Growing Scrutiny. Online. Nature. Available at http://www. nature. com/news/hyped-gm-maize-study-faces-growingscrutiny-1. 11566. Accessed December 13，2015.

Buzoianu，S. G.，M. C. Walsh，M. C. Rea，O. O'Donovan，E. Gelencsér，G. Ujhelyi，E. Szabó，A. Nagy，R. P. Ross，G. E. Gardiner，and P. G. Lawlor. 2012a. Effects of feeding Bt maize to sows during gestation and lactation on maternal and offspring immunity and fate of transgenic material. PLoS ONE 7: e47851.

Buzoianu，S. G.，M. C. Walsh，M. C. Rea，J. P. Cassidy，R. P. Ross，G. E. Gardiner，and P. G. Lawlor. 2012b. Effect of feeding genetically modified Bt MON810 maize to approximately 40-day-old pigs for 110 days on growth and health indicators. Animal 6: 1609-1619.

Buzoianu，S. G.，M. C. Walsh，M. C. Rea，O. O'Sullivan，F. Crispie，P. D. Cotter，P. R. Ross，G. E. Gardiner，and P. G. Lawlor. 2012c. The effect of feeding Bt MON810 maize to pigs for 110 days on intestinal microbiota. PLoS One 7: e33668.

Buzoianu，S. G.，M. C. Walsh，M. C. Rea，O. O'Sullivan，F. Crispie，P. D. Cotter，P. R. Ross，G. E. Gardiner，and P. G. Lawlor. 2012d. High-throughput sequence-based analysis of the intestinal microbiota of weanling pigs fed genetically modified MON810 maize expressing *Bacillus thuringiensis* Cry1Ab (Bt maize) for 31 days. Applied and Environmental Microbiology 78: 4217-4224.

Buzoianu，S. G.，M. C. Walsh，M. C. Rea，L. Quigley，O. O'Sullivan，P. D. Cotter，R. P. Ross，G. E. Gardiner，and P. G. Lawlor. 2013a. Sequence-based analysis of the intestinal Microbiota of sows and their offspring fed genetically modified maize expressing a truncated form of *Bacillus thuringiensis* Cry1Ab protein（Bt Maize）．Applied and Environmental Microbiology 79：7735-7744.

Buzoianu，S. G.，M. C. Walsh，M. C. Rea，J. P. Cassidy，T. P. Ryan，P. R. Ross，G. E. Gardiner，and P. G. Lawlor. 2013b. Transgenerational effects of feeding genetically modified maize to nulliparious sows and offspring on offspring growth and health. Journal of Animal Science 91：318-330.

CAC（Codex Alimentarius Commission）．2003. Guideline for the Conduct of Food Safety Assessment of Foods Using Recombinant DNA Plants. Doc CAC/GL 45-2003. Rome：World Health Organization and Food and Agriculture Organization.

CAC（Codex Alimentarius Commission）．2008. Annex 2：Food Safety Assessment of Foods Derived from Recombinant-DNA Plants Modified for Nutritional or Health Benefits in Guideline for the Conduct of Food Safety Assessment of Foods Using Recombinant DNA Plants. Doc CAC/GL 45-2003. Rome：World Health Organization and Food and Agriculture Organization.

CAC（Codex Alimentarius Commission）．2009. Foods Derived from Modern Biotechnology. Rome：World Health Organization and Food and Agriculture Organization.

Callahan，P. January 28，2016. Court clears way for revival of worrisome weedkiller. EPA nixes approval of Enlist Duo weed killer. Online. Chicago Tribune. Available at http：//www. chicagotribune. com/news/watchdog/ct-dow-enlist-duo-court-ruling-20160127-. Accessed March 21，2016.

Calsamiglia，S.，B. Hernandez，G. F. Hartnell，and R. Phipps. 2007. Effects of corn silage derived from a genetically modified variety containing two transgenes on feed intake，milk production，and composition，and the absence of detectable transgenic deoxyribonucleic acid in milk in Holstein dairy cows. Journal of Dairy Science 90：4718-4723.

Catassi，C.，D. Kryszak，B. Bhatti，C. Strugeon，K. Helzlsouer，S. L. Clipp，D. Gelfond，E. Puppa，A. Sferruzza，and A. Fasano. 2010. Natural history of celiac disease autoimmunity in a USA cohort followed since 1974. Annals of Medicine 42：530-538.

CDC（Centers for Disease Control and Prevention）．2014. Prevalence of autism spectrum disorder among children aged 8 years—autism and developmental disabilities monitoring network，11 sites，United States，2010. Morbidity and Mortality Weekly Report 63：1-21.

Coresh，J.，B. C. Astor，T. Greene，G. Eknoyan，and A. S. Levey. 2003. Prevalence of chronic kidney disease and decreased kidney function in the adult US population：Third national health and nutrition examination survey. American Journal of Kidney Diseases 41：1-12.

Coresh，J.，E. Selvin，L. A. Stevens，J. Manzi，J. W. Kusek，P. Eggers，F. Van Lente，and A. S. Levey. 2007. Prevalence of Chronic Kidney Disease in the United States. Journal of the American Medical Association 298：2038-2047.

Costa，J.，I. Mafra，J. S. Amaral，and M. B. P. P. Oliveira. 2010a. Detection of genetically modified soybean DNA in refined vegetable oils. European Food Research and Technology 230：915-923.

Costa，J.，I. Mafra，J. S. Amaral，and M. B. P. P. Oliveira. 2010b. Monitoring genetically modified soybean along the industrial soybean oil extraction and refining processes by polymerase chain reaction techniques. Food Research International 43：301-306.

Council on Science and Public Health of the American Medical Association House of Delegates. 2012. Report 2（A-12）．Labeling of Bioengineered Foods（Resolutions 508 and 509-A-11）．Available at http：//factsaboutgmos. org/sites/default/files/AMA%20Report. pdf. Accessed March 12，2016.

Datta，S. K.，K. Datta，V. Parkhi，M. Rai，N. Baisakh，G. Sahoo，S. Rehana，A. Bandyopadhyay，M. Alamgir，M. S. Ali，E. Abrigo，N. Oliva，and L. Torrizo. 2007. Golden Rice：Introgression，breeding，and field evaluation. Euphytica 154：271-278.

David，L. A.，C. F. Maurice，R. N. Carmody，D. B. Gootenberg，J. E. Button，B. E. Wolfe，A. V. Ling，A. S. Devlin，Y. Varma，M. A. Fischbach，S. B. Biddinger，R. J. Dutton，and P. J. Turnbaugh. 2014. Diet rapidly and reproducibly alters the human gut microbiome. Nature 505: 559-563.

Davis, R. K., G. T. Stevenson, and K. A. Busch. 1956. Tumor incidence in normal Sprague-Dawley female rats. Cancer Research 16: 194-197.

DeFrancesco, L. 2013. How safe does transgenic food need to be? Nature Biotechnology 31: 794-802.

de Luis, R., M. Lavilla, L. Sanchez, M. Calvo, and M. D. Perez. 2009. Immunochemical detection of Cry1A (b) protein in model processed foods made with transgenic maize. European Food Research and Technology 229: 15-19.

De Moura, F. F., A. Miloff, and E. Boy. 2015. Retention of provitamin A carotenoids in staple crops targeted for bio-fortification in Africa: Cassava, maize and sweet potato. Critical Reviews in Food Science and Nutrition 55: 1246-1269.

De Roos, A. J., A. Blair, J. A. Rusiecki, J. A. Hoppin, M. Svec, M. Dosemeci, D. P. Sandler, and M. C. Alavanja. 2005. Cancer incidence among glyphosate-exposed pesticide applicators in the Agricultural Health Study. Environmental Health Perspective 113: 49-54.

Demont, M., and A. J. Stein. 2013. Global value of GM rice: A review of expected agronomic and consumer benefits. New Biotechnology 30: 426-436.

Dethlefsen, L., and D A. Relman. 2011. Incomplete recovery and individualized responses of the human distal gut microbiota to repeated antibiotic perturbation. Proceedings of the National Academy of Sciences of the United States of America 108: 4554-4561.

Dev, M. S., and N. C. Rao. 2007. Socio-economic Impact of Bt Cotton. Monograph No. 3. Hyderabad: Centre for Economic and Social Studies.

Diaz, C., C. Fernandez, R. McDonald, and J. M. Yeung. 2002. Determination of Cry9C protein in processed foods made with StarLink™corn. Journal of AOAC International 85: 1070-1076.

Dinse, G. E., S. D. Peddada, S. F. Harris, and S. A. Elmore. 2010. Comparison of NTP historical control tumor incidence rates in female Harlan Sprague-Dawley and Fischer 344/N rats. Toxicologic Pathology 38: 765-775.

Dixon, R. A. 2001. Natural products and disease resistance. Nature 411: 843-847.

Dixon, R. A. 2004. Phytoestrogens. Annual Review of Plant Biology 55: 225-261.

Domingo, J. L., and J. G. Bordonaba. 2011. A literature review on the safety assessment of genetically modified plants. Environment International 37: 734-742.

Dona, A., and I. S. Arvanitoyannis. 2009. Health risks of genetically modified foods. Critical Reviews in Food Science and Nutrition 49: 164-175.

Duke, S. O., A. M. Rimando, P. F. Pace, K. N. Reddy, and R. J. Smeda. 2003. Isoflavone, glyphosate, and aminomethylphosphonic acid levels in seeds of glyphosate-treated, glyphosate resistant soybean. Journal of Agricultural and Food Chemistry 51: 340-344.

Dung, L. T., and L. H. Ham. 2013. Comments on "Long term toxicity of a Roundup herbicide and a Roundup-tolerant genetically modified maize." Food and Chemical Toxicology 53: 443-444.

Dunn, O. J. 1961. Multiple comparisons among means. Journal of the American Statistical Association 56: 52-64.

EC (European Commission). 2010a. A Decade of EU-funded GMO Research (2001. 2010). Brussels: European Commission.

EC (European Commission). 2010b. Directive 2010/63/EU of the European Parliament and of the Council of 22 September 2010 on the protection of animals used for scientific purposes. Official Journal of the European Union 276: 33-79.

EC (European Commission). 2013. Commission implementing regulation (EU) No 503/2013 of 3 April 2013 on applications for authorisation of genetically modified food and feed in accordance with Regulation (EC) No 1829/2003 of the European Parliament and of the Council and amending Commission Regulations (EC) No 641/2004 and (EC) No 1981/2006. Official Journal of the European Union 157: 1-48.

EFSA (European Food Safety Authority). 2007. Statement of the Scientific Panel on Genetically Modified Organisms on the Analysis of Data from a 90-day Rat Feeding Study with MON 863 Maize. Available at http://www.

efsa. europa. eu/sites/default/files/scientific _ output/files/main _ documents/GMO _ statement _ MON863% 2C0. pdf. Accessed December 13，2015.

EFSA (European Food Safety Authority). 2010. Scientific opinion on the assessment of allergenicity of GM plants and microorganisms and derived food and feed. EFSA Journal 8：1700.

EFSA (European Food Safety Authority). 2011a. Guidance on risk assessment of food and feed from genetically modified plants. EFSA Journal 9：2150.

EFSA (European Food Safety Authority). 2011b. Scientific opinion on guidance on conducting repeated-dose 90-day oral toxicity study in rodents on whole food/feed. EFSA Journal 9：2438.

EFSA (European Food Safety Authority). 2011c. Statistical significance and biological relevance. EFSA Journal 9：2372.

EFSA (European Food Safety Authority). 2012. Review of the Séralini et al. (2012) publication on a 2-year rodent feeding study with glyphosate formulations and GM maize NK603 as published online on 19 September 2012 in Food and Chemical Toxicology. EFSA Journal 10：2910.

EFSA (European Food Safety Authority). 2013. Scientific Opinion on application EFSAGMO-NL-2007-45 for the placing on the market of herbicide-tolerant，high-oleic acid，genetically modified soybean 305423 for food and feed uses，import and processing under Regulation (EC) No 1829/2003 from Pioneer. EFSA Journal 11：3499.

EFSA (European Food Safety Authority). 2015. Conclusion on the peer review of the pesticide risk assessment for the active substance glyphosate. EFSA Journal 13：4302.

Einspanier，R. 2013. The fate of transgenic DNA and newly expressed proteins. Pp. 130-139 in Animal Nutrition with Transgenic Plants，G. Flachowsky，ed. Oxfordshire：UK：CABI Biotechnology Series.

El Ouakfaoui，S.，and B. Miki. 2005 The stability of the *Arabidopsis* transcriptome in transgenic plants expressing the marker genes *nptII* and *uidA*. Plant Journal 41：791-800.

Entine，J. 2014. A Science-based Look at Genetically Engineered Crops. Presentation to the National Academy of Sciences' Committee on Genetically Engineered Crops：Past Experience and Future Prospects，September 16，Washington，DC.

EPA (U. S. Environmental Protection Agency). 1989. Good laboratory practice standards. Federal Register 54：34067.

EPA (U. S. Environmental Protection Agency). 2001a. *Bacillus thuringiensis* subspecies Cry1F Protein and the Genetic Material Necessary for Its Production (Plasmid Insert PHI 8999) in Corn. Available at http：//ofmpub. epa. gov/ apex/pesticides/f？p=chemicalsearch：3：0：：no：1，3，31，7，12，25：p3 _ xchemical _ id：1322. Accessed October 10，2015.

EPA (U. S. Environmental Protection Agency). 2001b. EPA Releases Draft Report on Starlink corn. Online. EPA Press Release. Available at https：//yosemite. epa. gov/opa/admpress. nsf/blab9f485b098972852562e7004dc686/cd90138019 73259885256a0800710574？Open Document. Accessed March 12，2016.

EPA (U. S. Environmental Protection Agency). 2013. Glyphosate；Pesticide tolerances. Federal Register 78：25396-25401.

EPA (U. S. Environmental Protection Agency). 2014a. Final Registration of Enlist Duo™ Herbicide. October 15. Available at http：//www2. epa. gov/sites/production/files/2014-10/documents/final_registration_-_enlist_duo. pdf. Accessed October 13，2015.

EPA (U. S. Environmental Protection Agency). 2014b. Memorandum：Response to Public Comments Received Regarding New Uses of Enlist Duo™ on Corn and Soybeans. October 14. Available at http：//www2. epa. gov/sites/production/files/2014-10/documents/response _ to _ comments. pdf. Accessed October 10，2015.

EPA (U. S. Environmental Protection Agency). 2014c. SAP Minutes No. 2014-02，A Set of Scientific Issues Being Considered by the Environmental Protection Agency Regarding：RNAi Technology：Problem Formulation for Human Health and Ecological Risk Assessment. Available at https：//www. epa. gov/sites/production/files/2015-06/documents/012814minutes. pdf. Accessed March 13，2016.

EPA (U. S. Environmental Protection Agency). 2015. EDSP Weight of Evidence Analysis of Potential Interaction with the Estrogen, Androgen, or Thyroid Pathway; Chemical: Glyphosate. Available at https://www. epa. gov/sites/ production/files/2015-06/documents/glyphosate-417300 _ 2015-06-29 _ txr0057175. pdf. Accessed March 13, 2016.

Fagan, J., M. Antoniou, and C. Robinson. 2014. GMO Myths and Truths. London: Earth Open Source.

Fasano, A., I. Berti, T. Gerarduzzi, T. Not, R. B. Colletti, S. Drago, Y. Elitsur, P. H. Green, S. Guandalini, I. D. Hill, and M. Pietzak. 2003. Prevalence of celiac disease in at-risk and not-at-risk groups in the United States: A large multicenter study. Archives of Internal Medicine 163: 286-292.

FDA (U. S. Food and Drug Administration). 1979. Good Laboratory Practice Regulations Management Briefings: Post Conference Report. Rockville, MD: FDA.

FDA (U. S. Food and Drug Administration). 2000a, revised 2007. Guidance for Industry and Other Stakeholders: Toxicological Principles for the Safety Assessment of Food Ingredients (Redbook 2000). Available at http:// www. fda. gov/Food/GuidanceRegulation/GuidanceDocumentsRegulatoryInformation/IngredientsAdditivesGRASPac kaging/ucm2006826. htm. Accessed October 29, 2015.

FDA (U. S. Food and Drug Administration). 2000b, revised 2006. Survey Data on Acrylamide in Food: Total Diet Study Results. Available at http://www. fda. gov/Food/FoodborneIllnessContaminants/ChemicalContaminants/ucm 053566. htm. Accessed October 30, 2015.

FDA (U. S. Food and Drug Administration). 2002, revised 2006. Survey Data on Acrylamide in Food: Individual Food Products. Available at http://www. fda. gov/food/foodborneillnesscontaminants/chemicalcontaminants/ucm 053549. htm. Accessed December 22, 2015.

FDA (U. S. Food and Drug Administration). 2013. Biotechnology Consultation Note to the File BNF No. 000133. December 16. Available at http://www. fda. gov/Food/FoodScienceResearch/GEPlants/Submissions/ucm382207. htm. Accessed October 29, 2015.

FDA (U. S. Food and Drug Administration). 2015. Biotechnology Consultation Agency Response Letter BNF No. 000141. March 20. Available at http://www. fda. gov/Food/FoodScienceResearch/GEPlants/Submissions/ucm436169. htm. Accessed October 30, 2015.

Fernandez, A., E. N. C. Mills, M. Lovik, A. Spök, A. Germini, A. Mikalsen, and J. M. Wal. 2013. Endogenous allergens and compositional analysis in the allergenicity assessment of genetically modified plants. Food and Chemical Toxicology 62: 1-6.

Feron, V. J., and J. P. Groten. 2002. Toxicological evaluation of chemical mixtures. Food and Chemical Toxicology 40: 825-839.

Ferruzzi, M. G. 2010. The influence of beverage composition on delivery of phenolic compounds from coffee and tea. Physiology & Behavior 100: 33-41.

Finamore, A., M. Roselli, S. Britti, G. Monastra, R. Ambra, A. Turrini, and E. Mengheri. 2008. Intestinal and peripheral immune response to MON810 maize ingestion in weaning and old mice. Journal of Agricultural and Food Chemistry 56: 11533-11539.

Folta, K. 2014. Letter to the Editor. Food and Chemical Toxicology 65: 392.

Fonseca, C., S. Planchon, J. Renaut, M. M. Oliveira, and R. Batista. 2012. Characterization of maize allergens— MON810 vs. its non-transgenic counterpart. Journal of Proteomics 75: 2027-2037.

Forouzanfar, M. H., K. J. Foreman, A. M. Delossantos, R. Lozano, A. D. Lopez, C. J. L. Murray, and M. Naghavi. 2011. Breast and cervical cancer in 187 countries between 1980 and 2010: A systematic analysis. Lancet 378: 1461-1484.

Franz J. E., M. K. Mao, and J. A. Sikorski. 1997. Glyphosate: A Unique Global Herbicide. ACS Monograph 189. Washington, DC: American Chemical Society.

Friedman, M. 2006. Potato glycoalkaloids and metabolites: Roles in the plant and in the diet. Journal of Agricultural and Food Chemistry 54: 8655-8681.

Fryar, C. D., M. D. Carroll, and C. L. Ogden. 2014. Prevalence of overweight, obesity, and extreme obesity among adults: United States, 1960-1962 through 2011-2012. Available at http://www. cdc. gov/nchs/data/hestat/obesity _ adult _ 11 _ 12/obesity _ adult _ 11 _ 12. pdf. Accessed October 13, 2015.

FSANZ (Food Standards Australia New Zealand). 2013. GM Food Labelling. Available at http://www. foodstan-dards. gov. au/consumer/gmfood/labelling/Pages/default. aspx. Accessed December 22, 2015.

Fukushima, A. , M. Kusano, R. F. Mejia, M. Iwasa, M. Kobayashi, M. Hayashi, A. Watanabe-Takahashi, T. Na-risawa, T. Tohge, M. Hur, E. Sykin Wurtele, B. J. Nikolau, and K. Saito. 2014. Metabolomic characterization of knockout mutants in Arabidopsis: Development of a metabolite profiling database for knockout mutants in Arabidop-sis. Plant Physiology 165: 948-961.

Furgal-Dierżuk, I. , J. Strzetelski, M. Twardowska, K. Kwiatek, and M. Mazur. 2015. The effect of genetically modi-fied feeds on productivity, milk composition, serum metabolite profiles and transfer of tDNA into milk of cows. Journal of Animal and Feed Sciences 24: 19-30.

Gannon, B. , C. Kaliwile, S. A. Arscott, S. Schmaelzle, J. Chileshe, N. Kalungwana, M. Mosonda, K. Pixley, C. Masi, and S. A. Tanumihardjo. 2014. Biofortified orange maize is as efficacious as a vitamin A supplement in Zambian children even in the presence of high liver reserves of vitamin A: A community-based, randomized placebo-con-trolled trial. American Journal of Clinical Nutrition 100: 1541-1550.

García-Villalba, R. , C. León, G. Dinelli, A. Segura-Carretero, A. Fernández-Gutiérrez, V. Garcia-Cañas, and A. Cifuentes. 2008. Comparative metabolomic study of transgenic versus conventional soybean using capillary electro-phoresis-time-of-flight mass spectrometry. Journal of Chromatography A 1195: 164-173.

Gasnier, C. , C. Dumont, N. Benachour, E. Clair, M. C. Chagnon, and G. -É. Séralini. 2009. Glyphosate-based herbi-cides are toxic and endocrine disruptors in human cell lines. Toxicology 262: 184-191.

Goodman, R. 2015. Evaluating GE Food Sources for Risks of Allergy: Methods, Gaps and Perspective. Presentation to the National Academy of Sciences' Committee on Genetically Engineered Crops: Past Experience and Future Pros-pects, March 5, Washington, DC.

Goodman, R. E. , R. Panda, and H. Ariyarathna. 2013. Evaluation of endogenous allergens for the safety evaluation of genetically engineered food crops: Review of potential risks, test methods, examples and relevance. Journal of Agri-cultural and Food Chemistry 61: 8317-8332.

Graf, L. , H. Hayder, and U. Mueller. 2014. Endogenous allergens in the regulatory assessment of genetically engi-neered crops. Food and Chemical Toxicology 73: 17-20.

Green, P. H. , and C. Cellier. 2007. Celiac disease. New England Journal of Medicine 357: 1731-1743.

Guertler, P. , V. Paul, C. Albrecht, and H. H. D. Meyer. 2009. Sensitive and highly specific quantitative real-time PCR and ELISA for recording a potential transfer of novel DNA and Cry1Ab protein from feed into bovine milk. Analytical and Bioanalytical Chemistry 393: 1629-1638.

Gupta. R. , A. Sheikh, D. P. Strachan, and H. R. Anderson. 2007. Time trends in allergic disorders in the UK. Thorax 62: 91-96.

Guyton, K. Z. , D. Loomis, Y. Grosse, F. E. Ghissassi, L. Benbrahim-Tallaa, N. Guha, C. Scoccianti, H. Mattock, and K. Straif. 2015. Carcinogenicity of tetrachlorvinphos, parathion, malathion, diazinon, and glyphosate. Lancet Oncology 16: 490-491.

Halle, I. , and G. Flachowsky. 2014. A four-generation feeding study with genetically modified (Bt) maize in laying hens. Journal of Animal and Feed Sciences 23: 58-63.

Hammond, B. , R. Dudek, J. Lemen, and M. Nemeth. 2004. Results of a 13 week safety assurance study with rats fed grain from glyphosate tolerant corn. Food and Chemical Toxicology 42: 1003-1014.

Hammond, B. G. , R. Dudek, J. K. Lemen, and M. A. Nemeth. 2006. Results of a 90-day safety assurance study with rats fed grain from corn borer-protected corn. Food and Chemical Toxicology 44: 1092-1099.

Hammond, B. , D. A. Goldstein, and D. Saltmiras. 2013. Response to original research article, "Long term toxicity of a Roundup herbicide and a Roundup-tolerant genetically modified maize. " Food and Chemical Toxicology 53:

459-464.

Hayes，A. W. 2014. Retraction notice to "Long term toxicity of a Roundup herbicide and a Roundup-tolerant genetically modified maize." Food and Chemical Toxicology 63：244.

He，X. Y. ，K. L. Huang，X. Li，W. Qin，B. Delaney，and Y. B. Luo. 2008. Comparison of grain from corn rootworm resistant transgenic DAS-59122-7 maize with non-transgenic maize grain in a 90-day feeding study in Sprague-Dawley rats. Food and Chemical Toxicology 46：1994-2002.

He，X. Y. ，Z. Mao，Y. B. Tang，X. Luo，S. S. Li，J. Y. Cao，B. Delaney，and L. H. Kun. 2009. A 90-day toxicology study of transgenic lysine-rich maize grain（Y642）in Sprague-Dawley rats. Food and Chemical Toxicology 47：425-432.

Health Canada. 1999. Novel Food Information—Food Biotechnology，High Lauric Acid Canola Lines 23-198，23-18-17. Available at http：//www. hc-sc. gc. ca/fn-an/alt _ formats/hpfb-dgpsa/pdf/gmf-agm/ofb-096-100-a-eng. pdf. Accessed May 11，2016.

Health Canada. 2015. Proposed Re-evaluation Decision PRVD2015-01，Glyphosate. Available at http：//www. hc-sc. gc. ca/cps-spc/pest/part/consultations/ _ prvd2015-01/prvd2015-01-eng. php. Accessed March 13，2016.

Hefferon，K. L. 2015. Nutritionally enhanced food crops：Progress and perspectives. International Journal of Molecular Sciences 16：3895-3914.

Hellenas，K. E. ，C. Branzell，H. Johnsson，and P. Slanina. 1995. High levels of glycoalkaloids in the established Swedish potato variety Magnum Bonum. Journal of the Science of Food and Agriculture 23：520-523.

Herman，R. A. and W. D. Price. 2013. Unintended compositional changes in genetically modified（GM）crops：20 years of research. Journal of Agricultural and Food Chemistry 61：11695-11701.

Herman，R. A. ，N. P. Storer，and Y. Gao. 2006. Digestion assays in allergenicity assessment of transgenic proteins. Environmental Health Perspectives 114：1154-1157.

Hernández，A. F. ，T. Parrón，A. M. Tsatsakis，M. Requena，R. Alarcón，and O. López-Guarnido. 2013. Toxic effects of pesticide mixtures at a molecular level：Their relevance to human health. Toxicology 307：136-145.

Hidalgo，F. J. ，and R. Zamora. 2006. Peptides and proteins in edible oils：Stability，allergenicity，and new processing trends. Trends in Food Science & Technology 17：56-63.

Hilbeck，A. ，R. Binimelis，N. Defarge，R. Steinbrecher，A. Székács，F. Wickson，M. Antoniou，P. L. Bereano，E. A. Clark，M. Hansen，E. Novotny，J. Heinemann，H. Meyer，V. Shiva，and B. Wynne. 2015. No scientific consensus on GMO safety. Environmental Sciences Europe 27：4.

Hohlweg，U. ，and W. Doerfler. 2001. On the fate of plant or other foreign genes upon the uptake in food or after intramuscular injection in mice. Molecular Genetics and Genomics 265：225-233.

Hotz，C. ，C. Loechl，A. Lubowa，J. K. Tumwine，G. Ndeezi，A. Nandutu Masawi，R. Baingana，A. Carriquiry，A. de Brauw，J. V. Meenakshi，and D. O. Gilligan. 2012a. Introduction of beta-carotene-rich orange sweet potato in rural Uganda resulted in increased vitamin A intakes among children and women and improved vitamin A status among children. Journal of Nutrition 142：1871-1880.

Hotz，C. ，C. Loechl，A. de Brauw，P. Eozenou，D. Gilligan，M. Moursi，B. Munhaua，P. van Jaarsveld，A. Carriquiry，and J. V. Meenakshi. 2012b. A large-scale intervention to introduce orange sweet potato in rural Mozambique increases vitamin A intakes among children and women. British Journal of Nutrition 108：163-176.

Huang，J. ，R. Hu，C. Fan，C. E. Pray，and S. Rozelle. 2002. Bt cotton benefits，costs，and impacts in China. AgBioForum 5：153-166.

Huang，J. ，R. Hu，S. Rozelle，and C. Pray. 2005. Insect-resistant GM rice in farmers' fields：Assessing productivity and health effects in China. Science 308：688-690.

IARC（International Agency for Research on Cancer）. 2002. IARC Monographs on the Evaluation of Carcinogenic Risks to Humans Volume 82：Some Traditional Herbal Medicines，Some Mycotoxins，Naphthalene，and Styrene. Lyon，France：IARC.

IARC (International Agency for Research on Cancer). 2006. IARC Monographs on the Evaluation of Carcinogenic Risks to Humans Volume 88: Formaldehyde, 2-Butoxyethanol, and 1-*tert*-Butoxypropan-2-ol. Lyon, France: IARC.

IARC (International Agency for Research on Cancer). 2015. Glyphosate. Part of Volume 112 in International Agency for Research on Cancer Monographs on the Evaulation of Carcinogenic Risks to Humans: Some Organophosphate Insecticides and Herbicides: Diazinon, Glyphosate, Malathion, Parathion, and Tetrachlorvinphos. Available at http://monographs. iarc. fr/ENG/Monographs/vol112/mono112-09. pdf. Accessed December 20, 2015.

Ibáñanez, C. , C. Simó, V. García-Cañas, T. Acunha, and A. Cifuentes. 2015. The role of direct high-resolution mass spectrometry in foodomics. Analytical and Bioanalytical Chemistry 407: 6275-6287.

Jackson, K. D. , L. D. Howie, and L. J. Akinbami. 2013. Trends in allergenic conditions among children: United States 1997—2011. NCHS Data Brief 121: 1-8.

Jaffe, G. 2014. Issues for the Committee on Genetically Engineered Crops to Consider. Presentation to the National Academy of Sciences' Committee on Genetically Engineered Crops: Past Experience and Future Prospects, September 16, Washington, DC.

John, B. 2014. Letter to the Editor. Food and Chemical Toxicology 65: 391.

Johnson, N. July 1, 2014. Retracted Roundup-fed Rat Research Republished. Online. The Grist. Available at http://grist. org/food/retracted-roundup-fed-rat-research-republished/. Accessed December 13, 2015.

Jones, Y. M. , and A. De Brauw. 2015. Using Agriculture to Improve Child Health: Promoting Orange Sweet Potatoes Reduces Diarrhea. World Development 74: 15-24.

Joshi, L. , J. M. van Eck, K. Mayo, R. G. Silvestro, M. E. Blake, T. Ganapathi, V. Haridas, J. U. Gutterman, and C. J. Arntzen. 2002. Metabolomics of plant saponins: Bioprospecting triterpene glycoside diversity with respect to mammalian cell targets. OMICS A Journal of Integrative Biology 6: 235-246.

Keese, P. 2008. Risks from GMOs due to horizontal gene transfer. Environmental Biosafety Research 7: 123-149.

Kilic, A. , and M. T. Akay. 2008. A three-generation study with genetically modified Bt corn in rats: Biochemical and histopathological investigation. Food and Chemical Toxicology 46: 1164-1170.

Knudsen, I. , and M. Poulsen. 2007. Comparative safety testing of genetically modified foods in a 90-day rat feeding study design allowing the distinction between primary and secondary effects of the new genetic event. Regulatory Toxicology and Pharmacology 49: 53-62.

Kouser, S. , and M. Qaim. 2011. Impact of Bt cotton on pesticide poisoning in smallholder agriculture: A panel data analysis. Ecological Economics 70: 2105-2113.

Kouser, S. , and M. Qaim. 2013. Valuing financial, health, and environmental benefits of Bt cotton in Pakistan. Agricultural Economics 44: 323-335.

Krimsky, S. 2015. An illusory consensus behind GMO health assessment. Science, Technology, & Human Values 40: 883-914.

Krishnan, H. B. , M. S. Kerley, G. L. Allee, S. Jang, W. S. Kim, and C. J. Fu. 2010. Maize 27 kDa gamma-zein is a potential allergen for early weaned pigs. Journal of Agricultural and Food Chemistry 58: 7323-7328.

Kuc, J. 1982. Phytoalexins from the Solanaceae. Pp. 81-105 in Phytoalexins, J. A. Bailey and J. W. Mansfield, eds. New York: Wiley.

Kuiper, H. A. , E. J. Kok, and H. V. Davies. 2013. New EU legislation for risk assessment of GM food: No scientific justification for mandatory animal feeding trials. Plant Biotechnology Journal 11: 781-784.

Ladics, G. S. , and M. K. Selgrade. 2009. Identifying food proteins with allergenic potential: Evolution of approaches to safety assessment and research to provide additional tools. Regulatory Toxicology and Pharmacology 54: S2-S6.

Ladics, G. S. , G. J. Budziszewski, R. A. Herman, C. Herouet-Guicheney, S. Joshi, E. A. Lipscomb, S. McClain, and J. M. Ward. 2014. Measurement of endogenous allergens in genetically modified soybeans—Short communication. Regulatory Toxicology and Pharmacology 70: 75-79.

Langkilde, S. , M. Schrøder, T. Frank, L. V. T. Shepherd, S. Conner, H. V. Davies, O. Meyer, J. Danier, M.

Rychlik，W. R. Belknap，K. F. McCue，K. -H. Engel，D. Stewart，I. Knudsen，and M Poulsen. 2012. Compositional and toxicological analysis of a GM potato line with reduced α-solanine content—A 90-day feeding study in the Syrian Golden hamster. Regulatory Toxicology and Pharmacology 64：177-185.

Lee，S. H. ，and B. R. Hamaker. 2006. Cys 155 of 27 kDa maize γ-zein is a key amino acid to improve its in vitro digestibility. FEBS Letters 580：5803-5806.

Ley，R. E. 2010. Obesity and the human microbiome. Current Opinion in Gastroenterology 26：5-11.

Liebsch，M. ，B. Grune，A. Seiler，D. Butzke，M. Oelgeschläger，R. Pirow，S. Adler，C. Riebeling，and A. Luch. 2011. Alternatives to animal testing：Current status and future perspectives. Archives of Toxicology 85：841-858.

Litten-Brown，J. C. ，A. M. Corson，and L. Clarke. 2010. Porcine models for the metabolic syndrome digestive and bone disorders：A general overview. Animal 4：899-920.

Liu，P. ，X. He，D. Chen，Y. Luo，S. Cao，H. Song，T. Liu，K. Huang，and W. Xu. 2012. A 90-day subchronic feeding study of genetically modified maize expressing Cry1Ac-M protein in Sprague—Dawley rats. Food and Chemical Toxicology 50：3215-3221.

Lividini，K. ，and J. L. Fielder. 2015. Assessing the promise of biofortification：A case study of high provitamin A maize in Zambia. Food Policy 54：65-77.

Livingston，M，J. Fernandez-Cornejo，J. Unger，C. Osteen，D. Schimmelpfennig，T. Park，and D. Lambert. 2015. The Economics of Glyphosate Resistance Management in Corn and Soybean Production. Washington，DC：U. S. Department of Agriculture—Economic Research Service.

Ludvigsson，J. F. ，A. Rubio-Tapia，C. T. van Dyke，L. J. Lelton，A. R. Zinsmeister，B. D. Lahr，and J. A. Murray. 2013. Increasing incidence of celiac disease in a North American population. American Journal of Gastroenterology 108：818-824.

Lusk，R. W. 2014. Diverse and widespread contamination evident in the unmapped depths of high throughput sequencing data. PLoS ONE 9：e110808.

MacKenzie，S. A. ，I. Lamb，J. Schmidt，L. Deege，M. J. Morrisey，M. Harper，R. J. Layton，L. M. Prochaska，C. Sanders，M. Locke，J. L. Mattsson，A. Fuentes，and B. Delaney. 2007. Thirteen week feeding study with transgenic maize grain containing event DAS-01507-1 in Sprague-Dawley rats. Food and Chemical Toxicology 45：551-562.

Macpherson，A. J. ，K. D. McCoy，F-. E. Johansen，and P. Brandtzaeg. 2008. The immune geography of IgA induction and function. Mucosal Immunology 1：11-22.

Magana-Gomez，J. A. ，and A. M. C. de la Barca. 2009. Risk assessment of genetically modified crops for nutrition and health. Nutrition Reviews 67：1-16.

Martin，C. ，Y. Zhang，C. Tonelli，and K. Petroni. 2013. Plants, diet, and health. Annual Review of Plant Biology 64：19-46.

Martín-Hernández，C. ，S. Bénet，and L. Obert. 2008. Determination of proteins in refined and nonrefined oils. Journal of Agricultural and Food Chemistry 56：4348-4351.

Marx-Stoelting，P. ，A. Braeuning，T. Buhrke，A. Lampen，L. Niemann，M. Oelgeschlaeger，S. Rieke，F. Schmidt，T. Heise，R. Pfeil，and R. Solecki. 2015. Application of omics data in regulatory toxicology：Report of an international BfR expert workshop. Archives in Toxicology 89：2177-2184.

Mazza，R. ，M. Soave，M. Morlacchini，G. Piva，and A. Marocco. 2005. Assessing the transfer of genetically modified DNA from feed to animal tissues. Transgenic Research 14：775-784.

Miller，E. R. ，and D. E. Ullrey. 1987. The pig as a model for human nutrition. Annual Review of Nutrition 7：361-382.

Miller，H. I. 1999. Substantial equivalence：Its uses and abuses. Nature Biotechnology 17：1042-1043.

Millstone，E. ，E. Brunner，and S. Mayer. 1999. Beyond "substantial equivalence." Nature 401：525-526.

Mink，P. J. ，J. S. Mandel，J. I. Lundin，and B. K. Sceurman. 2011. Epidemiologic studies of glyphosate and non-cancer health outcomes：A review. Regulatory Toxicology and Pharmacology 61：172-184.

Mink，P. J. ，J. S. Mandel，B. K. Sceurman，and J. I. Lundin. 2012. Epidemiologic studies of glyphosate and cancer：A review. Regulatory Toxicology and Pharmacology 63: 440-452.

Munkvold, G. P. , and A. E. Desjardins. 1997. Fumonisins in maize: Can we reduce their occurrence? Plant Disease 81: 556-565.

Murray, J. A. , C. Van Dyke, M. F. Plevak, R. A. Dierkhising, A. R. Zinsmeister, and L. J. Melton. 2003. Trends in the identification and clinical features of celiac disease in a North American community, 1950-2001. Clinical Gastroenterology and Hepatology 1: 19-27.

Murthy, H. N. , M. I. Georgiev, S. -Y. Park, V. S. Dandin, and K. -Y. Paek. 2015. The safety assessment of food ingredients derived from plant cell, tissue and organ cultures: A review. Food Chemistry 176: 426-432.

Muzzalupo, I. , F. Pisani, F. Greco, and A. Chiappetta. 2015. Direct DNA amplification from virgin olive oil for traceability and authenticity. European Food Research and Technology 241: 151-155.

Nakabayashi, R. , K. Yonekura-Sakakibara, K. Urano, M. Suzuki, Y. Yamada, T. Nishizawa, F. Matsuda, M. Kojima, H. Sakakibara, K. Shinozaki, A. J. Michael, T. Tohge, M. Yamazaki, and K. Saito. 2014. Enhancement of oxidative and drought tolerance in Arabidopsis by overaccumulation of antioxidant flavonoids. Plant Journal 77: 367-379.

National Toxicology Program. 2014. Report on Carcinogens, Thirteenth Edition. Research Triangle Park, NC: U. S. Department of Health and Human Services, Public Health Service.

NCI (National Cancer Institute). 2014. Surveillance, Epidemology and End Results (SEER) Program. Available at http://www. cancer. org/research/cancerfactsstatistics/cancerfactsfigures2015/index. Accessed October 29, 2015.

Nemeth, A. , A. Wurz, L. Artim, S. Charlton, G. Dana, K. Glenn, P. Hunst, J. Jennings, R. Shilito, and P. Song. 2004. Sensitive PCR analysis of animal tissue samples for fragments of endogenous and transgenic plant DNA. Journal of Agricultural and Food Chemistry 52: 6129-6135.

Netherwood, T. , S. M. Martin-Orue, A. G. O'Donnell, S. Gockling, J. Graham, J. C. Mathers, and H. J. Gilbert. 2004. Assessing the survival of transgenic plant DNA in the human gastrointestinal tract. Nature Biotechnology 22: 204-209.

Nicolia, A. , A. Manzo, F. Veronesi, and D. Rosellini. 2014. An overview of the last 20 years of genetically engineered crop safety research. Critical Reviews in Biotechnology 34: 77-88.

Nordlee, J. A. , S. L. Taylor, J. A. Townsend, L. A. Thomas, and R. K. Bush. 1996. Identification of a Brazil-nut allergen in transgenic soybean. New England Journal of Medicine 334: 688-692.

Novak, W. K. , and A. G. Haslberger. 2000. Substantial equivalence of antinutritional and inherent plant toxins in genetically modified novel foods. Food and Chemical Toxicology 38: 473-483.

NRC (National Research Council). 2000. Genetically Modified Pest-Protected Plants: Science and Regulation. Washington, DC: National Academy Press.

NRC (National Research Council). 2002. Environmental Effects of Transgenic Plants: The Scope and Adequacy of Regulation. Washington, DC: National Academy Press.

NRC (National Research Council). 2004. Safety of Genetically Engineered Foods: Approaches to Assessing Unintended Health Effects. Washington, DC: National Academies Press.

NRC (National Research Council). 2007. Toxicity Testing in the 21st Century: A Vision and a Strategy. Washington, DC: National Academies Press.

Nwaru, B. I. , L. Hickstein, S. S. Panesar, G. Roberts, A. Muraro, and A. Sheikh. 2014. Prevalence of common food allergies in Europe: A systematic review and meta-analysis. Allergy 69: 992-1007.

OECD (Organisation for Economic Co-operation and Development). 1993. Safety Evaluation of Foods Derived by Modern Biotechnology: Concepts and Principles. Paris: OECD.

OECD (Organisation for Economic Co-operation and Development). 1998a. Test No. 408: Repeated Dose 90-Day Oral Toxicity Study in Rodents in OECD Guidelines for the Testing of Chemicals. Paris: OECD.

OECD (Organisation for Economic Co-Operation and Development). 1998b. Principles of Good Laboratory Practice and Compliance Monitoring. Available at http://www. oecd. org/officialdocuments/publicdisplaydocumentpdf/? cote

= env/mc/chem（98）17&doclanguage = en. Accessed October 13，2015.

OECD（Organisation for Economic Co-Operation and Development）. 2000. Report of the Task Force for the Safety of Novel Foods and Feeds. Available at http：//www. oecd. org/officialdocuments/publicdisplaydocumentpdf/? cote = env/mc/chem （98） 17&doclanguage = enhttp：//www. biosafety. be/ARGMO/Docments/report _ taskforce. pdf. Accessed October 12，2015.

OECD（Organisation for Economic Co-Operation and Development）. 2006. An Introduction to the Food/Feed Safety Consensus Documents of the Task Force. Series on the Safety of Novel Foods and Feeds，No 14. Paris：OECD.

OECD（Organisation for Economic Co-Operation and Development）. 2015. Safety Assessment of Foods and Feeds Derived from Transgenic Crops，Volume 2，Novel Food and Feed Safety. Paris：OECD.

Oguchi, T. , M. Onishi, Y. Chikagawa, T. Kodama, E. Suzuki, M. Kasahara, H. Akiyama, R. Teshima, S. Futo, A. Hino, S. Furui, and K. Kitta. 2009. Investigation of residual DNAs in sugar from sugar beet （Beta vulgaris L. ）. Journal of the Food Hygenic Society of Japan 50：41-46.

Onose, J. , T. Imai, M. Hasumura, M. Ueda, Y. Ozeki, and M. Hirose. 2008. Evaluation of subchronic toxicity of dietary administered Cry1Ab protein from Bacillus thuringiensis var. Kurustaki HD-1 in F344 male rats with chemically induced gastrointestinal impairment. Food and Chemical Toxicology 46：2184-2189.

Paine, J. A. , C. A. Shipton, S. Chaggar, R. M. Howells, M. J. Kennedy, G. Vernon, S. Y. Wright, E. Hinchliffe, J. L. Adams, A. L. Silverstone, and R. Drake. 2005. Improving the nutritional value of Golden Rice through increased pro-vitamin A content. Nature Biotechnology 23：482-487.

Panchin, A. Y. , and A. I. Tuzhikov. 2016. Published GMO studies find no evidence of harm when corrected for multiple comparisons. Critical Reviews in Biotechnology，Early Online：1-5.

Patisaul, H. B. , and W. Jefferson. 2010. The pros and cons of phytoestrogens. Frontiers in Neuroendocrinology 31：400-419.

Patterson, J. K. , X. G. Lei, and D. D. Miller. 2008. The pig as an experimental model for elucidating the mechanisms governing dietary influence on mineral absorption. Experimental Biology and Medicine 233：651-664.

Pecetti, L. , A. Tava, A. Romani, M. G. De Benedetto, and P. Corsi. 2006. Variety and environment effects on the dynamics of saponins in lucerne （Medicago sativa L. ）. European Journal of Agronomy 25：187-192.

Phipps, R. H. , E. R. Deaville, and B. C. Maddison. 2003. Detection of transgenic DNA and endogenous plant DNA in rumen fluid, duodenal digesta, milk, blood and feces of lactating dairy cows. Journal of Dairy Science 86：4070-4078.

Poulsen, M. , M. Schrøoder, A. Wilcks, S. Kroghsbo, R. H. Lindecrona, A. Miller, T. Frenzel, J. Danier, M. Rychlik, Q. Shu, K. Emami, M. Taylor, A. Gatehouse, K. H. Engel, and I. Knudsen. 2007. Safety testing of GM-rice expressing PHA-E lectin using a new animal test design. Food Chemistry and Toxicology 45：364-377.

Racovita, M. , D. N. Oboryo, W. Craig, and R. Ripandelli. 2015. What are the non-food impacts of GM crop cultivation on farmers' health. Environmental Evidence 4：17.

Ren, Y. , T. Wang, Y. Peng, B. Xia, and L. J. Qu. 2009. Distinguishing transgenic from nontransgenic Arabidopsis plants by （1） H NMR-based metabolic fingerprinting. Journal of Genetics and Genomics 36：621-628.

Rhee, G. S. , D. H. Cho, Y. H. Won, J. H. Seok, S. S. Kim, S. J. Kwack, R. D. Lee, S. Y. Chae, J. W. Kim, B. M. Lee, K. L. Park, and K. S. Choi. 2005. Multigenerational reproductive and developmental toxicity study of bar gene inserted into genetically modified potato on rats. Journal of Toxicology and Environmental Health，Part A：Current Issues 68：2263-2276.

Ricroch, A. E. 2013. Assessment of GE food safety using "-omics" techniques and long-term animal feeding studies. New Biotechnology 30：349-354.

Ricroch, A. , J. B. Bergé, and M. Kuntz. 2011. Evaluation of genetically engineered crops using transcriptomic, proteomic and metabolomic profiling techniques. Plant Physiology 155：1752-1761.

Ricroch, A. E. , A. Berheim, C. Snell, G. Pascal, A. Paris, and M. Kuntz. 2013a. Long-term and multi-generational animal feeding studies. Pp. 112-127 in Animal Nutrition with Transgenic Plants, G. Flachowsky, ed. Oxfordshire, UK: CABI Biotechnology Series.

Ricroch, A., A. Berheim, G. Pascal, A. Paris, and M. Kuntz. 2013b. Assessment of the health impact of GE plant diets in long term and multigenerational animal feeding trials. P. 234 in Animal Nutrition with Transgenic Plants, G. Flachowsky, ed. Oxfordshire, UK: CABI Biotechnology Series.

Ricroch, A. E., A. Boisron, and M. Kuntz. 2014. Looking back at safety assessment of GM food/feed: An exhaustive review of 90-day animal feeding studies. International Journal of Biotechnology 13: 230-256.

Riddle, M. S., J. A. Murray, and C. K. Porter. 2012. The incidence and risk of celiac disease in a healthy US population. American Journal of Gastroenterology 107: 1248-1255.

Rizzi, A., L. Brusetti, S. Arioli, K. M. Nielsen, I. Tamagnini, A. Tamburini, C. Sorlini, and D. Daffonchio. 2008. Detection of feed-derived maize DNA in goat milk and evaluation of the potential of horizontal transfer to bacteria. European Food Research and Technology 227: 1699-1709.

Rizzi, A., N. Raddadi, C. Sorlini, L. Nordgård, K. M. Nielsen, and D. Daffonchio. 2012. The stability and degradation of dietary DNA in the gastrointestinal tract of mammals: Implications for horizontal gene transfer and the biosafety of GMOs. Critical Reviews in Food Science and Nutrition 52: 142-161.

Roberfroid, M. 2014. Letter to the Editor. Food and Chemical Toxicology 65: 390.

Rommens, C. M., H. Yan, K. Swords, C. Richael, and J. Ye. 2008. Low-acrylamide French fries and potato chips. Plant Biotechnology Journal 6: 843-853.

Ruan, C. J., H. B. Shao, and J. A. Teixeira da Silva. 2012. A critical review on the improvement of photosynthetic carbon assimilation in C3 plants using genetic engineering. Critical Reviews in Biotechnology 32: 1-21.

Rubio-Tapia, A., J. F. Ludvigsson, T. L. Brantner, J. A. Murray, and J. E. Everhart. 2012. The prevalence of celiac disease in the United States. American Journal of Gastroenterology 107: 1538-1544.

Ruiz-Lopez, N., R. P. Haslam, J. A. Napier, and O. Sayanova. 2014. Successful high-level accumulation of fish oil omega-3 long-chain polyunsaturated fatty acids in a transgenic oilseed crop. Plant Journal 77: 198-208.

Saltzman, A., E. Birol, H. E. Bouis, E. Boy, F. F. De Moura, Y. Islam, and W. H. Pfeiffer. 2013. Biofortification: Progress toward a more nourishing future. Global Food Security 2: 9-17.

Sanahuja, G., G. Farré, J. Berman, U. Zorrilla-López, R. M. Twyman, T. Capell, P. Christou, and C. Zhu. 2013. A question of balance: Achieving appropriate nutrient levels in biofortified staple crops. Nutritional Research Reviews 26: 235-245.

Sanders, D. 2013. Letter to the Editor. Food and Chemical Toxicology 53: 450-453.

Schubbert, R., U. Hohlweg, D. Renz, and W. Doerfler. 1998. On the fate of orally ingested foreign DNA in mice: Chromosomal association and placental transmission to the fetus. Molecular Genetics and Genomics 259: 569-576.

Séralini, G. E. 2014. Presentation to the National Academy of Sciences' Committee on Genetically Engineered Crops: Past Experience and Future Prospects, September 16, Washington, DC.

Séralini, G. E., D. Cellier, and J. S. de Vendomois. 2007. New analysis of a rat feeding study with a genetically modified maize reveals signs of hepatorenal toxicity. Archives of Environmental Contamination and Toxicology 52: 596-602.

Séralini, G. E., E. Clair, R. Mesnage, S. Gress, N. Defarge, M. Malatesta, D. Hennequin, and J. S. de Vendômois. 2012. Long term toxicity of a Roundup herbicide and a Rounduptolerant genetically modified maize. Food and Chemical Toxicology 50: 4221-4231.

Séralini, G. E., E. Clair, R. Mesnage, S. Gress, N. Defarge, M. Malatesta, D. Hennequin, and J. S. de Vendômois. 2014. Republished study: Long-term toxicity of a Roundup herbicide and a Roundup-tolerant genetically modified maize. Environmental Sciences Europe 26: 14.

Shepherd, L. V. T., C. A. Hackett, C. J. Alexander, J. W. McNicol, J. A. Sungurtas, D. Stewart, K. F. McCue, W. R. Belknap, and H. V. Davies. 2015. Modifying glycoalkaloid content in transgenic potato—Metabolome impacts. Food Chemistry 187: 437-443.

Simó, C., C. Ibáñez, A. Valdés, A. Cifuentes, and V. García-Cañas. 2014. Metabolomics of genetically modified crops. International Journal of Molecular Sciences 15: 18941-18966.

Sinden, S. L., and R. E. Webb. 1972. Effect of variety and location on the glycoalkaloid content of potatoes. American Potato Journal 49: 334-338.

Singhal, K. K., A. K. Tyagi, Y. S. Rajput, M. Singh, H. Kaur, T. Perez, and G. F. Hartnell. 2011. Feed intake, milk production and composition of crossbred cows fed with insectprotected Bollgard II® cottonseed containing Cry1Ac and Cry2Ab proteins. Animal 5: 1769-1773.

Small, E. 1996. Adaptations to herbivory in alfalfa (Medicago sativa). Canadian Journal of Botany 74: 807-822.

Smith, J. M. 2003. Seeds of Deception: Exposing Industry and Government Lies about the Safety of the Genetically Engineered Foods You're Eating. Fairfield, IA: Yes! Books.

Smith, J. M. 2013. Are genetically modified foods a gut-wrenching combination? Institute for Responsible Technology. Available at http://responsibletechnology. org/glutenintroduction/. Accessed October 12, 2015.

Smith, J. M. 2014. Recommendations for the Committee on Genetically Engineered Crops. Presentation to the National Academy of Sciences' Committee on Genetically Engineered Crops: Past Experience and Future Prospects, September 16, Washington, DC.

Snell, C., A. Bernheim, J. B. Berge, M. Kuntz, G. Pascal, A. Paris, and A. E. Ricroch. 2012. Assessment of the health impact of GM plant diets in long-term and multigenerational animal feeding trials: A literature review. Food and Chemical Toxicology 50: 1134-1148.

Spisák, S., N. Solymosi, P. Ittzés, A. Bodor, D. Kondor, G. Vattay, B. Barták, F. Sipos, O. Galamb, Z. Tulassay, Z. Szállási, S. Rasmussen, T. Sicheritz-Ponten, S. Brunak, B. Molnár, and I. Csabai. 2013. Complete genes may pass from food to human blood. PLoS ONE 8: e69805.

Springob, K., and T. M. Kutchan. 2009. Introduction to the different classes of natural products. Pp. 3-50 in Plant-Derived Natural Products, A. E. Osbourn and V. Lanzotti, eds. New York: Springer-Verlag.

Steinke, K., P. Guertler, V. Paul, S. Wiedemann, T. Ettle, C. Albrecht, H. H. D. Meyer, H. Spiekers, and F. J. Schwarz. 2010. Effects of long-term feeding of genetically modified corn (event MON810) on the performance of lactating dairy cows. Journal of Animal Physiology and Animal Nutrition 94: e185-e193.

Swiatkiewicz, S., M. Swiatkiewicz, A. Arczewska-Wlosek, and D. Jozefiak. 2014. Genetically modified feeds and their effect on the metabolic parameters of food-producing animals: A review of recent studies. Animal Feed Science and Technology 198: 1-19.

Taylor, A. November 25, 2015. EPA nixes approval of Enlist Duo weed killer. Online. The Des Moines Register. Available at http://www. desmoinesregister. com/story/money/agriculture/2015/11/25/epa-nixes-approval-enlist-duo-weed-killer/76386952/. Accessed December 13, 2015.

Taylor, B., H. Jick, and D. MacLaughlin. 2013. Prevalence and incidence rates of autism in the UK: Time trend from 2004—2010 in children aged 8 years. BMJ 3: e003219.

Thayer, K. A., J. J. Heindel, J. R. Bucher, and M. A. Gallo. 2012. Role of environmental chemicals in diabetes and obesity: A National Toxicology Program workshop review. Environmental Health Perspectives 120: 779-789.

Trabalza-Marinucci, M., G. Brandi, C. Rondini, L. Avellini, C. Giammarini, S. Costarelli, G. Acuti, C. Orlandi, G. Filippini, E. Chiaradia, M. Malatesta, S. Crotti, C. Antonini, G. Amagliani, E. Manuali, A. R. Mastrogiacomo, L. Moscati, M. N. Haouet, A. Gaiti, and M. Magnani. 2008. A three-year longitudinal study on the effects of a diet containing genetically modified Bt176 maize on the health status and performance of sheep. Livestock Science 113: 178-190.

Treutter, D. 2006. Significance of flavonoids in plant resistance: A review. Environmental Chemistry Letters 4: 147-157.

Trikha, A., J. A. Baillargeon, Y. F. Kuo, A. Tan, K. Pierson, G. Sharma, G. Wilkinson, and R. S. Bonds. 2013.

Development of food allergies in patients with Gastroesophageal Reflux Disease treated with gastric acid suppressive medications. Pediatric Allergy and Immunology 24: 582-588.

Turnbaugh, P. J. , M. Hamady, T. Yatsunenko, B. L. Cantarel, A. Duncan, R. E. Ley, M. L. Sogin, W. J. Jones, B. A. Roe, J. P. Affourtit, M. Egholm, B. Henrissat, A. C. Heath, R. Knight, and J. I. Gordon. 2009. A core gut microbiome in obese and lean twins. Nature 457: 480-484.

Untersmayr, E. , and E. Jensen-Jarolim. 2008. The role of protein digestibility and antacids on food allergy outcomes. Journal of Allergy and Clinical Immunology 121: 1301-1308.

U. S. Census Bureau. 2014. 65 + in the United States: 2010. Washington, DC: U. S. Government Printing Office.

U. S. Pharmacopeia. 2000. Pharmacopeia, simulated gastric fluid, TS, simulated intestinal fluid, TS. United States Pharmacopeial Convention, v. 24. The National Formulary 9 (US Pharmacopiea Board of Trustees), Rockville, MD, 2235.

USDA-APHIS (U. S. Department of Agriculture-Animal and Plant Health Inspection Service). 2014a. Dow AgroSciences Petitions (09-233-01p, 09-349-01p, and 11-234-01p) for Determinations of Nonregulated Status for 2,4-D-Resistant Corn and Soybean Varieties. Final Environmental Impact Statement—August 2014. Available at https://www. regulations. gov/document? D = APHIS-2013-0042-10218. Accessed May 9, 2016.

USDA-APHIS (U. S. Department of Agriculture-Animal and Plant Health Inspection Service). 2014b. Record of Decision: Dow AgroSciences Petitions (09-233-01p, 09-349-01p, and 11-234-01p) for Determination of Nonregulated Status for 2, 4-D-Resistant Corn and Soybean Varieties. Available at https://www. aphis. usda. gov/brs/aphisdocs/24d _ rod. pdf. Accessed December 13, 2015.

USDA-APHIS (U. S. Department of Agriculture-Animal and Plant Health Inspection Service). 2014c. Determinations of Nonregulated Status: J. R. Simplot Co. ; Potato Genetically Engineered for Low Acrylamide Potential and Reduced Black Spot Bruise. Available at http://www. regulations. gov/#! documentDetail; D = APHIS-2012-0067-0384. Accessed December 22, 2015.

USRDS (United States Renal Data System). 2014. CKD in the general population. Pp. 12-22 in 2014 USRDS Annual Data Report Volume 1. Available at http://www. usrds. org/2014/view/Default. aspx. Accessed October 13, 2015.

Valdés, L. , A. Cuervo, N. Salazr, P. Ruas-Madiedo, M. Gueimondea, and S. González. 2015. The relationship between phenolic compounds from diet and microbiota: Impact on human health. Food & Function 6: 2424-2439.

van den Eede, G. , H. Aarts, H. J. Buhk, G. Corthier, H. J. Flint, W. Hammes, B. Jacobsen, T. Midtvedt, J. van der Vossen, A. von Wright, W. Wackernagel, and A. Wilcks. 2004. The relevance of gene transfer to the safety of food and feed derived from genetically modified (GM) plants. Food and Chemical Toxicology 42: 1127-1156.

Van Eenennaam, A. L. , and A. E. Young. 2014. Prevalence and impacts of genetically engineered feedstuffs on livestock populations. Journal of Animal Science 92: 4255-4278.

VanEtten, H. , J. W. Mansfield, J. A. Bailey, and E. E. Farmer. 1994. Two classes of plant antibiotics: Phytoalexins versus "phytoanticipins". The Plant Cell 6: 1191-1192.

Verhoeckx, K. C. M. , Y. M. Vissers, J. L. Baumert, R. Faludi, M. Feys, S. Flanagan, C. Herouet-Guicheney, T. Holzhauser, R. Shimojo, N. van der Bolt, H. Wichers, and I. Kimber. 2015. Food processing and allergenicity. Food and Chemical Toxicology 80: 223-240.

Wal, J. M. 2015. Assessing and managing allergenicity of genetically modified (GM) foods. Pp. 161-178 in Handbook of Food Allergen Detection and Control, S. Flanagan, ed. Cambridge, UK: Woodhead Publishing.

Walsh, M. C. , S. G. Buzoianu, G. E. Gardiner, M. C. Rea, E. Gelencsér, A. Jánosi, M. M. Epstein, R. P. Ross, and P. G. Lawlor. 2011. Fate of transgenic DNA from orally administered Bt MON810 maize and effects on immune response and growth in pigs. PLoS ONE 6: e27177.

Walsh, M. C. , S. G. Buzoianu, M. C. Rea, O. O'Donovan, E. Gelencsér, G. Ujhelyi, R. G. Ross, G. E. Gardiner, and P. G. Lawlor. 2012a. Effects of feeding Bt MON810 maize to pigs for 110 days on peripheral immune response and digestive fate of the Cry1Ab gene and truncated Bt toxin. PLoS ONE 7: e36141.

Walsh, M. C., S. G. Buzoianu, G. E. Gardiner, M. C. Rea, R. P. Ross, J. P. Cassidy, and P. G. Lawlor. 2012b. Effects of short-term feeding of Bt MON810 maize on growth performance, organ morphology and function in pigs. British Journal of Nutrition 107: 364-371.

Walsh, M. C., S. G. Buzoianu, G. E. Gardiner, M. C. Rea, O. O'Donovan, R. P. Ross, and P. G. Lawlor. 2013. Effects of feeding Bt MON810 maize to sows during first gestation and lactation on maternal and offspring health indicators. British Journal of Nutrition 109: 873-881.

Wang, X., X. Chen, J. Xu, C. Dai, and W. Shen. 2015. Degradation and detection of transgenic *Bacillus thuringiensis* DNA and proteins in flour of three genetically modified rice events submitted to a set of thermal processes. Food and Chemical Toxicology 84: 89-98.

Weber, A. 2014. C₄ Photosynthesis—A Target for Genome Engineering. Presentation to the National Academy of Sciences' Committee on Genetically Engineered Crops: Past Experience and Future Prospects, December 10, Washington, DC.

West, J., K. M. Fleming, L. J. Tata, T. R. Card, and C. J. Crooks. 2014. Incidence and prevalence of celiac disease and dermatitis herpetiformis in the UK over two decades: Populationbased study. American Journal of Gastroenterology 109: 757-768.

Wiatrak, P. J., D. L. Wright, J. J. Marois, and D. Wilson. 2005. Influence of planting date on aflatoxin accumulation in Bt, non-Bt, and tropical non-Bt hybrids. Agronomy Journal 97: 440-445.

Wiener, J. B., M. D. Rogers, J. K. Hammitt, and P. H. Sand, eds. 2011. The Reality of Precaution: Comparing Risk Regulation in the United States and Europe. New York: RFF Press.

Wild, C. P., and Y. Y. Gong. 2010. Mycotoxins and human disease: A largely ignored global health issue. Carcinogensis 31: 71-82.

Williams, J. H., T. D. Phillips, P. E. Jolly, J. K. Stiles, C. M. Jolly, and D. Aggarwal. 2004. Human aflatoxicosis in developing countries: A review of toxicology, exposure, potential health consequences, and interventions. American Journal of Clinical Nutrition 80: 1106-1122.

World Health Organization. 2014. Frequently Asked Questions on Genetically Modified Foods. Available at http://www. who. int/foodsafety/areas _ work/food-technology/Frequently _ asked _ questions _ on _ gm _ foods. pdf. Accessed March 12, 2016.

Wu, G., M. Truksa, N. Datla, P. Vrinten, J. Bauer, T. Zank, P. Cirpus, E. Heinz, and X. Qiu. 2005. Stepwise engineering to produce high yields of very long-chain polyunsaturated fatty acids in plants. Nature Biotechnology 23: 1013-1017.

Wu, Y., D. R. Holding, and J. Messing. 2010. γ-Zeins are essential for endosperm medication in quality protein maize. Proceedings of the National Academy of Sciences of the United States of America 107: 12810-12815.

Ye, X., S. Al-Babili, A. Klöti, J. Zhang, P. Lucca, P. Beyer, and I. Potrykus. 2000. Engineering the provitamin A (β-Carotene) biosynthetic pathway into (carotenoid-free) rice endosperm. Science 287: 303-305.

Yudina, T. G., A. L. Brioukhanov, I. A. Zalunin, L. P. Revina, A. I. Shestakov, N. E. Voyushina, G. G. Chestukhina, and A. I. Netrusov. 2007. Antimicrobial activity of different proteins and their fragments from *Bacillus thuringiensis* parasporal crystals against clostridia and archaea. Anaerobe 13: 6-13.

Zhang, C., A. Yin, H. Li, R. Wang, G. Wu, J. Shen, M. Zhang, L. Wang, Y. Houb, H. Ouyang, Y. Zhang, Y. Zheng, J. Wang, X. Lv, Y. Wang, F. Zhang, B. Zeng, W. Li, F. Yan, Y. Zhao, X. Pang, X. Zhang, H. Fu, F. Chen, N. Zhao, B. R. Hamaker, L. C. Bridgewater, D. Weinkove, K. Clement, J. Dore, E. Holmes, H. Xiao, G. Zhao, S. Yang, P. Bork, J. K. Nicholson, H. Wei, H. Tang, X. Zhang, and L. Zhao. 2015. Dietary modulation of gut microbiota contributes to alleviation of both genetic and simple obesity in children. EBioMedicine 2: 968-984.

Zhu, X. -G., L. Shan, Y. Wang, and W. P. Quick. 2010. C4 rice—an ideal arena for systems biology research. Journal of Integrative Plant Biology 52: 762-770.

6 遗传工程作物的社会与经济效应

上一章内容主要阐述了难以直接将人类健康状况的改变与新作物品种（无论是遗传工程还是常规育种）来源的食物联系起来。与之相似，评估 GE 作物的社会和经济效应[1]同样具有挑战性。种植 GE 作物的农民，他们所在的地区具有不同的社会结构以及多样化的、复杂的农业系统。这些系统在很多方面存在差异，包括作物种类或种植地域的类型、农场规模、农民受教育程度、政府对农户的政策支持水平（包括针对特定作物或生产方式的激励制度）及向农民提供信贷情况。GE 作物本身是一种创新系统的产物，该创新系统将常规植物育种、分子生物学和其他农业科学纳入一项实用技术中，其产物表现为种子或其他的植物材料。作物还必须符合已有的法律体系，包括国家法律和针对专利及国际贸易的国际协议。GE 作物的发明人和监管者必须清楚这些作物是否符合以及如何符合现有系统。

已有的文献主要支持以下结论：抗虫（IR）性状可以减少由害虫引起的损失，而抗除草剂（HR）性状则可以减少田间管理时间，从而增加用于确保额外收入的时间。这两个性状属于可以被导入作物的多种性状中的一部分。抗虫性状对减少产量损失的贡献，或是其他 GE 获得性状的效应可能因具体情况而有所不同。这意味着，GE 性状的社会和经济效应也会有所不同，尤其考虑到种植 GE 作物的地域和最终用户的多样性。

在分析 GE 性状的社会和经济效应时，任何分析都必须细致入微，并且需要关注 GE 作物的社会和经济效应可因农民及其家庭的时间和空间上的改变而发生变化。本章通过综合广泛的个体研究及系统评价和大数据分析（meta-analyses），评估 GE 作物应用相关的问题和影响，从而评估自引入 GE 作物以来所产生的社会和经济效应[2]。本章首先考察农场或其周边的社会和经济效应，涉及收入、小规模农民（小农）、农民受教育程度、性别、农村社区及农民在种子和生产方面的选择范围。然后，本章将考察农场之外的影响，包括与之相关的消费者对某些 GE 作物的接受程度和对市场上 GE 食品的认识程度、贸易问题、创新和监管相关的成本和效益、知识产权问题和粮食安全等。

1　许多国际条约包括《卡塔赫纳生物安全议定书》《生物多样性公约》，以及世界贸易组织使用了社会经济因素（socioeconomic considerations）一词。为了明确本章目的并与之前的国家研究委员会报告保持一致，本委员会选择使用社会和经济效应（social and economic effects）这一术语。

2　本委员会没有对所有主要语言的可用文献进行系统综述。这种方式超出了本委员会的能力，并需要耗费大量时间和资金资源。这种方式被欧盟的一个项目"GE 生物风险评估和证据交流"所采用（GRACE，2012—2015，http://cordis.europa.eu/project/rcn/104334_en.html．访问于 2016 年 5 月 9 日）。这个项目花了 3 年时间完成了协议和文献的收集，但没有完成分析（Garcia-Yi et al.，2014）。为了考察农场或农场附近的社会和经济效益，本委员会查阅了 2010 年至 2016 年 3 月期间发表的 140 多项研究，这些研究尚未被已有的系统评价和正式的大数据分析涵盖。

虽然与 GE 作物相关的社会和经济效应中某些方面的研究较为深入，但某些主题如关于性别和农户受教育程度等可用的文献较少，本委员会仍然打算在报告中回顾和提供这些信息。本章将重点关注美国国家科学院、工程院和医学院（National Academies of Sciences，Engineering，and Medicine）在先前报告中未涉及的证据。

6.1　对农场或其周边的社会和经济效应

本节首先回顾 GE 作物对农民收入的影响。评估的结果可能受时空差异、农户及其家庭和消费者的多样性、统计和抽样偏差、调查方法等因素的影响（Smale et al.，2009；Klümper and Qaim，2014）。因此，预计观察到的效应将包括各种收益、成本和风险。在进行观察之后，本委员会着眼于 GE 技术与农场层面其他方面的关系，比如性别、社区和农民受教育程度。

6.1.1　收入效应

第 4 章讨论了农业效应，如抗虫和抗除草剂 GE 作物对产量和杀虫剂、除草剂喷施造成的变化。除农业上的效益外，农民也可能因产量的增加或减少、施用除草剂或杀虫剂而引起的资金或时间投入的变化，进而影响到经济效应。在 GE 作物对收入影响的文献中，大多数证据通常基于毛利率的变化，即毛收入和可变成本之间的差异[1]。毛利率的变化会影响整个农场收入、家庭收入或两者兼而有之。毛利率的变化不能用于推断或得出关于整个农场或家庭收入的明确结论，因为在大多数情况下，整个农场和家庭收入可能来自农场以外及非农活动。本报告使用收入效应（income effects）这一术语来囊括对任何收入组成的影响，这种术语的用法相对灵活。

统计偏差和不可控的复合变量（uncontrolled confounding variables）是否会引起问题或问题有多大无法事先知道。然而在早期研究中已经知道它们可能引起问题，Smale 等（2009）和 Smale（2012）强烈建议将这些问题的测试变为标准操作程序。本委员会认为，没有办法确定在 GE 作物种植的第一个十年，过去的研究结果中是否或在何种程度上受到不可控的复合变量和偏差的影响。如果可能，有必要重新审视这些研究，以便定量测试它们的结果。最新的研究已经明确地考虑了这些问题，并使用了合适的方法尝试纠正偏差和不可控的复合变量。

在本委员会撰写报告时，较少对以下性状如抗病毒、耐旱或仅在市场上出现时间较短的品质性状（如耐褐化的马铃薯和苹果或者高油酸大豆）进行收入效益的评估。以下综述集中于抗虫和抗除草剂性状的影响。

1. 对 GE 作物的一般经济评估

对 GE 作物表现的系统评价和正式大数据分析（Raney，2006；Qaim，2009；Smale

---

[1]　有关收入相关术语的定义，如毛收入（gross income）、毛利率（gross margin）、家庭收入（household income）、净农场收入（net farm income）、净收益（net return）、利润（profit）和收入（revenue），请参阅报告的术语表（附录 G）。

et al. ，2009；Tripp，2009b；Finger et al. ，2011；Sexton and Zilberman，2012；Areal et al. ，2013；Mannion and Morse，2013；Klümper and Qaim，2014；Racovita et al. ，2015）一致显示，种植 GE 作物可减轻虫害损失、减少针对靶标害虫杀虫剂的应用、减少与使用抗除草剂作物相关的田间管理时间、增加种植制度的灵活性、增加毛利率（在某些情况下为净利率），或上述所有结果。

然而，有必要考虑以上结果的具体背景，因为它们并不意味着每个农民或农民群体（无论是否采用）都能从种植 GE 作物中获益。其他文献综述侧重于考察研究的局限性和对方法的批评（Smale et al. ，2009；Glover，2010）。在某些例子中，文献重点关注了有关中国和印度种植 Bt 棉花的评估，而对 Bt 玉米、抗除草剂玉米、抗除草剂大豆、抗除草剂和抗虫双抗性状的作物，以及种植面积不太广泛的其他 GE 作物，如欧洲油菜（*Brassica napus*）或甜菜（*Beta vulgaris*）的关注程度远没有对于 Bt 棉花的关注程度高[1]。最后，在确定 GE 作物的应用和效果方面，需要解决不可控的复合变量、偏差和其他田间研究人员所面临的方法学限制的问题，特别是在 GE 应用的第一个十年内，以及在某些地域研究人员的研究被限制，如获取的数据量或资金不足（框 6-1 和框 6-2；Smale et al. ，2009；Smale，2012）。

框 6-1　GE 作物与常规育种作物社会经济学效应研究的比较：问题和限制

Smale 等（2009）和 Smale（2012）对文献进行的分析，描述了社会和经济效应的研究人员在发展中国家和发达国家某种程度上所面临的问题和限制，特别是在 GE 作物（1996~2006）推广应用的第一个十年期间。而大多数这个领域的研究人员在评估早期采用遗传工程和其他技术效应的时候，很可能会遇到这些问题。

进行田间工作的研究人员——特别是在发展中国家——受到缺乏先进方法和预算不足的限制。其后果是，大多数研究都是临时设定的，并且仅使用了相对小的样本，仅反映了 GE 作物种植过程的早期阶段。此外，在 GE 作物应用的第一个十年中进行的早期研究受到选择和测量偏差的影响。有五种主要的偏差类型：

位置偏差（placement bias）：最初的技术推广计划倾向于选择特定的农户，这些农户可能比其他农民更有效率，或者可能具有被鼓励参与的特定特征。

测量偏差（measurement bias）：这种偏差在定量调查中很常见，在经费预算受限时更为普遍。在早期文献的许多例子中，有关虫害程度、杀虫剂和其他投入的应用以及对健康的影响等信息是通过农民的回忆来获取的。众所周知，农民的回忆是不可靠的。需要采用替代方法来测量杀虫剂和其他投入的使用，甚至确定农民是否种植了 GE 作物或杀虫蛋白的表达水平也是一个挑战，特别是在出售假种子或盗版种子的国家。众所周知，劳动力的投入也难以计算。Smale（2012：117）指出："任何调查研究都是如此，在较大规模的调查中，小样本的抽样误差被视作测量误差。"

1　例如，在 Klümper 和 Qaim（2014）的 147 个研究中，49 个集中在印度 Bt 棉花，12 个是中国的 Bt 棉花。

　　自我选择偏差（self-selection bias）：在这种类型的偏差中，农户"自我选择"成为"采用"或"非采用"类别，而不是随机被分配到特定的对照或处理类别。他们可能为了更多地获取信息或其他机构资产（如获取种子或信贷）而做出选择。当农民自我选择时，在系统调查中不能获取未观察到的特征。

　　联立性偏差（simultaneity bias）：农户会对某些问题同时进行抉择，比如种子的选择和投入。未观察到的变量可能会同时影响这两种抉择，因此试图将农民个人的投入抉择分开估算可能会引起混乱。Fernandez-Cornejo 等（2005）、Fernandez-Cornejo 和 Wechsler（2012）及其他人的研究表明，这个问题的混乱与估算的统计有效性有关。

　　忽略变量偏差（omitted-variable bias）：许多经济学上的重要变量未被观察到，如能力、生产力、产品卖出的最低价或产品买入的最高价，或者一个人愿意工作的最低工资。在许多情况下，未观察到的特征与目标解释变量的"处理"具有相关性。某些类型的面板数据（panel data）方法可用于控制一些类型的省略变量。

　　这些类型的偏差构成了一种不受控制的混杂变量，这意味着回归或统计方法的结果可能会受到两种不同效应的影响：偏差系数可能具有不正确的量值或正负号；偏差标准误会影响效率并导致关于假设检验的错误推论。也就是说，GE 和常规育种作物之间的差异可能被高估或低估，或者得出的差异在统计学上是否显著的结论并不符合事实。

框 6-2　在对 GE 作物的应用和影响研究中检测和矫正不可控的复合变量

　　不可控的复合变量（uncontrolled confounding variables）在统计学和计量经济学中很重要。不可控的复合变量会使统计估计产生偏差。偏差可能会影响系数及其符号。偏差系数可能导致不正确的值或符号，偏差的标准误差可能会影响有效性，因此导致关于假设检验的错误推论。

　　在社会学和经济学学科中，从业者通常不能进行可控的实验。多数情况下，他们必须依靠调查或一套定性方法来检查方法的适用性和可用性。使用这些方法，研究人员可能无法将特定研究的结果与基准或反向的事实进行比较（如没有应用该技术会发生什么）。有几种方法试图处理不可控的复合变量和偏差，一些与应用的采样策略有关，另一些则与数据分析有关。通常，这些方法倾向于模仿"理想"实验的一个或多个特征。在一个理想实验中，参与者被随机分配到对照组和处理组，没有自我选择（人们不能选择成为对照组或处理组），建立基准并观察处理前和处理后行为的变化，观察要延续很长时间以便检查效果并正确地测定结果。

　　用于解决原始数据（如直接向农民收集的数据）或二手数据（如来自现有数据库的数据）偏差的统计方法包括 Hausman 检验、工具变量（instrumental variables）、具有固定或随机效应的广义最小二乘法（generalized least squares）、两阶段最小二乘法（two-stage least squares）和对照-处理模型（control-treatment models）。

除了使用该技术之外，其他数学方法试图鉴定在大多数解释变量（explanatory variables）中相似的人群（以控制其他变量）。这些"准实验"（quasi-experiment）方法试图模拟一种随机试验，在该试验中具有尽可能多的相似特征的农民（如相同的收入和教育水平或者类似的应用投入）被指定为一个处理组（如采用 GE 种子）或对照组（不采用种 GE 种子）。准实验方法包括二重差分（difference-in-difference）、固定样本追踪（panel studies）、倾向评分匹配（propensity scoring matching）和非等效对照组设计（nonequivalent control-group designs）。他们通常需要许多观察来鉴别和匹配处理组和对照组的样本。

最后一种方法是应用随机对照试验来回答社会或经济学问题。处理和对照被随机分配给农民，并收集测量结果以检查效应。这种方法最近在经济学文献中越来越受欢迎。

Klümper 和 Qaim（2014）分析了 19 个国家的 147 项抗除草剂大豆、玉米和棉花，以及 Bt 玉米和棉花的研究结果[1]。他们发现这些作物的种植者平均利润增加了 69%，这主要是因为产量的增加（21.5%）和杀虫剂费用的降低（39%）。对 16 个国家[2]相同作物研究结果的另一项大数据分析表明，GE 品种的生产成本高于非 GE 品种，但 GE 品种的平均毛利率更高，这在很大程度上是因为 GE 品种的产量更高（Areal et al.，2013）。Raney（2006）回顾了在阿根廷、中国、印度、墨西哥和南非进行的研究并得出结论，GE 棉花、玉米和大豆为这些国家的农民提供了经济收益；然而，这种经济效益差异很大，并取决于国家机构帮助贫困农户获得合适新技术的能力。

2. 抗虫性状的经济学评估

Klümper 和 Qaim（2014）将抗虫作物与抗除草剂作物的经济效益分开进行了分析，但没有将 Bt 玉米与 Bt 棉分开。他们发现，GE 作物种植者的利润平均增加了 69%，这主要归因于产量增加（25%）和杀虫剂成本降低（43%）。他们考察的大多数抗虫性状的研究都集中在印度和中国种植的 Bt 棉花。Areal 等（2013）分别检测了 Bt 玉米和 Bt 棉花。大多数情况下，生产成本和产量差异具有统计学显著性。Bt 棉花的生产成本比非 GE 品种高 13 欧元/公顷，但毛利率更高。Bt 玉米的生产成本也较高，比非 GE 品种高 14 欧元/公顷。Areal 及其同事还发现，Bt 玉米生产者的毛利率更高。根据第 4 章的研究结果，Bt 作物与非 Bt 对照作物之间的产量差异可能归因于相对于常规作物，Bt 性状提高了 Bt 品种的产量潜力，或两个因素结合。种植或不种植 Bt 品种的农户之间资源和生产力差异也可能导致作物表现的差异。

Finger 等人（2011）分析了 7 个国家 Bt 棉花的研究，大部分数据来自印度、南非、中国和美国。他们的分析还包括 10 个国家 Bt 玉米的数据，大多数研究来自德国、西班牙、南非和阿根廷（Finger et al.，2011）。他们报告说，印度和南非的非 GE 棉花和 Bt 棉

1　Klümper 和 Qaim（2014）包括了在阿根廷、澳大利亚、巴西、布基纳法索、加拿大、智利、中国、哥伦比亚、捷克、德国、印度、马里、巴基斯坦、菲律宾、葡萄牙、罗马尼亚进行的 GE 作物种植以前和以后的研究。

2　Areal 等（2013）包括了在阿根廷、澳大利亚、加拿大、智利、中国、捷克、法国、印度、墨西哥、莫桑比克、菲律宾、葡萄牙、罗马尼亚、南非、西班牙和美国进行的 GE 作物种植以前和以后的研究。

花的毛利率没有差异。在中国，采用 Bt 棉花节省了杀虫剂和劳动力的支出，但没有增加产量或毛利率。由于美国农民可以选择其他昆虫控制方案，美国采用 Bt 棉花无法用较低的杀虫剂成本来解释。作者假设，尽管毛利率较低，但非金钱上的效应可能更好地解释了美国为什么种植 Bt 棉花。

在西班牙、南非和阿根廷，对比使用 Bt 品种与非 GE 品种的玉米，农民的毛利率没有差异。在西班牙和德国除了更好地控制虫害，杀虫剂成本也显著降低，这是德国农户种植 Bt 玉米的主要原因，而管理和人工成本信息的差异不显著。

Finger 等（2011）强调了他们检测数据的异质性。Bt 棉花的收入相关效应（如产量、劳动力支出和杀虫剂成本）在所调查的国家之间差异很大，并且他们观察到在区域层面分析数据时异质性增加。在 Bt 玉米研究的分析中，各国内部的区域差异也很明显。

Bt 棉花　　中国的棉农从 20 世纪 90 年代开始种植 Bt 品种。自 1999 年，Huang 及其同事对此进行了多次深入调查（Pray et al.，2001；Huang et al.，2002a，2002b，2002c，2003，2004）。他们的研究表明，Bt 棉花在中国的种植是持续和广泛的。中国种植 Bt 棉花对农业利润、杀虫剂的使用、人体健康和环境产生了正效益。Pray 等（2011）报告了先前没有发表的中国 2004、2006 和 2007 年 Bt 棉花与非 Bt 棉花净收入对比的结果。2004 和 2006 年，Bt 棉花收入略高于非 Bt 棉花，但在 2007 年大约高出 40%。然而，2006 年和 2007 年的结果并不十分可靠，仅有 14 名（2006）和 4 名（2007）接受调查的农民种植非 Bt 棉花。其他作者提出了与农民收益相关的区域差异问题，这些问题归因于品种表现、虫害程度、农民的种植和种子质量的变化（Fok et al.，2005；Pemsl et al.，2005；Yang et al.，2005；Xu et al.，2008）。比如 Fok 等（2005）提供了黄河流域种植 Bt 棉花的有利效应的证据，但在长江流域的种植并不像黄河流域一样成功。长江流域的虫害压力低于黄河流域，并且采用的棉花品种似乎不太适应那里的农业气候条件。

这些结果可以根据长期研究来检验。Qiao（2015）研究了 1997～2012 年中国采用 Bt 棉花之前的全国数据，并应用定量的方法纠正了投入成本和劳动力使用的偏差。作者报告说，增加的种子成本低于杀虫剂支出成本，降低了劳动力成本和增加了产量，但存在地域和时间上的差异。作者估计，由于棉铃虫（Helicoverpa armigera）对产量危害的减轻以及 15 年内使用杀虫剂和劳动力的减少，Bt 棉花的经济效益可达 330 亿元人民币。

Huang 等（2010）使用了 1999～2007 年收集的中国四省 16 个村庄的农场数据。分层随机样本包括来自 525 个家庭的信息，这些家庭在 3576 块耕地上种植了 Bt 棉花、非 Bt 棉花或兼而有之。通过区分采用 Bt 棉花和使用杀虫剂两者对控制靶标害虫效应来控制定量评估的偏差，从而修正定量评估结果的偏差。研究结果表明，在被调查地区，10 年间靶标虫害（棉铃虫）下降。此外，抑制棉铃虫种群使种植 Bt 和非 Bt 棉花的农民均受益，并且在研究期间杀虫剂施用量持续下降。

自 2002 年起，Bt 棉花开始在印度的一些地区种植。Romeu-Dalmau 等（2015）通过采访 36 个土地面积小于 5 公顷的农民，在印度马哈拉施特拉邦的雨水灌溉条件下，比较了 Bt 棉花［陆地棉（Gossypium hirsutum L.）］与非 Bt 棉花［亚洲棉（G. arboreum）］。在 20 世纪 80 年代引入美国普遍种植陆地棉之前，印度普遍种植亚洲棉。作者发现种植 Bt 陆地棉的农民比种植亚洲棉的农民在杀虫剂、肥料、种子和收获方面的花费更多。尽管

Bt 陆地棉的产量较高，但种植的农民收入却没有大幅提高。事实上，农民种植的亚洲棉比 *Bt* 陆地棉有更高的市场价格。作者推测亚洲棉有更高的市场价格是因为它很稀少（不到印度棉花面积的 3%）。总体而言，他们发现两个品种的净收入没有统计学差异，但种植 *Bt* 陆地棉农民的净收入更稳定。然而，较少的访谈和观察对象（36）及处理数量（*Bt* 与非 *Bt*、灌溉与非灌溉，以及陆地棉与亚洲棉）限制了研究结果的普适性。

Kathage 和 Qaim（2012）在 2002～2008 年对一组印度棉农进行了四次调查。调查包括印度南部（马哈拉施特拉邦、卡纳塔克邦、安得拉邦和泰米尔纳德邦）10 个区 63 个村的农民。共有 533 个农户家庭参与调查，但只有 198 个农户参与了所有的调查，所以分析时使用了不平衡面板（unbalanced panel）的估算方法。作者控制了应用 GE 作物而产生的非随机选择偏差。结果表明，采用 *Bt* 棉增加了 24% 的产量和 50% 的棉花利润。结果提供的证据还表明，2006～2008 年期间种植 *Bt* 棉花的农户提高了 18% 的家庭消费支出（代表家庭生活水平）。

Fernandez-Cornejo 等（2014）关于 GE 作物在美国的总结性报告表明，他们考察的所有（1997～2007 年间）7 个研究报告中，种植 *Bt* 棉花的净回报率均增加。Gardner 等（2009）研究发现种植 *Bt* 棉花节省了家庭劳动力，但证据不够充足。Luttrell 和 Jackson（2012）没有对美国农民种植 GE 棉花与非 GE 棉花进行经济学分析，不过他们的结论是，尽管 2008 年种植 *Bt* 棉花的许多人仍然不得不喷施杀虫剂控制棉铃虫（*Helicoverpa zea*），但农民还是感受到 *Bt* 棉花的好处。虽然 2008 年棉铃虫对 Cry1Ac 和 Cry2Ab2 的敏感性不如烟芽夜蛾（*Heliothis virescens*），但 *Bt* 棉花对烟芽夜蛾的抗性也值得美国农民去种植，因而在 2008 年美国 75% 的棉花仍是 *Bt* 品种。情况就是如此，尽管农民表示出对在支付了 *Bt* 性状费用的基础上还要付杀虫剂花费的担心。

Bt 玉米 Fernandez-Cornejo 等（2014）的报告回顾了 6 个关于美国 *Bt* 玉米的研究，结论是种植 *Bt* 玉米的净回报存在差异。净回报在 1 个研究中增加，在 1 个中减少，其他 4 个取决于靶标害虫的为害程度。这些研究均发表于 1998～2004 年。Gardner 等（2009）关于种植 *Bt* 玉米是否节省家庭劳动力的研究结果与 Fernandez-Cornejo 等报告的结果一致。Gardner 和他的同事发现 *Bt* 玉米并没有节省任何家庭劳动力，这一结果并不令人意外，因为有报道说，许多美国农民不对欧洲玉米螟（*Ostrinia nubilalis*）采用其他形式的防治措施，即使采用 *Bt* 玉米，也不改变他们使用化学农药防治该害虫的习惯。

Afidchao 等（2014）发现，在 2010 年雨季，菲律宾某个省的 *Bt* 玉米的化肥成本比非 GE 玉米高，并且这两个品种在杀虫剂支出方面没有差别。因此，作者认为 *Bt* 玉米需要更多的肥料以促进 Bt 蛋白的产生。农民对除亚洲玉米螟（*Ostrinia furnacalis*）以外其他害虫的担忧导致他们即使种植了 *Bt* 玉米，仍然喷洒杀虫剂。非 GE 玉米种植者与 *Bt* 玉米种植者之间的平均净收入和投资回报并没有差异。

Gonzales 等（2009）报道，在菲律宾 2004～2005 年的雨季，4 个省在每个省平均产量的基础上，*Bt* 玉米的成本效益（cost efficiency）与常规杂交种相当。而在 2004～2005 年的旱季，*Bt* 玉米成本效益高于常规杂交种。在 2007～2008 年的雨季，在获得数据的 4 个省[1]中

1　4 个省中有 3 个与 2004～2005 年报告的省相同。

Bt 玉米的成本效率略高于常规杂交种，在同一年的旱季也是如此，尽管自2004～2005年以来，有2个省的成本效益有所下降。在2004～2005年的雨季，4个省报告的净收入数据显示，在平均产量的基础上 Bt 玉米种植者比非 GE 种植者高5％；而在旱季，则高出48％。三年后，Bt 种植者在雨季的净收入增加了7％，在旱季则增加了5％。这些发现可能受到作者使用汇总的官方统计数据的限制，无法给出产量和成本效率的结果变化。因此，这一估计可被视为对该国采用 Bt 玉米收益的粗略估计。

Bt 茄子 Bt 茄子（$Solanum\ melongena$）于2014年首次在孟加拉国由20名农民进行商业化种植，因此本委员会在2015年撰写本报告时没有可用的农场水平分析。但是，在孟加拉国、印度和菲律宾进行了事前研究[1]，预测 Bt 茄子被推广后的经济效益。本委员会认为将这些研究结果放到本报告里面很重要，同时也意识到这些研究的结果是最佳估计而不是一定会发生的结果。

Islam 和 Norton（2007）对孟加拉国种植 Bt 茄子将给农民带来的经济效益进行了事前研究。他们调查了2个地区的60个农民，每个地区30个农民，调查了投入成本、作物品种、种子来源、茄子因茄白翅野螟（$Leucinodes\ orbonalis$）造成的损失，以及产量。他们从科学家处获得了有关预期产量变化和可变成本的信息，又进一步从行业专家处获得更多关于优先品种、种子来源、因茄白翅野螟造成的损失、Bt 茄子的预期应用程度等信息。根据收集的数据，作者认为杀虫剂成本将降低70％～90％，而种子、肥料和收获成本将略有增加，产量预计增加30％。他们预测，在其中一个受调查地区，Bt 茄子比非 Bt 茄子的毛利率将增加46.5％，而另一个地区为40.7％，整个孟加拉国的毛利率增加44.8％。他们在孟加拉国的研究结果与 Francisco（2012）等关于 Bt 茄子在菲律宾潜在应用前景的研究结果相似。

Krishna 和 Qaim（2008）也对 Bt 茄子的经济效益进行了事前研究。他们在2005年对占印度茄子产量42％的地区的360名种植茄子的农民进行了调查。据农民报告，Bt 茄子的平均毛利率在一个地区为66 106卢比/公顷，另一个地区为24 230卢比/公顷。在调查前的一个季节，农民报告的茄白翅野螟导致的平均收入损失为27 778卢比/公顷。根据 Bt 茄子的田间试验，但预计农场的产量低于田间试验，Krishna 和 Qaim（2008）认为用于控制茄白翅野螟的杀虫剂用量将下降75％，从而减少杀虫剂的花费。预计种子成本和收获成本会增加，但可销售果实的产量也会增加。农民毛利率的整体经济效益将在一个地区增加61％至106 351卢比/公顷，另一个地区增加182％至68 269卢比/公顷[2]。

3. 除草剂抗性性状的经济评估

关于抗除草剂性状可获取的信息比抗虫性状要少很多。Finger 等（2011）在他们的大数据分析中没有包含抗除草剂大豆或油菜，因为他们没有找到充足的科学研究数据进行统计分析。在 Fischer 等（2015）考察的99项关于对 GE 作物的社会和经济影响的研究中，只有20个关注了除草剂作物。根据 Areal 等（2013）的研究，抗除草剂大豆的生产成本

---

1   事前意味着"在事件发生之前"。事前研究是为了变革事件（如新技术）在引入之前估计其潜在影响。

2   本委员会再次强调，对 Bt 茄子的经济影响的研究是预计的，正如第3章所讨论的那样，Bt 茄子在本委员会撰写报告时尚未获得印度或菲律宾商业化生产的许可。

比非 GE 大豆低 25 欧元/公顷，但作者指出这一结果并不十分可靠，因为此说法仅基于 6 项研究的数据。2014 年，Klümper 和 Qaim 将抗除草剂的大豆、玉米和棉花一起进行考察，发现引入抗除草剂作物后利润增加了 64%，主要原因是产量增加了 9%，同时除草剂的使用成本降低了 25%。

在美国，Fernandez-Cornejo 等（2014）总结了抗除草剂大豆、玉米和棉花的净收益研究结果。在 1998～2004 年期间发表的 8 项研究中，有 3 项报告称引入抗除草剂大豆后的净收益和非 GE 大豆的净收益相同，其他 5 项显示引入抗除草剂大豆后的净收益增加。Fernandez-Cornejo 等仅能够确定 3 项已有的研究提供了关于种植抗除草剂玉米和抗除草剂棉花的净收益的相关数据。关于抗除草剂玉米，1998 年的 1 项研究发现，引入和不引入的净收益是相同的；2002 年的 2 项研究中，1 项表明种植抗除草剂玉米的农民净收益有少量增加，1 项则为有增加。对于抗除草剂棉花与常规棉花，1998 年的 1 项研究报告称净收益相同；2000 年的 2 项研究表明，抗除草剂棉农的净收益增加。

Gardner 等（2009）专注于抗除草剂大豆、抗除草剂玉米、抗虫抗除草剂玉米、抗除草剂棉花及抗虫抗除草剂棉花的劳动力节省情况。他们的分析表明，抗除草剂大豆平均节省了 14.5% 的家庭劳动力，这个结果足以促使人们使用这项技术。没有证据表明抗除草剂玉米可以节省家庭劳动力，抗虫抗除草剂玉米节省家庭劳动力的证据非常薄弱。该研究中证明抗除草剂和抗虫抗除草剂棉花节省劳动力的证据也不充分。Fernandez-Cornejo 等（2005）提供了强有力的证据表明大豆的除草剂抗性因为节省了田间管理时间而节省了劳动力。他们的研究结果显示，采用抗除草剂大豆可以使劳动力从农场管理转向非农就业，这种转变导致非农收入增加，但他们的结果没有显示农场采用抗除草剂大豆与农场内收益之间存在相关性。美国种植抗除草剂大豆和劳动力分配的调查结果与 Smale 等（2012）调查的玻利维亚种植抗除草剂大豆的报告结果（抗除草剂大豆被确定可以节约劳动力）在本质上相似。之前的国家研究委员会报告（NRC，2010a）和 Marra 与 Piggott（2006）的报告也提到了非货币因素（如节省了劳动力或管理的时间和精力、节省了设备、改善了操作员和工人的安全、改善了环境安全并整体上提高了便利），这对于解释为什么美国和其他国家采用抗除草剂作物十分重要。

Gonzales 等（2009）总结了 2007～2008 年雨季和旱季菲律宾抗除草剂玉米和抗虫抗除草剂玉米的成本效益和利润数据。从平均产量来看，雨季和旱季两个生长季抗除草剂品种的成本效益与常规杂交种相比，具有小但是稳定的优势，抗虫抗除草剂品种也是如此。Afidchao 等（2014）研究了 2010 年抗除草剂玉米和抗虫抗除草剂玉米的经济效益。抗除草剂玉米的肥料成本高于非 GE 玉米，抗虫抗除草剂玉米与非 GE 玉米相比也是如此。GE 品种的除草剂和杀虫剂支出与非 GE 玉米的支出没有差别，农民没有将节省劳动力作为采用 GE 品种的原因。含 Bt 性状的抗虫抗除草剂玉米和抗除草剂玉米种植者的净收入与非 GE 玉米种植者的净收入没有统计学差异，并且没有发现 GE 品种比非 GE 玉米更具利润优势。Afidchao 等根据进一步的回归分析得出结论，尽管抗虫抗除草剂玉米在种子和肥料成本方面存在缺陷，但更好地控制昆虫和杂草可能为种植者提供经济优势。

2007 年，即 GE 甜菜在美国生产的第一年，Kniss（2010）在怀俄明州比较了 11 个商业化的耐草甘膦甜菜田和与之类似的非 GE 甜菜田，种植者独立管理 GE 和非 GE 田地。

种植者为抗除草剂甜菜种子支付了 131 美元/公顷的特许权使用费。两组田间除草剂施用量差异不大，但耐草甘膦甜菜的田间除草剂成本要低得多，因为草甘膦比非 GE 甜菜上使用的除草剂便宜。在抗除草剂甜菜田块，种植者花费较少的时间耕种这些田地，不需要手工除草，而所有非 GE 田地手工除草的平均成本为 235 美元/公顷[1]。抗除草剂甜菜田块的产量增加了 15%，因此收获成本高于非 GE 甜菜田块。两种类型田块产出的甜菜含糖量相似，抗除草剂甜菜田的总糖量超过非 GE 田 17%。尽管收获成本较高且技术费用较多，但 Kniss 发现抗除草剂甜菜种植者的净经济回报比非 GE 甜菜种植者多 576 美元/公顷。该研究在接下来的一年未能重复试验以确定两年的结果是否相似，因为抗除草剂甜菜的种植率过高，没有可供比较研究的非 GE 田。

4. 早期应用的收入影响

Feder 和 O'Mara（1981）及 Feder 等（1982，1985）详细介绍了第一批应用新技术的发展中国家农民所遇到的问题。他们的关注点是确定技术应用的限制因素以及早期应用者与后来应用者相比可获得的潜在收入增长。他们的研究与之前关于农业新技术的研究一致（Ryan and Gross，1943）。技术的早期应用者随着产量的增加而获得经济效益。然而，由于商品价格因产量增加而下跌，更晚的应用者可能会增加产量但获得的经济效益更小，因而他们的收入比早期应用者少。然而，尽管他们应用较晚，但他们比那些选择不应用该技术的人要好；非应用者的收入甚至更低，这最终可能导致农场破产。这种被 Cochrane（1958）称为"技术跑步机"（technology treadmill）的现象，可见于发展中国家的绿色革命技术成果（Evenson and Gollin，2003）和美国的农田所有权合并（Levins and Cochrane，1996）。

在 GE 作物这一具体案例中，Glover（2010）和 Stone（2011）指出，在新作物或新地域中使用 GE 技术的第一批农民不是随机的；早期应用者更有可能成为成功的农民。Smale 和 Falck-Zepeda（2012）也观察到类似现象。本委员会指出，本章研究的许多经济分析都是在 GE 作物的第一个十年期间进行的；这些研究中发现的早期收益可能随着时间的推移而逐渐减少（框 6-1）。

5. 小结

上述研究提供的证据表明，抗除草剂大豆、*Bt* 玉米、*Bt* 棉花、*Bt*-抗除草剂玉米和 *Bt*-抗除草剂棉花的商业化通常对采用 GE 技术生产者的经济收益产生有利结果，但不同研究结果存在较大差异。正如许多文献已经指出的那样，有些研究结果是过时的或不全面的，很少有长期、横向或纵向的研究。研究集中在 3 个国家（印度、南非和中国）的一种性状-作物组合（*Bt* 棉花）。此外，Smale 等（2009）从对上述大数据分析涵盖的许多相同研究的回顾中得出结论，大多数研究采用了部分均衡方法（partial-equilibrium approach），其中假设其他经济方面是固定的，并且根据设计不允许根据不断变化的经济条件进行调整。该限制可能导致评估不完整，因为其他方法可能允许进行此类调整。对 GE 作物采用第一个十年期间的研究面临大量的数据限制和方法上的差距，限制了其结果的稳定性，现

---

1 Kniss（2010）指出，由于怀俄明州的劳动力短缺，手工除草的成本高于其他甜菜种植区。他还指出，美国其他甜菜种植区的种植者经常以除草剂代替手工除草。

在的分析方法变得更加复杂，分析类型也有所增加。

整体上，对其他广泛种植的具有外源导入性状作物的研究并不多。这些作物包括抗除草剂油菜、抗除草剂甜菜或者抗病毒的作物（番木瓜和小南瓜）。这些 GE 作物在其获批和种植的地域具有很高的应用率[1]，说明它们为种植者提供了经济效益。在加拿大进行的研究提供了抗除草剂油菜种植者经济效益的证据（Phillips，2003；Beckie et al.，2006；Gusta et al.，2011；Smyth et al.，2014a）。最新推广应用的一些商业化作物（如 *Bt* 茄子或耐旱玉米）的收入影响研究尚未完成。

尽管现有的经济评估文献指出了最广泛种植的 GE 作物对农民来说总体上受益，但生产者、地区和性状-作物组合的成本与效益可能会随着时间的推移而发生很大变化。Pemsl 等（2005）、Raney（2006）、Tripp（2009a，2009b）、Glover（2010）、Gouse（2012）和 Fischer 等（2015）指出，体制问题影响农民——特别是小规模、资源匮乏的农民——能够享受到 GE 作物的益处。在下一节中，将检查体制变量的交集，以确定GE 对小规模农民和其他农民的益处。虽然该部分侧重于小规模农民，但体制问题并不仅限于他们。

发现：现有证据表明 GE 大豆、棉花、玉米通常对于种植者产生有利的经济效益，但不同研究结果的差异性很大。早期的经济学研究存在数据和方法上的局限性，但在改进方法和解决经济学之外问题的分析在数量上取得了进展。

发现：在农民种植 GE 作物特别是抗除草剂作物的情况下，尽管缺乏与其产品相关的显著经济效益，但非金钱因素可能促进 GE 作物的推广。

6.1.2　对小规模农户的效益

关于 GE 作物对农户的效益问题十分棘手。而这个问题中的农户又是指谁？大多数对发展中国家 GE 作物的研究集中在农场层面的技术效益上。大多数研究证实，基于毛收入、杀虫剂使用程度和产量等指标，农户已经从应用该技术中受益。但是，GE 作物的利益问题需要根据农户持有土地规模进行更详细地讨论。并且，国家、作物和生产系统类型存在显著差异。此外，需要注意区分作物改良的效益来自传统育种还是 GE 性状。

本节讨论现有 GE 性状-作物组合和技术本身对小规模农户的效用。本委员会考虑了所考察的研究对小规模农户的定义。在全球范围内，小规模农户被认为是管理 5 公顷或更少耕地的农户，但这个定义并不适合所有小规模农户（框 6-3；HLPE，2013；MacDonald et al.，2013）。小规模农户的类别包括那些资源贫乏的人，他们在资本和劳动力方面受到限制。

农场规模通常被视为农户可以获得经济资源的一种体现或指标。本委员会收到了许

1　2012 年，抗除草剂油菜在加拿大的种植率为 97.5%，在美国的种植率为 93%（James，2012）。澳大利亚的种植率较低，其在 2008 年批准抗除草剂油菜用于商业生产。2015 年，在澳大利亚 3 个允许种植油菜的州内，抗除草剂油菜的种植率分别为 30%、13% 和 11%，共计 436 000 公顷（Monsanto，2015）。2012 年美国种植的甜菜中有 97% 是抗除草剂的（James，2012）。美国农业部估计，2012 年在加拿大种植的 14 200 公顷甜菜大部分都具有除草剂抗性（Evans and Lupescu，2012）。

多评论，声称相对于大规模农户（简称大户），小规模农户从商业化的 GE 作物中获利更多。虽然农场规模受种植作物种类以外的其他因素的影响（见框 6-3 和 Tripp，2009a中关于"消失的中等规模农场"的讨论），但它仍然与评估 GE 作物的社会和经济效益有关。

框 6-3　农场规模与"消失的中等规模农场"（Disappearing Middle）

农场的规模可能不到 1 公顷，也可能超过 10 000 公顷（Lowder et al.，2014；van Vliet et al.，2015）[a]。基于农场可用的经济资源和生产目标，农事操作可能是完全人工或完全机械化。类似地，农场可能不使用除经营者以外的劳动力，或者雇佣大量的临时或全职劳动力。农场生产的产品种类和农场的规模存在巨大差异。因此，"农场"（farm）一词涵盖了广泛的农业生产系统。

据联合国粮食及农业组织（FAO）估计，全世界至少有 5.7 亿个农场（Lowder et al.，2014）[b]，其中大部分农场面积小于 2 公顷（图 6-1）。鉴于数据的不完整性，FAO估计小型农场约占世界农业耕种面积的 12%。随着一个国家收入水平的增加，平均农场规模会增加，大农场控制的农田比例也会增加（Lowder et al.，2014）。

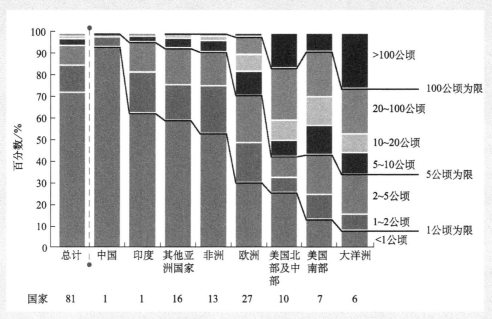

图 6-1　农场规模的多样性（见彩图）（HLPE，2013）
图表基于 81 个国家的数据。

在全球范围内，农业劳动力在 1980～2013 年期间增加，从 9.62 亿增加到 13 亿（FAOSTAT，2015）。虽然从那时起农业从业人员的数量增长，但参与人数的比例有所下降。从 1980 年到 2013 年，世界上经济活跃的农业人口比例从 21.6% 下降到18.6%（FAOSTAT，2015）。

耕地面积没有像农业人口数量那样增长；从 1960 年到 2000 年，平均农场规模下降，但总体趋势掩盖了不同收入群体的实际情况。FAO 的数据显示，低收入、中低收入和中高收入国家的农场规模下降，而高收入国家的农场规模增加（Lowder et al.，2014）。在非洲（Byerlee and Deininger，2013）、欧洲（Mandryk et al.，2012；EUROSTAT，2014）和美国（MacDonald et al.，2013），中等规模的农场经营正在逐渐消失。一方面，经济压力导致农场合并为更大的单位；另一方面，通过遗产继承导致农场分裂成更小的单位（van Vliet et al.，2015）。

----

a 家庭农场，即家庭是劳动力的主要来源或农场从一代传到下一代，在世界各地都占主导地位，但家庭农场不能等同于小农户（van Vliet et al.，2015）。

b FAO 对农场的定义不包括林业和渔业。由于收集的数据不统一，FAO 利用各国农业普查中报告的农业单位来估算全球农场数量（Lowder et al.，2014）。

由于多种原因，本委员会的考察集中在小规模农户身上。种植 GE 作物的大户在获准种植的国家广泛种植 GE 作物，结合上述的经济效益，本委员会认为到目前为止，抗虫和抗除草剂作物对大户有利。至于这些作物和 GE 本身是否与小规模农户有关尚不太清楚，部分原因是小规模农户是一个多样化的群体，具有不同的生计方式和竞争目标，其中仅有一个可能是产量优化（Soleri et al.，2008；Jayne et al.，2010；Giller et al.，2011）。

1. 现有 GE 作物的益处

最广泛种植的 GE 作物——抗除草剂大豆、Bt 玉米、Bt 棉花、Bt-抗除草剂玉米、Bt-抗除草剂棉花和抗除草剂油菜籽——首先在美国商业化并主要在大型农场种植。然而，这些性状-作物组合中的某些作物，特别是 Bt 棉花，已被世界不同地区的小规模农户种植。以棉花为例，大多数研究都集中在发展中国家——印度、中国和巴基斯坦——大量小规模农户通过种植 GE 作物获益。就棉花而言，大量证据表明，世界棉花生产主导国家（印度、中国和巴基斯坦）使用 Bt 棉花，并且为小规模农户创造了利益。但是，也有证据表明这些作物对其他地区小规模农户的收益喜忧参半。

Bt 棉花 Glover（2010）怀疑 Bt 棉花对欠发达国家小规模农户的益处，同样，对于他看到的科技文献和大众媒体将抗虫作物作为"扶贫技术"的表述表示批评。在他的批评中，虽然棉花中的 Bt 性状在受靶标昆虫危害较大的季节提供了产量保护，但在没有高危害的季节，Bt 棉花的种植者为 GE 性状付费却没有获得任何经济效益。Bt 性状也不能保护棉花种植者免受潜在的次生害虫种群增加的影响。控制次生害虫可能在杀虫剂支出、劳动力成本或所需时间上付出较高代价。对于所有 Bt 棉花种植者来说，皆是如此。但Glover 的观点是小规模农户与大户相比在经济上更加不稳定；如果经济效益没有实现，小规模农户受 Bt 性状投资回报不足的影响会更大。

对印度马哈拉施特拉邦雨水灌溉（rain-fed）条件下种植 Bt 棉花（*Gossypium hirsutum* L.）或非 Bt 棉花（*G. arboreum*）的 36 个农户进行的调查比较中，Romeu-Dalmau 等（2015）发现，种植非 Bt 棉花的农民在投入上的花费（如杀虫剂），与他们的回报正相关。相比之下，种植 Bt 农民的投入与净回报没有相关性。在作者看来，这表明 Bt 品种的种植者，其中许多是小规模农户，缺乏足够的技能来优化他们对 *Bt* 的投资回报。Glover（2010）指出，Qaim（2003）在印度和 Pemsl 等（2005）在中国观察到 *Bt* 棉田的杀虫剂过度使用。Qaim 和 Pemsl 等将过度使用杀虫剂归因于与使用该技术相关知识的传播不佳；当农民更多地了解这项技术时，过度使用往往会减少或消失。

早期针对南非 Makhathini Flats 地区 *Bt* 棉花种植为小规模农户带来经济回报的研究发现，采用该技术可以获得收益（Gouse et al.，2005；Gouse，2009）。然而，在该地区同一学者进行的后续研究中记录了这些收益的长期可持续性较差。这些研究指出有必要考察与使用此类技术有关的体制问题，特别是在发展中国家。一项研究发现，尽管节省了劳动力，但由于 *Bt* 棉花种子价格高，以及需要持续针对不受 *Bt* 控制的害虫喷洒化学杀虫剂，对于非集中的小规模农户种植系统 *Bt* 棉花没有经济价值（Hofs et al.，2006）。Hofs 等人的研究得益于多学科合作，使用近等基因系作为对照，以及详细的日常数据，但这个研究仅使用了少数彼此情况很接近的农户（共 20 个）（Smale et al.，2009）。

1997～2001 年，*Bt* 棉花在 Makhathini Flats 的小农户中种植势头表现强劲，在 2001 年增加到近 3000 个农户（90% 的应用率）（Gouse，2012）。然而，在 2001 年，一旦垄断了买方市场的一家私营轧棉公司所提供的延期服务和可用信贷结束，继续种植 *Bt* 棉花的小农户数量急剧下降（Gouse，2009，2012；Schnurr，2012）。Fok 等（2007）重申了多项早期研究得出的结论，即 Makhthini Flats 种植 *Bt* 棉花小农户在靶标虫害高发的时期获得的经济效益。作者提供了一个只关注经济效益而不讨论棉花种植特定机构背景的警示事例。

后来，当该地区的另一个垄断企业（2002 年该地区唯一的棉花买主）鼓励 *Bt* 棉花的种植后，机构背景变得明确。该企业提供 *Bt* 种子，但偏好大规模种植或与小农户建立的联合企业以较大单位的土地进行种植。在 Makhathini Flats 种植棉花（*Bt* 或非 *Bt*）的独立小农户从 2007～2008 年的 2260 个减少到 2009～2010 年的 210 个（Gouse，2009，2012）。Schnurr（2012）报告称，2009～2011 年小农户的平均产量比 1996～1998 年（*Bt* 棉花推出之前）高出 8%，与之后在 2001 年开始种植 *Bt* 棉花时期报道的 40% 增幅大不相同。整体上，由于棉花价格与玉米、大豆和向日葵（*Helianthus annuus*）价格相比下滑，南非的大、小农户的棉花产量（GE 或其他棉花）自 2003～2004 年开始下降（Gouse，2012）。

Dowd-Uribe（2014）在布基纳法索观察到可靠的信贷和 *Bt* 棉花产量之间类似的联系。一个由政府部分控制的实体提供信贷允许布基纳法索棉农购买种子、肥料和杀虫剂，它还为棉花销售提供有保障的市场，使农民能够更加安全地支付 *Bt* 棉花种子的费用。2008 年，该国在市场引入定价结构后有助于该作物的推广。布基纳法索棉农按种植土地的公顷数而不是种子量（seed stack）支付 *Bt* 棉花种子，因此他们能够根据当地条件，包括降雨量变化，调整种植密度而不会有价格损失。这些机构的支持可以让布基纳法索长期种植 *Bt* 棉花，这是当时唯一一个种植 GE 作物的非洲国家，其中小型农户种植了大部分农业耕地。然而，基于对种子价格、庇护所缺乏（可能导致昆虫抗性）及政府腐败的观察，Dowd-Uribe（2015）表达了对布基纳法索资源匮乏的小型农户种植 GE 棉花价值的怀疑。这种怀疑已经得到一些证实：布基纳法索已经开始逐步淘汰 GE 棉花（Dowd-Uribe and Schnurr，2016）。逐步淘汰的可能原因之一是人们认为某些 GE 品种不如其他非 GE 品种。不过，作者也记述了各种机构面临的问题——如信贷损失、市场中断、将 *Bt* 性状导入当地品种失败、南非和布基纳法索的高种子成本——与种植 GE 棉花的兴趣下降有关（Dowd-Uribe and Schnurr，2016）。Vitale 等（2008，2010）发现布基纳法索农民种植 *Bt* 棉花的经济收益取决于布基纳法索的价值链结构以及与国际棉花市场相关的经济条件变化（其中低成本生产者如印度、中国和巴基斯坦统治了市场的不同部分）。

Bt 和抗除草剂玉米　　关于玉米，Gouse（2012）注意到，在南非尽管种植大户们广泛采用 GE 玉米品种，但由于难以获得种子，小农户对 GE 玉米的应用率却很低。在赫拉比萨市，他进行了 8 个季节的家庭调查，发现农业不是小农户的主要收入，大多数南非小农户的情况也是如此[1]。他研究了该地区种植 GE 白玉米的效应，白玉米是当地的口粮作物。一种 *Bt* 白玉米品种于 2001 年首次商业化，其后一种抗除草剂白玉米品种于 2003 年商业化，*Bt*-抗除草剂白玉米品种于 2007 年商业化。Gouse 在 2005~2006 年、2006~2007 年、2007~2008 年和 2009~2010 年[2]的生长季比较了非 GE 品种、*Bt* 品种、抗除草剂品种和 *Bt*-抗除草剂品种，发现 *Bt*-抗除草剂品种的产量在其种植的每一年中都显著高于其他品种。然而，尽管 *Bt* 品种在大多数季节的产量都更高，但在 4 个季节中的 3 个季节，抗除草剂玉米的农场净收入最高。抗除草剂品种的一部分优势是产量增加，但主要优势是节省了家庭劳动时间。被调查的农民告诉采访者，他们希望将抗除草剂性状导入到该地区种植历史更久、更便宜、更耐旱的一个本地流行的玉米杂交种（PAN 6043）。

在赫拉比萨市一个更早的研究中，Gouse 等（2006）发现只有在大量害虫发生的年份和地方，有超过 3 个种植季节小农户种植 *Bt* 玉米相比种植非 GE 杂交玉米在经济上更有利可图。在对更高的种子成本进行投资之前，农民无法预测害虫发生水平——这个问题类似于 Glover（2010）提到的在小型农场种植 *Bt* 棉花所遇境况相似。然而，Klümper 和 Qaim（2014）的研究结果却对这种批评进行了反驳，对于发展中国家的小农户来说，尽管 GE 种子价格较高，但化学和物理的害虫防治投入成本会下降；这可以部分解释为什么 *Bt* 品种对发展中国家的小农户来说更有利可图。这一结果将种植 *Bt* 品种与获得信贷联系了起来。

Mutuc 等（2013）使用了来自菲律宾吕宋岛北部伊莎贝拉省的 470 名农民（107 名种植 *Bt* 玉米和 363 名种植非 *Bt* 玉米的农民）在 2003~2004 种植年度的调查数据，在考虑和纠正统计偏差的影响以及仅有部分杀虫剂使用数据的条件下，采用 *Bt* 玉米对产量和利润的影响较小但具有统计学显著效应，并且能降低杀虫剂的使用和需求。作者还论述了种植 *Bt* 玉米对减少肥料使用的影响。他们的研究结果类似于早期 Mutuc 等（2011）使用不同的估算方法得到的定性研究结果。在菲律宾，Yorobe 和 Smale（2012）也报告了2007~2008 年在吕宋岛北部伊莎贝拉和棉兰老岛南部的哥打巴托对 17 个村庄的 466 名玉米种植者的研究结果。总样本由 254 个 *Bt* 玉米杂交种用户和 212 个非 GE 杂交种用户组成，作者

---

[1]　在南非赫拉比萨的受调查家庭的大部分收入来自养老金，政府补助金，汇款和非农收入。

[2]　在 2005~2006 年和 2006~2007 年，对非 GE、*Bt* 和抗除草剂品种进行了比较。在 2007~2008 年，对所有 4 个品种进行了比较。在 2009~2010 年年，对非 GE、抗除草剂和 *Bt*-抗除草剂品种进行了比较。

使用针对偏差和未观察到变量影响的估算方法来校正选择偏差（selection bias）。该研究表明，与菲律宾使用的非 GE 杂交种相比，采用 Bt 玉米可提高产量和净农场收入（net farm income）、非农场收入（off-farm income）和家庭收入（household income）。值得注意的是，这些研究结论趋向性显示在菲律宾种植 Bt 玉米的农民状况，即收入、受教育程度、对技术的认识均比不种植 Bt 玉米的农民更好。

相比之下，Afidchao 等（2014）报道，菲律宾的小规模包括资源匮乏的农户种植 GE 玉米晚于种植大户。作者采用目的抽样（purposive sampling）的方法，这意味群体在统计学上没有代表性，并可能导致对结果普适性的质疑。农户似乎是由于好奇而种植 GE 玉米的，他们期望更好的产量和害虫防控效果，并降低投入成本。然而，Afidchao 及其同事进行了一项调查，发现一些采用 Bt 玉米的小规模农户并不认为使用该技术后其经济状况有所改善。约有 25％种植了具有 Bt 和抗除草剂特征玉米的受访者表示，他们不再赞同 GE 玉米值得投资并可改善农民生计这一说法。在 2014 年的一项研究中，Afidchao 及其同事评估了菲律宾一个省中，Bt 玉米、抗除草剂玉米和 Bt-抗除草剂玉米对小规模农户的经济效益[1]。该研究的结果在前文关于收益的部分进行了描述。作者关于效益的结论是，经济能力强的农民更有可能利用 GE 作物带来的优势。那些买不起除草剂的农民，即使种植抗除草剂或 Bt-抗除草剂玉米，仍可能继续进行人工除草。其他农民继续使用杀虫剂来控制非 Bt 靶标害虫。Afidchao 等注意到 GE 种子的高成本加上与信贷相关的高利率降低了 GE 玉米品种的潜在经济优势。他们的结论是，在观察到的社会和经济条件下（种子成本和贷款成本，以及难以运用新技术的潜力），对于菲律宾资源匮乏的农户，GE 玉米相对非 GE 品种不具有经济优势。这一结果可以解释他们的调查结论，即许多种植者不认为 GE 品种值得投资。

抗除草剂大豆　　如上所述，在讨论收入效益时，有关抗除草剂大豆的研究远远少于其他 GE 作物。抗除草剂大豆是中等收入和高收入国家中种植最广泛的 GE 性状-作物组合；大部分的种植面积集中在美国、巴西和阿根廷的大型农场里。Smale 等（2012）在 2007～2008 年对玻利维亚小型大豆种植者进行了调查。小型种植者是指种植面积不到 50 公顷的人，这类农户占玻利维亚大豆生产者的 77％；而大型运营商管理的农场面积超过 1000 公顷，他们仅占 2％。值得注意的是，即使是小规模的玻利维亚大豆生产者也可以使用农业机械。Smale 等（2012）发现，玻利维亚的抗除草剂大豆种植者可能比非种植者经营更多的农田，接受更多的教育，拥有更多的农业机械，更有可能拥有自己的农场。作者报告了一个问题，即发现小规模的（抗除草剂大豆的）非种植者具有与种植者不同的特征，如果他们种植非 GE 大豆，更有可能利用政府的政策补贴他们的生产。几乎所有抗除草剂大豆种植者都表示，目标杂草的治理比非抗除草剂大豆更容易，他们的产量高于非抗除草剂大豆农场的产量，76％的人报告说，抗除草剂大豆生产需要更少的非主要农场经营者家庭成员的劳动力。这种所需劳动力的减少使家庭成员有更多的时间来获得非农收入，这使得种植者的家庭总收入高于非种植者。

---

1 90％接受 Afidchao 等（2014）调查的农民，所拥有的农场面积小于 3 公顷；其他 10％的大户，农场面积为 4～8 公顷。

Høiby 和 Zenteno Hopp（2014）报告说，截至 2013 年玻利维亚几乎所有的大豆作物，无论农场规模大小，都种植抗除草剂大豆。他们注意到，有人批评因为公司对种子和信贷市场的控制，小农户除了抗除草大豆之外别无选择。目前尚不清楚是否农民需要非 GE 大豆品种，却不能获得这些品种，或者是否因为对非 GE 大豆没有需求，因而没有非 GE 品种。这些问题需要进一步研究。然而，Høiby 和 Zenteno Hopp 还说到，政府支持生产非 GE 大豆的努力没有成功，因为信贷和种子没有及时交付给农民，而公司却及时向农民了提供种子、信贷和技术支持。

Bt 茄子　　由于 *Bt* 茄子商业化的时间或范围尚不足够用以分析，本委员会无法评估小农户是否发现该产品有效益。然而，它是一种可以为小农户提供好处的 GE 作物。仅在印度和孟加拉国，至少有 150 万小农户种植茄子（Kumar et al.，2010；Choudhary et al.，2014）。茄子是亚洲的重要作物，茄白翅野螟经常被认为是该地区最具破坏性的害虫之一（Islam and Norton，2007；Krishna and Qaim，2008）。对 *Bt* 茄子经济和健康影响的事前评估报告说，*Bt* 茄子由于节约成本而为农民的最终盈利带来许多好处，并通过减少杀虫剂的使用给农民的健康带来许多益处（Islam and Norton，2007；Krishna and Qaim，2008；Kumar et al.，2010；Francisco et al.，2012；Gerpacio and Aquino，2014）。印度政府对 *Bt* 茄子的环境风险评估受到了 Andow 的批评，其质疑有关 *Bt* 茄子效益的预测。Andow（2010）指出，印度监管机构评估的 *Bt* 茄子品种是杂交种，因此不太可能对种植一种或多种开放授粉品种（open-pollinated varieties，OPV）的小农户有用。他总结说，采用不能自我繁殖的杂交品种会对小农户的经济安全造成不利影响。他拒绝评论具有 *Bt* 性状的 OPV 的实用性（私营企业的研发者们计划以最低的成本使其应用于农户），因为具有 *Bt* 性状的 OPV 尚未被提交给监管部门审批。Andow 还推测，相对于大户而言，*Bt* 特性对小农户的用处更小，因为小农户比大户在使用受危害果实方面有更多选择。他认为即使小农户采用杂交种，种植 *Bt* 茄子增加的收入仅为 8025 卢比/公顷，选择非 *Bt* 品种并采取害虫管理策略（integrated pest management，IPM）同样可以控制茄白翅野螟、减少杀虫剂使用并增加小农户收入（他估计为 164 923 卢比/公顷）。而且，非 *Bt* 品种结合 IPM 获得的效益要比采用 *Bt* 茄子更加确定。

Andow 的观点是基于只有杂交 *Bt* 茄子的情形，但是这种情况已有所改变（Kolady and Lesser，2012）。为了推广 *Bt* 茄子，目前已经计划采用一种双轨制的策略，即私营公司 MAHYCO 开发 *Bt* 茄子的杂交种，而两所农业大学开发 *Bt* 茄子的 OPV。因此，Andow 在杂交种和 OPV 之间为监管目的所做出的区分不再是一个问题。目前印度对特定性状的监管审批被限制在特定受体品种；在其他品种中使用该遗传载体需要加急许可。在印度的监管系统中，审批事件-品种组合曾经是一个问题，但现在不再如此。

Bt 茄子与非 GE 茄子结合 IPM 的比较可能部分不正确，如果 Andow 估算的是 IPM 带来的净收益，那可能是在完全应用 IPM 策略的前提下。然而，大多数情况下，IPM 策略的应用并不完全，净收益可能要小得多。如果 Andow 的估算是一个将应用与部分应用分开（比如采用 IPM 包中 10 个技术中的 5 个）的相对数字，并且净收益反映了这一点，那么可能就不存在对净收益的过高估算。此外，Andow（2010）错误地引用了 Krishna 和 Qaim（2008）的报告（比较了 *Bt* 茄子与非 GE 茄子），说他们的估算完全基于试验结果。

事实上，Krishna 和 Qaim 还对三个州的 360 名种植茄子的农民进行了调查，以计算农场-企业的预算。

Krishna 和 Qaim 讨论了在印度寻求 *Bt* 茄子杂交种和 OPV 策略的定价和影响。这个讨论很重要，因为它会影响在发展中国家甚至发达国家推广 GE 作物的其他政府和社会资本合作（public-private partnerships，PPP）模式。在他们看来，以比 *Bt* 茄子杂交种低得多的价格出售 *Bt* 茄子 OPV 可能会增加社会福利，因为一些以前受收入限制或缺乏信贷的贫困农民就有可能可以使用这项技术了。然而，种植茄子杂交种的农民可能会选择 *Bt* 茄子 OPV，因为它可能会降低成本，但是，这也会影响私有开发商的收入来源。

Kolady 和 Lesser（2006）报告了 2004～2005 年对印度马哈拉施特拉邦 290 名农民的调查结果。调查的参与者包括茄子和其他蔬菜杂交种及 OPVs 的种植者。预估应用统计模型的结果表明，使用杂交种的农民可能应用 *Bt* 杂交茄子，而使用 OPV 茄子农民可能应用 *Bt* OPV。因此，为不同目标农民群体开发 *Bt* 杂交种和 OPV 的 PPP 模式有可能成功。即使 *Bt* OPV 的价格低于 *Bt* 杂交种，那些期望更高产量的农民（种植杂交茄子的农民）仍可能采用 *Bt* 杂交种。

上述的事前研究表明，种植 *Bt* 杂交种或 OPV 茄子对于小农户而言具有经济效益。但是，本委员会撰写该报告时，只有少数孟加拉国的农民正在使用 *Bt* 茄子品种。小农户种植 *Bt* 茄子的经验还有待观察。

抗病毒番木瓜　　1998 年 GE 抗病毒（VR）番木瓜被批准在美国夏威夷州商业化后迅速推广。1992 年至 1997 年，因为番木瓜环斑病毒导致的果实受害和番木瓜树死亡，该州的番木瓜产量下降了 30% 以上（VIB，2014）。抗病毒番木瓜在 20 世纪 90 年代末上市时，夏威夷小规模种植者（0.4～2.4 公顷）是最早种植该品种的，因为相对于种植大户他们因病毒失去更大比例的面积（Gonsalves et al.，2007）。2000 年，抗病毒品种的种植率为 42%；2009 年增长到 77%（USDA-NASS，2009）。在那段时间里，番木瓜种植的面积保持稳定。中国科学家于 2007 年开发了一种针对环斑病毒本地毒株的抗病毒番木瓜。到 2012 年，中国 60% 以上的番木瓜面积种植抗病毒品种（VIB，2014）。

与抗除草剂作物不同，抗病毒番木瓜与节省劳动力无关，并且与非 GE 番木瓜一样，抗病毒番木瓜也需要喷施杀虫剂。但是，种植 GE 品种不需要额外的投入或资本投资，它可以完全替代非 GE 品种（Gonsalves et al.，2007）。此外，根据 Gonsalves 等（抗病毒番木瓜的开发者）的研究，与非抗病毒番木瓜相比，抗病毒番木瓜没有特定的规模经济。公立大学和私有部门就夏威夷种植抗病毒番木瓜进行了知识产权相关问题的谈判，种子最初是免费提供给种植者的。

在全球，美国的番木瓜种植面积较小。2013 年，印度是世界上最大的生产国，其次是巴西、印度尼西亚、尼日利亚和墨西哥（FAOSTAT，2015）。商业化大规模种植应该发生在这些国家和其他地方，但在许多发展中国家，番木瓜通常作为一种自给自足的作物小规模种植甚至种植在人们的房前屋后。在巴西、中国台湾、印度尼西亚、马来西亚、澳大利亚、牙买加、泰国、委内瑞拉和菲律宾，已经开发出针对当地番木瓜环斑病毒株的抗病毒番木瓜品种，并进行了田间测试但没有商业化（Gonsalves et al.，2007；Davidson，2008；VIB，2014），其原因是非政府组织有组织的反对、缺乏生物安全监管框架及抗病毒番木瓜消费者的谨慎（Davidson，2008；Fermin and Tennant，2011）。因此，尽管抗病毒番木瓜似乎具有许多有利于小规模农户生产的特质，但由于它仅在两个国家被采用，其效益无法得到准确评估。美国和中国种植率的增长可以作为番木瓜种植者发现抗病毒特性有用的初步证据。

除了任何特定性状-作物组合的效益之外，小农户对自己的生产和决策的控制程度可能是与现有 GE 作物推广相关的问题。在巴西的一项研究中，受访小农户认为种植 GE 作物的一个不利后果是他们失去对生产和决策的控制（Almedia et al.，2015）。农民认为公司对 GE 种子生产的控制可能会威胁到他们的独立性。同样，Macnaghten 和 Carro-Ripalda（2015）提供的证据表明，墨西哥、印度和巴西的农民对负责提供 GE 种子的组织和机构缺乏信任，并对本土种子的丧失感到担忧。一项对阿根廷小农户的研究发现，许多人认为 GE 作物可以引起对社会不利的变化，特别是租用他们的土地用于抗除草剂大豆的商业化生产会导致农民失去技能和身份以及农村移民（Massarani et al.，2013）。Tripp（2009a：20）认为，"农民对技术的控制权取决于其可用信息的质量、相关替代品的信息及根据当地条件测试和调整技术的机会，无论是国家还是市场都没有特别提供农民掌握新技术的机会"。必须注意到农民对失去自主权和控制权的感觉不仅限于小农户或反映在种植什么 GE 作物方面。包括美国在内的世界许多地区的一些农民表达了对自主权丧失的担忧，这往往与盈利能力下降和农业结构的转变有关，这超出了引入 GE 作物的范畴（Key and MacDonald，2006；Pechlaner，2010）。

2. 针对小规模农户研发的 GE 作物的前景与局限

在本委员会撰写此报告时，只有少数 GE 性状被引入作物中，*Bt* 茄子是唯一专门为满足小规模、资源贫乏农户的需求而研发的 GE 作物。全球不到 150 个农户种植 *Bt* 茄子。然而，在 2015 年许多针对小规模生产者或贫困消费者的性状被研发，如第 5 章所述，旨在为发展中国家的消费者带来健康的黄金大米。在信息收集阶段，本委员会得知了其他正在进行的 GE 研究（McMurdy，2015；Schnurr，2015）：

- 尼日利亚、乌干达和肯尼亚的抗病木薯。
- 坦桑尼亚和乌干达的抗旱玉米。
- 尼日利亚、布基纳法索和加纳的抗虫豇豆。
- 乌干达的维生素 A 生物强化香蕉。
- 乌干达的抗病、抗虫和抗线虫香蕉。
- 南非、印度尼西亚和印度的抗病毒马铃薯。
- 肯尼亚和南非的营养强化高粱。
- 肯尼亚和南非的抗病毒甘薯。
- 尼日利亚、加纳、乌干达、印度和孟加拉国的气候适应性水稻。
- 印度的气候适应性小麦和小米。

这些努力得到了一些 PPP 模式的支持（McMurdy，2015）。Schnurr（2015）认为，如果许多 GE 作物商业化，农民可以使用且不需要支付 GE 性状的技术费用。然而，关于如何免费提供技术作为预期政策，本委员会唯一知道的具体例子是黄金大米和非洲节水玉米。

一些作者提出争议，他们认为用于研发 GE 作物的投资，可以用在非 GE 方法和农业生态改善上来（Cotter，2014；Gurian-Sherman，2014）。并且他们认为在某些情况下，用于其他方面的投资可能具有更高的优先权。例如，Tittonell 和 Giller（2013）认为，在解决土壤肥力和养分问题之前，非洲的小规模农户无法利用植物遗传改良技术。然而，大多数 GE 性状无法通过传统育种或农业生态学的方法获得。例如，在豇豆（*Vigna unguiculata*）有性亲和的近源种中没有对豆荚螟（*Maruca vitrata*）的抗性基因，也没有控制害虫的农业生态策略。

非 GE 方法成本较低的论点需要在监管体系和全球系统发展的背景下进行评估。一些活跃的利益相关团体已经推动制定越来越复杂的法规，纳入更广泛的社会和经济因素，以及制定特别政策，这可能会带来额外的监管障碍，并可能增加推广的时间和成本，或减少向农民提供新技术（Paarlberg and Pray，2007；Paarlberg，2008；Smyth et al.，2014b）。这些政策的发展毫无疑问受到那些支持或反对 GE 作物需要更严格监管的集团所做的政治努力的影响（Scoones and Glover，2009；Schnurr，2013）。

一些作者指出，商业化性状的重点是缩小实际产量和产量潜力之间的差距，以及研究性状表现与除草剂和杀虫剂等投入之间的联系，而忽视了一些小规模农户的优先权（Hendrickson，2015）。本委员会已在本章和第 4 章中阐述了 GE 作物对小规模农户的效益，但也认识到，某些性状以及有时一些品种中的某个特定性状并不适合小规模农户。例如，在玉米和棉花中，大多数 GE 性状被导入杂交种，但是就经济回报而言，无论 GE 或者非 GE 的杂交种可能都不是所有农民最好或最期望的选择。当有一个真正合适的杂交种可用时，它通常可在任何条件下（包括没有其他投入的边际生产条件）优于最好的 OPV，但通常没有这样的杂交种。Langyintuo 和 Setimela（2007）发现津巴布韦的玉米就属于这种情况。虽然对各国而言，研发适合自给性农业系统的杂交种是最合适的，但是这种投资很少见。此外，资源匮乏的农民种植杂交种可能具有难以承受的风险，除非农民有可能达到或超过取决于该作物市场价格的最低产量（Pixley，2006）。OPV 种子的生产通常比杂交种子的生产更简单、更便宜，并且种植 OPV 的农民可以在下一季保留他们自己的种子用于种植。通常在这种情况下，留种引起的产量损失可以忽略不计。最后，许多小农户种植作物供自我消费而并非出售，他们对植物品种的选择可能基于偏好和传统而完全不考虑市场因素。一个例子是南非玉米种植者，他们更倾向于选择基于一种较古老的、当地种植的耐旱品种的抗除草剂性状（Gouse，2012）。

本委员会听取了大量发言者的意见，他们强调，对于帮助解决小规模农户特别是资源贫乏的农民问题的 GE 技术，需要在土壤肥力、病虫害综合管理、优化种植密度、信贷可获得性、市场发展、存储和推广服务进行同步投资（Hendrickson，2015；Horsch，2015；McMurdy，2015；Schnurr，2015）。此外，本委员会认识到，如果投资不成比例地只针对 GE 作物，那些对 GE 作物研发投资水平进行的批评就十分中肯。拉丁美洲（Falck-Zepeda et al.，2009）和非洲（Chambers et al.，2014）的情况似乎并非如此。因此，研发项目的多元化组合以及解决生产和体制问题的投资需要关注小规模农户。这种方式的应用也需要考虑一个国家发展创新能力的总体投资战略（框 6-4）。

3. 小结

越来越多的证据表明 GE 作物的种植使发达国家和发展中国家的许多农民受益。然而，

框 6-4　发展生物技术创新能力的投资政策

　　旨在改善特定国家农业生物技术和 GE 作物的投资政策制定需要考虑许多替代方案。经济合作与发展组织（2003）、Falck-Zepeda 等（2009）和 Chambers 等（2014）描述了一个概念框架，其中有两个因素需要考虑以指导选择政策方向。首先是特定国家的科学技术能力。它意味着要考察在该国投资于生物技术研发机构的人力和财政资源的存量和流量，以及该国生物技术创新系统不同组成部分之间的联系。第二个考虑因素是市场规模和创新体系开发生物技术新产品的机会。

　　科学技术能力和市场规模可以将国家分类为不同的创新研究能力类别。创新能力较低的国家希望提高创新能力的潜力，首先需要发展或改进基础研发和技术转让能力，如植物育种和基础分子生物学的应用。或者，如果一个国家希望获得其他国家开发的创新产品，则可能需要确保本国已具有允许这种技术转化的政策和监管环境。根据现有的能力，一个国家在更基础的农业技术或传统的作物改良方法领域，而不是 GE 技术方面进行研发可能会更好，因为这些类型的投资将提高其改善农业系统和利用其他国家遗传学技术的能力。决定因素应该是社会对研发投资的回报。

　　值得注意的是，有几项研究报告了商业化 GE 作物对小规模农户利益的影响不同。对一些种植 GE 作物的农民而言，相对于其他体制问题，较高的 GE 种子价格和信贷的可获得性可能是主要障碍。这些 GE 作物自 20 世纪 90 年代以来开始商业化。本委员会审查了一些案例，尽管 GE 品种通常会有更高的产量，有时还会降低其他投入成本，但小规模农户种植 GE 作物或在最初种植后继续种植并不总是在经济上有利。这可能是因为 GE 品种比其他品种更贵，而且这些可用的性状需要额外的投入，如购买除草剂或杀虫剂。在提供信贷后，小规模农户倾向于采用 GE 作物并取得了一些成功，但当信贷选择消失时，种植率会下降。鉴于这些问题，通常是经济状况更好的小农户种植 GE 品种。

　　有证据表明，南非的抗除草剂玉米和玻利维亚的抗除草剂大豆对小型生产者有益，因为用于播种和田间除草所需的时间减少了，从而释放了家庭劳动力以获得非农收入。然而，少数研究和报告表明，巴西的一些小规模农户也报告说，自 GE 作物引入以来由于种子选择权减少及农场合并，而导致其自主权丧失。

　　在某些使用 GE 作物地方，由于信贷限制及过多喷洒杀虫剂而耗费金钱和时间，种植 GE 作物对小规模农户来说并不具有经济效益的优势。这些结果表明，小规模农户对 GE 技术缺乏初始的了解，有必要对小规模农户开展推广服务，尤其是在推广初期。本委员会听取了几位报告人的意见，无论 GE 作物是否被应用，这些服务都是必要的。据说，无论是否引入 GE 作物，小规模农户都需要其他许多农业实践方面的援助，如如何提高土壤肥力以增加养分供给和优化种植密度。

　　2015 年，种植商业化 GE 作物对小规模农户的效益取决于作物种类和具体的农业状况。在许多情况下，如可获得信贷、负担得起投入和后续的推广服务等似乎是农民得到 GE 技术实惠的必要条件。从向本委员会提供的信息和其他可获得的信息来看，针对小农户需求而研发的一些 GE 作物可能最早在 2017 年商业化。这些 GE 作物与第一代抗除草剂和抗虫玉米、大豆及更早批准的棉花不同的是，它们是与目标国家研究机构联合开发的（Chambers et al.，2014；Horsch，2015；Schnurr，2015）。

发现：GE 玉米、棉花和大豆推广的早期阶段为小规模种植者提供了经济利益。但是，如果对效益的期望更高，通常（但不是必须）要求农民在更多方面可以获得制度上的支持，如获得信贷、负担得起投入、拥有推广服务和市场。制度因素可能会削减小农户的经济利益。

发现：抗病毒番木瓜是 GE 作物有利于小农户种植的一个例子，因为它解决了一个农艺问题，但不需要同时购买杀虫剂等农药。目前处于研发过程中的其他技术——如具有害虫、病毒和真菌抗性和耐旱性的 GE 作物——是实现小农户效益的潜在 GE 性状，特别是把这些性状引入发展中国家重视的作物中。

建议：对 GE 作物研发的投资可能只是解决农业生产和粮食安全问题的一种潜在战略，因为通过改善种质、环境条件、管理水平及社会经济和基础设施也可以提高和稳定产量。政策制定者应确定在这些类别中分配资源以提高生产的最具成本效益的方法。

6.1.3 农民受教育程度方面

农民受教育程度、生产技能和习俗等主题通常出现在农业研究中（Millar and Curtis，1997；Bentley and Thiele，1999；Grossman，2003；Ingram，2008；Oliver et al.，2012），但一般不特别针对 GE 作物[1]。在关注 GE 作物时，有许多原因可以使农民受教育程度、生产技能和习俗受到关注。正如邀请的发言人之一向本委员会所陈述的那样，"了解实际农民生产实践及其所包含的农业系统，对于理解任何技术的积极和消极影响至关重要"（Hendrickson，2015）。因此，本委员会试图研究与农民受教育程度相关的文献。这些文献涉及 GE 作物，包括农民受教育程度在政策和监管过程中的潜在贡献、农民适合的（也是 GE 作物推广所寻求的）解决生产制约的方法，以及与 GE 作物有关的农民生产技能。

关于农民为监管构架做出贡献的能力，Mauro 和 McLachlan（2008）发现种植抗除草剂油菜的加拿大农民意识到 GE 作物在田间管理方面的益处，如更容易控制杂草，但他们也注意到了各种风险，包括技术-使用协议和种子成本增加。此外，小农户对抗除草剂油菜相关风险的认知也逐渐积累。作者认为，农民对 GE 作物表现的认识（如自生杂草）可能有助于监管者知情，但监管者忽视了这类实际情况。

通过特别关注监管制度如何应对由于露天生产生物制药植物带来的潜在食物污染问题，Goven 和 Morris（2012）报道说，美国、欧盟（EU）、加拿大和新西兰的监管制度倾向于不考虑这个问题，即使是无意的，但农民的认知与建立监管政策有关。他们的研究重点是农民管理种子-作物纯度的经验知识如何为生物制药监管提供信息，他们认为这很难纳入现有的风险评估和风险管理监管制度。虽然 Mauro 和 McLachlan（2008）报告说，监

---

1 本节中的讨论是关于农场水平的认知实践，而不是关于公司对本地植物或植物特性的专利权。

管机构认为农民的认知是主观和不可靠的，所以忽视了农民的认知。但 Goven 和 Morris（2012）的结论仍然是，缺乏对农民认知这一方面的需求是监管体系运行中的通病。

关于农民的适用技能，McMichael（2009）批评私有企业努力为"应对气候"的基因进行专利保护，以及培育耐旱玉米品种，而西非的农业妇女已经通过选择适应不利条件的种子以应对反复发生干旱。Settle 等（2014）表明，马里的棉农可以通过基于社区教育计划推广 IPM 体系，如此可显著降低杀虫剂的使用和相应支出，且不会对产量产生不利影响，也不需要对新技术买单。然而，尽管 IPM 的范例自 20 世纪 60 年代以来一直在推广，但除了小范围或暂时的成功外，小规模农户对 IPM 的应用率很低（World Bank，2005；Morse，2009；Parsa et al.，2014），广泛的实施需要谨慎投入资金和应对一些实际问题（Parsa et al.，2014）。

一些研究人员认为，GE 作物实际上导致农民丧失技能。农业中的"去技能化"（deskilling）概念出现在 20 世纪 90 年代（Fitzgerald，1993），并且间歇性地用于描述技术对生产者的影响。去技能化被定义为"通过引入抵付劳动力成本和增加利润的新技术，行业有效地消除技术工人的劳动力"（Bell et al.，2015：8）。将这一概念最早应用于农业话题的研究之一是与杂交玉米相关的研究。Fitzgerald（1993）认为，杂交玉米意味着农民不再依赖自己的种子选择经验，这种选择经验的获得往往需要多年的实践和农民之间的交流。Stone（2007）和 Stone 等（2014）针对印度一个地区的 Bt 棉花生产者提出类似的观点。他们注意到，在该地区农业去技能化早于 Bt 棉花的出现，并观察到一些关于种子的趋势。通过分析 11 年间该地区农民对种子的选择，他们发现农民可使用的 Bt 棉花种子大量增加，创造了一个不一致的（虫害种群的规模可能与 Bt 的防效无相关性）、无法识别的（由于可用品种的数量过多）环境。而且这个环境还受到快速技术革新的困扰，Bt 棉花在 2005 年才首次进入该地区，但到 2009 年，已经有 6 个 Bt 事件被整合到 522 种不同的杂交种。作者总结说，这种环境中固有的混乱与农业去技能化加剧是一致的（Stone et al.，2014）。

Stone（2007）承认使用去技能化概念存在问题。最值得注意的是，他表示这个概念意味着存在一种不切实际的、甚至是浪漫化的本地农技组合（Tripp，2009a）。然而，谨慎使用这一概念有利于突出新技术是如何打破农民对本地社会和生态条件有关的学习过程（Stone，2007）。

在 GE 作物种植系统中，应该对农民关于杂草和昆虫抗性进化的知识和生产方式给予足够关注（Llewellyn and Pannell，2009；Mortensen et al.，2012；Ervin and Jussaume，2014）。在美国，2005～2006 年的调查数据显示，大多数农民并不知道抗草甘膦杂草正在进化，或者他们的生产方式正在促成这种进化（Johnson et al.，2009）。相反，对艾奥瓦州农民的一项调查显示，截至 2012 年，近三分之一的人意识到他们的田地杂草对草甘膦具有了抗性，只有超过十分之一的人表示他们的田间有抗 Bt 的玉米根虫（Diabrotica spp.）（Arbuckle，2014）。大多数接受调查的农民在面对杂草和虫害问题时，对农用化学品经销商的依赖和信任远超过任何其他知识来源，包括美国农业部（USDA）和大学的推广服务。在艾奥瓦州的案例中，大多数被调查的农民认为抗性是不可避免的，这显然不利于实施"广泛、协调的害虫管理实践和策略"以延缓害虫抗性的产生（Arbuckle，2014：7）。Arbuckle（2014）表达了担忧，因为这些发现使人感到无力和知识匮乏，至少抗性进化是可以通过广泛协调的田间管理来减缓的。然而作者认为，艾奥瓦州的农民已经准备好参与抗性综合管理策略，这些策略涉及一系列相关方，包括私有企业、营销团体、农民和大学研究人员（Arbuckle，2014）。

一些研究强调了将农民纳入杂草和虫害管理计划的重要性（Tripp，2009a；Ervin and Jussaume，2014）。Ervin 和 Jussaume（2014：407）强调，杂草管理过程必须解决人的因素以减缓杂草对除草剂的抗性，并指出大多数管理策略忽视了社会学变量，包括"社团关系的性质和紧密度（如共享种植者对于他们田间正在发生的事情的认识）、共享个人价值观（如对进化、环境治理和邻近农民互惠的态度），以及农场融入金融等级的方式（如农民是否有未偿还的银行贷款）"。

Mortensen 等（2012）警告说，农业杂草管理需要农民应用知识密集型技术。依靠单一或简单技术（如抗除草剂作物）的策略并不属于这类技术。就种植抗除草剂作物而言，克服对使用单一除草剂的短期经济优势（而不注重长期经济效益）的诱惑，是减轻抗性杂草进化的重要革新之一（Ervin and Jussaume，2014）。

总体而言，有关 GE 作物对农民技能的影响以及农民受教育程度与 GE 作物相互作用的话题仅限于针对特定地区的一些研究。需要对农民受教育程度进行更系统的研究，以改善监管结构。在未来的监管结构中，农民能够发挥作用并重视和保护农民的技能和能力。有明确的证据表明，农民参与杂草和害虫管理知识的积累对减缓田间杂草和害虫抗性的发生发展非常重要（Mohan et al.，2016）。

发现：有证据表明，农民对 GE 作物的了解对监管者有帮助，但监管者并没有利用。

发现：一些研究表明，抗除草剂和抗虫作物的推广促进了农民的去技能化。

建议：应开展更多研究，以确定农民受教育程度是否有助于改善 GE 作物管理。还需要开展研究，以确定 GE 技术总体或特定 GE 性状是否以及在何种程度上促进了农民的去技能化。

6.1.4 性别

自 20 世纪 70 年代以来，尽管在食物系统相关研究中，对妇女和性别的关注有所增加，但很少有研究明确关注 GE 作物和性别的关系（Chambers et al.，2014）。2010 年，妇女占拉丁美洲农业劳动力的 20%，在亚洲占 40% 以上，在撒哈拉以南的非洲占 50%，在发展中国家占 43%（FAO，2011）。妇女也被作为低成本"熟练"劳动力进入出口价值链（FAO，2011）。1980 至 2010 年间，尽管日本和整个欧洲的农业妇女比例有所下降，但在美国、澳大利亚和新西兰，妇女在农业中的比例有所增加（FAO，2011）。由于研究侧重于女性，因此更加强调对性别化农业生产系统的理解。性别分析可以让人们认识到男女在不同地点开展的农业实践有所不同，在进行农业研发时需要考虑这些差异（Bock，2006）。

关于农业中性别和 GE 作物关系的相关研究主要集中在发展中国家（Bennett et al.，2003；Subramanian and Qaim，2010；Zambrano et al.，2012，2013）。然而，根据先前对性别和农业的分析（如 Feldman and Welsh，1995；Schafer，2002；Sundari and Gowri，2002；Prugl，2004），毫无疑问，无论在发达国家还是发展中国家，性别与 GE 作物的应用、生产和市场有关。学者们一致认为，女性在生产实践中往往受到特殊的限制，这些因素限制了女性生产者增加收入的能力，并限制了自给型农业家庭改善家庭粮食安全的能力。这些限制包括受教育机会、信息、信贷、投入、资产、推广服务和土地等方面（Ransom and Bain，2011；Quisumbing et al.，2014）。虽然发达国家妇女在农业中的角色可能与发展中国家妇女不同，但对女性生产者的限制有许多相似之处。与发展中国家不同，发达国家的妇女历来被农业边缘化，无法获得所需的物质资源，如土地、劳动力和资本（如 Leckie，1993）。这些性别限制可能与 GE 作物有关。

从少数已经完成的研究中得出的一个主要命题是，商业化的 GE 作物根据性别分工和文化角色不同对男性和女性产生不同的影响。例如在印度，女性劳动者受益于工作时间的增加——从而增加收入——这与 Bt 棉花的产量增加相关，因为女性摘采棉花的时间长了（Subramanian and Qaim，2010）。相反，男性劳动者通常喷洒化学药剂，因此他们看到的是劳动时间减少。同样，对南非 Makhathini Flats 的 32 名小规模农户进行的一项研究发现，种植 Bt 棉花对家庭中的妇女有益，因为女性不必喷洒农药，所以她们的精力可以转移到其他事情上（Bennett et al.，2003）。

在布基纳法索，Bt 棉花需要使用的杀虫剂较少，这意味着女性在取水方面花费的时间更少（Zambrano et al.，2013）。在采用抗除草剂大豆的玻利维亚家庭中，家庭生产力的第二贡献者——通常是妻子——有更多的时间在农场外工作（Smale et al.，2012）。种植棉花的哥伦比亚女性农民更喜欢抗虫品种，因为它们减少了所需的劳动量；而男性农民则报告 Bt 棉花可增加产量和总体效益（Zambrano et al.，2012）。相比之下，哥伦比亚抗除草剂棉花的种植导致雇用较少的妇女除草，传统上这是女性的任务（Zambrano et al.，2013）。菲律宾的女性玉米种植者，无论她们是否种植 Bt 品种，都报告 Bt 作物节省了劳动力，但种植玉米的男性无论种植 Bt 或非 Bt 品种，都没有注意到是否节省时间（Zambrano et al.，2013）。

在关于 GE 作物商业化生产的文献中，受到广泛支持的另一个命题是，妇女在农业家庭决策中的作用。在哥伦比亚，就 Bt 棉花而言，妇女与男性一起参与 Bt 棉花的决策和管理。同样，在菲律宾，女性和男性的报告说他们合作开展了与 Bt 玉米有关的大多数生产活动，包括决策在内（Yorobe and Smale，2012；Zambrano et al.，2013）。其他关注非 GE 的研究也证明了，妇女在农业家庭决策中的重要性日益增加。在澳大利亚，农户中妇女参与有关种植新作物品种和土壤保持的决策情况也有所增加（Rickson et al.，2006）。

性别适合技术这一话题也与 GE 作物有关。在许多地区，特定类型的农业技术与男性有关，例如，大型机械如拖拉机，通常被认为属于男性领域（Brandth，2006）。然而，GE 作物可能适合更传统的与女性相关的技术。在特定地区如美国和欧洲，女性农民通常集中在替代农业系统中（Chiappe and Flora，1998；Peter et al.，2000；Rissing，2012）。导致性别适合技术与 GE 作物相关的原因，是在许多替代农业系统（特别是在发达国家）中并不包括 GE 作物，主要是出于理性的原因（Rissing，2012），或是由于美国农业部有机认证本来就限制种植 GE 作物。在发达国家和发展中国家，女性更有可能从事规模较小的耕种（SOFA Team and Doss，2011；Hoppe and Korb，2013）。因此，虽然 GE 作物更有可能是适合女性或性别中立的技术，但以妇女为主的农业系统类型往往对 GE 作物的应用率不高。

　　发现：具有 *Bt* 和抗除草剂性状的 GE 作物对农业劳动力中的男性和女性产生不同影响，具体取决于特定作物和特定地区的性别分工。

　　发现：有一小部分证据表明，在一般农业家庭包括种植 GE 作物的家庭，妇女参与有关种植新作物品种和土壤保持的决策情况有所增加。

6.1.5　农村社区

　　几十年来，美国社会科学家对农业变化及其对社区特别是农村社区的影响之间的联系进行了考察。Goldschmidt 1948 年完成的论文认为，工业化的农业对农村社区的生活质量产生了负面影响（Carolan，2012）。尽管造成此类结果的机制仍然存在争议，但美国最近的研究仍在继续寻找这一结论的证据［Lyson et al.，2001；另见 Lobao and Stofferahn，2008（对 51 个研究的总结）］。Goldschmidt 论文的含义是，如果采用特定技术有助于农业部门的进一步工业化，随着合并的增加和家庭农场的减少，可能会对农村社区产生有害后果。

　　本报告特别关注的是 GE 作物和遗传工程如何影响社区。很少有研究明确关注商业化的 GE 作物和社区之间的关系，但可以从其他研究中得到推论。这些研究主要关注农业技术、农场组织和规模及社区之间的交互关系（Lobao and Stofferahn，2008）。正如之前的国家研究委员会报告（NRC，2010a：12）所述，"对农业早期技术发展的研究表明，应用 GE 作物可能会造成社会影响"。引入 GE 作物的社会影响程度尚不清楚，部分原因是很少有研究涉及该主题，但这些影响可能包括改变"劳动力动态、农场结构、社区活力和农民之间的关系"（NRC，2010a：3）。与商业化 GE 作物相关的社会和经济后果本质上不是新的或独特的，而是更有助于在从前的技术应用后看到变化（NRC，2010a）。到目前为止，少数涉及 GE 作物社区效应的研究往往侧重于不利影响，如上文"性别"部分所述的减少了除草就业。但是，由于缺少对社区和家庭层面上变化测量的关注，很难得出与特定 GE 作物或 GE、社区和家庭影响有关的任何重要结论。

6.1.6　种子可用性和成本

　　有证据表明种植 GE 作物的土地面积大幅增加与使用的非 GE 种子数量下降之间存在相关性（Pechlaner，2012）。从 2005 年到 2010 年，可供美国农民购买和种植的非 GE 玉米品种下降了 67％，大豆下降 51％，棉花下降 26％（Heinemann et al.，2014）。对这种下降现象的某些解释可能是对的。本委员会审查了在美国四大玉米生产州中的三个公开发布的玉米杂交种试验（艾奥瓦州、伊利诺伊州和明尼苏达州；内布拉斯加州的生产规模排第三，但试验结果没有区分 GE 和非 GE 杂交种）。在 2014 年的三个州中，对 86 个非 GE 杂交种和 544 个 GE 杂交种（非 GE 占比 13.7％，GE 占比 86.3％）进行了比较测试。明尼苏达州的结果证实具有聚合 GE 性状的杂交种十分流行：在测试的 219 个 GE 杂交种中，198 个含有两种或更多种 GE 性状，仅 21 个只含有抗草甘膦性状（90.4％的杂交种含有聚合 GE 性状）。在巴西的观察结果还表明，从 2008 年到 2012 年批准 GE 玉米种植期间，市场上非 GE 玉米杂交种数量下降（从 302 到 263），GE 玉米杂交种数量增加（从 19 到

216）（Parentoni et al.，2013）。

在美国和巴西，可以很清楚地看到 GE 品种被农民广泛种植，尽管非 GE 品种没有消失，但其供应量已经明显下降。然而，这种趋势的进展速度存在不确定性，总体趋势表现为：2015 年非 GE 品种种植者和部分 GE 品种种植者对杂交种或品种的选择权少于引入 GE 作物之前。Krishna 等（2016）评估了印度棉花种植者（完全种植、部分种植和不种植 *Bt* 棉花）的可用品种多样性，也证明了这一点。对此需要开展更多研究，以确定是否所有国家、所有作物的品种多样性和供应量都已经发生变化。

对于那些想要种植 GE 作物的农民来说，GE 作物的成本可能会限制小农户，特别是资源匮乏的小农户真正采用。GE 作物种子的价格往往高于其他类型的种子。当种子价格可以通过较高的净收入来补偿时，这种限制就没有约束力，例如，种植 GE 作物可以减少杀虫剂使用量、减少产量损失或节省劳动力。重要的是种子占总成本的百分比以及农民如何收回这笔费用。尽管由于获得信贷的机会有限，可能构成财政限制，但大多数情况下，种子成本只占总生产成本的一小部分。此外，小农户购买 GE 种子可能发生作物歉收而造成财务风险，这可能才是小农户真正考虑的风险。

Finger 等（2011）发现在南非、印度和美国，*Bt* 棉花的种子成本显著高于非 GE 棉花，但在中国则没有。非 GE 种子与 *Bt* 种子的价格差异在南非为 97%，在美国为 222%，在印度为 233%。作者指出，自从许多包括大数据分析的研究开始以来，印度政府的政策发生了改变。印度政府在 2006 年进行市场投入，将 *Bt* 和非 *Bt* 种子之间的价格差异降低至 68%。在同一项研究中，*Bt* 玉米种子在西班牙比非 *Bt* 种子贵 9.9%，在德国高 17%，在阿根廷高出 36%（Finger et al.，2011）。种子的价格似乎受到一个国家某区域目标害虫的危害程度影响。也就是说，目标害虫种群较少的地区 *Bt* 种子的价格较低，*Bt* 品种似乎很少能缩小实际产量和产量潜力之间的差距。在 2010 年对菲律宾种植玉米的农民调查中，Afidchao 等（2014）报告所有 GE 玉米类型（*Bt*、抗除草剂和 *Bt*-抗除草剂）的种子成本比非 GE 玉米高 60%。一些倡议试图通过人道主义使用许可来解决成本问题，这些许可允许研究人员开发 GE 作物，而无需担心必须向农业生物技术公司支付特许权使用费（Takeshima，2010）。

6.1.7 共存

由于生产者和消费者的偏好，GE 作物与非 GE 作物的供应链不同。非 GE 作物的生产过程又分为允许使用合成肥料和杀虫剂，以及符合有机产品标准不使用合成肥料和杀虫剂[1]。GE 作物和非有机的非 GE 作物生产过程都可以使用合成肥料和杀虫剂，因此美国农业部将它们区分为 GE 常规生产和非 GE 常规生产；第三类被称为有机生产（Greene et al.，2016）。为简化术语，本委员会将使用 GE 种子的生产过程称为"GE"，使用合成肥料和杀虫剂但不使用 GE 种子的生产过程称为"非 GE"，以及使用有机标准的生产过程作为"有机"。

---

[1] 在美国，有机产品是由美国农业部国家有机计划（National Organic Program，NOP）授予的基于过程的认证。在其他指标中，有机种植者可能不使用合成杀虫剂或除草剂或 GE 种子来生产其作物，并且他们必须采取合理的步骤来禁止最终产品中存在 GE。由于认证是基于流程的，因此 NOP 未指定 GE 成分的残留水平。在其他司法管辖区，如欧盟，如果测试结果显示 GE 含量超出设定的阈值，则通过有机方式生产的食品仍然被认为是非有机食品。

隔离从农场层面开始，尽力阻止 GE 作物与同一物种的非 GE 品种或有机品种之间，以及 GE 作物与相关物种如野生近缘种之间的基因漂移（gene flow）。还要尽力区分种子的类型，以便生产者可以选择所需的种子类型（有机、非 GE 或 GE）和市场销售。当作物离开农场时，每个生产系统应存在不同的供应链。

在三个生产环节之间，管理和维护隔离称为共存。对于美国的农场来说，这是一个特殊的问题，这三个生产环节有时彼此接近。农场的共存问题也存在于种植 GE 作物的其他国家，但美国是最好的例子，因为它种植的 GE 作物面积和种类比其他国家都多。因此，本节讨论的大部分文献和经验都是基于美国的，尽管这些发现很可能也存在于其他地方。

共存不是自 GE 作物商业化以来才出现的问题。种植高附加值特种作物（如爆米花玉米、豆腐大豆和低亚麻酸油菜）的农民长期保护其作物免受低附加值作物的意外掺杂，以防止偶然出现（adventitious presence）。种子生产的农民也将其作物与相关作物隔离，以确保种子的纯度，从而避免偶然出现。一般来说，农业中偶然出现是指种子、食物、饲料或作物中意外含有低水平杂质。

就 GE 作物而言，偶然出现是种子、谷物或食物中低水平 GE 性状的意外和偶然出现。这种无意识和偶然出现可以通过几种方式引入田间的有机或非 GE 作物中。来自 GE 作物田块的花粉有可能对附近同一物种或相关物种的非 GE 作物进行异花授粉。GE 种子可能偶然与非 GE 种子混杂，种植混杂的非 GE 种子将导致一些具有 GE 性状的植物在田间生长。从上一季节遗留下来的具有 GE 性状的种子可以在下一季种植非 GE 种子的田间发芽。

出于社会原因，防止偶然出现是有意义的[1]。农民希望根据自己的技能、资源和市场机会自由决定种植哪些作物。这种自由可能受到来自附近农场使用不同生产过程偶然出现的限制。

出于经济原因，防止偶然出现也很重要。首先，与散装谷物相比，种子——无论是有机、非 GE 还是 GE 的——都要求更高的价格（即价格溢价）。因此无论作物的生产方式如何，对于农民的底线来说，保持其纯度至关重要[2]。生产种子和高附加值作物的农民已经建立了身份保护系统（identity-preservation systems）以帮助确保纯度，他们需要溢价来帮助支付这些系统的费用（USDA Advisory Committee，2012）。

其次，在生产的另一端，由于消费者的喜好，有机、非 GE 和 GE 作物在终端市场的分隔为有机和非 GE 作物带来了价格溢价。Crowder 和 Reganold（2015）的一项大数据分析表明，与各种有机作物相关的全球价格溢价介于 29% 至 32% 之间，但有机作物相比非有机作物的成本增加（因为劳动力投入较高、产量较低）。因此，较高的价格溢价对从事有机作物生产的农民盈利能力至关重要。美国农业部经济研究局（ERS）报告称，美国有机玉米和大豆价格通常比非 GE 品种价格高出两到三倍（Greene et al.，2016）。

1　第 4 章讨论了与偶然出现有关的环境问题。

2　例如，具有 GE 性状作物的种子公司和农民贸易协会制定了计划、指南和最佳管理措施，以减少不期望的低水平存在的 GE 性状发生率。公司发起了卓越管理计划（Excellence Through Stewardship Program），该计划开发了最佳管理措施，以防止 GE 作物在测试和田间试验中发生基因漂移，并最大限度地减少无意中引入不需要的 GE 性状的概率（Excellence Through Stewardship，2008，2014 年更新）。美国种子贸易协会制定了指导方针，以确保优质种子储备，并遵守官方种子认证机构协会和国际种子测试协会制定的认证标准。

为了保护这种溢价，并且由于美国农业部国家有机计划的要求，美国从事有机作物种植的农民正采取措施防止偶然出现，如种植缓冲带或将处于 GE 作物田块边界的土地不用于生产（框 6-5）。种植非 GE 作物的农民也可以这样做，以避免邻近 GE 作物田间的异花授粉。对非 GE 食物和饲料的需求不断增长，特别是在消费者强烈反对 GE 产品的国家，很少有 GE 作物得到批准，或 GE 食品必须贴上标签。根据供应和市场需求，非 GE 作物可能带来市场价格溢价。2015 年底 USDA-ERS 报告，作为食品大豆的非 GE 品种比 GE 品种的平均价格高出 8%～9%，作为非 GE 大豆饲料的价格高出 12%～14%（Greene et al.，2016）。因此，美国和世界其他农业出口地区的种植者可能会通过避免种植 GE 作物，或种植满足监管和市场规格的非 GE 作物，来满足市场需求。

框 6-5　谁该对非期望的基因漂流引起的成本负责？

需要采取种植管理措施以最大限度地减少附近作物引起的非期望的基因漂流，例如在有机作物或非 GE 作物与 GE 作物之间建立缓冲区。在美国，如果由于 GE 性状的存在导致有机或非 GE 作物失去市场价格溢价，谁将对监管成本负责以及谁将对损失负责存在分歧。是种植 GE 作物的农民还是种植有机或非 GE 的农民负责防止基因漂流？美国的州或联邦法律或诉讼尚未解决有关责任的问题（Endres，2008；Endres，2012）[a]。实际上，美国农业部国家有机计划（NOP）承担了避免从 GE 作物向有机生产者基因漂流的责任；有证据表明，对于非 GE 作物的生产者来说同样如此（NRC，2010a；Endres，2012）。

由美国农业部长召集的一个咨询委员会，拟建立解决与共存相关的可能补偿或作物保险机制，但未能在 2012 年达成协议（USDA Advisory Committee，2012），该咨询委员会的一些委员主张，由于有机或非 GE 食品可以在市场上溢价出售，因此这些食品的种植者和分销商需要采取任何必要的步骤来达到相关食品标准，保护食品以避免与 GE 品种混杂。那些支持这一论点的人指出，具有特定特征的作物，如甜玉米和低亚麻酸油菜籽，它们比大宗商品玉米和工业用油菜享有更高的市场溢价。有人认为，这种高附加值特种作物的种植者应该承担保护其独特品质的成本，在整个种植和销售链中务必保持隔离。此外，这些种植者应通过同意低含量阈值的私人合同来自愿承担风险，承担满足这些要求的成本。相反的，有机和非 GE 作物的种植者认为应该将负担放在相对新的 GE 技术上，以避免对现有的相对老的农业实践造成伤害。他们将这种情况类比于化学药剂，如从邻近田块漂移过来的除草剂和杀虫剂造成的危害。各方都同意农民应该有权使用自己选择的生产系统，避免矛盾的关键是鼓励农民之间更多的沟通。但是，咨询委员会最终无法就哪些方面承担补偿成本或作物保险机制以促进成功共存达成一致（USDA Advisory Committee，2012）。

在欧盟，维护共存规则是成员国的责任。欧盟指南承认农民有权使用他们选择的生产方法，包括选择种植已批准的 GE 品种，并建议共存规则不要比确保非 GE 和有机农民能够生产符合欧盟标准作物所需的规则更严格。如果产品含有 GE 作物成分超过 0.9%，则需要标识（EC，2009）。在采取隔离措施的所有成员国中，GE 作物种植者和经营者的责任是避免向邻近农场发生基因漂流（EC，2009）。然而，欧盟共存措施的实践经验有局限性，因为他们只有两种 GE 作物获准种植，且只有少数欧盟国家种植了 GE 作物。一些成员国采取的立场是，确保非 GE 和有机农民满足 0.9% 标准的唯一方法是禁止在其所在地区种植 GE 作物。2014 年，欧盟决定允许成员国更自由地决定是否在其国家种植 GE 作物，这一立场得到了更广泛的重视。

a 尽管美国农业部动植物卫生检验局未要求在其解除监管（deregulation）政策中纳入共存措施，但依据《国家环境政策法》（NEPA）进行环境评估的一部分，仍需要考虑对非 GE 农民的影响，这也是法院裁决的结果（Geertson Farms v. Johanns，2007）。然而，在食品安全中心 Vilsack 诉讼案（2013）中，美国第九巡回上诉法院同意美国农业部的意见，一旦确定受管制的物品不是植物保护法意义上的植物有害生物，美国农业部不再有法定权力对其实行继续管制的要求或考虑在 NEPA 下无条件放松管制的替代产品，即使这些替代产品在环境上更可取。

最后，预防很重要，因为来自三个生产环节的作物之间的交叉污染具有经济成本。在美国，有机认证是以过程为基础的，因此有机食品中低含量的 GE 成分不会影响到种植者的认证或妨碍最终产品作为"美国农业部有机产品"销售（USDA-AMS，2011）。但是，私有部门可能会施加超出美国农业部要求的标准。美国食品零售商、餐馆和食品制造商要求非 GE 产品提供"非 GE"市场标识和标签（如 Schweizer，2015；Strom，2015）。通过合同要求，有机或非 GE 作物的种植者可能必须提供不超过私营公司、严格市场（如欧盟）或自愿认证机构（如非 GE 计划，一个私有自愿认证机构）设定的 GE 含量阈值的产品。如果供应的作物因不符合合同规定的标准而被拒绝采购，则种植者承担失去市场溢价的风险。然而，由于种植者和购买者之间的合同是私人的，因此很难找到有记录的信息，说明种植者在多大程度上签约以达到特定的非 GE 标准，或者种植有机或非 GE 作物的农民由于交叉污染而无法履行合同而在多大程度上造成经济损失。2016 年，USDA-ERS 发布了一项调查，表明由于 GE 作物在作物中无意存在而导致经济损失的从事有机产品生产的农民比例，因地域和其所在地区 GE 作物品种的不同而异。在伊利诺伊州、内布拉斯加州和俄克拉何马州，报告说有 6%～7% 种植有机作物的农民亏损；在全国范围内，2011 年至 2014 年，20 个州的所有经过认证的有机作物种植者中有 1% 报告了损失，包括预防措施和测试的费用。这些损失估计为 610 万美元（Greene et al.，2016）。USDA-ERS 表示，如果研究仅限于针对对应 GE 作物的有机作物，而不是所有有机作物的种植者，那么报告经济损失的有机作物者的比例则可能会更高。

与共存相关的另一个经济成本来自种子权的管理。GE 种子受专利和种子卖家与买家之间的法律协议保护，以限制种植者对种子的使用，包括禁止种子的保存和转售（更多关于专利的讨论，见本章 6.2.4 "知识产权"）。如果没有购买 GE 种子的农民发现来自其他农场的基因漂流导致 GE 性状混入其作物，就会发生经济冲突。如果农民故意在他们没有支付的农田中使用 GE 性状，那么农民可能会因专利侵权承担法律责任（Kershen，2003）。

尽管在一个地理区域内，管理不同农业生产过程的共存及责任相关的问题存在公认的困难（框 6-5），但证据表明，许多地区成功地同时种植了有机、非 GE 和 GE 作物。Carter 和 Gruère（2012）证明，四种最广泛种植的 GE 作物（玉米、大豆、棉花和油菜）

的种植国家仍在生产和出口上述作物的非 GE 和有机品种，以满足全球利基市场（niche-market）需求（表 6-1）。（译者注：利基市场是在较大的细分市场中具有相似兴趣或需求的一小群顾客所占有的市场空间）Gruère 和 Sengupta（2010）记录了南非如何提供非 GE 玉米身份保护计划，即使大多数种植者种植的是 GE 品种。

表 6-1 生产和销售 GE 和非 GE 作物的部分国家的成功共存方案ᵃ（Carter and Gruère, 2012）

生产国	玉米	大豆	棉花	油菜
澳大利亚			GE 和有机	GE 和非 GE
巴西	GE	GE 和非 GE	GE 和有机	
布基纳法索			GE 和有机	
加拿大	GE、非 GE 和有机	GE、非 GE 和有机		GE、非 GE 和有机
中国			GE 和有机	
印度			GE 和有机	
巴基斯坦			GE 和有机	
南非	GE 和非 GE	GE	GE 和有机	
西班牙	GE、非 GE 和有机			
美国	GE、非 GE 和有机	GE、非 GE 和有机	GE 和有机	GE、非 GE 和有机

a 非 GE 作物包括用合成肥料和农药生产的作物以及采用符合有机标准生产的作物。前者在表中被描述为"非 GE"，后者称为"有机"。

共存的一个特别挑战来自未经监管部门批准的 GE 性状被意外释放到食品供应中的情况。未经批准的 GE 性状可能通过田间试验的外源基因逃逸到同一物种的邻近作物，或者更典型地，所测试品种的种子可能与非 GE 作物的种子或商业化的 GE 作物种子混杂。当这种意外发生时，它们可能导致国内市场动荡和国际贸易中断。曾经发现未经批准的 GE 性状被检出，则同一作物的所有种植者——无论其种植的是 GE、非 GE 还是有机作物——都将面临支付检测成本以确保其产品中不存在未经批准的 GE 性状。如果在任何水平上发现未经批准的性状，则其食品或饲料必须销毁，因为销售任何具有未经批准的 GE 性状食品或饲料都是非法的。此类事件也扰乱了贸易，因为进口商不希望购买含有任何尚未获准商业化的 GE 性状作物。此类市场中断的例子包括：

• 在美国供应的大米中检测到未经批准的抗除草剂性状，导致欧盟市场终止从美国进口大米。当时美国大米生产者和出口商蒙受了损失，并相对其他出口国其在欧盟市场的份额也下降了。欧盟大米进口商遭受重大损失，"因为需要从供应链召回产品，由于额外检测导致成本增加，大米供应中断以及其品牌受损"（Stein and Rodríguez-Cerezo, 2009：20）。

• 由于在俄勒冈州发现了未经批准的抗除草剂小麦，日本和韩国市场终止进口美国软白麦。尽管商业供应的小麦中没有发现抗除草剂小麦，但市场仍然被关闭（Cowan, 2013）。

发现：严格的私营企业标准意味着生产者可能达到政府关于偶然出现的指南要求，但达不到私人合同要求。

发现：不同国家对偶然出现相关经济责任的问题有不同的处理方式。

6.2 农场以外的社会经济效应

当农作物离开农场，它们最终可能会进入市场、牲畜饲养场或通过驳船前往海外市场。2015 年，商业化的大多数 GE 作物都是全球范围内交易的大宗商品作物，但即使是 GE 特种作物（如番木瓜）也可以出口。因此，商业化的 GE 作物与消费者，国际贸易体制和全球食品分配系统相交叉。它们的发展和种植程度受知识产权规则和监管体系成本的影响。

6.2.1 消费者的接受度和市场意识

在过去的二十年中，对 GE 作物食品的消费者接受和采购意向的分析一直是此类研究的重点。这些研究依赖于调查研究（survey research）、选择实验（choice experiment）和其他方法中的享乐分析（hedonic analyses）（Costa-Font et al.，2008；Frewer et al.，2011；Rollin et al.，2011）。已在 20 多个国家开展了 100 多项关于消费者对 GE 食品购买意愿（willingness to pay，WTP）的研究。WTP 评估溢价对于消费者使用或避免使用 GE 作物是否是必要的，如果是，溢价是多少。Colson 和 Rousu（2013）总结了 WTP 文献的现状，包括 Lusk 等（2005）、Dannenberg（2009）和 Lusk（2011）的工作。他们发现消费者对 GE 食品的 WTP 低于非 GE 食品，消费者对 GE 食品折扣的程度取决于所做的遗传改变类型、食品类型及遗传改变如何影响最终产品的性状。他们还报告说，与欧洲消费者相比，美国消费者更倾向于接受 GE 食品。类似地，Colson 和 Huffman（2011）发现消费者的 WTP 在消费者做出决定时受到信息获得度的影响。强调 GE 技术益处的信息增加了 GE 作物食品的 WTP。Phillips 和 Hallman（2013）的结论是，消费者根据食物的呈现方式评估 GE 食物——即食物是否带来益处或风险——但是，当考虑消费者知识水平及其他因素时，评估会有所不同。

Colson 和 Rousu（2013）指出了现有文献及其局限性的重要问题。具体而言，WTP 研究可能不会对消费者的接受程度进行了解，因为大多数消费者并不知道市场上销售 GE 食品。作者还质疑他们研究结果的可变性及其反映消费者在购买时的行为驱动能力。

有几个国家还对 GE 作物食品标识的问题进行了研究[1]。过去的 15 年，在美国进行的民意调查显示，公众对标识的支持率越来越高，2000 年 86% 的人对要求标识表示"是"，而 2013 年为 93%（Runge et al.，2015）。2006 年在印度一个城市进行的一项调查（同时结合互联网调查）显示，超过 90% 的受访者认为标识比较或非常重要；然而，当由于标识相关的成本导致价格上涨 5% 时，标识的支持率下降到 60% 左右（Deodhar et al.，2007）。加拿大 2015 年的一项民意调查显示，88% 的加拿大人希望对 GE 食品进行强制性标识（CBAN，2015），当时已经有了自愿标识。当 GE 食品的强制性标识于 2001 年在中国台湾生效时，83% 的受访者赞成（Ganiere et al.，2004）。自 2001 年以来，欧盟已经对 GE 食品进行了标识。标识没有国际标准。食品标识法典委员会（Codex Alimentarius Commit-

---

1　有关 GE 食品标识政策的讨论，请参阅第 9 章。

tee on Food Labeling）在 2011 年制定 GE 食品标识指南和标准时陷入僵局，将"符合已采用的法典条款"的标识方法这个问题留给该委员会成员去考虑（CAC，2011）。

标识可以由政府机构要求，也可以自愿。美国食品和药物管理局（FDA）有权要求标识信息以确保产品的安全使用或防止市场欺骗。因为 FDA 已经确定所有商业化的 GE 作物与传统的作物没有实质性不同，所以它没有找到在其授权下强制标识 GE 食品的理由（见第 9 章）。

强制标识食品中 GE 成分含量的要求可增加食品制造商的成本，其中一部分可能通过更高的价格转嫁给消费者（Golan et al.，2000）。对 GE 食品强制性标识总成本的估算差别很大，主要取决于是否包括短期或长期成本。短期成本是指与标签和营销工作变化相关的成本。长期成本是指与实施标识政策导致的价值链和市场变化相关的成本。它们可能包括与产品隔离、可追溯性和身份保留，以及价值链重组相关的费用。例如，FDA 的一般零售强制性标识模型考虑了零售标签一次性变化带来的短期成本，如 UPC 代码和产品标签（Muth et al.，2012）。该模型发现新标签要求的成本在 42 个月内降低，标签变更可以在正常的商业周期内"以最小的额外成本"达到需求。重印标签的需求可能带来相对小的成本，其本身不太可能影响消费品的价格（Shepherd-Bailey，2013）。

但是，如果包括长期市场反应的情况，预估的 GE 食品标识成本要高得多。如果要求标识，制造商可能会重新配制产品，使用非 GE 成分以避免进行标识，而不是贴上会导致销售损失的标签。在欧盟，大多数食品制造商已经重新配制了他们的产品，以避免在欧盟强制性标识制度下对其产品进行标识（Wesseler，2014）。重新配制产品的时间和费用以及 GE 成分替代品的使用将需要额外的成本。此外，如果公司重新配制其产品以避免标识，仍然需要测试每种成分的 GE 含量，以确保其符合标识要求。这项任务的难度和成本很大程度上取决于无需标识 GE 成分的容忍水平。保持足够的隔离以达到 0.9% 的欧盟水平可能比满足 5% 的容忍水平贵得多。

包括检测、隔离和身份保留在内的成本估算差异很大，不同产品之间相互比较也是困难的，因为通常没有说明假设。Teisl 和 Caswell（2003：16）在他们对成本评估的研究中指出，估算的范围"从中等到显著增加成本"，部分原因是不同的假设和不同的成本类型。一个市场反应可能是下游市场对农民种植非 GE 作物的压力，为食品生产商提供能够避免标识的材料；非 GE 来源的增加可能最终导致成本的下降。

强制性标识的好处取决于消费者可获得信息来选择他们想要的产品（或避免他们不想要的产品）的程度，以及他们对这些属性的 WTP。假设消费者会利用这些信息来避免 GE 食品，尽管这样做的消费者比例可能因国家而异。大多数将 GE 食品的强制标识要求与非 GE 产品自愿标识进行比较的经济研究得出的结论是，自愿的"非 GE"标识是向消费者提供信息更有效的方式，且允许消费者选择。但是，该分析认为所有消费者都受到统一影响。Gruère 等（2008）认为强制性标识不太可能导致消费者选择范围的扩大，因为公司很可能从市场上撤回含有 GE 成分的产品，因为通常认为消费者会把带标签归为有害的含义。

当然，最终各国可能会选择有利于其价值观的政策而不是经济效益，包括体现对消费者自主和公平的"消费者知情权"政策。例如，如果非 GE 标识是自愿的，许多产品将没有关于 GE 成分的标识信息。消费者不知道该产品是否含有 GE 成分，因此将被剥夺对每种产品做出知情选择的能力。强制性标识为消费者提供了制定（与监管部门对安全性的决定无关）个人风险-利益决策的机会，并体现对生产方法的偏好。一个自愿的非 GE 标识给那些想要避免 GE 食品，并寻求非 GE 产品的消费者带来负担，并且没有向可能未主动搜索信息但可能被标识告知的消费者提供信息。自愿标识也可能无法帮助那些买不起自愿标识食品的消费者。

发现：消费者购买非 GE 食品的意愿与价格相关性很强。

发现：在消费者层面强制标识 GE 食品的经济学影响尚不确定。

6.2.2 对贸易的限制

从 20 世纪 80 年代开始，一系列国际自由贸易协定的通过，包括在世界贸易组织下谈判达成的协定，使得全球农业贸易更加自由化。尽管相关标准的协调工作已经取得进展，但仍有一些问题或产品的处理方式在不同国家有所不同，仍然存在分歧。这些分歧（其中一些与农业中的 GE 作物有关）具有经济意义。

GE 作物由各国政府批准，而不是由国际机构或国际协议批准。这种方法是合乎逻辑和适当的，各国应该对监管策略拥有主权。但是，在国家层面做出监管决策会造成一种情况，即 GE 作物在某一个国家可能已获准种植，但在另一个国家却未获准进口。或者，GE 作物开发商可能不会在进口地区寻求监管批准，这就增加了一种可能性，即在一个国家获得批准的产品可能在不经意间被运输到另一个未获批准的国家。这两种情况在国际贸易和监管文献中统称为异步审批（asynchronous approval）[1]（Stein and Rodríguez-Cerezo，2009；Gruère，2011；Henseler et al.，2013）。异步审批的结果是，具有 GE 性状作物的出口必须与非 GE 作物的出口分开，以便出口商只将非 GE 作物或已批准的 GE 作物发送到进口管辖区。未经批准的 GE 作物存在于非 GE 作物进口中，可能会导致一批 GE 作物被拒收，从而产生费用。因此，必须维护相对分离的出口供应链，这也增加了成本，并需要检测和分离系统，使 GE 作物无法进入那些尚未批准 GE 作物的进口市场（框 6-6）。

框 6-6　GE 性状的检测

为了确定进口食品中是否含有 GE 成分，需要依靠 GE 进口食品的可追溯系统、身份识别码，以及敏感和可靠的检测方法进行测试（Bonfini et al.，2002）。种子公司也可以使用同样的测试方法来检测食品中是否存在特定 DNA 序列或该 DNA 编码的蛋白质。

总体来说，有两种检测 GE 含量的方法（Bonfini et al.，2002；Miraglia et al.，2004）。一种是基于聚合酶链式反应（PCR）的检测，反应中的荧光信号可以用来验证和

---

[1] 异步审批一词没有统一的定义；不同的国家和组织有相似但不相同的定义（FAO，2014）。本委员会认识到，"异步审批"一词可以在政策论述的范围内提出，而且针对不同的对象可能有不同的解释。然而，这是一个在文献中艺术化的术语，用于描述不同含义的贸易和监管问题。

量化目标 DNA。PCR 检测具有快速和相对简便的优点，可以为特定的 DNA 序列设计引物。至少在特定的水平，基因的启动子或终止序列可用于筛选。更先进的测试方法是对外源基因（如 *Bt* 基因）进行探针检测；然而，在使用这些基因序列进行检测时必须谨慎，因为可能得到假阳性结果。第三个水平的特异性检测 GE 成分的方法是应用连接两个 DNA 元素（如启动子和目标基因）之间的特异序列。虽然不同的 GE 性状可能共享启动子-目标基因组合，但这些连接区域不太可能存在于自然中，且具有唯一性，从而增加了检测方法的特异性。当设计探针时所依赖的模板序列为外源 DNA 和受体基因组的整合位点间的唯一序列时，特异性达到最高水平。这些转化事件特异性（event-specific）的序列通常为探针的研发和最终的特异性测试提供了最佳模板。

另一种检测是酶联免疫吸附试验（ELISA），它检测功能性或被基因修饰的蛋白产物。ELISA 或基于抗体的检测，是检测新蛋白表达量的常规方法。它具有测量基因表达产物的优势，但它可能不适用于所有商业化的 GE 性状。检测结果的稳定性取决于抗体的特异性和可能干扰检测的食品样品背景中的其他成分[a]。需要注意的是，针对加工食品的抗体检测可能无效，因为无论是加热还是其他加工处理方式，都会导致蛋白质构象的改变，从而降低抗体对蛋白质的特异性。相反地，ELISA 检测可以设计为现场使用，可以在种植大田和供应链或分销链上的其他位置进行检测。

许多其他测试方法可用于检测 GE 成分，包括可用于检测多个事件的芯片、表面等离子体共振、质谱和近红外光谱。生物测定法可用于抗除草剂作物的检测。这些基本上是发芽试验，抗除草剂品种与非抗除草剂品种的区别在于，抗除草剂品种会在喷施对应除草剂后仍能发芽和生长。生物测定法的优点是相对容易操作且成本较低，但它们需要一周时间才能完成（Thomison and Loux, 2001）。

与任何测试程序一样，重要的是不仅要了解所使用的测量或测试方法（即灵敏度和选择性），还要了解采样程序和样品的制备过程。测试程序根据目的不同可以对应不同的组织方式。例如，在大宗商品谷物样品中检测 GE 成分，很可能发现在原始产品中 GE 成分不均匀，抽样策略需要考虑到这一因素。批量大小、均匀性和公差是开发抽样方案时需要考虑的样本关键属性。针对大量的原始产品的检测，已经开发了一些抽样策略。其中许多是由针对检测真菌毒素等食品污染物而开发的方案修改而来，但也有一些是专门为检测 GE 成分而设计的（如美国农业部谷物检验、包装和牲畜饲养场管理局的程序）。诸如"非 GMO 计划"（Non-GMO Project）等倡议也制定了关于抽样策略和检测要求的标准和指南[b]。该项目的标准旨在认证产品为"无 GE 成分"（GMO-free），并说明基于风险评估策略的统计有效抽样方案的重要性，以及使用 ISO 17025 认证的检测实验室的必要性。许多食品公司使用第三方测试公司或执行内部测试来验证其产品的情况。

---

a GE 检测：试纸条检测（横向流动装置）。见 http://www.gmotesting.com/Testing-Options/Immuno-analysis/Strip-Test。访问于 2015 月 11 月 6 日。

b 非 GMO 计划标准。见 http://www.nongmoproject.org/product-verification/non-gmo-project-standard/。访问于 2015 月 11 月 6 日。

如果维持检测和隔离制度在经济上不可行，两国之间有关产品的贸易可能会停止。1997 年以前，美国 4％的玉米出口到欧盟；到 2004 年，由于美国玉米种植者种植未经欧盟批准的 GE 品种，欧盟占美国出口的份额下降到不足 0.1％（PIFB，2005）。1998 年至 2011 年间，由于日本最大的番木瓜进口商不接受 GE 番木瓜，夏威夷的 GE 番木瓜无法出口到日本；在此期间，夏威夷从占日本番木瓜进口量的 97％下降到不足 15％（VIB，2014）。

异步审批还可以导致与限制进口、增加成本和价格相关等多方面影响。欧盟的大豆进口量较大，主要用于饲养牲畜。美国、巴西和阿根廷主导着牲畜饲料用大豆的出口市场，这些国家生产的所有大豆几乎都具有 GE 性状。2007 年，欧盟委员会的一份报告模拟了欧盟与其牲畜饲料供应商之间贸易中断的影响。因为欧盟的玉米大部分自己供应，因此对玉米采取异步审批而导致的贸易中断的影响不会很大。然而，如果欧盟因为异步审批而同时失去三大大豆供应商，那么在接下来的一两年内，大豆和豆粕的价格将上涨 200％以上。农民很难用替代饲料迅速做出反应，因此欧盟的牲畜数量将会减少。在无法提供替代饲料的地方，牲畜数量的减少将长期持续下去。牲畜数量的减少将对占欧盟农业生产 40％的畜牧业产生严重的负面影响（LEI et al.，2010）。

最后，异步审批可能会阻碍新 GE 性状或新 GE 作物的研发和推广，因为出口国种植 GE 作物的农民可能不愿意种植那些具有出口风险的品种。例如，在 2000 年代中期，美国小麦种植者对出口市场能否接受抗除草剂小麦的担忧导致他们拒绝孟山都正在开发的品种，从而导致孟山都撤回了该产品（Schurman and Munro，2010）。开发商很可能在新的 GE 作物在所有主要市场获准进口之前，推迟它的商业化进程。如果新作物在生产国获得批准种植之前不启动产品进口国的监管审查程序，则从获得监管批准到真正商业化种植至少要延迟 2～3 年（Fraley，2014）。已经推出新 GE 作物的开发商，在获得出口市场的批准之前，需确保新 GE 作物与传统育种品种有单独的分销渠道（Richael，2015）。种植者协会也可为出口市场生产 GE 作物的农户提供信息，以确保他们在为下一个种植季节选择品种之前了解进口国的 GE 作物监管状况[1]。

需要重视的一个问题是，一个国家对未经批准的 GE 性状的容忍度对 GE 作物的发展具有重大的经济影响。容忍度越低，整个食品生产和分销链中检测和隔离产品的成本就越高。由于现有检测设备可以在非常低的水平上检测出 GE 成分，使得这一问题变得更加复杂；这可能会鼓励各国政府降低他们的容忍度。然而，实现完全隔离是不可能的。事实上，2010 年美国国家研究委员会（NRC）关于可持续发展的一份报告发现，"对非 GE 作物中存在的 GE 性状零容忍通常在管理上是不可能的，在技术或经济上也不可行"（NRC，2010b：171）。这份报告大概指的是 2015 年市场上 GE 大宗商品作物品种而不是特色作物，如番木瓜。但还有一个尚未解决的进口国和输出国之间的矛盾，即进口国通常设置的容忍度是基于产品纯度的检测水平能达到的程度，而输出国则受制于产品纯度能达到的程度。

1　例如，国家玉米种植者协会的种植前须知。见 http://www.ncga.com/for-farmers/know-before-you-grow。访问于 2015 年 11 月 6 日。

Stein 和 Rodríguez-Cerezo（2009）及 Parisi 等（2016）假设，随着更多的性状被引入更多的作物品种，以及监管审批之间的差距扩大，异步审批所带来的问题可能会加剧。本委员会同意这一观点，而且与 GE 作物相关的贸易中断——无论是由于异步审批还是不符合容忍阈值——可能会继续发生，而且这对出口国和进口国而言代价都是昂贵的。

发现：由于异步审批和不符合容忍阈值，与 GE 作物相关的贸易中断可能会继续发生，而且对出口国和进口国而言代价都是昂贵的。

6.2.3　监管对发展及推广新 GE 作物的影响

GE 作物的研发和推广受到监管审批程序的影响。GE 食品和作物与其他产品一样，与之相关的任何监管审批系统的目的是造福社会，防止危害公众健康和环境，防止不安全或无效产品（如相关监管或法律定义的标准）造成的经济损害。实际上，法规的作用是禁止不符合法律规定的安全性和有效性的产品进入市场。法规还有助于确保消费者对新产品的安全性和有效性的信心，从而为社会和市场带来利益（Stirling，2008；Millstone et al.，2015）。

监管审批制度也带来了各种各样的成本。法规对产品研发人员施加了直接成本，要求他们汇编完成监管审查所需的数据。产品上市前与监管审查和批准相关的时间、延迟和不确定性也构成了产品研发人员的间接成本。

除了增加产品开发商的成本外，监管还会造成更广泛的社会成本。一个新产品会在某种程度上提供农艺、经济或其他的益处，如本章所讨论的 GE 作物，任何监管的审查过程造成产品延迟进入市场将推迟这些益处的推广，因此对那些本该享受新产品益处的人造成间接成本。此外，监管过程本质上是学习新知识的过程，监管机构也可能会犯错误，比如第一类错误为批准不安全或无效的技术，第二类错误为拒绝有益的技术（Carpenter and Ting，2005，2007；Hennessy and Moschini，2006；Ansink and Wesseler，2009）[1]。任何一种错误都会造成不必要的社会成本。量化和比较直接成本、间接成本和收益十分困难。正如本章其他部分所讨论的，采用 GE 作物的益处可以通过事前或事后的研究来估计，但仍有大量的特殊情形和不确定性。同样，评估监管的益处（包括避免危害）至少具有相同的挑战性。在第 5 章和本章前面 6.2.2 "对贸易的限制"中已经提到的一些令人关注的案例中，避免危害的益处显而易见。StarLink™ 玉米的生产商安万特作物科学公司（Aventis CropScience）支付了超过 1.2 亿美元来解决各种诉讼（Cowan，2013；见第 5 章 5.2.3 "食物过敏性检测与预测"），记者估计总的经济损失约为 10 亿美元（Lueck et al.，2000）。LibertyLink 大米对于欧洲大米产业的成本估计为 5000 万至 1.1 亿欧元，相当于整个市场毛利率的 27%～57%（Stein and Rodríguez-Cerezo，2009）。此外，监管不力导致在玉米、棉花和大豆作物生产中过度使用草甘膦，这被认为是产生草甘膦抗性杂草的原因（Livingston et al.，2015）。美国农业部的一项研究发现，相对没有遭遇草甘膦抗性杂草的玉米种植者，草甘膦抗性杂草可带来每公顷 148～165 美元的损失（Livingston et al.，

1　尽管所有的这些参考文献都描述了决策中包含监管错误的模型，但本委员会并不确定有研究明确地将这些方法应用于 GE 作物。

2015）。如果杂草科学家预见到了草甘膦问题，并且监管机构采纳了他们的建议，可能会减缓草甘膦抗药性杂草的问题（Mortensen et al.，2012）。

一个重要的问题是，监管成本很难用简单的使用货币化的方式估计。例如，很难衡量农民和社会失去草甘膦除草剂的成本，因为人们认为草甘膦比它所取代的许多化学物质更安全（Mortensen et al.，2012）。同样，也很难计算公众丧失对产品、行业或监管体系合法性信任的成本（Stirling，2008；Millstone et al.，2015）。

正如第 9 章所讨论的，不同监管系统对于平衡潜在成本和收益的方法各不相同。更具有预防性、倾向于预防第一类错误的监管体系，可能会给生产商带来相对较高的成本和监管审查结论的不确定性[1]。在通过平衡成本（如创新滞后）和收益（如避免危害）来实现最佳净社会福利方面，一种特定的监管方法是否比另一种做得更好，这个话题远超出本报告的范围。此外，利益和成本的权衡涉及政策价值选择，这可能会因社会和利益相关者的不同而有所不同（见第 5 章和第 9 章）。

针对新 GE 作物和食品的监管批准成本的主要顾虑之一是，它们可能会阻碍 GE 作物的创新（Kalaitzandonakes et al.，2007；Bayer et al.，2010；Graff et al.，2010；Phillips McDougall，2011）。GE 产品获得监管部门批准所需的成本可能成为进入市场的障碍，尤其是对公益机构和小型私营企业（Falck-Zepeda et al.，2012；Smyth et al.，2014c）。Jefferson 等（2015）及 Graff 和 Zilberman（2016）认为，监管可能"过于严格"并导致不必要的障碍。

然而，已发表的文献仅对与 GE 作物的监管批准过程相关的边际直接和间接成本提供了不完全的解释，而这需要评估监管成本对创新和市场推广的影响。例如，要理解监管成本的影响，就需要排除研究和产品开发的成本，这些成本即使在没有监管审批程序的情况下，也是将产品推向市场所必需的。然而，通常情况下，公司会积极地开展产品开发评估，因为对于研发新产品的决策可能在竞争激烈且往往不成熟的竞争市场中为对手带来竞争优势（Kalaitzandonakes et al.，2007）。已发表的关于监管审批成本的研究没有使用一致的方法，而且并不总是能清楚阐述包括了哪些成本以及如何估算这些成本。文献中的成本估计相差很大，可能受到许多因素的影响，包括监管成本以及基础的早期发现和研发成本。

一项研究估计，私营公司需花费约 3510 万美元来达到监管认可标准（regulatory

---

1 "真实期权模型"（real-options model）被一些研究用来评估决策模型的效果，该模型将预防性方法和决策模型进行了比较。预防性方法倾向于在获得更多信息之前推迟监管批准，而决策模型则倾向于基于现有信息立即做出决策。（Beckmann et al.，2006；Wesseler et al.，2007；Wesseler，2009）。Kikulwe 等（2008）使用真实期权模型研究了 GE 抗黑叶斑病香蕉在乌干达的潜在应用。他们的估算考虑到了可逆和不可逆的成本和利益，结果显示由于监管延误产生的机会成本意味着放弃每年 1.79～3.65 亿美元的利益。此外，作者估计，如果考虑到每公顷约 303 美元的社会不可逆转效益，采用 GE 香蕉的农民将不会愿意为交易、研发和监管成本支付超过 200 美元/公顷的成本。当考虑到该国香蕉种植面积时，结果表明，乌干达农民种植的 GE 香蕉的研发总成本，包括管理成本和技术转让，不可能超过 1.08 亿美元。

Demont 等（2004）和 Wesseler 等（2007）使用真实期权模型检验了潜在的将抗除草剂甜菜、Bt 抗虫抗除草剂玉米引入欧盟种植的效益。他们的结果表明，生产者采用这种技术可能有良好的经济理由和动机，其衡量标准是农民收入的总和。但是，对一个国家收入的估计效益是按人均计算的，预估的有利收入影响相当小。因此，推迟决策是否在欧盟批准这两种作物可能是合理的。换句话说，估计只有少数生产者可以获得利益，而对所有公民的福利没有影响。

compliance），包括至少在两个国家批准食用 GE 作物的商业化种植和至少在五个进口市场获准食用和饲用（Phillips McDougall，2011）。Graff 等（2010）根据孟山都公司的一份文件估计，将一种 GE 性状商业化的成本在 5000 万美元到 1 亿美元不等，其中约 70% 的经费用于确保开发阶段达到监管标准。Kalaitzandonakes 等（2007）的估算要低得多，他们计算出一个私有企业开发的 GE 事件在 10 个市场（阿根廷、澳大利亚、加拿大、中国大陆、欧盟、日本、韩国、菲律宾、中国台湾和美国）的直接达标成本，抗虫玉米为 710 万～1440 万美元，除草剂玉米为 620 万～1450 万美元。

本委员会直接听取了大小公司关于监管成本的意见。拜耳作物科学公司、陶氏农业科学公司、杜邦先锋公司和孟山都公司的代表在 2014 年 12 月的公开会议上向本委员会做了介绍。杜邦先锋公司和陶氏农业科学公司的代表引用了 Phillips McDougall（2011）的研究中监管达标的成本估算（Endicott，2014；Webb，2014）。杜邦先锋代表指出，培育 GE 作物品种与培育传统杂交品种是相似的，但由于监管要求，GE 品种通常需要 13 年才能进入市场（传统杂交育种为 7 年）。造成这种差异的原因是，尽管经常对新品种进行组分分析以证明它们在正常的遗传变异范围内，但传统育种作物不需要进行针对 GE 作物的毒性试验和环境评估（Fraley，2014）。孟山都的代表表示，对于大面积作物，如玉米，监管成本是可控的，但对于小面积作物则存在问题（Fraley，2014）。拜耳作物科学的代表提出，不必要的数据要求和各国监管体系的不协调使得发展中国家的监管框架过于昂贵，无法运作，这阻碍了他们推广已有的 GE 作物（Shillito，2014a）。在国际范围内缺乏监管协调也限制了新 GE 品种的推广，因为公司无法承担为不同市场多次注册同一种 GE 品种的成本。一些开发商选择限制其产品在一个国家或地区的销售，以尽量减少满足不同国家不同监管要求的费用（Shillito，2014b）。

本委员会在一系列网络研讨会上听取了较小公司代表的意见。研发了多种 GE 苜蓿的牧草遗传国际（Forage Genetics International）公司的一位代表估计，将一种新的 GE 苜蓿商业化需要 5000 万～7500 万美元。这一估算包括在种植或购买苜蓿的国家进行性状开发、产品开发和监管批准，其中大约一半的成本是为了满足种植或购买苜蓿国家的监管要求（McCaslin，2015）。辛普劳植物科技（Simplot Plant Sciences）公司的一名代表估计，通过美国监管系统获得该公司第一个非褐变土豆品种的成本为 1500 万美元（Richael，2015），这一估算仅限于监管费用，不包括品种的开发费用。第二个非褐变马铃薯品种的成本可能更高，与第一个品种不同，该品种含有一种植物整合的保护剂（plant-incorporated protectant），可以抵抗晚疫病菌（Richael，2015），这一估算还不包括出口市场监管审批的相关成本。奥卡诺根特种水果公司（Okanagan Specialty Fruit，这个由 8 人组成的公司培育出了不褐化 GE 苹果）的总裁表示，该公司第一款获批产品支付的监管成本费用要低得多，约为 5 万美元。然而，收集多年数据以提交给美国和加拿大监管机构（5～6 年），以及在监管部门批准前回应监管机构的质询和等待监管机构的反馈（美国 5 年，加拿大 3 年）则带来大量的员工工资成本，且在此期间公司没有得到产品商业化的许可，估计总成本约为 500 万美元（Carter，2015；与奥卡诺根特种水果公司 Carter 的私人通讯，2016 年 1 月 12 日）。与牧草遗传国际公司和辛普劳植物科技公司不同，奥卡诺根特种水果公司没有寻求其他市场的监管许可，因为他们没有出口计划。

本委员会还听取了一位政府科学家和一位大学研究人员的意见，他们开发了 GE 果树，并已经进入了美国的监管程序。康奈尔大学和夏威夷大学的研究人员在 1998 年通过了美国对抗病毒番木瓜的监管程序（Gonsalves，2014）。由于日本是美国番木瓜较大的一个出口市场，所以需要在日本也完成监管许可。该过程始于 1999 年，于 2011 年完成；花这么长时间的部分原因是，美国科学家没有时间或资金来全身心投入到审查过程（Gonsalves，2014）。美国农业部农业研究局的科学家们从 2003 年开始对一种抗梅子痘病毒的 GE 梅子进行监管审查程序；该过程于 2011 年完成（Scorza，2014）。抗病毒番木瓜是 2015 年美国唯一一种通过公共部门开发的商业化 GE 作物。双叶基金会（Two Blades Foundation，一个支持持久抗病作物开发和推广的研究组织）的总裁告诉本委员会，大学的科学家已经找到许多 GE 抗病性状，但现有的监管-达标成本阻碍了研究人员或他们的机构将概念转变为商业化产品（Horvath，2015）。

对于发展中国家来说，监管达标的成本被认为是更大的约束。小公司或公共研究机构可能认为在这些国家的达标成本太高，不确定性太大（Bayer et al.，2010）。Bayer 等在 2007～2009 年进行 4 个 GE 作物事件（*Bt* 茄子、抗病毒番茄、*Bt* 水稻和抗病毒番木瓜）的研究时，菲律宾的公共机构估计了其直接监管成本为 24.95 万美元到 69.07 万美元不等。这些费用远低于 Manalo 和 Ramon（2007）估计的（孟山都的抗虫玉米事件 MON810 在菲律宾进行技术和商业开发所需费用）260 万美元。这些在菲律宾的研究中出现的成本差异可部分归因于 4 个国有部门转化事件的直接成本只针对在菲律宾发生的少量监管工作，排除了研发、技术转让和针对 GE 事件或它们表达的新蛋白的达标检测。这些检测可能发生在菲律宾以外，或者已经在同类产品中完成。MON810 在菲律宾商业化的费用反映了从发现基因到美国第一批实验室和温室试验的研究活动，以及在菲律宾发生的费用。此外，如果批准的范围超出菲律宾且达到上述标准（两个国家批准种植，至少五个市场批准进口），满足监管达标的费用估计为 5500 万美元（Pray et al.，2006）。

在一些已经发表的研究中，成本估算更多的是预先确定的，尤其是在仍在制定监管框架的发展中国家。因此，成本是由"最佳猜测"（best-guess）估算得到的。在一些事后（after-the-fact）类型研究中，这一方案只是简单地收集了遵守法规成本的数据。这些估算不包括社会成本，如政府部门监管成本、社会福利损失，或过渡和间接成本（Falck-Zepeda，2006），这些研究也没有反映在其他领域投资带来的机会成本，如制药行业中体现的那样（DiMasi et al.，2003）。

文献结果表明，需要使用稳健、一致和严格的方法来估算监管成本和监管对创新的影响。所选择的方法必须有足够的灵活性，以适应不断变化的监管环境（其可能影响安全性证明，或获得适当监管机构的监管批准等活动），并提高监管系统内（特别是在发展中国家）的成本效率。还需要注意的是，法规涉及的不仅仅是生物安全问题，还包括一系列影响风险和利益分配的社会、文化、经济和政治因素，如用于划分责任的知识产权和法律框架。所谓"负责任的创新"的概念是指努力超越专家驱动的（expert-driven）生物安全评估，并采取包容性协商的办法来评估和分配风险和效益（Macnaghten and Carro-Ripalda，2015）。此类管理问题将在第 9 章更详细地讨论。

发现：对 GE 作物的监管必将涉及多种利益权衡。监管对于生物安全、消费者的

信任是必要的，但它也要付出经济成本和社会成本，可能会减缓有益产品的创新和推广进度。

发现：估算的监管成本依不同的研究和不同的性状-作物的组合而有较大差异。

建议：应制定一种稳健、一致、严格的方法，以估算 GE 品种通过监管审批程序的相关成本。

6.2.4 知识产权

研究成果可以以私有物品或公共物品的形式存在。私有物品需要购买才能够使用，而且一人占用，他人不能使用。因此，私有物品具有排他性和竞争性。而公共物品是可以免费获取的，一个人使用之后，他人仍然可使用。因此，公共物品不具有排他性和竞争性。传统意义上公共物品与公益机构（如大学和政府实验室）相关，而私有物品和私有企业（企业界）相关，虽然这种区别变得越来越不明显。GE 作物研究的产出可以以私人物品或公共物品的方式体现，具体方式取决于研发人员采取哪种知识产权保护策略。

在农作物研究和改良的大多数历史阶段，作物种子被视为具有公共物品的特征。农民通常会保留他们收获的部分种子，以备来年播种使用（Kloppenburg，2004）。在这种情况下，由自由授粉和自花授粉的作物产生的种子可以繁殖、重新种植和交换，农民不用为此付费，因此不具有排他性，也不具有竞争性。正如 Halewood（2013：285）所言，"几千年来，人们很少甚至根本没有为独占用于粮食或农业生产的植物遗传资源而花费精力"。直到 20 世纪，种子仍然被视为公共物品（Halewood，2013）。然而，自 20 世纪初开始，随着开发者开始有能力通过知识产权和其他手段来限制种植者的使用，一些作物的种子开始由公共物品转变为私人物品。在美国，这种转变是伴随着一系列生物学、立法、司法等领域的变化而发生的，最终使得为所有的植物申请专利成为可能（框 6-7）。

框 6-7　农业作物遗传学从公共物品向私有物品的转变

在引入植物杂交种之前，种子是公共物品，因为它们在很大程度上是非排他的和非竞争的（Halewood，2013）。农民可以从上个种植季节保留种子。保留种子没有成本，产量可靠稳定，而且一个农民保留种子不会阻止另一个人这样做。杂交种代表了种子从作为公共物品到作为私有物品的第一步，因为从作物杂交种保留的种子产量不如杂交种本身[a]。杂交种的产量比农民自己留种并再次种植的非杂交种好。种植杂交品种的农民，每个季节必须从杂交种供应商处购买新种子。一些作物（如玉米和棉花）可以配制杂交种，但其他作物（如大豆和小麦）不太适合，因此仍然属于公共产品领域。

然而，并非所有作物都是由种子产生的。多年生作物，如苹果、柠檬、葡萄和草莓，与种子作物一样具非排他性和非竞争性，通常通过栽种原始植物的切割物或通过从一种植物嫁接到另一种植物而无性繁殖。美国 1930 年植物专利法允许植物育种者通过申请专利来防止通过扦插繁殖或者组织培养等方式复制受专利保护的植物，从而将这些无性繁殖类型的作物从公共物品转变为私有物品（Huffman and Evenson，2006）[b]。

1970 年《植物品种保护法》（PVPA）符合 1961 年在巴黎通过的《国际植物新品种保护公约》的国际趋势，在美国创造了关于有性繁殖作物，如小麦和大豆，类似于植物专利的东西。然而，PVPA 允许农民自己保存种子，但不允许出售种子，允许公共部门的科学家使用受专利保护的品种进行研究和开发创新。

根据 1980 年的《拜杜法案》和 1980 年《斯蒂文森-怀勒法案》，美国政府允许联邦政府资助的研究产出私有化，并鼓励私人—公共研究合作（Fuglie and Toole, 2014）。在美国的领导下，经济合作与发展组织的许多国家制定了类似政策（Gering and Schmoch, 2003）。同样在 1980 年，美国最高法院在 Diamond 起诉 Chakrabarty 案件中裁定，发明、修饰或改造的生物体可以获得专利[c]。但是，直到 1985 年，美国专利局专利上诉委员会才在 Hibberd 案件中单方面决定实用专利（utility patents）可以扩展到所有植物（Van Brunt, 1985）。

尽管 1985 年的 Hibberd 案件适用于植物，但直到 2001 年美国最高法院在 J. E. M. Ag Supply 起诉 Pioneer Hi-Bred 一案之前，对非 GE 作物的实用专利有效性一直存在争议。美国最高法院在此案中，除应用 PVPA 外，还支持了实用专利适用于新发明或开发的 GE 和非 GE 作物品种（Janis and Kesan, 2002；Sease, 2007）。实用专利适用于发明或发现"任何新的和有用的过程、机器、制品或物质组成，或其任何新的和有用的改进"（USPTO, 2014）。

将实用专利应用于美国所有类型的新作物品种，使得符合实用专利标准的所有植物都有可能作为私有物品受到长达 20 年的保护。与植物品种保护不同，实用专利可用于限制公共部门研究人员和农民的使用自由（Huffman and Evenson, 2006）。2001 年之前，美国已向非 GE 作物授予了数百项实用专利（Janis and Kesan, 2002）。截至 2007 年，美国已向非 GE 作物授予了 2600 项专利（GRAIN, 2007），包括像小麦一样的农作物，由于没有 GE 品种或杂交品种，它们以前一直是公共物品。虽然许多作物品种仍然是公共物品，但未来对公共作物的研究成果可能会获得专利。Le Buanec 和 Ricroch（2014：69）表示，鉴于 PVPA 与实用专利之间的保护程度不同，"在美国，育种者大量申请其品种的专利保护并不奇怪"。正如 Busch（1991：28）等认为的那样，GE 技术一直是作物种质逐步私有化的关键载体，因为在某种程度上，GE 技术"挑战了植物仅仅是自然产物的概念"。

---

a 杂交玉米于 20 世纪 10 年代首次在美国销售。

b 1930 年植物专利法不适用于马铃薯等块茎作物。

c 在 Diamond 诉 Chakrabarty 案中，通用电气公司已经申请了一项遗传工程细菌分解原油的专利。该专利申请被驳回，因为根据现行美国法律，不认为生物体具有专利权。

知识产权管理制度，特别是专利，在塑造可用产品的种类上（并且通常体现在农民的种植决策上）起着重要作用。专利法、种子市场集中度和公共研究投资有不同的社会和经济效应。美国的公司和大学在作物改良上有大量的投入，因此出现了很多以美国知识产权制度为话题的讨论和文献。

1. 专利法

强有力的知识产权保护制度，特别是专利会带来不少好处。第一，与不利于信息交流的商业秘密相比，专利能够让一项发明创造尽早公开（Dhar and Foltz，2007）。第二，通过保护发明者的利益，专利能够激励在研发上的投入，因为有机会保证初期投资得到回报。第三，专利有助于在一项发明带来意外后果时承担风险和责任。以农作物的研发为例，对 GE 作物的专利保护意味着公司能够确保其在遗传工程种子上的研发投入得到回报，进而激励其投入更多资源进行农作物相关的研究和创新（Fuglie et al.，2012）。

尽管专利有上述优势，人们仍然对专利制度在美国的应用表示出一定程度的担忧。2004 年，一份国家研究委员会关于如何更新 21 世纪美国专利体制的报告得出的结论是：高的创新率表明，专利制度不应该在基本层面发生改变。然而，该报告也强调了过去几十年中法律和经济上的变化"对该制度带来新的压力"（NRC，2004：1）。该报告大体上是着眼于美国的专利制度，而没有特意去谈农作物的创新，但报告中提及的一些压力与将发明专利应用于包括 GE 作物在内的植物带来的挑战和担忧相关。该报告发现，专利申请和批准的数量增加了，专利持有人的权利在美国和国际上也得到了加强。该报告还注意到，一些公司实施了专利策略以便能够获取他人的技术，并避免日后的侵权诉讼[1]，而且专利制度的成本也在增加。在具体谈及农作物的部分，该报告得出以下结论：新的研究领域（如活体生物）也开始产生专利，但它们对专利法的影响尚未得到系统的研究。此外，该报告承认基础发现和研究工具上的专利可能会阻碍科技进步。报告还断言，需要有适当的政策来促进美国专利制度、创新和经济增长之间的协同作用。

2004 年国家研究委员会报告的结果需要用 GE 作物和常规作物专利申请方面的数据来检验。越来越多的研究工作开始质疑专利是否有利于农业创新。有一种论点认为专利限制了农民和育种研究人员的试验和开发（Kloppenburg，2010）。自从 20 世纪 90 年代中期以来，许多生物技术研究人员认识到有必要"检验知识产权保护对研究工具的开发、传播和使用的影响"（NRC，1997：viii）。在生物医学领域，美国国立卫生研究院（NIH）认识到，商业化的目的与让研究成果和研究工具广泛传播背道而驰，并为其资助对象制定了一项政策，以促进研究成果和工具的共享（NIH，1999）。在 NIH 制定这项政策之后，美国国会在 2000 年修订了 1980 年的《拜杜法案》（Bayh-Dole Act），增加了这样的声明："国会的政策和目标是，利用专利制度，促进因受联邦政府资助的研究和开发而诞生的新发明的推广和利用……确保非营利组织和小企业的发明能够以促进自由竞争和企业发展的方式使用，而不会对未来的研究和开发工作造成过多的阻碍"（补充强调见 Reichman et al.，2010：3）。然而，还没有一项类似 NIH 制定的农业研究政策在美国实施。

人们已做出不少努力来利用公开的生物学资源建立受保护的植物遗传资源的共有权（Jefferson，2006；Kloppenburg，2010）。保护共有权不意味着遗传资源被当成公共资源一部分，因为这样会容易使作物改良成果被私人占用。相反，保护共有权是一种以建立知

1　Cahoy 和 Glenna（2008）描述了将新农作物推向市场时的专利丛林问题。美国倾向于通过允许私人订购来克服专利丛林的问题，这通常体现为大公司购买小公司的专利或与小公司结成战略联盟来维护小公司的专利。私人订购可能是解决专利丛林现象的有效策略，但它也有弊端，最突出的问题是导致更大的市场集中度（见本章 6.2.4 "种子市场集中度"）。

识产权保护为目标的策略，这样共有权就不会被私占（Kloppenburg，2010）。

这一努力也促成了开源种子倡议（Open Source Seed Initiative，OSSI）组织在威斯康星大学的建立。该组织致力让农民、育种家和小型种子公司一起共享植物遗传资源。另一个有类似使命的组织是 CAMBIA-BiOS。这些组织的创始人承认，开源模式基础的计算机软件和农业种质资源有很大差别（Jefferson，2006；Kloppenburg，2010）。Halewood（2013：292）注意到，创造软件的成本与用于食用和农业的植物遗传资源的"全球传播的成本和传代、维持和分享的时间"相比微不足道。然而，Jefferson（2006）和 Kloppenburg（2010）都强调，OSSI 和 CAMBIA-BiOS 都是按照开源软件的模式来实施开放资源，实现它们的组织使命。

将生物学资源与软件模式进行比较有充分的理由。Pearce（2012）指出，开源软件的性能优于微软开发的受知识产权保护的软件，而微软是历史上规模最大、实力最强的私有公司之一。此外，Pearce 还报告，如果受知识产权保护的成果可以不被限制，许多现有的技术可以解决很多问题，并能够挽救数百万人的生命（Kloppenburg，2010；Wittman，2011）。给予发展中国家的小农户对他们收获的种子有更大的控制权，以及其他形式的农业知识和技术，可能是促进社会福利的基础。

一些人坚持认为 GE 作物的专利应该受 1970 年《植物品种保护法》或 1978 年《国际植物新品种保护公约》的管制（Ervin et al.，2000）。这样的政策变化使得大学的科学家在不用担心侵犯权利的条件下开展研究工作。这符合 2004 年国家研究委员会的一份报告中提出的建议：保护大学研究人员免于承担与非商业性使用发明专利有关的责任（NRC，2004）。除了能够促进作物创新，这样的政策变化也可能利于增加生物多样性（Hubbell and Welsh，1998；Ervin et al.，2000），并使得农民能够合法地对受专利保护的作物进行留种、重新种植和杂交。

在 2015 年，法律的限制是这样的，对有专利权的 GE 或非 GE 作物，使用者需要支付专利许可费，或者在经允许的条件下得到对专利作物进行种植或开展研究的权利。对于印度的 Bt 棉和巴西抗除草剂大豆这样的作物，法律限制已在全球范围内以复杂的方式发挥作用。在这两个例子中，农民都看到了使用 Herring（2016）称之为"隐形种子"的好处。由于会带来潜在安全风险和专利许可证收入的损失，各国政府和私有公司都试图控制隐形种子的传播（Herring，2016）。

这些法律限制对大学和政府研究人员的影响是，他们必须获得材料转让协议，才能将专利材料用于研究目的，这被认为是创新的潜在阻碍（Wright，2007；Lei et al.，2009；Glenna et al.，2015）。一些学术研究人员认为，GE 作物的专利申请利于大学和企业进行知识分享、创新和将有价值的产品商业化；结果将提高社会福利；应该努力克服大学与企业之间的合作障碍（Etzkowitz，2001；Bruneel et al.，2010）。然而，一些研究揭示，知识产权保护可能会阻碍研究和创新（Lei et al.，2009），因为持有专利的公司或大学可能会合法地阻止对该专利保护作物的研究。农业公共知识产权资源（Public Intellectual Property Resource for Agriculture）是农业生物技术知识产权的信息交流中心，旨在解决 GE 作物专利带来的一些问题，如专利丛林和研究限制（Graff and Zilberman，2001）。然而，大学里的科学家报告说，专利保护限制了研究成果的发表，限制了大学的研究自由，阻碍了可能有助于评估 GE 作物的功效和环境影响的研究，长远来看可能会减少创新（Wright，2007；Waltz，2009；Glenna et al.，2015）。如上所述，2004 年国家研究委员会关于美国专利制度的报告建议，"对非商业性使用专利发明提供一定程度的保护"（NRC，2004：82）。

针对知识产权保护对作物整体影响的研究结果莫衷一是。2005 年，国际种子联合会（International Seed Federation）受到委托，开展了一项农民留种导致收入损失的研究（Le Buanec，2005）。人们普遍认为，发展中国家的大多数农民依赖于留种，此现象在发达国家也是很普遍。在对 18 个国家农民的改良作物留种程度进行调查之后，作者得出结论，种子公司每年损失近 70 亿美元，而育种家的专利费损失仅超过 4.72 亿美元（Le Buanec，2005）。从农民的角度看，他们每年可以少向种子公司支付 70 亿美元。对于私有种子公司来说，农民这么做会对其带来收入损失，不利于他们投资于种子的研发工作。在促进种子企业创新和照顾农民微薄的利润之间进行平衡还存在很多政策问题。

然而，就针对私人投资的知识产权保护情况而言，已有可靠的证据表明在发达国家和发展中国家其效应是积极的（Fernandez-Cornejo，2004；Eaton et al.，2006；Pray and Nagarajan，2009）。在印度进行的一项研究中，Kolady 等（2012）研究了改进种子政策对私人投资的知识产权保护和特定作物产量水平的影响。该研究中，杂交作物（玉米和珍珠粟）在改良的种子政策下加强了知识产权保护，而自交作物（水稻和小麦）则没有。研究发现，种子政策纳入知识产权保护策略对杂交作物产量的影响非常显著，但对自交作物的影响微乎其微。该研究为以下论点提供了证据：没有对知识产权实行保护的政策很难激励私营部门对种子研发的投资。Kolady 等（2012）的研究结果与《植物品种保护法》对美国特定作物产量影响的研究结果是相似的（Naseem et al.，2005；Kolady and Lesser，2009）。

当在 GE 作物上实行专利制度时，另一关注点与专利持有者和专利使用权购买者的责任有关。一些研究表明，美国和加拿大的司法判决导致"技术开发者在所有权上享有一些最重要的利益，却免于承担责任"（Pechlaner，2012：13）。一方面，农民对他们购买的 GE 作物种子的所有权仅限于播种和销售谷物，他们不能留种。由于 GE 性状不能从种质中分离出来，种子公司有效地占有了种质资源。另一方面，如果美国和加拿大的农民种植被附近农场 GE 花粉授粉的种子，则他们需要为基因扩散承担责任。这就造成了双重标准：即当农民想要重新种植时，种子公司对基因拥有所有权；而基因扩散到邻居的田地时，种子公司不需要为该基因造成的后果承担任何责任。如果专利权是一致适用的，则公司对基因具有产权的同时应该对基因扩散造成的危害承担责任，或农民对作物拥有产权，并为基因扩散造成的危害负责（Kinchy，2012；Pechlaner，2012）。

最后，知识产权制度需要合理的应用，需要做出各种权衡来保证专利和其他知识产权保护手段不会超出预期的界限和目标，造成不必要的法律纠纷。菜豆（*Phaseolus vulgaris*）的案例就是一个在作物上不当施行实用专利的案例，该案例与常规育种相关。秘鲁和墨西哥独立开发了两种传统的菜豆品种。墨西哥的菜豆育种家最终将这两个品种杂交，创造出一个新的菜豆品种，而且许多墨西哥人以菜豆为食。20 世纪 90 年代，美国一家公司获得该菜豆种子，将其种植了 3 年，然后将这菜豆品种申请了专利，声称该菜豆有新的颜色。

美国专利和商标局授予了这项专利，因此在美国种植和销售此菜豆的农民和商人由此就侵犯了该专利权。然而，该专利仅在批准国有效，因此拉丁美洲的人如果试图向美国出口菜豆，可能会发现自己侵犯了一项专利。这一专利后来被撤销，因为加州大学戴维斯分校的科学家利用 DNA 指纹技术证明该公司的菜豆品种并不新颖（Pallotini et al.，2004）。这一案例至少有两个方面的含义：其一，分子遗传学技术可用于取消传统作物的专利资格；其二，对作物授予实用专利具有有利和不利的社会效应。无论是对常规育种作物还是 GE 作物授予专利，拥有大量法律和财政资源的机构都能够获得专利的保护，进而限制缺乏支付许可费或承担不起法律风险的小农户、销售商和育种家对种子的使用。菜豆专利之所以被撤销，是因为有一所涉农大学（land-grant univeristy）的多位研究人员对该专利案感兴趣，但并非所有的农民、育种家、种子和谷物粮食销售商都有资源对这种不合理的授权专利提出挑战和质疑。

2. 种子市场集中度

另一项与 GE 作物实用和植物专利相关的问题是它们对种子市场集中度的潜在贡献。集中度是一个令人担忧的问题，因为竞争性市场所谓的优势如公平的价格，可能会因此减少。市场集中度可以用至少 3 种方式来描述。首先，可以去考察一个行业中最大公司的市场份额变化；Fuglie 和 Toole（2014）使用了 4 家公司的集中占比，根据这一测算，当四个或更少的公司控制一个市场的 40% 以上的份额时，这样的市场被认为潜在集中（Breimyer，1965；Connor et al.，1985）。Fuglie 和 Toole 发现，1994 年全球 4 家公司控制了种子市场份额的 21.1%，2000 年是 32.5%，2009 年是 53.9%。这表明，市场集中度的稳定增长可能与引进和广泛种植 GE 作物的时期大致相关（另见 Fernandez-Cornejo and Just，2007；Howard，2009）[1]。GE 作物的引入是否加速了种子部门变得集中仍然值得商榷。

描述市场集中度的第二种方法是展示少数大公司如何控制与 GE 作物相关的知识产权。自从 20 世纪 80 年代 GE 作物研究兴起以来，已有 37 家公司获得了 GE 玉米的专利，118 家公司获得了非 GE 玉米的专利。然而，通过收购和战略联盟的策略，2008 年仅 3 家公司就控制了 85% 的 GE 玉米专利，并且 3 家公司控制了 70% 的非玉米 GE 作物的专利（Glenna and Cahoy，2009），这构成了巨大的市场集中。

第三种方式是 Herfindahl-Hirschman 指数（HHI），它是美国司法部（DOJ）用于衡量市场集中度的指标。HHI 可用于确定行业中公司的平均市场份额。HHI 的计算方法是将行业中所有公司的市场份额（用分数或整数百分比表示）的平方求和。DOJ 将 HHI 达到 1000 的市场视为中等集中，将 HHI 在 1800 以上的市场视为高度集中。Fuglie 和 Toole 发现全球作物种子市场的 HHI 在 1994 年是 171，2000 年是 349，2009 年是 991。然而，他们的估算涉及全世界和全部的作物种子市场，而不是仅仅考虑美国的玉米、大豆和棉花的市场。Schenkelaars 等（2011）发现，1999 年以来，美国的玉米、大豆和棉花市场的 HHI 超过了 1800，这一高指数持续到了 21 世纪初。

然而，企业具有运用市场支配力的能力并不意味着是件坏事。Falck-Zepeda 等

1　农业市场的这种情形并不是作物种子市场特有的。Fuglie 和 Toole（2014）发现，农用化学药剂、动物健康、农场机械和动物遗传等行业的市场集中度也有类似的特征。

· 227 ·

（2000）揭示，虽然抗虫棉的推广是在一个开发公司有巨大市场支配力的环境下发生的——当时这家公司确实是唯一的技术供应商——而该发明公司在 *Bt* 棉推广中获得的额外收益份额与推广 *Bt* 棉的生产商市场份额相似。Kalaitzandonakes 等（2010）和 Kalaitzandonakes（2011）发现了美国种子行业市场支配力温和的证据，同时也发现了动态的市场效率，这是从 1997 年至 2008 年间观察到的公司利润，以及对研发、创新和产品管理工作的投入得出的。

市场支配力是否正在影响 GE 种子的价格还需要更多的研究来确定。Stiegert 等（2010）表明具有多种性状的种子（也称为聚合性状，见框 3-1）的价格低于单个性状价格之和。这意味着企业试图通过细分市场，或利用差异化定价机制和需求捆绑产品，或者规模经济和范围经济（economies of scale and scope）正在塑造种子市场，进而从农民那里获得额外收益。正如 Shi 等（2008，2010）所述，单个性状的价格相加比具有所有性状的聚合品种的价格更高。在次加法定价（subadditive pricing）中，单个性状总和小于聚合的最终产品，这与范围经济表现一致，即一起生产两种产品比分开生产更便宜［译者注：范围经济（economies of scope）指由厂商的范围而非规模带来的经济，即当同时生产两种产品的费用低于分别生产每种产品所需成本的总和时，这种状况就被称为范围经济］。Shi 等（2009）显示市场集中度增加是种子价格上涨的原因，但他们也表示价格上涨可能受到其他市场因素的影响。另一个需要研究的问题是性状聚合如何导致销售种子更贵，如某个农民可能只想要抗除草剂玉米品种，但却无法找到不含 *Bt* 性状的玉米品种（见第 4 章关于抗性进化和抗性管理的讨论），这可能导致农民获得种子的成本增加，因为农民为不需要的性状付费。

种子市场集中度的提高至少会产生两种可能的结果。首先，如果市场是非竞争性的，农民可能面临高于竞争市场的定价。2010 年国家研究委员会关于 GE 作物在美国的农场水平影响报告指出，从 1994 年到 2008 年，GE 作物的种子价格大幅上涨。它还提到各种其他因素，包括产量增加、其他投入支出减少、劳动力节省、改善杂草控制超过了增加的成本（NRC，2010a）。然而，研究尚未确定如果种子市场更具竞争力，农民是否会节约更多的成本。

其次，私有企业掌握的市场集中可能是公众对 GE 作物关注的一个因素。研究表明，公众对生产、测试 GE 作物及 GE 食品有不同的不确定性和信任度。例如，公众倾向于信任大学科学家、医学专家、消费者权益组织、环境组织和农民，但往往对联邦政府、大众媒体来源、杂货商和农业生物技术产业的信任度较低（Lang and Hallman，2005；Lang，2013）。当 Huffman 和 Evenson（2006）观察到几乎所有 GE 作物都是由农业生物技术公司开发以降低农民的成本时，它们对公众信任的变化进行了研究。他们认为，公益机构研发的有利于消费者的产品"可以大大减轻对 GE 食品的政治担忧"（Huffman and Evenson，2006：285）。

许多发展 GE 作物的大型企业都是跨国公司，因此对市场集中以及由此产生的社会和经济后果的担忧可能扩展到国际市场。这些企业积极寻求获得与美国 GE 作物专利一样严格的国际知识产权保护（Strauss，2009）。根据 Strauss（2009）的观点，美国政府的支持以及发展 GE 作物龙头企业的推动是导致 1994 年达成与贸易相关知识产权协议的两个因素。另一方面，如果美国的专利政策抑制了农业研究，最终可能会影响全球农业研发（Jefferson et al.，2015）。

3. 对公共研究的投资

2010 年，国家研究委员会关于 GE 作物在美国农场水平影响的报告中列出了对公益机构所要求的四类贡献。首先，私营企业缺乏足够的动力去关注基础研究，因为从研究到应用之间的时间往往很长；公益机构必须满足这一需求。其次，需要一个强大而独立的公益机构来对私营企业打算推向市场的产品进行监管审查。再次，公益机构和私营企业的研究人员都为作物改良做出了贡献，并可能继续做贡献。最后，与基础研究一样，私营企业缺乏足够的动力投资于次要作物（minor crops）和孤儿作物（orphan crops）[1]；GE 作物是研究密集型的，因此在注重生产公共物品的国有部门进行创造和研发的成本很高，并且这对 GE 作物的研究必不可少，这些研究可广泛地促进经济、社会和生态福祉（NRC，2010a）。

由于私营企业缺乏投资研究次要作物和孤儿作物的动力，大学和政府的研究人员通常应对此类研究负责。然而，Welsh 和 Glenna（2006）发现，随着 GE 作物研究，以及大学与私营企业合作培育 GE 作物的兴起，大学的作物研究开始更多地关注主要作物而非次要作物。这种职责的转变可能更多地与 1980 年《拜杜法案》的通过有关，该法案使得大学能够获得发明所有权并将其授权给私营企业，而不仅仅是增加 GE 作物研究。自该法案通过以来，美国大学通过技术转让和专利许可获得了适度的收入，然而这是以大学的激励结构变化为代价的（Huffman and Evenson，2006）。因为获得专利的作物可以预期通过专利许可收入回报大学，所以政策制定者们将倾向于用这些回报资金来证明研究型大学减少对公众的支持是合乎情理的（Glenna et al.，2007）。Huffman 和 Evenson（2006：291）认为，这种交易可能对大学和私营企业有利，但他们承认，一些为吸引私人投资、合作研究和其他私有活动而做出的改变"可能与公共利益或公共机构的责任行为背道而驰"。

关于私人资助和追求知识产权保护是否会挤出公益研究这一问题一直存在争议（Fuglie and Toole，2014）。挤出效应是指本应利用公共资金进行的研究，却由私营企业完成。它可以用来描述这样一种情景，即当大学研究人员与私营企业合作时会变得更专注于生成私有产品，而不是生成公益产品或进行公益研究。一些研究表明，许多参与公私合作研究并产生知识产权的科学家也以期刊发表的形式产生了更多的公益成果（Bonte，2011），或者大学研究倾向于与行业研究互补（Toole and King，2011）。如果是这种情况，则挤出效应不会直接发生。然而，其他研究发现了至少部分或暂时挤出效应的证据（Buccola et al.，2009），并且在某些情况下存在大量挤出效应（Alfranca and Huffman，2001；Hu et al.，2011）。Huffman 和 Evenson（2006）指出，明确界定公益和私有机构责任可以减少混淆并促进协同合作。然而他们还表示，大学更多地参与 GE 作物研发将有助于从 GE 作物研究中产生更多公益产品，甚至可能有助于"减轻对 GE 食品的政治担忧"（Huffman and Evenson，2006：285）。Schurman 和 Munro（2010）支持后一种观点，他们解释说，积极的利益相关者可能会对 GE 作物对人类健康和环境的影响提出疑问，但是真正更让人关心的问题是对活体申请专利的伦理影响、私有农业公司获得了农业和粮食系

---

1 1996 年的美国《食品质量保护法》将主要作物定义为种植面积超过 121 405 公顷（或 300 000 英亩）的作物。在美国种植的 600 多种作物中，只有不到 30 种为主要作物。次要作物（minor crops）一词适用于其余部分。孤儿作物（orphan crops）是那些通常由资源匮乏的小规模农民种植的，如木薯和豇豆。

统中更大的份额、当巨大利益受到威胁时行业科学家和监管机构是否可以被信任、大学和大学里面的科学家们是否正在牺牲公共利益将其研究方向转向私有利益、发达国家和发展中国家的小农是否会受到与技术相关的体制的帮助或伤害。虽然活跃的利益相关者提出的问题不一定适用于更广泛的公众，但他们的担忧反映了潜在的公平理论，这可能解释了对GE作物价值观的差异。社会科学家花费了数十年的时间来积累经验证据以推动伦理道德辩论，即使这些辩论仍未解决（Fuglie and Toole，2014）。需要更多的研究、政策制定者的关注和公众评议来确定新的政策和资源是否应该用于促进GE作物产生的社会福利。

King 和 Heisey（2007）提出确凿的证据支持应在农业研发特别是GE作物研发方面贡献公共知识。他们的研究表明，积极的公共研究机构已经产生了重要的社会效益。Lopez 和 Galinato（2007）利用来自拉丁美洲农村的数据来对比公共补贴创造私有产品所带来的社会利益与公共投资创造公共产品所带来的利益。他们的发现支持世界各地的研究结果，即公共补贴生产私有物品不能带来更高的投资、就业率或生产力，而支助生产公共物品的回报率很高。在对20世纪作物生产力提高的研究进行回顾之后，Piesse 和 Thirtle（2010：3036）的结论是，作物生产力的获得"需要大量持续的研发支出"，并且"毫无疑问，研发支出导致了生产力的提高"。相反，尽管从1980年到1996年，私有作物育种支出以实际美元计算增长了近250％（Heisey et al.，2002），Fuglie 等（2012）发现私营企业的研发对农业生产力没有贡献。

当然，作物生产力的提高并不能平等地提高每个人的社会福利，因为更高的产量会降低商品价格，从而损害农民的利益。然而，提高农业生产力可以为许多人提供更多的粮食，从而提高社会福利。生产力的提高很大一部分来自具有公共资金资助的公益机构的研究，而且这些资助被认为随后贡献了知识储备。一项研究估算了1850～1995年美国的总投资，发现1995年美国的农业知识储量是当年实际农业产量的11倍，即每100美元的农业产出是通过利用1100美元的知识储备来开发的（Pardey and Beintema，2001）。这些估算的目的是证明科学知识是累积的，并且科学研究的多年公共投资是在农业发展的每一年中得出的，特别是新的作物品种通常需要7～10年才能开发出来。对于GE作物的研究表明，大学倾向于进行基础研究，初创公司应用研究结果，而大公司则参与将应用推向商业化（McMillan et al.，2000；Graff et al.，2003）。其他研究结果表明，农业生物技术专利中引用的近四分之三的论文是由美国大学的科学家们撰写的（Xia and Buccola，2005）。Vanloqueren 和 Baret（2009）指出类似的研究表明，公共资助的科学研究对于农业创新有多么重要。

Bozeman（2002）警告说，过度依赖市场机制可能导致公共产品供应者的不足。特别需要关注的是，美国的农业研究向私营企业模式而不是公益机构模式发展，据 Alston 等（2010）估计，美国农业和粮食的研发在2000年占世界近四分之一。因此，美国作物研发制度的变化可能会产生全球影响。公益研究投资的减少可能意味着那些不易产生私有投资回报的、信息丰富的科学研究的减少，如关于广泛了解社会福利和公平、自花授粉作物和次要作物、人类和环境福利等相关课题的研究（Huffman and Evenson，2006；Fuglie and Toole，2014）。如果公益机构要为公共利益研究做出这些必要的贡献，政府则需要增加对这些研究的支持。

发现：关于专利是否促进或阻碍大学-行业的知识共享、创新和有用产品的商业化，以及 GE 作物种质的实用专利是否阻碍作物研究等问题，现有文献中存在分歧。

发现：无论专利是否适用于传统育种或 GE 作物，拥有大量法律和财务资源的机构都能够获得专利保护，从而限制小农户、经销商和缺乏资源支付许可费或应对法律问题的作物育种科学家的使用。

发现：有证据表明，公益机构的组合已经转变为更接近于私营企业的组合。

建议：应该进行更多的研究，以论述对 GE 作物和常规作物现有知识产权保护的利益和挑战。

建议：应该进行更多的研究，以确定种子市场集中度是否影响 GE 种子价格，如果是，这种影响是对农民有利或有害。

建议：应该研究性状聚合是否导致种子销售价格更高并超出农民的需求。

建议：应增加针对基础研究和那些不易为私有企业提供较高市场回报的作物的公共投资。

6.2.5　粮食安全

一些研究者提出 GE 技术可以成为解决世界粮食短缺问题的关键工具（如 Borlaug，2000；Fedoroff，2011；Juma，2011）。已有的证据表明，GE 作物可能是提高作物生产力的一种手段（Anthony and Ferroni，2012），但 GE 作物对粮食短缺的影响将取决于研发合适的作物品种以及适当的政治、社会和文化背景。正如第 4 章所讨论的那样，仍然没有 GE 粮食作物增加潜在产量的商业记录；GE 作物通过保护产量来影响产量。在自给农业水平和生物胁迫（害虫和病原物）及非生物胁迫（干旱和极端温度）条件下保护产量，可以减少年度间粮食供应的波动，这对预防粮食短缺至关重要。已经商业化的 GE 作物有可能在尚未引入的地方保护产量，并且正在开发的 GE 作物如本章前面 6.1.2 中的"针对小规模农户研发的 GE 作物的前景与局限"中所述的那些作物，可以保护更多作物的产量（如抗病木薯和适应气候变化的水稻）。然而，正如该部分所讨论的那样，与其他农业技术进步一样，GE 作物本身无法完全解决小农面临的各种复杂挑战。需要解决土壤肥力、虫害综合管理、市场开发、储存和推广服务等问题以提高作物生产力，减少收获后损失，增加粮食安全。所有农民都需要现代技术来应对日益严重的资源限制（框 6-8）。正如 Glover（2010：6）指出的，"基因拼接本质上无法克服道路不畅、农村信用体系不足和灌溉不足等障碍"。尽管如此，增加产量潜力和提高营养品质对小农来说非常重要。第 8 章讨论了 GE 技术在增加高产属性和增强营养特性方面的潜力。

框 6-8　农业资源的制约

所有农业生产都受到可用资源的限制，如耕地、水和适宜的气候条件。本委员会审查的证据表明，对这些资源的限制已经影响了 2015 年的全球农业生产。

例如，联合国粮食及农业组织（FAO，2013）报告说，许多国家没有了可用于扩大农业生产的可用耕地。在拥有可用耕地的国家，扩大耕地面积可能以牺牲森林和草原为代价（FAO，2011）。因此，无论采用何种方法，农业生产的环境友好型可持续性增长都必须来自产量的增加，而不是耕地的增加。

所有农业系统都需要水，无论来源于降水还是灌溉。世界上大部分的农田都是望天田，世界上约 60％的作物产自望天田，而剩下的部分为灌溉农业。来自河流和含水层等水源的全球淡水返回率不到 10％[a]。但是，返回率因地区而异，亚洲的返回率为 20％，非洲北部为 200％ (FAO，2011)。无论采用何种农业生产方式，全世界 40％以上的农村人口生活在缺水的地方 (FAO，2011)。

气候变化可能会加剧望天田和灌溉农田的供水问题。一些地区将变得更干燥，而另一些地区将更加湿润，降水和季节更替，以及更频繁的极端天气事件变得愈加难以预测 (IPCC，2014)。这些事件还将包括更大的气温波动。热浪和延长的寒流将影响潜在的产量。

---

a 总可用淡水量的计算基于河流的长期年平均流量和地域内降水带来的含水层补给量。见 http://www.fao.org/nr/water/aquastat/data/glossary/search.html 上的 "内部可再生水资源"。访问于 2015 年 12 月 7 日。

更重要的是，即使 GE 作物可以提高生产力或营养品质，但使利益相关者受益的能力取决于发展和推广这个技术的社会和经济背景，认识这一点至关重要 (Tripp，2009a)。来自发展中国家，特别是印度和中国，以及非洲国家的更多 GE 作物开发商 (Parisi et al.，2016)，有望保证未来 GE 作物将针对特定的地区、国家或农民进行开发，因而提高某个地区独有的生产力或营养成分。如果要降低粮食不安全性，就需要解决与小规模农民和粮食不足消费者有关的复杂问题。今天的世界有足够的食物，但每 9 个人中还会有 1 人挨饿 (FAO，2015)。GE 作物可以促进更广泛的粮食安全战略，但粮食不安全等复杂问题需要 "多管齐下的解决方案" (Qaim and Kouser，2013：7)。

发现：具有 GE 性状的作物解决粮食安全问题的能力取决于所引入的性状类型以及性状开发和推广的社会和经济背景。

本 章 小 结

世界上的农民、他们种植的作物种类以及种植这些作物的条件都存在巨大的多样性。引入 GE 技术可以产生不同的潜在社会和经济效应。

在审查了有关社会和经济效应的文献后，本委员会发现目前对该主题的研究并不充分。许多文献关注的是一种或两种性状-作物的组合，没有足够的覆盖度，尤其是还未涉及处于研发过程中的新作物。很少或没有调查、比较 GE 技术的投资回报与可替代的外部低技术投入 (low external input technologies，LEIT) (如农业生态改进) 的投资回报。Tripp (2006) 观察到，如果没有发展强大制度来满足小农户的需求，LEIT 不太可能比 GE 作物更有利于小农户。然而，在对支持 LEIT 的各种报告和论据进行严格审查之后，Tripp (2006：209) 得出结论："毫无疑问，需要继续和增加支持发展这种技术"。更系统地研究农民受教育程度将是有用的，更多有关种子市场集中度是否影响农民的选择和福利等信息也同样有用。

在现有研究的基础上，本委员会得出结论认为，现有的 GE 作物通常对种植棉花、大豆、玉米和油菜籽的大户有用。相同的 GE 作物使一些较小规模的农民受益，但是这些受益在时间和空间上存在波动，且与推广作物的制度环境有关。当小农户可以获得信贷、推广服务和市场，以及政府援助确保可承受的种子价格，他们更有可能在种植 GE 作物上获得成功。

对小规模农民或特种作物农民最有用的 GE 技术可能不得不从公益机构或公私合作中产生，因为当前的知识产权制度不能激励私有部门企业研究这些作物。然而，自 20 世纪 60 年代以来，美国公益性农业研究投资的增长幅度一直在下降，2009 年公益机构的投入比私有部门的投资少近 20 亿美元（NRC，2014）。在发展中国家，研发投资的情况存在很大差异，一些国家对公益机构研发的投资大幅增加，另一些国家则没有。此外，以农业为重点的发展援助有所增加，包括对 GE 的投资。减少对公益机构的支持可能会减少创新研发新 GE 作物的动力。

为了减少粮食短缺的情况，需要开发更多 GE 作物和 GE 性状，以增加潜在产量，保护产量免受生物和非生物胁迫，并提高营养品质。即便如此，GE 作物减缓粮食短缺的能力还将取决于科技发展和传播的社会和经济背景。

参 考 文 献

Afidchao，M. M.，C. J. M. Musters，A. Wossink，O. F. Balderama，and G. R. de Snoo. 2014. Analysing the farm level economic impact of GM corn in the Philippines. NJAS—Wageningen Journal of Life Sciences 70-71：113-121.

Alfranca，O.，and W. E. Huffman. 2001. Impact of institutions and public research on private agricultural research. Agricultural Economics 25：191-198.

Almedia，C.，L. Massarani，and I. D. C. Moreira. 2015. Perceptions of Brazilian small-scale farmers about GM crops. Ambiente & Sociedade 18：193-210.

Alston，J. M.，M. A. Andersen，J. S. James，and P. G. Pardey. 2010. Persistence Pays：US Agricultural Productivity Growth and the Benefits from Public R&D Spending. New York：Springer Science and Business Media.

Andow，D. A. 2010. Bt Brinjal：The Scope and Adequacy of the GEAC Environmental Risk Assessment. Available at http://www. researchgate. net/publication/228549051 _ Bt _ Brinjal _ The _ scope _ and _ adequacy _ of _ the _ GEAC _ environmental _ risk _ assessment. Accessed October 23，2015.

Ansink，E. J. H.，and J. H. H. Wesseler. 2009. Quantifying type I and type II errors in decisionmaking under uncertainty：The case of GM crops. Letters in Spatial and Resource Sciences 2：61-66.

Anthony，V. M.，and M. Ferroni. 2012. Agricultural biotechnology and smallholder farmers in developing countries. Current Opinion in Biotechnology 23：273-285.

Arbuckle，J. R.，Jr. 2014. Farmer Perspective and Pesticide Resistance. Ames：Iowa State University Extension and Outreach. Available online at http://www. soc. iastate. edu/extension/ifrlp/PDF/PM3070. pdf. Accessed February 22，2016.

Areal，F. J.，L. Riesgo，and E. Rodriguez-Cerezo. 2013. Economic and agronomic impact of commercialized GM crops：A meta-analysis. Journal of Agricultural Science 151：7-33.

Bayer，J. C.，G. W. Norton，and J. B. Falck-Zepeda. 2010. Cost of compliance with biotechnology regulation in the Philippines：Implications for developing countries. AgBioForum 13：53-56.

Beckie，H. J.，K. N. Harker，L. M. Hall，S. I. Warwick，A. Legere，P. H. Sikkema，G. W. Clyton，A. G. Thomas，J. Y. Leeson，G. Seguin-Swartz，and M. J. Simard. 2006. A decade of herbicide-resistant crops in Canada. Canadian

Journal of Plant Science 86: 1243-1264.

Beckmann, V., C. Soregaroli, and J. Wesseler. 2006. Governing the Co-existence of GM Crops—Ex-ante Regulation and Ex-post Liability under Uncertainty and Irreversibility. Berlin: Humboldt University Berlin.

Bell, S. E., A. Hullinger, and L. Brislen. 2015. Manipulated masculinities: Agribusiness, deskilling, and the rise of the businessman-farmer in the United States. Rural Sociology 80: 285-313.

Bennett, R., T. J. Buthelezi, Y. Ismael, and S. Morse. 2003. *Bt* cotton, pesticides, labour and health: A case study of smallholder farmers in the Makhathini Flats, Republic of South Africa. Outlook on Agriculture 32: 123-128.

Bentley, J., and G. Thiele. 1999. Bibliography: Farmer knowledge and management of crop disease. Agriculture and Human Values 16: 75-81.

Bock, B. B. 2006. Rurality and gender identity: An overview. Pp. 155-164 in Rural Gender Relations: Issues and Case Studies, B. B. Bock and S. Shortall, eds. Wallingford, UK: CABI Publishing.

Bonfini, L., P. Heinze, S. Kay, and G. Van de Eede. 2002. Review of GMO Detection and Quantification Techniques. Ispa, Italy: European Commission Joint Research Center, Institute for Health and Consumer Protection.

Bonte, W. 2011. What do scientists think about commercialization activities? Pp. 337-353 in Handbook of Research on Innovation and Entrepreneurship, D. B. Audretsch, O. Falck, S. Heblich, and A. Lederer, eds. Northampton, MA: Edward Elgar Publishing.

Borlaug, N. E. 2000. Ending world hunger: The promise of biotechnology and the threat of antiscience zealotry. Plant Physiology 124: 487-490.

Bozeman, B. 2002. Public value failure: When efficient markets may not do. Public Administration Review 62: 145-161.

Brandth, B. 2006. Agricultural body-building: Incorporations of gender, body and work. Journal of Rural Studies 22: 17-27.

Breimyer, H. F. 1965. On classifying our kind. Journal of Farm Economics 47: 464-465.

Bruneel, J., P. D'Este, and A. Salter. 2010. Investigating the factors that diminish barriers to university-industry collaboration. Research Policy 39: 858-868.

Buccola, S., D. Ervin, and H. Yang. 2009. Research choice and finance in university bioscience. Southern Economic Journal 75: 1238-1255.

Busch, L., W. Lacy, J. Burkhardt, and L. Lacy. 1991. Plants, Power, and Profits: Social, Economic, and Ethical Consequences of the New Biotechnologies. Oxford, UK: Basil Blackwell.

Byerlee, D., and K. Deininger. 2013. The rise of large farms in land abundant countries: Do they have a future? Chapter 14 in Land Tenure Reform in Asia and Africa: Assessing Impacts on Poverty and Natural Resource Management, S. T. Holden, K. Otsuka, and K. Deininger, eds. New York: Palgrave MacMillan.

CAC (Codex Alimentarius Commission). 2011. Compilation of Codex Texts Relevant to Labelling of Food Derived from Modern Biotechnology. Doc CAC/GL 76-2011. Rome: World Health Organization and Food and Agriculture Organization.

Cahoy, D. R., and L. Glenna. 2009. Private ordering and public energy innovation policy. Florida State University Law Review 36: 415-458.

Carolan, M. 2012. The Sociology of Food and Agriculture. Abingdon, UK: Routledge.

Carpenter, D., and M. M. Ting. 2005. The political logic of regulatory error. Nature Reviews Drug Discovery 4: 819-823.

Carpenter, D., and M. M. Ting. 2007. Regulatory errors with endogenous agendas. American Journal of Political Science 51: 835-852.

Carter, N. 2015. Nonbrowning Arctic® Apples: Examining One of the First Biotech Crops with a Consumer-Oriented Trait. Webinar presentation to the National Academy of Sciences' Committee on Genetically Engineered Crops: Past Experience and Future Prospects, April 21.

Carter, C. A. , and G. P. Gruère. 2012. New and existing GM crops: In search of effective stewardship and coexistence. Northeastern University Law Journal 4: 169-207.

CBAN (Canadian Biotechnology Action Network). 2015. 2015 consumer poll. Available at http://www.cban.ca/ GMO-Inquiry-2015/2015-Consumer-Poll. Accessed November 4, 2015.

Center for Food Safety, et al. v. Thomas J. Vilsack, et al. , and Forage Genetics International, et al. : Opinion. 2013. United States Court of Appeals for the Ninth Circuit. No. 12-15052, Case #: 3: 11-cv-01310-SC. Decided May 17, 2013. Available at http://cdn.ca9.uscourts.gov/datastore/opinions/2013/05/17/12-15052.pdf. Accessed November 6, 2015.

Chambers, J. A. , P. Zambrano, J. Falck-Zepeda, G. Gruère, D. Sengupta, and K. Hokanson. 2014. GM Agricultural Technologies for Africa: A State of Affairs. Washington, DC: IFPRI.

Chiappe, M. B. , and C. B. Flora. 1998. Gendered elements of the alternative agriculture paradigm. Rural Sociology 63: 372-393.

Choudhary, B. , K. M. Nasiruddin, and K. Gaur. 2014. The Status of Commercialized Bt Brinjal in Bangladesh. Ithaca, NY: International Service for the Acquisition of Agri-biotech Applications.

Cochrane, W. W. 1958. Farm Prices: Myth and Reality. St. Paul: University of Minnesota Press.

Colson, G. , and W. E. Huffman. 2011. Consumers' willingness to pay for genetically modified foods with product-enhancing nutritional attributes. American Journal of Agricultural Economics 93: 358-363.

Colson, G. , and M. C. Rousu. 2013. What do consumer surveys and experiments reveal and conceal about consumer preferences for genetically modified foods? GM Crops & Food 3: 158-165.

Connor, J. M. , R. T. Rogers, B. W. Marion, and W. F. Mueller. 1985. The Food Manufacturing Industries: Structure, Strategies, Performance, and Policies. Lexington, MA: Lexington Books.

Costa-Font, M. , J. M. Gil, and W. B. Traill. 2008. Consumer acceptance, valuation of and attitudes towards genetically modified food: Review and implications for food policy. Food Policy 33: 99 – 111.

Cotter, J. 2014. GE Crops—Necessary? Presentation to the National Academy of Sciences' Committee on Genetically Engineered Crops: Past Experience and Future Prospects, September 16, Washington, DC.

Cowan, T. 2013. Unapproved Genetically Modified Wheat Discovered in Oregon: Status and Implications. Washington, DC: Congressional Research Service.

Crowder, D. W. , and J. P. Reganold. 2015. Financial competitiveness of organic agriculture on a global scale. Proceedings of the National Academy of Sciences of the United States of America 112: 7611-7616.

Dannenberg, A. 2009. The dispersion and development of consumer preferences for genetically modified food—a meta-analysis. Ecological Economics 68: 2182-2192.

Davidson, S. N. 2008. Forbidden fruit: Transgenic papaya in Thailand. Plant Physiology 147: 487-493.

Demont, M. , J. Wesseler, and E. Tollens. 2004. Biodiversity versus transgenic sugar beets—The one Euro question. European Review of Agricultural Economics 31: 1-18.

Deodhar, S. Y. , S. Ganesh, and W. S. Chern. 2007. Emerging markets for GM foods: An Indian perspective on consumer understanding and willingness to pay. International Journal of Biotechnology 10: 570-587.

Dhar, T. , and J. Foltz. 2007. The impact of intellectual property rights in the plant and seed industry. Pp. 161-171 in J. P. Kesan, ed. Agricultural Biotechnology and Intellectual Property: Seeds of Change. Cambridge, MA: CABI International.

DiMasi, J. A. , R. W. Hansen, and H. G. Grabowski. 2003. The price of innovation: New estimates of drug development costs. Journal of Health Economics 22: 151-185.

Dowd-Uribe, B. 2014. Engineering yields and inequality? How institutions and agro-ecology shape Bt cotton outcomes in Burkina Faso. Geoforum 53: 161-171.

Dowd-Uribe, B. 2015. Agricultural Development, Donors and Transgenetics in Sub-Saharan Africa. Webinar presentation to the National Academy of Sciences' Committee on Genetically Engineered Crops: Past Experience and Future

Prospects，April 30.

Dowd-Uribe，B.，and M. A. Schnurr. 2016. Burkina Faso's reversal on genetically modified cotton and the implications for Africa. African Affairs 115：161-172.

Eaton，D.，R. Tripp，and N. Louwaars. 2006. The effects of strengthened IPR regimes on the plant breeding sector in developing countries. Paper presented at the International Association of Agricultural Economists 2006 Annual Meeting，August 12-18，Queensland，Australia.

EC (European Commission). 2009. Report from the Commission to the Council and the European Parliament on the Coexistence of Genetically Modified Crops with Conventional and Organic Farming. Available at http://eur-lex. europa. eu/LexUriServ/LexUriServ. do? uri = COM：2009：0153：FIN：en：PDF. Accessed November 5，2015.

Endicott，S. 2014. Presentation to the National Academy of Sciences' Committee on Genetically Engineered Crops：Past Experience and Future Prospects，December 10，Washington，DC.

Endres，A. B. 2008. Coexistence strategies，the common law of biotechnology and economic liability risks. Drake Journal of Agricultural Law 13：115.

Endres，A. B. 2012. An evolutionary approach to agricultural biotechnology：Litigation challenges to the regulatory and common law regimes for genetically engineered plants. Northeastern University Law Journal 4：59-87.

Ervin，D.，and R. Jussaume. 2014. Integrating social science into managing herbicide-resistant weeds and associated environmental impacts. Weed Science. 62：403-414.

Ervin，D. E.，S. S. Batie，R. Welsh，C. L. Carpentier，J. I. Fern，N. J. Richman，and M. A. Schulz. 2000. Transgenic Crops：An Environmental Assessment. Washington，DC：Henry A. Wallace Center for Agricultural & Environmental Policy at Winrock International.

Etzkowitz，H. 2001. Beyond the endless frontier：From the land grant to the entrepreneurial university. Pp. 3-26 in Knowledge Generation and Technical Change：Institutional Innovation in Agriculture，S. Wolf and D. Zilberman，eds. Boston：Kluwer Academic Publishers.

EUROSTAT. 2014. Farm structure：Historical data. Available at http://ec. europa. eu/eurostat/ web/agriculture/data/ main-tables. Accessed August 6，2015.

Evans，B.，and M. Lupescu. 2012. Canada：Agricultural Biotechnology Annual—2012. U. S. Department of Agriculture-Foreign Agricultural Service. Available at http://gain. fas. usda. gov/Recent%20GAIN%20Publications/Agricultural%20Biotechnology%20Annual _ Ottawa _ Canada _ 07-20-2012. pdf. Accessed November 10，2015.

Evenson，R. E.，and D. Gollin. 2003. Assessing the impact of the green revolution：1960-2000. Science 300：758-762.

Excellence Through Stewardship. 2008，updated 2014. Guide for Maintaining Plant Product Integrity of Biotechnology-Derive Plant Products. Available at http://excellencethroughstewardship. org/wp-content/uploads/MPPI-Final-Board-Approved- 6. 12. 14. pdf. Accessed June 17，2015.

Falck-Zepeda，J. 2006. Coexistence，genetically modified biotechnologies and biosafety：Implications for developing countries. American Journal of Agricultural Economics 88：1200-1208.

Falck-Zepeda，J. B.，G. Traxler，and R. G. Nelson. 2000. Rent creation and distribution from biotechnology innovations：The case of Bt cotton and herbicide-tolerant soybeans in 1997. Agribusiness 16：21-32.

Falck-Zepeda，J. B.，C. Falconi，M. J. Sampaio-Amstalden，J. L. Solleiro Rebolledo，E. J. Trigo，and J. Verástegui. 2009. La biotecnología agropecuaria en América Latina：Una visión cuantitativa. Washington，DC：International Food Policy Research Institute.

Falck-Zepeda，J.，J. Yorobe，Jr.，A. H. Bahagiawati，A. Manalo，E. Lokollo，G. Ramon，P. Zambrano，and Sutrisno. 2012. Estimates and implications of the costs of compliance with biosafety regulations in developing countries：The case of the Philippines and Indonesia. GM Crops & Food：Biotechnology and Agriculture in the Food Chain 3：52-59.

FAO (Food and Agriculture Organization). 2011. The State of the World's Land and Water Resources for Food and

Agriculture：Managing Systems at Risk. Rome and London：FAO and Earthscan.

FAO（Food and Agriculture Organization）. 2013. FAO Statistical Yearbook 2013：World Food and Agriculture. Rome：FAO.

FAO（Food and Agriculture Organization）. 2014. Technical Consultation on Low Levels of Genetically Modified （GM） Crops in International Food and Feed Trade. Available at http：//www. fao. org/fileadmin/user _ upload/agns/ topics/LLP/AGD803 _ 6 _ Report _ En. pdf. Accessed February 25，2016.

FAO（Food and Agriculture Organization）. 2015. The State of Food Insecurity in the World 2015. Rome，Italy：FAO.

FAOSTAT（Food and Agriculture Organization Statistics Division）. 2015. World total economically active population in agriculture. Available at http//faostat3. fao. org/browse/Q/ QC/E. Accessed November 11，2015.

Feder，G. ，and G. O'Mara. 1981. Farm size and the diffusion of green revolution technology. Economic Development and Cultural Change 30：59-76.

Feder，G. ，R. E. Just，and D. Zilberman. 1982. Adoption of agricultural innovation in development countries. Washington， DC：World Bank.

Feder，G. ，R. E. Just，and D. Zilberman. 1985. Adoption of agricultural innovation in development countries：A survey. Economic Development and Cultural Change 33：255-298.

Fedoroff，N. V. August 18，2011. Engineering Food for All. Online. The New York Times. Available at http：// www. nytimes. com/2011/08/19/opinion/genetically-engineered-food-for-all. html? _ r＝0. Accessed December 21，2015.

Feldman，S. ，and R. Welsh. 1995. Feminist knowledge claims，local knowledge，and gender divisions of agricultural labor—constructing a successor science. Rural Sociology 60：23-43.

Fermin，G. ，and P. Tennant. 2011. Opportunities and constraints to biotechnological applications in the Caribbean： Transgenic papayas in Jamaica and Venezuela. Plant Cell Reports 30：681-687.

Fernandez-Cornejo，J. 2004. The Seed Industry in U. S. Agriculture：An Exploration of Data and Information on Crop Seed Markets，Regulation，Industry Structure，and Research and Development. Washington，DC：U. S. Department of Agriculture-Economic Research Service.

Fernandez-Cornejo，J. ，and R. E. Just. 2007. Researchability of modern agricultural input markets and growing concentration. American Journal of Agricultural Economics 89：1269-1275.

Fernandez-Cornejo，J. ，and S. Wechsler. 2012. Revisiting the impact of Bt corn adoption by U. S. farmers. Agricultural and Resource Economics Review 41：377-390.

Fernandez-Cornejo，J. ，C. Hendricks，and A. Mishra. 2005. Technology adoption and off-farm household income： The case of herbicide-tolerant soybeans. Journal of Agricultural and Applied Economics 37：549-563.

Fernandez-Cornejo，J. ，S. J. Wechsler，M. Livingston，and L. Mitchell. 2014. Genetically Engineered Crops in the United States. Washington，DC：United States Department of Agriculture-Economic Research Service.

Finger，R. ，N. El Benni，T. Kaphengst，C. Evans，S. Herbert，B. Lehmann，S. Morse，and N. Stypak. 2011. A meta-analysis on farm-level costs and benefits of GM crops. Sustainability 3：743-762.

Fischer，K. ，E. Ekener-Petersen，L. Rydhmer，and K. Edvardsson Björnberg. 2015. Social impacts of GM crops in agriculture：A systematic literature review. Sustainability 7：8598-8620.

Fitzgerald，D. 1993. Farmers deskilled：Hybrid corn and farmers' work. Technology and Culture 34：324-343.

Fok，M. ，W. Liang，G. Wang，and Y. Wu. 2005. Diffusion du coton génétiquement modifié en Chine：Leçons sur les facteurs et limites d'un succès. Economie Rurale 285：5-32.

Fok，M. ，M. Gouse，J. L. Hofs，and J. Kirsten. 2007. Contextual appraisal of GM cotton diffusion in South Africa. Life Science International Journal 1：468-482.

Fraley，R. 2014. Committee discussion with presenters at the National Academy of Sciences' Committee on Genetically Engineered Crops：Past Experience and Future Prospects，December 10，Washington，DC.

Francisco，S. R. ，C. A. Aragon，and G. W. Norton. 2012. Potential poverty reducing impacts of Bt eggplant adoption in the Philippines. Philippine Journal of Crop Science 37：30-39.

Frewer L. J. , K. Bergmann, M. Brennan, R. Lion, R. Meertens, G. Rowe, M. Siegrist, and C. Vereijken. 2011. Consumer response to novel agri-food technologies: Implications for predicting consumer acceptance of emerging food technologies. Trends in Food Science & Technology 22: 442-456.

Fuglie, K. O. , and A. A. Toole. 2014. The evolving institutional structure of public and private agricultural research. American Journal of Agricultural Economics 96: 862-883.

Fuglie, K. , P. Heisey, J. King, C. E. Pray, and D. Schimmelpfennig. 2012. The contribution of private industry to agricultural innovation. Science 338: 1031-1032.

Ganiere, P. , W. Chern, D. Hahn, and F. -S. Chiang. 2004. Consumer attitudes towards genetically modified foods in emerging markets: The impact of labeling in Taiwan. International Food and Agribusiness Management Review 7: 1-20.

Garcia-Yi, J. , T. Lapikanonth, H. Vionita, H. Vu, S. Yang, Y. Zhong, Y. Li, V. Nagelschneider, B. Schlindwein, and J. Wesseler. 2014. What are the socio-economic impacts of genetically modified crops worldwide? A systematic map protocol. Environmental Evidence 3: 1-17.

Gardner, J. G. , R. F. Nehring, and C. H. Nelson. 2009. Genetically modified crops and household labor savings in US crop production. AgBioForum 12: 303-312.

Geertson Farms Inc. , et al. v. Mike Johanns, et al. , and Monsanto Company: Memorandum and order Re: Permanent injunction. 2007. U. S. District Court for the Northern District of California. C 06-01075 CRB, Case # : 3: 06-cv-01075-CRB. Decided May 3, 2007. Available at http: //www. centerforfoodsafety. org/files/199 _ permanent _ injunction _ order. pdf. Accessed September 23, 2015.

Gering, T. , and U. Schmoch. 2003. Management of intellectual assets by German public research organizations. Pp. 169-188 in Turning Science into Business: Patenting and Licensing at Public Research Organisations. Paris, France: OECD Publishing.

Gerpacio, R. V. , and A. P. Aquino, eds. 2014. Socioeconomic Impacts of *Bt* Eggplant: *Ex-ante* Case Studies in the Philippines. Ithaca, NY and Los Baños, Philippines: International Service for the Acquisition of Agri-biotech Applications and SEAMEO Southeast Asian Regional Center for Graduate Study and Research in Agriculture.

Giller, K. E. , P. Tittonell, M. C. Rufino, M. T. van Wijk, S. Zingore, P. Mapfumo, S. Adjei- Nsiah, M. Herrero, R. Chikowo, M. Corbeels, E. C. Rowe, F. Baijukya, A. Mwijage, J. Smith, E. Yeboah, W. J. van der Burg, O. M. Sanogo, N. Misiko, N. de Ridder, S. Karanja, C. Kaizzi, J. K'ungu, M. Mwale, D. Nwaga, C. Pacini, and B. Vanlauwe. 2011. Communicating complexity: Integrated assessment of trade-offs concerning soil fertility management within African farming systems to support innovation and development. Agricultural Systems 104: 191-203.

Glenna, L. L. , and D. R. Cahoy. 2009. Agribusiness concentration, intellectual property, and the prospects for rural economic benefits from the emerging biofuel economy. Southern Rural Sociology 24: 111-129.

Glenna, L. L. , W. B. Lacy, R. Welsh, and D. Biscotti. 2007. University administrators, agricultural biotechnology, and academic capitalism: Defining the public good to promote university-industry relationships. Sociological Quarterly 48: 141-164.

Glenna, L. L. , J. Tooker, J. R. Welsh, and D. Ervin. 2015. Intellectual property, scientific independence, and the efficacy and environmental impacts of genetically engineered crops. Rural Sociology 80: 147-172.

Glover, D. 2010. Exploring the resilience of Bt cotton's 'pro-poor success story'. Development and Change 41: 955-981.

Golan, E. , F. Kuchler, and L. Mitchell. 2000. Economics of Food Labeling. Washington, DC: U. S. Department of Agriculture-Economic Research Service.

Gonsalves, D. 2014. Hawaii Transgenic Papaya Story: A Public Sector Effort. Webinar presentation to the National Academy of Sciences' Committee on Genetically Engineered Crops: Past Experience and Future Prospects, November 6.

Gonsalves, C. , D. R. Lee, and D. Gonsalves. 2007. The adoption of genetically modified papaya in Hawaii and its implications for developing countries. Journal of Development Studies 43：177-191.

Gonzales，L. A. ，E. Q. Javier，D. A. Ramirez，F. A Cariño，and A. R. Baria. 2009. Modern Biotechnology and Agriculture：A History of the Commercialization of Biotech Maize in the Philippines. Los Baños，Philippines：STRIVE Foundation.

Gouse，M. 2009. Ten years of Bt cotton in South Africa：Putting the smallholder experience into context. Pp. 200-224 in Biotechnology and Agricultural Development：Transgenic Cotton，Rural Institutions and Resource-Poor Farmers，R. Tripp，ed. New York：Routledge.

Gouse，M. 2012. Farm-level and Socio-economic Impacts of a Genetically Modified Subsistence Crop：The Case of Smallholder Farmers in KwaZulu-Natal，South Africa. Ph. D. Dissertation，University of Pretoria.

Gouse，M. ，J. F. Kirsten，B. Shankar，and C. Thirtle. 2005. Bt cotton in KwaZulu Natal：Technology triumph but institutional failure. AgBiotechNet 7：1-7.

Gouse，M. ，C. Pray，D. Schimmelpfennig，and J. Kirsten. 2006. Three seasons of subsistence insect- resistant maize in South Africa：Have smallholders benefited? AgBioForum 9：15-22.

Goven，J. ，and C. M. Morris. 2012. Regulating biopharming：The prism of farmer knowledge. Science as Culture 21：497-527.

Graff，G. ，and D. Zilberman. 2001. An intellectual property clearinghouse for agricultural biotechnology. Nature Biotechnology 19：1179-1180.

Graff，G. D. ，S. E. Cullen，K. J. Bradford，D. Zilberman，and A. B. Bennett. 2003. The publicprivate structure of intellectual property ownership in agricultural biotechnology. Nature Biotechnology 21：989-995.

Graff，G. D. ，D. Zilberman，and A. B. Bennett. 2010. The commercialization of biotechnology traits. Plant Science 179：635-644.

Graff，G. ，and D. Zilberman. 2016. How the IP-Regulatory Complex affects incentives to develop socially beneficial products from agricultural genomics. Pp. 68-101 in The Intellectual Property—Regulatory Complex：Overcoming Barriers to Innovation in Agricultural Genomics，E. Marden，R. N. Godfrey，and R. Manion，eds. Vancouver：UBC Press.

GRAIN. 2007. The End of Farm-saved Seed? Industry's Wish List for the Next Revision of UPOV. Available at https：// www. grain. org/article/entries/58-the-end-of-farm-saved-seedindustry- s-wish-list-for-the-next-revision-of-upov. Accessed November 8，2015.

Greene，C. ，S. J. Wechsler，A. Adalja，and J. Hanson. 2016. Economic Issues in the Coexistence of Organic，Genetically Engineered (GE)，and Non-GE Crops. Washington，DC：U. S. Department of Agriculture-Economic Research Service.

Grossman，J. M. 2003. Exploring farmer knowledge of soil processes in organic coffee systems of Chiapas，Mexico. Geoderma 111：267-287.

Gruère，G. P. 2011. Asynchronous Approvals of GM Products and the Codex Annex：What Low Level Presence Policy for Vietnam? Washington，DC：International Food & Agricultural Trade Policy Council.

Gruère，G. P. ，and D. Sengupta. 2010. Reviewing South Africa's marketing and trade policies for genetically modified products. Development Southern Africa 27：333-352.

Gruère，G. P. ，C. A. Carter，and Y. H. Farzin. 2008. What labelling policy for consumer choice? The case of genetically modified food in Canada and Europe. Canadian Journal of Economics 41：1472-1497.

Gurian-Sherman，D. 2014. Remarks to the National Academy of Sciences' Committee on Genetically Engineered Crops：Past Experience and Future Prospects，September 16，Washington，DC.

Gusta，M. ，S. J. Smyth，K. Belcher，P. W. B. Phillips，and D. Castle. 2011. Economic benefits of genetically-modified herbicide-tolerant canola for producers. AgBioForum 14：1-13.

Halewood，M. 2013. What kinds of goods are plant genetic resources for food and agriculture? Towards the identification and development of a new global commons. International Journal of the Commons 7：278-312.

Heinemann，J. A. ，M. Massaro，D. S. Coray，S. Z. Agapito-Tenfen，and J. D. Wen. 2014. Sustainability and innovation in staple crop production in the US Midwest. International Journal of Agricultural Sustainability 12: 71-88.

Heisey, P. W. , C. S. Srinivasan, and C. Thirtle. 2002. Privatization of Plant Breeding in Industrialized Countries: Causes, Consequences and the Public Sector Response. Washington, DC: U. S. Department of Agriculture-Economic Research Service.

Hendrickson, M. 2015. GE Technology, Farming Systems and the Structure of the Agrifood System. Can Genetically Modified Crops Help African Farmers? Webinar presentation to the National Academy of Sciences' Committee on Genetically Engineered Crops: Past Experience and Future Prospects, February 4.

Hennessy, D. A. , and G. Moschini. 2006. Regulatory actions under adjustment costs and the resolution of scientific uncertainty. American Journal of Agricultural Economics 88: 308-323.

Henseler, M. , I. Piot-Lepetit, E. Ferrari, A. Gonzalez Mellado, M. Banse, H. Grethe, C. Parisi, and S. Hélaine. 2013. On the asynchronous approvals of GM crops: Potential market impacts of a trade disruption of EU soy imports. Food Policy 41: 166-176.

Herring, R. J. 2016. Stealth seeds: Bioproperty, biosafety, and biopolitics. Pp. 102-139 in The Intellectual Property-Regulatory Complex: Overcoming Barriers to Innovation in Agricultural Genomics, E. Marden, R. N. Godfrey, and R. Manion, eds. Vancouver: UBC Press.

HLPE. 2013. Investing in smallholder agriculture for food security. A report by the High Level Panel of Experts on Food Security and Nutrition of the Committee on World Food Security, Rome.

Hofs, J. -L. , M. Fok, and M. Vaissayre. 2006. Impact of Bt cotton adoption on pesticide use by smallholders: A 2-year survey in Makhathini Flats (South Africa). Crop Protection 25: 984-988.

Høiby, M. , and J. Zenteno Hopp. 2014. Bolivia: Emerging and traditional elite dynamics and its consequences for environmental governance. Pp. 51-70 in Environmental Politics in Latin America: Elite Dynamics, the Left Tide and Sustainable Development, B. Bull and M. Aguilar-Støen, eds. New York: Routledge.

Hoppe, R. A. , and P. Korb. 2013. Characteristics of Women Farm Operators and Their Farms. Washington, DC: U. S Department of Agriculture-Economic Research Service.

Horsch, R. 2015. Why Innovation in Agriculture Matters. Webinar presentation to the National Academy of Sciences' Committee on Genetically Engineered Crops: Past Experience and Future Prospects, April 30.

Horvath, D. 2015. Intellectual Property Rights: A Useful Tool to Enable Broad Benefits for Agriculture. Webinar presentation to the National Academy of Sciences' Committee on Genetically Engineered Crops: Past Experience and Future Prospects, May 6.

Howard, P. H. 2009. Visualizing consolidation in the global seed industry: 1996-2008. Sustainability 1: 1266-1287.

Hu, R. , Q. Liang, C. Pray, J. Huang, and Y. Jin. 2011. Privatization, public R&D policy, and private R&D investment in China's agriculture. Journal of Agricultural and Resource Economics 36: 416-432.

Huang, J. , R. Hu, C. Fan, C. E. Pray, and S. Rozelle. 2002a. Bt cotton benefits, costs, and impacts in China. AgBioForum 5: 153-166.

Huang, J. , R. Hu, S. Rozelle, F. Qiao, and C. Pray. 2002b. Transgenic varieties and productivity of smallholder cotton farmers in China. Australian Journal of Agricultural and Resource Economics 46: 367-387.

Huang, J. , R. Hu, Q. Wang, J. Keeley, and J. Falck-Zepeda. 2002c. Agricultural biotechnology development, policy and impact in China. Economic and Political Weekly 37: 2756-2761.

Huang, J. , R. Hu, C. E. Pray, F. Qiao, and S. Rozelle. 2003. Biotechnology as an alternative to chemical pesticides: A case study of Bt cotton in China. Agricultural Economics 29: 55-67.

Huang, J. , R. Hu, H. van Meijl, and F. van Tongeren. 2004. Biotechnology boosts to crop productivity in China: Trade and welfare implications. Journal of Development Economics 75: 27-54.

Huang, J. , J. Mi, L. Hai, Z. Wang, R. Chen, R. Hu, S. Rozelle, and C. Pray. 2010. A decade of *Bt* cotton in Chinese fields: Assessing the direct effects and indirect externalities of *Bt* cotton adoption in China. Science China Life Sciences 53: 981-991.

Hubbell，B. J.，and R. Welsh. 1998. Transgenic crops：Engineering a more sustainable agriculture? Agriculture and Human Values 15：43-56.

Huffman，W. E.，and R. E. Evenson. 2006. Science for Agriculture：A Long-Term Perspective. Ames，IA：Blackwell Publishing Professional.

Ingram，J. 2008. Agronomist-farmer knowledge encounters：An analysis of knowledge exchange in the context of best management practices in England. Agriculture and Human Values 25：405-418.

IPCC（Intergovernmental Panel on Climate Change）2014. Climate Change 2014：Synthesis Report. Contribution of Working Groups I，II and III to the Fifth Assessment Report of the Intergovernmental Panel on Climate Change. Geneva：IPCC.

Islam，S. M. F.，and G. W. Norton. 2007. Bt eggplant for fruit and shoot borer resistant in Bangladesh. Pp. 91-106 in Economic and Environmental Benefits and Costs of Transgenic Crops：Ex-Ante Assessment，C. Ramasamy，K. N. Selvaraj，G. W. Norton，and K. Vijayaraghavan，eds. Coimbatore，India：Tamil Nadu Agricultural University.

James，C. 2012. Global Status of Commercialized Biotech/GM Crops：2012. Ithaca，NY：International Service for the Acquisition of Agri-biotech Applications.

Janis，M. D.，and J. P. Kesan. 2002. Intellectual property protection for plant innovation：Unresolved issues after J. E. M. v. Pioneer. Nature Biotechnology 20：1161-1164.

Jayne，T. S.，D. Mather，and E. Mghenyi. 2010. Principal challenges confronting smallholder agriculture in sub-Saharan Africa. Part of a special issue：The future of small farms. World Development 38：1384-1398.

Jefferson，R. 2006. Science as social enterprise：The CAMBIA BiOS initiative. Innovations 1：13-44.

Jefferson，D. J.，G. D. Graff，C. L. Chi-Ham，and A. B. Bennett. 2015. The emergence of agbiogenerics. Nature Biotechnology 33：819-823.

Johnson，W. G.，M. D. K. Owen，G. R. Kruger，B. G. Young，D. R. Shaw，R. G. Wilson，J. W. Wilcut，D. L. Jordan，and S. C. Weller. 2009. U. S. farmer awareness of glyphosate-resistant weeds and resistance management strategies. Weed Technology 23：308-312.

Juma，C. 2011. Science meets farming in Africa. Science 334：1323.

Kalaitzandonakes，N. 2011. The Economic Impacts of Asynchronous Authorizations and Low Level Presence：An Overview. Washington，DC：International Food & Agricultural Trade Policy Council.

Kalaitzandonakes，N.，J. M. Alston，and K. J. Bradford. 2007. Compliance costs for regulatory approval of new biotech crops. Nature Biotechnology 25：509-511.

Kalaitzandonakes，N.，D. Miller，and A. Magnier. 2010. A worrisome crop？Is there market power in the seed industry？Regulation 33：20-26.

Kathage，J.，and M. Qaim. 2012. Economic impacts and impact dynamics of Bt（*Bacillus thuringiensis*）cotton in India. Proceedings of the National Academy of Sciences of the United States of America 109：11652-11656.

Kershen，D. L. 2003. Of straying crops and patent rights. Washburn Law Journal 43：575.

Key，N.，and J. MacDonald. 2006. Agricultural contracting：Trading autonomy for risk reduction. Amber Waves 4：26-31.

Kikulwe，E.，J. Wesseler，and J. Falck-Zepeda. 2008. GM banana in Uganda：Social benefits，costs，and consumer perceptions. Washington，DC：International Food Policy Research Institute.

Kinchy，A. 2012. Seeds，Science，and Struggle：The Global Politics of Transgenic Crops. Cambridge：MIT Press.

King，J. L.，and P. W. Heisey. 2007. Public provision of knowledge for policy research：The agricultural biotechnology intellectual property database. Pp. 132-140 in Agricultural Biotechnology and Intellectual Property：Seeds of Change，J. P. Kesan，ed. Cambridge，MA：CABI International.

Kloppenburg，J. R.，Jr. 2004. First the Seed：The Political Economy of Plant Biotechnology：1942 to 2000. Madison：University of Wisconsin Press.

Kloppenburg，J. 2010. Impeding dispossession，enabling repossession：Biological open source and the recovery of seed sovereignty. Journal of Agrarian Change 10: 367-388.

Klümper, W., and M. Qaim. 2014. A meta-analysis of the impacts of genetically modified crops. PLoS One 9: e111629.

Kniss, A. R. 2010. Comparison of conventional and glyphosate-resistant sugarbeet the year of commercial introduction in Wyoming. Journal of Sugar Beet Research 47: 127-134.

Kolady, D. E., and W. Lesser. 2006. Who adopts what kind of technologies? The case of Bt eggplant in India. AgBio-Forum 9: 94-103.

Kolady, D. E., and W. Lesser. 2009. But are they meritorious? Genetic productivity gains under plant intellectual property rights. Journal of Agricultural Economics 60: 62-79.

Kolady, D. E., and W. Lesser. 2012. Genetically-engineered crops and their effects on varietal diversity: A case of Bt eggplant in India. Agriculture and Human Values 29: 3-15.

Kolady, D. E., D. J. Spielman, and A. Cavalieri. 2012. The impact of seed policy reforms and intellectual property rights on crop productivity in India. Journal of Agricultural Economics 63: 361-384.

Krishna, V. V., and M. Qaim. 2008. Potential impacts of Bt eggplant on economic surplus and farmers' health in India. Agricultural Economics 38: 167-180.

Krishna, V. V., M. Qaim, and D. Zilberman. 2016. Transgenic crops, production risk, and agrobiodiversity. European Review of Agricultural Economics 43: 137-164.

Kumar, S., P. A. L. Prasanna, and S. Wankhade. 2010. Economic Benefits of Bt Brinjal—An Ex-ante Assessment. New Delhi: National Centre for Agricultural Economics and Policy Research.

Lang, J. T. 2013. Elements of public trust in the American food system: Experts, organizations, and genetically modified food. Food Policy 41: 145-154.

Lang, J. T., and W. K. Hallman. 2005. Who does the public trust? The case of genetically modified food in the United States. Risk Analysis 25: 1241-1252.

Langyintuo, A. S., and P. Setimela. 2007. Assessment of the Effectiveness of Maize Seed Assistance to Vulnerable Farm Households in Zimbabwe. Mexico, D. F. : CIMMYT.

Le Buanec, B. 2005. Enforcement of plant breeders' rights: Opinion of the International Seed Federation. Paper presented at the Meeting on Enforcement of Plant Breeders' Rights, October 25, Geneva, Switzerland.

Le Buanec, B., and A. Ricroch. 2014. Intellectual property protection of plant innovation. Pp. 59-73 in Plant Biotechnology: Experience and Future Prospects, A. Ricroch, S. Chopra, and S. J. Fleischer, eds. New York, NY: Springer.

Leckie, G. J. 1993. Female farmers in Canada and the gender relations of a restructuring agricultural system. The Canadian Geographer 37: 212-230.

Lei, Z., R. Juneja, and B. D. Wright. 2009. Patents versus patenting: Implications of intellectual property protection for biological research. Nature Biotechnology 27: 36-40.

LEI, EMAC, and PRI (Agricultural Economics Research Institute-Wageninen University, Economics and Management of Agrobiotechnology Center-University of Missouri, and Plant Research Institute-Wageninen University). 2010. Study on the Implications of Asynchronous GMO Approvals for EU Imports of Animal Feed Products: Executive Summary. Available at http://ec. europa. eu/agriculture/analysis/external/asynchronousgmo-approvals/summary _ en. pdf. Accessed November 6, 2015.

Levins, R. A., and W. W. Cochrane. 1996. The treadmill revisited. Land Economics 72: 550-553.

Livingston, M, J. Fernandez-Cornejo, J. Unger, C. Osteen, D. Schimmelpfennig, T. Park, and D. Lambert. 2015. The Economics of Glyphosate Resistance Management in Corn and Soybean Production. Washington, DC: U. S. Department of Agriculture-Economic Research Service.

Llewellyn, R. S., and D. J. Pannell. 2009. Managing the herbicide resource: An evaluation of extension on management of herbicide-resistant weeds. AgBioForum 12: 358-369.

Lobao, L., and C. Stofferahn. 2008. The community effects of industrialized farming: Social science research and challenges to corporate farming laws. Agriculture and Human Values 25: 219-240.

Lopez, R., and G. I. Galinato. 2007. Should governments stop subsidies to private goods? Evidence from rural Latin America. Journal of Public Economics 91: 1071-1094.

Lowder, S. K., J. Skoet, and S. Singh. 2014. What do we really know about the number and distribution of farms and family farms worldwide? Background paper for The State of Food and Agriculture 2014. Rome: FAO.

Lueck, S., A. Merrick, J. Millman, and S. D. Moore. November 3, 2000. Corn-recall cost could reach into the hundreds of millions. Online. Wall Street Journal. Available at http://www.wsj.com/articles/SB973211373330867246. Accessed April 13, 2016.

Lusk, J. L. 2011. Consumer preferences for genetically modified food. Pp. 243-262 in Genetically Modified Food and Global Welfare, C. A. Carter, G. C. Moschini, and I. Sheldon, eds. Bingley, UK: Emerald Group Publishing.

Lusk, J. L., M. Jamal, L. Kurlander, M. Roucan, and L. Taulman. 2005. A meta-analysis of genetically modified food valuation studies. Journal of Agricultural and Resource Economics 30: 28-44.

Luttrell, R. G., and R. E. Jackson. 2012. *Helicoverpa zea* and Bt cotton in the United States. GM Crops & Food: Biotechnology in Agriculture and the Food Chain 3: 213-227.

Lyson, T. A. T., J. Robert, and R. Welsh. 2001. Scale of agriculture production, civic engagement and community welfare. Social Forces 80: 311-327.

MacDonald, J. M., P. Korb, and R. A. Hoppe. 2013. Farm Size and the Organization of U. S. Crop Farming, ERR-152. Washington, DC: U. S. Department of Agriculture-Economic Research Service.

Macnaghten P., and S. Carro-Ripalda. 2015. Governing Agricultural Sustainability: Global Lessons from GM Crops. New York: Routledge.

Manalo, A. J., and G. P. Ramon. 2007. The cost of product development of Bt corn event MON810 in the Philippines AgBioForum 10: 19-32.

Mandryk, M., P. Reidsma, and M. van Ittersum. 2012. Scenarios of long-term farm structural change for application in climate change impact assessment. Landscape Ecology 27: 509-527.

Mannion, A. M., and S. Morse. 2013. GM Crops 1996-2012: A Review of Agronomic, Environmental and Socioeconomic Impacts. Working Paper 04/13. Center for Environmental Strategy, University of Surrey. Available at https://www.surrey.ac.uk/ces/files/pdf/04-13%20Morse_Mannion_GM%20Crops.pdf. Accessed May 9, 2016.

Marra, M., and N. Piggott. 2006. The value of non-pecuniary characteristics of crop biotechnologies: A new look at the evidence. Pp. 145-178 in Regulating Agricultural Biotechnology: Economics and Policy, Natural Resource Management and Policy, Vol. 30, R. E. Just and J. M. Alston, eds. New York: Springer.

Massarani, L., C. Polino, C. Cortassa, M. E. Fazio, and A. M. Vara. 2013. O que pensam os pequenos agricultores da Argentina sobre os cultivos geneticamente modificados? Ambiente & Sociedade 16: 1-22.

Mauro, I. J., and S. M. McLachlan. 2008. Farmer knowledge and risk analysis: Postrelease evaluation of herbicide-tolerant canola in western Canada. Risk Analysis 28: 463-476.

McCaslin, M. 2015. GE Traits in Alfalfa. Webinar presentation to the National Academy of Sciences' Committee on Genetically Engineered Crops: Past Experience and Future Prospects, April 21.

McMichael, P. 2009. Contemporary contradictions of the Global Development Project: Geopolitics, global ecology and the 'development climate'. Third World Quarterly 30: 247-262.

McMillan, G. S., F. Narin, and D. L. Deeds. 2000. An analysis of the critical role of public science in innovation: The case of biotechnology. Research Policy 29: 1-8.

McMurdy, J. 2015. GE Crops in USAID/Feed the Future Portfolio. Webinar presentation to the National Academy of Sciences' Committee on Genetically Engineered Crops: Past Experience and Future Prospects, April 30.

Millar, J., and A. Curtis. 1997. Moving farmer knowledge beyond the farm gate: An Australian study of farmer knowledge in group learning. European Journal of Agricultural Education and Extension 4: 133-142.

Millstone, E., A. Stirling, and D. Glover. 2015. Regulating genetic engineering: The limits and politics of knowledge. Issues in Science and Technology 31: 23-26.

Miraglia, M., K. G. Berdal, C. Brera, P. Corbisier, A. Holst-Jensen, E. J. Kok, H. J. Marvin, H. Schmimel, J. Rentsch, J. P. van Rie, and J. Zagon. 2004. Detection and traceability of genetically modified organisms in the food production chain. Food and Chemical Toxicology 42: 1157-1180.

Mohan, K. S., K. C. Ravi, P. J. Suresh, D. Sumerford, and G. P. Head. 2016. Field resistance to the *Bacillus thuringiensis* protein CrylAc expressed in Bollgard® hybrid cotton in pink bollworm, *Pectinophora gossypiella* (Saunders), populations in India. Pest Management Science 72: 738-746.

Monsanto. June 22, 2015. Farmers to plant largest GM canola crop yet. Available at http://www. monsanto. com/global/au/newsviews/pages/farmers-to-plant-largest-gm-canolacrop-yet. aspx. Accessed November 10, 2015.

Morse, S. 2009. IPM, ideals and realities in developing countries. Pp. 458-470 in Integrated Pest Management: Concepts, Tactics, Strategies and Case Studies, E. B. Radcliffe, W. D. Hutchison WD, and R. E. Cancelado, eds. Cambridge, UK: Cambridge University Press.

Mortensen, D. A., J. F. Egan, B. D. Maxwell, M. R. Ryan, and R. G. Smith. 2012. Navigating a critical juncture for sustainable weed management. Bioscience 62: 75-84.

Muth, M. K., M. J. Ball, M. C. Coglaiti, and S. A. Karns. 2012. Model to Estimate Costs of Using Labeling as a Risk Reduction Strategy for Consumer Products Regulated by the Food and Drug Administration. Research Triangle Park, NC: RTI International.

Mutuc, M., R. M. Rejesus, and J. M. Yorobe, Jr. 2011. Yields, insecticide productivity, and *Bt* corn: Evidence from damage abatement models in the Philippines. AgBioForum 14: 35-46.

Mutuc, M., R. M. Rejesus, and J. M. Yorobe, Jr. 2013. Which farmers benefit the most from *Bt* corn adoption? Estimating heterogeneity effects in the Philippines. Agricultural Economics 44: 231-239.

Naseem, A., J. F. Oehmke, and D. E. Schimmelpfennig. 2005. Does plant variety intellectual property protection improve farm productivity? Evidence from cotton varieties. AgBioForum 8: 100-107.

NIH (National Institutes of Health). 1999. Principles and Guidelines for Recipients of NIH Research Grants and Contracts on Obtaining and Disseminating Biomedical Research Resources. Federal Register 64: 72090-72096.

NRC (National Research Council). 1997. Intellectual Property Rights and Plant Biotechnology. Washington, DC: National Academy Press.

NRC (National Research Council). 2004. A Patent System for the 21st Century. Washington, DC: National Academies Press.

NRC (National Research Council). 2010a. The Impact of Genetically Engineered Crops on Farm Sustainability in the United States. Washington, DC: National Academies Press.

NRC (National Research Council). 2010b. Toward Sustainable Agricultural Systems in the 21st Century. Washington, DC: National Academies Press.

NRC (National Research Council). 2014. Spurring Innovation in Food and Agriculture: A Review of the USDA Agriculture and Food Research Initiative. Washington, DC: National Academies Press.

OECD (Organisation for Economic Co-operation and Development). 2003. Developing and accessing agricultural biotechnology in emerging countries: Policy options in different country contexts. Part II in Accessing Agricultural Biotechnology in Emerging Economies: Proceedings of the OECD Global Forum on Knowledge Economy. Paris: OECD.

Oliver, D. M., R. D. Fish, M. Winter, C. J. Hodgson, A. L. Heathwaite, and D. R. Chadwick. 2012. Valuing local knowledge as a source of expert data: Farmer engagement and the design of decision support systems. Environmental Modelling & Software 36: 76-85.

Paarlberg, R. L. 2008. Starved for Science: How Biotechnology is Being Kept Out of Africa. Cambridge, MA: Harvard University Press.

Paarlberg, R., and C. Pray. 2007. Political actors on the landscape. AgBioForum 10: 144-153.

Pallotini, L., E. Garcia, J. Kami, G. Barcaccia, and P. Gepts. 2004. The genetic anatomy of a patented yellow bean. Crop Science 44: 968-977.

Pardey, P. G. and N. M. Beintema. 2001. Slow Magic Agricultural R&D a Century After Mendel. Washington, DC: International Food Policy Research Institute.

Parentoni, S. N., R. Augusto de Miranda, and J. C. Garcia. 2013. Implications on the introduction of transgenics in Brazilian maize breeding programs. Crop Breeding and Applied Biotechnology 13: 9-22.

Parisi, C., P. Tillie, and E. Rodríguez-Cerezo. 2016. The global pipeline of GM crops out to 2020. Nature Biotechnology 34: 31-36.

Parsa, S., S. Morse, A. Bonifacio, T. C. Chancellor, B. Condori, V. Crespo-Pérez, S. L. A. Hobbs, J. Kroschel, M. N. Ba, F. Rebaudo, S. G. Sherwood, S. J. Vanek, E. Faye, M. A. Herrera, and O. Dangles. 2014. Obstacles to integrated pest management adoption in developing countries. Proceedings of the National Academy of Sciences of the United States of America 111: 3889-3894.

Pearce, J. M. 2012. The case for open source appropriate technology. Environment, Development, and Sustainability 14: 425-432.

Pechlaner, G. 2010. Biotech on the farm: Mississippi agriculture in an age of propriety biotechnologies. Anthropologica 52: 291-304.

Pechlaner, G. 2012. Corporate Crops: Biotechnology, Agriculture, and the Struggle for Control. Austin, TX: University of Texas Press.

Pemsl, D., H. Waibel, and A. P. Gutierrez. 2005. Why do some Bt-cotton farmers in China continue to use high levels of pesticides? International Journal of Agricultural Sustainability 3: 44-56.

Peter, G., M. M. Bell, S. Jarnagin, and D. Bauer. 2000. Coming back across the fence: Masculinity and the transition to sustainable agriculture. Rural Sociology 65: 215-233.

Phillips, D. M., and W. K. Hallman. 2013. Consumer risk perceptions and marketing strategy: The case of genetically modified food. Psychology & Marketing 30: 739-748.

Phillips, P. W. B. 2003. The economic impact of herbicide tolerant canola in Canada. Pp. 119-139 in The Economic and Environmental Impacts of Agbiotech, N. Kalaitzandonakes, ed. New York: Springer.

Phillips McDougall. 2011. The Cost and Time Involved in the Discovery, Development and Authorization of a New Plant Biotechnology Derived Trait: A Consultancy Study for CropLife International. Midlothian, UK: Phillips McDougal.

Piesse, J., and C. Thirtle. 2010. Agricultural R&D, technology and productivity. Philosophical Transactions of the Royal Society of London B: Biological Sciences 365: 3035-3047.

PIFB (Pew Initiative on Food and Biotechnology). 2005. U. S. vs. EU: An Examination of the Trade Issues Surrounding Genetically Modified Foods. Available at http://www. pewtrusts. org/~/media/legacy/uploadedfiles/wwwpewtrustsorg/reports/food _ and _ biotechnology/ biotechuseu1205pdf. pdf. Accessed December 22, 2015.

Pixley, K. 2006. Hybrid and open-pollinated varieties in modern agriculture. Pp. 234-250 in Plant Breeding: The Arnel R. Hallauer International Symposium, K. R. Lamkey and M. Lee, eds. Ames, IA: Blackwell Publishing.

Pray, C. E., D. Ma, J. Huang, and F. Qiao. 2001. Impact of Bt cotton in China. World Development 29: 813-825.

Pray, C. E., and L. Nagarajan. 2009. Improving crops for arid lands: Pearl millet and sorghum in India. Pp. 83-88 in Millions Fed: Proven Successes in Agricultural Development, D. J. Spielman and R. Pandya-Lorch, eds. Washington, DC: International Food Policy Research Institute.

Pray, C. E., J. Huang, R. Hu, Q. Wang, B. Ramaswami, and P. Bengali. 2006. Benefits and costs of biosafety regulations in India and China. Pp. 481-508 in Regulating Agricultural Biotechnology: Economics and Policy, R. E. Just, J. M. Alston, and D. Zilberman, eds. New York: Springer.

Pray, C. E., L. Nagarajan, J. Huang, R. Hu, and B. Ramaswami. 2011. Impact of Bt cotton, the potential future benefits from biotechnology in China and India. Pp. 83-114 in Genetically Modified Food and Global Welfare, C. A. Carter, G. Moschini, and I. Sheldon, eds. Bingley, UK: Emerald Group Publishing.

Prugl，E. 2004. Gender orders in German agriculture: From the patriarchal welfare state to liberal environmentalism. Sociologia Ruralis 44: 349-372.

Qaim，M. 2003. Bt cotton in India: Field trial results and economic projections. World Development 31: 2115-2127.

Qaim，M. 2009. The economics of genetically modified crops. Annual Review of Resource Economics 1: 665-693.

Qaim，M. ，and S. Kouser. 2013. Genetically modified crops and food security. PLoS ONE 8: e64879.

Qiao，F. 2015. Fifteen years of Bt cotton in China: The economic impact and its dynamics. World Development 70: 177-185.

Quisumbing，A. R. ，R. Meinzen-Dick，T. L. Raney，A. Croppenstedt，J. A. Behrman，and A. Peterman, eds. 2014. Gender in Agriculture: Closing the Knowledge Gap. New York: Springer.

Racovita，M. ，D. N. Oboryo，W. Craig，and R. Ripandelli. 2015. What are the non-food impacts of GM crop cultivation on farmers' health. Environmental Evidence 3: 1.

Raney，T. 2006. Economic impact of transgenic crops in developing countries. Current Opinion in Biotechnology 17: 174-178.

Ransom，E. ，and C. Bain. 2011. Gendering agricultural aid: An analysis of whether international development assistance targets women and gender. Gender & Society 25: 48-74.

Reichman，U. ，S. E. Ano，and S. M. Ferguson. 2010. Research Tools Policies and Practices: Perspective of a Public Institution. Association of University Technology Managers Technology Transfer Practice Manual. Available at https://www. ott. nih. gov/sites/default/files/documents/pdfs/Ferguson-AUTM-TTPM-3rd-ed-vol-4-Research-Tools. pdf. Accessed February 22，2016.

Richael，C. 2015. Innate™ Potatoes: An Introduction of Simplot Plant Sciences，a Division of the JR Simplot Company. Webinar presentation to the National Academy of Sciences' Committee on Genetically Engineered Crops: Past Experience and Future Prospects，April 21.

Rickson，S. T. ，R. E. Rickson，and D. Burch. 2006. Women and sustainable agriculture. Pp. 119-135 in Rural Gender Relations: Issues and Case Studies，B. B. Bock and S. Shortall, eds. Wallingford，UK: CABI Publishing.

Rissing，A. L. 2012. Iowan women farmers' perspectives on alternative agriculture and gender. Journal of Agriculture，Food Systems & Community Development 3: 127-136.

Rollin，F. ，J. Kennedy，and J. Wills. 2011. Consumers and new food technologies. Trends in Food Science & Technology 22: 99-111.

Romeu-Dalmau，C. ，M. B. Bonsall，K. J. Willis，and L. Dolan. 2015. Asiatic cotton can generate similar economic benefits to Bt cotton under rainfed conditions. Nature Plants 1: 15072.

Runge，K. K. ，D. Brossard，D. A. Scheufele，K. M. Rose，and B. J. Larson. 2015. Opinion Report: Public Opinion & Biotechnology. Madison，WI: University of Wisconsin-Madison，Department of Life Sciences Communication. Available from http://scimep. wisc. edu/ projects/reports/. Accessed December 1，2015.

Ryan，B. ，and N. C. Gross. 1943. The diffusion of hybrid seed corn in two Iowa communities. Rural Sociology 8: 15.

Schafer，R. 2002. Transformations of Ovambo society and changes in agricultural systems in northern Namibia—Gender relations and tradition farming and ecological knowledge. Anthropos 97: 73-87.

Schenkelaars，P. ，H. de Vriend，and N. Kalaitzandonakes. 2011. Drivers of Consolidation in the Seed Industry and its Consequences for Innovation. Bilthoven，The Netherlands: Commission on Genetic Modification (COGEM).

Schnurr，M. 2012. Inventing Makhathini: Creating a prototype for the dissemination of genetically modified crops into Africa. Geoforum 43: 784-792.

Schnurr，M. A. 2013. Biotechnology and bio-hegemony in Uganda: Unraveling the social relations underpinning the promotion of genetically modified crops into new African markets. Journal of Peasant Studies 40: 639-658.

Schnurr，M. 2015. Can Genetically Modified Crops Help African Farmers? Webinar presentation to the National Academy of Sciences' Committee on Genetically Engineered Crops: Past Experience and Future Prospects，February 4.

Schurman，R. ，and W. A. Munro. 2010. Fighting for the Future of Food: Activists Versus Agribusiness in the Struggle over Biotechnology. Minneapolis: University of Minnesota Press.

Schweizer, E. 2015. Whole Foods: Organic and Non GMO Market Growth 2015. Presentation at the USDA Stakeholder Workshop on Coexistence, March 12, Raleigh, NC.

Scoones, I. , and D. Glover. 2009. Africa's biotechnology battle. Nature 460: 797-798.

Scorza, R. 2014. Development and Regulatory Approval of *Plum Pox Virus* Resistant 'Honeysweet' Plum. Webinar presentation to the National Academy of Sciences' Committee on Genetically Engineered Crops: Past Experience and Future Prospects, November 6.

Sease, E. J. 2007. History and trends in agricultural biotechnology patent law from a litigator's perspective. Pp. 38-44 in Agricultural Biotechnology and Intellectual Property: Seeds of Change, J. P. Kesan, ed. Cambridge, MA: CAB International.

Settle, W. , M. Soumaré, M. Sarr, M. H. Garba, and A. -S. Poisot. 2014. Reducing pesticide risks to farming communities: Cotton farming field schools in Mali. Philosophical Transactions of the Royal Society B-Biological Sciences 369: 20120277.

Sexton, S. , and D. Zilberman. 2012. Land for food and fuel production: The role of agricultural biotechnology. Pp. 269-288 in The Intended and Unintended Effects of U. S. Agricultural and Biotechnology Policies, J. S. Graff Zivin and J. M. Perloff, eds. Chicago, IL: University of Chicago Press.

Shepherd-Bailey, J. 2013. Economic Assessment of Washington Initiative 522. Prepared for the Alliance for Natural Health USA.

Shi, G. , J. -P. Chavas, and K. W. Stiegert. 2008. An Analysis of Bundle Pricing: The Case of the Corn Seed Market. Madison, WI: University of Wisconsin-Madison.

Shi, G. , J. -P. Chavas, and K. W. Stiegert. 2009. Pricing of herbicide-tolerant seeds: A market structure approach. AgBioForum 12: 326-333.

Shi, G. , J. -P. Chavas, and K. Stiegert. 2010. An analysis of the pricing of traits in the U. S. corn seed market. American Journal of Agricultural Economics 92: 1324-1338.

Shillito, R. 2014a. Presentation to the National Academy of Sciences' Committee on Genetically Engineered Crops: Past Experience and Future Prospects, December 10, Washington, DC.

Shillito, R. 2014b. Committee discussion with presenters at the National Academy of Sciences' Committee on Genetically Engineered Crops: Past Experience and Future Prospects, December 10, Washington, DC.

Smale, M. 2012. Rough terrain for research: Studying early adopters of biotech crops. AgBioForum 15: 114-124.

Smale, M. , and J. Falck-Zepeda. 2012. Farmers and researchers discovering biotech crops: Experiences measuring economic impacts among new adopters. A Special Issue of AgBioForum 15.

Smale, M. , P. Zambrano, G. Gruère, J. Falck-Zepeda, I. Matuschke, D. Horna, L. Nagarajan, I. Yerramareddy, and H. Jones. 2009. Measuring the Economic Impacts of Transgenic Crops in Developing Agriculture during the First Decade: Approaches, Findings, and Future Directions. Washington, DC: International Food Policy Research Institute.

Smale, M. , P. Zambrano, R. Paz-Ybarnegaray, and W. Fernández-Montaño. 2012. A case of resistance: Herbicide-tolerant soybeans in Bolivia. AgBioForum 15: 191-205.

Smyth, S. J. , P. W. B. Phillips, and D. Castle 2014a. Benefits of genetically modified herbicide tolerant canola in Western Canada. International Journal of Biotechnology 13: 181-197.

Smyth, S. J. , J. McDonald, and J. B. Falck-Zepeda. 2014b. Investment, regulation, and uncertainty: Managing new plant breeding techniques. GM Crops & Food: Biotechnology in Agriculture and the Food Chain 5: 44-57.

Smyth, S. J. , P. W. B. Phillips, and D. Castle, eds. 2014c. Handbook on Agriculture, Biotechnology and Development. Northampton, MA: Edward Elgar Publishing.

SOFA Team and C. Doss. 2011. The Role of Women in Agriculture. ESA Working Paper, No. 11-02. Available at http://www. fao. org/docrep/013/am307e/am307e00. pdf. Accessed November 27, 2015.

Soleri, D., D. A. Cleveland, G. Glasgow, S. H. Sweeney, F. A. Cuevas, M. R. Fuentes, and H. Rios. 2008. Testing assumptions underlying economic research on transgenic food crops for Third World farmers: Evidence from Cuba, Guatemala and Mexico. Ecological Economics 67: 667-682.

Stein, A. J., and E. Rodríguez-Cerezo. 2009. The Global Pipeline of New GM Crops: Implications of Asynchronous Approval for International Trade. Seville, Spain: European Commission.

Stiegert, K., G. Shi, and J. P. Chavas. 2010. Innovation, integration, and biotech revolution: The case of U. S. seed markets. Choices 25.

Stirling, A. 2008. Science, precaution, and the politics of technological risk: Converging implications in evolutionary and social scientific perspectives. Annals of the New York Academy of Sciences 1128: 95-110.

Stone, G. D. 2007. Deskilling and the spread of genetically modified cotton in Warangal. Current Anthropology 48: 67-103.

Stone, G. D. 2011. Field *versus* farm in Warangal: Bt cotton, higher yields, and larger questions. World Development 39: 387-398.

Stone, G. D., A. Flachs, and C. Diepenbrock. 2014. Rhythms of the herd: Long term dynamics in seed choice by Indian farmers. Technology in Society 35: 26-38.

Strauss, D. M. 2009. The application of TRIPS to GMOs: International intellectual property rights and biotechnology. Stanford Journal of International Law 45: 287-320.

Strom, S. April 26, 2015. Chipotle to stop using genetically altered ingredients. Online. New York Times. Available at http://www. nytimes. com/2015/04/27/business/chipotle-to-stopserving- genetically-altered-food. html. Accessed November 5, 2015.

Subramanian, A., and M. Qaim. 2010. The impact of Bt cotton on poor households in rural India. Journal of Development Studies 46: 295-311.

Sundari, S., and V. Gowri. 2002. New agricultural technology: A gender analysis. Indian Journal of Social Work 63: 517-539.

Takeshima, H. 2010. Prospects for development of genetically modified cassava in sub-Saharan Africa. AgBioForum 13: 63-75.

Teisl, M. F., and J. A. Caswell. 2003. Information Policy and Genetically Modified Food: Weighing the Benefits and Costs. Amherst, MA: University of Massachusetts Amherst.

Thomison, P. R., and M. M. Loux. 2001. Commonly used methods for detecting GMOs in grain crops. Available at http://ohioline. osu. edu/agf-fact/0149. html. Accessed November 6, 2015.

Tittonell, P., and K. Giller. 2013. When yield gaps are poverty traps: The paradigm of ecological intensification in African smallholder agriculture. Field Crops Research 143: 76-90.

Toole, A. A., and J. L. King. 2011. Industry-Science Connections in Agriculture: Do Public Science Collaborations and Knowledge Flows Contribute to Firm-Level Agricultural Research Productivity? Discussion Paper No. 11-064. Centre for European Economic Research.

Tripp, R. 2006. Self-Sufficient Agriculture: Labour and Knowledge in Small-Scale Farming. Sterling, VA: Earthscan.

Tripp, R., ed. 2009a. Biotechnology and Agricultural Development: Transgenic Cotton, Rural Institutions and Resource-Poor Farmers. London: Routledge.

Tripp, R. 2009b. Ten Years of Bt Cotton in South Africa: Putting the Smallholder Experience into Context. New York: Routledge.

USDA Advisory Committee. 2012. Enhancing Coexistence: A Report of the AC21 to the Secretary of Agriculture. Available at http://www. usda. gov/documents/ac21 _ report-enhancingcoexistence. pdf. Accessed June 16, 2015.

USDA-AMS (U. S. Department of Agriculture-Agricultural Marketing Service. 2011. Policy Memorandum 11-13: Clarification of Existing Regulations Regarding the Use of Genetically Modified Organisms in Organic Agriculture. Available at http://www. ams. usda. gov/ sites/default/files/media/NOP-PM-11-13-GMOClarification. pdf. Accessed

November 6，2015.

USDA-NASS（U. S. Department of Agriculture-National Agricultural Statistics Service）. 2009. Hawaii Papayas. Available at http：//www. nass. usda. gov/Statistics _ by _ State/Hawaii/Publications/ Fruits _ and _ Nuts/papaya. pdf. Accessed November 11，2015.

USPTO（United States Patent and Trademark Office）. 2014. General Information Concerning Patents. Available at http：//www. uspto. gov/patents-getting-started/general-informationconcerning- patents # heading-2. Accessed November 8，2015.

Van Brunt, J. 1985. *Ex parte Hibberd*：Another landmark decision. Nature Biotechnology 3：1059-1060.

van Vliet, J. A. , A. G. T. Schut, P. Reidsma, K. Descheemaeker, M. Slingerland, G. W. J. van de Ven, and K. E. Giller. 2015. De-mystifying family farming：Features, diversity and trends across the globe. Global Food Security 5：11-18.

Vanloqueren, G. , and P. V. Baret. 2009. How agricultural research systems shape a technological regime that develops genetic engineering but locks out agroecological innovations. Research Policy 38：971-983.

VIB（Vlaams Instituut voor Biotechnologie）. 2014. Virus Resistant Papaya in Hawaii：The Local Papaya Industry's Life Raft. Ghent，Belgium：VIB.

Vitale, J. , H. Glick, J. Greenplate, M. Abdennadher, and O. Traore. 2008. Second-generation Bt cotton field trials in Burkina Faso：Analyzing the potential benefits to West African farmers. Crop Science 48：1958-1966.

Vitale, J. D. , G. Vognan, M. Ouattarra, and O. Traore. 2010. The commercial application of GMO crops in Africa：Burkina Faso's decade of experience with Bt cotton. AgBioForum 13：320-332.

Waltz, E. 2009. Under wraps. Nature Biotechnology 27：880-882.

Webb, S. 2014. EXZACT™ Precision Technology：Scientific and Regulatory Advancements in Plant Genome Editing. Presentation to the National Academy of Sciences' Committee on Genetically Engineered Crops：Past Experience and Future Prospects，December 10，Washington，DC.

Welsh, R. , and L. Glenna. 2006. Considering the role of the university in conducting research on agri-biotechnologies. Social Studies of Science 36：929-942.

Wesseler, J. 2009. The Santaniello theorem of irreversible benefits. AgBioForum 12：8-13.

Wesseler, J. 2014. Biotechnologies and agrifood strategies：Opportunities，threats and economic implications. Biobased and Applied Economics 3：187-204.

Wesseler, J. , S. Scatasta, and E. Nillesen. 2007. The maximum incremental social tolerable irreversible costs（MISTICs）and other benefits and costs of introducing transgenic maize in the EU-15. Pedobiologia 51：261-269.

Wittman, H. 2011. Food sovereignty：A new rights framework for food and nature? Environment and Society：Advances in Research 2：87-105.

World Bank. 2005. Sustainable Pest Management：Achievements and Challenges. Washington，DC：World Bank.

Wright，B. D. 2007. Agricultural innovation after the diffusion of intellectual property protection. Pp. 1-18 in Agricultural Biotechnology and Intellectual Property：Seeds of Change, J. P. Kesan, ed. Cambridge，MA：CABI International.

Xia，Y. , and S. Buccola. 2005. University life science programs and agricultural biotechnology. American Journal of Agricultural Economics 81：229-243.

Xu，N. , M. Fok, L. Bai, and Z. Zhou. 2008. Effectiveness and chemical pest control of Btcotton in the Yangtze River Valley，China. Crop Protection 27：1269-1276.

Yang，P. , M. Iles, S. Yan, and F. Jolliffe. 2005. Farmers' knowledge，perceptions and practices in transgenic Bt cotton in small producer systems in Northern China. Crop Protection 24：229-239.

Yorobe，J. M. , Jr. , and M. Smale. 2012. Impacts of Bt maize on smallholder income in the Phillipines. AgBioForum 15：152-162.

Zambrano, P. , M. Smale, J. H. Maldonado, and S. L. Mendoza. 2012. Unweaving the threads: The experiences of female farmers with biotech cotton in Colombia. AgBioForum 15: 125-137.

Zambrano, P. , I. Lobnibe, D. B. Cabanilla, J. H. Maldonado, and J. Falck-Zepeda. 2013. Hiding in the plain sight: Women and GM crop adoption. Paper presented at the 17th ICABR Conference: Innovation and Policy for the Bioeconomy, June 18-21, Ravello, Italy.

7 未来遗传工程技术

在本章之前，本报告的关注点是本委员会任务说明中的"经验"方面。而本章旨在展望"前景"，即 GE 未来在农作物中如何应用。这也包括对未来 GE 技术的推测和思索。

为了阐述清楚 GE 在作物改良上的来龙去脉，本章将首先描述植物育种相关的方法和基于基因组学的策略，这一策略将带来作物遗传和植物育种基础理论的飞速发展。然后讨论常用的 GE 技术，考查现阶段应用的深度和广度以及现有的瓶颈。随后对最前沿的 GE 技术进行了探讨，包括合成生物学和基因组编辑，并推测了它们对未来作物的塑造。其中，将重点讨论基因组编辑的应用前景，以及检测相关脱靶效应的技术。

最后，本章总结并评价组学技术（基因组、转录组、蛋白质组、代谢组和表观组）的应用潜力，以评估其在 GE 和传统植物育种中预期和非预期的影响。本委员会得出结论：GE 和组学技术的进展将极大地推进 21 世纪作物的改良，尤其是与先进的传统育种方式相结合。

7.1 现代植物育种方法

传统植物育种通过对植物单株的杂交或诱变，来筛选携带目标农艺性状和产品（即表型）的植物种质资源。过去的育种过程完全基于对表型的筛选，即仅根据特定性状（如产量）来筛选单株，而不需要对其遗传组成的认识。需要对所有感兴趣的单株进行种植、表型考察和收种，不仅耗时，还耗费资源。

20 世纪 80 年代，分子生物学进入了育种领域，并在遗传层面增进了对表型的认识；通过分子标记辅助选择技术（MAS），DNA 分子标记可用于在种质资源中筛选携带特定基因类型（即等位基因）的目标单株。MAS 缩小了筛选特定单株所需群体的规模，因此被广泛地应用于多种作物以降低成本和提高效率。MAS 可以在鉴定遗传组成的基础上从群体中淘汰某个单株，从而降低了由于群体不断繁殖和表型考察所带来的成本（Ru et al.，2015）。例如在应用 MAS 之前，果树选育需要耗费持续数年之久以种植每一株果树，直到果实的表型被考察。然而，以最近的甜樱桃（*Prunus avium*）育种为例，利用受市场驱动的两个重要性状的分子标记——自交亲和性（无需外来花粉授粉）和果实大小，可以去除未携带相关等位基因的幼苗，从而节省了大量的时间（Ru et al.，2015）。此外，MAS 并不需要知道特定的目标性状基因，而只需要知道和目标性状紧密连锁的分子标记；无论标记是否在调控基因内都不影响筛选（实例见框 7-1）。虽然 MAS 并未应用于所有的植物育种项目，但是随着遗传多样性的发掘和筛选成本的降低，这一技术在将来可能很快被普及。

框 7-1　基因组的测序和组装对基础生物学的促进

　　一个物种的全基因组序列（哪怕仅来自单个个体），被称为参考基因组序列；其不仅能增进相关性状调控基因和等位基因的基础知识，还将加快 DNA 分子标记的开发以用于 MAS。以主要粮食作物马铃薯为例，其育种工作正面临挑战。马铃薯起源于安第斯山脉附近的赤道区域，其块茎的生长依赖于短日条件。而在欧洲和北美的漫长夏季，马铃薯的高产取决于块茎在长日条件下的发育。通过遗传作图，在第 5 染色体定位到一个调控块茎发育起始的主效数量性状位点，将其定义为成熟位点（Visker et al.，2003）。基于对马铃薯基因组序列的分析，可以鉴定该基因的等位变异，从而揭示块茎发育起始和节律钟之间的信号通路；进一步可以开发分子标记，通过 MAS 来筛选适应特定地理区域的马铃薯品种（Kloosterman et al.，2013）。

　　正如其他生物学科一样，植物育种也进入了基因组时代，许多打破常规的方法被整合到育种过程中，以加速和提高育种效率。通过将基因组学整合到育种和遗传学，增进了人们对作物遗传学、物种多样性、表型的分子基础和作物从野生种起源演化的相关认识。MAS 和基因组学显著地减少了育种过程中用于表型考察的单株数量。同时，基因组层面的大数据和基因组学技术也被用于鉴定对农艺性状重要的特定基因、等位基因和位点，从而成为加快育种流程的工具（框 7-1）。

　　大量的基因组学研究技术被广泛应用，产生了大规模的遗传多样性数据，这些数据可以来自任何一个物种，只要能通过相关技术（如 MAS）服务于作物遗传改良育种。例如，基因组测序和重测序（完整或部分的基因组被测序）以及单核苷酸多态性（SNP）分析（分析几百甚至上百万位点的等位基因多样性）等基因组学方法已在多种作物中常规应用。有许多技术方法可用于分析 SNP 位点，包括质谱分析、引物延伸和简化基因组靶向重测序等平台都可以用于分析多态性。植物育种家主要根据标记密度、样品通量、成本和分析的位点数量来选择合适的技术平台。在作物领域，一些公开或商业化的 SNP 分析平台已经展开应用，如定制的 SNP 芯片被用于特定的育种需求。

　　随着基因组学技术的发展，其通量将不断提升，成本也逐年下降，这也意味着可为传统育种和 GE 育种提供丰富的遗传多样性数据，从而将基因（以及等位基因）和表型以及农艺性状关联起来。例如，针对几种主要作物产生了大批量的基因组多样性数据，其序列信息涉及栽培种、近缘野生种和一些地方品种；这些数据有助于解析农艺性状的遗传和分子机理，解决限制育种改良的主要遗传瓶颈，并认识在作物驯化和改良过程中的关键基因和事件，从而提高育种效率（Huang et al.，2010；Lam et al.，2010；Chia et al.，2012；Hufford et al.，2012；Jiao et al.，2012；Li et al.，2014b；Lin et al.，2014）。

　　截至本委员会撰写本报告之时，几乎所有主要作物的参考基因组都已获得。受限于技术和成本，不同的参考基因组序列质量存在很大的差异。但是无论是符合黄金标准（只有极少甚至没有序列缺失）的参考基因组，还是序列不够完整的基因组序列，都能广泛用于相关研究，研究人员也正致力于整合多种作物的[1]系列基因组数据和表型数据。然而大规模的遗传数据并不是植物育种的"万能钥匙"。来自单一个体或基因型的参考基因组并不能提供作物改良所需的全部基因组信息；因此，充分捕获基因组的多样性，往往还需要来自一个物种的多个参考基因组序列。此外，由于一系列原因，比如数据的难以获取、计算工具的缺乏，以及基因组专业分析经验的不足，基因组数据尚未得到充分利用。随着基因组技术的发展，任何植物的基因组都可以测序并分析；同时，尽管目前表型考察仍然限制育种效率的提高，但随着育种家对基因组和生物信息学相关技术的熟练掌握，以及基因型鉴定通量的增加和成本的降低，这些技术瓶颈终将被打破。因此，高通量的田间表型检测技术将被开发用以提供系列的数据，从而提高育种效率并降低育种成本。

发现：在 21 世纪，对于植物基因组信息和农艺性状遗传机理的认知增加，以及对种质资源进行基因型分型技术的提高，使得植物传统育种和 GE 育种策略成为可能。

发现：在今后的几十年里，随着基因组技术、数据分析的算法和软件的不断发展，植物育种效率将继续提升。

发现：随着基因组学技术通量的增加和成本的降低，每种作物都将拥有成千上万的基因组数据。

7.2 常用的遗传工程技术

本节主要综述在商业化 GE 作物中广泛应用的 GE 技术。

7.2.1 外源基因表达

20 世纪 80 年代以来，自从 DNA 重组技术应用到植物研究领域，大部分用于商业化的技术往往涉及在一些作物中稳定或组成型表达的转基因，即通过农杆菌或基因枪介导的遗传转化，可以将特定感兴趣的基因随机插入到植物的核基因组。该技术可以将那些由单基因控制的简单性状，如由某个酶类导致的除草剂抗性或 Bt 杀虫蛋白介导的抗虫性整合到植物的每个细胞。除了感兴趣的转基因，同一个 DNA 分子上有时候还会携带用于筛选的标记基因，其转入植物后可以提高筛选阳性转基因植株的效率。到 2015 年，这种"单基因"遗传工程的应用在大部分商业化作物中得到了证实。

7.2.2 转基因、同源转基因与基因内重组

出于对法律、监管、市场和公众关注度等方面的考虑，研究人员一直致力于新型 GE 作物的研究，以利用本作物种或能相互交配的近缘植物种中发掘的功能基因（Rommens，2004），此技术称为同源转基因（cisgenesis）（Schouten et al.，2006）。同源转基因最严格的定义为：来源于该物种其他品种或与该物种无生殖隔离的近缘种中完整的自然状态的基因被克隆后，插入到该作物的基因组。在与其相关联的一类被称为基因内重组（intragen-

---

1　种质多样性圃即能代表某种作物的种质资源群体。其包括栽培种、地方品种和近缘野生种，既代表了一个物种的遗传多样性，又能用于作物表型性状的改良。

esis）的技术中，研究人员可以将来自该作物或近缘种的 DNA 片段重组到同一个转化载体上，如其启动子来自某个基因，而编码区 DNA 来自另一个基因（Holme et al.，2013）。应用同源转基因，即基因内重组技术，研究人员已经培育出几个 GE 作物，并进行了田间试验。但是截至本委员会撰写报告之时，只有一个基因内重组的作物，即辛普劳植物科技公司培育的 Innate™ 马铃薯被批准商业化。

7.2.3 核基因组转化与质体转化

植物细胞含有 3 套独立的基因组。最大的是核基因组，其包含几亿到几十亿个碱基[1]。线粒体和质体基因组则小得多，一般只包含几十万个碱基。质体携带的基因组，也被称作质体基因组。

如前文所述，截至本委员会撰写报告之时，几乎所有在售的 GE 作物都是基于通过农杆菌或基因枪介导的细胞核基因组转化的 DNA 重组技术获得的。理论上基因枪方法可以实现对 3 套基因组的转化，而农杆菌只能完成植物核基因组的转化（Zhang et al.，2007）。如第 3 章所讨论，核基因组转化已经被成功地应用于一系列的植物物种。

早在 20 世纪 80 年代，质体转化技术就通过基因枪得到了实现（Svab et al.，1990）。但迄今尚没有一例成功的植物线粒体基因组的转化研究。作为区别于核基因组转化的另一选择方案，质体转化有一些独特的优势（Maliga，2003；Jin and Daniell，2015）。首先，由于是通过同源重组技术将转基因插入到质体基因组的特定位点，质体转化不存在影响基因表达的"位置效应"。其次，质体转化能产生含量非常高的重组蛋白。例如转化烟草的质体基因组，Bt Cry2A 蛋白可积累至全部可溶性蛋白含量的 46%（De Cosa et al.，2001）。最后，大部分植物的质体是母系遗传的，这一特性可以实现转基因生物隔离的目的（Daniell，2002）；因为大部分花粉不含质体，从而可以去除或者降低对基因漂流的顾虑。

尽管质体转化有很多优势，其在作物中的广泛应用仍存在显著的障碍（Maliga，2003）。第一，每个植物细胞含有成千上万的质体基因组，因此几乎不可能保证所有质体基因组的同质性，即一个细胞的所有质体基因组都发生完全一致的 GE 改变。同时为了去除含有未转化内源质体基因组的叶绿体，还需要一套高效的组织培养体系。因此目前只有极少数物种（多为茄科植物，如烟草、马铃薯、番茄）在组织培养体系上满足条件，从而通过常规步骤实现质体转化。第二，质体转化缺少有效的筛选标记基因和抗生素组合，以获得转基因且同质性（转化的质体基因组都是同质的）的细胞。尽管如此，拓宽质体转化在多种作物中的应用仍然引起广泛的兴趣，尤其是需要转基因有很高表达的时候。

7.2.4 降低基因表达量的反义 RNA 技术和 RNA 干扰技术

基于遗传学手段转移目标农艺性状，简单地插入新的 DNA 和蛋白这一策略已经取得了成功。然而，有时候也需要在植物中沉默一个或多个内源基因的表达，或者沉默有害基因的表达，如涉及病原菌或草食性昆虫的基因。

---

1 四种核苷酸碱基（腺嘌呤、鸟嘌呤、胸腺嘧啶、胞嘧啶）如何形成 DNA 结构见第 3 章 3.1 "农业遗传工程的发展"。

策略之一是通过反义沉默在 GE 植物中降低基因的表达。在植物基因组转入携带反义基因的载体以后，需要下调表达的基因（即沉默）实际上被"反向"整合到植物转化载体。当反向基因被转录以后，其转基因信使 RNA（mRNA）的产物由于和植物或害虫需要沉默的基因对应的 mRNA 互补，从而干扰其翻译成蛋白质（或导致 RNA 干涉，见下文）。作为首个应用反义 RNA 技术培育的 GE 作物，FLAVR SAVR™ 番茄通过干扰多聚半乳糖醛酸酶基因的表达，从而改变了果实的成熟时间并提高了果实品质（Kramer and Redenbaugh，1994）。

第二种沉默基因表达的技术是 RNA 干涉（RNAi），该技术是在 20 世纪 90 年代末期植物基础生物学研究的基础上开发的。在 20 世纪初，随着质粒载体的开发和对植物生物学机制认识的逐渐加深，RNAi 被广泛应用于 GE 植物。早在植物生物技术发展之初，研究人员就发现转录后基因调控（沉默）是调节植物基因表达的重要途径。例如，在矮牵牛中过量表达一个花青素合成路径中的关键基因，理论上会造成更多紫色色素的积累，但实际上花瓣为白色（Napoli et al.，1990）。研究者和 FLAVR SAVR 番茄的生产者并不知道，基因沉默的原因实际上是 RNAi；也就是说，在试图反义沉默或过量表达的时候，激活了 RNAi 的机制（Krieger et al.，2008）。对 RNAi 实际机制的解析，最先是在线虫中得到突破（Fire et al.，1998，Craig Mello 和 Andrew Fire 因此获得 2006 年诺贝尔奖），如今人们已经认识到 RNAi 作为普遍存在于高等生物的天然分子通路，主要用于抵抗寄生生物和病原菌侵袭。

在 GE 作物的应用中，以双链 RNA（dsRNA）形式产生的非编码 RNA 能有效激活细胞内的分子级联反应，从而沉默植物或害虫的靶基因，进而产生新的性状。这些性状包括降低植物细胞壁的木质素含量，减轻苹果的褐化或抗虫等（见第 8 章）。在 RNAi 转化载体介导的植物转化中，转录的 mRNA 通过自我折叠形成发卡结构来产生 dsRNA；这些 dsRNA 随后被植物 RNAi 机器加工成 21~23 个碱基的小分子干扰 RNA（siRNA），siRNA 最终靶定到目标 mRNA 并导致其降解。降解的 mRNA 不能翻译成蛋白，从而产生新的性状。当本委员会撰写此报告之时，RNAi 技术作为植物生物学研究的主要工具，已被广泛运用于沉默内源基因的表达，也逐渐被应用于商业化的 GE 作物（见第 8 章）。

2015 年发表的两篇论文揭示了 RNAi 技术一个显著的应用方式（Jin et al.，2015；Zhang et al.，2015），即应用于作物的抗虫。研究人员采取了一种新的策略，即通过叶绿体基因组（质体基因组）的转基因在作物产生 dsRNA，以对抗昆虫对植物破坏性的取食。dsRNA 可以激活取食 GE 植物的昆虫的 RNAi 通路。该方法的有效性取决于两点原因。第一，因为质体中不存在 RNAi 机制，所以 dsRNA 不会被降解，从而保证昆虫取食 GE 植物时能摄入完整的 dsRNA。当昆虫摄入了这些对靶向昆虫至关重要基因的完整 dsRNA，相关基因的表达会被沉默，最终导致昆虫的死亡。第二，正如前文所讨论，与核基因组转化相比，质体基因组的表达可能产生更高丰度的 dsRNA。使用这一技术还需要慎重考虑的一点是，研究人员需要针对靶基因设计高度特异的 dsRNA 及其对应的 siRNA，避免脱靶效应。并且对于所有基于 GE 的抗虫策略，都需要调查其潜在的脱靶效应。

7.2.5 无组织培养的转化方法建立

如第 3 章所讨论，GE 植物的构建通常依赖于体外植物组织培养、转化和植株再生。

再生植株伴随着一系列的复杂性，其表型和育性会表现出差异，这是由于体细胞变异而非 GE 事件本身所导致的（见第 3 章 3.1 中体细胞变异的描述）。体细胞变异发生的频率和严重性受很多因素的影响，如作物本身、培养基、组织培养时间和基因型。此外，基因表达量的改变也受很多因素的影响，包括染色体数量或结构的不同、DNA 序列的变化，还有表观修饰差异如 DNA 甲基化（见下文），或者涉及上述所有方面（Jiang et al.，2011；Stroud et al.，2013）。来源于组织培养的 GE 植株也被称为转化子，其可能受到转基因或任何一个基因体细胞变异的影响，也可能被转基因功能的程度和稳定性相关的位置效应所影响。因此，研究人员需要从大量独立的转化子中筛选出无异常表型的个别"事件"。

目前有少数几种无需组织培养的植物转化方法。其中之一是花序浸染法，主要应用于十字花科的一些物种，如拟南芥和亚麻荠（Clough and Bent，1998；Liu et al.，2012）。这种方法可以通过农杆菌将转基因直接转入卵细胞的基因组，从种子中得到转基因植株。许多实验室致力于将花序侵染法推广到其他物种，但目前结果尚不稳定或难以重复。另一个策略是用颗粒直接轰击植物器官的细胞，让转化的细胞快速再生成植株，从而避免了漫长的细胞培养过程，减少了体细胞变异的积累。

众所周知，嫁接植株中的 RNA 和蛋白质能在砧木和接穗间移动。因此，若嫁接植株含转基因的砧木或转基因的接穗，GE 来源的分子可能被转运到植株非 GE 的部位（Haroldsen et al.，2012）。例如，如果砧木是转基因，其果实可能也含转基因的产物。

发现：构建 GE 植株通常依赖于体外的植物组织培养，可能导致非期望的体细胞遗传变异。针对所有的作物研发缩短过程甚至略过组织培养过程的转化技术，可以降低组织培养诱导的体细胞变异频率。

7.3 新兴的遗传工程技术

除了上面讨论的技术之外，新的 GE 策略层出不穷，并不断被优化和改良。虽然其尚未应用到商业化产品，但是它们对未来的 GE 作物有实用价值。这些技术包括基因组编辑、合成 DNA 元件和人工染色体，以及靶向表观修饰。

7.3.1 基因组编辑

基因组编辑使用定点核酸酶（序列特异性核酸酶，sequence-specific nucleases，SSN）来突变生物体的靶向 DNA 序列。使用 SSN 系统，科学工作者可以在指定的基因座位删除、添加或改变特定碱基。SSN 在特定位点切割 DNA 并留下单链断点（称为切口）或双链断点，DNA 断点可以通过两种方式修复（图 7-1）：

- 基于细胞体内天然的非同源末端连接（NHEJ）过程进行修复，修复过程中将在该位点产生突变。
- 如果在核酸酶编辑 DNA 的同时提供一个供体 DNA 分子，则可以通过细胞本身的天然 DNA 修复机制——同源介导修复（HDR）——在切割位点整合供体分子。

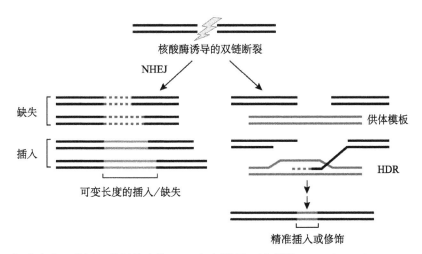

图 7-1　细胞内基于基因组编辑技术的 DNA 切割结果（见彩图）（Sander and Joung，2014）

序列特异性核酸酶，如大型核酸酶、锌指、转录激活因子样效应子和成簇有规律的间隔回文重复序列/Cas9（由闪电表示）切割双链 DNA 后，双链断裂的 DNA 分子可以通过细胞内天然的非同源末端连接（NHEJ）机制进行修复，导致 DNA 序列的缺失（红色虚线）或插入（绿色实线）改变。在有供体 DNA 模板存在的情况下（如蓝色 DNA 片段所示），细胞内的同源介导修复（HDR）机制可将供体分子插入位点，这也会导致基因或靶标区段的编辑（蓝色区域示准确插入或修饰）。

在植物基因组编辑中主要使用了四种类型的 SSN（见综述 Voytas and Gao，2014）：大型核酸酶（meganucleases）、锌指核酸酶（ZFN）、转录激活因子样效应核酸酶（TALEN）和成簇有规律的间隔回文重复序列（CRISPR）/Cas9 核酸酶系统（图 7-2）。基因组编辑技术及其应用蓬勃发展，尤其是自 CRISPR/Cas9 系统问世以来，本委员会期待在未来的十年间，将有更多的发现来推进基因组编辑的发展。

大型核酸酶天然存在于细菌、古细菌和真核生物中，是第一个用于基因组编辑的序列特异性核酸酶。大型核酸酶是单个蛋白，可识别至少 12 个核苷酸的 DNA 序列；它可以切割靶 DNA，留下双链断点，并通过 NHEJ 或 HDR 的方式利用供体分子进行修复（见综述 Silva et al.，2011）。大型核酸酶介导的基因组编辑已在玉米（*Zea mays*）和烟草（*Nicotiana* spp.）中被证实（见综述 Baltes and Voytas，2014）。因为大型核酸酶的靶序列特异性难以改变，所以它们未能广泛用于基因组编辑。

锌指结构域蛋白可与 DNA 结合，并在自然界广泛存在；其通常行使转录因子（调控基因表达的蛋白，可直接或间接地结合 DNA 调控序列，这些 DNA 调控序列多位于基因的启动子区[1]）的功能。锌指结构域可结合特定的 DNA 序列，当锌指结构域与 *Fok* I 蛋白的 DNA 切割核酸酶结构域融合时，形成的杂合分子被称作锌指核酸酶 ZFN。一对 ZFN 以串联形式发挥功能，可在需要的靶位点切割 DNA（见综述 Urnov et al.，2010）。与大型核酸酶一样，ZFN 通过 NHEJ 和 HDR 引入突变。ZFN 已被用于许多植物物种的编辑（见综述 Baltes and Voytas，2014）。在生物学上，ZFN 是第一个广泛使用并可以进行设计的基因组编辑工具。

1　利用转录因子的 GE 实例见第 8 章。

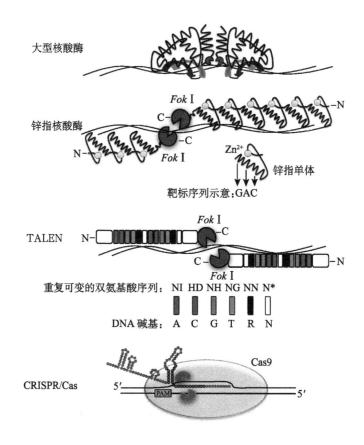

图 7-2　基因组编辑技术：大型核酸酶、锌指核酸酶（ZFN）、转录激活因子样效应核酸酶（TALEN）
和成簇有规律的间隔回文重复序列（CRISPR）/Cas（见彩图）（Baltes and Voytas，2014）

在细菌性植物病原菌黄单胞菌（*Xanthomonas*）中发现了转录激活因子样效应子（TALE），几乎可以与任何 DNA 序列结合。其特异的靶标序列易于设计，因此彻底颠覆了基因组编辑。在自然界中，黄单胞菌将 TALE 分泌到植物细胞中使其致病。TALE 可与植物基因的启动子结合，抑制植物对病原菌的抗性。细菌通过简单的代码或密码对 TALE 进行编码，可在任何的靶标基因组对含自定义特异性位点的蛋白进行编辑（Boch et al.，2009；Moscou and Bogdanove，2009）。与 ZFN 类似，TALE 可以与 *Fok* I 的核酸酶结构域融合，其复合物被称为 TALEN。TALEN 也像 ZFN 一样，成对地影响靶标的突变。TALEN 已被用于好几种植物的基因组编辑，包括水稻、玉米、小麦和大豆（见综述 Baltes and Voytas，2014）。

截至本委员会撰写报告之时，CRISPR 是迄今为止最新开发的基因组编辑工具。细菌携带 CRISPR 作为防御病毒和质粒的先天机制，通过 RNA 介导的核酸酶来靶向切割外源 DNA 序列。截至本委员会撰写报告之时，用于基因组编辑的 CRISPR/Cas 系统主要来自酿脓链球菌的Ⅱ型 CRISPR/Cas9。该系统中，外源 DNA 序列插入 CRISPR 位点的重复序列之间，然后转录成 crRNA（见综述 Sander and Joung，2014）。crRNA 与另一条 RNA（tracrRNA）杂交，形成的复合体可与 Cas9 核酸酶结合。crRNA 将复合物引导至靶

DNA，在细菌自身免疫系统的作用下，与靶 DNA 的互补序列结合，使靶 DNA 被 Cas9 核酸酶切割。科学工作者对先天的 CRISPR/Cas9 系统进行了剖析和重新设计，即利用向导 RNA（guide RNA）来介导 Cas9 对基因组靶序列的切割。设计的向导 RNA 一般限制在 20 个核苷酸左右的长度，且在基因组上是唯一匹配的（为避免脱靶效应）；向导 RNA 的位置限制在 CRISPR/Cas 系统特有的前间区毗邻基序（protospacer adjacent motif）附近。更新的 CRISPR 技术应用了两种独特的向导 RNA 和只在一条 DNA 链产生"切口"的修饰核酸酶，可进一步提高靶向缺失片段的特异性。设计的简易性、向导 RNA 的特异性及 CRISPR/Cas9 系统的简洁性使得这种编辑基因组的方法在植物和其他生物中得到了广泛应用（见综述 Baltes and Voytas，2014）。基因组编辑，尤其是 CRISPR 技术日新月异。截至本委员会撰写报告之时，非 Cas9 核酸内切酶（如 Cpf1）也被用于 CRISPR 基因组编辑（Zetsche et al.，2015）。

截至本委员会撰写报告之时，SSN 在基因组编辑的应用主要通过 NHEJ 方式在靶基因座上引入突变以产生基因敲除。如图 7-1 所示，如果将供体 DNA 共转入细胞，核酸酶也可通过 HDR（或可能 NHEJ）进行序列替换。供体分子的种类有很多。首先，靶标位点的其他类型等位基因可以通过这一方式被引入，修饰后的基因可编码新功能或性状更强的蛋白。例如，通过修饰乙酰乳酸合成酶基因（ALS）中的特定单核苷酸，可通过抑制 ALS 的作用来赋予除草剂抗性（Jander et al.，2003）。其次，同源重组可用于在指定位点插入新序列。这一通过着陆位点（landing site）"精准基因组插入"的方法，可以消除农杆菌和基因枪介导的转化方法带来的半随机转基因插入。同源重组还可以在基因组的单个位点（性状插入点，trait landing pad）组合插入修饰或编辑的多个基因，而不是在基因组随机插入，因此更容易将多个新性状以物理连锁的形式导入 GE 作物（Ainley et al.，2013）。在需要的时候，该策略还可用于移除这些插入基因。

在植物中，基于 CRISPR 和其他技术的基因组编辑可通过转基因瞬时表达（Clasen et al.，2016）或完全不依赖外源 DNA 的方式（Woo et al.，2015）产生不含转基因的 GE 植物。Clasen 等（2016）通过遗传编码的成对 TALEN，在马铃薯原生质体诱导特定突变；来自原生质体的马铃薯再生植株含突变的靶标等位基因，因此表现出新的品质性状；在 18 个 GE 家系中，7 个家系的马铃薯基因组中不含任何 TALEN 的转基因载体。Woo 等（2015）使用体外翻译的 Cas9 蛋白与向导 RNA 偶联，用于突变拟南芥、烟草、莴苣和水稻原生质体的基因，得到再生的突变植株。因此，在作物进行基因组编辑时，基因组似乎未留下任何转基因 DNA 的痕迹。通过对马铃薯的深度靶向测序，未检测到任何脱靶突变（Woo et al.，2015），这样在基因组不留转基因的基因组编辑"活性成分"（reagents）[1]，似乎是有价值的作物育种策略。

上述集中介绍了利用 SSN 切割 DNA，并通过 NHEJ 或 HDR 使双链 DNA 序列产生永久性的变异的例子。然而，其他的应用方式同样存在，即通过以序列特异性方式与 DNA 结合的蛋白质，来修饰基因和调节基因活性。其通过锌指蛋白（ZFP）或 TALE

---

1 靶向特定序列的核酸酶被称为活性成分（reagents）。

的 DNA 结合特点，与激活结构域融合产生转录激活因子。当没有融合激活子时，ZFP 或 TALE 可用作转录抑制子。ZFP 和 TALE 的设计特点使其能通过产生合成的转录因子（TF）来调控几乎任何靶基因的表达（图 7-3）。实际上，在转基因植株中，TALE-TF 可以通过串联的形式产生叠加的基因激活效果（Liu et al.，2014）。对于 CRISPR/Cas9 系统，一系列分子可以与无催化活性的 Cas9 核酸酶（dCas9）融合，以广泛的形式修饰基因的调控，这类过程统称为 CRISPR 干扰（见综述 Doudna and Charpentier，2014；图 7-3）。也许最简单的应用方式是将 dCas9 与转录激活子或转录抑制子融合；当向导 RNA 进入细胞时，转录激活子或抑制子可以通过类似 ZFP 和 TALE 的方式修饰靶基因转录产物的丰度。*dCas9* 基因也可以与染色质修饰基因融合，并通过向导 RNA 引导至靶标区域，修饰位点的表观遗传状态，从而影响转录（Doudna and Charpentier，2014）。

发现：通过利用内在的生物学机制——包括 DNA 结合-锌指蛋白（ZFN）、病原菌介导的宿主基因转录（TALE）及 DNA 序列的靶向降解（CRISPR/Cas）——现在对植物 DNA 精确而多样化的操作成为了可能。

7.3.2 人造和合成染色体

增加对生物学过程和高级分子生物学工具的认识，不仅有助于将多个基因转化到植物中，而且还可以导入完整的或全新的生化途径或过程。植物遗传工程使用的 DNA 载体很小（小于 20～40kb），且传统的分子克隆技术缓慢又费力。然而，在低成本的前提下，合成 DNA 分子并将其组装成更大 DNA 分子的新方法应运而生。该方法允许在单个 DNA 分子的基础上快速、简单地构建多基因通路（见综述 Ellis et al.，2011）。细菌完整基因组的合成（Gibson et al.，2010）和合成酵母染色体的产生（Annaluru et al.，2014）证实了该技术的可行性。研究人员希望能够将数十到数百个基因导入植物。实现这一设想的方法之一是使用人造微染色体或合成染色体。人造微染色体是指除了植物细胞核中天然染色体之外的染色体。合成染色体（Annaluru et al.，2014）是指可以替代一条天然染色体甚至整个细胞器基因组（如质体基因组）的合成 DNA 总和。

人造或合成染色体和基因组可以通过自我复制的分子组装大量的基因。在真核生物中，染色体是具有复制（复制起点）、完整性（端粒）和在细胞分裂时能分离（着丝粒）等功能序列的线性 DNA 分子。人造或合成染色体在插入时，通过不破坏植物天然染色体上基因的方式将基因导入植物中。

目前，在植物中尚没有创造出合成的染色体或基因组，但是制造酵母合成染色体的方法（Annaluru et al.，2014）应该可以在植物中复制。酵母的Ⅲ号染色体包含 316 617 个碱基，它被实验室合成的包含 272 871 个碱基的染色体所取代。叶绿体基因组是酵母Ⅲ号染色体大小的 1/3～1/2；可以预见，在质体基因组转化体系成熟的植物如烟草中，合成并插入叶绿体基因组是可行的。随着 DNA 合成成本的持续下降，该领域的实验发展将经济可行。

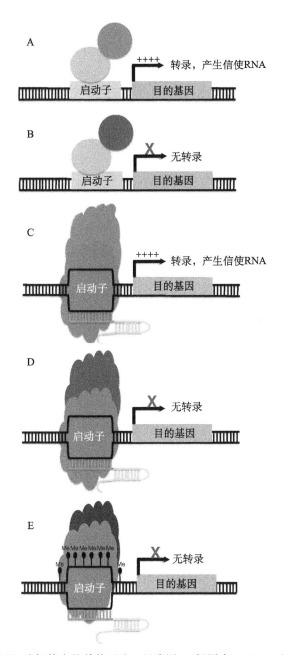

图 7-3　基因组编辑技术的其他用途（见彩图）（插图由 C. R. Buell 提供）

A. 锌指或转录激活因子样效应子（TALE）（蓝色）可以与转录激活子（绿色）融合，以增强目的基因的转录。B. 锌指或 TALE（蓝色）可以与转录抑制子（红色）融合，以抑制目的基因的转录。C. 无催化活性的 Cas9 核酸酶（紫色）可以与转录激活子（绿色）融合，在向导 RNA（橙色和黄色）的存在下，将复合物引导至目的基因的启动子，并增强靶标基因的转录。D. 无催化活性的 Cas9 核酸酶（紫色）可以与转录抑制子（红色）融合，在向导 RNA（橙色和黄色）的存在下，将复合物引导至目的基因的启动子，并降低靶标基因的转录。E. 无催化活性的 Cas9 核酸酶（紫色）可与 DNA 甲基化酶融合，在向导 RNA（橙色和黄色）的存在下，将复合物引导至目的基因的启动子，使基因甲基化进而抑制转录。

植物人造微染色体的研究通常采用两种策略（见综述 Gaeta et al.，2012；Birchler，2015）。"自下而上"的策略是将染色体的关键部分——如着丝粒、端粒、复制起点和感兴趣的基因——组装在一起，形成新的微染色体。虽然这种方法已经取得了进展，但是一些其他的特征，比如 DNA 序列的表观遗传修饰可以影响基因的表达以及微染色体在细胞中复制的能力等，限制了该方法的常规应用。"自上而下"的策略则是在现有染色体的基础上进行组装——类似酵母染色体合成的策略——即用现有的模板构建人造染色体。基于这种策略，微染色体可以通过减数分裂传递，但不如天然染色体那样有效。这两种策略都尚不能合成可实际应用的微染色体。因此，采用类似于酵母的策略，通过合成生物学的方法系统地替换 DNA，在未来也许可行（Birchler，2015）。目前自下而上或自上而下的策略还可能适用于无性繁殖的作物如马铃薯，因为其无需减数分裂（Birchler，2015）。

基于植物生物化学涉及的丰富的基因知识，可以在体外精确地合成载体，并通过农杆菌或基因枪介导的转化或核酸酶靶向单位点插入的方式将其导入异源物种。例如，黄花蒿（*Artemisia annua*）可产生一种抗疟疾的化合物青蒿素。利用来自酵母和青蒿的五种基因，可在烟草中合成青蒿素（Farhi et al.，2011）。尽管在烟草中合成青蒿素的产量低于青蒿，但这种想法验证了在植物中设计异源生物合成途径的可行性。通过对启动子的进一步优化，对细胞和组织中代谢物的区域、转运和通量的深入理解，以及对相关载体的开发，如将 DNA 大片段转移到植物细胞的人造染色体，面向植物复杂性状的遗传工程将成为可能。例如，增加异源或新型生化途径，以及 C_4 光合作用等特殊的生理和发育过程等（见第 8 章）。

7.3.3　靶向表观遗传修饰

如本章前面所概述，表观基因组的变化会导致特定基因相对稳定且可遗传的表达模式的改变。在植物中，DNA 甲基化的改变和基因表达可遗传的变异尤其密切相关。随着对改变 DNA 甲基化模式生化系统认识的增加，对特定靶标基因进行表观遗传修饰的能力也在增加。这种修饰涉及蛋白质的表达，还可能涉及使特定位点发生 DNA 甲基化的特异性核苷酸（如向导 RNA）。靶向修饰系统可在表观遗传修饰完成后清除，如应用传统的植物育种就可以分离靶向修饰系统。

从安全性考虑，改变特定植物基因的表观遗传修饰不会造成根本性问题；植物的基因组充满了表观遗传修饰，被表观遗传修饰的 DNA 已经存在于环境中并被人类消费了数千年。因此，在植物中或者针对特定性状的改良上，提高或降低植物中特定基因的表达，无论是 GE 还是非 GE 的策略，其安全性和其他任何技术相比并无区别。

应当注意，除了靶向修饰的方法之外，还有几种可以广泛而随机地改变植物表观基因组的方法，如通过对酶的过量表达来改变 DNA 甲基化。当然，广泛而随机地改变植物基因组的方法并不新鲜，诱变就是其中之一。广泛而随机的基因组或表观基因组修饰策略的实用性在于，如果由于未能充分地认识其生化或遗传通路而缺乏明确的靶向策略——无论是遗传工程还是非遗传工程的策略（如分子标记辅助育种）——那么只有随机的策略可能产生理想的结果。所以如前面所讨论，与靶向修饰的策略相比，广泛而随机的策略将导致更多未知的变化。

对于植物新品种来说，一致性通常是一个理想的性状。但是由于表观遗传变异有不同的概率回复到初始状态，因此表观修饰可能并不是植物新品种培育的理想方法。但是，如果源自表观遗传变异的植物新品种要优于稳定的其他品种，那么某种程度的表型回复可能不会成为商业化的障碍。

7.4 基因组编辑在未来的应用

在上述提及的新兴 GE 技术中，基因组编辑最可能为商业化作物所用。基因组编辑有效和高效应用的关键是认识植物结构、光合作用、病原抗性和胁迫耐受性等农艺性状的生物化学、分子和生理基础。随着认识的深入，将会出现新的基因组编辑目标，可能涉及对多个基因的操作（见第 8 章）。本委员会也希望进一步提高植物基因编辑的精准性，也就是说，在不破坏其他基因的前提下对特定基因精准修饰。而这些进展往往来自基础研究，其广泛的应用往往是预期之外的。例如，TALEN 是在研究一些植物黄单胞菌属病原菌改变宿主植物细胞的基因表达时发现的。CRISPR/Cas9 系统则是在研究一些细菌的适应性"免疫系统"对病毒感染的抵抗时，出乎意料地鉴定到的。TALEN 和 CRISPR/Cas9 系统不仅在易用性方面，而且在基因组编辑的适用范围方面都取得了迅速的进展。在本节中，本委员会概述了这种转化技术的一些预期应用。

7.4.1 移除 GE 作物中基因组编辑的活性成分

可以设想，通过基因组编辑在改良系中产生纯合的突变等位基因，这一策略在大多数农作物中都是有意义的，它可以防止突变等位基因在后代中发生分离，消除野生型 mRNA 和蛋白的产生，增加突变等位基因的剂量，因为基因的转录水平与等位基因数量相关。如前所述，无外源 DNA 引入的基因组编辑是可能通过 CRISPR 实现的（Woo et al.，2015）。基于 TALEN 和 CRISPR/Cas9 技术，可以在转化的第一代中产生杂合和纯合突变。通过简单的分子生物学筛选，即可鉴定携带纯合突变等位基因的个体。对于自交亲和的有性繁殖物种，也可以让杂合的转化植物自交，在第二代中就能鉴定出纯合的后代。当创建基因组编辑的植物时，一个需要重点考虑的因素是确保相关的活性成分（TALEN，Cas9）不存在于所选择的后代中；因为如果活性成分保持活跃，可能会带来额外的突变。而在某些情况下，又需要继续保有活性成分。例如，如果存在足够多的可作为编辑底物的基因家族成员，保留的编辑活性成分就可以充当恒定诱变剂并产生各种类型的突变等位基因。然而，这一点对于农业可能并不可取，因为遗传物质的稳定性对商业生产至关重要。另一个需要持续保留活性成分的例子是基因驱动的应用。

7.4.2 基因驱动

在自然群体中，基因组编辑工具可用于创建基因驱动系统，该系统可以通过改变群体中特定等位基因的频率，从而影响目标等位基因遗传的概率。基因驱动系统可以通过在转基因生物中保留基因组编辑的活性成分来创建，以保证能在群体中持续编辑目标等位基因；同时这些活性成分被整合到种系中，并通过有性生殖传递到群体的其他成员。使用CRISPR/Cas9 创建的这种基因组编辑系统被称为诱变链式反应（mutagenic chain reaction）（Gantz and Bier，2015）。基因驱动可用于控制虫害，如蚊子和作物中的各种害虫（Esvelt et al.，2014）。如果需要避免无意中构建出这种 CRISPR/Cas9 基因驱动系统，只需要确保在 GE 植株中，携带编码 Cas9 的两个表达盒[1]和向导 RNA 的基因载体不存在即可，而很多方法都可以做到这一点（Akbari et al.，2015）。一种方法是在编辑发生后，通过遗传分离去除载体。另一种方法是采用无 DNA 或无转基因的基因组编辑（Woo et al.，2015），仅将蛋白质和 RNA 导入植物中以完成基因编辑。

7.4.3　功能获得型与功能丧失型性状

大多数商业化的 GE 作物获得了功能性状，如除草剂抗性或抗虫性；直到最近，携带功能丧失型性状的 GE 作物才准备商业化销售，如抗褐变的苹果（见第 3 章和第 8 章）。在第 8 章描述了截至本委员会撰写报告之时，处于研究阶段的一些复杂性状，其中大部分（如水分利用效率，氮固定和增强的碳固定效率）涉及功能获得型或功能获得型与丧失型的组合，甚至涉及导入多个基因（框 7-2）。

框 7-2　基因组编辑的抗病小麦

小麦（*Triticum aestivum*）是多倍体物种，含有三套不同的基因组，分别称为 A、B 和 D。小麦的每套基因组中都存在一个显性基因（*TaMLO-A1*、*TaMLO-B1* 或 *TaMLO-D1*），使其易感染真菌白粉病病原菌 *Blumeria graminis* f. sp. *tritici*。在小麦的近亲大麦（*Hordeum vulgare*）中，直系同源位点（*Hvmlo*）上存在一个隐性等位基因，赋予了其对大麦白粉病的抗性（Büschges et al.，1997）。利用成对的 TALEN 靶向小麦的三个 *MLO* 位点，在每个 *MLO* 位点都检测到 NHEJ 修复导致的敲除突变（Wang et al.，2014；图 7-4）。在三个 *MLO* 位点都发生纯合突变（*tamlo-aabbdd*）的再生植株中，可以观察到小麦对 *B. graminis* f. sp. *tritici* 产生了抗性。为了证明 TALEN 对 *MLO* 位点的切割是否可用于对该位点的编辑，科研人员尝试将编码绿色荧光蛋白或组氨酸标签蛋白的供体分子与 TALEN 共转化，结果发现供体分子确实可以整合到 *MLO* 位点。这种类型的修饰被称为"敲入"（knock-in）。初步研究也表明，可以利用单一 CRISPR 向导 RNA 靶向 *TaMLO-A1* 位点产生突变植株，同时也说明采用这两种不同的特异性核酸酶基因组编辑技术，实现小麦的抗病性是可行的。

1　表达盒是含多个基因的 DNA 分子，这些基因在一个过程中共同发挥功能。

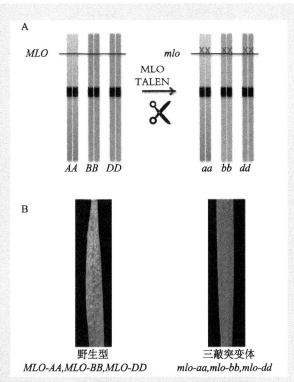

图 7-4　通过两种基因组编辑策略引入功能获得型性状的一个例子（见彩图）

（模式图由 C. R. Buell 提供；小麦图片来自 Wang et al., 2014）

A. 多倍体小麦基因组编码三种显性 MLO 基因，导致小麦对真菌白粉病病原菌的易感性。图中显示了同源染色体上的三个 MLO 位点，每个 MLO 位点都是纯合的（MLO-AA，MLO-BB，MLO-DD）。利用靶向 MLO 基因的转录激活因子样效应核酸酶（TALEN）敲除三个 MLO 位点，然后通过自交在三个位点产生纯合的基因敲除株系（mlo-aa，mlo-bb，mlo-dd）。B. 野生型小麦对小麦白粉病的病原菌敏感，但 mlo 基因的三敲植株是抗病的。

　　综合考虑监管过程、知识产权限制和消费者的谨慎心理所产生的时间和成本（见第 6 章），一些公司和组织试图通过遗传工程以外的途径获得理想性状。功能丧失型性状，特别是只需单个基因突变导致的性状，可以很容易地通过非 GE 诱变的方法获得，因为对 DNA 序列的随机突变更可能是破坏而并非改良某个蛋白的功能。另一方面，需要导入新基因才能产生的性状，或者是在不同的组织或细胞类型中对基因的表达模式进行复杂地重编程，则只能通过遗传工程策略实现。

　　以下的理论研究旨在降低可能的新作物叶片中的有毒化合物浓度。所有可用的植物种质资源中包含的有毒化合物浓度往往超过可接受的范围。在概念验证的研究阶段，可以先探索 RNAi 下调，或者使用 CRISPR/Cas9 或 TALEN 敲除与有毒化合物合成相关的靶标基因等策略的功效。一旦确定了靶标基因，则可以应用定向诱导基因组局部突变技术（TILLING）等不涉及遗传工程的策略。TILLING 的流程如下：首先对植物群体进行化学诱变，然后利用分子生物学的方法筛选所需的突变等位基因，再杂交以获得该等位基因的纯合植株（Henikoff et al., 2004）。这一方法不需要对目标植株进行遗传转化。虽然创建初始的 TILLING 突变群体成本较高，且在多倍体异交物种中固定所需的等位基因相对复杂，但是如果在同一物种中筛选多个性状，该方法的成本则较为合算。TILLING 群体作为一项农业生物技术（Comis，2005；Slade and Knauf，2005），已经在许多作物和模式物种中应用数年之久（Perry et al.，2003；Comis，2005；Weil，2009）。与 RNAi 和基因组编辑等遗传工程引入的性状相比，TILLING 产生的性状对环境或食品安全的意外风险尚有待评估。TILLING 中使用的化学诱变会将随机突变引入植物基因组；虽然在大多数作物中，可以通过回交去除大部分此类突变，但是相比较 CRISPR/Cas9 只引起靶标基因的突变，TILLING 对作物的改良可能导致更多未知的突变（虽然体细胞变异不会成为TILLING 的问题，因为无需组织培养步骤）。

常规育种和遗传工程的策略都会选育功能获得型的性状，如增加有益组分的含量（营养元素或药用化合物等）。如果物种中存在足够多的自然变异，则可以基于分子标记或基因组学的方法，或通过标记辅助导入来改良品种，提高其产量。增加青蒿中抗疟疾化合物青蒿素的产量就是一个很好的例子（Graham et al.，2010）。如果缺乏自然变异，比如尝试在苜蓿叶片中导入浓缩单宁以改良牧草的品质时（Lees，1992），遗传工程的策略可能是唯一可行的选择。从理论上来说，通过 TILLING 导入功能获得型性状是可行的；如果这一策略不成功，则可以过表达关键生物合成步骤的限速酶，或者过表达一种或多种正调控转录因子来导入性状。这些方法的例子在第 8 章展示。

7.4.4　编辑数量性状位点

并非所有的性状都由单基因控制。许多农艺性状是复杂性状，其表型变异受多个遗传位点调控；这些复杂性状涉及的多个基因也被称为数量性状位点（QTL）。科学家们已在种类繁多的作物中鉴定了调控多种农艺和品质性状的一系列 QTL。基于特定 DNA 序列的高遗传连锁率，可以通过常规育种的方法选择聚合了优良性状 QTL 的特定单株，并通过田间试验对其进行测试。

利用 QTL 筛选的方法也存在一定的局限性和障碍。首先，对于许多作物而言，会因为育性低、生育期长、自交衰退，或是上述数种情况同时发生，而导致难以甚至无法回交。其次，所需的 QTL 可能与负面影响其他重要性状的基因紧密连锁（共遗传），也就是"连锁累赘"；这种情况对位于染色体低重组区域的基因而言很常见，或者当目标 QTL 来自野生近缘种的基因组时，也不太容易与栽培种的基因组重组。最后，将一个特定的QTL 导入所有感兴趣的植物，需要付出大量的努力：需要通过多次回交来清除不连锁的导入片段，如果在温室或田间种植多个世代的群体，将代价高昂。因此，QTL 的基因组编辑为那些繁殖周期存在挑战的物种进行品种改良提供了另一种方案。

在已知某些特定核苷酸可以调控 QTL 的前提下，基因组编辑可用于对 QTL 的碱基进行编辑，以获得更有利的等位基因。然而并非所有的 QTL 都已认识到基因或等位基因的层面；对于大多数 QTL，可能仅被定位在染色体的某个区域。因此，可以通过基因组编辑技术将基因组的某一区段进行替换，尽管目前的方法效率不高，对可编辑 DNA 长度的限制也犹未可知。

发现：基因组编辑方法可以通过改变基因的组成和表达以及靶向插入事件，来补充和扩展当代的遗传改良技术。

发现：现有的基因组编辑方法和活性成分，其精确度和效率正在飞速地提高中。

7.5 评估基因组编辑特异性的新兴技术

新出现的基因组编辑技术，一个备受推崇的特点是其极端的特异性——ZFN、TALEN 和 CRISPR/Cas9 核酸酶系统均依赖于对目标序列的识别，因此可以靶向和编辑基因组的单个核苷酸。然而，对脱靶效应的程度难以评估，且脱靶效应可能产生意想不到的效应。因此开发评估这些影响的工具尤为重要，下面将介绍相关的新策略。

7.5.1 生物信息预测

对于 ZFN、TALEN 和 CRISPR 系统，开发的计算程序可帮助设计活性成分，以尽量减少脱靶效应（如 Fine et al.，2014；Heigwer et al.，2014；Naito et al.，2014）。通常而言，这些程序是为各个基因组编辑的活性成分量身定制的，可以评估目标序列与基因组其他位点的同源性。用户可以调整多方面的参数，如核酸酶特异性、结合能、结合偏好和允许错配的最大限度，来优化技术的限制或偏好。随着基因组编辑脱靶效应的经验数据的积累，相关程序也在不断优化以提高其灵敏度和特异性。

7.5.2 基于分子的方法

多种方法已被用于评估基因组编辑系统的脱靶效应，如通过靶向扩增，对一个或多个潜在的脱靶位点进行评估；或通过全基因组 DNA 重测序的方法，对所有可能的脱靶位点进行无偏的捕获和检测。对于少数几个潜在的脱靶位点，可以通过简单的分子生物学技术进行扩增，然后用错配特异性核酸酶进行处理，该酶可识别 SNP 或异源双链 DNA 中的插入和缺失，对应的产物可用凝胶电泳进行分离。另外，也可以对聚合酶链式反应的产物进行测序，并通过序列比对进行检测。这种廉价快速的方法对少量位点的检测已经足够，但是其不可扩展，也受限于对潜在脱靶位点先验知识的认识。最近开发了一种无偏检测技术，结合高通量测序，通过捕捉合成的双链寡核苷酸链来检测双链断点。这种技术称为 GUIDE-seq，它可在全基因组层面无偏地识别双链断点并通过测序检测，最近在人类细胞系中使用 CRISPR/Cas9 基因组编辑平台对其进行了验证（Tsai et al.，2015）。相比较基于计算程序对脱靶位点的预测，GUIDE-seq 技术更胜一筹，针对 13 种不同的 CRISPR RNA 引导的核酸酶可以鉴定明显更多的脱靶位点。实际上，GUIDE-seq 技术可以获取所有已知和潜在的脱靶位点，而其中大部分都未被计算所检测到，表明基于软件对脱靶位点进行预测，在灵敏度上存在很大的限制。GUIDE-seq 方法可以检测到非 CRISPR RNA 引导的核酸酶导致的双链断点，因此可能存在基因组编辑之外的可遗传的染色体断裂。更值得注意的是，Tsai 等人的研究还发现如果使用截短的向导 RNA，脱靶效应大幅度减少，表明随着 CRISPR 系统的不断完善，基因组编辑的特异性还将得到进一步提高。在创建编辑的再生植株之前，GUIDE-seq 技术可以很容易地在植物原生质体中对基因组编辑组分进行测试和优化。

7.6 基于组学技术对基因组变异的检测

在过去的 15 年中，已开发出一系列积累和评估生物大数据的先进技术，包括对 DNA 序列（基因组）、转录本（转录组，涉及 RNA）、DNA 修饰（表观基因组）、较小规模的蛋白质及其修饰（蛋白质组）及代谢物（代谢组）的检测。这些数据集可以通过对非 GE 和 GE 株系的比较分析，更加全面地认识植物的基因表达、代谢和组成的影响。这些技术同样可以检测作物在 DNA、RNA、蛋白质、代谢和表观遗传层面的自然变异程度，并确定 GE 作物的变异是否在自然群体和品种的变异范围之内。如下文所讨论的每种组学数据类型，相关的分子检测技术在 2015 年看来相对较新，且发展极为迅速。在本委员会撰写此报告时，有些技术已经可以生成相应的数据集，以评估遗传工程事件的效应。预期在未来的十年，将进一步提高组学技术的精确度和通量，也许有一天会成为评估遗传工程效应的有效技术。奥巴马总统于 2015 年 1 月 [1] 提出精准医疗的倡议，旨在阐明个体之间的遗传差异，以及癌症和病变细胞（相较于健康细胞而言）存在的突变是如何影响人类健康的。在作物的遗传工程和常规育种中也有类似的项目，利用多组学手段深入研究植物的生物学过程，进而评估作物的遗传修饰效应。

7.6.1 基因组学

确定遗传工程（无论是农杆菌或基因枪介导的核基因组转化、RNAi，还是基因组编辑等新技术）脱靶效应的策略之一，是比较 GE 植株的基因组和非 GE 亲本的参考基因组。作为一个物种的基因组蓝图，参考基因组不仅能够反映等位基因的多样性，也能鉴定与表型相关的基因。认识一个物种的自然变异，就可以比较编辑后的基因组和参考基因组之间的差异，进而揭示遗传工程带来的期望内或计划之外的变异，从而评估这些变异是否会产生负面的效应。任何一个物种的植株甚至品种之间，都存在着与生俱来的 DNA 序列变异，因此需要将遗传工程带来的变异和非 GE 亲本，以及基因组的自然变异范围进行比较。也就是说，遗传工程带来的变异，需放在合适的背景下考虑。

1. 背景

1995 年 7 月，第一个生物基因组序列，即流感嗜血杆菌的全基因组序列（1 830 137 碱基）被报道（Fleischmann et al.，1995）。而这一开创性的技术成就可能归功于自动化 DNA 测序方法的发展、计算机处理能力的提高，以及基于片段和随机 DNA 序列重构完整基因组算法的建立。1995 年 10 月，生殖支原体的基因组被报道（Fraser et al.，1995）；相关全基因组鸟枪测序和组装的方法成为了获得基因组序列的常用技术。随后的 20 年间，更高通量且低成本的基因组测序和组装方法不断涌现（见综述 McPherson，2014），使得对生物界数以百计的物种和数以千计的个体进行基因组测序成为了可能。例如，自 2001 年人类参考基因组的草图发布以来（Lander et al.，2001；Venter et al.，2001），已完成

1　简报：奥巴马总统精准医疗倡议。见 https://www.whitehouse.gov/the-press-office/2015/01/30/fact-sheet-president-obama-s-precision-medicine-initiative。访问于 2015 年 11 月 12 日。

了数千个人类个体的基因组测序，包括比较基因组的测序项目如数以千计的个体遗传变异的深度索引[1]、单个个体正常细胞与肿瘤细胞的比较、遗传病家族的分析及疾病和健康人群的比较等。这些项目重点关注物种等位基因多样性的检测，并将基因与表型（如特定疾病的倾向）相联系。

2. 现阶段植物基因组从头测序和组装策略的局限性

现阶段，基因组从头测序和组装的策略包括以下几个步骤：将 DNA 随机片段化、测序序列的生成，以及通过组装算法对基因组序列进行组装。尽管这些方法稳健且不断在改进，但是必须注意到其对复杂真核生物的全基因组序列仍然束手无策。事实上，即使是人类基因组序列——花费了数十亿美元获得的高质量人类参考基因组序列，已经在对人类生物学（包括癌症和其他疾病）的理解方面提供了大量的有用信息，但是序列信息仍然不完整。对于植物而言，高质量基因组组装的里程碑是模式物种拟南芥，其基因组非常小，并于 2000 年发表（*Arabidopsis* Genome Initiative，2000）。在拟南芥参考基因组序列发布超过 15 年后，甚至在补充了超过 800 份其他种质序列的情况下[2]，拟南芥 Col-0 参考基因组仍有 3000 万～4000 万核苷酸序列的缺失（Bennett et al.，2003）。大多数缺失序列属于高度重复序列（如核糖体 RNA 基因和着丝粒重复序列）；受限于技术手段，也存在部分基因区域序列的缺失。随着基因组规模的增大和重复序列复杂度的增加，完整地展示全基因组序列将更具挑战性。实际上，大多数主要作物（玉米、小麦、大麦和马铃薯）的基因组组装仅停留在草图的阶段且存在大量的缺失（Schnable et al.，2009；Potato Genome Sequencing Consortium，2011；International Barley Genome Sequencing，2012；Li et al.，2014a），尚无法提供完整且具代表性的基因组。

在本委员会撰写此报告时，在几个主要作物中正在开展类似人类 10 000 基因组计划的"泛基因组"研究，以探索物种的整体多样性（Weigel and Mott，2009）。令人惊讶的是，在这些研究中，一些植物物种呈现丰富的基因组多样性，不仅体现在等位基因的组成上，也包括其基因的含量（Lai et al.，2010；Hirsch et al.，2014；Li et al.，2014b）。因此，来自某个物种一个单株的"参考"基因组序列，不仅不能充分代表整个群体的遗传组成和多样性，也限制了对基因组差异的解析（如基于基因组编辑等新技术产生的 GE 作物）。

3. 重测序：评估参考基因组和待测基因组之间的差异

一旦作物基因组的 DNA 序列足以组装成高质量的参考基因组，重测序技术将成为一项强大且成本经济的技术，用于检测相关品种（单株）或 GE 品系之间的基因组差异。重测序技术需要生成待测基因组（与参考基因组进行比较的基因组）的随机序列，将这些序列比对到参考基因组，并基于算法分析待测和参考基因组之间的差异。这种方法的优势在于价格低廉，且允许将多个待测基因组与参考基因组进行比较，从而获得物种个体之间相似性和差异性的大量数据（图 7-5）。然而，这种方法仍存在一定的局限性，会影响对两个基因组是否存在差异的判断。第一，测序中的读取质量将影响对数据的解读，即读取误差

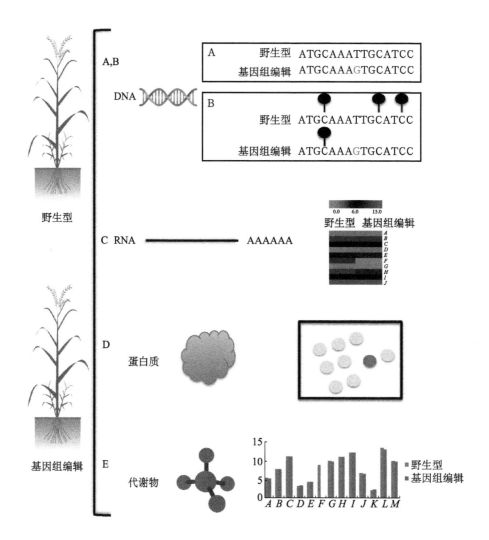

图 7-5　基因组编辑的 GE 植株在基因组、表观基因组、转录组、蛋白质组和代谢组中的差异检测
（见彩图）（插图由 C. R. Buell 提供）

对基因组编辑植株的组学评估涉及基因组测序、表观基因组鉴定、转录组分析、蛋白质组分析和代谢物分析，以及其与野生型对照（未编辑的单株）的比较。A. 对野生型和基因组编辑的单株进行基因组测序，并且利用生物信息学方法检测 DNA 序列（红色 G）的差异。B. 通过亚硫酸氢盐测序和染色质免疫沉淀（利用抗体靶向染色质上组蛋白的修饰）来评估表观基因组的变化；棒棒糖符号表示甲基化的胞嘧啶残基。C. 转录组测序用于定量野生型（WT）和基因组编辑材料（GE）的表达丰度；如图例所示，基因 A 至 J 的表达范围为 0～15；所有基因的差异一目了然，仅基因 F 在野生型和基因组编辑的材料之间表现出明显的表达差异，和敲除材料的预期是一致的。D. 蛋白质组学用于分析野生型与基因组编辑材料中蛋白质丰度的差异；所有的蛋白质都同时存在于野生型和基因组编辑的材料中（黄点），而蛋白质 F 仅存在于野生型材料（绿点）中，和敲除材料的预期是一致的。E. 野生型和基因组编辑的材料中代谢物 A 至 M 的水平；与野生型相比，代谢物 F 的水平为零，和敲除材料的预期是一致的。

可能被错误地解读为序列多态性。第二，测序序列的覆盖度会限制对全基因组的查询，因为取样的随机性会导致基因组的某些区域未被覆盖。第三，文库的构建[1]和测序的偏好性也将影响出现在重测序数据中的序列，这些序列将用于和参考基因组的比对。第四，如果待测基因组和参考基因组的差异过大，那么通过序列比对将很难检测到所有的多态性，尤其是插入和缺失变异及其附近的 SNP 位点。第五，序列比对和多态性检测仅限于基因组的非重复区域，所以基因组重复序列区域的多态性很难被评估。虽然重测序技术的局限性始终存在，但其仍然是检测野生型植株（正常未转化单株）和编辑植株基因组序列差异的强大方法。随着技术的革新，使用重测序技术揭示基因组差异的方法也将不断完善。

4. 计算的策略

截至本委员会撰写报告之时，代替重测序技术的方法也不断涌现，用以检测两个基因组之间的 DNA 序列多态性。

多态性鉴定的计算基础是基于 k-mer 计数的算法（k-mer 指给定长度的特异核苷酸序列），分别在两个读取池（如野生型和突变体）中鉴定特异的 k-mers，并通过计算识别两个样本之间不同的 k-mers。进一步基于 k-mers 鉴定其多态性（SNP 与插入或缺失），并将多态性与基因和潜在的表型相关联（Nordstrom et al.，2013；Moncunill et al.，2014）。这样的程序在识别 SNPs 和插入/缺失方面，其灵敏度和特异性可以比拟甚至胜过现有的基因组测序方法，因此也可能更好地识别遗传工程导入的基因组变异。本委员预计该领域将继续迅速发展，并有望以更高的灵敏度和特异性读取基因组 DNA。

7.6.2 转录组学、蛋白质组学和代谢组学在评估遗传工程生物学效应中的应用

2004 年国家研究委员会在"遗传工程食品安全性"的报告中提出，认识食物成分的 RNA、蛋白质和代谢物水平至关重要，可用于确定相比较传统育种作物而言，遗传工程是否导致实质性的差异（NRC，2004；见第 5 章）。虽然基因组为细胞提供了"蓝图"，但是对转录组、蛋白质组和代谢组的评估，可用于阐明基因组的变异在下游是如何改变表型的。检测植物转录本、蛋白质和代谢物的方法将在下文进行阐述，包括截至本报告撰写之时，本委员会对检测灵敏度和特异性现存局限性的评价。需要警告的是，对这些技术的应用，无论是否和遗传工程相关，都必须考虑其本身的生物学变异。即使在相同条件下基因型相同的植株，其在转录组、蛋白质组和代谢组上也存在差异。针对这样的差异，科学工作者会使用生物学重复，以及多种组学和分子生物学的方法来解决。除了生物学的变异，等位基因变异还会导致不同品种的转录本、蛋白质和代谢物水平表现差异。为了准确判断遗传工程事件在转录组、蛋白质组或代谢组等层面带来的变异，可以对商业化种植的作物品种的广泛变异进行调查，并与 GE 品系进行比较，以确定修饰的水平是否超出了作物的变异范围。因此，对 GE 作物的评估，其解释必须依赖于特定作物固有的生物学和等位基因变异的背景。由于科学工作者对植物细胞中大量的基因、转录本、蛋白质和代谢物的功能知之甚少或一无所知，这也使评估变得困难。

---

1 DNA 序列的文库是通过生成基因组随机片段来构建的，这些片段的组合代表了基因组的完整序列。

1. 转录组学

高通量测序技术的进步也促进了转录组定量检测方法的发展，即检测样本中的表达基因。RNA 测序（RNA-seq）是方法之一，需要抽提 RNA，将 RNA 反转录成 cDNA，生成测序的序列，以及基于生物信息学分析评估表达水平、选择性剪接和选择性转录起始或终止位点（Wang et al.，2009；de Klerk et al.，2014）。该方法可以对细胞中的 RNA 进行详细地评估，包括 mRNA、小 RNA（包括参与 RNAi 的干扰 RNA）、总 RNA、与核糖体结合的 RNA，以及 RNA-蛋白质复合物。这种通过构建 RNA-seq 文库、生成测序的序列、与参考基因组比对并确定基因表达丰度的方法，即使在只有草图基因组序列的情况下也非常有效，只要能提供基因组几乎全部基因的信息（Wang et al.，2009；de Klerk et al.，2014）。在确定两个样本之间的差异表达时，比如分析相同基因型的两个植株在不同发育阶段的差异表达，相关的统计学方法日趋成熟，但也受限于转录组本身的生物学差异。实际上，野生型材料各个独立的生物学重复之间往往也存在差异。例如，在一个给定的实验处理中，如果在各个独立的生物学重复之间，对全部转录组的表达丰度进行评估，其 Pearson 相关系数大于 0.95 甚至大于 0.98，那么认为该实验是高度可重复的。但是即使 Pearson 相关系数非常高，许多基因在生物学重复中的表达仍然存在差异。因此，对 GE 植株差异基因表达的检测，需要考虑非转化植株在生物学重复之间的基因表达差异，以确保遗传工程事件未对转录组产生较大的影响。

对野生型和编辑植株之间的表达差异进行检测时，导致其结果黯然失色的原因是，对于任何一个植物物种而言，其大量的基因、转录本和蛋白质的确切功能还知之甚少。在玉米中，近三分之一的基因缺乏有意义的功能注释；即使提供了具信息量的功能注释，其注释也可能是基于序列相似性的自动传递式注释方法。因此，即使在野生型和 GE 样本之间检测到差异表达基因，从健康或对生态系统影响的角度来进行解释仍然是一项巨大的挑战。例如，研究表明通过遗传工程在水稻中导入抗真菌蛋白后，GE 株系中约 0.4% 的转录组发生了变化（Montero et al.，2011）；对其中 20% 的变化进行分析，结果表明 35% 的意外效应是由组培过程中的植株转化和再生所导致的；而 15% 的变异归因于转基因对应的特定事件。这些转基因造成的变化中，大约 50% 的差异表达基因同样会在非 GE 水稻受到伤害时被诱导表达。基于研究中所记录的转录水平的变化，仍然无法判断 GE 水稻在食品安全方面是否比非 GE 对照更差、相当或更好。评估遗传工程对转录组的生物学效应的方法之一，是在分析中加入一系列常规育种的品种，以确定 GE 株系的表达水平范围是否落在作物的观测范围，但这种方法仍然不能提供食品或生态系统安全的确切证据。

2. 蛋白质组学

有数种方法可以用来比较样品间蛋白质的组成和蛋白质翻译后修饰的差异（见综述 May et al.，2012）。例如，双向差异凝胶电泳法（two-dimensional difference in-gel electrophoresis）可以定量比较两个蛋白质组，通过给样品添加不同的标记来实现样品的分离和定量化（图 7-5 D）。在另一种检测蛋白质组的质谱法（mass spectrometry，MS）中，蛋白质首先被降解成特定大小的片段（通常需要借助蛋白酶，这是一类在特定位点催化裂解蛋白质为多肽的酶类），然后利用液相色谱（liquid chromatography）等技术分离这些片段，最后用质谱法来检测这些多肽片段的质荷比。质谱数据为每条多肽提供一个特异的

"标识（signature）"，之后通过搜索算法将这些"标识"与数据库的已知信息，即通过基因组和转录组测序预测的多肽和蛋白质进行比较，从而确定这些多肽的特征。此外，差异同位素标记法（differential isotope labeling）可以用于质谱法中，以定量比较蛋白质样品的差异。目前所有的蛋白质组技术在灵敏性上都存在局限性，即全蛋白质组的研究通常只能检测到丰度最高的蛋白质（Baerenfaller et al.，2008）。此外，样品制备的方法也需要改进，以检测蛋白质组的不同组分（如可溶性蛋白和膜结合蛋白，或分子质量较小和较大的蛋白质等）（Baerenfaller et al.，2008）。因此，为了更广泛地评估蛋白质组，必须尝试一系列样品制备方法。最后，与其他组学方法一样，科学工作者对大部分蛋白质在植物细胞中的作用还知之甚少，这也给解释蛋白质组差异的意义带来了困难。

3. 代谢组学

为了对 GE 作物进行评估并获得监管部门的批准，最常见的做法是对特定代谢物或代谢物类别进行针对性分析，这些代谢物可能与目标物种某个现有性状或正在改良的性状相关，如果浓度过高则具有潜在的毒性。根据现行的监管要求，对实质性代谢当量的评估是基于大分子总量的浓度来进行的（如蛋白质和纤维素），包括营养物质如氨基酸和糖类，以及可能会引起关注的特定次生代谢物。

与基因组学、转录组学和蛋白质组学一样，被称作代谢组学的技术飞速发展，可用于检测特定生物体或组织中所有代谢物的性质和浓度。在 GE 作物的商业化符合监管要求之前，提供这些代谢物的信息是否必需尚存争议。但是，与基因组学和转录组学的方法相比，目前代谢组学只能提供一部分代谢物的数据集；而基于现有的测序技术，在技术层面评估生物体的 DNA 序列或测量大部分或全部转录本的相对丰度却是简单可行的。其原因是每种代谢物的化学组成都不同，而 DNA 和 RNA 只包含 4 种核苷酸碱基的不同排列。代谢物通常利用气相色谱和高效液相色谱法进行分离；然后利用质谱法来确定代谢物的性质和浓度，并将质谱结果与同一分析系统运行的标准化学品库进行比较。该植物代谢组学分析方法的主要瓶颈在于，植物界含大量属特异甚至种特异的天然产物（见第 5 章 5.1"遗传工程作物的参照物"中有关植物天然产物的讨论）。目前，成熟的植物代谢组学商业化平台可测定约 200 种发现的化合物，这些化合物多属于初级代谢途径产物，且不能很好地代表那些分布不够广泛的自然产物（Clark et al.，2013）。然而，现阶段的技术仍可以区分大量不同且未知的代谢产物；即使特定代谢产物的特征尚不明确，通过分析代谢产物含量在 GE 作物中是否受到特别的影响，也能提供有用的信息。例如，结合分离平台和质谱技术，可以解析 175 种唯一识别的代谢产物和 1460 个未注释或注释不够精确的峰；它们在一起代表了番茄（*Solanum lycopersicum*）化学物质约 86% 的多样性（Kusano et al.，2011）。这种方法可以确定某种代谢物的峰是否存在于 GE 作物但对照中没有，反之亦然；但是对于代谢组学而言，在目标物种还缺少完全定义的代谢组，即已知所有组分毒性的情况下，是无法确定 GE 或非 GE 植物是否含有任何预期之外或有毒的化学物质的。

对代谢物进行非靶向分析的另一种方法是进行代谢指纹分析，并依靠统计学工具来比较 GE 和非 GE 的材料。这种方法并不需要先对代谢物进行分离，而是基于流动注射电喷雾离子法质谱（flow-injection electrospray ionization mass spectrometry）（Enot et al.，2007）或核磁共振（nuclear magnetic resonance，NMR）质谱（Baker et al.，2006；

Ward and Beale，2006；Kim et al.，2011）。NMR 质谱法非常快速，不需要分离代谢物，但在很大程度上依赖于计算和统计方法来解释光谱和评估差异。

一般而言，除了少数特例外，代谢组学研究的结论是，作物的代谢组受环境的影响更甚于遗传的影响，通过遗传工程对植物进行修饰，通常不会使代谢组产生偏离目标以至于超出物种自然变异范围的变化。对种植于北美六个地区的 50 份具遗传多样性的材料，即来自杜邦先锋公司的非 GE 商业玉米杂交种进行了代谢组基础分析（代表了籽粒中的 156 种代谢物和饲料中的 185 种代谢物），结果表明环境对代谢组的影响（影响 50% 的代谢物）远大于遗传背景（仅影响 2% 的代谢物）；这种差异在饲用玉米中比在食用玉米中更加显著（Asiago et al.，2012）。对 Bt 水稻的研究也表明，环境因素对大多数代谢物含量的影响远胜于遗传工程（Chang et al.，2012）。在大豆中，研究人员以代表现有商业品种遗传多样性的大量传统育种大豆品系为研究对象，基于非靶向代谢组学的方法在种子中检测到 169 种代谢物的动态范围（Clark et al.，2013）。虽然单个代谢物的含量变化广泛，但是对三酮类除草剂硝磺酮存在抗性的 GE 家系（靶向类胡萝卜素途径并导致植株对光漂白敏感）的研究表明，其代谢组并未显著偏离现有遗传多样性涉及的自然变异范围，而仅在靶向的类胡萝卜素途径出现了预期的变化。类似的代谢组学方法也得到结论：如果在相同的环境条件下生长，孟山都 Bt 玉米基本上等同于常规育种玉米（Vaclavik et al.，2013）；与其他水稻品种相比，富含类胡萝卜素的 GE 水稻与其亲本更相似（Kim et al.，2013）。这些研究表明，利用代谢组学来评估实质等同性，需要进行多点试验并仔细分析，以区分遗传效应和环境效应，特别是要区分可能存在的基因-环境互作影响。

一些代谢组学和转录组学研究表明，转基因插入或涉及转化植株再生的组培过程，会导致与过程本身相关的"代谢特征"（Kusano et al.，2011；Montero et al.，2011）。有报道称 GE 番茄中含有过量的味觉修饰蛋白——神秘果蛋白，尽管作者指出，在其他 GE 作物的类似研究中，"在成熟期与传统品种相比较，转基因品系和对照之间的差异很小"（Kusano et al.，2011）。

为了使代谢组学成为有用的工具，为特定的 GE 作物提供加强的安全性评估，有必要开发某个物种在所有可能的环境条件下，包含所有潜在代谢物的化学文库。这是一项艰巨的任务，在现有的生物和非生物胁迫条件下针对少数几种主要的商品作物也许可行；但即便如此，也不一定能涵盖未来可能面临的环境条件。对于小作物来说，在不久的将来不大可能为其开发带注释的代谢物文库。

7.6.3 表观基因组

1. 背景

一个基因的 DNA 序列可以转录成 mRNA，而 mRNA 又可以翻译成对应的蛋白质；在真核细胞的细胞核中，基因转录成 mRNA 的效率很大程度受基因 DNA 的化学修饰，以及与 DNA 相关的蛋白质的化学修饰的影响。在植物和其他真核生物中，基因组核 DNA 可以被化学修饰，并结合到被称为染色质的 DNA-蛋白复合体中的一系列蛋白上。染色质中的蛋白质主要是组蛋白，它们在调控转录复合体与基因及其启动子（调控区）的结合上起重要作用，从而控制 mRNA 和蛋白质的合成。植物中存在多种类型的组蛋白，每种组蛋白都发生一系列翻译后的修饰（如乙酰化和甲基化），这些修饰可以影响基因的转录能力。DNA 同样也可以通过胞嘧啶甲基化的共价修饰来影响转录能力。总的来说，这些修饰影响基因的表达，并且在不同的时间跨度内是可遗传的，被称为表观遗传标记。

表观遗传标记往往决定转录的能力，表观遗传状态的改变（自然的但不经常发生）可以导致目标基因的表达谱或表达模式的改变。例如，当一个转座子插入一个基因内或其附近时，这个基因可被"沉默"，这是由于细胞自身的 RNA 介导的 DNA 甲基化机制被激活，使转座子附近的区域变得高度甲基化从而抑制转录。在作物中也天然存在不同的表观遗传标记，如在番茄中发现的参与维生素 E 合成的 2-甲基-6-植二醇甲基转移酶基因的等位变异（Quadrana et al.，2014）以及胚乳组织中的基因印记，均属于转座子元件介导的基因沉默，后者转座元件插入的差异主要存在于父本和母本中（Gehring et al.，2009）。

2. 研究表观基因组的方法

研究表观基因组的方法可行且发展迅速。对于 DNA 甲基化，可通过亚硫酸盐测序获得高通量的单核苷酸分辨率（BS-seq；见综述 Feng et al.，2011；Krueger et al.，2012）结果。BS-seq 方法与基因组重测序方法相似，只是基因组 DNA 首先用亚硫酸盐处理，将胞嘧啶转化为尿嘧啶，但不影响 5-甲基胞嘧啶残基。因此构建表观基因组文库时，非甲基化的胞嘧啶会在聚合酶链式反应步骤之后，以胸腺嘧啶的形式检测出来。测序完成后，将序列与参考基因组序列进行比对，非甲基化的胞嘧啶被检测为 SNPs，并与未经处理的 DNA 构建的平行文库进行比较（见 7.6.1 中的"重测序：评估参考基因组和待测基因组之间的差异"；图 7-5）。BS-seq 方法存在一些局限性，如胞嘧啶的不完全转换、DNA 降解，以及如上文所述的重测序中提及的序列定位限制、测序深度和测序错误等问题，而无法对完整的甲基化组进行评估。另一个限制是植物基因组胞嘧啶甲基化的动态性。来自同一亲本的植物，即使没有经过任何传统的选择或 GE 转化，也可能有不同的表观基因组——这是"表观遗传漂变"的一个例子（Becker et al.，2011）。因此，在某个特定的时间点确定一个植株的表观基因组，不一定表明该植株后代也有相同的表观基因组。

组蛋白标记可以通过染色质免疫共沉淀和高通量测序（ChIP-Seq；见综述 Yamaguchi et al.，2014；Zentner and Henikoff，2014）检测到。首先分离染色质并使蛋白质保持与 DNA 结合。然后将 DNA 降解，并利用不同组蛋白标记对应的抗体有选择地分离与特定组蛋白结合的 DNA。最后，与抗体结合的 DNA 被用于文库的构建；对文库进行测序并将其比对到参考基因组，通过对应的算法来定义鉴定到组蛋白标记的基因组区域。ChIP-Seq 的灵敏度和特异性很大程度上取决于组蛋白标记抗体的特异性、测序结果与参考基因组比对的技术限制，以及参考基因组本身的整体质量等。此外，目前的认知还无法准确地预测许多表观遗传修饰对基因表达的影响，而通过转录组学可以更彻底也更容易地评估基因的表达。

7.6.4　基于组学技术对作物进行评估

上述的组学评价方法对 GE 和非 GE 作物新品种的评估可信度很高。在分级监管方法中（见第 9 章），组学评价方法可以在合理的监管框架中发挥重要作用。例如，在同一物种的新品种中引入先前批准的 GE 性状如 Bt 蛋白时，就可以考虑应用组学技术。当 GE 新品种与已有品种具有类似的组学特征时，就足以认为两者在实质上等同（图 7-6，第 1

级）。此外，如果组学分析揭示的差异对健康没有不良影响（如类胡萝卜素含量的增加），那么也满足实质等同的原则（图 7-6，第 2 级）。

上述方法对跨物种同样适用。例如，一旦确定在一个植物物种中产生的蛋白（如 Bt 蛋白）对健康没有风险，那么在另一个物种表达该蛋白，其唯一潜在的健康风险就是非预期的脱靶效应。如果与先前解除管制的 GE 作物或同一物种栽培种和非 GE 品种发现的变异范围相比，组学分析未发现差异（图 7-6，第 1 级）或者差异对健康没有不良影响（图 7-6，第 2 级），则说明它们在实质上是等同的。正如第 5 章所讨论的（见 5.2.3 中的"评估实质等同性的新方法"），基于组学方法比较 GE 和非 GE 品种的研究已超过 60 项，但这些研究都未发现引起关注的差异。

在有的情形下，组学分析表明进一步的安全性测试是必要的，例如，组学分析揭示的差异被认为对健康产生潜在的不良影响时（如负责糖苷生物碱合成的基因表达增加）（图 7-6，第 3 级）。另一种情况是，组学分析显示某种蛋白质或代谢物发生变化，其后果无法解释，并且超出了 GE 和非 GE 作物品种的变异范围（图 7-6，第 4 级）。必须指出的是，第 4 级情况本身并不表明一定存在安全问题。在非 GE 植物中，许多基因和对应的 RNA、蛋白质和代谢物的功能或对健康的影响尚不清楚。此外，植物中许多代谢物的化学结构，即各种分析系统中检测到的"峰"仍然犹未可知。对组学数据集的全面解析还有待对基础知识的更多认识。

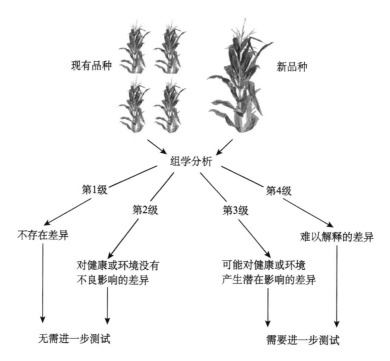

图 7-6　利用组学技术对作物分级评价（插图由 R. Amasino 提供）

根据各种组学技术的结果，可以采取一套分级的途径进行评估。第 1 级：待测品种和一系列传统育种品种之间不存在差异，这些传统育种品种代表了该物种的遗传和表型多样性。第 2 级：检测到的差异被认为对健康或环境没有不良的影响。第 3 级和第 4 级：发现了可能对健康或环境产生潜在影响的差异，需要做进一步的安全测试。

不同组学方法的效果存在很大差异。DNA 测序技术效率的进步，使得完整基因组或转录组的测序成本相比较监管成本来说并不算高。转录组学在实质等同性的评价中起重要作用，因为它可以相对直接地产生和比较广泛的转录组数据，利用多个生物学重复的数据来评估作物新品种和已推广品种之间的差别。如上所述，如未发现预期之外的差异，即可视作二者等同。在转录组水平等同的两个品种，也有可能由于转基因的产物影响特定 mRNA 的翻译或特定蛋白质的活性而在代谢物水平表现差异，但这并不常见。

基于新 GE 品种和非 GE 品种的多个单株基因组测序数据，可以确定哪个株系的基因组非靶标变异最少，这一策略直接有效且成本相对较低。正如本章前面所指出的，虽然诱变目前被归为常规育种，但可以导致基因组的广泛变异，因此产生的 DNA 序列数据对评估诱变育种的品种有一定参考价值。

目前通过代谢组学和蛋白质组学技术尚未获得代谢组或蛋白质组的全貌。但是这些组学方法仍然可以在评估中发挥作用。例如，若一个新品种与现有品种具有类似的代谢组或蛋白质组，则可为两者实质上等同提供支撑证据；若存在差异则表明可能需要进一步评估。

实质性等同最彻底的证据，则需要比较并全面了解一个作物品种和其他品种的生化成分。但正如上所述，目前的蛋白质组和代谢组技术还无法实现这一目标。然而展望未来，随着植物基础生化知识的不断增加，转化而来的信息将导致第 4 级监管情形不断减少；对植物生化层面的基础研究也将继续增加相关的认识，从而促进对作物新品种全面合理的评价；基础研究也将推进对植物基础生物学过程的根本认识，从而加快分子植物育种的进展。

发现：组学技术的应用可揭示在常规育种、体细胞变异和遗传工程中，基因组、转录组、表观组、蛋白质组和代谢组层面的修饰程度。要想全面利用组学技术进行实质等同性评估，则需要建立广泛的物种特异数据库，如生长在不同环境条件下，不同基因型个体的转录组、蛋白质组和代谢组的变异范围。虽然目前在技术上建立广泛的物种特异代谢组或蛋白质组数据库还不可行，但是基因组测序和转录组研究已经开始实施。

建议：为了发掘组学技术的潜力，进而评估作物新品种对人类健康和环境的影响（无论是预期内还是预期外），并改善作物的产量和品质，应在系统水平（DNA、RNA、蛋白质和代谢物）构建植物生物学更全面的知识库，以覆盖传统育种和遗传工程作物涉及的变异范围。

本 章 小 结

现代植物育种和遗传工程在提高作物产量、生产效率和成分上相辅相成。不同于简单的转基因超表达策略，反义 RNA 和 RNAi 技术也提供了新的能力。新兴的遗传工程技术（如基因组编辑和合成生物学）加上对表型遗传基础的认识，不仅能创建改良的作物品种，还能创建携带新性状的作物。

随着植物生物学基础知识的丰富和技术的革新，遗传工程和常规育种都得到了极大的发展。新兴的遗传工程技术由于其对精确度、复杂程度和多样性的颠覆，将有潜力大幅改变未来的作物生产（见第 8 章中的例子）。其应用的简易性也得到了显著的发展，并随时准备在对作物单株的改良中扩展其应用范围——也就是说，赋予作物新的性状（有时是单一性状，但也有多个性状）和新的功能。自 20 世纪 90 年代以来，DNA 测序技术和相关技术的革命层出不穷，可用于检测细胞中的主要分子，尤其是 DNA 和转录本，也包括蛋白质、代谢物和表观遗传标记等。植物育种家、遗传学家和其他科学工作者利用组学技术可以更好地认识生物学功能，而对其理解的加深则进一步提高了传统植物育种的效率，增强了科学工作者"读取"DNA 的能力；同时随着基因组编辑和合成生物学等各种技术的发展，将 DNA"写入"生物的技术也将随之发展。更为重要的是，对生物学的基础认识还在继续增长，技术也在不断改进。

新的组学方法除了有助于作物改良，还可以为常规育种和遗传工程培育的作物新品种对健康和环境影响的评估，提供一个开发分级策略的合理途径。

参 考 文 献

Ainley, W. M., L. Sastry-Dent, M. E. Welter, M. G. Murray, B. Zeitler, R. Amora, D. R. Corbin, R. R. Miles, N. L. Arnold, T. L. Strange, M. A. Simpson, Z. Cao, C. Carroll, K. S. Pawelczak, R. Blue, K. West, L. M. Rowland, D. Perkins, P. Samuel, C. M. Dewes, L. Shen, S. Sriram, S. L. Evans, E. J. Rebar, L. Zhang, P. D. Gregory, F. D. Urnov, S. R. Webb, and J. F. Petolino. 2013. Trait stacking via targeted genome editing. Plant Biotechnology Journal 11：1126-1134.

Akbari, B. O. S., H. J. Bellen, E. Bier, S. L. Bullock, A. Burt, G. M. Church, K. R. Cook, P. Duchek, O. R. Edwards, K. M. Esvelt, V. M. Gantz, K. G. Golic, S. J. Gratz, M. M. Harrison, K. R. Hayes, A. A. James, T. C. Kaufman, J. Knoblich, H. S. Malik, K. A. Matthews, K. M. O'Connor-Giles, A. L. Parks, N. Perrimon, F. Port, S. Russell, R. Ueda, and J. Wildonger. 2015. Safeguarding gene drive experiments in the laboratory. Science 349：927-929.

Annaluru, N., H. Muller, L. A. Mitchell, S. Ramalingam, G. Stracquadanio, S. M. Richardson, J. S. Dymond, Z. Kuang, L. Z. Scheifele, E. M. Cooper, Y. Cai, K. Zeller, N. Agmon, J. S. Han, M. Hadjithomas, J. Tullman, K. Caravelli, K. Cirelli, Z. Guo, V. London, A. Yeluru, S. Murugan, K. Kandevlou, N. Agier, G. Fischer, K. Yang, J. A. Martin, M. Bilgel, P. Bohutskyi, K. M. Boulier, B. J. Capaldo, J. Chang, K. Charoen, W. J. Choi, P. Deng, J. E. DiCarlo, J. Doong, J. Dunn, J. I. Feinberg, C. Fernandez, C. E. Floria, D. Gladowski, P. Hadidi, I. Ishizuka, J. Jabbari, C. Y. L. Lau, P. A. Lee, S. Li, D. Lin, M. E. Linder, J. Ling, J. Liu, M. London, H. Ma, J. Mao, J. E. McDade, A. McMillan, A. M. Moore, W. C. Oh, Y. Ouyang, R. Patel, M. Paul, L. C. Paulsen, J. Qiu, A. Rhee, M. G. Rubashkin, I. Y. Soh, N. E. Sotuyo, A. Srinivas, A. Suarez, A. Wong, R. Wong, W. R. Xie, Y. Xu, A. T. Yu, R. Koszul, J. S. Bader, J. D. Boeke, and S. Chandrasegaran. 2014. Total synthesis of a functional designer eukaryotic chromosome. Science 344：55-58.

Arabidopsis Genome Initiative. 2000. Analysis of the genome sequence of the flowering plant Arabidopsis thaliana. Nature 408：796-815.

Asiago, V. M., J. Hazebroek, T. Harp, and C. Zhong. 2012. Effects of genetics and environment on the metabolome of commercial maize hybrids：A multisite study. Journal of Agricultural and Food Chemistry 60：11498-11508.

Baerenfaller, K., J. Grossmann, M. A. Grobei, R. Hull, M. Hirsch-Hoffmann, S. Yalovsky, P. Zimmermann, U. Grossniklaus, W. Gruissem, and S. Baginsky. 2008. Genome-scale proteomics reveals Arabidopsis thaliana gene models and proteome dynamics. Science 320：938-941.

Baker, J. M., N. D. Hawkins, J. L. Ward, A. Lovegrove, J. A. Napier, P. R. Shewry, and M. H. Beale. 2006. A metabolomic study of substantial equivalence of field-grown genetically modified wheat. Plant Biotechnology Journal 4：381-392.

Baltes, N. J., and D. F. Voytas. 2014. Enabling plant synthetic biology through genome engineering. Trends in Biotechnology 33: 120-131.

Becker, C., J. Hagmann, J. Muller, D. Koenig, O. Stegle, K. Borgwardt, and D. Weigel. 2011. Spontaneous epige-netic variation in the *Arabidopsis thaliana* methylome. Nature 480: 245-249.

Bennett, M. D., I. J. Leitch, H. J. Price, and J. S. Johnston. 2003. Comparisons with Caenorhabditis (approximately 100 Mb) and Drosophila (approximately 175 Mb) using flow cytometry show genome size in *Arabidopsis* to be ap-proximately 157 Mb and thus approximately 25% larger than the *Arabidopsis* genome initiative estimate of approxi-mately 125 Mb. Annals of Botany 91: 547-557.

Birchler, J. A. 2015. Promises and pitfalls of synthetic chromosomes in plants. Trends in Biotechnology 33: 189-194.

Boch, J., H. Scholze, S. Schornack, A. Landgraf, S. Hahn, S. Kay, T. Lahaye, A. Nickstadt, and U. Bonas. 2009. Breaking the code of DNA binding specificity of TAL-type III effectors. Science 326: 1509-1512.

Büchges, R., K. Hollricher, R. Panstruga, G. Simons, M. Wolter, A. Frijters, R. van Daelen, T. van der Lee, P. Diergaarde, J. Groenendijk, S. Töpsch, P. Vos, F. Salamini, and R. Schulze-Lefert. 1997. The barley *Mlo* gene: A novel control element of plant pathogen resistance. Cell 88: 695-705.

Chang, Y., C. Zhao, Z. Zhu, Z. Wu, J. Zhou, Y. Zhao, X. Lu, and G. Xu. 2012. Metabolic profiling based on LC/MS to evaluate unintended effects of transgenic rice with *cry1Ac* and *sck* genes. Plant Molecular Biology 78: 477-487.

Chia, J. M., C. Song, P. J. Bradbury, D. Costich, N. de Leon, J. Doebley, R. J. Elshire, B. Gaut, L. Geller, J. C. Glaubitz, M. Gore, K. E. Guill, J. Holland, M. B. Hufford, J. Lai, M. Li, X. Liu, Y. Lu, R. McCombie, R. Nelson, J. Poland, B. M. Prasanna, T. Pyhäjärvi, T. Rong, R. S. Sekhon, Q. Sun, M. I. Tenaillon, F. Tian, J. Wang, X. Xu, Z. Zhang, S. M. Kaeppler, J. Ross-Ibarra, M. D. McMullen, E. S. Buckler, G. Zhang, Y. Xu, and D. Ware. 2012. Maize HapMap2 identifies extant variation from a genome in flux. Nature Genetics 44: 803-807.

Christou, P. 1992. Genetic transformation of crop plants using microprojectile bombardment. Plant Journal 2: 275-281.

Clarke, J. D., D. C. Alexander, D. P. Ward, J. A. Ryals, M. W. Mitchell, J. E. Wulff, and L. Guo. 2013. Assessment of genetically modified soybean in relation to natural variation in the soybean seed metabolome. Scientific Reports 3: 3082.

Clasen, B. M., T. J. Stoddard, S. Luo, Z. L. Demorest, J. Li, F. Cedrone, R. Tibebu, S. Davison, E. E. Ray, A. Daulhac, A. Coffman, A. Yabandith, A. Retterath, W. Haun, N. J. Baltes, L. Mathis, D. F. Voytas, and F. Zheng. 2016. Improved cold storage and processing traits in potato through targeted gene knockout. Plant Biotechnolo-gy Journal 14: 169-176.

Clough, S. J., and A. F. Bent. 1998. Floral dip: A simplified method for *Agrobacterium*-mediated transformation of *Arabidopsis thaliana*. Plant Journal 16: 735-743.

Comis, D. 2005. TILLING genes to improve soybeans. Agricultural Research 53: 4-5.

Daniell, H. 2002. Molecular strategies for gene containment in transgenic crops. Nature Biotechnology 20: 581-586.

De Cosa, B., W. Moar, S. B. Lee, M. Miller, and H. Daniell. 2001. Overexpression of the *Bt cry2Aa2* operon in chlo-roplasts leads to formation of insecticidal crystals. Nature Biotechnology 19: 71-74.

de Klerk, E., J. T. den Dunnen, and P. A. C. 't Hoen. 2014. RNA sequencing: From tag-based profiling to resolving complete transcript structure. Cellular and Molecular Life Sciences 71: 3537-3551.

Doudna, J. A., and E. Charpentier. 2014. Genome editing. The new frontier of genome engineering with CRISPR-Cas9. Science 346: 1258096.

Ellis, T., T. Adie, and G. S. Baldwin. 2011. DNA assembly for synthetic biology: From parts to pathways and be-yond. Integrative Biology: Quantitative Biosciences from Nano to Macro 3: 109-118.

Enot, D., M. Beckmann, and J. Draper. 2007. Detecting a difference—assessing generalisability when modelling metabolome fingerprint data in longer term studies of genetically modified plants. Metabolomics 3: 335-347.

Esvelt, K. M., A. L. Smidler, F. Catteruccia, and G. M. Church. 2014. Emerging technology: Concerning RNA-guided gene drives for the alteration of wild populations. eLife 3: e03401.

Farhi, M., E. Marhevka, J. Ben-Ari, A. Algamas-Dimantov, Z. Liang, V. Zeevi, O. Edelbaum, B. Spitzer-Rimon, H. Abeliovich, B. Schwartz, T. Tzfira, and A. Vainstein. 2011. Generation of the potent anti-malarial drug artemisinin in tobacco. Nature Biotechnology 29: 1072-1074.

Feng, S., L. Rubbi, S. E. Jacobsen, and M. Pellegrini. 2011. Determining DNA methylation profiles using sequencing. Methods in Molecular Biology 733: 223-238.

Fine, E. J., T. J. Cradick, C. L. Zhao, Y. Lin, and G. Bao. 2014. An online bioinformatics tool predicts zinc finger and TALE nuclease off-target cleavage. Nucleic Acids Research 42: e42.

Fire, A., S. Xu, M. K. Montgomery, S. A. Kostas, S. E. Driver, and C. C. Mello. 1998. Potent and specific genetic interference by double-stranded RNA in *Caenorhabditis elegans*. Nature 391: 806-811.

Fleischmann, R. D., M. D. Adams, O. White, R. A. Clayton, E. F. Kirkness, A. R. Kerlavage, C. J. Bult, J. F. Tomb, B. A. Dougherty, J. M. Merrick, K. McKenney, G. Sutton, W. Fitzhugh, C. Fields, J. D. Gocayne, J. Scott, R. Shirley, L. I. Liu, A. Glodeck, J. M. Kelley, J. F. Weidman, C. A. Phillips, T. Spriggs, E. Hedblom, M. D. Cotton, T. R. Utterback, M. C. Hanna, D. T. Nguyen, D. M. Saudek, R. C. Brandon, L. D. Fine, J. L. Fritchman, J. L. Fuhrmann, N. S. M. Geoghagen, C. L. Gnehn, L. A. McDonald, K. V. Small, C. M. Fraser, H. O. Smith, and J. C. Venter. 1995. Whole-genome random sequencing and assembly of *Haemophilus influenzae* Rd. Science 269: 496-512.

Fraser, C. M., J. D. Gocayne, O. White, M. D. Adams, R. A. Clayton, R. D. Fleischmann, C. J. Butt, A. R. Kerlavge, G. Sutton, J. M. Kelley, J. L. Fritchman, J. F. Weidman, K. V. Small, M. Sandusky, J. Fuhrmann, D. Nguyen, T. R. Utterback, D. M. Saudek, C. A. Phillips, J. M. Merrick, J. F. Tomb, B. A. Dougherty, K. F. Bott, P. C. Hu, T. S. Lucier, S. N. Peterson, H. O. Smith, C. A. Hutchison, and J. C. Venter. 1995. The minimal gene complement of *Mycoplasma genitalium*. Science 270: 397-403.

Gaeta, R. T., R. E. Masonbrink, L. Krishnaswamy, C. Zhao, and J. A. Birchler. 2012. Synthetic chromosome platforms in plants. Annual Review of Plant Biology 63: 307-330.

Gantz, V. M., and E. Bier. 2015. The mutagenic chain reaction: A method for converting heterozygous to homozygous mutations. Science 348: 442-444.

Gehring, M., K. L. Bubb, and S. Henikoff. 2009. Extensive demethylation of repetitive elements during seed development underlies gene imprinting. Science 324: 1447-1451.

Gibson, D. G., J. I. Glass, C. Lartigue, V. N. Noskov, R. Y. Chuang, M. A. Algire, G. A. Benders, M. G. Montague, L. Ma, M. M. Moodie, C. Merryman, S. Vashee, R. Krishnakumar, N. Assad-Garcia, C. Andrews-Pfannkoch, E. A. Denisova, L. Young, Z. -Q. Qi, T. H. Segall-Shapiro, C. H. Calvey, P. P. Parmar, C. A. Hutchinson III, H. O. Smith, and J. C. Venter. 2010. Creation of a bacterial cell controlled by a chemically synthesized genome. Science 329: 52-56.

Graham, I. A., K. Besser, S. Blumer, C. A. Branigan, T. Czechowski, L. Elias, I. Guterman, D. Harvey, P. G. Isaac, A. M. Khan, T. R. Larson, Y. Li, T. Pawson, T. Penfield, A. M. Rae, D. A. Rathbone, S. Reid, J. Ross, M. F. Smallwood, V. Segura, T. Townsend, D. Vyas, T. Winzer, and D. Bowles. 2010. The genetic map of *Artemisia annua* L. identifies loci affecting yield of the antimalarial drug artemisinin. Science 327: 328-331.

Haroldsen, V. M., M. W. Szcerba, H. Aktas, J. Lopez-Baltazar, M. J. Odias, C. L. Chi-Ham, J. M. Labavitch, A. B. Bennett, and A. L. T. Powell. 2012. Mobility of transgenic nucleic acids and proteins within grafted rootstocks for agricultural improvement. Frontiers in Plant Science 3: 39.

Heigwer, F., G. Kerr, and M. Boutros. 2014. E-CRISP: Fast CRISPR target site identification. Nature Methods 11: 122-123.

Henikoff, S., B. J. Till, and L. Comai. 2004. TILLING. Traditional mutagenesis meets functional genomics. Plant Physiology 135: 630-636.

Hirsch, C. N., J. M. Foerster, J. M. Johnson, R. S. Sekhon, G. Muttoni, B. Vaillancourt, F. Penagaricano, E. Lindquist, M. A. Pedraza, K. Barry, N. de Leon, S. M. Kaeppler, and C. R. Buell. 2014. Insights into the maize pan-genome and pan-transcriptome. Plant Cell 26：121-135.

Holme, I. B.，T. Wendt，and P. B. Holm. 2013. Intragenesis and cisgenesis as alternatives to crop development. Plant Biotechnology Journal 11：395-407.

Huang, X.，X. Wei，T. Sang，Q. Zhao，Q. Feng，Y. Zhao，C. Li，C. Zhu，T. Lu，Z. Zhang，M. Li，D. Fan，Y. Guo，A. Wang，L. Wang，L. Deng，W. Li，Y. Lu，Q. Weng，K. Liu，T. Huang，T. Zhou，Y. Jing，W. Li，Z. Lin，E. S. Buckler，Q. Qian，Q. -F. Zhang，J. Li，and B. Han. 2010. Genome-wide association studies of 14 agronomic traits in rice landraces. Nature Genetics 42：961-967.

Hufford, M. B.，X. Xu，J. van Heerwaarden，T. Pyhäjärvi，J. M. Chia，R. A. Cartwright，R. J. Elshire，J. C. Glaubitz，K. E. Guill，S. M. Kaeppler，J. Lai，P. L. Morrell，L. M. Shannon，C. Song，N. M. Spring，R. A. Swanson-Wagner，P. Tiffin，J. Wang，G. Zhang，J. Doebley，M. D. McMullen，D. Ware，E. S. Buckler，S. Yang，and J. Ross-Ibarra. 2012. Comparative population genomics of maize domestication and improvement. Nature Genetics 44：808-811.

International Barley Genome Sequencing. 2012. A physical，genetic and functional sequence assembly of the barley genome. Nature 491：711-716.

Jander, G.，S. R. Baerson，J. A. Hudak，K. A. Gonzalez，K. J. Gruys，and R. L. Last. 2003. Ethylmethanesulfonate saturation mutagenesis in Arabidopsis to determine frequency of herbicide resistance. Plant Physiology 131：139-146.

Jiang, C.，A. Mithani，X. Gan，E. J. Belfield，J. P. Klingler，J. K. Zhu，J. Ragoussis，R. Mott，and N. P. Harberd. 2011. Regenerant *Arabidopsis* lineages display a distinct genome-wide spectrum of mutations conferring variant phenotypes. Current Biology 21：1385-1390.

Jiao, Y.，H. Zhao，L. Ren，W. Song，B. Zeng，J. Guo，B. Wang，Z. Liu，J. Chen，W. Li，M. Zhang，S. Xie，and J. Lai. 2012. Genome-wide genetic changes during modern breeding of maize. Nature Genetics 44：812-815.

Jin, S.，and H. Daniell. 2015. Engineered chloroplast genome just got smarter. Trends in Plant Science 20：622-640.

Jin, S.，N. D. Singh，L. Li，X. Zhang，and H. Daniell. 2015. Engineered chloroplast dsRNA silences *cytochrome p450 monooxygenase*，*V-ATPase* and *chitin synthase* genes in the insect gut and disrupts *Helicoverpa armigera* larval development and pupation. Plant Biotechnology Journal 13：435-446.

Kim，H. K.，Y. H. Choi，and R. Verpoorte. 2011. NMR-based plant metabolomics：Where do we stand，where do we go? Trends in Biotechnology 29：267-275.

Kim, J.，S. -Y. Park，S. Lee，S. -H. Lim，H. Kim，S. -D. Oh，Y. Yeo，H. Cho，and S. -H. Ha. 2013. Unintended polar metabolite profiling of carotenoid-biofortified transgenic rice reveals substantial equivalence to its non-transgenic counterpart. Plant Biotechnology Reports 7：121-128.

Kloosterman, B.，J. A. Abelenda，M. Gomez Mdel，M. Oortwijn，J. M. de Boer，K. Kowitwanich，B. M. Horvath，H. J. van Eck，C. Smac400，S. Prat，R. G. F. Visser，and C. W. B. Bachem. 2013. Naturally occurring allele diversity allows potato cultivation in northern latitudes. Nature 495：246-250.

Kramer, M. G.，and K. Redenbaugh. 1994. Commercialization of a tomato with an antisense polygalacturonase gene：The FLAVR SAVR™tomato story. Euphytica 79：293-297.

Krieger, E. K.，E. Allen，L. A. Gilbertson，J. K. Roberts，W. Hiatt，and R. A. Sanders. 2008. The Flavr Savr tomato，an early example of RNAi technology. HortScience 43：962-964.

Krueger, F.，B. Kreck，A. Franke，and S. R. Andrews. 2012. DNA methylome analysis using short bisulfite sequencing data. Nature Methods 9：145-151.

Kusano, M.，H. Redestig，T. Hirai，A. Oikawa，F. Matsuda，A. Fukushima，M. Arita，S. Watanabe，M. Yano，K. Hiwasa-Tanase，H. Ezura，and K. Saito. 2011. Covering chemical diversity of genetically-modified tomatoes using metabolomics for objective substantial equivalence assessment. PLoS ONE 6：e16989.

Lai, J.，R. Li，X. Xu，W. Jin，M. Xu，H. Zhao，Z. Xiang，W. Song，K. Ying，M. Zhang，Y. Jiao，P. Ni，J. Zhang，D. Li，X. Guo，K. Ye，M. Kian，B. Wang，H. Zheng，H. Liang，X. Zhang，S. Wang，S. Chen，J. Li，Y. Fu，N. M. Springer，H. Yang，J. Wang，J. Dai. P. S. Schnable，and J. Wang. 2010. Genome-wide patterns of genetic variation among elite maize inbred lines. Nature Genetics 42：1027-1030.

Lam, H. -M. , X. Xu，X. Liu，W. Chen，G. Yang，F. -L. Wong，M. -W. Li，W. He，N. Qin，B. Wang，J. Li，M. Jian，J. Wang，G. Shao，J. Wang，S. S. -M. Sun，and G. Zhang. 2010. Resequencing of 31 wild and cultivated soybean genomes identifies patterns of genetic diversity and selection. Nature Genetics 42：1053-1059.

Lander, E. S. , L. M. Linton，B. Birren，C. Nusbaum，M. C. Zody，J. Baldwin，K. Devon，K. Dewar，M. Doyle，W. FitzHugh，R. Funke，D. Gage，K. Harris，A. Heaford，J. Howland，L. Kann，J. Lehoczky，R. LeVine，P. McEwan，K. McKernan，J. Meldrim，J. P. Mesirov，C. Miranda，W. Morris，J. Naylor，C. Raymond，M. Rosetti，R. Santos，A. Sheridan，C. Sougnez，N. Stange-Thomann，N. Stojanovic，A. Subramanian，D. Wyman，J. Rogers，J. Sulston，R. Ainscough，S. Beck，D. Bentley，J. Burton，C. Clee，N. Carter，A. Coulson，R. Deadman，P. Deloukas，A. Dunham，I. Dunham，R. Durbin，L. French，D. Grafham，S. Gregory，T. Hubbard，S. Humphray，A. Hunt，M. Jones，C. Lloyd，A. McMurray，L. Matthews，S. Mercer，S. Milne，J. C. Mullikin，A. Mungall，R. Plumb，M. Ross，R. Shownkeen，S. Sims，R. H. Waterston，R. K. Wilson，L. D. Hillier，J. D. McPherson，M. A. Marra，E. R. Mardis，L. A. Fulton，A. T. Chinwalla，K. H. Pepin，W. R. Gish，S. L. Chissoe，M. C. Wendl，K. D. Delehaunty，T. L. Miner，A. Delehaunty，J. B. Kramer，L. L. Cook，R. S. Fulton，D. L. Johnson，P. J. Minx，S. W. Clifton，T. Hawkins，E. Branscomb，P. Predki，P. Richardson，S. Wenning，T. Slezak，N. Doggett，J. -F. Cheng，A. Olsen，S. Lucas，C. Elkin，E. Uberbacher，M. Frazier，R. A. Gibbs，D. M. Muzny，S. E. Scherer，J. B. Bouck，E. J. Sodergren，K. C. Worley，C. M. Rives，J. H. Gorrell，M. L. Metzker，S. L. Naylor，R. S. Kucherlapati，D. L. Nelson，G. M. Weinstock，Y. Sakaki，A. Fujiyama，M. Hattori，T. Yada，A. Toyoda，T. Itoh，C. Kawagoe，H. Watanabe，Y. Totoki，T. Taylor，J. Weissenbach，R. Heilig，W. Saurin，F. Artiguenave，P. Brottier，T. Bruls，E. Pelletier，C. Robert，P. Wincker，A. Rosenthal，M. Platzer，G. Nyakatura，S. Taudien，A. Rump，D. R. Smith，L. Doucette- Stamm，M. Rubenfield，K. Weinstock，H. M. Lee，J. Dubois，H. Yang，J. Yu，J. Wang，G. Huang，J. Gu，L. Hood，L. Rowen，A. Madan，S. Qin，R. W. Davis，N. A. Federspiel，A. P. Abola，M. J. Proctor，B. A. Roe，F. Chen，H. Pan，J. Ramser，H. Lehrach，R. Reinhardt，W. R. McCombie，M. de la Bastide，N. Dedhia，H. Blöcker，K. Hornischer，G. Nordsiek，R. Agarwala，L. Aravind，J. A. Bailey，A. Bateman，S. Batzoglou，E. Birney，P. Bork，D. G. Brown，C. B. Burge，L. Cerutti，H. -C. Chen，D. Church，M. Clamp，R. R. Copley，T. Doerks，S. R. Eddy，E. E. Eichler，T. S. Furey，J. Galagan，J. G. R. Gilbert，C. Harmon，Y. Hayashizaki，D. Haussler，H. Hermjakob，K. Hokamp，W. Jang，L. S. Johnson，T. A. Jones，S. Kasif，A. Kaspryzk，S. Kennedy，W. J. Kent，P. Kitts，E. V. Koonin，I. Korf，D. Kulp，D. Lancet，T. M. Lowe，A. McLysaght，T. Mikkelsen，J. V. Moran，N. Mulder，V. J. Pollara，C. P. Ponting，G. Schuler，J. Schultz，G. Slater，A. F. A. Smit，E. Stupka，J. Szustakowki，D. Thierry-Mieg，J. Thierry-Mieg，L. Wagner，J. Wallis，R. Wheeler，A. Williams，Y. I. Wolf，K. H. Wolfe，S. -P. Yang，R. -F. Yeh，F. Collins，M. S. Guyer，J. Peterson，A. Felsenfeld，K. A. Wetterstrand，R. M. Myers，J. Schmutz，M. Dickson，J. Grimwood，D. R. Cox，M. V. Olson，R. Kaul，C. Raymond，N. Shimizu，K. Kawasaki，S. Minoshima，G. A. Evans，M. Athanasiou，R. Schultz，A. Patrinos，and M. J. Morgan. 2001. Initial sequencing and analysis of the human genome. Nature 409：860-921.

Lees, G. L. 1992. Condensed tannins in some forage legumes：Their role in the prevention of ruminant pasture bloat. Pp. 915-934 in Plant Polyphenols，R. W. Hemingway and P. E. Laks，eds. New York：Plenum Press.

Li, F. , G. Fan，K. Wang，F. Sun，Y. Yuan，G. Song，Q. Li，Z. Ma，C. Lu，C. Zou，W. Chen，X. Liang，H. Shang，W. Liu，C. Shi，G. Xiao，G. Gou，W. Ye，X. Xu，X. Zhang，H. Wei，Z. Li，G. Zhang，J. Wang，K. Liu，R. J. Kohel，R. G. Percy，J. Z. Yu，Y. -X. Zhu，J. Wang，and S. Yu. 2014a. Genome sequence of the cultivated cotton *Gossypium arboreum*. Nature Genetics 46：567-572.

Li, Y. -H. , G. Zhou，J. Ma，W. Jiang，L. -G. Jin，Z. Zhang，Y. Guo，J. Zhang，Y. Sui，L. Zheng，S. -S. Zhang，Q. Zuo. X. -H. Shi，Y. -F. Li，W. -K. Zhang，Y. Hu，G. Kong，H-L. Hong，B. Tan，J. Song，Z. -X. Liu，Y. Wang，H. Ruan，C. K. L. Yeung，J. Liu，H. Wang，L. -J. Zhang，R. -X. Guan，K. -J. Wang，W. -B. Li，S. -Y. Chen，R. -Z. Chang，Z. Jiang，S. A. Jackson，R. Li，and L. -J. Qiu. 2014b. *De novo* assembly of soybean wild relatives for pan-genome analysis of diversity and agronomic traits. Nature Biotechnology 32：1045-1052.

Lin, T., G. Zhu, J. Zhang, X. Xu, Q. Yu, Z. Zheng, Z. Zhang, Y. Lun, S. Li, X. Wang, Z. Huang, J. Li, C. Zhang, T. Wang, Y. Zhang, A. Wang, Y. Zhang, K. Lin, C. Li, G. Xiong, Y. Xue, A. Mazzucato, M. Causse, Z. Fei, J. J. Giovannoni, R. T. Chetelat, D. Zamir, T. Städler, J. Li, Z. Ye, Y. Du, and S. Huang. 2014. Genomic analyses provide insights into the history of tomato breeding. Nature Genetics 46: 1220-1226.

Liu, W., M. R. Rudis, Y. Peng, M. Mazarei, R. J. Millwood, J. P. Yang, W. Xu, J. D. Chesnut, and C. N. Stewart, Jr. 2014. Synthetic TAL effectors for targeted enhancement of transgene expression in plants. Plant Biotechnology Journal 12: 436-446.

Liu, X., J. Brost, C. Hutcheon, R. Guilfoil, A. K. Wilson, S. Leung, C. K. Shewmaker, S. Rooke, T. Nguyen, J. Kiser, and J. De Rocher. 2012. Transformation of the oilseed crop *Camelina sativa* by *Agrobacterium*-mediated floral dip and simple large-scale screening of transformants. In Vitro Cellular & Development Biology-Plant 48: 462-468.

Maliga, P. 2003. Progress towards commercialization of plastid transformation technology. Trends in Biotechnology 21: 20-28.

May, C., F. Brosseron, P. Chartowski, C. Schumbrutzki, B. Schoenebeck, and K. Marcus. 2011. Instruments and methods in proteomics. Methods in Molecular Biology 696: 3-26.

McPherson, J. D. 2014. A defining decade in DNA sequencing. Nature Methods 11: 1003-1005.

Moncunill, V., S. Gonzalez, S. Bea, L. O. Andrieux, I. Salaverria, C. Royo, L. Martinez, M. Puiggros, M. Segura-Wang, A. M. Stutz, A. Navarro. R. Royo, J. L. Gelpí, I. G. Gut, C. López-Otín, J. O. Korbel, E. Campo, X. S. Puente, and D. Torrents. 2014. Comprehensive characterization of complex structural variations in cancer by directly comparing genome sequence reads. Nature Biotechnology 32: 1106-1112.

Montero, M., A. Coll, A. Nadal, J. Messeguer, and M. Pla. 2011. Only half the transcriptomic differences between resistant genetically modified and conventional rice are associated with the transgene. Plant Biotechnology Journal 9: 693-702.

Moscou, M. J., and A. J. Bogdanove. 2009. A simple cipher governs DNA recognition by TAL effectors. Science 326: 1501.

Naito, Y., K. Hino, H. Bono, and K. Ui-Tei. 2014. CRISPRdirect: Software for designing CRISPR/Cas guide RNA with reduced off-target sites. Bioinformatics 31: 1120-1123.

Napoli, C., C. Lemieux, and R. Jorgensen. 1990. Introduction of a chimeric chalcone synthase gene into petunia results in reversible co-suppression of homologous genes *in trans*. Plant Cell 2: 279-289.

Nordstrom, K. J., M. C. Albani, G. V. James, C. Gutjahr, B. Hartwig, F. Turck, U. Paszkowski, G. Coupland, and K. Schneeberger. 2013. Mutation identification by direct comparison of whole-genome sequencing data from mutant and wild-type individuals using k-mers. Nature Biotechnology 31: 325-330.

NRC (National Research Council). 2004. Safety of Genetically Engineered Foods: Approaches to Assessing Unintended Health Effects. Washington, DC: National Academies Press.

Perry, J. A., T. L. Wang, T. J. Welham, S. Gardner, J. M. Pike, S. Yoshida, and M. Parniske. 2003. A TILLING reverse gentics tool and a web-accessible collection of mutants of the legume *Lotus japonicus*. Plant Physiology 131: 866-871.

Potato Genome Sequencing Consortium. 2011. Genome sequence and analysis of the tuber crop potato. Nature 475: 189-195.

Quadrana, L., J. Almeida, R. Asis, T. Duffy, P. G. Dominguez, L. Bermudez, G. Conti, J. V. Correa da Silva, I. E. Peralta, V. Colot, S. Asurmendi, A. R. Fernie, M. Rossi, and F. Carrari. 2014. Natural occurring epialleles determine vitamin E accumulation in tomato fruits. Nature Communications 5: 3027.

Rommens, C. 2004. All-native DNA transformation: A new approach to plant genetic engineering. Trends in Plant Science 9: 457-464.

Ru, S., D. Main, and C. Peace. 2015. Current applications, challenges, and perspectives of marker-assisted seedling selection in Rosaceae tree fruit breeding. Tree Genetics & Genomics 11: 8.

Sander, J. D., and J. K. Joung. 2014 CRISPR-Cas systems for editing, regulating and targeting genomes. Nature Biotechnology 32: 347-355.

Schnable, P. S., D. Ware, R. S. Fulton, J. C. Stein, F. S. Wei, S. Pasternak, C. Z. Liang, J. W. Zhang, L. Fulton, T. A. Graves, P. Minx, A. D. Reily, L. Courtney, S. S. Kruchowski, C. Tomlinson, C. Strong, K. Delehaunty, C. Fronick, B. Courtney, S. M. Rock, E. Belter, F. Du, K. Kim, R. M. Abbott, M. Cotton, A. Levy, P. Marchetto, K. Ochoa, S. M. Jackson, B. Gillam, W. Chen, L. Yan, J. Higginbotham, M. Cardenas, J. Waligorski, E. Applebaum, L. Phelps, J. Falcone, K. Kanchi, T. Thane, A. Scimone, N. Thane, J. Henke, T. Wang, J. Ruppert, N. Shah, K. Rotter, J. Hodges, E. Ingenthron, M. Cordes, S. Kohlberg, J. Sgro, B. Delgado, K. Mead, A. Chinwalla, S. Leonard, K. Crouse, K. Collura, D. Kudrna, J. Currie, R. He, A. Angelova, S. Rajasekar, T. Mueller, R. Lomeli, G. Scara, A. Ko, K. Delaney, M. Wissotski, G. Lopez, D. Campos, M. Braidotti, E. Ashley, W. Golser, H. R. Kim, S. Lee, J. Lin, Z. Dujmic, W. Kim, J. Talag, A. Zuccolo, C. Fan, A. Sebastian, M. Kramer, L. Spiegel, L. Nascimento, T. Zutavern, B. Miller, C. Ambroise, S. Muller, W. Spooner, A. Narechania, L. Ren, S. Wei, S. Kumari, B. Faga, M. J. Levy, L. McMahan, P. Van Buren, M. W. Vaughn, K. Ying, C.-T. Yeh, S. J. Emrich, Y. Jia, A. Kalyanaraman, A.-P. Hsia, W. B. Barbazuk, R. S. Baucom, T. P. Brutnell, N. C. Carpita, C. Chaparro, J.-M. Chia, J.-M. Deragon, J. C. Estill, Y. Fu, J. A. Jeddeloh, Y. Han, H. Lee, P. Li, D. R. Lisch, S. Liu, Z. Liu, D. Holligan Nagel, M. C. McCann, P. SanMiguel, A. M. Myers, D. Nettleton, J. Nguyen, B. W. Penning, L. Ponnala, K. L. Schneider, D. C. Schwartz, A. Sharma, C. Soderlund, N. M. Springer, Q. Sun, H. Wang, M. Waterman, R. Westerman, T. K. Wolfgruber, L. Yang, Y. Yu, L. Zhang, S. Zhou, Q. Zhu, J. L. Bennetzen, R. K. Dawe, J. Jiang, N. Jiang, G. G. Presting, S. R. Wessler, S. Aluru, R. A. Martienssen, S. W. Clifton, W. R. McCombie, R. A. Wing, and R. K. Wilson. 2009. The B73 maize genome: Complexity, diversity, and dynamics. Science 326: 1112-1115.

Schouten, H. J., F. A. Krens, and E. Jacobsen. 2006. Cisgenic plants are similar to traditionally bred plants. EMBO Reports 7: 750-753.

Silva, G., L. Poirot, R. Galetto, J. Smith, G. Montoya, P. Duchateau, and F. Paques. 2011. Meganucleases and other tools for targeted genome engineering: Perspectives and challenges for gene therapy. Current Gene Therapy 11: 11-27.

Slade, A. J., and V. C. Knauf. 2005. TILLING moves beyond functional genomics into crop improvement. Transgenic Research 14: 109-115.

Stroud, H., B. Ding, S. A. Simon, S. Feng, M. Bellizzi, M. Pellegrini, G. L. Wang, B. C. Meyers, and S. E. Jacobsen. 2013. Plants regenerated from tissue culture contain stable epigenome changes in rice. eLife 2: e00354.

Svab, Z., P. Hajdukiewicz, and P. Maliga. 1990. Stable transformation of plastids in higher plants. Proceedings of the National Academy of Sciences of the United States of America 87: 8526-8530.

Tsai, S. Q., Z. Zheng, N. T. Nguyen, M. Liebers, V. V. Topkar, V. Thapar, N. Wyvekens, C. Khayter, A. J. Iafrate, L. P. Le, M. J. Aryee, and J. K. Joung. 2015. GUIDE-seq enables genome-wide profiling of off-target cleavage by CRISPR-Cas nucleases. Nature Biotechnology 33: 187-197.

Urnov, F. D., E. J. Rebar, M. C. Holmes, H. S. Zhang, and P. D. Gregory. 2010. Genome editing with engineered zinc finger nucleases. Nature Reviews Genetics 11: 636-646.

Vaclavik, L., J. Ovesna, L. Kucera, J. Hodek, K. Demnerova, and J. Hajslova. 2013. Application of ultra-high performance liquid chromatography-mass spectrometry (UHPLC-MS) metabolomic fingerprinting to characterise GM and conventional maize varieties. Czech Journal of Food Science 31: 368-375.

Venter, J. C., M. D. Adams, E. W. Myers, P. W. Li, R. J. Mural, G. G. Sutton, H. O. Smith, M. Yandell, C. A. Evans, R. A. Holt, J. D. Gocayne, P. Amanatides, R. M. Ballew, D. H. Huson, J. R. Wortman, Q. Zhang, C. D. Kodira, X. Q. H. Zheng, L. Chen, M. Skupski, G. Subramanian, P. D. Thomas, Z. H. Zhang, G. L. G. Miklos, C. Nelson, S. Broder, A. G. Clark, C. Nadeau, V. A. McKusick, N. Zinder, A. J. Levine, R. J. Roberts, M. Simon, C. Slayman, M. Hunkapiller, R. Bolanos, A. Delcher, I. Dew, D. Fasulo, M. Flanigan, L. Florea, A. Halpern,

S. Hannenhalli, S. Kravitz, S. Levy, C. Mobarry, K. Reinert, K. Remington, J. Abu-Threideh, E. Beasley, K. Biddick, V. Bonazzi, R. Brandon, M. Cargill, I. Chandramouliswaran, R. Charlab, K. Chaturvedi, Z. M. Deng, V. Di Francesco, P. Dunn, K. Eilbeck, C. Evangelista, A. E. Gabrielian, W. Gan, W. M. Ge, F. C. Gong, Z. P. Gu, P. Guan, T. J. Heiman, M. E. Higgins, R. R. Ji, Z. X. Ke, K. A. Ketchum, Z. W. Lai, Y. D. Lei, Z. Y. Li, J. Y. Li, Y. Liang, X. Y. Lin, F. Lu, G. V. Merkulov, N. Milshina, H. M. Moore, A. K. Naik, V. A. Narayan, B. Neelam, D. Nusskern, D. B. Rusch, S. Salzberg, W. Shao, B. X. Shue, J. T. Sun, Z. Y. Wang, A. H. Wang, X. Wang, J. Wang, M. H. Wei, R. Wides, C. L. Xiao, C. H. Yan, A. Yao, J. Ye, M. Zhan, W. Q. Zhang, H. Y. Zhang, Q. Zhao, L. S. Zheng, F. Zhong, W. Y. Zhong, S. P. C. Zhu, S. Y. Zhao, D. Gilbert, S. Baumhueter, G. Spier, C. Carter, A. Cravchik, T. Woodage, F. Ali, H. J. An, A. Awe, B. Baldwin, H. Baden, M. Barnstead, I. Barrow, K. Beeson, D. Busam, A. Carver, A. Center, M. L. Cheng, L. Curry, S. Danaher, L. Davenport, R. Desilets, S. Dietz, K. Dodson, L. Doup, S. Ferriera, N. Garg, A. Glueckmann, B. Hart, J. Haynes, C. Haynes, C. Heiner, S. Hladun, D. Hostin, J. Houck, T. Howland, C. Ibegwam, J. Johnson, F. Kalush, L. Kline, S. Koduru, A. Love, F. Mann, D. May, S. McCawley, T. McIntosh, I. McMullen, M. Moy, L. Moy, B. Murphy, K. Nelson, C. Pfannkoch, E. Pratts, V. Puri, H. Qureshi, M. Reardon, R. Rodriguez, Y. H. Rogers, D. Romblad, B. Ruhfel, R. Scott, C. Sitter, M. Smallwood, E. Stewart, R. Strong, E. Suh, R. Thomas, N. N. Tint, S. Tse, C. Vech, G. Wang, J. Wetter, S. Williams, M. Williams, S. Windsor, E. Winn-Deen, K. Wolfe, J. Zaveri, K. Zaveri, J. F. Abril, R. Guigo, M. J. Campbell, K. V. Sjolander, B. Karlak, A. Kejariwal, H. Y. Mi, B. Lazareva, T. Hatton, A. Narechania, K. Diemer, A. Muruganujan, N. Guo, S. Sato, V. Bafna, S. Istrail, R. Lippert, R. Schwartz, B. Walenz, S. Yooseph, D. Allen, A. Basu, J. Baxendale, L. Blick, M. Caminha, J. Carnes-Stine, P. Caulk, Y. H. Chiang, M. Coyne, C. Dahlke, A. D. Mays, M. Dombroski, M. Donnelly, D. Ely, S. Esparham, C. Fosler, H. Gire, S. Glanowski, K. Glasser, A. Glodek, M. Gorokhov, K. Graham, B. Gropman, M. Harris, J. Heil, S. Henderson, J. Hoover, D. Jennings, C. Jordan, J. Jordan, J. Kasha, L. Kagan, C. Kraft, A. Levitsky, M. Lewis, X. J. Liu, J. Lopez, D. Ma, W. Majoros, J. McDaniel, S. Murphy, M. Newman, T. Nguyen, N. Nguyen, M. Nodell, S. Pan, J. Peck, M. Peterson, W. Rowe, R. Sanders, J. Scott, M. Simpson, T. Smith, A. Sprague, T. Stockwell, R. Turner, E. Venter, M. Wang, M. Y. Wen, D. Wu, M. Wu, A. Xia, A. Zandieh, and X. H. Zhu. 2001. The sequence of the human genome. Science 291: 1304-1351.

Visker, M. H. , L. C. Keizer, H. J. Van Eck, E. Jacobsen, L. T. Colon, and P. C. Struik. 2003. Can the QTL for late blight resistance on potato chromosome 5 be attributed to foliage maturity type? Theoretical and Applied Genetics 106: 317-325.

Voytas, D. F. , and C. Gao. 2014. Precision genome engineering and agriculture: Opportunities and regulatory challenges. PLoS Biology 12: e1001877.

Wang, Y. , X. Cheng, Q. Shan, Y. Zhang, J. Liu, C. Gao, and J. L. Qiu. 2014. Simultaneous editing of three homoeoalleles in hexaploid bread wheat confers heritable resistance to powdery mildew. Nature Biotechnology 32: 947-951.

Wang, Z. , M. Gerstein, and M. Snyder. 2009. RNA-Seq: A revolutionary tool for transcriptomics. Nature Reviews Genetics 10: 57-63.

Ward, J. L. , and M. H. Beale. 2006. NMR spectroscopy in plant metabolomics. Pp. 81-91 in Plant Metabolomics, K. Saito, R. A. Dixon, and L. Willmitzer, eds. Berlin: Springer-Verlag.

Weigel, D. , and R. Mott. 2009. The 1001 genomes project for *Arabidopsis thaliana*. Genome Biology 10: 107.

Weil, C. F. 2009. TILLING in grass species. Plant Physiology 149: 158-164.

Woo, J. W. , J. Kim S. I. Kwon, C. Corvalán, S. W. Cho, H. Kim, S. -G. Kim, S. -T. Kim, S. Choe, and J. -S. Kim. 2015. DNA-free genome editing in plants with preassembled CRISPR-Cas9 ribonucleoproteins. Nature Biotechnology 33: 1159-1161.

Yamaguchi, N. , C. M. Winter, M. F. Wu, C. S. Kwon, D. A. William, and D. Wagner. 2014. PROTOCOLS: Chromatin immunoprecipitation from Arabidopsis tissues. The Arabidopsis Book/American Society of Plant Biologists 12: e0170.

Zentner，G. E.，and S. Henikoff. 2014. High-resolution digital profiling of the epigenome. Nature Reviews Genetics 15：814-827.

Zetsche，B.，J. S. Gootenberg，O. O. Abudayyeh，I. M. Slaymaker，K. S. Makarova，P. Essletzbichler，S. E. Volz，J. Joung，J. van der Oost，A. Regev，and E. V. Koonin. 2015. Cpf1 is a single RNA-guided endonuclease of a class 2 CRISPR-Cas system. Cell 163：759-771.

Zhang，J.，D. Guo，Y. Chang，C. You，X. Li，X. Dai，Q. Weng，J. Zhang，G. Chen，X. Li，H. Liu，B. Han，Q. Zhang，and C. Wu. 2007. Non-random distribution of T-DNA insertions at various levels of the genome hierarchy as revealed by analyzing 13 804 T-DNA flanking sequences from an enhancer-trap mutant library. Plant Journal 49：947-959.

Zhang，J.，S. A. Khan，C. Hasse，S. Ruf，D. G. Heckel，and R. Bock. 2015. Pest control. Full crop protection from an insect pest by expression of long double-stranded RNAs in plastids. Science 347：991-994.

8 未来遗传工程作物

上一章提供了新兴 GE 技术的基础，本章拟在这些新兴技术的基础上，对培育的新性状及其作物的潜力初步评估，并评估新性状本身对农业和社会的影响。本委员会也将考虑促进或减缓新性状和作物发展的社会和经济力量。本委员会将新性状定义为在 2015 年 6 月前未能商业化的性状，即使这些性状已经得到了监管部门的批准，或者在发表文献中已有对作物性状的相关描述。

如第 3 章所讨论，商业化的遗传工程（GE）性状寥寥无几，其中多数性状针对几种在世界范围内种植面积达数百万公顷的大宗作物。而预测的诸多 GE 性状将更期待导入种植面积较小的作物，而不是玉米（Zea mays）和大豆（Glycine max）等大宗作物。许多性状是 2015 年已有 GE 性状的变形如抗新型除草剂性状，或者是现有性状的叠加。新的和更加多样化的性状也同样值得期待（Parisi et al.，2016）。

在将来，很难预测这些性状是否会被商业化，或者通过非市场的机制被推广，这取决于可能面临的环境挑战（如气候变化）、政治经济驱动、监管环境和科学进步的速度，也在一定程度上取决于公共和私人科研经费的支持力度。如第 7 章所述，遗传工程技术发展迅速，但是复杂性状的遗传基础，如耐旱性（Yue et al.，2006）、水分利用效率（Easlon et al.，2014）和氮利用效率（Rothstein et al.，2014）等还没有被完全解析。只有为基础研究提供持续的公共经费支持，才能使我们进一步了解这些重要性状的生理、生化和分子基础。此外，任何新的科学见解和技术对公益的潜力，将取决于它们产生和传播的社会、政治和经济环境。

8.1 遗传工程是创造下一代植物性状所必须的吗？

如第 7 章所述，分子生物学和基因组学的新发现为提高常规植物育种和作物遗传工程育种的效率提供了新的工具。本委员会也听取了来自邀请的发言者的观点：基于分子手段的常规育种技术比遗传工程更加安全和优越，因而质疑遗传工程是否是培育新作物品种所必须的（Cotter，2014；Gurian-Sherman，2014；Shand，2014）。实际上，很多作物确实有丰富的种质资源，可以通过常规育种来进行改良。但是，在常规育种过程中，不论是否利用标记辅助选择等方法（MAS；见第 7 章 7.1 "现代植物育种方法"），都依赖于种质资源的可交配性（或称亲和性）。因此，常规育种无法实现某些性状的改良，如不可能把天然的杀虫蛋白编码基因从一个原始物种转入到特定的作物中（杀虫 Cry 蛋白编码基因来源于苏云金芽孢杆菌）。如第 4 章所讨论的，常规育种和遗传工程的结合促进了作物改良的进步。此外，本委员会发现常规育种和遗传工程的区别也越来越小。例如，基因组编辑技术可以对特定基因进行单碱基替换从而改变性状，而这种改变性状的方式也可以由第 7 章描述的 TILLING 技术（定向诱导基因组局部突变技术）所实现。在很多国家的监管体系中，TILLING 技术被视为常规育种技术，因为它使用辐射诱导或化学诱导的突变，在基因组水平扫描、筛选和分离特定的碱基突变。这些通过基因组编辑（遗传工程）或者 TILLING 技术（传统育种）产生的突变对于作物品质或者产量具有同样的效果，两者均有可能产生非预期的效应[1]。

MAS 的支持者们始终认为，假定 MAS 相比较遗传工程成功地引入了更多的新性状，这一技术作为引入新性状的工具可以也应该取代遗传工程（Vogel，2009；Cotter，2014）；该方法更适合培育出利于农业可持续生产性状的作物品种（Cotter，2014）。如上所述，若在有性杂交亲和的种质资源中存在某一目标性状的遗传潜力，那么无论是否通过 MAS 提高效率，常规育种都可以引入这个性状。反之，若在有性杂交亲和的种质资源中不存在目标性状的遗传潜力，MAS 将束手无策。例如，植物育种家几十年来一直致力于培育不造成牛胀气的紫花苜蓿（*Medicago sativa*）。这个品种应该含有较高浓度的凝缩单宁，以防止苜蓿中的蛋白质被牛消化道中的微生物过快地代谢（Lees，1992；Coulman et al.，2000）。然而，尽管经过植物育种家多年的努力，一直无法筛选到营养组织富含单宁的苜蓿种质，并且在茎叶中富含单宁的其他饲料作物又无法与苜蓿杂交。因此，基于现有的知识，遗传工程仍然是将这一性状引入苜蓿的唯一途径（Lees，1992）。

随着对植物生物学理解的进一步深入，正是基于对被操纵的基因性质的认识，植物育种的商业化才得以实施。弄清楚靶标基因表达量的改变对表型效应的影响，是产生所需性状的关键。而这些信息的获取依赖于组学技术的应用（见第 7 章讨论），其对于遗传工程和常规育种改良性状都有极大的价值，而哪种方式更有效将取决于具体性状本身。

在特定目标基因的表达水平上，遗传工程可以带来四种改变：降低基因的表达量、基因功能完全缺失、提高基因的表达量（包括改变基因在植物组织中的表达模式），以及在目标物种中表达新的基因。而基因组编辑技术可以改变内源基因的编码序列，进而改变其编码的蛋白质功能（如改变酶的催化性状或底物特异性）；改变的基因可以是目标物种中新的等位基因，或者是目标物种中另一种基因型的优良等位基因。除了向目标物种引入一个新的基因，其他的改良目标都可以通过非转基因的 TILLING 技术或者遗传筛选来实现，当然，理论上可行不一定代表实践上没有其他技术障碍。遗传工程可能会加快进程，但对于达到预期的终点并不是必需的。

发现：新的分子工具进一步模糊了常规育种和遗传工程所产生的遗传修饰的差别。

发现：将遗传工程和常规育种视为竞争的两个策略是错误的二分法；作物改良的进一步推进可以通过同时使用常规育种和遗传工程，而不是仅使用其中一种途径实现。

---

1 如第 7 章所述，TILLING 技术（常规育种）由于易产生非靶标基因的突变，其产生非预期效应的可能性更高。

发现：在有些情况下，遗传工程是创造某些特殊性状的唯一途径。但是在有足够丰富遗传变异资源的情况下，特别是针对多个基因控制的性状，常规育种的重要性不应被低估。

8.2　如何规划新兴的遗传工程技术对性状的改良

正如在第 7 章所讨论的，由于在准确性、复杂性和多样性这三方面颠覆性的改变，新兴的遗传工程技术对未来作物在品质、产量及应用上的改良具有很大潜力。

8.2.1　提高基因组改变和基因插入的准确性

如第 7 章所讨论，大部分在 2015 年获得商业许可的 GE 作物是基于农杆菌或基因枪介导的转化技术产生的，两者使 DNA 片段半随机地插入在基因组上。而 DNA 插入在基因组的位置往往会引起外源基因表达量的变化；这就需要筛选大量的 GE 植株，从而筛选出最理想的转基因单株。第 7 章讨论的新兴技术，能够使基因插入到基因组的特定位置以得到合适表达量的植株。

与早期的遗传工程方法类似，新兴的遗传工程技术不但能够将来自远缘物种的基因转入目标物种，同时也可以对物种内源的基因进行修饰。在第 7 章讨论的如基因组编辑等技术可以改变基因组的一个或多个碱基，因此可以在仅有极少数（如果有的话）脱靶的情况下，准确和可预测地考察基于单个目标基因的性状改变。

8.2.2　增加基因组改变的复杂程度

新兴遗传工程技术可能大幅度提高基因组改变的复杂程度。基于这些技术，多个基因能够转入或"堆放"到单个目标位点，此时这些基因（转基因、内源基因和同源基因）会作为一个"盒子"插入到目标位点。预期在未来的 GE 作物中将出现新的改良模式，包括多个基因同一个性状、多个基因多个性状，以及有些情况下一个基因多个性状。

多基因的插入技术，也使得改变植物本身的代谢通路成为可能（代谢工程，框 8-1）。代谢工程可以通过简单地修饰单个基因从而改变已有代谢通路的代谢物流量[1]，也可以通过复杂的多基因操作从而引入新的代谢通路。如果涉及多个基因的应用，且来自不同物种甚至是在本物种之外从头合成或修饰的，那么这一策略可以被称为合成生物学。

框 8-1　代谢工程

尽管植物代谢工程不是新技术，但是在本委员会撰写报告时，尚没有几例基于该方法改良的植物被批准商业化。一个例子是由美国监管系统于 2014 年批准的低木质素苜蓿，它是由 Forage Genetics International 公司和孟山都（Monsanto）公司共同开发的。

1　流量（flux）是指代谢中间产物到终产物的过程。

对苜蓿中木质素的降低，是通过代谢工程减少了植物内源木质素代谢途径中一个酶的表达量来实现的；改良的低木质素苜蓿更容易被消化。另一个被美国批准的实例是2010年由杜邦公司改良的高油酸大豆。在一系列遗传工程植物中，它是第一例基于代谢工程对脂肪酸组成进行改良的植物。其种子的油分超过75%是油酸，因此可以被加热到更高的温度，而无需化学加氢。其脂肪酸组成的改变，是利用基因沉默降低了两个内源编码脂肪酸去饱和酶（FAD）的基因表达量。同样也可以通过聚合FAD-2和FAD-3的突变等位基因来培育非GE的高油酸大豆（Pham et al.，2012）。

　　未来代谢工程在植物改良中的应用，也许可以借助合成生物学的优势引入更复杂的途径。例如，现已通过引入不同物种的多个基因来改良油料作物，使其产生有利于健康的多不饱和脂肪酸；其产生的植物油将接近鱼油的成分（Wu et al.，2005；Truska et al.，2009；Ruiz-López et al.，2012）。将来，植物可以成为工业化合物或者药物的生产平台，改良的代谢变化也可以赋予植物对多种胁迫的耐受性，如耐旱和耐热。通过将多个基因导入植物来实施代谢工程，其成功取决于这些基因的相对表达量不会给通往代谢途径的终产物的产生带来瓶颈。此外，导入的多个基因必须保持共分离，而共分离的保持得益于新技术的发展，如人工染色体或者利用基因编辑技术把DNA簇插入在基因组预先选定的位点。

8.2.3　遗传工程作物和性状多样性的增加

　　新兴的遗传工程技术带来的最引人注目的变化，可能是作物及其改良性状的多样性。尽管到2015年为止，商业化的GE作物主要为几种高产的商品作物（玉米、大豆和棉花），但是本委员会预测涉及遗传工程的作物物种将会增加，而作物遗传工程的应用也会拓展至食物、饲料和人类健康。

　　发现：在第7章概述的新兴的遗传工程技术，将提高GE作物发展的准确性、复杂性及多样性。虽然基因组编辑作为一项新技术，其监管状况在本委员会撰写此报告时尚不明确，但是本委员会认为在未来几十年，它将对作物发展提供实质性的潜在贡献。

8.3　未来的遗传工程性状

　　纵观本报告，本委员会需要强调截至2015年，商业化的GE作物改良的性状极其有限，这一现状期待在未来得到改变。图8-1总结了被认为未来有潜力的GE性状，更详细的例子如下所述。虽然图8-1没有完全列举出所有的相关性状，但覆盖了各个发展阶段的例子，包括最初性状的鉴定和确认、根据经验对植物中性状的表达与功能进行验证、首批区域试验和商业化的准备工作。

输入性状

叠加的除草剂耐受性

生物胁迫抗性

微生物抗性

- 主效抗病基因
- 植保素的遗传工程[a]
- 抗病新机制[a]
- 病毒 RNA 干扰或外壳蛋白[a]

抗虫性

- 叠加的杀虫基因[a]
- RNA 干扰[a]

非生物胁迫耐受性

- 耐旱性
- 水分利用效率
- 耐寒性
- 耐热性
- 耐盐性

营养吸收和利用效率

固氮（在禾谷类作物中）[a]

磷利用效率

碳固定

- 改良二磷酸核酮糖羧化酶[a]
- 在 C_3 禾本科植物中应用 C_4
  光合作用的方式[a]
- C_4 植物的 CAM[a]

收获后性状的改良

- 微生物抗性
- 增加货架期[a]
- 减少损伤[a]
- 青贮稳定性[a]
- 品质标准化

输出性状

增加营养含量

- 微量营养元素
- 氨基酸
- 维他命
- 脂肪酸谱
- 类黄酮和保健品

食品安全

- 减少丙烯酰胺的形成[a]
- 减少黄曲霉毒素的含量[a]

饲料品质

- 消化率
- 氮气保护[a]

生物燃料和工业副产品

- 易于处理
- 改良生物柴油的性质
- 先进的生物燃料[a,b]

图 8-1　适合新兴的遗传工程技术改良的性状

a　只能通过遗传工程技术改良，或遗传工程技术改良效率最高的性状。

b　现代生物燃料是指与现有的加工和运输设施相兼容的燃料。

输入性状将影响田间生产模式，输出性状将改变作物收获后的食物或饲养供应链体系，两者之间并非互相排斥。例如，在某些环境条件下（如病原菌和杂草的胁迫），可以通过降低作物的病害和农药的施用程度从而使消费者获益，此时的输入性状将有利于提高产量（输出）。许多潜在的遗传工程性状在未来可以作为输出性状，特定地改善作物的品质。在未来的几十年里，对大部分输出性状的开发，可能并不需要化学试剂的使用；除了需要加强身份保护和基因漂移的控制，也不需要大幅度地改变现有的农业实践模式。

8.3.1　生物胁迫的耐受性

生物胁迫是指其他生物对植物造成的逆境胁迫。在作物中引入苏云金芽孢杆菌（*Bt*）的抗虫蛋白，就是利用 GE 的方式提高生物胁迫耐受性的例子之一。截至本委员会撰写此报告时，大部分商业化的 GE 作物都能够抗除草剂和生物胁迫，如昆虫和更小的病毒。研究人员也在寻求解决这些逆境胁迫的其他途径，包括迄今未被遗传工程解决的生物胁迫类型。

1. 真菌和细菌病害的抗性

植物对真菌和细菌的抗性主要受主效抗病基因（R 基因）的控制，并介导对特定病原菌小种的质量抗性。但是，病原菌可以通过基因突变来克服单个主效基因带来的抗病性，这也是植物和病原菌的"军备演化竞争"。长期以来，病原菌通过自身的演化，以克服育种家引入作物品种的抗性基因（R）（Sprague et al.，2006；Stall et al.，2009）。因此，育种家需要在新的品种中引入一系列来源于植物基因库的不同抗性基因组合，以在竞争中领先于病原菌（Gururani et al.，2012）。这个方法的一大缺陷是耗费时间：育种家需要鉴定新的抗性基因，再利用常规杂交育种的方法将其导入到现有优良品种中。基于对植物物种全部 R 基因的深入认识，结合新兴的遗传工程技术在一个品种中导入自然界不同来源的抗性性状，能够使植物在田间更快地响应不断演化的病原菌毒力（Jones et al.，2014）。

荷兰瓦格宁根大学的团队成功培育出抗一系列晚疫病的马铃薯品种，晚疫病曾造成 19 世纪爱尔兰马铃薯大饥荒（框 8-2）。研究人员将一系列包含不同抗性基因的马铃薯（*Solanum tuberosum*）DNA 片段转到栽培种，培育出同源转基因的马铃薯品种（Haverkort et al.，2008，2009；见第 7 章 7.2.2 "转基因、同源转基因与基因内重组"）。尽管现在可以在栽培种中引入众多来自野生型马铃薯的抗性 R 基因，但仍然要采取严格的管理措施，以避免抗性由于病原菌的再次演化而消失。瓦格宁根大学的团队通过田间试验和计算机模拟来评估病原菌的传播和演化，以确定应用哪些不同的抗性基因。为了提高育种效率，需要建立与之匹配的高效弹性监管-审批体系，以及快速替换现有栽培种的措施。

框 8-2　R 基因介导的对马铃薯疫霉病的持久抗性

从 2006 年至 2015 年，一项"疫霉病持久抗性"（DuRPh）的科研项目在瓦格宁根大学和研究中心展开。其目标是通过同源转基因的手段，来实现马铃薯对晚疫病的持久抗性。该研究项目得到了荷兰政府的经费支持，旨在促进欧洲社会对遗传工程研究的认可，因欧洲社会对这一创新的接受度不高；同时激发公众对遗传工程相关技术创新的讨论。利用农杆菌介导的无标记转化方法，研究人员克隆并转移了可用于杂交的野生马铃薯晚疫病主效 R 基因（同源转基因，即只有同源基因被转入）。其目标是将多个 R 基因以新的组合形式导入现有品种中。该项目在野生马铃薯品种中定位了 13 个 R 基因，并克隆了其中的 3 个。在类似的平行项目中，更多的基因被定位并克隆。在四个品种（'Première'、'Désirée'、'Aveka' 和 'Atlantic'）中分别导入了 1~3 个 R 基因。在确定了单个 R 基因或多个 R 基因组合的功能后，通过无标记的遗传转化，可以从中筛选成功转化的单株。在实验室初筛后，对叶片进行了晚疫病抗性的评估，之后在田间进行了效应验证。研究人员发现导入的 R 基因可以使原来的感病品种转变为抗病品种。

后续在田间进行了抗性管理方面的研究，以确定在不同的时间和空间维度上，什么样的 R 基因组合能最大化延长抗性的持续时间。该研究展示了在施加农药减少 80% 以上的情况下，不同基因组合控制病害的功效。其成果通过新闻媒体的报道和田间的展示得到了广泛的传播，并对公众讨论和政策制定有很大的贡献。后续 DuRPh 方法的推广，很大程度上取决于转入同源基因的方法是否能在欧洲对 GE 作物的应用限制中得到豁免。该方法已经申请了专利，为了防止垄断，该技术对全球的马铃薯育种企业均开放。

框 8-2 以同源转基因马铃薯为例，阐述了如何基于公益需求来进行研究的实例。这个例子说明基于对持久抗性的顾虑，可以预先开展抗病管理的相关研究；但是在常规的抗病育种中并非总是如此。

另一种基于单个或多个主效 R 基因组合的策略，涉及新抗病机制的应用。从科学和公众的角度看待这一策略，一个有趣的例子是将美洲栗（*Castanea dentata*）重新引入美国的概念验证性研究。美洲栗曾一度占美国东部森林树木的 25%，但几乎全部被板栗枯萎病摧毁。这一病害由真菌 *Cryphonectria parasitica* 所导致，其病原是 20 世纪初从亚洲传播过来的（Paillet，2002）。大约 30 亿～50 亿棵美国栗树被真菌致死，但这类真菌对橡树（栎属，*Quercus* spp.）并不致病，可以在橡树上生存，进而在生态系统中被固定。中国栗树（板栗，*Castanea mollissima*）对枯萎病存在数量抗性，但是其涉及 20 多个基因，因此对于世代较长的树木而言，回交格外困难（Bauman et al.，2014）。解决方案是导入来自小麦的编码草酸盐氧化酶的一个基因，从而使栗树对枯萎病具有抗性（Zhang et al.，2013）。真菌会分泌草酸盐，分泌浓度越高，对应的真菌菌株往往毒性也更高。氧化酶的产物是二氧化碳和过氧化氢，后者可充当抗真菌剂。过氧化氢被美国环保署的监管代理商（EPA）认定为植物保护剂。无论是引进的外来栗树品种还是突变育种产生的美国本地栗树品种都正在被种植。根据美洲栗研究和恢复项目，GE 栗树应该提交到 EPA（以及任何其他监管机构，如果需要）并最终获准通过，这些 GE 栗树最初被引种到没有树木的地区、植物园和私人土地（Powell，2015）。在威斯康星州，对栗树繁殖速度的估算表明，预计从 8～10 棵树繁殖出 4000 棵树需要 125 年；该项目的创始人预测，如果有强大的公共资源来资助树木种植，预期可在 100 年内新增 4 千万到 4 亿棵栗树，这一数目相当于死于病害树木的 10%（Powell，2015）。

在发展中国家，作物是很多人的主食，包括无性繁殖的作物如甘薯（*Ipomoea batatas*）、香蕉和芭蕉（*Musa* spp.），以及山药（*Dioscorea* spp.），它们很容易受微生物侵染。尽管研究了几十年，仍然难以找到对香蕉毁灭性的病害具天然抗性的种质资源，包括巴拿马病（香蕉尖孢镰刀菌引起的枯萎病）和黑斑病（芭蕉假尾孢菌引起的叶斑病）。遗传工程技术在加快新种质资源的开发速度方面具有良好的潜力。例如，通过在香蕉中插入来源于甜椒的 *Hrap* 基因，可以提高其对香蕉黄单胞菌的抗性，这种细菌性病害正在非洲东部和中部愈演愈烈（Tripathi et al.，2010）。当然，对这些遗传工程技术的应用，一定程度上取决于公众对这些新培育种质的接受程度，包括对技术本身及实际培育品种的接受程度。

提高抗病性的另一种方法是增强植保素的分泌，植保素是植物在受到侵染或胁迫后合成的抗微生物化合物（见第 5 章 5.1.1 "植物内源毒素"）。其构成涵盖了广泛的化合物集合，并对数量抗病性做出贡献；研究最深入的是类黄酮或萜类化合物来源。在主要作物的驯化过程中，这类具有防御功能的化合物可能发生了丢失（Palmgren et al.，2015）。虽然这样的概念早已存在，早在 20 年前就已经基于单步骤代谢通路的策略，通过遗传工程诱导了防御化合物以保护植物（Hain et al.，1993），但是由于很多植保素合成途径复杂，以及使用单一抗菌物质可能演化出抗性的危险性，这一策略仅引起有限的兴趣（Jeandet et al.，2013）。在植物中，基于对诱导的小分子防御途径转录调控机制的认识（Mao et al.，2011a；Yamamura et al.，2015；Yogendra et al.，2015），即使对完整的合成通路仍缺乏全面的了解，也能实现防御代谢物的协调表达和组织特异性定位。改良的转录调控机制还有助于引入多种抗菌防御分子，以减少病原菌通过演化克服抗性的概率。监管审查应确保新引入或异位表达的代谢物不会影响植物的品质和食品安全。

发现：更好地理解天然调控途径和诱导防御途径，结合新兴的遗传工程技术，可以操控复杂的代谢途径，用于增强植物对病害的抗性。

2. 对病毒的抗性

在第 3 章已经讨论了番木瓜（*Carica papaya*）的抗病毒机制——转基因表达病毒的外壳蛋白。木薯（*Manihot esculenta*）是非洲亚撒哈拉沙漠的主要自给作物，易患两种严重的病毒病：木薯褐条病（cassava brown streak disease，CBSD）和木薯花叶病（cassava mosaic disease，CMD）。CBSD 最先在莫桑比克发现，并且正向非洲中部和西部传播。在本委员会撰写此报告时，两个研究小组正致力于开发抗病毒木薯。通过联邦、基金会和企业融资（来自孟山都基金会，美国国际开发署，比尔及梅琳达·盖茨基金会（简称盖茨基金会）以及霍华德·G·巴菲特基金会），唐纳德丹佛斯植物科学中心的科学工作者，与乌干达、肯尼亚和尼日利亚的科学工作者们，合作开发了广受农民欢迎的高通量木薯遗传转化平台（Taylor et al.，2012），利用 RNA 干扰（RNAi）策略解决木薯的病毒抗性问题。苏黎世联邦理工学院的科学工作者采用了类似的方法（Nyaboga et al.，2013），将 CBSD 抗性导入到对 CMD 具天然抗性的尼日利亚木薯中（Vanderschuren et al.，2012）。田间试验表明这些策略是可行的（Ogwok et al.，2012）。

发现：遗传工程可用于提高作物对植物病原体的抗性，也有潜力减少发达和发展中国家的农业损失。

3. 抗虫性

在棉花（*Gossypium hirsutum*）和玉米中，来自苏云金芽孢杆菌的单个杀虫蛋白和多个杀虫蛋白已被广泛应用；但在大多数经济作物中，其他抗虫蛋白尚未得到广泛应用。RNAi 技术的使用也是讨论的热点之一，美国农业部（USDA）在 2015 年正式批准了第一个玉米 RNAi 品种（USDA-APHIS，2015）。RNAi 策略的灵感来源于细胞的天然免疫机制，细胞可以切断来源于入侵生物的 RNA（Fjose et al.，2001）。在针对西方玉米根叶甲（*Diabrotica virgifera*）（Baum et al.，2007）和棉铃虫（*Helicoverpa armigera*）（Mao et al.，2007）进行抗虫研究时，首次证明了通过 RNAi 载体在植物组织导入双链 RNA 是切实有效的。这一策略旨在沉默特定害虫体内调控生长和发育的关键基因，同时不会影响其他生物的基因表达。这个关键基因编码了一个调控昆虫中肠内细胞间膜泡运输的蛋白 DvSnf7，它是研究最深入的昆虫靶标蛋白（Koči et al.，2014）。同时对 *DvSnf7* RNAi 与 Cry3Bb1 蛋白进行表达，结果显示 *DvSnf7* RNAi 与 Cry3Bb1 蛋白可独立地对科罗拉多马铃薯甲虫产生抗性（Levien et al.，2015）。

基于 RNAi 技术开发的保护作物不受害虫侵染的新方法，是通过化学生态学的方法来平衡植物和昆虫之间的互作。在一项针对棉铃虫的项目中（Mao et al.，2007），对昆虫细胞色素 P450 酶 CYP6AE14 设计了特异的 dsRNA。细胞色素 P450 是存在于动物和昆虫体内的一类泛素化酶，它们主要参与消除外来物质的毒性。CYP6AE14 可以去除棉花倍半萜棉酚的毒性，倍半萜棉酚是一种强效的拒食剂，同时也可以诱导 CYP6AE14 的表达。由 RNAi 介导的 CYP6AE14 沉默会导致昆虫无法消除棉酚的毒性，因此在转入了 CYP6AE14 dsRNA 的棉花上，棉铃虫幼虫的生长速度会明显降低（Mao et al.，2011b）。

另一个更加复杂的例子也表明遗传工程可增进对复杂生态系统的理解，即在野生烟草（*Nicotiana attenuata*）中表达针对昆虫 *CYP6B46* 基因 mRNA 的特异 dsRNA。该基因编码一种酶类，可将烟草天蛾（*Manduca sexta*）摄入的一部分尼古丁从中肠转移至血淋巴（相当于脊椎动物的血液）。将表达了 *CYP6B46* dsRNA 和不含尼古丁的 GE 植株在自然环境下种植，以不含尼古丁的植物或表达 dsRNA 的植物为食的烟草天蛾幼虫，相较于以非 GE 烟草为食的幼虫更容易遭到夜狼蛛［*Camptocosa parallela*（*Lycosidae*）］的捕食，因为以不含尼古丁烟草为食的幼虫不会从呼吸孔中呼出尼古丁，以导入 dsRNA 烟草为食的幼虫也只会从呼吸孔中呼出少量尼古丁（Kumar et al.，2014）。当然我们也可以预期，并非所有基于遗传工程修饰昆虫行为的试验都能获得成功。在小麦中表达了一个源于辣薄荷（*Mentha×piperita*）的基因，可产生一种易挥发的昆虫信息素 E-β-法尼烯（可以引来蚜虫的天敌），该方法在实验室内可以保护植株不受蚜虫侵扰，但在大田却未见效果（Sample，2015）。

为了确保所表达的基因特异性，dsRNA 必须具备足够的长度；因此其技术瓶颈在于避免 dsRNA 在植物体内被切割成短的干扰 RNA。如第 7 章所述，解决方案之一是将 dsRNA 导入植物的叶绿体基因组而不是细胞核基因组[1]。基于这种策略，dsRNA 可以在叶绿体中积累，而不会与细胞质的 RNA 切割酶接触。靶标幼虫体内的关键肌动蛋白基因，在控制科罗拉多马铃薯甲虫上获得了显著的成效（Whyard，2015；Zhang et al.，2015）。另一篇报道描述了将棉酚解毒基因 *CYP6AE14* 和其他靶标的 dsRNA 导入烟草叶绿体中（Jin et al.，2015），该策略在抗虫方面是有效的。

本委员会听取了受邀演讲者的发言（如 Hansen，2014），同时也收到并阅读了一些来自公众的担忧，即如果使用 dsRNA 分子来靶标昆虫，应关注潜在的脱靶效应对人类基因表达的影响。之前的结果显示源于植物的 dsRNA 在消化后会积累于人体组织（Zhang et al.，2012），但一部分研究（Dickinson et al.，2013；Snow et al.，2013；Witwer et al.，

---

1 叶绿体基因组是质体基因组的一部分。

2013）得出了与之前研究相反的结论。同时，2014 年 EPA 科学顾问委员会也得出类似的结论，即 dsRNA 的应用风险极小，因为这种分子会在人类的消化道中被降解，同时脱靶的概率可以通过序列设计来控制[1]。作为一项额外的预防措施，本委员会认为将 dsRNA 导入植物不可食用的部分可以降低人体接触 dsRNA 的概率。以马铃薯为例，可以将 dsRNA 在叶中的叶绿体内表达，而不在块茎的淀粉质体内表达。显然，这一措施只有在被 dsRNA 靶标的昆虫不攻击植物可食用部分的前提下才有效果。

RNAi 抗虫的成效似乎与物种特异性和组织特异性紧密相连。例如，鳞翅目昆虫一般很难成为 RNAi 的靶标；同时，在表皮毛组织表达的基因很难通过 RNAi 的手段沉默（Terenius et al.，2011）。

鉴于鳞翅目昆虫对外源 RNAi 有着天然的免疫力，那么理论上其他昆虫也可以演化出对 RNAi 的抗性。但是在其他昆虫，没有明显地发现下调甚至丢失 RNAi 所需的元件而产生对 RNAi 的抗性。获得 RNAi 的降解通路也可能演化出对 RNAi 抗性。RNAi 降解速率的提升可能是显性或者不完全显性的性状，因为功能获得型性状往往遵守这种遗传模式（Gould，1995）。同时，抗性监管的最佳策略也许是提供大量的庇护所（见第 4 章 4.2.4 "Bt 作物的抗性演变和抗性管理"）。其中最大的顾虑就是产生与序列特异性无关的 dsRNA 抗性机制，这样就无法通过改变 RNAi 的靶位点来消除抗性了。

本委员会也从工作小组了解到，有些公众对不同的害虫监管方式于环境造成的影响表示担忧，也收到并阅读了关于 RNAi 在有益或濒危物种中发生脱靶效应的意见。这些顾虑反映了 GE 作物涉及环境影响的相关研究，包括：

- 对以同种作物为食的其他食草动物（不是害虫）的影响。
- 对捕食、寄生于该食草动物的其他物种的影响。
- 基因转移至其他植物（如果基于叶绿体转化，这一顾虑已不再是问题）。

在本委员会撰写此综述时，尚无充足的证据来支持或否决美国农业部动植物卫生检验局（APHIS）结论之外的顾虑，APHIS 认为孟山都使用 RNAi 转基因玉米抗玉米根虫的过程未对生态环境产生任何影响（USDA-APHIS，2015）。

发现：多个基于遗传工程抗虫的策略，包括 RNAi 和化学生态学的方法，已变得可行。后续仍要针对 RNAi 技术的可持续性和脱靶效应展开研究，并弄清楚如何通过农业生态学的手段来保护作物。

8.3.2 非生物胁迫的耐受性

作物的非生物胁迫包括冷、热、干旱、土壤中的高盐浓度或其他抑制植物生长的化学物质。尽管对胁迫生化机制的认识仍然有限，但一些耐受胁迫的 GE 植物品种的商业化已经拉开帷幕。

1. 耐旱性

植物无法在极端干旱的条件下生长，因而一般通过提高植物在干旱条件下的存活率来

---

1 EPA 科学顾问委员会关于 "RNAi 技术作为农药" 的会议资料，包括会议纪要。见 http://www.epa.gov/sap/meeting-materials-january-28-2014-scientific-advisory-panel。访问于 2016 年 3 月 9 日。

提高其耐旱性；一旦恢复了充足的水分，植物可以继续生长，从而减少产量的损失。孟山都开发的 DroughtGard™ 玉米，是一种可以表达枯草芽孢杆菌（*Bacillus subtilis*）冷休克蛋白 B（cspB）的 GE 玉米（Castiglioni et al.，2008）。在某些干旱条件下，cspB 蛋白的表达似乎会使其产量相对于非 GE 对照有所上升，但还需后续的田间试验验证[1]。面对气候的变化，抗旱这一表型可能会日益重要（框 8-3）。

框 8-3　农业对气候变化的适应能力

在面对预期的气候变化时，响应非生物胁迫的性状将愈发重要。其中，两个极为重要的性状分别为耐高温和耐旱性（Howden et al.，2007）。有学者认为，对于某些作物如非洲玉米，在不提升耐高温和耐旱的前提下，盲目地提升产量将毫无意义（Folberth et al.，2014）。现在温室内和田间试验的携带 GE 性状的新品种，在 2030 年或 2040 年可能面临与现在完全不同的气候环境（Bennett et al.，2014）。因此，我们不能仅仅从提高利用效率和产量这两个方面来评估性状，更要从抗干扰性方面来评估，即降低在不确定或极端气候环境下颗粒无收的可能性（Bennett et al.，2014）。气候胁迫也会增加一些作物改良的额外成本，对木薯而言，应瞄准无需灌溉或大面积投入两个性状，同时可以在预期的气候条件下生长良好（Jarvis et al.，2012）。最后，气候的变化很可能伴随着特定地区病原菌与昆虫-有害生物群体结构的改变，这会对未来作物、GE 或其他方面的适应性带来严峻的挑战。

气候变化也会对作物产量带来有利的影响，如二氧化碳浓度的增加会增强光合效率（Fischer et al.，2014）。二氧化碳浓度的提升也可能造成意想不到的结果，如转 *Bt* 杀虫蛋白基因的棉花在高浓度二氧化碳环境下生长时，Bt 杀虫蛋白的表达量会下降（Coviella et al.，2002；Wu et al.，2007）。

虽然某些地区会变得更加干燥，但另一些地方也会变得更加潮湿；气候的变化会使得季节更难以预测，极端气候条件更频繁地出现（IPCC，2014）。气候变化可以多方面影响品质和产量。温度的上升会加快作物的发育，从而限制产量潜力；在寒冷的气候下，温度的上升也许会延长适宜作物生长的季节，尤其是那些可以持续生长的作物如棉花（Bange et al.，2010）。

常规育种和遗传工程都重点关注能使作物耐受或避免非生物逆境胁迫的性状，而这也可以与合理的管理措施相结合。例如，避免作物遭受高温胁迫的策略包括调整播种日期或改变作物的物候，或是双管齐下，以此避免遭受极端温度。也可以调整播种时间并增加灌溉，对基于遗传工程筛选增强抗旱性的特定性状形成补充。

植物在遭受干旱时会以不同的方式响应。因此仅对单个响应蛋白进行编辑，其效果不如激活植物对干旱以及后续系列过程的响应途径。这一点也许可行，比如针对干旱响应激

---

[1]　Genuity DroughtGard 杂交种。见 http://www.monsanto.com/products/pages/droughtgard-hybrids.aspx。访问于 2015 年 11 月 20 日。

素脱落酸（ABA）的受体开展相关工作。对 ABA 的受体进行基因编辑后，获得了 PYRABACTIN RESISTANCE 1 株系，该株系对化学农药双炔酰菌胺极其敏感；在 GE 植株上喷洒该化合物会提高其对干旱的耐受程度（Park et al.，2015）。对 ABA 受体结构的解析表明，也许还可以通过其他化学物质来激活其功能。该方法的优点在于，作物耕种时土壤水分的丧失大部分源于蒸腾作用，蒸腾作用的减少有利于维持土壤的湿润。但其缺点是在中等规模的商业化农场中，干旱常常在种植季的中期发生，此时植株较大，为了确保喷洒的覆盖率，常常需要使用空中设备。

2. 耐寒性

另一个基于遗传工程获得非生物胁迫抗性的例子，是美国 ArborGen 公司培育的耐寒桉树（*Eucalyptus* spp.）。通过 GE 表达拟南芥（*Arabidopsis thaliana*）的 *C-Repeat Binding Factor 2*（*CBF2*）基因，可以提高对寒冷的耐受性（Nehra and Pearson，2011）。*CBF2* 可以调控其他参与耐寒的基因。在一些商业化的杂交桉树中提高 *CBF2* 的表达会提高桉树耐寒性，使桉树可以在发生霜冻的美国东南部种植。超表达 *CBF* 基因会导致生长速度变缓；使用冷诱导表达的启动子来调控 *CBF* 基因的表达，使 *CBF* 基因只在需要时表达，可以缓解这一问题。GE 桉树家系也带有基因表达盒，通过阻止花粉的发育避免基因漂移；而 ArborGen 在向 USDA 请求解除管制的申诉书中声称，对于在美国东南部种植的桉树而言，其生物学隔离本身就可以有效阻止基因漂流（Nehra and Pearson，2011）。ArborGen 于 2011 年提交了申诉书，但本委员会于 2015 年撰写此综述时，解除管制的申诉仍未得到裁决。

如第 7 章所讨论，现今大部分 GE 性状的例子都是基于单个基因。随着对相关生化机制更深入的理解，如为什么某种胁迫会使植物发育受阻，或者为什么有的生物对某种胁迫的抗性更强，通过遗传工程提高非生物胁迫的效率也随之提高。未来在增强对胁迫的耐受时极可能需要导入多个基因，也许需要同时结合代谢工程（框 8-1）。

发现：植物中多个增强非生物胁迫耐受性的策略都是可行的，但是由于植物逆境响应机制的复杂程度，将需要用到比现在更复杂，同时能够瞬时调节基因表达的策略，尤其在面临难以预计的气候变化时。

8.3.3 提高植物产量和生产效率

提高植物的绝对产量，而不是克服产量缺口（如第 7 章所定义），一直是常规植物育种的主要目标。在玉米、大豆和小麦等商品作物中，由育种获得的附加产量通常每年平均递增 1%～2%。当然历史上也存在由于变革带来的例外，如杂交玉米、半矮秆小麦和水稻等技术革命极大地提高了产量（见第 3 章 3.1"农业遗传工程的发展"和第 4 章 4.1.1"潜在产量与实际产量"）。未来利用遗传工程技术提高植物产量或提高生产效率，可能包括提高营养利用效率、引入固氮和对初级代谢途径的重编程，尤其是提高光合作用效率。

1. 营养利用效率

营养利用效率（NUE）是指植物产量相对于实现该产量所需的营养（如肥料成分）。许多因素影响营养利用效率，包括根系的范围、根系细胞如何有效地吸收养分，以及多少营养成分可以从根运输到叶。通过上述任意一个因素来提高生产力，需要涉及调控这些因素的多个特异基因。例如，通过遗传工程改变根系的范围和作用模式，可能需要改变许多发育调控基因的表达模式；而增加根吸收养分的效率，可能涉及改变膜转运蛋白的含量或类型。

由于磷酸盐的开采日渐枯竭，磷的利用效率成为植物科学研究特别重要的一个领域。植物的根同时具有高亲和力和低亲和力的磷酸盐转运蛋白（Poirier and Jung，2015）。磷的感知和吸收受到复杂的调控（Scheible and Rojas-Triana，2015），并且与根发育相关，因此简单地超表达高亲和力的磷酸盐转运蛋白并不能解决问题。基于磷感知、吸收和响应调控因子的最新认识，可通过遗传工程来改良植物对磷的利用效率（Gamuyao et al.，2012；Wang et al.，2013），也可以通过改变磷在植物体内的分布来提高磷的利用效率（Veneklaas et al.，2012），这将涉及多个基因的操作。最后，培育分泌磷酸酶的遗传工程植物，从土壤有机物中释放磷酸盐，也被证明可以改进植物磷酸盐的利用效率（Wang et al.，2009）。

2. 固氮

氮是限制植物生长的关键营养元素。"固定"氮是指将大气中的氮气转化为可以整合到生物分子氮的形式。植物无法直接固氮，但是有些微生物可以。豆科植物，如大豆和菜豆（*Phaseolus vulgaris*）演化出与固氮微生物共生的能力，因此这类作物可以不用施加氮肥和有机增效剂。当然，尽管豆类（如大豆）比谷类（如玉米）作物具有更高的氮利用效率，但在农业生产上，为了经济效益也会给豆类施加氮肥，以保证可靠的产量，因为额外花费的成本并不高。

生产氮肥需要大量的天然气（一种化石能源），而生物固氮则不需要，所以利用生物固氮兼具环境效益。通过固氮来提高植物产量可以采取两条途径。其一是引入所有固氮过程相关的编码蛋白。这是一项复杂的工作，因为固氮系统是细菌的一种代谢途径；如果要在植物中重建生物固氮的体系，则需要对植物代谢体系进行很大幅度的修饰，这需要引入或改变许多基因。此外，也需要设计相应的胞内低氧微环境，以适应固氮活性。另一途径是在豆类植物中增强植物与细菌之间自然发生的固氮互作，以增加固氮效率；或者在没有共生固氮的植物中基于遗传工程设计所需的互作网络。

2011年，在盖茨基金会的会议上讨论了这些方法（Beatty and Good，2011），针对禾谷类作物固氮工程的基础研究获得了基金会的支持。盖茨基金会资助了对两种不同固氮方法的探索。其一是瞄准可让禾谷类作物形成类似豆类根瘤结构的基因，这样的根瘤结构为固氮细菌共生所需（Rogers and Oldroyd，2014）。另一方法侧重于固氮酶的合成，并将所需基因插入到质体或线粒体的基因组（Curatti and Rubio，2014）。在禾谷类作物中探索固氮的策略，必须涉及合成生物学的相关方法，对细胞生物学和植物代谢的途径进行重新改造（Rogers and Oldroyd，2014）。即使技术已胜利在望，改造固氮途径或者建立新的共生机制仍是一项艰巨的挑战，目前尚无法判断是否会成功。

盖茨基金会的项目对这一挑战性的研究进行了补充，旨在对现有豆科植物的相关技术进行调整和适应，通过 N2 非洲计划，服务于非洲的小规模农业[1]。

3. 提高光合效率

另一个通过改变代谢来提高生产力的例子是提高光合作用效率，而光合作用又可以增加植物的生长速度和产量潜力（Bräutigam et al.，2014；Weber，2014）。光合效率的限速酶之一是核酮糖-1,5-二磷酸羧化酶/加氧酶，它负责二氧化碳转化为糖这一过程的起始（通常也称为碳固定），也可以在副反应中与氧气反应而耗能。与氧气发生副反应的幅度取决于核酮糖-1,5-二磷酸羧化酶/加氧酶遇到的二氧化碳和氧气的相对含量。有些植物演化出减少副反应的方法，即将核酮糖-1,5-二磷酸羧化酶/加氧酶和碳固定局限在累积二氧化碳的细胞里。在这些细胞中，二氧化碳通过四碳化合物如苹果酸（这种类型的代谢途径称为 C_4）来累积。玉米具有 C_4 代谢途径。将 C_4 代谢途径引入到水稻等缺乏该途径的作物中可以提高产量。然而，重新改造水稻的碳固定代谢需要操作许多基因，包括控制叶发育和叶分化（以分化用于碳固定的特化细胞）的基因和编码 C_4 代谢酶的基因。国际水稻研究所现已启动培育 C_4 水稻的长期项目[2]。

另外一种减轻核酮糖-1,5-二磷酸羧化酶/加氧酶与氧气发生副反应的方法是使酶不再与氧气结合，但不影响碳固定反应。虽然在原则上可以通过"单基因"的策略来解决，但是实践证明很难完成。这一难度在意料之中，因为在演化过程中，群体产生的随机突变完全有机会淘汰掉这一副反应。但是实际上，这样的突变并没有因选择优势而保留。相反，许多生物都独立地演化出了各种二氧化碳的浓缩机制来提高光合效率，包括上面所讨论的这一类型。如果科学工作者能发现一种制造"更好"的核酮糖-1,5-二磷酸羧化酶/加氧酶的方法，这将是提高植物生产力的重大进步。来自蓝细菌聚球藻的核酮糖-1,5-二磷酸羧化酶/加氧酶固定碳的速度比植物更快；将其在烟草叶绿体中表达并取代烟草自身的酶，可以作为提高碳固定效率的第一步（Lin et al.，2014）；这些植物具有良好的光合能力，但是需要进一步通过遗传工程提高酶附近的二氧化碳浓度，以抑制氧化反应。

发现：遗传工程可应用于植物基础生物过程的改良。例如，光合作用和固氮具有提高产量或提高效率的潜力，但是由于其遗传操作的复杂性，可能需要长时间的努力。

8.3.4 提高饲料品质

木质纤维素的生物量（以植物茎和叶的形式）是以牧草为基础的牛奶和肉类生产的主要原料。在美国和其他地方，牛主要以高蛋白的苜蓿为饲料。遗传工程可以将相关性状引入苜蓿和其他饲料来源，以改善动物的消化率和营养，并降低反刍家畜由于产生甲烷而带来的健康风险。

1　N2 非洲计划：为非洲小型农户提供固氮工作。见 http://www.n2africa.org/。访问于 2015 年 12 月 12 日。

2　C4 水稻计划。见 http://c4rice.irri.org。访问于 2015 年 12 月 12 日。

1. 消化率

饲料中细胞壁的木质化会对反刍动物的消化率产生不利的影响，因为其限制了消化系统微生物和酶对纤维素和半纤维素多聚体的降解，这些是植物初生细胞壁和次生细胞壁的主要成分（Ding et al.，2012）。这些多聚体由己糖（六碳）和戊糖（五碳）组成，是动物营养的主要碳源，它们在瘤胃中被降解。木质纤维素非常难降解，通过传统育种的方法很难改变（Dixon et al.，2014）。细胞壁的难降解性非常复杂，且涉及了多种化学成分和机制，次生细胞壁中的木质素是导致其难以降解的主要原因（Chen and Dixon，2007；Ding et al.，2012）。

木质素是衍生自羟基肉桂醇（单月桂醇）的复杂芳香族多聚体；在植物细胞壁中，它们通过看似随机的聚合过程连接成木质素多聚体（Boudet et al.，1995）。在细胞壁停止延展后，木质素沉积在次生细胞壁中，并赋予细胞壁的结构完整性、茎的强度和维管组织水分运输所需的疏水性。

蛋白质含量和纤维可消化性可以用于评估苜蓿干草的质量；然而，随着苜蓿干草生物量的增加，由于木质素的沉积，饲料质量下降。2014 年末，由 Forage Genetics International 公司与孟山都公司合作开发的低木质素苜蓿在美国解除了管制；在低木质素苜蓿中，木质素合成途径某个模块的基因被部分沉默，因此在次生细胞壁中木质素的含量降低。低木质素饲料可以让农民平衡最佳的生物量和品质，以找到作物收获的最佳平台期[1]。增加苜蓿的消化率应该会减少每公斤肉或牛奶生产需要种植的苜蓿的量，从而减少每公斤肉或牛奶所需的土地面积，还应该会减少每公斤饲料产生的粪便量。

低木质素苜蓿的木质素含量显著减少（约 10%），这一含量低于该物种木质素正常含量的最低值甚至更低；这是因为苜蓿的性状得到了高度改良，并且品种间生物量消化率的自然变异不大。苜蓿是亚洲西南部的本地作物，可能起源于伊朗，所以来自美国及世界大部分的低木质素苜蓿基因，只可能流入到其他商业苜蓿或者商业品种周围的野生种群。低木质素苜蓿的基因漂移所带来的主要风险可能是经济上的，即对非 GE 苜蓿的污染，包括有机苜蓿。因此，该风险与抗除草剂苜蓿的风险类似，在监管上必须考虑到作物的授粉方式。

低木质素苜蓿的第二个潜在风险与植物代谢工程的许多产品相关，即植物中天然代谢途径可能被部分地破坏，导致中间产物流入其他途径或者目标途径的不同分支（在本例中是木质素）。低木质素苜蓿的木质素含更高比例的芥子醇单木酚衍生物。当这一现象首次被发现时，该结果被视作始料未及的意外效应，直到研究发现苜蓿在合成芥子醇木质素的过程中，存在一条可以绕过下调的酶的途径（Zhou et al.，2010）。这突出了基础科学为风险评估提供帮助的重要性。

苜蓿含有许多具有已知生物活性的天然产物，其中一些与木质素的生物合成相关。正如第 5 章（见 5.1.1 "植物内源毒素"）中所讨论的，异黄酮是对人类健康有益的抗菌化合物，但是其雌激素的特性也可能产生副作用。与非 GE 的商业化品系相比，低木质素苜蓿

1　截至本报告撰写时，Forage Genetics International 正准备为低木质素苜蓿申请 HarvXtra™ 的商标。抗草甘膦和不抗草甘膦的低木质素苜蓿品种正在培育中。

中对异黄酮的靶向分析并未检测到显著差异。三萜皂苷具有抗食草性的特性；苜蓿含有大量该化合物，且在叶和根中具有不同的特性。高浓度的三萜皂苷在单胃动物如马中表现出溶血活性。与非 GE 的商业化品系相比，低木质素苜蓿中三萜类的浓度和组成没有受到影响。三萜皂苷的含量在苜蓿属的其他植物表现出广泛的自然变异。因此，在非 GE 苜蓿和其他苜蓿品种的培育过程中，应对皂苷的浓度进行评估，如澳大利亚用于饲料的一年生蒺藜苜蓿。最后，苜蓿的嫩芽中含有刀豆氨酸，其属于一种神经毒性非蛋白质氨基酸。低木质素苜蓿中刀豆氨酸的浓度低于非 GE 的商业化品系。

因为低木质素苜蓿的生物量比普通苜蓿更高，所以在品质降低之前需要收获时，在作物的监管上需考虑新的因素。与未降低木质素的苜蓿一样，单一性状抗除草剂苜蓿的品质随着成熟度的增加而降低，因此，抗除草剂苜蓿比低木质素苜蓿收获得更早。随之导致的问题是低木质素苜蓿是否更可能留在田间开花，从而增加花粉流向非 GE 苜蓿的风险。为了避免这种可能性，孟山都对低木质素苜蓿的种植提出了限制条件，包括"监管牧草以防止产生种子，在种子生产地还需在达到 10% 或不到 10% 开花率时就进行收种，禁止在野生动物取食的田地使用。需繁种苜蓿的种植者要求遵循国际饲料遗传学最佳措施"（USDA-APHIS，2011）。

2. 氮气保护和缓解甲烷的产生

高蛋白质饲料的主要缺点之一是产生过量的甲烷而导致瘤胃胀气。甲烷是一种主要的温室气体。凝缩单宁是一种可以保护反刍动物免受胀气致命伤害的天然产物。凝缩单宁作为类黄酮聚合物（植物次生代谢产物），可以与蛋白质结合，从而降低瘤胃里的发酵率并且减少甲烷产量。其蛋白质结合活性也使更多的完整蛋白质离开瘤胃，提高氮素营养的利用。苜蓿叶缺乏凝缩单宁，因此将其导入苜蓿是一个重要但是尚未实现的育种目标。除了苜蓿，增加凝缩单宁含量或将其导入其他牧草，如三叶草（*Trifolium* spp.）、黑麦草（*Lolium* spp.）、放牧小麦，以及用于动物饲料的种子作物（如棉花和大豆）中，也是育种的目标。高浓度的凝缩单宁也可以防止青贮饲料因长期贮存而变质。

虽然产生植物凝缩单宁的生化反应还未被完全解析，但是一些研究已经尝试通过遗传工程增加植物叶片中的凝缩单宁。这是一个复杂的代谢工程问题，因为需要在一个组织中表达多个本来不表达的基因。同时改变多个基因表达的策略之一是对转录因子进行编辑。转录因子编码的蛋白质通过结合到基因的调控区从而改变基因的表达；它们可以正向调控，也可以负向调控。在一个生化途径中，单个转录因子可以调控多个基因的表达，从而避免对通路中各个步骤的单独遗传操作。调控凝缩单宁通路基因的转录因子已被报道，研究发现来自三叶草的一个转录因子可以产生高含量的凝缩单宁，当其在苜蓿叶片中表达时可以积累凝缩单宁（Hancock et al.，2012）。因此，可以在牧草中修改或合成新的转录因子，通过激活合成凝缩单宁的基因表达，来修饰凝缩单宁相关的性状。这也会引出一系列的科学和监管问题。

转录因子通常在植物细胞中以非常低的水平表达；大量的证据表明转录因子不同的效应往往取决于其表达程度，异常的高水平表达可能产生脱靶效应（Broun，2004）。人类在食物和饮料中大量摄入凝缩单宁及其前体，如巧克力和红酒，人们认为其对健康是有益的（见 8.3.6 中的"黄酮类抗氧化剂"中关于高花青素西红柿的讨论）。相反地，高浓度的凝缩单宁具有收敛作用，因此可以作为拒食剂。假如遗传工程可以产生适当浓度的凝缩单宁以改善动物的健康和表现，主要的监管问题可能是确保转录因子的表达不会产生脱靶效应，而不是凝缩单宁产品本身。

发现：对基础植物科学的进一步理解，将有助于更好地预测可能由遗传工程导致的脱靶变化。

发现：GE 技术对饲料品质的提高，可以减少温室气体和粪便的排放，从而有益于环境。

8.3.5 改良生物燃料原料

过去十年中，人们对"第二代"生物燃料的开发进行了大量研究，其来自木质纤维素材料，主要是木本植物如杨树（*Populus* spp.），以及草本植物如柳枝稷（*Panicum virgatum*）和芒草（*Miscanthus*）（Himmel et al.，2007；Poovaiah et al.，2014）。利用 GE 和非 GE 的方法，开发在农业和经济上可持续的生物燃料作物是必须的。特别是通过减少植物生物量对酶降解的抗拒，以培育可以直接分解和发酵成液体生物燃料的作物（综合生物工艺），并将副产品整合到剩余生物量中以增加价值，已被确定为研究的主要目标（Mielenz，2006；Ragauskas et al.，2006，2014）。

木质纤维素转化为液体生物燃料的第一个关键步骤，是将可发酵糖（如乙醇或异丁醇）从植物细胞壁中有效释放，或转变为其他发酵生产的工业化学品。发展纤维素-乙醇工业经济的限速步骤是将木质纤维素解构为糖成分的难降解性（Himmel et al.，2007）。2010 年以来，许多概念证实性的研究探索了减少生物质难降解的可行性，可以通过改造能源作物和模式作物如拟南芥（*Arabidopsis thaliana*）的细胞壁聚合物来提高乙醇产量。大部分相关研究集中在木质素，其原理可参照上述讨论的提高饲料消化率的机理（Li et al.，2014；Liu et al.，2014）。然而随着研究的深入，人们越来越清楚难降解性是一个复杂的性状，涉及纤维素、半纤维素、果胶细胞壁多聚物和参与细胞壁交联的小分子。因此，未来对能源作物的遗传改良将从多个途径来进行，涉及基因组或者 RNA 编辑、多基因转化、或者传统育种与转基因相结合的方式（Kalluri et al.，2014）。此外，为了避免导管等关键组织中由于木质素的大幅减少带来的潜在危害，需要通过组织特异性启动子驱动下游目标基因的表达，或者采用更复杂的策略，如直接对调控序列进行修饰来改变代谢途径以保证靶标到特定组织（Yang et al.，2013）。对难降解性的改良过程也可以和其他性状的改良相结合，如增加生物量的密度以减少需要运输的作物体积（Wang et al.，2010）。其中一些方法需要编辑转录因子，这将产生和上述讨论的凝缩单宁代谢工程类似的问题。

未来潜在的木质纤维素能源作物包括多年生草本植物（如柳枝稷和芒草）、快速生长的灌木（如柳树）、其他树木（如杨树和桉树），以及耐旱的多肉植物［如龙舌兰属（*Agave* spp.）］。一些物种的驯化程度很低，所以很多性状存在相当大的自然变异，包括细胞壁组分和难降解性，现已通过实验得到了证实。对一千多株生长在美国太平洋西北部毛果杨（*Populus trichocarpa*）的研究揭示了木质素含量的自然变异范围（Studer et al.，

2011)，其中木质素含量的降低会带来难降解性的减弱。柳枝稷中也检测到细胞壁组分的自然变异（Vogel et al.，2011）。这些结果表明常规育种可以减弱一些能源作物的难降解性。对于世代交替漫长的树木而言，相比较常规育种，遗传工程可以减少产品商业化所需的时间。

对于这些易降解的木本和草本植物的风险评估，可参照上述讨论的低木质素苜蓿，即需要防止和监测向当地种群发生基因漂流，如柳枝稷和杨树；此外，也要考虑树木对环境的影响需要长时间的评估。解决的方案之一是培育花粉不育的品种，从而防止多年生异交草本植物的基因漂流，但是不育性状本身可能就存在监管问题。Ceres 公司就 GE 柳枝稷的监管豁免问题向 USDA-APHIS 进行咨询；鉴于其基因转化是通过基因枪完成的，不含来自对应害虫的 DNA，所以对其监管豁免已经得到了授权（Camacho et al.，2014）。判断的标准是这一植物事件没有整合来自植物病虫害的组分（见第 9 章 9.2 "新兴遗传工程技术的监管"），而并非去评估木质素降低对柳枝稷自然群体的潜在危险。

开发能源作物的另一种方法是由作物直接生产燃料。最出名的例子是生物柴油，很多油料作物已被用作生物柴油的来源，包括大豆、欧洲油菜（*Brassica napus*）、亚麻荠（油菜的近缘种，*Camelina sativa*）和油桐树（*Jatropha curcas*）等。后者已在亚洲和撒哈拉以南的非洲地区广泛种植，尽管以种子产量而言，这种作物的经济可行性还存在争议（Jingura and Kamusoko，2014）。生物柴油相关性状的遗传改良同时涉及油料的产量和品质。关于遗传工程改良植物油品质的研究，已经有相当多的工作，其中大部分都是通过降低饱和脂肪酸和反式脂肪酸的含量来提高营养品质。此外，很多基于 GE 改良生物柴油品质和产量的研究集中在绿藻、酵母和细菌，而不是植物中（Hegde et al.，2015）。不过亚麻荠属的植物已成为一种潜在的新型油料作物，因为来自模式植物拟南芥的遗传知识可以将其转化为食用油、工业用油或生物燃料（Vollman and Eynck，2015）；对于生物燃料，高油酸将是首选。

植物体内还会天然合成一些不同浓度的碳氢化合物，其合成方式可能是组成型的，也可能受病虫害的诱导。例如，松树（*Pinus* spp.）和桉树会分泌萜烯。对植物萜烯合成途径相关基因的深入了解，将有助于利用合成生物学的方法改造微生物以生产倍半萜类，比如法尼烯就可以直接用作燃料（Wang et al.，2011），此外，利用遗传工程直接在植物中提高此类化合物的含量也是完全可行的（Beale et al.，2006）。后一种方法的潜在问题是萜烯易挥发：它们既可能作为信号分子在植物-昆虫互作时少量释放（Beale et al.，2006），也可能大量储存于植物的特定腺体中，这类植物天然就可以积累高含量的此类化合物（King et al.，2004）。如果这些植物（如亚麻荠）缺失腺体，那么为了积累一定浓度的化合物，就需要将萜烯转变为不易挥发的形式，比如与糖或者其他分子结合。

发现：最近人们在理解和解决生物量难降解性的方面取得了一定进展，使得"第二代"木质纤维素生物燃料通过传统育种或遗传工程的方法进行商业开发变成了可能。

8.3.6 导入或者改良营养性状

人类需要至少50种营养元素，包括维生素、必需氨基酸、必需脂肪酸、矿物质和微量元素。尤其在发展中国家，农业往往无法完全满足对这些营养元素的需要，其中一些关键的营养元素无法从主要的农作物中摄取（Welch and Graham，2005；另见第5章5.5.1中的"提高微量营养元素的含量"）。

植物育种往往重视对作物产量的选育，而水果和蔬菜的培育集中在味道和加工相关的性状。在人类耕作的大约一万年里，少数几种主要的粮食作物已经失去了很多营养元素（Robinson，2013）。对1950年至1999年的43种园艺作物营养成分变化进行的详细调查结果表明，六种营养成分（蛋白质、钙、磷、铁、核黄素和抗坏血酸）发生了流失（Davis et al.，2004）；当然在调查中也需要考虑取样方法、用于分析的品种、分析方法和生长环境的差异对结果的影响。例如，对土耳其种质中心收集的栽培和野生红莓进行比较，结果表明野生红莓的抗氧化剂活性较高，且含有更多的营养成分（Çekiç and Özgen，2010）。如果种质资源中无法找到与高含量营养成分相关的基因，那么遗传工程将是改良营养成分含量唯一可行的方法。

1. 维生素和多聚不饱和脂肪酸的改良

含有高浓度维生素 A 前体 β-胡萝卜素的黄金大米，以及含有高浓度多聚不饱和脂肪酸（PUFAs）的油菜是两个最广为人知的例子，两者都是基于 GE 技术对营养元素的含量进行改良。随着常规育种和标记辅助选择技术的进步，可以对植物体内已存在且在种质资源广泛变异的营养性状进行改良（Graham et al.，1999；Welch et al.，2000；Welch and Graham，2005；White and Broadley，2005；Goldman，2014）。在自然种质中缺失某种性状所需基因的情况下，比如维生素 A 前体和 PUFAs，就需要用到遗传工程。黄金大米的利弊已经得到了广泛的讨论，这些论点不会在这里重述（见第5章5.5.1中的"提高微量营养元素的含量"）。

为了促进健康，也开展了 PUFAs 的代谢工程研究，但是其过程比维生素 A 前体的改良更加复杂；其复杂程度类似鱼油，往往需要引入来自不同物种的多个基因（Wu et al.，2005；Truska et al.，2009；Ruiz-López et al.，2012）。利用 GE 亚麻荠（*Camelina sativa*）生产植物油，其中二十碳五烯酸和二十二碳六烯酸的含量可以高达20%，且在温室（Petrie et al.，2012；Ruiz-López et al.，2014）和田间（Usher et al.，2015）的表型没有变化。来自 GE 植物的植物油被证明可有效替代鲑鱼饲养生产的鱼油（Betancor et al.，2015）。

2. 矿物质微量元素含量的改良

主食中缺乏人体必需的主要微量元素，包括铁、锌、铜、硒和碘。简单的农业措施，包括土壤施肥和补充或作物轮作，对提高谷物的微量元素含量几乎没有效果（Rengel et al.，1999）；由于复杂的政治和社会经济因素，通过传统的办法向弱势人群提供微量元素，如补充或食物强化，可能收效甚微（White and Broadley，2005）。虽然新技术在推广必需微量元素方面具有一定的潜力，但是其可能被同样的政治和社会经济因素所限制，因此通过非 GE 食品来改善营养会变得困难。

在本委员会撰写此报告时，一项大型的多国合作研究正在进行中，这项研究致力于通过遗传工程提高木薯中铁和锌的含量（Sayre et al.，2011；Sayre，2014）。发展中国家的大多数地区都缺乏这两种微量元素，而这一问题可以通过遗传工程来解决（Zimmerman and Hurrell，2002）。在木薯根中，通过转入来自雷氏衣藻（*Chlamydomonas reinhardtii*）的特异性同化铁的蛋白，可以促进根从土壤对铁的吸收，从而实现了铁元素含量从大约 10 ppm 增加到 40 ppm（1 ppm=1×10^{-6}）。提高锌元素含量的策略，可通过引入额外的定位在质膜上的锌转运蛋白，使得锌在维管中大量积累。在根中引入拟南芥的 *ZIP*[1] 锌转运蛋白基因使得锌的含量增加了 2~10 倍，但同时也导致植物叶片中锌含量的减少，从而影响产量；因此，这种方法需要进一步改进。

此外，在三种独立的遗传工程方法的共同作用下，可以将铁离子转运并储存在种子的胚乳中，在不降低产量的情况下使水稻的含铁量增加 440%（Masuda et al.，2012）。

虽然高微量元素的 GE 木薯和 GE 水稻已在商业化的前夕，但是在此报告撰写之时，其商业化还有待努力。

3. 低植酸玉米

植酸是磷的储存库，为植物代谢所必需；由于其组成是肌醇加上 6 个磷酸而形成的一种密集的带负电荷的分子，因而可以结合阳离子矿物质元素，特别是铁和锌，使其在消化和吸收的过程中无法进入身体。常规育种和遗传工程的方法已被用于减少植酸含量，以提高这些必需矿物元素的生物可吸收性。利用锌指核酸酶进行基因组编辑已经成功地用于降低玉米中的植酸含量（Shukla et al.，2009）。编辑的植株是可育的，并且其低植酸含量的性状可以遗传到下一代植株中。但是该技术截至 2015 年尚未实现商业化。

4. 提高必需氨基酸的可吸收性

对于人类和大多数哺乳动物而言，赖氨酸是一种必需氨基酸，其在大多数禾谷类食物中含量较低，在玉米中尤其缺乏。其原因是玉米贮藏蛋白，即玉米醇溶蛋白中的赖氨酸含量非常低。提高蛋白质品质的工作始于 20 世纪 50 年代，有报道表明发展中国家的人群缺乏蛋白质，因而促使政府主导了相关研究，旨在筛选高蛋白品质的谷物基因型。在自然突变中发现一种高赖氨酸玉米，被称为 opaque2 玉米；其中赖氨酸和色氨酸（玉米中缺乏程度第二的必需氨基酸）的含量约为普通玉米的两倍（Mertz et al.，1964）。此外，玉米籽粒发软和其他表现较差的品质问题也会降低其接受程度；位于墨西哥的国际玉米小麦改良中心（CIMMYT）将其改良为胚乳坚硬的类型，提高了其应用的潜力，该品种已被推广至非洲部分区域和其他地区（Vasal，2000）。遗传工程技术也被用于增加大豆、油菜和玉米的赖氨酸含量（Galili and Amir，2013）。通过对来自细菌的反馈不敏感型二氢吡啶二羧酸合酶的表达来合成赖氨酸，可以增加游离赖氨酸的含量，用于培育高赖氨酸玉米（Lucas et al.，2007），但其从未被释放。

5. 黄酮类抗氧化剂

众所周知，花青素是红色和紫色色素，作为果实和花的主要天然产物，它存在于大部

1　ZRT-IRT 类型蛋白（ZIPs）是一类植物膜转运蛋白，最初被定义为锌铁转运蛋白。

分植物界。它们具有抗氧化活性，并且对健康有益（Yousuf et al.，2015）。花青素由类黄酮分子与一个或多个糖分子组成，有时也含有其他化学基团。而花青素是前述讨论的凝缩单宁产生过程中的中间产物。植物天然就含有花青素，因此如果存在足够大的自然变异，可以通过常规育种技术提高果实和营养组织中花青素的含量。科学工作者也试图让花青素的含量超过天然存在的范围，比如将花青素引入到缺乏它们的果实中，并通过遗传工程技术或分离突变体来导入相关的黄酮类化合物，如黄酮醇（Dixon et al.，2012）。基础的理论研究已经在各种蔬菜和水果中展开，包括苹果（*Malus* spp.）、葡萄（*Vitis* spp.）、番茄（*Solanum lycopersicum*）和花椰菜（*Brassica oleracea*）。在水果和蔬菜中，也针对凝缩单宁展开了类似的研究，降低其含量可以减少高单宁水果比如柿子（*Diospyros* spp.）的涩味（Akagi et al.，2009），或通过增加其含量以提高保健效果。

虽然番茄可以在营养组织中产生花青素，但是其果皮和果肉为红色的主要原因是类胡萝卜素。果皮含有低含量的类黄酮，以查尔酮苷（黄酮醇和花青素的共轭前体）的形式存在，但果实中缺乏花青素抗氧化剂这种有益的成分。此外，一些传统的番茄品种带紫色果皮，但并非由花青素产生。常规育种培育出了果皮携带花青素的番茄，但果肉不含花青素[1]。因此通过遗传工程培育果肉富含花青素的紫番茄也正在推进，该策略涉及两个转录因子的表达，它们在金鱼草（*Antirrhinum majus*）的花中控制花青素的合成（Butelli et al.，2008；Gonzali et al.，2009）。在一项小型研究中，当给癌症易感小鼠喂食高花青素的番茄时，肿瘤的发育会变缓（Butelli et al.，2008），但对人类健康的影响需要更详细的研究（Tsuda，2012）。此外，由于这种番茄成熟过程的减缓，番茄的货架寿命增加了一倍，从而减少了灰霉菌（*Botrytis cinerea*）的侵染。当本委员会撰写此报告时，高花青素含量的番茄已在加拿大进行了温室试验。在培育高含量黄酮醇番茄的过程中，也采取了类似的策略，即通过表达玉米的转录因子（Bovy et al.，2002）或超表达查尔酮异构酶（Muir et al.，2001）来实现目标；对洋葱（*Allium cepa*）的改良策略类似但并不伴随花青素的积累。此外，在对消费者口味的研究中，高黄酮醇的 GE 番茄和非 GE 品种的接受程度一样（Lim et al.，2014）。

GE 番茄中黄酮类化合物含量的增加并不会降低类胡萝卜素的含量，而类胡萝卜素也是有益于健康的（Johnson，2002）；因此，高黄酮类/花青素番茄确实可以为消费者提供实质性的保健效果。动物模型表明高含量的花青素可在体内被降解，因而不会影响健康（Pojer et al.，2013）。其潜在的风险主要是转录因子超表达引起的脱靶效应；转录组分析表明，在花青素含量增加的番茄中，两个转录因子的表达激活了包括防御反应在内的多种途径（Povero et al.，2011）。一些水果和蔬菜中，花青素含量的自然变异已被证明是由类似转录因子的表达差异或自然突变所调控。因此，通过常规育种增加花青素的含量也是可行的，虽然可能不是在番茄果肉中增加。

最后，通过同源转基因和基因枪介导的转化方法培育出来的高花青素葡萄，已被 USDA-APHIS 准予非管制状态（Camacho et al.，2014）。

1　紫色番茄的常见问题见 http://horticulture.oregonstate.edu/purple_tomato_faq。访问于 2015 年 11 月 20 日。

发现：遗传工程可用于提高作物的营养品质，也可以降低作物中对营养不利的成分含量。

8.3.7 食品安全性状

在提高食品安全性方面，GE 性状的两个例子是马铃薯的低丙烯酰胺含量，和玉米 Bt 相关的低伏马菌素含量（见第 5 章）。低丙烯酰胺马铃薯是由辛普劳植物科技公司通过沉默天冬酰胺合成酶-1 基因而培育的（Waltz，2015）。丙烯酰胺是美拉德（Maillard）反应的副产物之一，即高温条件下天冬酰胺和还原糖之间会发生反应产生丙烯酰胺，这种成分与啮齿动物的癌症有关。该公司已表明，与非 GE 马铃薯相比，GE 马铃薯中丙烯酰胺含量可减少 50%～70%（见第 5 章 5.5.1 中的"低毒素含量的遗传工程食品"中描述的对健康的影响）。

8.3.8 收获后性状

成熟果实和谷物的收获后性状可以通过遗传工程进行改良，包括抗病性、抗擦伤性、耐贮藏性，以及食味和其他品质的标准化。对于饲料作物，可以提高青贮稳定性。如前所述，对新的 GE 性状的改良，如抗病性状，已在水果和谷物中开展。通过上述对单宁的改良可以提高青贮饲料中的蛋白质稳定性。摩擦过程中的损伤是由于细胞膜的完整性被破坏，进而发生氧化褐变和细胞裂解所导致。如第 3 章所述，水果和植物其他部分的氧化褐变可以通过多酚氧化酶基因的下调表达来改善，如非褐变的 GE 苹果和 GE 马铃薯，这样可以提高贮藏的品质。

8.4 未来的遗传工程作物、其可持续发展及世界粮食供给

农业用地位居全球陆地使用面积榜首，大约占据了 40% 的全球陆地面积（Foley et al.，2005）。全球对粮食的需求预计会在 2050 年再翻一倍（Tilman et al.，2011）；很多自然栖息地可能会因此被开垦为农田，进而导致生物多样性的巨大损失。

8.4.1 加强可持续性

有记载表明，近数十年来新开垦的大部分农田，都来自对多样性广泛的热带地区森林的砍伐，清晰地表明了农业和环境保护之间的联系（Gibbs et al.，2010）。自 1998 年至 2008 年以来，农业用地以每年 48 000 平方千米的速度在热带国家中扩张（Phalan et al.，2013）。因此，很多环境保护主义者都提出了加强可持续性的理念，也就是在不破坏环境的前提下，提高每公顷粮食的产量，这对保护物种多样性有重要意义（Garnett et al.，2013）。

本报告旨在提出如下关键问题，即现在和未来的遗传工程技术能够在多大程度上加强农业的可持续性（Godfray et al.，2010）。能够促进农业可持续发展的农艺性状包含牧草品质的改良（占地少且产生的甲烷少）、抗病虫害、营养强化、耐旱、耐盐，以及氮高效利用（Godfray et al.，2010）。部分上述性状已经通过常规育种和遗传工程得到了改良。

但正如之前章节所讲述，随着遗传工程技术的兴起和植物生化领域的进展，势必能让育种家们解决无法通过现有技术改良的性状问题。

由于全世界 30%～40% 的粮食未被食用或被浪费，因此加强贮藏能力也可减少自然土地被开垦为耕地（Godfray et al.，2010）。GE 作物可通过控制产量缺口来加强可持续性，但需要指出，在世界范围内控制产量缺口和推动农业生产，需要以农业生态学的方法进行可持续的耕作、灌溉和施用化肥（Mueller et al.，2012）。鉴于这一点，国际农业知识科学技术发展评估部门强调，要普及生态农业相关的知识和实践，以满足日益增长的粮食需求（IAASTD，2009；Vanloqueren and Baret，2009）。同时，对 GE 作物的进一步推进，也不能以牺牲生态农业的发展为代价（Vanloqueren and Baret，2009）。

发现：应该制定相关政策，将 GE 作物的研究放在辅助农业可持续发展的位置，而不是建立在占有现有技术资源的基础上。

8.4.2　可持续性与食品体系

在 2015 年国家研究委员会的报告中，"食品体系的评估影响框架"断言，如果考虑所有条件变化对食品体系的影响，这一工程实在过于复杂，因此多数研究更关注农业变化对食品体系的影响，这一研究领域相对狭窄。报告中提及的一系列原则对食品体系的研究有指导作用。其中一条是，在评估对食品体系的影响时，应重点考虑四个方面：健康、环境、社会和经济（NRC，2015）。这一原则旨在从健康和环境的角度，对新技术可能引起的担忧给出大致框架。如何利用这四个方面来分析 GE 作物的现有经验和未来发展，一直是本委员会的目标。

未来的 GE 作物将如何促进可持续农业和食品体系的发展？这一问题需要被细分到上述的四个领域（Hubbell and Welsh，1998；Ervin et al.，2011；Macnaghten and Carro-Ripalda，2015）。除了环境方面，大众普遍认可需要从健康、经济和社会维度三个方面（尤其是无法明显权衡利弊时）来理解可持续性（Ervin et al.，2011）。例如，Pfeffer（1992）从可持续发展的兴起，一直追溯至 20 世纪农民私自使用工业输入来代替人为劳作的"地下运动"。科学工作者和公众就 GE 作物对墨西哥、巴西和印度可持续农业和食品的贡献向监管机构反馈了其观点；随后，Macnaghten 和 CarroRipalda（2015）倡议讨论技术问题的时候不要总从健康和环境的影响来下结论，这种老掉牙的争论方式颇为偏激。他们认为问题的关键在于，应该建立何种制度框架，使得社会能从技术中获利，并且应该从社会和伦理的角度来考虑问题。Marden 等（2016）也将目光直接聚焦于对制度的担忧，并提出知识-产权-监管的复合方式。他们在编辑卷里着重强调了知识产权和调控框架对农业创新的促进或阻碍，同时指出需要创造性的方法来推行知识-产权-监管的复合方式。

如上所述，GE 作物在可持续性方面的新进展大有可为，但很多时候对新作物及其性状在可持续性的评估，仅仅停留在对环境的影响方面。即使只考虑这一个方面，研究也可能相对片面。其中有一个备受关注的 GE 作物研究实例（Su et al.，2015），其目标旨在减少种植水稻向大气层排放 7%～17% 的甲烷（Bridgham et al.，2013；Kirschke et al.，

2013)。在这一研究中，Su 等（2015）培育了一种 GE 水稻株系，可将自身产生的淀粉富集于茎和种子，从而减少根系中淀粉的含量。通过这种方式筛选出根系环境不适合产甲烷细菌存活的株系，以此减少温室气体的排放。Su 等（2015）的工作初步验证了概念性的理论，但其实施毫无疑问仍需要更深入的研究。在其评论文章中，Bodelier（2015）指出了该研究后续需要跟进的方面。例如，为了弥补根系附近为植物提供养分的特定细菌的缺失，可能需要提高氮肥的使用量。这可能导致氮元素进入土壤中，导致更多的一氧化氮这种温室气体的产生（其他的地球化学循环也可能被改变）。同时，根系菌群组成的变化也可能为水稻病原菌提供更适宜的环境。当然，随着更多研究的进行，也可能会出现预期之外的某种益处。应该进行进一步的研究，以确定如何去评估携带有争议性状作物的发展与扩散，包括对经济的集中有何影响；如何影响农业结构，能否被中小型农户所使用；能否为人类提供更多的食物；还有第 6 章中已提及的，现有 GE 作物对经济和社会的影响。本委员会提出警告，重要的是在这些最终培育的作物特性被完全认识之前，不能过早地根据这些分析得出结论。

如本委员会之前总结的（见 8.3.3 中的"营养利用效率"），提高磷利用效率的方法之一是通过遗传工程使植物分泌磷酸酶，这种酶会导致农田土壤中磷酸盐的释放（Wang et al.，2009）。虽然该方法可以在短期内产生可观的效果，但从长远的角度来看，土壤中磷的储备量会逐渐耗尽。

以相似的视角来看，GE 耐旱作物同样需要好好审视。即使新的遗传工程技术不断涌现，耐旱性状依旧是公认的难以改良但又值得一做。一般而言这一认识是对的，但是对于耐旱植物在不同环境下所带来的长期效应，本委员会始终没能找到详细的相关分析。如果玉米或其他作物通过遗传工程变得更加耐旱，那么短期内可在之前不能种植的干旱土地上进行耕种，进而创造经济效益，但同时也会降低物种多样性。在某些地区，作物都是隔年种植，使土地中的水分得以补充。由于耐旱品种的根扎得更深，在开始的数年内还能保证作物的连年种植，但后期可用地下水会越来越少。显然，我们需要基于更加细致且系统的分析，来预期更长的时间周期内对环境可持续性的影响。

Lobell 等（2014）发现，随着常规育种的耐旱玉米品种推广，美国中西部的农民倾向于通过增加播种率来提高产量。然而，随着种植密度的上升，植株会从土壤吸收更多水分，进而导致玉米对干旱更为敏感。因此在种植常规育种或 GE 耐旱玉米时，需要在高产和减少干旱损失之间做好权衡。

在健康维持方面，通过遗传工程技术增加微量营养元素含量或者降低伏马菌素和黄曲霉素的含量虽然充满了挑战，但显然可以改善贫困人群的健康状况（见第 5 章 5.5.1 "含有额外营养成分或其他有益健康的遗传工程食品"）。给营养充足的人群补充花青素和酚类物质所带来的效应尚不清楚，因为这两种物质的最佳含量或者是否超标暂时未知。如果新兴的遗传工程技术能保护植物不受大部分病害侵染，那么其应用必将大幅度地减少合成农药的用量；只要 GE 食品本身对健康无副作用，那么毫无疑问是对健康有益的。作物、环境和种植体系中的每一个性状都必须经过慎重的考量。

正如第 6 章关于当前 GE 作物的讨论，其社会和经济的影响很难评估，特别是在数据才刚开始搜集的基础上。在推广含有多个性状的未来的 GE 作物时，可以避免面向资源匮乏或者对这些性状需求不大的农民。在社会和经济的可持续发展方面，更大程度上会被性状以及作物研发者的目标所决定，而不是技术本身。

发现：尽管新兴的遗传工程技术在维持食品体系的可持续性上有潜在的价值，但是仍然需要更广泛和更严谨地分析其对健康的长期影响，以及对环境、社会的影响，包括将特定的作物和性状加入到农业生态系统所带来的经济结果。

8.4.3 新的遗传工程作物和性状在世界粮食安全中的作用

另一个关键问题是，基于新兴的遗传工程技术培育的新性状和作物，在未来能为世界粮食安全做出多大程度的贡献。如上所述，2011 年 Tilman 等人得出结论，2050 年世界对作物的需求将是 2005 年的两倍。据预测，遗传工程将对作物产量的翻倍起主要作用（Leibman et al.，2014）。

基于本委员会对多篇文献的评估，新的 GE 性状和作物对粮食增产的贡献都存在不同程度的不确定性。如第 4 章讲述的通过 GE 性状和作物的商业化来降低害虫（以及少量病原菌）所带来的损失，以及本章新兴技术的发展，可以期待只要能够解决昆虫对新的作物性状演化出抗性这一问题，新的 GE 性状就能减少病虫害所带来的损失，同时减少合成农药的施用量。很多新的 GE 性状并不能增加作物的产量，但是可以减少产量的波动，尤其是可以避免由于害虫或病原菌的爆发而导致的作物欠收。这些性状对资源匮乏的农户有着特殊的价值，前提是它们能被这些农户所使用，并且确认对公众无害，同时不会因为病虫害产生抗性而失效。

据估计，病虫害使作物减产 45%，但这也存在争议（Yudelman et al.，1998），因此需要进行深入的研究，以便更好地估计到底需要保护作物不受病虫害的侵扰到何种程度，才能增加全球粮食产量。在一项深入的分析中，Savary 等（2000）调查了亚洲地区由于害虫、病原菌和杂草导致的水稻减产（Savary et al.，2000）。他们发现，在不存在生物胁迫的情况下，总产量的平均损失为 37.2%。然而，超过 20% 的损失源于杂草；而三化螟（*Scirpophaga incertulas*）作为 *Bt* 水稻的主要靶标，平均只造成了 2.3% 的减产；三大主要病原菌只造成了 1%~10% 的减产。此外，对各个水稻生产系统损失的估计也各不相同。这些结果强调了需要仔细地评估 GE 性状对于粮食产量翻倍的目标是如何进行具体地干预的。

正如这一章所讨论的，基于遗传工程获得光合效率更强、营养利用效率更高或者更加耐旱的品种以增产是可行的；但是在未来，开发这些性状的成效还犹未可知。鉴于研究才刚刚起步，即使通过详尽的综述和评估，也很难预测基于这些方法对粮食总产的增幅。

如第 6 章所解释的，粮食安全不仅是提高粮食产量这么简单。谁来开发新的作物和性状，哪些作物和性状值得投入，还有其他因素比如制度的支持和对该领域的投入等，最终都会影响遗传工程技术对粮食安全的影响。对上述问题做出决定的政策制定者，将肩负收集信息并优化遗传工程新技术投入的重任，用以促进上文所讨论的可持续发展的四个方面。

发现：鉴于新兴的遗传工程技术对作物产量增长的贡献幅度犹未可知，将其视作为保障粮食安全主要贡献的观点仍需谨慎。

建议：应平衡好新兴遗传工程技术和其他技术方法的公共投入，这将大幅度降低世界和当地粮食短缺的风险。

本 章 小 结

遗传工程和常规育种相辅相成，同时使用这两种方法对作物进行改良，其效率将胜过只使用单一某种策略。对于复杂性状比如耐旱性和氮利用效率，需要同时基于这两种方法投入基础研究，以便更好地理解其中的遗传机理，虽然一些复杂性状在没有遗传工程的前提下很难导入。复杂性状的研究才刚刚起步，哪些性状可以成功应用而哪些不能还难以预测。哪些性状对农民可用，这些性状涉及什么作物和品种，将取决于有关个人和公共部门对作物改良的投入程度。除去技术障碍之外，未来在生态、社会、经济和监管层面的问题，将会影响公共和私有部门对研究的投入，以及新发现的传播。此外，至关重要的是，对涉及遗传工程的解决方案的投入，不应该以减少对现有技术的支持为代价，这些技术已被证明能有效改良作物的可持续性增产和营养高效。

参 考 文 献

Akagi, T., A. Ikegami, and K. Yonemori. 2009. DkMyb2 wound-induced transcription factor of persimmon (*Diospyros kaki* Thunb.), contributes to proanthocyanidin regulation. Planta 23: 1045-1059.

Bange, M. P., G. Constable, D. McRae, and G. Roth. 2010. Cotton. Pp. 41-58 in Adapting Agriculture to Climate Change: Preparing Australian Agriculture, Forestry and Fisheries for the Future, S. M. Howden and C. Stokes, eds. Canberra: CSIRO.

Baum, J. A., T. Bogaert, W. Clinton, G. R. Heck, P. Feldmann, O. Ilagan, S. Johnson, G. Plaetinck, T. Munyikwa, M. Pleau, T. Vaughn, and J. Roberts. 2007. Control of coleopteran insect pests through RNA interference. Nature Biotechnology 25: 1322-1326.

Bauman, J. M., C. H. Keiffer, and B. C. McCarthy. 2014. Backcrossed chestnut seedling performance and blight incidence (*Cryphonectria parasitica*) in restoration. New Forests 45: 813-828.

Beale, M. H., M. A. Birkett, T. J. A. Bruce, K. Chamberlain, L. M. Field, A. K. Huttly, J. L. Martin, R. Parker, A. L. Phillips, J. A. Pickett, I. M. Prosser, P. R. Shewry, L. E. Smart, L. J. Wadhams, C. M. Woodcock, and Y. Zhang. 2006. Aphid alarm pheromone produced by transgenic plants affects aphid and parasitoid behavior. Proceedings of the National Academy of Sciences of the United States of America 103: 10509-10513.

Beatty, P. H., and A. G. Good. 2011. Future prospects for cereals that fix nitrogen. Science 333: 416-417.

Bennett, E., S. R. Carpenter, L. J. Gordon, N. Ramankutty, P. Balvanera, B. Campbell, W. Cramer, J. Foley, C. Folke, L. Karlberg, J. Liu, H. Lotze-Campen, N. Mueller, G. Peterson, S. Polasky, J. Rockström, R. Scholes, and M. Spierenburg. 2014. Toward a more resilient agriculture. Solutions 5: 65-75.

Betancor, M. B., M. Sprague, S. Usher, O. Sayanova, P. J. Campbell, J. A. Napier, and D. R. Tocher. 2015. A nutritionally-enhanced oil from transgenic Camelina sativa effectively replaces fish oil as a source of eicosapentaenoic acid for fish. Scientific Reports 5.

Bodelier, P. L. E. 2015. Sustainability: Bypassing the methane cycle. Nature 523: 534-535.

Boudet, A. M. , C. Lapierre, and J. Grima-Pettenati. 1995. Tansley Review No. 80. Biochemistry and molecular biology of lignification. New Phytologist 129: 203-236.

Bovy, A. G. , R. de Vos, M. Kemper, E. Schijlen, M. A. Pertejo, S. Muir, G. Collins, S. Robinson, M. Verhoeyen, S. Hughes, C. Santos-Buelga, and A. van Tunen. 2002. High-flavonol tomatoes resulting from the heterologous expression of the maize transcription factor genes *LC* and *C1*. The Plant Cell 14: 2509-2526.

Bräutigam, A. , S. Schliesky, C. Külahoglu, C. P. Osborne, and A. P. M. Weber. 2014. Towards an integrative model of C4 photosynthetic subtypes: Insights from comparative transcriptome analysis of NAD-ME, NADP-ME, and PEP-CK C4 species. Journal of Experimental Botany 65: 3579-3593.

Bridgham, S. D. , C. -Q. Hinsby, K. K. Jason, and Q. Zhuang. 2013. Methane emissions from wetlands: Biogeochemical, microbial, and modeling perspectives from local to global scales. Global Change Biology 19: 1325-1346.

Broun, P. 2004. Transcription factors as tools for metabolic engineering in plants. Current Opinion in Plant Biology 7: 202-209.

Butelli, E. , L. Titta, M. Giorgio, H. -P. Mock, A. Matros, S. Peterek, E. G. W. M. Schijlen, R. D. Hall, A. G. Bovy, J. Luo, and C. Martin. 2008. Enrichment of tomato fruit with healthpromoting anthocyanins by expression of select transcription factors. Nature Biotechnology 26: 1301-1308.

Camacho, A. , A. Van Deynze, C. Chi-Ham, and A. B. Bennett. 2014. Genetically engineered crops that fly under the US regulatory radar. Nature Biotechnology 32: 1087-1091.

Castiglioni, P. , D. Warner, R. J. Bensen, D. C. Anstrom, J. Harrison, M. Stoecker, M. Abad, G. Kumar, S. Salvador, R. D'Ordine, S. Navarro, S. Back, M. Fernandes, J. Targolli, S. Dasgupta, C. Bonin, M. H. Luethy, and J. E. Heard. 2008. Bacterial RNA chaperones confer abiotic stress tolerance in plants and improved grain yield in maize under waterlimited conditions. Plant Physiology 147: 446-455.

Çekiç, Ç. , and M. Özgen. 2010. Comparison of antioxidant capacity and phytochemical properties of wild and cultivated red raspberries (*Rubus idaeus* L.). Journal of Food Composition and Analysis 23: 540-544.

Chen, F. , and R. A. Dixon. 2007. Lignin modification improves fermentable sugar yields for biofuel production. Nature Biotechnology 25: 759-761.

Cotter, J. 2014. GE Crops—Necessary? Presentation to the National Academy of Sciences' Committee on Genetically Engineered Crops: Past Experience and Future Prospects, September 16, Washington, DC.

Coulman, B. , B. Goplen, W. Majak, T. McAllister, K. J. Cheng, B. Berg, J. Hall, D. McCartney, and S. Acharya. 2000. A review of the development of a bloat-reduced alfalfa cultivar. Canadian Journal of Plant Science 80: 487-491.

Coviella, C. E. , R. D. Stipanovic, and J. T. Trumble. 2002. Plant allocation to defensive compounds: Interactions between elevated CO_2 and nitrogen in transgenic cotton plants. Journal of Experimental Botany 53: 323-331.

Curatti, L. , and L. M. Rubio. 2014. Challenges to develop nitrogen-fixing cereals by direct *nif*-gene transfer. Plant Science 225: 130-137.

Davis, D. R. , M. D. Epp, and H. D. Riordan. 2004. Changes in USDA food composition data for 43 garden crops, 1950 to 1999. Journal of the American College of Nutrition 23: 669-682.

Dickinson, B. , Y. Zhang, J. S. Petrick, G. Heck, S. Ivashuta, and W. S. Marshall. 2013. Lack of detectable oral bioavailability of plant microRNAs after feeding in mice. Nature Biotechnology 31: 965-967.

Ding, S. -Y. , Y. -S. Liu, Y. Zeng, M. E. Himmel, J. O. Baker, and E. A. Bayer. 2012. How does plant cell wall nanoscale architecture correlate with enzymatic digestibility? Science 338: 1055-1060.

Dixon, R. A. , C. Liu, and J. H. Jun. 2012. Metabolic engineering of anthocyanins and condensed tannins in plants. Current Opinion in Biotechnology 24: 329-335.

Dixon, R. A. , M. S. Srinivasa Reddy, and L. Gallego-Giraldo. 2014. Monolignol biosynthesis and its genetic manipulation: The good, the bad and the ugly. Pp. 1-38 in Recent Advances in Polyphenol Research, A. Romani, V. Lattazio, and S. Quideau, eds. Chichester, UK: John Wiley & Sons, Ltd.

Easlon, H. , K. Nemali, J. Richards, D. Hanson, T. Juenger, and J. McKay. 2014. The physiological basis for genetic variation in water use efficiency and carbon isotope composition in *Arabidopsis thaliana*. Photosynthesis Research 119: 119-129.

Ervin, D. E. , L. L. Glenna, and R. A. Jussaume, Jr. 2011. The theory and practice of genetically engineered crops and agricultural sustainability. Sustainability 3: 847-874.

Fischer, T. , D. Byerlee, and G. Edmeades. 2014. Crop Yields and Global Food Security: Will Yield Increase Continue to Feed the World? Canberra: Australian Centre for International Agricultural Research.

Fjose, A. , S. Ellingsen, A. Wargelius, and H. -C. Seo. 2001. RNA interference: Mechanisms and applications. Biotechnology Annual Review 7: 31-57.

Folberth, C. , H. Yang, T. Gaiser, J. Liu, X. Wang, J. Williams, and R. Schulin. 2014. Effects of ecological and conventional agricultural intensification practices on maize yields in sub-Saharan Africa under potential climate change. Environmental Research Letters 9: 044004.

Foley, J. A. , R. DeFries, G. P. Asner, C. Barford, G. Barford, S. R. Carpenter, F. S. Chapin, M. T. Coe, G. C. Daily, H. K. Gibbs, J. H. Helkowski, T. Holloway, E. A. Howard, C. J. Kucharik, C. Monfreda, J. A. Patz, I. C. Prentice, N. Ramankutty, and P. K. Snyder. 2005. Global consequence of land use. Science 309: 570-574.

Galili, G. , and R. Amir. 2013. Fortifying plants with essential amino acids lysine and methionine to improve nutritional quality. Plant Biotechnology Journal 11: 211-222.

Gamuyao, R. , J. H. Chin, J. Pariasca-Tanaka, P. Pesaresi, S. Catausan, C. Dalid, I. Slamet-Loedin, E. M. Tecson-Mendoza, M. Wissuwa, and S. Heuer. 2012. The protein kinase Pstol1 from traditional rice confers tolerance of phosphorus deficiency. Nature 488: 535-539.

Garnett, T. , M. C. Appleby, A. Balmford, I. J. Bateman, T. G. Benton, P. Bloomer, D. Burlingame, M. Dawkins, L. Dolan, D. Fraser, M. Herrero, I. Hoffmann, P. Smith, P. K. Thornton, C. Toulmin, S. J. Vermeulen, and H. J. C. Godfray. 2013. Sustainable intensification in agriculture: Premises and policies. Science 341: 33-34.

Gibbs, H. K. , A. S. Ruesch, M. K. Achard, M. K. Clayton, P. Holmgren, N. Ramankutty, and J. A. Foley. 2010. Tropical forests were the primary sources of new agricultural land in the 1980s and 1990s. Proceedings of the National Academy of Sciences of the United States of America 107: 16732-16737.

Godfray, H. C. J. , J. R. Beddington, I. R. Crute, L. Haddad, D. Lawrence, J. F. Muir, J. Pretty, S. Robinson, S. M. Thomas, and C. Toulmin. 2010. Food security: The challenge of feeding 9 billion people. Science 327: 812-818.

Goldman, I. L. 2014. The future of breeding vegetables with human health functionality: Realities, challenges and opportunities. HortScience 49: 133-137.

Gonzali, S. , A. Mazzucato, and P. Perata. 2009. Purple as a tomato: Towards high anthocyanin tomatoes. Trends in Plant Science 14: 237-241.

Graham, R. , D. Senadhira, S. Beebe, C. Iglesias, and I. Monasterio. 1999. Breeding for micronutrient density in edible portions of staple food crops: Conventional approaches. Field Crops Research 60: 57-80.

Gould, F. 1995. Comparisons between resistance management strategies for insects and weeds. Weed Technology 9: 830-839.

Gurian-Sherman, D. 2014. Remarks to the National Academy of Sciences' Committee on Genetically Engineered Crops: Past Experience and Future Prospects, September 16, Washington, DC.

Gururani, M. A. , J. Venkatesh, C. P. Upadhyaya, A. Nookaraju, S. K. Pandey, and S. W. Park. 2012. Plant disease resistance genes: Current status and future directions. Physiological and Molecular Plant Pathology 78: 51-65.

Hain, R. , H. -J. Reif, E. Krause, R. Langebartels, H. Kindl, B. Vornam, W. Wiese, E. Schmelzer, P. Schreier, R. H. Stöcker, and K. Stenzel. 1993. Disease resistance results from foreign phytoalexin expression in a novel plant. Nature 361: 153-156.

Hancock, K. R. , V. Collette, K. Fraser, M. Greig, H. Xue, K. Richardson, C. Jones, and S. Rasmussen. 2012.

Expression of the R2R3-MYB transcription factor TaMYB14 from *Trifolium arvense* activates proanthocyanidin biosynthesis in the legumes *Trifolium repens* and *Medicago sativa*. Plant Physiology 159: 1204-1220.

Hansen, M. 2014. The Need for Mandatory Safety Assessment for GE Crops. Presentation to the National Academy of Sciences' Committee on Genetically Engineered Crops: Past Experience and Future Prospects, September 16, Washington, DC.

Haverkort, A. J. , P. M. Boonekamp, P. Hutten, E. Jacobsen, L. A. P. Lotz, G. J. T. Kessel, R. G. F. Visser, and E. A. G. van der Vossen. 2008. Societal costs of late blight in potato and prospects of durable resistance through cisgenic modification. Potato Research 51: 47-57.

Haverkort, A. J. , P. C. Struik, R. G. F. Visser, and E. Jacobsen. 2009. Applied biotechnology to combat late blight in potato caused by *Phytophthora infestans*. Potato Research 52: 249-264.

Hegde, K. , N. Chandra, S. Sarma, S. Brar, and V. Veeranki. 2015. Genetic engineering strategies for enhanced biodiesel production. Molecular Biotechnology 57: 606-624.

Himmel, M. E. , S. -Y. Ding, D. K. Johnson, W. S. Adney, M. R. Nimlos, J. W. Brady, and T. D. Foust. 2007. Biomass recalcitrance: Engineering plants and enzymes for biofuels production. Science 315: 804-807.

Howden, S. M. , J. Soussana, F. N. Tubiello, N. Chhetri, M. Dunlop, and H. Meinke. 2007. Adapting agriculture to climate change. Proceedings of the National Academy of Sciences of the United States of America 104: 19691-19696.

Hubbell, B. J. , and R. Welsh. 1998. Transgenic crops: Engineering a more sustainable agriculture? Agriculture and Human Values 15: 43-56.

IAASTD (International Assessment of Agricultural Knowledge, Science and Technology for Development). 2009. Agriculture at a Crossroads: Global Report. Washington, DC: Island Press.

IPCC (Intergovernmental Panel on Climate Change). 2014. Climate Change 2014: Synthesis Report. Contribution of Working Groups I, II and III to the Fifth Assessment Report of the Intergovernmental Panel on Climate Change. Geneva: IPCC.

Jarvis, A. , J. Ramirez-Villegas, B. V. Herrera Campo, and C. E. Navarro-Racines. 2012. Is cassava the answer to African climate change adaptation? Tropical Plant Biology 5: 9-29.

Jeandet, P. , C. Clement, E. Courot, and S. Cordelier. 2013. Modulation of phytoalexin biosynthesis in engineered plants for disease resistance. International Journal of Molecular Sciences 14: 14136-14170.

Jin, S. , N. D. Singh, L. Li, X. Zhang, and H. Daniell. 2015. Engineered chloroplast dsRNA silences *cytochrome p450 monooxygenase*, *V-ATPase* and *chitin synthase* genes in the insect gut and disrupts *Helicoverpa armigera* larval development and pupation. Plant Biotechnology Journal 13: 435-446.

Jingura, R. M. , and R. Kamusoko. 2014. Experiences with Jatropha cultivation in sub-Saharan Africa: Lessons for the next phase of development. African Journal of Science, Technology, Innovation and Development 6: 333-337.

Johnson, E. J. 2002. The role of carotenoids in human health. Nutrition in Clinical Care 5: 56-65.

Jones, J. D. G. , K. Witek, W. Verweij, F. Jupe, D. Cooke, S. Dorling, L. Tomlinson, M. Smoker, S. Perkins, and S. Foster. 2014. Elevating crop disease resistance with cloned genes. Philosophical Transactions of the Royal Society B: Biological Sciences 369: 20130087.

Kalluri, U. C. , H. Yin, X. Yang, and B. H. Davison. 2014. Systems and synthetic biology approaches to alter plant cell walls and reduce biomass recalcitrance. Plant Biotechnology Journal 12: 1207-1216.

King, D. J. , R. M. Gleadow, and I. E. Woodrow. 2004. Terpene deployment in *Eucalyptus polybractea*: relationships with leaf structure, environmental stresses, and growth. Functional Plant Biology 31: 451-460.

Kirschke, S. , P. Bousquet, P. Ciais, M. Saunois, J. G. Canadell, E. J. Dlugokencky, P. Bergamaschi, D. Bergmann, D. R. Blake, L. Bruhwiler, P. Cameron-Smith, S. Castaldi, F. Chevallier, L. Feng, A. Fraser, M. Heimann, E. L. Hodson, S. Houweling, B. Josse, P. Fraser, P. B. Krummel, J. -F. Lamarque, R. L. Langenfelds, C. Le Quéré, V. Naik, S. O'Doherty, P. I. Palmer, I. Pison, D. Plummer, B. Poulter, R. G. Prinn, M. Rigby, B. Ringeval, M. Santini, M. Schmidt, D. T. Shindell, I. J. Simpson, R. Spahni, L. P. Steele, S. A. Strode, K. Sudo, S.

Szopa, G. R. van der Werf, A. Voulgarakis, M. van Weele, R. F. Weiss, J. E. Williams, and G. Zeng. 2013. Three decades of global methane sources and sinks. Nature Geoscience 6: 813-823.

Koči, J., P. Ramaseshadri, R. Bolognesi, G. Segers, R. Flannagan, and Y. Park. 2014. Ultrastructural changes caused by Snf7 RNAi in larval enterocytes of western corn rootworm (*Diabrotica virgifera virgifera* Le Conte). PLoS ONE 9: e83985.

Kumar, P., S. S. Pandit, A. Steppuhn, and I. T. Baldwin. 2014. Natural history-driven, plantmediated RNAi-based study reveals CYP6B46's role in a nicotine-mediated antipredator herbivore defense. Proceedings of the National Academy of Sciences of the United States of America 111: 1245-1252.

Lees, G. L. 1992. Condensed tannins in some forage legumes: Their role in the prevention of ruminant pasture bloat. Pp. 915-934 in Plant Polyphenols, R. W. Hemingway and P. E. Laks, eds. New York: Plenum Press.

Leibman, M., J. J. Shryock, M. J. Clements, M. A. Hall, P. J. Loida, A. L. McClerren, Z. P. McKiness, J. R. Phillips, E. A. Rice, and S. B. Stark. 2014. Comparative analysis of maize (*Zea mays*) crop performance: Natural variation, incremental improvements and economic impacts. Plant Biotechnology Journal 12: 941-950.

Levine, S. L., J. Tan, G. M. Mueller, P. M. Bachman, P. D. Jensen, and J. P. Uffman. 2015. Independent action between DvSnf7 RNA and Cry3Bb1 protein in southern corn rootworm, *Diabrotica undecimpunctata howardi* and Colorado potato beetle, *Leptinotarsa decemlineata*. PLoS ONE 10: e0118622.

Li, Q., J. Song, S. Peng, J. P. Wang, G.-Z. Qu, R. R. Sederoff, and V. L. Chiang. 2014. Plant biotechnology for lignocellulosic biofuel production. Plant Biotechnology Journal 12: 1174-1192.

Lim, W., R. Miller, J. Park, and S. Park. 2014. Consumer sensory analysis of high flavonoid transgenic tomatoes. Journal of Food Science 79: S1212-S1217.

Lin, M. T., A. Occhialini, P. J. Andralojc, M. A. J. Parry, and M. R. Hanson. 2014. A faster Rubisco with potential to increase photosynthesis in crops. Nature 513: 547-550.

Liu, C.-J., Y. Cai, X. Zhang, M. Gou, and H. Yang. 2014. Tailoring lignin biosynthesis for efficient and sustainable biofuel production. Plant Biotechnology Journal 12: 1154-1162.

Lobell, D. B., M. J. Roberts, W. Schlenker, N. Braun, B. B. Little, R. M. Rejesus, and G. L. Hammer. 2014. Greater sensitivity to drought accompanies maize yield increase in the U. S. Midwest. Science 344: 516-519.

Lucas, D. M., M. L. Taylor, G. F. Hartnell, M. A. Nemeth, K. C. Glenn, and S. W. Davis. 2007. Broiler performance and carcass characteristics when fed diets containing lysine maize (LY038 or LY038 x MON 810), control, or conventional reference maize. Poultry Science 86: 2152-2161.

Macnaghten, P., and S. Carro-Ripalda, eds. 2015. Governing Agricultural Sustainability: Global Lessons from GM Crops. New York: Routledge.

Mao, Y.-B., W.-J. Cai, J.-W. Wang, G.-J. Hong, X.-Y. Tao, L.-J. Wang, Y.-P. Huang, and X.-Y. Chen. 2007. Silencing a cotton bollworm P450 monooxygenase gene by plant-mediated RNAi impairs larval tolerance of gossypol. Nature Biotechnology 25: 1307-1313.

Mao, G., X. Meng, Y. Liu, Z. Zheng, Z. Chen, and S. Zhang. 2011a. Phosphorylation of a WRKY transcription factor by two pathogen-responsive MAPKs drives phytoalexin biosynthesis in Arabidopsis. The Plant Cell 23: 1639-1653.

Mao, Y.-B., X.-Y. Tao, X.-Y. Xue, L.-J. Wang, and X.-Y. Chen. 2011b. Cotton plants expressing CYP6AE14 double-stranded RNA show enhanced resistance to bollworms. Transgenic Research 20: 665-673.

Marden, E., R. N. Godfrey, and R. Manion, eds. 2016. The Intellectual Property-Regulatory Complex: Overcoming Barriers to Innovation in Agricultural Genomics. Vancouver: UBC Press.

Masuda, H., Y. Ishimaru, M. S. Aung, T. Kobayashi, Y. Kakei, M. Takahashi, K. Higuchi, H. Nakanishi, and N. K. Nishizawa. 2012. Iron biofortification in rice by the introduction of multiple genes involved in iron nutrition. Scientific Reports 2: 543.

Mertz, E. T., L. S. Bates, and O. E. Nelson. 1964. Mutant gene that changes protein composition and increases lysine content of maize endosperm. Science 145: 279-280.

Mielenz, J. R. 2006. Bioenergy for ethanol and beyond. Current Opinion in Biotechnology 17: 303-304.

Mueller, N. D. , J. S. Gerber, M. Johnston, D. K. Ray, N. Ramankutty, and J. A. Foley. 2012. Closing yield gaps through nutrient and water management. Nature 490: 254-257.

Muir, S. R. , G. J. Collins, S. Robinson, S. Hughes, A. Bovy, C. H. R. De Vos, A. J. van Tunen, and M. E. Verhoeyen. 2001. Overexpression of petunia chalcone isomerase in tomato results in fruit containing increased levels of flavonols. Nature Biotechnology 19: 470-474.

Nehra, N. S. , and L. Pearson. 2011. Petition for Determination of Non-regulated Status for Freeze Tolerant Hybrid *Eucalyptus* Lines. Available at https://www. aphis. usda. gov/brs/aphisdocs/11 _ 01901p. pdf. Accessed November 20, 2015.

NRC (National Research Council). 2015. A Framework for Assessing Effects of the Food System. Washington, DC: National Academies Press.

Nyaboga, E. , J. Njiru, E. Nguu, W. Gruissem, H. Vanderschuren, and L. Tripathi. 2013. Unlocking the potential of tropical root crop biotechnology in east Africa by establishing a genetic transformation platform for local farmer-preferred cassava cultivars. Frontiers in Plant Science 4: 526.

Ogwok, E. , J. Odipio, M. Halsey, E. Gaitán-Solís, A. Bua, N. J. Taylor, C. M. Fauquet, and T. Alicai. 2012. Transgenic RNA interference (RNAi) -derived field resistance to cassava brown streak disease. Molecular Plant Pathology 13: 1019-1031.

Paillet, F. L. 2002. Chestnut: History and ecology of a transformed species. Journal of Biogeography 29: 1517-1530.

Palmgren, M. G. , A. K. Edenbrandt, S. E. Vedel, M. M. Anderson, X. Landes, J. T. Osterberg, J. Falhof, L. I. Olsen, S. O. Christensen, P. Sandoe, C. Gamborg, K. Kappel, B. J. Thorsen, and P. Pagh. 2015. Are we ready for back-to-nature crop breeding? Trends in Plant Science 20: 155-164.

Parisi, C. , P. Tillie, and E. Rodríguez-Cerezo. 2016. The global pipeline of GM crops out to 2020. Nature Biotechnology 34: 31-36.

Park, S. Y. , F. C. Peterson, A. Mosquna, J. Yao, B. F. Volkman, and S. R. Cutler. 2015. Agrochemical control of plant water use using engineered abscisic acid receptors. Nature 520: 545-548.

Petrie, J. R. , P. Shrestha, X. R. Zhou, M. P. Mansour, Q. Li, S. Belide, P. D. Nichols, and S. P. Singh. 2012. Metabolic engineering of seeds with fish oil-like levels of DHA. PLoS ONE 7: e49165.

Pfeffer, M. J. 1992 Sustainable agriculture in historical perspective. Agriculture and Human Values 9: 4-12.

Phalan, B. , M. Bertzky, S. H. M. Butchart, P. F. Donald, J. P. W. Scharlemann, A. J. Stattersfield, and A. Balmford. 2013. Crop expansion and conservation priorities in tropical countries. PLoS ONE 8: 1-13.

Pham, A. T. , J. G. Shannon, and K. D. Bilyeu. 2012. Combinations of mutant FAD2 and FAD3 genes to produce high oleic acid and low linolenic acid soybean oil. Theoretical and Applied Genetics 125: 503-515.

Poirier, Y. , and J. -Y. Jung. 2015. Phosphate transporters. Pp. 125-158 in Phosphorus Metabolism in Plants, Annual Plant Reviews Volume 48, W. Plaxton and H. Lambers, eds. Chicester, UK: John Wiley & Sons, Inc.

Pojer, E. , F. Mattivi, D. Johnson, and C. S. Stockley. 2013. The case for anthocyanin consumption to promote human health: A review. Comprehensive Reviews in Food Science and Food Safety 12: 483-508.

Poovaiah, C. R. , M. Nageswara-Rao, J. R. Soneji, H. L. Baxter, and C. N. Stewart. 2014. Altered lignin biosynthesis using biotechnology to improve lignocellulosic biofuel feedstocks. Plant Biotechnology Journal 12: 1163-1173.

Povero, G. , S. Gonzali, L. Bassolino, A. Mazzucato, and P. Perata. 2011. Transcriptional analysis in high-anthocyanin tomatoes reveals synergistic effect of Aft and atv genes. Journal of Plant Physiology 168: 270-279.

Powell, W. 2015. Additional Tools for Solving an Old Problem: The Return of the American Chestnut. Webinar presentation to the National Academy of Sciences' Committee on Genetically Engineered Crops: Past Experience and Future Prospects, March 27.

Ragauskas, A. J. , C. K. Williams, B. H. Davison, G. Britovesk, J. Cairney, C. A. Eckert, W. J. J. Frederick, J. P.

Hallett，D. J. Leak，C. L. Liotta，J. R. Mielenz，R. Murphy，R. Templer，and T. Tschaplinski. 2006. The path forward for biofuels and biomaterials. Science 311：484-489.

Ragauskas，A. J. , G. T. Beckham，M. J. Biddy，R. Chandra，F. Chen，M. F. Davis，B. H. Davison，R. A. Dixon，P. Gilna，M. Keller，P. Langan，A. K. Naskar，J. N. Saddler，T. J. Tschaplinski，G. A. Tuskan，and C. E. Wyman. 2014. Lignin valorization：Improving lignin processing in the biorefinery. Science 344：709.

Rengel，Z. , G. D. Batten，and D. E. Crowley. 1999. Agronomic approaches for improving the micronutrient density in edible portions of field crops. Field Crops Research 60：27-40.

Robinson，J. May 25, 2013. Breeding the nutrition out of our food. Online. New York Times. Available at http：// www. nytimes. com/2013/05/26/opinion/sunday/breeding-the-nutritionout-of-our-food. html? pagewanted = all&_r =0. Accessed December 11, 2015.

Rogers，C. , and G. E. D. Oldroyd. 2014. Synthetic biology approaches to engineering the nitrogen symbiosis in cereals. Journal of Experimental Botany 65：1939-1946.

Rothstein，S. J. , Y. -M. Bi，V. Coneva，M. Han，and A. Good. 2014. The challenges of commercializing second-generation transgenic crop traits necessitate the development of international public sector research infrastructure. Journal of Experimental Botany 65：5673-5682.

Ruiz-López，N. , O. Sayanova，J. A. Napier，and R. P. Haslam. 2012. Metabolic engineering of the omega-3 long chain polyunsaturated fatty acid biosynthetic pathway into transgenic plants. Journal of Experimental Botany 63：2397-2410.

Ruiz-Lopez，N. , R. P. Haslam，J. A. Napier，and O. Sayanova. 2014. Successful high-level accumulation of fish oil omega-3 long-chain polyunsaturated fatty acids in a transgenic oilseed crop. The Plant Journal 77：198-208.

Sample，I. June 25, 2015. GM wheat no more pest-resistant than ordinary crops, trial shows. Online. The Guardian. Available at http：//www. theguardian. com/environment/2015/jun/25/gm-wheat-no-more-pest-resistant-than-ordinary-crops-trial-shows. Accessed December 12, 2015.

Savary，S. , L. Willocquet，R. A. Elazegui，N. P. Castilla，and P. S. Teng. 2000. Rice pest constraints in tropical Asia：Quantification of yield losses due to rice pests in a range of production situations. Plant Disease 84：357-369.

Sayre，R. 2014. Engineering Plants and Algae for Improved Biomass Production. Webinar presentation to the National Academy of Sciences' Committee on Genetically Engineered Crops：Past Experience and Future Prospects，November 6.

Sayre，R. , J. R. Beeching，E. B. Cahoon，C. Egesi，C. Fauquet，J. Fellman，M. Fregene，W. Gruissem，S. Mallowa，M. Manary，B. Maziya-Dixon，A. Mbanaso，D. P. Schachtman，D. Siritunga，N. G. Taylor，H. Vanderschuren，and P. Zhang. 2011. The BioCassava Plus Program：Biofortification of cassava for sub-Saharan Africa. Annual Review of Plant Biology 62：251-272.

Scheible，W-R. , and M. Rojas-Triana. 2015. Sensing, signaling and control of phosphate starvation in plants—molecular players and application. Pp. 25-64 in Phosphorus Metabolism in Plants，Annual Plant Reviews Volume 48，W. Plaxton and H. Lambers，eds. Chichester，UK：John Wiley & Sons，Inc.

Shand，H. 2014. Corporate Concentration in GE Crops：What Impact on Farmers，Biodiversity and Food Security? Presentation to the National Academy of Sciences' Committee on Genetically Engineered Crops：Past Experience and Future Prospects，September 15，Washington，DC.

Shukla，V. K. , Y. Doyon，J. C. Miller，R. C. DeKelver，E. A. Moehle，S. E. Worden，J. C. Mitchell，N. L. Arnold，S. Gopalan，X. Meng，V. M. Choi，J. M. Rock，Y. -Y. Wu，G. E. Katibah，G. Zhifang，D. McCaskill，M. A. Simpson，B. Blakeslee，S. A. Greenwalt，H. J. Butler，S. J. Hinkley，L. Zhang，E. J. Rebar，P. D. Gregory，and F. D. Urnov. 2009. Precise genome modification in the crop species *Zea mays* using zinc-finger nucleases. Nature 459：437-443.

Snow J. W. , A. E. Hale，S. K. Isaacs，A. L. Baggish，and S. Y. Chan. 2013. Ineffective delivery of diet-derived microRNAs to recipient animal organisms. RNA Biology 10：1107-1116.

Sprague, S. J. , S. J. Marcroft, H. L. Hayden, and B. J. Howlett. 2006. Major gene resistance to blackleg in *Brassica napus* overcome within three years of commercial production in Southeastern Australia. Plant Disease 90: 190-198.

Stall, R. E. , J. B. Jones, and G. V. Minsavage. 2009. Durability of resistance in tomato and pepper to Xanthomonads causing bacterial spot. Annual Review of Phytopathology 47: 265-284.

Studer, M. H. , J. D. DeMartini, M. F. Davis, R. W. Sykes, B. Davison, M. Keller, G. A. Tuskan, and C. E. Wymann. 2011. Lignin content in natural *Populus* variants affects sugar release. Proceedings of the National Academy of Sciences of the United States of America 108: 6300-6305.

Su, J. , C. Hu, X. Yan, Y. Jin, Z. Chen, Q. Guan, Y. Wang, D. Zhong, C. Jansson, F. Wang, A. Schnürer, and C. Sun. 2015. Expression of barley SUSIBA2 transcription factor yields high-starch low-methane rice. Nature 523: 602-606.

Taylor, N. , E. Gaitán-Solís, T. Moll, B. Trauterman, T. Jones, A. Pranjal, C. Trembley, V. Abernathy, D. Corbin, and C. Fauquet. 2012. A high-throughput platform for the production and analysis of transgenic cassava (*Manihot esculenta*) plants. Tropical Plant Biology 5: 127-139.

Terenius, O. , A. Papanicolaou, J. S. Garbutt, I. Eleftherianos, H. Huvenne, S. Kanginakudru, M. Albrechtsen, C. An, J. -L. Aymeric, A. Barthel, P. Bebas, K. Bitra, A. Bravo, F. Chevalier, D. P. Collinge, C. M. Crava, R. A. de Maagd, B. Duvic, M. Erlandson, I. Faye, G. Felföldi, H. Fujiwara, R. Futahashi, A. S. Gandhe, H. S. Gatehouse, L. N. Gatehouse, J. M. Giebultowicz, I. Gómez, C. J. P. Grimmelikhuijzen, A. T. Groot, F. Hauser, D. G. Heckel, D. D. Hegedus, S. Hrycaj, L. Huang, J. J. Hull, K. Iatrou, M. Iga, M. R. Kanost, J. Kotwica, C. Li, J. Li, J. Liu, M. Lundmark, S. Matsumoto, M. Meyering-Vos, P. J. Millichap, A. Monteiro, N. Mrinal, T. Niimi, D. Nowara, A. Ohnishi, V. Oostra, K. Ozaki, M. Papakonstantinou, A. Popadic, M. V. Rajam, S. Saenko, R. M. Simpson, M. Soberón, M. R. Strand, S. Tomita, U. Toprak, P. Wang, C. W. Wee, S. Whyard, W. Zhang, J. Nagaraju, R. H. Ffrench-Constant, S. Herrero, K. Gordon, L. Swevers, and G. Smagghe. 2011. RNA interference in Lepidoptera: An overview of successful and unsuccessful studies and implications for experimental design. Journal of Insect Physiology 57: 231-245.

Tilman, D. , C. Balzer, J. Hill, and B. L. Befort. 2011. Global food demand and the sustainable intensification of agriculture. Proceedings of the National Academy of Sciences of the United States of America 108: 20260-20264.

Tripathi, L. , H. Mwaka, J. N. Tripathi, and W. K. Tushemereirwe. 2010. Expression of sweet pepper *Hrap* gene in banana enhances resistance to *Xanthomonas campestris* pv. *musacearum*. Molecular Plant Pathology 11: 721-731.

Truska, M. , P. Vrintin, and X. Qiu. 2009. Metabolic engineering of plants for polyunsaturated fatty acid production. Molecular Breeding 23: 1-11.

Tsuda, T. 2012. Dietary anthocyanin-rich plants: Biochemical basis and recent progress in health benefits studies. Molecular Nutrition & Food Research 56: 159-170.

USDA-APHIS (U. S. Department of Agriculture-Animal and Plant Health Inspection Service). 2011. Questions and Answers: Roundup Ready Alfalfa Deregulation. Available at https://www. aphis. usda. gov/publications/biotechnology/2011/rr _ alfalfa. pdf. Accessed December 12, 2015.

USDA-APHIS (U. S. Department of Agriculture-Animal and Plant Health Inspection Service). 2015. Determination of nonregulated status for MON 87411 corn. Available at https://www. aphis. usda. gov/brs/aphisdocs/13 _ 29001p _ det. pdf. Accessed December 12, 2015.

Usher, S. , R. P. Haslam, N. Ruiz-Lopez, O. Sayanova, and J. A. Napier. 2015. Field trial evaluation of the accumulation of omega-3 long chain polyunsaturated fatty acids in transgenic *Camelina sativa*: Making fish oil substitutes in plants. Metabolic Engineering Communications 2: 93-98.

Vanderschuren, H. , I. Moreno, R. B. Anjanappa, I. M. Zainuddin, and W. Gruissem. 2012. Exploiting the combination of natural and genetically engineered resistance to Cassava Mosaic and Cassava Brown Streak Viruses impacting cassava production in Africa. PLoS ONE 7: e45277.

Vanloqueren, G. , and P. V. Baret. 2009. How agricultural research systems shape a technological regime that develops genetic engineering but locks out agroecological innovations. Research Policy 38: 971-983.

Vasal, S. K. 2000. The quality protein maize story. Food and Nutrition Bulletin 21: 445-450.

Veneklaas, E. J., H. Lambers, J. Bragg, P. M. Finnegan, C. E. Lovelock, W. C. Plaxton, C. A. Price, W. -R. Scheible, M. W. Shane, P. J. White, and J. A. Raven. 2012. Opportunities for improving phosphorus-use efficiency in crop plants. New Phytologist 195: 306-320.

Vogel, B. 2009. Marker-Assisted Selection: A Non-Invasive Biotechnology Alternative to Genetic Engineering of Plant Varieties. Amsterdam: Greenpeace International.

Vogel, K., B. Dien, H. Jung, M. Casler, S. Masterson, and R. Mitchell. 2011. Quantifying actual and theoretical ethanol yields for switchgrass strains using NIRS analyses. BioEnergy Research 4: 96-110.

Vollmann, J., and C. Eynck, C. 2015. Camelina as a sustainable oilseed crop: Contributions of plant breeding and genetic engineering. Biotechnology Journal 10: 525-535.

Waltz, E. 2015. USDA approves next-generation GM potato. Nature Biotechnology 33: 12-13.

Wang, C., S. -H. Yoon, H. -J. Jang, Y. -R. Chung, J. -Y. Kim, E. -S. Choi, and S. -W. Kim. 2011. Metabolic engineering of *Escherichia coli* for α-farnesene production. Metabolic Engineering 13: 648-655.

Wang, H., U. Avci, J. Nakashima, M. G. Hahn, F. Chen, and R. A. Dixon. 2010. Mutation of WRKY transcription factors initiates pith secondary wall formation and increases stem biomass in dicotyledonous plants. Proceedings of the National Academy of Sciences of the United States of America 107: 22338-22343.

Wang, J., J. Sun, J. Miao, J. Guo, Z. Shi, M. He, Y. Chen, X. Zhao, B. Li, F. Han, Y. Tong, and Z. Li. 2013. A phosphate starvation response regulator Ta-PHR1 is involved in phosphate signalling and increases grain yield in wheat. Annals of Botany 111: 1139-1153.

Wang, X., Y. Wang, J. Tian, B. L. Lim, X. Yan, and H. Liao. 2009. Overexpressing AtPAP15 enhances phosphorus efficiency in soybean. Plant Physiology 151: 233-240.

Weber, A. 2014. C$_4$ Photosynthesis—A Target for Genome Engineering. Presentation to the National Academy of Sciences' Committee on Genetically Engineered Crops: Past Experience and Future Prospects, December 10, Washington, DC.

Welch, R. M., and R. D. Graham. 2005. Agriculture: The real nexus for enhancing bioavailable micronutrients in food crops. Journal of Trace Elements in Medicine and Biology 18: 299-307.

Welch, R. M., W. A. House, S. Beebe, and Z. Cheng. 2000. Genetic selection for enhanced bioavailable levels of iron in bean (*Phaseolus vulgaris* L.) seeds. Journal of Agricultural and Food Chemistry 48: 3576-3580.

White, P. J., and M. R. Broadley. 2005. Biofortifying crops with essential mineral elements. Trends in Plant Science 10: 586-593.

Whyard, S. 2015. Insecticidal RNA, the long and short of it. Science 347: 950-951.

Witwer, K. W., M. A. McAlexander, S. E. Queen, and R. J. Adams. 2013. Real-time quantitative PCR and droplet digital PCR for plant miRNAs in mammalian blood provide little evidence for general uptake of dietary miRNAs: Limited evidence for general uptake of dietary plant xenomiRs. RNA Biology 10: 1080-1086.

Wu, G., M. Truksa, N. Datla, P. Vrinten, J. Bauer, T. Zank, P. Cirpus, E. Heinz, and X. Qiu. 2005. Stepwise engineering to produce high yields of very long-chain polyunsaturated fatty acids in plants. Nature Biotechnology 23: 1013-1017.

Wu, G., F. -J. Chen, F. Ge, and Y. -C. Sun. 2007. Effects of elevated carbon dioxide on the growth and foliar chemistry of transgenic Bt cotton. Journal of Integrative Plant Biology 49: 1361-1369.

Yamamura, C., E. Mizutani, K. Okada, H. Nakagawa, S. Fukushima, A. Tanaka, S. Maeda, T. Kamakura, H. Yamane, H. Takatsuji, and M. Mori. 2015. Diterpenoid phytoalexin factor, a bHLH transcription factor, plays a central role in the biosynthesis of diterpenoid phytoalexins in rice. The Plant Journal 84: 1100-1113.

Yang, F., P. Mitra, L. Zhang, L. Prak, Y. Vehertbruggen, J. -S. Kim, L. Sun, K. Zheng, K. Tang, M. Auer, H. Scheller, and D. Loque. 2013. Engineering secondary cell wall formation in plants. Plant Biotechnology Journal 11:

325-335.

Yogendra, K. L., A. Kumar, K. Sarkar, Y. Li, D. Pushpa, K. A. Mosa, R. Duggavathi, and A. C. Kushalappa. 2015. Transcription factor StWRKY1 regulates phenylpropanoid metabolites conferring late blight resistance in potato. Journal of Experimental Botany 66: 7377-7389.

Yousuf, B., K. Gul, A. A. Wani, and P. Singh. 2015. Health benefits of anthocyanins and their encapsulation for potential use in food systems: A review. Critical Reviews in Food Science and Nutrition 56: 2223-2230.

Yudelman, M., A. Ratta, and D. Nygaard. 1998. Pest Management and Food Production: Looking at the Future. Washington, DC: International Food Policy Research Institute.

Yue, B., W. Xue, L. Xiong, X. Yu, L. Luo, K. Cui, D. Jin, Y. Xing, and Q. Zhang. 2006. Genetic basis of drought resistance at reproductive stage in rice: Separation of drought tolerance from drought avoidance. Genetics 172: 1213-1228.

Zhang, L., D. Hou, X. Chen, D. Li, L. Zhu, Y. Zhang, J. Li, Z. Bian, X. Liang, X. Cai, and Y. Yin. 2012. Exogenous plant MIR168a specifically targets mammalian LDLRAP1: Evidence of cross-kingdom regulation by microRNA. Cell Research 22: 107-126.

Zhang, B., A. Oakes, A. Newhouse, K. Baier, C. Maynard, and W. Powell. 2013. A threshold level of oxalate oxidase transgene expression reduces *Cryphonectria parasitica*-induced necrosis in a transgenic American chestnut (*Castanea dentata*) leaf bioassay. Transgenic Research 22: 973-982.

Zhang, J., S. A. Khan, C. Hasse, S. Ruf, D. G. Heckel, and R. Bock. 2015. Full crop protection from an insect pest by expression of long double-stranded RNAs in plastids. Science 347: 991-994.

Zhou, R., J. Nakashima, L. Jackson, G. Shadle, S. Temple, F. Chen, and R. A. Dixon. 2010. Distinct cinnamoyl CoA reductases involved in parallel routes to lignin in *Medicago truncatula*. Proceedings of the National Academy of Sciences of the United States of America 107: 17803-17808.

Zimmerman, M. B., and R. F. Hurrell. 2002. Improving iron, zinc and vitamin A nutrition through plant biotechnology. Current Opinion in Biotechnology 13: 142-145.

9　当前和未来的遗传工程作物管理

　　全球对遗传工程技术在农业上的应用有着广泛的关注，关于它的争论也从未停止，因此不同的国家对于 GE 植物、作物、食品采用不同的管理方式也就不足为奇了。科学风险评估的要素在不同的监管体系里面都是相似的，但是不同的政治和文化背景对评估风险和收益的政策决策影响很大。不同的文化传统、环境和其他社会条件，以及风险承受能力影响着决策者，而且他们还面对来自不同团体的政治压力，包括环境和食品安全团体、有机农业从业者、大规模农场主、动物生产商、消费者、跨国农业公司以及参与复杂的全球食品生产和销售链的其他实体。

　　正如在第 3 章中提到的，有的管理系统反映出的政策对于 GE 作物和食品[1] 相对乐观，而其他的则相对保守。一部分国家采用了"基于过程"（process-based）的监管方法，对那些通过特定的 GE 技术修饰过的食品和作物进行食物安全性和环境安全性的上市前监管安全审查，而另外一些尽管具有相似的性状但是通过其他的育种手段获得的新食品或者作物则不需要管理。不仅如此，正如第 6 章中提到的，有的对 GE 作物和食品监管的制度远远超越了食品安全和环境保护的范畴，而去关注经济和社会问题，如保护非 GE 农业生产体系、通过产品标识给消费者提供知情权，以及其他的对社会和经济方面的关注。

　　本章列举了全球管理系统中几个有代表性的例子，并对 GE 作物的监管与传统育种培育作物的监管进行了比较。同时，也分析了在第 7 章中讨论的近年来新出现的 GE 技术手段对于风险、风险评估以及 2015 年提出的 GE 作物监管体系范畴所带来的影响。最后，本章回顾了当前及未来的 GE 作物监管方面的几个关键问题，并就美国监管体系提出了一些一般性和具体化的建议。本章讨论的监管问题包括：产品审批制度在解决社会和经济问题方面的作用，如标识和共存的关系；专家决策与民主程序之间的关系，包括透明度和公众参与；审批后的监管机构；对包括 GE 作物在内的具有新特性的植物进行上市前监管审查的合理范围。

9.1　遗传工程作物管理体系

　　在本节中，委员会首先论述了与 GE 作物监管有关的国际协议，然后以三个国家和欧

　　1　GE 食品作为术语是一个简称，指的是由转基因作物生产的各种食品和饲料产品，但在本委员会撰写本报告时，很少食品是直接"被转基因"的。实际上，大多数转基因食品只是含有转基因植物（主要是玉米和大豆）的成分。这个术语也用来指饲料，是指喂给动物的谷物和其他来自转基因作物的产品。但是，该术语不包括那些使用了如由转基因细菌产生的凝乳酶这样的食品添加剂，因为这些不是"作物"，因此超出了本报告的范围。

盟的监管体系为例，展示不同国家或区域政府在监督 GE 作物商业化方面采取的不同方法。

9.1.1 国际框架

在很大程度上，国际贸易和其他协定限制了协定缔约国的国内产品管制政策。GE 食品和作物的管理与世界贸易组织（WTO）的协议和《卡塔赫纳生物安全议定书》具有密切相关性。

1. 遗传工程食品安全性评价

加入世界贸易组织的国家的食品安全监管体系必须与世界贸易组织的《实施卫生与植物卫生措施协定》（《SPS 协定》）[1] 中确立的原则保持一致。《SPS 协定》规定了包括食品安全在内的保护人类、动物或植物生命或健康的措施。在承认各国政府有权制定此类措施的同时，《SPS 协定》也认识到此类措施可以成为事实上的贸易壁垒，因此提出各国应该减少设置贸易壁垒。《SPS 协定》要求，除第 5 条规定的科学信息不足的措施外，措施应以科学原则为基础，不得在没有科学证据的情况下采取措施。在这种情况下，一个国家可以着手监管，但也必须设法解决科学上的不确定性。为促进管理措施的统一，《SPS 协定》承认国际食品法典委员会和其他几个国际组织制定的国际标准和准则。各国可以采取比国际标准更严格的措施，前提是这些措施是基于合理的风险评估。各国不得采取比达到合理保护水平所需的贸易限制更强的措施。

为了增加各国根据科学原则管理食品安全的可能性，国际食品法典委员会在 2003 年发布了评估来自重组 DNA 植物加工食品的安全性指南（CAC，2003a）和对基于现代生物技术的食品风险分析原则[2]（CAC，2003b）。风险分析原则包括三个部分：风险评估、风险管理和风险沟通（CAC，2003b）。风险评估是指一个以证据为基础的过程，用来描述产品所带来的风险——是《SPS 协定》的一个关键组成部分（框 9-1）。依照《SPS 协定》，各国应在其国内 GE 食品安全监管体系中遵循法典风险评估程序。如第 5 章所述（见 5.1.2"遗传工程作物和非遗传工程作物的实质等同性"），欧盟和许多国家 GE 食品安全监管系统已纳入法典指南。

框 9-1　风险评估与风险管理

风险评估是一个以证据为基础的过程，通过它可以判断危险的潜在不利影响。风险评估最初是作为评估暴露于某些有害物质或情况下的个人或人群的总体健康风险而开发的一种方法（NRC，1983），但它在后来又被修改适用于包括环境风险评估的其他目的评估（如 EPA，1998；EFSA，2010）。

1　本次讨论的重点是世界贸易组织协定。许多区域和双边贸易协定都有类似的规定。

2　现代生物技术的法典定义来自《生物多样性公约》下的《卡塔赫纳生物安全议定书》。它被定义为体外核酸技术的应用，包括重组 DNA 和将核酸直接注射到细胞、细胞器，或克服自然生理生殖或重组障碍、超越分类学意义的融合细胞，以及那些非传统育种和选择的技术（CAC，2003）。

风险评估通常包括四个步骤（NRC，1983）：

1）危害鉴定：对可能造成危害的原因进行识别，包括对因果证据进行评估。讨论某一特定的化学物质是否会导致癌症或其他对人类健康不利的影响，就是毒理学方面鉴定危害的例子；而农用化学品是否会损害益虫的繁殖则是对环境风险评估的例子。

2）剂量-反应评估：确定暴露在危害之下与发生不良反应概率之间的关系。

3）暴露评估：考虑到可能的监管控制，确定人类或环境暴露在危害中的程度。

4）风险特征描述：对健康或环境危害的性质、可能性和程度的描述，包括伴随着的不确定性。

风险是危害和暴露的函数；它是基于特定危害的严重程度和暴露的形式得出的产生有害影响的概率。

风险管理是将对人类健康或环境的风险降低到"可接受"水平所需的限制或控制的过程。"可接受"在本质上是一个具有主观性的概念，取决于特定的应用、环境和其他社会条件，以及社会对利益和风险及其分配之间适当权衡的判断。在某些情况下，法律提供了决策标准或决策过程，来决定什么是可接受的。

总的来说，依据《国际食品法典》指南和原则，GE食品的开发商提供使监管机构能够评估一系列食品安全风险的信息：

- 对GE植物的描述（涉及作物和遗传修饰手段的类型）。

- 对受体植物及其作为食物用途的描述，包括受体植物的栽培和育种过程以及是否有任何已知的毒性或过敏性问题。

- 对供体生物体的描述，包括与之相关的任何毒性或过敏性问题。

- 对基因修饰的描述，包括转化方法、转化的基因、载体以及过程中使用的任何中间宿主的详细信息。

- 对转化体的描述，包括DNA插入和边界的数量及性质，转化DNA序列的表达，以及是否影响宿主植物中任何其他基因的表达。

- 安全评估，包括

—表达产物（非核酸物质）：对遗传事件导致的任何表达产物的毒性进行考查并进行评估，以确保供体生物体的毒性成分不会由于一时疏忽而转移到受体中。以蛋白质为例，应该提供氨基酸序列，并确定其是否具有潜在的过敏性。

—关键组分的成分分析：与转化受体植物相比，对GE植物中关键成分的检测。植物通常在与商业生产极为相似的条件下进行田间试验，在任何评估中都应考虑关键组分的自然变化。

—代谢物评价：对可能在GE植物中而不是原始宿主中产生的代谢物的评价。如果存在代谢物，需要评价其对人类健康的潜在影响。

—食品加工：研究食品加工处理对GE食品成分或代谢产物的影响。重点是确定改变后的蛋白质或代谢物在加工后，与非GE对应物质的成分相比具有毒性。

—营养分析：与成分分析相同，除非基因插入是为了改变关键营养成分。在这种情况下，可能需要额外的测试来确定相关营养元素的水平及其对人体健康的影响，同时考虑正常消费模式和在多种生产环境中的稳定性。

2. 遗传工程作物环境风险评价

世界贸易组织的《技术贸易壁垒协定》（《TBT 协定》）比《SPS 协定》管理的措施和标准范围更广，旨在保护环境、促进国家安全、防止欺诈性市场行为和保护人类健康与安全（食品安全除外）以及动物或植物的生命或健康。《TBT 协定》承认各国政府有权采取此类措施，但鼓励使用相应国际标准和非歧视性做法来减少贸易壁垒。由于认识到这些措施管理的范围太广，以及各国的不同风险偏好，《TBT 协定》不要求这些措施以科学原则为基础，而是强调这些措施的非歧视性和对贸易的影响效应。换言之，在确定适当的保护级别方面，《TBT 协定》为各国提供了比《SPS 协定》更为宽泛的自由度。然而，如果新的科学信息表明，某些标准不再适用于风险预测，则必须对该标准进行重新制定。

在环境保护方面，没有公认的国际专业机构和国际食品法典委员会具有同样的效力。经济合作与发展组织（经合组织）（OECD，1986，1993）开展了一些关于 GE 作物环境风险评估的早期国际工作。《卡塔赫纳生物安全议定书》特设技术专家组还制定了风险评估路线图（UNEP，2014）。各国采用的 GE 作物（或"修饰后活体生物"，简称 LMO）环境风险评估方法有许多共同要素，但在细节和具体考量方面存在差异（EFSA，2010；Flint et al.，2012）。

根据 1992 年《生物多样性公约》制定的 2000 年《卡塔赫纳生物安全议定书》（简称《生物安全议定书》）试图提出通过国际贸易引入可传播的修饰后活体生物（LMO），如 GE 种子或植物等，可能带来的潜在环境问题[1]。它不适用于药品或由 GE 作物生产的商品，如棉花或大豆油，但一些条款适用于 GE 食品，包括 GE 饲料和加工原料。《生物安全议定书》要求出口国和进口国之间就首次装运 LMO 达成"事先知情协议"（AIAs），并对 LMO 的后续装运进行标记[2]。"事先知情协议"的目的是使进口国能够在 LMO 通过贸易引入本国之前先评估其所带来的潜在环境风险。《生物安全议定书》明确采用了"预防原则"，即如果某个国家认为没有足够的科学证据证明该产品是安全的，则可以拒绝进口 GE 产品（框 9-2）。《生物安全议定书》一直是发展中国家在粮食进口时生物安全审批和监管体系的指导方针。《生物安全议定书》关于责任和补救的补充议定书建立了一个预防和补救环境损害的责任机制，但在本委员会写此报告时，该机制并未生效。发展中国家在执行功能性生物安全政策方面取得了进展，但"将政策转化为实际行动缓慢而艰难"，特别是在非洲国家（Chamberse et al.，2014）。根据 Chambers 等人（2014）调查，在非洲只有四个国家种植了商用 GE 作物[3]，另外六个国家进行了有限的田间试验[4]。本委员会撰写报告时，其他国家正处于制定政策或生物安全法规立法的不同阶段。

1　《卡塔赫纳生物安全议定书》将基因修饰活体生物定义为"任何使用现代生物技术获得新型遗传物质组合的活体生物"。《生物安全议定书》对现代生物技术的定义与国际食品法典委员会一致。

2　包括美国、阿根廷、澳大利亚、加拿大和俄罗斯在内的许多主要农业出口国尚未批准《生物安全议定书》。然而，参与国际粮食贸易的美国公司遵守进口国的要求。

3　布基纳法索、埃及（至 2012 年）、南非和苏丹。

4　加纳、肯尼亚、马拉维、尼日利亚、乌干达和津巴布韦。

框 9-2　预防原则

一般来说，预防是指采取措施避免不确定的未来风险。"预防原则"是一种与健康、安全和环境风险监管有关的政策方法。这个术语被不同的人以不同的方式和在不同的情景下使用，有时包括伦理和社会经济因素，有时又不包括。它的不同版本已被纳入若干国际协定，包括《卡塔赫纳生物安全议定书》（NRC，2002；Hammit et al.，2013）、WTO《SPS 协定》第 5（7）条和其他贸易协定。《里约环境与发展宣言》第 15 项原则就是预防原则的一个版本，该原则指出"对于存在严重或不可逆转的损害威胁的事件，缺乏充分的科学证据不应作为推迟采取经济有效的防止环境退化的措施的理由"。其他的表述和解释也已被提出（如 EC，2000），但预防原则最突出的特点是在具有科学不确定性的情况下，在做关于保护健康、安全和环境的决策时强调考虑社会价值（Stirling，2008；Von Schomberg，2012）。美国和其他国家禁止进口那些潜在进口商不能证明安全的药品的政策，就是基于预防原则的例子。在实践中，预防性原则下的决定发生"假阳性"监管错误（错误地发现产品有害）的可能性大于"假阴性"错误（错误地发现产品无害）。

预防原则一直遭受广泛争论。许多评论员认为这是不科学的、不理性的、模棱两可的，带来了高昂的创新成本（如 Bergkamp and Kogan，2013；Marchant et al.，2013）。批评人士指出，由于总是存在一些科学上的不确定性，预防原则没有为决策提供明确和可预测的依据，因此应用起来具有随意性（Marchant and Mossman，2004）。预防原则的支持者回应说，风险评估监管方法在面对科学的不确定性时总是会涉及主观判断，实际上有利于"虚假否定"，预防原则在承认其价值偏好方面更为开放（Stirling，2008）。此外，支持者们还提出，多次监管失误都是基于对存在科学不确定性事件的确定性使用。例如，20 世纪 90 年代中期欧洲由于疯牛病疫情造成严重的公共卫生和经济危害（Millstone et al.，2015），因此他们主张采取更为严格的预防政策。

其他的评论者认为，风险评估和预防原则可能不像通常所描述的那样不可调和（EC，2000；Stirling，2008；Driesen，2013）。风险评估过程本身往往涉及科学政策选择，如从各种可能的风险评估模型中选择，这些模型涉及鲜明的"保守"决策，即会在高估风险方面犯错（NRC，1994）。在风险评估之后的风险管理阶段，监管机构必须根据法定要求和其他考虑因素，决定要达到的恰当保护水平。一部分美国法律采用预防原则，包括《联邦食品、药品和化妆品法案》中的食品安全和农药残留规定，这些规定要求将暴露量设定在确保"合理确定无伤害"的水平。此外，作为风险管理的一部分，美国联邦监管机构可以设定反映安全界限的最大暴露水平，特别是在风险评估中存在科学不确定性的情况下。例如，1996 年的《食品质量保护法》要求美国环保署在设置农药残留容许量时使用额外 10 倍的安全系数，以保护婴幼儿。

任何一种方法都可能导致类似的严格规定。尽管人们认为预防原则已使欧洲在某些健康、安全和环境法规方面比美国更加严格（Vogel，2012），但最近一项比较美国和欧盟健康、安全和环境法规的综合分析得出结论：欧洲对某些风险的防范力度更大，而美国对其他风险的防范力度更大，总体而言，在过去的40年中，这两个体系对风险的评价总体对等（Hammit et al.，2013）。

3. 社会经济考虑

《SPS协定》和《TBT协定》努力限制成员国通过法规或政策来创建事实上贸易壁垒的可能性，减少贸易障碍。如上所述，对于食品安全的评价，以上的限制必须基于有关风险评估的科学证据，但其他类型的法规有更多的余地纳入代表不同国家不同价值观的非安全因素或社会经济问题。各国在治理与GE作物有关的社会经济问题方面存在差异的原因是多方面的，如前所述，包括不同的文化传统、价值观、风险承受能力和不同群体施加的政治压力。尽管存在这些差异，世界贸易组织在解决贸易争端时更重视与安全（而不是价值观或公平）有关的科学证据，因此在解决国家之间的贸易争端时，对社会经济问题的考虑很少会得到支持。例如2003年，美国、加拿大和阿根廷根据世界贸易组织提起贸易争端，声称欧盟事实上暂停批准GE食品和饲料违反了《SPS协定》（WTO，2006）。世界贸易组织争端解决小组在其决定中指出，这些产品都是在科学风险评估的基础上审查和批准的，欧盟没有对这些决定提出质疑。在其决定中，专家组拒绝将预防原则作为一项已确立的国际法原则加以运用，也拒绝采纳《生物安全议定书》的标准，并提出《生物安全议定书》对世界贸易组织所有成员均不具有约束力（Henckels，2006）。

一个关于非科学的社会经济问题法规的例子是GE食品的强制性标识。如第6章所述，许多国家对GE食品采取强制性标识，理由是标识提供的信息使消费者能够自主选择。但是，这个理由并未提供GE食品比非GE食品安全性低这一说法的科学依据。在本委员会撰写报告时，对GE食品进行强制性标识尚未在世界贸易组织遭到质疑。国际食品法典委员会对是否使用GE食品标识标准讨论了几年，但由于存在分歧，故委员会在2011年放弃了这项努力（CAC，2011；Miller and Kershen，2011）。

与世界贸易组织协定相比，《生物安全议定书》是一项国际环境协定，而非贸易协定，在其第26.1[1]条款中明确允许各国将社会经济问题纳入LMO生物安全风险评估中。各国对于该条款的解释各不相同，相互矛盾（Horna et al.，2013）。除了根据《生物安全议定书》保护生物多样性和人类健康外，各国还可能考虑对农民的经济影响，甚至伦理或宗教问题。

虽然一些国际协定允许考虑社会经济问题，但并不是强制要求；贸易协定通常不鼓励这种做法。因此，大多数与GE作物有关的社会经济问题都是基于国家级这一层次考虑的。

1　《卡塔赫纳生物安全议定书》第26.1条规定："缔约方在根据本议定书或其执行议定书的国内措施做出进口决定时，可根据其国际义务，考虑转基因生物活体对保护和可持续利用生物多样性的影响，特别是生物多样性对本地人和当地社区的影响。"

9.1.2 各国管理方式

在各种国际协定的总体框架内，各国政府为 GE 食品和作物制定了正式的监管方法，这些方法在以下几个重要方面有所不同。第一，受监管的农作物和食品种类的定义因国家而异。有些情况下，对产品的监管取决于是否使用了定义的遗传工程过程；有些情况下，对产品的监管基于产品的预期用途或特性所带来的风险。第二，对国家监管体系的一种界定方式是可以根据他们对待遗传工程作物的政策不同进行区分，分为推广型到预防型 4 种类型（表 9-1；Paarlberg，2000；另见第 3 章 3.3.2 "对遗传工程作物和食品的不同监管政策"）。第三，一些国家的监管系统只处理生物安全问题（食品安全和环境保护），而另一些则超越了生物安全考虑，以解决社会经济问题，如消费者知情权和保护种植非 GE 作物的农民不受到来自 GE 作物的非预期基因漂流的影响。第四，监管方案在如何分配科学家和反映更广泛社会观点的政治机构之间的决策权方面存在差异（Munch，1995；Klinke and Renn，2002；Renn and Benighaus，2013）。

表 9-1　针对遗传工程（GE）作物的政策选择和制度的 Paarlberg 模型（Migone and Howlett，2009）

	推广型	允许型	预警型	预防型
知识产权	完全专利保护，加上 1991 年颁布的 UPOV[a] 规定的 PBR[b]	1991 年颁布的 UPOV 规定的 PBR	1978 年的 UPOV 规定的 PBR，保护种植者的权利	没有对植物或动物的 IPR[c]，或无强制执行的落实到书面的 IPR
生物安全	无仔细筛选，有筛选，或基于其他国家的批准情况进行审批	根据产品的预期用途，个案分析筛选，主要针对已证明的风险	基于遗传工程过程新颖性，针对科学不确定性进行个案筛选	没有仔细的个案筛选；基于遗传工程过程而假设可能的风险
贸易	推动 GE 作物从而降低商品生产成本和促进出口；对 GE 种子或植物材料的进口没有限制	对 GE 作物既没有推动也不阻止；根据世界贸易组织的科学标准，GE 商品的进口与非 GE 商品以相同的方式受到管理	对于 GE 种子和材料的进口进行单独筛选或限制，比对非 GE 种子和材料管理更严格；进口 GE 食品或商品要求有标识	GE 种子和植物进口受阻；保持无 GE 作物的状态，希望保证出口市场的溢价
食品、人类健康安全与消费者选择	在产品安全测试或标识方面，GE 和非 GE 产品之间没有任何监管区别	在某些现有产品标签上区分 GE 和非 GE 产品，但不要求分离市场渠道	对所有 GE 产品要求进行综合标识，强调独立的市场渠道	禁止销售 GE 产品，或采用警告标识，将 GE 产品视为对消费者不安全的要求
公共研究投资	财政部资源用于开发 GE 作物技术和 GE 作物技术"本土化"	财政部资源用于 GE 作物技术的"本土化"，但不用于开发新的 GE 作物	没有大量财政资源用于 GE 作物的研究或"本土化"；允许捐助者资助当地 GE 作物的"本土化"	财政部和捐助者的资金都没有用于 GE 作物技术的任何"本土化"或发展 GE 作物技术

a　国际植物新品种保护公约。
b　植物育种者的权利。
c　知识产权。

然而，各国的监管方法也有相似之处。遵循国际食品法典委员会等国际机构的标准，食品安全和环境保护科学风险评估过程的要素在各个国家监管体系中是相似的。

本节以三个国家和一个地区为例，综述了他们从食品安全、健康、环境效应和社会经济风险等方面对 GE 作物和食品进行评估和管理的条例和办法。

1. 美国

1986 年《生物技术监管协调框架》（以下简称《协调框架》）中规定了美国对 GE 产品（包括作物和食品）的监管政策。《协调框架》指导美国监管机构利用其现有的法律权限审查 GE 产品的安全性，审查方式与传统技术生产的类似产品相同（框 9-3）。因此，具体产品的监管方式取决于其预期用途（食品、药物或农药）或特性（如抵抗植物有害生物）。根据 GE 产品的特性和预期用途，可以有多个机构参与对 GE 作物或 GE 作物衍生食品的审查。一个表达杀虫蛋白的玉米植株会由 3 个管理机构进行审查：美国食品和药物管理局（FDA）监督食品安全，美国农业部（USDA）监管植物病虫害特征和其他不利环境影响，美国环保署（EPA）负责管理在植物中表达的这个杀虫蛋白不会对人类健康或环境造成不合理的风险（图 3-5）。

框 9-3　美国《生物技术监管协调框架》

《协调框架》确立了美国规范生物技术产品的基本政策（OSTP，1986）。该报告指出，生物技术产品受现有联邦法律的监管方式与使用传统育种方法生产的类似产品相同，并规定了美国监管机构的主要职责。白宫科学技术政策办公室（OSTP）认为，对于预期的产品，现有法律足以处理（OSTP，1986：23302）：

美国食品和药物管理局（FDA）、美国农业部（USDA）和美国环保署（EPA）将对利用新技术制造的食品、新药研发、医疗器械、人畜用生物制品和农药的开发进行审查，安全性和有效性的审查基本上与其他技术获得的产品相同。将要上市的新产品普遍需要符合这些机构的审查和批准方案。

同时，OSTP 意识到技术发展可能会改变这种管理策略（OSTP，1986：23306）：

尽管目前现有的法规似乎足以应对现代生物技术的新兴过程和产品，但在快速发展的领域中，监管机构总是存在潜在的问题和不足。

1992 年，OSTP 提供了进一步的政策指导，即各机构不应根据生产过程对拟用于环境中的产品（如作物）进行监管，而应根据"生物体的特征、目标环境和应用类型"（OSTP，1992：6755）。在做出这一政策决定时，OSTP 依赖于 1989 年国家研究委员会的报告《转基因生物田间测试：决策框架》，特别强调其发现"分子技术没有新的或固有的不同危害"（NRC，1989：70）。

因此，在美国，生物技术产品根据其特性和预期用途进行监管，这些法律和法规理论上同样适用于传统育种开发的类似产品。然而，在实践中，美国的监管制度并非纯粹以产品为基础；它根据用于开发新作物品种的方法进行区分。例如，美国环保署对于通过传统育种技术（包括诱变）开发培育的具有高抗虫性的新作物品种就免于登记（监管）（40 CFR§174.25）。环保署认为这一区别是基于有性亲和的传统育种植物比转基因品种更不可能对环境造成新的暴露，因此可能对环境造成较小的风险（EPA，2001b）。

同样，美国农业部的动植物卫生检验局（APHIS）规定仅适用于采用已知植物-有害生物序列（plant-pest sequences）或使用植物作为转化载体，如由冠瘿病病原体农杆菌介导的进行遗传工程改良的新作物品种。APHIS 不对通过常规育种产生的新作物品种

种进行上市前环境审查，这些包括通过化学或辐射诱变或其他先进育种技术产生的作物品种。在某种程度上，这一政策的调整是基于植物育种家长久以来引入新作物品种的安全历史。此外，美国农业部只有权限管理植物病虫害和有害杂草风险，对于新特性无权管理。遗传工程技术越来越先进，不再需要植物-害虫序列作为遗传工程过程的一部分，因此有一些转基因作物不属于 APHIS 的管辖范围。

遗传工程食品的食品安全政策　　FDA 根据《联邦食品、药品和化妆品法案》（FFDCA，21 U. S. C. §301 等）来监督食品的安全，包括来自 GE 作物的食品。与药品不同，新的全食品（whole foods）在进入美国市场之前不需要经过 FDA 的安全认证，确保食品安全的责任落在食品制造商身上。如果产品上市后出现严重的食品安全威胁，FDA 有权召回或扣押该产品。历史上，从传统育种发展而来的新型全食品是在没有政府事先监督的情况下直接进入市场的。FDA 注意到，植物育种家在选择和开发新植物品种时所采用的做法在历史上"被证明是确保食品安全的可靠做法"，因此，根据这些植物安全培育的长期记录，FDA 发现没有必要定期对新植物生产的全食品进行上市前安全审查（FDA，1992）。

1992 年，FDA 发布了一份关于 GE 作物食品的政策声明，从 GE 作物中获得的全食品实质等同于其传统育种作物生产的食品，将被认为与传统育种品种一样安全（FDA，1992）。FDA 指出，大多数添加到食品中的 GE 蛋白质或其他 GE 物质很有可能与食品供应中已有的物质相似，因此可以假定为"普遍被认为是安全的"（generally recognized as safe，GRAS）。

在其政策声明中，FDA 为未来 GE 衍生的食品可能与非 GE 食品大不相同或含有非 GRAS 新物质的可能性敞开了大门。在这种情况下，FDA 有权将食品中的新物质视为"食品添加剂"，其监管方式与全食品不同。食品添加剂是有意添加到食品中的物质（如化学防腐剂），除非是 GRAS，否则在上市前必须经 FDA 批准为安全的。1994 年，FLAVR SAVR™ 番茄是美国 FDA 在自愿咨询程序中审查的第一批 GE 植物的全食品。同时，根据开发人员的要求，FLAVR SAVR 番茄中的卡那霉素抗性基因编码的酶（氨基糖苷-3′-磷酸转移酶Ⅱ）被 FDA 认定为食品添加剂（FDA，1994）。

像通过传统育种开发的新型全食品一样，大多数来自新型 GE 作物品种的食品在上市前不需要经过安全审查或批准。然而，FDA 鼓励 GE 作物开发商在上市前自愿咨询 FDA，并与 FDA 分享该公司认为的证明 GE 食品的实质等同性，且任何添加的物质都是安全的信息。咨询过程还使 FDA 有机会确定添加的物质是否作为食品添加剂需要在上市前批准。FDA 不会做出任何安全调查结论，但它在结束咨询过程后会发出一封信，声明 FDA 没有更多的问题，并提醒开发商确保产品安全的责任。截至 2016 年 3 月，FDA 已完成 171 次咨询（FDA，2015a）。事实上，基于商业化的目的，开发者向本委员会表明，他们将咨询过程视作是事实上的要求。FDA 声明，根据其自愿咨询程序进行评估的 GE 食品在所有 FDA 安全问题得到解决之前都不会上市[1]。2001 年，FDA 提议强制执行咨询程序，但该

1　关于转基因植物来源的食品问题和答案见 http://www.fda.gov/food/foodscienceresearch/geplants/ucm346030.htm。访问于 2015 年 11 月 30 日。

建议并未最终执行（FDA，2001）。

根据 FFDCA 第 408（c）节，环保署（EPA）有责任为食品中的农药残留设定安全的阈值。EPA 必须设定一个"确定无害的合理的"阈值。

遗传工程作物的环境政策　　在《协调框架》下，EPA 和美国农业部动植物卫生检验局（APHIS）都有责任评估和管理部分 GE 作物所带来的潜在环境风险。根据《联邦杀虫剂、杀真菌剂和杀鼠剂法》（FIFRA，7 U.S.C. §135 等），EPA 有权对 GE 作物中表达的杀虫剂蛋白质进行审批（EPA，2001b）。未经 EPA 事先批准，这些抗虫植物的开发商不得在超过 10 英亩的土地上进行田间试验，并且在 EPA 未审定它们是对环境没有"不合理的不利影响"之前，不得进行商业化生产和销售[1]。

APHIS 根据《植物保护法》[7 U.S.C. §7758（c）] 对部分 GE 植物进行监管，该法规主要授权该机构控制和防止植物性有害生物和有毒杂草的传播。根据 APHIS 的规定，APHIS 要求使用有害生物序列的 GE 植物开发商在任何田间试验或环境释放前通知 APHIS 或获得许可证[2]。在 GE 作物商业化之前，开发商通常寻求 APHIS 做出"无监管状态"决定，这使得他们可以大规模商业化种植，而无需进一步监管[3]。

在某些情况下，EPA 和 APHIS 都参与审查 GE 作物。例如，EPA 和 APHIS 从各自特定的法律权威角度审查抗有害生物植物或作物品种可能带来的风险。APHIS 审查抗除草剂 GE 作物，但 EPA 的作用主要是管理在作物上施用的除草剂（详细示例见第 5 章 5.2.2 "抗草甘膦和 2,4-D 作物以及除草剂新施用方式的安全性评价方法"）。

EPA 和 APHIS 在其管辖范围内都提出了旨在防止 GE 作物的试验性田间试验中基因漂移的要求。这些控制措施尤为重要，因为正在进行田间试验的 GE 作物的食品安全风险和环境风险尚未经监管机构评估。尽管对田间试验存在这些限制，但在种子、食品和作物中仍然出现了检测到一些低剂量未获批准的 GE 事件（见第 6 章 6.1.7 "共存"）。

一旦某一特定作物种的某 GE 事件被 APHIS 解除管制，该机构就不再进一步监督，因为事实上，这一决定意味着该植物将不在 APHIS 的法定监管权限之内。因此，美国农业部对已获批准的抗除草剂作物不要求有耐除草剂监管计划。此外，在一个特定的作物种内，一个已被解除监管的 GE 事件可以和其他解除监管的性状形成复合性状，APHIS 对此也不再进行监管。例如，一旦解除管制，草甘膦或草铵膦抗性可与其他性状叠加在 GE 玉米中，无需获得机构的进一步批准。

1　《联邦杀虫剂、杀真菌剂和灭鼠剂法》（FIFRA）将对环境的不合理不利影响定义为"①考虑到使用任何除害药物的经济、社会和环境成本及利益，对人类或环境造成的任何不合理风险，或②由于使用除害药物导致食品中或食品上的残留物剂量不符合《联邦食品、药品和化妆品法案》（21 U.S.C. 346a）"第 408 节规定的标准，从而对人体产生的饮食风险"[7 U.S.C. §136（bb）]。

2　APHIS 的规定最初于 1987 年发布（USDA-APHIS，1987），此后进行了修订。APHIS 规则适用于受管制物品，其定义为（7 CFR §340.1）：通过遗传工程改变或产生的任何有机体，如果供体有机体、受体有机体、载体或载体媒介属于本部分 §340.2 中指定的任何属或类群，并且符合植物性有害生物的定义，或者是那些尽管未分类和/或分类未知的有机体，含有此种生物体的任何产品，经遗传工程改变或生产的任何其他生物体或产品，但只要是管理人员确定该生物体或产品是植物性有害生物或有理由相信该生物体或产品是植物性有害生物的，均在此定义范围内。

3　根据 APHIS 的规定，一方可以请求美国农业部确定其植物不构成植物性有害生物风险，因此解除管制。这也被称为申请确定为非管制类型（7 CFR §340.6）。

与 APHIS 相比，EPA 要求农药登记员报告不良事件（即非预期的潜在有害影响）[1]，也可能要求特定的上市后监测要求，以确保产品的使用符合 FIFRA 的法律标准。例如，通常种植 *Bt* 抗虫作物要求在其附近种植非 GE 作物作为庇护所，这是害虫抗性管理（IRM）策略的一部分（EPA，1988）。种植要求取决于具有 *Bt* 特性的具体蛋白质、作物种类及所在种植国作物的种植面积（EPA，2001c，2015；Smith and Smith，2013）。引入该策略是为了降低对 *Bt* 抗性昆虫进化的选择压力（见第 4 章）。EPA 还要求 *Bt*GE 作物重新登记，并调整 IRM 策略（EPA，2001a，2015；Glaser and Matten，2003）。该机构要求销售 *Bt* 作物的公司提供年度合规性报告。EPA 也限制在野生棉花生长的地区种植 *Bt* 棉花，以防止 GE 向野生棉花漂移。2014 年，EPA 首次要求用于 GE 抗除草剂作物的除草剂注册时，需提供该种除草剂抗性管理措施[2]。

社会经济问题　　美国法律在允许或要求监管机构做出监管决定时考虑经济或其他非安全问题程度上存在的差异。例如，根据 FFDCA 的食品添加剂规定，FDA 只有在确定食品添加剂是安全（在法律中定义为"对其无害性有合理的确定性"）时才会批准其使用。食品必须安全，FDA 不考虑包括成本的任何其他因素。同样的法律标准适用于 EPA 对食品中农药残留的容忍度。

相比之下，一些法律要求 EPA 考虑除环境危害以外的其他因素，包括经济效益和成本。例如，FIFRA 要求 EPA 在决定农药是否会对环境产生"不合理的不利影响"［7 U. S. C. 136（bb）］时，考虑"使用任何农药的经济、社会及环境成本和效益"。"不合理性"标准承认，只要有足够的与之抗衡的利益，一定程度的风险是可以接受的。从更基本的层面说，拟议条例由管理和预算办公室审查，以确保拟议规则的经济和其他利益大于其成本（Executive Office of the President，2011）。

《国家环境政策法》（NEPA）要求各机构对重大机构行动的影响进行广泛评估，包括考虑"生态、审美、文化、经济、社会或健康"影响（40 CFR § 1508.8）[3]。然而，尽管各机构必须进行该评估程序，但《国家环境政策法》并未赋予各机构任何额外的能够根据这些因素做出决定的法律权力。以动植物卫生检验局（APHIS）是否会解除对某种 GE 作物的监管这一决定为例：根据《国家环境政策法》，APHIS 必须进行环境评估或提供环境影响报告书；但另一方面，无论分析结果如何，只要遗传工程作物不被认定为植物性有害生物，那么根据法律就需要对其解除管制。即使 NEPA 评估显示 GE 植物产生不利生态影响（如对空气或水质上），如果 APHIS 评估认为不属于植物性有害生物风险，那么该植物仍然会被取消监管。

美国监管机构的产品认证通常是技术层面的决策，它仅代表产品的安全性或功效符合

1　FIFRA § 6（a）2。例如，2001 年，美国环保署根据对 *Bt* 玉米花粉对帝王蝶可能存在的潜在不利影响的担忧，对登记的 *Bt* 玉米产品进行了重新评估，并要求申请人提供额外数据（EPA，2001a）。

2　作为 Enlist Duo®除草剂注册的一部分——用于抗除草剂玉米和大豆的 2,4-D 和草甘膦的组合——EPA 要求研发企业 Dow Agrosciences 监测与除草剂使用相关的基因漂移问题，并实施除草剂抗性管理（HRM）计划（EPA，2014a）。委员会撰写报告时，草甘膦正在重新注册，据报道，EPA 正考虑在任何审批中都需要将 HRM 管理作为其中一部分（Gillam，2015；Housenger，2015）。

3　美国环保署不受《国家环境政策法》（NEPA）程序要求的约束，因为它的行为被认为与 NEPA 的目标一致。

相关法定要求。机构通常不考虑诸如新产品道德层面上的影响或者这些决策对各个利益相关者经济影响上的公平性这些因素。至少从理论上来说，美国监管政策的基本方式是通过公众舆论、各种类型的参与者和市场自身来解决这些有争议的问题。

鉴于这一整体政策取向，美国产品监管机构对社会经济问题回应有限的现象也就不令人奇怪了，如极少回应消费者知情权和 GE 作物的基因漂移对种植非 GE 作物农民的影响等问题。FDA 关于 GE 食品强制性标识的立场是，在其权限下没有法律依据来强制执行GE 标识。《联邦食品、药品和化妆品法案》（FFDCA）第 201（n）条禁止"虚假或误导"的食品标签，其定义是未能"根据标签上的陈述，揭示具有实质性的事实；或在标签中规定的使用条件下，或在习惯或通常的使用条件下，披露与使用标签相关食品可能产生的后果有关的重要事实"。根据这一规定，FDA 要求对一些改变食品特性（包括味道、气味和质地）而消费者在购买时可能不会意识到的食品加工过程做标识，如果汁饮料是否由浓缩汁制成 [21 CFR 102.33（g）]。然而，FDA 认为 GE 作物生产的食品作为一种类型，与来自传统育种作物的产品之间没有"有意义的"区别，因此没有必要特意指出该产品使用了遗传工程技术（FDA，2001，2015b）[1]。事实上，根据《联邦食品、药品和化妆品法案》，消费者对该信息感兴趣不足以成为要求其进行标识的法律依据。在"生物完整性联盟诉沙拉拉"一案中 [Alliance for Bio-Integrity v. Shalala，116 F. Supp. 2d 166（D. D. C. 2000）]，法院支持了 FDA 的 GE 标识政策。

同样地，EPA 和 APHIS 都没有将商业化 GE 作物和非 GE 作物共存所引发的经济冲突作为监管审批流程的一部分。对于已获批准的 GE 作物，这两个机构都不要求为防止非GE 作物或食品中 GE 特性的低水平存在而制定监测和管理措施[2]。

当然，美国政策制定者显然有权力和能力通过产品监管以外的方式对社会、道德和经济问题做出响应。美国国会可以通过立法解决这些问题，行政分支机构也有权在产品监管框架之外解决一些问题。例如，在美国农业部内部，农业销售服务部门在制定销售标准方面有着丰富的经验，农业部长通过作物保险和其他措施努力解决共存问题（USDA Advisory Committee，2012）。联邦贸易委员会和美国司法部根据反托拉斯法有权调查可能由种子产业垄断而引起的市场扭曲问题。

食品安全和环境风险评估　　本节将更详细地介绍美国在产品批准过程中如何使用风险评估来鉴定 GE 作物和食品的食品安全和环境风险。风险评估决定了开发商必须向监管机构提供数据的种类和质量。

作为食品安全评估的一部分，FDA 在开发商的自愿咨询过程中主要关注两个问题：①整个食品与可比较的传统品种的成分相似性，②由于遗传工程过程有意或无意加入到食品中的任何物质的安全性。分析严格遵循前面提及的法典风险评估原则和指南。FDA 和EPA 的食品安全风险评估过程在第 5 章有详细介绍。

　　1　美国国会已经通过了一些法律，这些法律要求特定的食品标识超出了 FDA 的一般法律权限；最著名的例子是营养标签，这是国会在 1990 年《营养标签和教育法》（P. L. 101-535）中要求的。

　　2　在 APHIS 对陶氏农业科学公司 Enlist™玉米的环境评估草案中，因为 APHIS 认为转基因玉米不是一种植物性有害生物（USDA-APHIS，2011：48），因此否决了一项要求转基因和非转基因品种之间隔离距离的要求，这与它的法定权限"并不一致"。

关于环境风险评估，美国动植物卫生检验局（APHIS）的条例（7 CFR §340.6）规划了被认定为非监管类型所必须做的研究内容；实际上，只有提供足够数据才能使APHIS在其法定权限内确定该植物不是"植物性有害生物"。除此，APHIS还考察 GE 作物是否比非 GE 作物更有可能具入侵性或杂草化，是否对虫害或病害更加敏感，或是否对非靶标生物有更大的影响。APHIS还考虑基因漂移对野生亲缘种和其他生物的潜在影响。实际上，APHIS通过风险评估过程来确定 GE 作物是否比对应的传统作物品种更可能成为"有害的植物"风险。

为配合其许可权和取消监管的决定，APHIS 还需要根据 NEPA（《国家环境政策法》）编制环境评估报告（EA）或环境影响报告（EIS）。如上所述，NEPA 要求 APHIS 考虑 GE 作物的潜在环境影响要比其是否是一种有害生物更为广泛。尽管 APHIS 不将 NEPA 的分析作为其决策的依据，但它要求开发商提交数据以评估环境影响。

对于农药登记中关于人类健康和环境影响方面的审查，美国环保署尚未正式公布 GE 植物农药的数据要求，但其对于农药登记通常要求的研究内容已在条例（40 CFR 158）中列出，包括 GE 遗传物质的特性及其表达、对非靶标生物（哺乳动物、水生动物、鸟类和有益昆虫）的急性毒性研究，以及各种环境评估研究。与 APHIS 不同，EPA 不必为其在 NEPA 下的监管决定提供环境评估或环境影响报告，但其更广泛的环境风险评估涵盖与环境评估所要求的相同内容。

随着技术的进步，检测能力得到了扩展，由此也出现了 GE 作物安全评估的新问题，同时，在预批准类型的标准中所包括的检测数量和类型也有所增加。例如，在本委员会撰写本报告时，EPA 正在对 RNA 干扰技术（RNAi）制定新的数据要求（EPA，2014b）。表 9-2 中展示的是比较 1995 年和 2008 年，EPA 要求的对抗有害生物 GE 新品种进行安全评估的测试内容不断增加的例子。

表 9-2　1995 年和 2008 年抗有害生物 GE 作物在美国环保署（EPA）登记所需的安全评估[a]
（生物技术产业科学与监管工作组于 2012 年 3 月编制）

数据类别	Bt^b土豆 1995	Bt 玉米 2008
产品特性		
转化事件特征鉴定	√	√
PIP[c] 成分鉴定	√	√
农药活性谱		√
作用模式	√	√
阈值认证		√
插入 DNA 序列信息	√	√
外源蛋白质特性：功效		√
外源蛋白质特性：表达水平	√	√
外源蛋白质特性：理化特性	√	√
蛋白质等效性证明	√	√
人类健康		
小鼠急性口服毒性	√	√
毒素-蛋白质数据库分析		√

数据类别	Bt^b土豆 1995	Bt 玉米 2008
过敏性：热稳定性，SGF^d，SIF^e		√
过敏性：生物信息分析		√
环境-非靶标生物		
禽类急性经口毒性（鹌鹑/鸭）	√	√
禽类饮食毒性（肉鸡/鸭）		√
淡水鱼毒性		√
淡水无脊椎动物毒性		√
入海口和海洋动物毒性		√
蜜蜂毒性：幼虫和成虫	√	√
有益昆虫毒性：捕食类	√	√
有益昆虫毒性：寄生类	√	√
非节肢动物无脊椎动物毒性：蚯蚓		√
多个 PIP 的协同效应		√
环境-环境评估		
在土壤中降解速度	√	
抗性管理数据要求		√
靶标生物易感性		√
仿真模型		√
可能产生的交互抗性		√
抗性监控方案		√
应急预案		√
守规保障/种植者教育		√
登记条件		
守规保障计划年度报告		√
种植者教育年度报告		√
IRM 监测年度报告^f		√
年度销售报告		√
其他类		
分析检测法		√
公共利益文件		√

a 该表包括了美国环保署在对含有 GE 植物农药（PIP）的作物批准商业化生产之前通常要求申请人提供的信息。每一个新的审核申请不一定包含所有所列类别的信息。例如，既含有先前登记过的 Bt 种子也含有非 Bt 种子的 Bt 玉米产品是需要重新登记的。这种将非 GE 和 GE 种子混装在一个袋子中的方式称为"袋中庇护所"（RIB），这是植保中常用的一个策略，主要目的是减少害虫出现抗药性的概率。然而，环保署不会要求 RIB 申请人提交关于对非靶标生物体影响的新数据，因为该信息在以前的申请中已经提供了。最后，该表引用了审核申请附带的信息。GE 植物农药类型作物的开发商还必须提交连同附件数据和其他形式信息的申请，以进行大于 10 英亩的田间试验。同时，环保署对由食品或饲料作物生产的 Bt 蛋白制定豁免值，或者设定一个食物中的表达阈值。这些信息在环保署的决定文件，即生物农药登记行动文件中公开。迄今为止的 PIPS 注册表可在 http://www2.epa.gov/ingredients-used-pesticide-products/current-previously-registered-section-3-plant-incorporated 查阅。访问于 2015 年 12 月 15 日。

b 具有苏云金芽孢杆菌（Bt）来源的一个或多个基因。

c PIP 表示 GE 植物农药。

d SGF 表示模拟胃液。

e SIF 表示模拟肠液。

f IRM 表示害虫抗性管理。

2. 欧盟

作为一个地区政府，欧盟的监管方法与美国明显不同，因为它不是基于现有的国家法律。它对 GE 作物的商业化采取了一种更为谨慎的方式。

遗传工程作物食品的安全性和遗传工程作物的种植　　在本委员会撰写本报告时，欧盟由 28 个成员国组成，对 GE 食品进行评估和批准的监管程序主要采用预防原则（详细说明见表 9-1）。评估和批准是根据将性状引入生物体的过程。根据欧盟的规定，遗传物质以"不通过交配和/或自然重组"的方式发生改造的生物体必须接受强制性的上市前评估。这一定义包括通过使用重组 DNA、显微注射和细胞融合技术来改造的生物体，所产生的遗传物质组合。该定义不包括体外受精、多倍体诱导、选择育种、杂交或诱变（2001/18/EC 指令附录 ⅠA）。因此，通过常规育种培育的作物新品种可以在没有上市前的监管审查和批准的情况下进入市场。一般的食品法规定，一旦常规育种培育的作物生产的新食品上市，欧盟和成员国有权在其出现健康或安全问题时对其召回。

欧盟关于 GE 食品和饲料的第 1829/2003 号法规和关于将 GE 食品和饲料释放到环境中的 2001/18/EC 指令中规定了评估和批准欧盟定义为 GM 生物（GMO）的市场申请程序[1]。根据这些条例，欧洲食品安全局（EFSA）与成员国的科学机构合作，负责对申请用于种植、进口或加工的所有 GM 生物进行食品安全和环境评估。整个欧盟统一风险评估过程，采取风险评估过程集中式的"单通道"方式。

EFSA 的作用仅限于提供科学建议。一旦 EFSA 对申请评估的 GM 生物的食品安全和环境安全风险发表意见后，该 GM 生物是用于种植还是仅限于作为食品或饲料进行销售，将由欧盟委员会和成员国决定。鉴于所有成员国都需要达成广泛的一致意见，因此决策过程是复杂的，从本质上来说具有政治成分（图 9-1）。在收到欧洲食品安全局认为在建议的使用条件下产品不会对健康或环境造成风险意见的 3 个月内，欧盟委员会做出初步决定草案。如果委员会提议批准该申请，则其决定草案将提交由常务委员会代表的会员国根据有效多数表决规则进行表决[2]。如果常务委员会批准，则由委员会采用核准决定草案。如果常务委员会不通过或在 90 天内未能做出决定，委员会可将决定草案重新提交，然后由成员国在委员会上对决定草案进行再次投票。同样，如果成员国以合格多数票赞成，委员会将通过该决定。如果他们投反对票，委员会就不能通过这项提案。然而，截至 2015 年 12 月，对于所有关于 GM 种植或食品和饲料批准草案，委员会的成员国未能通过有效多数票做出任何决定；既没有足够的投票赞成，也没有足够的投票否决。欧盟程序规定，在这种情况下委员会必须采用并执行自己的决定（EC，2015c）。正如委员会所解释的，"成员国为证明其弃权或反对票的理由有时在本质上是科学的，但在大多数情况下是基于其他考虑，反映本国社会层面的讨论"（EC，2015c）。

鉴于一些成员国强烈反对 GM 食品，即使 EFSA 的风险评估得出 GM 食品或作物与非 GM 食品或作物一样安全的结论，欧盟决策过程也很难就批准 GM 食品和作物申请达成

1　因为 GM 生物是欧盟法律中定义的术语，所以本部分报告使用它和相关术语 GM，而不是 GE 生物和 GE。

2　根据第 182/2011 号条例（EC）（Comitology 程序），转基因生物批准的"有效多数"决策过程与所有欧盟立法决策过程中使用的通用过程相同。根据欧盟投票规则，有效多数指 55% 的成员国（如果是委员会提案）和超过 65% 的投票人。少数四个成员国可以阻止一项提案（EC，2015c）。

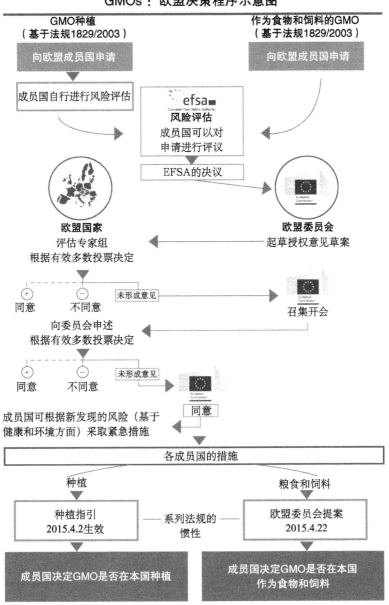

图 9-1　成员国、欧洲食品安全局和欧盟委员会在评估 GM 生物造成的风险方面的作用

欧盟对 GM 产品评价的流程见 http://ec.europa.eu/food/plant/docs/decision_making_process. pdf。访问于 2015 年 12 月 15 日。

协议。对于欧盟未能批准的 GM 食品或作物的申请，尽管 2006 年世界贸易组织争端解决机构认定其实际上是违反《TBT 协定》（见本章 9.1.1 "国际框架"），但欧盟仍然很难批准 GM 申请。根据欧盟委员会的数据，截至 2015 年 6 月，只有孟山都的 MON810，一种具有 *Bt* 基因可以抵御欧洲玉米螟（*Ostrinia nubilalis*）的玉米品种被允许在欧盟种植，它正在等待重新授权[1]。在当时，MON810 在五个成员国种植，西班牙占种植面积的大部分，该品种不到欧盟玉米种植总面积的 2%。截至 2015 年，有 8 项 GM 作物种植申请正在等待处理，其中 4 项已被 EFSA 评估为安全的，4 项正在等待 EFSA 的意见（EC，2015b）。

相比种植许可，欧盟已经批准的更多是 GM 食品和饲料进口申请。截至 2015 年 4 月，欧盟已经批准了 10 种新的 GM 作物，至此欧盟批准用于食品和饲料目的的 GM 作物品种总数达到 68 种，包括玉米、棉花、大豆、欧洲油菜和甜菜（EC，2015a，2015b）。大部分进口的 GM 产品主要用于欧盟畜牧业的大豆饲料，其很大程度上依赖进口。而 GM 食品在市场上则很少有销售。对于欧洲市场，大多数食品制造商重新打造了他们的产品，以避免将其食品贴上含有 GM 生物的标签（Wesseler，2014）。

为了打破在批准 GM 作物种植决定上的政治僵局，欧盟于 2014 年底通过了新的规则，允许成员国根据非风险原则，如环境或农业政策目标、土地利用规划、社会经济影响或共存管理（欧盟指令 2015/412），考虑禁止或限制 GM 作物种植。尽管新规则明显降低了在所有欧盟成员国制定统一政策的可能性，但它将允许希望种植新 GM 作物的成员国在本国种植。

社会经济问题　　欧盟已经通过了要求 GM 食品、饲料或谷物贴上标识的规则。欧盟认为，标签是一个知情权问题，是欧洲宪法和国际人权法赋予的权利。欧盟官员还表示，在食品安全体系中贴上标签的部分原因是重建公众的信心（EC，2001）。

如第 6 章（框 6-5）所述，尽管 GM 作物和非 GM 作物共存的管理主要由成员国一级负责，欧盟也制定了管理 GM 作物和非 GM 作物生产商之间共存的一般性指南，但是一些成员国采用的原则在很大程度上保护非 GM 生产商。

食品安全和环境风险评估　　欧洲食品安全局（EFSA）发布了其食品安全和环境风险评估指南（EFSA，2010，2011b）。与《国际食品法典》指南和美国 FDA 的评估一样，欧洲食品安全局的食品安全风险评估，首先将 GM 作物与其传统育种作物进行比较。申请人提供的信息必须包括分子特征、插入基因的序列和表达信息，以及预期特征的稳定性、毒理学评估、解决 GM 作物或食品的生物学相关变化对人类和动物健康的影响，以及对任何新蛋白质和整个食品的潜在过敏性进行评估，并进行营养评估，以确保由 GM 作物生产的食品或饲料不会对人类或动物的营养产生不利影响。

欧洲食品安全局指南规定了测试新表达蛋白质毒性的要求。在 2013 年之前，欧洲食品安全局的指导方针不要求通过动物喂养研究来测试整个食品的安全性，除非其成分与非 GM 食品有很大差异，或者通过比较分析发现了其他非预期影响的迹象[2]。最后的风险评估应证实食用 GM 植物生产的食品或饲料至少与食用传统培育的食品或饲料一样安全，而且对人类和动物的营养至少与非 GM 食品或饲料一样。

在欧盟种植 GM 作物之前，申请人必须提交数据，使成员国能够进行全面的环境风险评估（ERA）。EFSA 已经发布了关于环境风险评估申请人必须提交的信息类型以及必须遵循的

1　MON810 最初于 1998 年被允许在欧盟内部使用。

2　如第 5 章所述，2013 年通过的欧盟法规要求 EFSA 对（未经加工且不含人造添加剂的）天然食物进行啮齿动物饲喂研究，作为其风险评估的一部分［《实施条例（欧盟）》503/203］。欧洲食品安全局发布了动物喂养研究指南（EFSA，2014）。

流程的指南（EFSA，2010）。考虑到便于成员国进行环境风险评估和 EFSA 可能要求的任何其他信息，EFSA 也在整个欧盟境内实施环境风险评估。ERA 指导方针包括七个具体问题：

- GM 作物的稳定性和入侵性。
- 植物-微生物的基因转移。
- 植物与靶标生物的相互作用。
- 植物与非靶标生物的相互作用。
- 种植、管理和收割技术的影响。
- 对生物地球化学过程的影响。
- 对人类和动物健康的影响。

ERA 是一个完整的风险评估，包括问题制定、危害特性评估、暴露特性评估和风险特征评估步骤。如果需要降低风险，评估要求申请人提出将风险降低到"无顾虑"水平的措施。EFSA 与美国农业部和 EPA 的同行一样，经常需要申请人提供额外信息，以补充原始申请。

每个种植申请还需要一个投入市场后的环境监测（PMEM）计划，根据该计划，申请人将继续监测潜在的不利环境影响（EFSA，2011a）。进口到欧盟市场的任何活性 GM 材料（谷物或种子）也需要通过 PMEM 计划。

在进行风险评估时，EFSA 与成员国的科学机构合作，其网络覆盖欧洲 100 多个组织和当局。成员国有机会向 EFSA 提供 GMO 评估意见，根据其最终意见，EFSA 还会发布成员国的意见和建议摘要。

3. 加拿大

加拿大对监管采取了不同的方式。该系统利用"新颖性"的概念来评估是否需要对新的作物进行管理，而不去管采用何种育种方法。

GE 作物和食品　　与美国一样，加拿大也对 GE 食品和作物的监管责任进行了划分。在加拿大监管体系中，加拿大卫生部是负责食品安全的机构，加拿大食品检验局（CFIA）负责评估新作物的环境影响。

与美国不同，加拿大通过新的法律来修改其监管体系，以解除人们对 GE 作物和食品的担忧。然而，新的法律反映的政策是关注新的食品和新的植物性状，而不是特定的育种过程（遗传工程）或产品类别（如植物性有害生物）[1]。因此，加拿大监管体系似乎遵循过程中立的方法来确定哪些食品和植物应该受到强制性的上市前政府审查。加拿大的管理方式不关注植物的预期用途或特性，也不关注是否使用特定工艺，而是关注风险，即新食物或环境暴露的可能性。

因此，《食品和药品管理条例》第 28 分册，也被称为《新食品管理条例》，为所有"新食品"建立了上市前认定公告流程，其中也包括 GE 食品。"新食品"可概括为没有安全使用历史的食物、经历过以前从未使用过的加工过程并导致其发生重大变化的食品，以

1　加拿大的监管机构与利益相关方进行了 7 年的讨论（Smyth and McHughen，2012）。20 世纪 80 年代和 90 年代早期的田间试验是在当时法律的授权下进行的，主要是《种子法》（1985）、《饲料法》（1983）和《食品药品法》（1985）（Smyth and McHughen，2012）。实施"新食品"的法规和具有"新特征"的植物最早由 CFIA 于 1994 年颁布。

及来源于基因改造，实现性状的引入、删除或改变预期性状的植物或动物的食品〔B. 28. 001 C. R. C.，c. 870（2014）〕。"遗传修饰"是指改变"植物、动物或微生物的可遗传特性"（B. 28. 001）。在一篇在线发布常见问题的文章中，加拿大卫生部指出，"遗传修饰"不仅限于重组 DNA 技术，还可能包括传统育种、诱变和新兴的 GE 技术，如基因组编辑（Health Canada，2015）[1]。该定义仅包括"新"食物的一部分，特别是对于那些在其他国家已经有安全使用历史或只进行少量加工的食品，开发商或进口商无需提交预先公告（Smyth and McHughen，2012）。

"新食品"的开发商和进口商必须在销售前至少 45 天通知加拿大卫生部，并提交足以证明其安全性的信息。加拿大卫生部可能会要求提供更多信息，一旦对食品安全感到满意，加拿大卫生部会以书面形式通知提交人所提供的信息是充分的，并且对其在加拿大的销售"无异议"。在获得加拿大卫生部批准之前，"新食品"不得出售。该机构的通知及其决定的摘要会在线公布。

根据加拿大卫生部网站上的信息，截至 2015 年，超过 81 种 GE 食品和很多非 GE 食品作为新型食品在加拿大销售。非 GE 食品包括人工甜味剂（Sucromalt）、采用新型高压卫生工艺处理的食品、含有添加成分（如植物甾醇）的食品和新型非 GE 食品，如抗除草剂向日葵和中等油酸向日葵油。一旦食品获得批准，就不需要进行常规的批准后食品安全监测。当然，如果出现任何新的不利安全信息，开发商和食品制造商必须报告。

作物造成的环境风险由 CFIA 负责，CFIA 根据《种子法》和《饲料法》评估植物的环境安全和动物饲料的安全。具有"新特性"植物（PNT）的开发商在进行封闭的田间试验或不受限制的释放（包括商业化生产）之前必须获得 CFIA 的授权。"新特性"是指相对于加拿大已有的稳定栽培的植物品种的"新"，它有可能产生严重的不利环境影响（CFIA，2009）。在本委员会撰写本报告时，CFIA 审查的所有 GE 植物都是被认为具有新特性的。然而，如上所述，新的性状也可以通过非 GE 技术引入。例如，2005 年，CFIA 审查并批准的巴斯夫加拿大公司（BASF Canada）的 CLEARFIELD® 向日葵，该产品具有抗除草剂咪唑啉酮的新特性（CFIA，2005）。该性状起源于堪萨斯州野生向日葵种群的一个自然变异，并通过常规育种引入加拿大国内的种质资源中。CFIA 还审查并批准了巴斯夫加拿大公司将 CLEARFIELD 咪唑啉酮抗性性状引入到油菜和小麦中（CFIA，2007，2008）；这些性状是通过化学诱变种子和种间杂交引入的。

到目前为止，所有 GE 作物都是由其开发商提交监管审查，但并非所有未来的 GE 作物都会具有新特性（Thomas and Yarrow，2012）。一旦 PNT 被引入环境中，它的特性在加拿大的监管政策中可能不再被认为是新的。因此，当同一物种的后期品种使用相同的 DNA 构造进行转化，并表现出与已批准品种相同的特性，就不再需要接受完整的监管批准流程（Smyth and McHughen，2012）。此外，在某些情况下，具有复合性状的作物（每种性状都已获得批准）的开发商不必提交完整的审批申请文件（CFIA，1994）。然而，实

1　在其网站上，加拿大卫生部使用的术语"遗传修饰"和"遗传工程"是可互换的。在本节的讨论中，使用了"遗传工程"（或 GE）。

际上当聚合几个已批准的性状的复合性状品种申请商业化批准时，开发商仍会提交审批所需的完整数据（Thomas and Yarrow，2012）。此外，对于具有抗虫或抗除草剂性状的新作物品种，即使这些特性已经获得审批，仍然需要制定抗性管理措施。即使一种植物不再是 PNT，它可能仍然作为一种新型食品，需要加拿大卫生部审批。

在加拿大的体系中，植物育种人员的职责是对植物是否具有新特性进行初步确定。CFIA 发布了指南，帮助植物育种人员确定植物是否对环境而言是"新"的以及是否有潜在的环境危害（CFIA，2009）。如果某一性状在加拿大种植的同一物种的种群中已经存在，则该性状将不被视为"新性状"。仅增加性状的效应不足以被视为新性状，但如果性状的表达水平超出预期，则该性状可被视为新性状。在大多数传统植物育种中，新品种的性状表达变化相对较小，不太可能需要监管审查。CFIA 表示在大多数情况下传统植物育种的产品可能不会对环境造成风险。然而，新颖性的概念为监管提供了灵活性和适应性，涵盖了风险更大的新作物品种，而不考虑它们的生产方法。同时，与基于过程的清晰考量相比，基于新性状的考察可预测性稍差。因此，CFIA 鼓励植物育种家在研发过程中尽早进行咨询。

社会经济问题　　加拿大的监管方式更类似于美国的市场导向方式，而不是欧盟的考虑社会经济利益方式（Marcoux and Létourneau，2013）。和美国一样，加拿大也不需要给 GE 食品做标识。加拿大政府与加拿大食品杂货分销商理事会和加拿大通用标准委员会共同参与多利益相关方商讨流程，制定标准来指导自愿标签的使用，以确保其真实性和不产生误导。GE 产品的自愿标签和广告标准于 2004 年作为加拿大国家标准公布［Canadian General Standards Board，2004］。

加拿大与美国一样不规范 GE 作物和非 GE 作物生产者之间的共存（Dessureault and Lupescu，2014），而且这样的管理方式也和美国一样导致了避免基因漂移和混合的经济负担由非 GE 作物生产者承担。然而，根据美国农业部的外国农业服务处的说法，没有足够的信息能够确定非预期的 GE 作物和有机作物的混合程度以及所造成的损害（Dessureault and Lupescu，2014）。

加拿大制度包括了服务于社会经济目的的方面。根据《种子法》，任何主要农作物的新品种，无论是否为 GE 作物，都必须在咨询委员会审查后获得 CFIA 品种审定办公室的事先批准，并由来自公共和私营机构的代表审查新作物品种，以确保它至少在质量上与现有品种相同。该批准程序旨在保护加拿大农民以免受劣质的新作物品种侵害，并确保新品种带来预期效益。然而，该办公室的重点是新品种的质量，而不是其引进可能带来的经济后果（Smyth and McHughen，2012）。

食品安全和环境风险评估　　加拿大卫生部发布了新食品安全评估指南，详细说明了食品制造商或进口商需要提交的资料。这些准则源自经合组织、联合国粮食及农业组织、世界卫生组织和国际食品法典委员会制定的食品安全评估法规（Health Canada，1994，2006 年修订）。食品安全评估检查了食用作物是如何研发的，包括分子生物学数据、与非 GE 对应食品相比的新型食品的成分和营养状况、引入新毒素或引起过敏反应的可能性以及普通消费者和敏感人群（如儿童）的膳食暴露评估。加拿大卫生部估计，一家公司通常需要 7～10 年的产品开发时间来收集足够的数据，以提交一份新型食品的上市前公告（Health

Canada，2015）。

环境风险评估由 CFIA 执行。在考虑植物是否符合新型特性定义的环境风险部分时，CFIA 重点关注新品种是否可能比其非 GE 对应品种具有更不利的环境影响。要考虑的不利影响包括变成杂草的可能性、基因漂移、成为植物有害生物的可能性、对非靶标生物的影响以及对生物多样性的其他潜在不利影响（CFIA，2009）。

在封闭的田间试验中种植任何 PNT 之前，申请人必须向 CFIA 申请批准，并提交数据，其中包含有关作物品种和田间试验设计的信息。对封闭的田间试验批准有一般条款和作物特定条款，这些条款旨在尽量减少植物在环境中的持续存在和传播，并防止未经批准的植物材料污染饲料和食品。CFIA 执行的这些条款涉及对生长季节和收获后监测的现场检查（CFIA，2000）。批准后，有关田间试验的非机密信息会公布在 CFIA 的网站上。

田间试验完成后，如果开发商希望将 PNT 商业化，他必须向 CFIA 申请批准非封闭条件下的环境释放。申请人必须提交一套完整的数据，使 CFIA 能够完成全面的环境安全评估（CFIA，1994）。CFIA 将新品种的环境影响与非 GE 对应品种的环境影响进行比较，以确保其不会比对应品种带来更大的环境风险。CFIA 可能会施加限制来管理或减轻不利的环境影响。此外，CFIA 要求对抗除草剂或抗虫作物制定管理策略，以防止抗药性的发展并延长该技术的寿命和有效性。CFIA 还要求开发商针对计划外的或意料外的环境影响实施释放后监测计划。申请人必须报告任何有关环境影响的不利信息。与封闭性田间试验的审批一样，批准非封闭性环境释放的决定也会发布在 CFIA 的网站上，同时相关的解释文件也会在网站上公布。

4. 巴西

与其他政府不同的是，巴西政府对已经在该国种植的 GE 作物进行管理。在制定何时以及采用何种管理制度时会考虑经济和环境问题。

GE 作物的食品安全和环境政策　　巴西的 GE 食品和作物监管条例于 2005 年成为法律。巴西于 1995 年通过了第一部 GE 食品和作物法，但当国家生物安全技术委员会（CTNBio）在审批一个耐草甘膦大豆商业化生产的申请时，未要求完成环境影响报告就批准了该项申请后，该法案引起了抗议和争议。CTNBio 的权威在法庭上受到消费者保护协会和绿色和平组织的质疑，称其违反了环境法。

初级法院发布了一项禁令反对 CTNBio 的批准意见，并将此案提交到由三名法官组成的上诉法院，但由于巴西民间社会团体、农民、生物技术公司和政府官员之间就对 GE 食品和 GE 作物应如何做批准决定以及应由谁做出决定（Schnepf，2003；Cardoso et al.，2005）进行了广泛且具有争执的讨论（Soares，2014），因此决议推迟了几年才形成。有关民主决策的作用、科学的专业知识、风险和利益的公平分配以及对环境和生物多样性的潜在影响等问题都是辩论的内容。2003 年，GE 大豆种子从阿根廷走私到巴西，在巴西南部部分地区非法种植，与非 GE 大豆混合（Schnepf，2003），这一新闻报道加剧了争议。当时，美国农业部估计巴西大豆总产量的 10%～20% 可能都是非法种植的 GE 大豆品种（Schnepf，2003）。

2003 年，在对当年已经种植和收获的 GE 大豆进行了两次临时授权，并经过长时间的商讨后，巴西提出了新的立法。新的生物安全框架法在经过长时间辩论后于 2005 年通过，成为第 11105 号法律[1]。

2005 年巴西的生物安全法律设立了几个组织负责生物技术决策（图 9-2）。与欧盟一样，巴西有一个"技术"组织（CTNBio）负责对 GE 食品和作物进行风险评估；并有一个独立的政治决策机构，即国家生物安全理事会（CNBS），具有最终决策权，可以权衡非生物安全问题，包括社会经济影响。然而，与欧盟不同的是，巴西已批准种植大量 GE 作物：截至 2014 年，该机构已批准 35 个 GE 品种（主要是玉米、大豆和棉花）的商业化，巴西已成为全球第二大 GE 作物种植国。

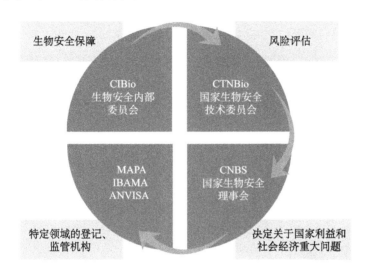

图 9-2　巴西 GE 作物管理构架（Finardi Filho，2014）

MAPA. 农业、畜牧和食品供应部；IBAMA. 巴西环境与可再生自然资源研究所；ANVISA. 卫生部监督局。

根据巴西的监管制度，CTNBio 负责与生物技术有关的所有技术问题。它对 GE 食品和作物（包括进口）的食品安全和环境风险进行评估[2]。CTNBio 由 27 名成员组成，其中包括 9 个联邦部委的官员、12 名技术专家和 6 名其他消费者权益和家庭农业领域的专家（Silva，2014）。CTNBio 隶属科技部，成员任期 2 年。CTNBio 的会议对公众开放，对新的生物技术产品的审批需要获得多数票。CTNBio 还负责审批在巴西进行的所有田间试验，在获得 CTNBio 的生物安全质量证书之前，不得向环境释放。

国家生物安全理事会（CNBS）也是依法设立的，由总统办公室负责制定和实施国家生物安全总体政策，它考虑农业生物技术更广泛的国家和社会经济影响。CNBS 是一个纯粹的政治机构，由 11 名内阁部长组成。尽管 2005 年巴西的生物安全法律赋予 CNBS 最终决定 GE 产品商业化的权力，但随着实践的开展，CNBS 认为 CTNBio 在技术上对生物安全问题具有决定权，只有在存在国家利益或社会及经济问题时才会重新考虑 CTNBio 的决定（Silva，2014）。当在 CTNBio 风险评估过程中涉及社会经济方面的议题时，CNBS 可

1　第 11105 号法律于 2007 年依据第 11460 号法律修改，2006 年依据第 5591 号法律修改。

2　根据巴西法律，转基因生物（GMO）被定义为其遗传物质（DNA 或 RNA）已被"任何遗传工程"技术修改的生物体；遗传工程被定义为操纵 DNA 或 RNA 重组分子的活动。转基因副产品是指来源于 GMO 但无自我繁殖能力或者不具有活性的 GM 成分。

以委托第三方进行评估。从这一方面着手，巴西将技术评估与非生物安全问题分开（Lud-low，2013）。

对 GE 作物田间试验的监管和检查主要由农业、畜牧和食品供应部负责。卫生部监督局对 GE 事件进行毒性检查，环境部通过巴西环境和可再生自然资源研究所对 GE 事件及其对环境的影响进行监测。

即使已获批准，如果有证据表明 GE 作物及其副产品对环境或人类及动物健康有不利影响，CTNBio 有权暂停或撤销对该 GE 作物及其副产品的环境释放授权（Soares，2014）。此外，CTNBio 要求进行市场后环境监测，并在某些情况下会要求进行特定的市场后研究，以解决潜在的环境问题（Mendonça-Hagler et al.，2008）。

社会经济问题 巴西采取了一系列政策措施，旨在促进种植转基因作物的农民与种植非转基因作物的农民共存（Soares，2014）。2007 年，CTNBio 发布了第 4 号规范性指令，规定了转基因玉米和非转基因玉米之间的最小隔离距离。CTNBio 还发布了包括与拟将允许种植的转基因柑橘（第 10 号规范性指令）和高粱（第 13 号规范性指令）相关的种植规则。为了防止生长在野生棉自然生长区的转基因棉花的基因漂移，对转基因棉花的种植区也进行了严格的分区。此外，在印第安人保留地或官方认证的保护区内也不允许种植转基因作物（Mendonça-Hagler et al.，2008）。

巴西生物技术法还建立了一个总体的责任制度，在该制度中，不论是何种疏忽，对环境造成损害或对第三方造成损害的责任人需要承担损害赔偿责任（Soares，2014）。该法还规定了违反生物技术法规和条例的民事和刑事处罚。

2003 年，巴西总统要求 GE 成分超过 1.0% 的食品和食品配料贴上标签。司法部颁布了实施条例，要求食品中含有超过 1.0% 的 GE 成分需要进行标识，即在黄色三角形内标注一个大写"T"。据报告，这个要求在 2008 年没有得到执行（Mendonça-Hagler et al.，2008）。不过，在 2012 年，Nestlé 因未在其销售的一些消费品中标明 GE 大豆成分而被巴西法院罚款（Jornal DCI，2012）。

食品安全和环境风险评估 CTNBio 的食品安全评估遵循实质等同原则和国际食品法典委员会的指导方针（Mendonça-Hagler et al.，2008）。

若计划田间种植 GE 作物，首先必须得到公司内部生物安全委员会小组的批准。之后，申请人向 CTNBio 提交申请以供批准。CTNBio 发布的规定文件中包含了提供信息的指南，即 GE 植物的信息（对修饰和所用方法的描述、外源 DNA 或 RNA 序列以及可能影响适应性的遗传特征）和进入田间及市场后的方案，包括安全和监管措施（第 6 号规范性指令附件 I～IV）。CTNBio 针对作物及其副产品对人类和动物健康、环境和植物的潜在不利影响进行风险评估，同时"保持透明度、科学方法和预防原则"［第 5 号规范性指令第 6（I）条］。

5. 监管方法比较结论

上面总结的四种 GE 农产品监管制度还不是很全面。列举这些例子只是展现不同地区采用的不同政策条例。在所有情况下，规则的制定都涉及政治争议，并花费相当长的时间来执行。在欧盟，最初的监管方法遭到了反对，取而代之的是更严格的法规和标识要求，甚至这些都难以真正实施。加拿大的法规是经过长期的协商才制定出的（Thomas and

Yarrow，2012）。1995年，由于存在分歧，巴西对GE作物和食品进行监管的初步尝试失败。美国即使是在1986年就通过了基本政策框架，但也有关于机构规则制定的一些方面的争议，包括EPA关于规范植物嵌入式农药（plant-incorporated protectants）的建议。EPA最初在1994年提出了这条规则，但最终条例是在2001年公布的。相关的法规还在持续的发展和调整中。欧盟最近通过了一些改革，允许成员国选择不种植欧盟批准的GE作物（EC，2015b）。2015年，美国科学技术政策办公室宣布对生物技术法规进行全面审查（OSTP，2015），并且在2016年，APHIS发布了修订GE植物管理法规的建议（USDA-APHIS，2016）。

这四个例子说明了决定哪些新食品和作物上市前监管审查的不同方法。欧盟和巴西都选择对GE作物进行特殊管理，不包括传统和其他育种方法培育的作物。加拿大采取的是不同方法：不论采用何种育种技术，都根据"新特性"和潜在的危害对食品和植物进行管理。与其他国家不同，美国依赖现有的产品监管法律作为对GE作物及其衍生产品进行监管的基础。虽然理论上，美国采取基于产品的政策，但实际上，APHIS和EPA在决定对哪些植物进行管理时也会考虑育种过程。

在评估环境和食品安全风险的所有四种监管方法中使用的原则都是相似的，并基于国际食品法典委员会（就食品安全而言）和其他国际机构，如经合组织（就环境安全而言）发布的指南和建议。对于食品和环境安全而言，所有国家采用的风险评估过程都是以GE品种与已知的传统品种进行比较的基本理念为基础。风险评估侧重于预期差异和非预期差异，并考虑差异对相关终产物的影响。对于食品，要考虑的主要问题包括成分变化对营养元素、毒性和过敏性的潜在影响。环境问题包括对非靶标生物的影响、入侵性或杂草化的变化以及潜在的非预期的基因漂移到相关物种的可能性。在每种情况下，开发人员都需要提交一份来自田间试验及其他来源的数据，以证明GE品种所带来的风险不大于非GE对应产品。

一旦完成了风险评估，就需要确定GE品种所带来的风险（及其不确定性）在国家法律和文化框架内是否"可被接受"。不同国家的监管制度对风险管理决策的处理方式不同。在美国和加拿大，决定权授予监管机构，这些机构主要考虑生物安全问题，即GE品种是否比其非GE品种造成的风险大。社会经济影响的问题通常在审批决定中得不到解决。欧盟和巴西将风险评估和风险管理分开，由直接具有政治责任的政府机构处理。在某些情况下，更广泛的社会经济问题，包括消费者"知情权"以及对其他生产商的影响，会被纳入审批决策过程。

这些差异和冲突并不是独一无二的。GE产品的不同监管过程反映了各国之间广泛的社会、法律和文化差异。制定国际贸易标准和为保护本国的文化和社会价值背景下的国家自主权之间也会产生冲突。美国在制定自由贸易规则方面一直是世界领先者。具有较强社会福利传统的国家不太可能同样热衷于强调贸易利益的监管过程。因此，第6章讨论的由于不同步的产品审批引起的贸易冲突可能会继续。

发现：GE产品的不同监管过程反映了各国之间更广泛的社会、政治、法律和文化差异。

发现：贸易冲突和监管模式分歧可能会继续成为国际格局的一部分。

9.2 新兴遗传工程技术的监管

如第 7 章所述，遗传工程的"工具包"正在迅速变化，新的、更特异的、具有潜在更强大的遗传工程技术正在投入使用。正如有人所指出的（Lusser et al.，2012；Lusser and Davies，2013；Hartung and Schiemann，2014；Voytas and Gao，2014），新兴技术将会以不同的方式挑战监管方案。

一个最基本的问题是，使用这些技术生产的作物是否属于各种监管机构所使用的 GE 作物的定义范围，是否需要接受上市前安全审批。这一问题与使用基于过程的审批监管系统尤其相关，尽管还是需要参考法律的具体定义条款来确定答案[1]。一些 GE 植物已经超出了现有的监管定义（表 9-3）。

表 9-3 向美国农业部动植物卫生检验局（APHIS）申请监管的转基因产品所处监管状态

（Camacho et al.，2014 中表 1，本委员会依据截至 2016 年 4 月 8 日前在 APHIS 申请事件信息进行的更新）

分类	申请日期	申请方	受体生物	修饰/表型/产品描述	转化方法	状态
Ⅰ无转基因成分	2011 年 1 月 18 日	USDA 农业研究局	梅子	加速育种	未列出	—
	2011 年 1 月 22 日	北卡罗来纳州立大学	烟草	加速育种	未列出	—
	2011 年 1 月 27 日	新西兰植物与食品研究所	N/A	着丝粒介导的染色体消除/双单倍体的产生	未列出	—
	2011 年 12 月 10 日	内布拉斯加大学	高粱	降低 MSH1 的表达	农杆菌介导	—
	2013 年 7 月 29 日	Cellectis	土豆	提高消费和加工质量	利用 TALEN 瞬时表达	—
	2015 年 3 月 17 日	Agravida	玉米	叶和茎中的高淀粉含量	巨核酸酶介导缺失	—
	2015 年 4 月 28 日	Arnold & Porter LLP	烟草	加速育种，"减少有害性状"	未列出	—
	2015 年 8 月 25 日	Calyxt	小麦	提高抗病性	利用 TALEN 瞬时表达	—
Ⅱ基因传递系统	1995 年 3 月 8 日	未列出	康乃馨	未列出	农杆菌介导	—
	2007 年 12 月 11 日	新西兰植物与食品研究所	矮牵牛	改变植物性色素	基因枪	—
	2009 年 9 月 1 日	Noble Foundation	苜蓿	Tnt1 逆转录转座子表达（敲除突变体库）	农杆菌介导	监管中
	2010 年 9 月 13 日	Scotts	草地早熟禾	耐草甘膦	基因枪	—
	2012 年 1 月 20 日	Ceres	柳枝稷	提高生物能源生产的潜力	基因枪	—
	2012 年 1 月 31 日	Scotts	草地早熟禾	抗草甘膦，提高草坪草质量	基因枪	—

---

1 经常发生的情况是，在法律和法规的适用性方面可能存在分歧。例如，比较欧盟法规不适用于大多数新兴技术的新育种技术平台的结论（NBT Platform，2013）和德国联邦自然保护局的分析得出的相反结论（Rehder，2015）。

分类	申请日期	申请方	受体生物	修饰/表型/产品描述	转化方法	状态
Ⅱ基因传递系统	2012年2月1日	Scotts	圣奥古斯丁草（St. Augustinegrass）	抗草甘膦，提高草坪草质量	基因枪	—
	2012年7月23日	Ceres	柳枝稷	提高水的利用效率	基因枪	—
	2012年7月23日	Ceres	柳枝稷	生物质更容易转化为可发酵糖	基因枪	—
	2012年7月23日	Ceres	柳枝稷	生物质更容易转化为可发酵糖	基因枪	—
	2012年7月23日	Ceres	柳枝稷	生物质更容易转化为可发酵糖	基因枪	—
	2012年7月30日	Del Monte Fresh Produce	菠萝	改变果实组织颜色/花青素含量	农杆菌	—
	2012年9月14日	ArborGen	松树	提高木材密度	基因枪	—
	2013年2月22日	Ceres	高粱	提高生物量、果汁量和总糖	基因枪	—
	2013年3月25日	基于CBI屏蔽	长寿海棠及其杂交种	插入从天然菌株分离到的 Rol 基因，形态紧凑	农杆菌	—
	2013年4月5日	Scotts	高羊茅	耐草甘膦，提高草坪草质量	基因枪	—
	2013年6月1日	佐治亚大学	大豆	改变类黄酮代谢谱	基因枪	—
	2013年8月30日	Ceres	玉米	增加可消化性、抗虫性能，增加口感、耐旱性，提高种子产量和/或植株矮化	基因枪	—
	2014年10月1日	Glowing Plants	拟南芥	生物发光	基因枪	—
	2015年1月13日	B. H. Biosystems	玉米	提高产量（光合效率）	基因枪	—
	2015年12月14日	拜尔作物科学公司	烟草	提高光合效率和生物量	基因枪	—
Ⅲ种内转基因和种间转基因	2012年2月8日	佛罗里达大学	葡萄	花青素产量增加（种内）	基因枪	—
	2012年2月23日	荷兰瓦格宁根大学	苹果	赤霉病抗性（种间）	农杆菌	监管中
Ⅳ定点核酸酶	2010年3月1日	Dow	玉米	抑制植酸生物合成	锌指核酸酶（EXZACT™）	—
	2010年3月2日	Dow	玉米	抑制植酸生物合成	锌指核酸酶（EXZACT™）	监管中*
	2011年9月9日	Cellectis	N/A	基因组编辑（InDel 靶标）	巨核酶（I-Cre1）介导缺失	—
	2011年9月10日	Cellectis	N/A	基因组编辑（InDel 靶标）	巨核酶（I-Cre1）介导缺失和替代	监管中[a]
	2014年2月7日	艾奥瓦州立大学	水稻	提高抗病性	利用 TALEN 瞬时表达	—
	2014年11月17日	Cellectis	大豆	FAD2 敲除，提高消费品质	利用 TALEN 瞬时表达	—
	2015年3月12日	Cellectis	大豆	FAD3 敲除，提高消费品质	利用 TALEN 瞬时表达	—

续表

分类	申请日期	申请方	受体生物	修饰/表型/产品描述	转化方法	状态
V其他	1994年3月7日	华盛顿州立大学	豆科根瘤菌	抗虫性	未列出	—
	2005年2月16日	V. P. Technology Development	衣藻 HSV8	表达用于人类疾病治疗的抗体	未列出	—
	2008年4月6日	Coastal Biomarine	藻类菌株	小球藻葡萄糖转运蛋白的表达	未列出	—
	2011年2月21日	Danziger	满天星	改变花色	未列出	—
	2012年6月15日	BioGlow LLC	基于CBI屏蔽	基于CBI屏蔽	基于CBI屏蔽	—
	2012年10月23日	BioGlow LLC	基于CBI屏蔽	基于CBI屏蔽	基于CBI屏蔽	—
	2013年1月10日	Rutgers IR4 Project	质粒，提高番茄赤霉病抗性	N/A	N/A	—

注：N/A表示不适用；CBI为商业机密信息；"—"表示APHIS认为该申请产品不需要被监管，因此未纳入监管系统。
a 通过靶向缺失修饰的转基因作物中没有将植物有害生物的序列导入宿主基因组中，不适用于监管系统。

监管发展是否值得关注取决于第二个关键问题：采用新兴GE技术生产的作物是否具有不同于采用其他育种技术生产的植物的风险特征，如果有，那么这对监管意味着什么。新兴的遗传工程技术也可能对风险评估提出挑战。目前许多GE作物的风险评估指南都是基于这样一个假设：重组DNA技术对植物进行了修改，通过体外操作将一个生物体的基因序列引入另一个生物体的基因组。了解插入基因和供体生物的生物学功能和结构对于了解基因在新生物体中的功能非常重要，因而是风险评估的一个重要组成部分。一些新兴技术可能导致培育的作物在遗传水平上与用重组DNA技术获得的作物相似——一个生物物种的已知DNA被添加到另一个物种的基因组中。除非涉及基因驱动技术（见第7章），否则此类案例不太可能给风险评估人员带来新的挑战。然而，未来的作物品种添加的DNA序列可能并不来源于已知的生物，而是通过计算设计出来的，或者可以在不使用重组DNA技术的情况下进行转化。目前还不清楚如何，甚至是否应该对这种方法进行监管。

一些新出现的遗传工程技术，如精确定位的基因敲除也有潜力创造新的植物品种，这些新品种很难在遗传水平上与自然突变和传统育种产生的植物进行区分（Voytas and Gao，2014）。遗传转化本身的大小和程度与它的生物效应以及由此带来的环境或食品安全风险的相关性相对较小。如第7章所述，小的遗传变化可导致表型的重大变化，大的遗传变化可导致表型相对较小的变化。

第7章介绍了几种正在出现的植物遗传学的新技术。利用巨核酸酶、锌指核酸酶（ZFN）、转录激活物样效应核酸酶（TALEN）和成簇有规律的间隔回文重复序列（CRISPR）/Cas9核酸酶系统进行基因组编辑将越来越多地用于作物遗传改良。过去十年中，合成生物学或计算设计遗传学已经在微生物上进行了实践，但对于植物来说是相对新的手段（Liu et al.，2013；Liu and Stewart，2015）。新基因甚至基因组的计算设计可能会挑战现有的基于过程的监管规则（Liu and Stewart，2015）。

9.2.1 基因组编辑

基因组编辑使用新的修饰过的核酸酶和互补序列来原位（定点）编辑基因的序列和功能（第7章）。植物基因组目前可以通过三种方式进行编辑：①使一个基因失去功能（删除）；②改变一个有功能的内源基因的序列；③使目的DNA片段精确定位在特定的染色体位点上。

对于现有的基于过程的监管方法来说，第三种方式——GE的精确插入可能问题最小。精确的基因定位一直是植物生物技术的目标；基因组编辑方法使得精确的GE定位成为可能（Liu et al.，2013）。在现有的基于过程的监控定义下，添加控制基因表达的基因或元素都可能属于GE范畴。

对于基因敲除和小序列变化如何监管还不太清楚（Jones，2015）。包括ZFN、TALEN或CRISPR在内的基因组编辑方法可以使遗传序列产生微小、精确的改变或缺失，这些改变或缺失可能对植物的表型产生实质性影响。事实上，CRISPR/Cas9系统很可能应用在生物学的每一个领域，包括作物领域，就像一个"游戏改变者"（Belhaj et al.，2015）。

尽管植物表型发生了重大变化，但许多基于过程的监管系统都无法覆盖这些植物。例如，APHIS规定只涵盖那些具有来自已知"植物有害生物"的某些遗传序列的植物。基因组编辑方法已经在创造没有"植物有害生物"成分的GE植物，因此不受APHIS的监管[1]。表9-3显示，自2011年以来，美国APHIS已确定许多新的GE事件不属于其管辖范围，因为GE作物的培育没有使用"植物有害生物"序列。有趣的是，当白宫科学技术政策办公室（OSTP）在1986年制定协调框架时，仅仅几个月之后，通过基因枪介导遗传转化的GE植物的发明就公之于众了（Klein et al.，1987）。表9-3中的大多数应用都使用粒子轰击（也称为基因枪），这是一种培育GE植物的非生物方法（见第3章）。很可能，在1986年采用GE植物时，OSTP和APHIS无法预见GE植物不在APHIS的监管范围之内，因为在那之前，所有GE植物都是使用植物病原根癌农杆菌（*Agrobacterium tumefaciens*）生产的。

现在可以使用分子技术来抑制蛋白质的表达，或者在不向植物中添加任何新的DNA的情况下抑制蛋白质的功能。这些方式模拟了自然界或传统育种中可能出现的情况（Voytas and Gao，2014）。事实上，在小麦中通过利用TALEN和CRISPR进行了基因组编辑，同时编辑了一个基因的六个拷贝以抵抗白粉病（框7-2）。如果通过向一个不相关的有机体中插入遗传物质来实现类似的抗性，转化后的植物将作为"植物农药（PIP）"受到美国环保署现行法规的管制。如果抗有害生物或抗病毒的植物不含非有性杂交亲和资源的新遗传物质，而是通过基因敲除，那么培育的植物新品种可能就不受EPA现行条例（EPA，2001b，§174.25）下登记要求的限制。

---

1 加利福尼亚州圣地亚哥的一家公司Cibus在美国商业化地引进了一种非转基因抗除草剂油菜，该油菜利用基因组编辑技术引入一个点突变来赋予抗性性状。这一品种在美国似乎不受管制。Cibus计划使用类似技术将其他抗除草剂作物（包括亚麻和水稻）商业化（www.cibus.com，访问于2016年4月13日）。

当本委员会撰写本报告时，大多数基因组编辑都是用于基因敲除。然而，用新方法插入 DNA 和改变 DNA 碱基也是可能的（见综述 Mahfouz et al.，2014；Belhaj et al.，2015）。内源性植物基因的一些变化可以赋予新农艺性状，如抗除草剂[1]。因此，内源性基因中基因序列的微小变化可导致大的表型和适应度改变。这些小的基因组编辑有时可以模仿自然界中可能发生的突变。与基因敲除一样，这些经过编辑的植物是否要经过上市前监管审批程序将取决于监管的具体定义；尽管增加了抗除草剂特性，但几乎不会被 APHIS 的定义覆盖。

基因组编辑技术将给某些监管模式带来一个两难的处境：现在可以在不留下任何基因组编辑痕迹的情况下改变植物的遗传物质。在核酸酶基因与定向突变位点分离的几个例子中，经基因组编辑的植物不存在外源 DNA（见综述 Voytas and Gao，2014）。表观基因组的 GE（见第 7 章）也带来同样的监管困扰，因为目标生物体的 DNA 不会发生变化。

9.2.2 合成基因和基因组

合成遗传元件的不断发展提出了几个监管问题。在基于过程的定义下，将合成启动子和转录因子转入植物是否会触发监管审查，这取决于各种法规的具体措辞。这些类型的添加可能会被许多基于过程的监管方式覆盖，不过，使用来源于植物性有害生物序列的植物的 APHIS 监管条例似乎不适用于转入计算设计序列这一类型。在 APHIS 条例中重组 DNA 的生物来源是关键要素，如果合成的 DNA 序列不是直接来源于已有生物物种或类似物，那么就不满足现行的 APHIS 监管规定。在使用新的基因组编辑方式的情况下，美国监管机构的架构不是为了保证产生靶向突变的方法中未使用 DNA，而是在宿主基因组中不留下外源 DNA 痕迹（见第 7 章）。事实上，在 2015 年末，瑞典农业委员会认为通过 CRISPR 进行基因组编辑的 GE 拟南芥不受监管，并开始允许进行田间试验。非 GE 和无 DNA 介导的 CRISPR 技术很有可能不受瑞典或政策的监管，因为它没有外源基因。

对于风险评估，合成元件也有需要探讨的问题。一方面，由于这些序列不是生物来源的，因此它们在性质上可能无法进行直接的模拟或比较，这可能导致额外的管理不确定性。另一方面，合成启动子可能比内源性启动子更精简，功能更精确（Liu and Stewart，2016）。例如，用于大豆根中表达的大豆胞囊线虫诱导启动子就是一个合成启动子，大约是典型植物启动子长度的十分之一，并且通过计算被设计成为不包含任何非预期的新转录起始位点，也不出现任何其他可能导致基因表达偏离阅读框的启动子（Liu et al.，2014）。因此，实际上，使用某些合成原件还可能降低风险。

在能够通过计算设计基因和遗传控制元件，以及常规可用的相对便宜的 DNA 合成和组装方法的基础上（Kosuri and Church，2014），合成整个细胞器基因组是可以实现的。酵母（酿酒酵母）合成染色体已构建并安装到基因组中，以取代其内源对应染色体（An-

---

1 例如，通过仅用两个核苷酸改变 5-烯醇式丙酮酸莽草酸-3-磷酸合酶（EPSPS）基因中的草甘膦结合位点，导致两种氨基酸发生变化，"TIPS"（T102I＋P106S）突变将赋予草甘膦抗性。事实上，这种突变是在杂草牛筋草（*Eleusine indica*）中自然发生的，其抗性比野生型基因高 2500 倍，比 *EPSPS* 基因的单个突变（P106S）高 600 倍（Yu et al.，2015）。烟草中的 *EPSPS* 基因也通过使用 TALEN 而产生了相同的 TIPS 突变，这种突变可以在任何一种作物中利用基因组编辑方法实现。

naluru et al.，2014）。虽然酵母的核基因组比植物更为精简，但这样的设计方式很可能会在植物中应用。事实上，一个 15 万碱基对的合成叶绿体基因组（plastome）已经可以设计、制造和安装到植物中（Liu and Stewart，2015）。

具有合成质体的植物可能会对风险评估提出挑战，因为它可能缺少目前实质性等同风险评估的基础——已知的自然生物参照物。此外，复合性状的单个基因评价的管理模式可能会受到合成基因组或亚基因组的严重挑战，因为这些会导致许多基因和性状同时改变。

9.3 相关监管问题

大多数国家对当前和未来 GE 作物的监管措施主要涉及产品的生物安全性。然而，还有一些其他问题与 GE 产品有关，如共存、标识、审批后环境监测和公众参与等。在本节，委员会将讨论如何监管已商业化的以及未来可能采用新兴技术开发的 GE 产品。

9.3.1 产品监管在生物安全之外的作用

如上所述，一些国家使用其产品监管体系来解决社会经济和其他政策问题，这些问题超出了确保食品及其产品安全的任务范畴。就 GE 食品和作物而言，出现的两个主要问题是：①管理 GE、非 GE 和有机农业生产系统的共存；②GE 食品的强制性标识。

这些问题显然涉及社会和经济选项，这些选项超出了对健康或环境安全的科学评估；最终，它们在本质上涉及科学本身无法回答的价值选择问题。不同的社会很可能会以不同的方式平衡利益竞争。

如上所述，美国的产品监管主要被视为一个技术流程，它不将更宽泛的道德问题或利益相关者公平性问题纳入产品审批决策中。这种监管方法反映了基本的文化价值，包括尊重市场和政府在其中有限的功能，而在其他国家就可能不同。

然而，这一现象并不意味着美国决策者和私营部门无法解决这些比技术监管层面更宽泛的问题。在产品监管过程之外，美国国会已经处理了一些经济、伦理和社会问题，如动物福利、研究物种的限制、农作物保险、商业化标准和自愿标签程序。这些问题也可以通过非政府行动来解决，包括自愿的标准制定组织。

在共存问题上，第 6 章指出，美国农业部的非监管部门（如农产品销售服务和联邦粮食检测服务部门）与私营部门有着长期的合作经验，以确保有序的市场和贸易，解决共存问题。农业部长还通过 21 世纪农业咨询委员会和各种讲习班努力强调共存问题。私营部门在发展通过管理供应链和合同义务将生产者和消费者聚集在一起的市场方面发挥着重要作用。在委员会撰写本报告时，现有的各种管理措施尚不足以解答有机种植者和非 GE 作物种植者提出的问题，也不足以满足保护尚未获得全面出口批准的不同 GE 作物的身份保护渠道的需要。如第 6 章所述，目前可能存在的偶发性风险影响着美国非 GE 作物的生产者。

强制性标识同样是一个复杂的问题，关系到相互竞争价值。对于含有 GE 成分产品的强制性标识，很显然要有强有力的非安全论点和相当多的公众支持。根据对健康影响证据的审查结果（第 5 章），本委员会不认为对含有 GE 成分的食品进行强制性标识是基于保护公众健康。正如本章后面更详细讨论的那样，国家研究委员会以前的报告始终支持这样一种观点，即把制造食物或培育作物的过程作为风险指标并不是一个好的选择。所有改善植物遗传信息的技术都有可能改变食品的安全问题。

然而，正如第 6 章所讨论的，产品标识的用途超出了食品安全。与共存一样，美国决策者和私营部门有能力解决更广泛的社会和经济问题，并平衡所涉及的竞争利益。市场也在回应消费者对避免使用 GE 食品的兴趣：过去 10 年，自愿标注为"非 GE"的产品数量大幅增加[1]。

发现：关于 GE 作物的政策具有科学、法律和社会性质，并非所有问题都可以从科学层面单独解决。事实上，关于 GE 作物的审批往往取决于利益相关者和决策者如何在不同的考虑因素和价值观之间确定优先次序和进行权衡。

建议：除了产品安全问题外，超越产品安全的社会经济问题是技术管理问题，决策者、私营部门和公众应以考虑各利益相关者之间的竞争利益和内在权衡的方式来解决这些问题。

9.3.2 专业知识、公众参与和透明度在产品监管中的作用

不同的国家以不同的方式分配风险评估和风险管理的作用。在本报告的示例中，每个国家都有一个技术专业机构，对寻求监管批准的产品进行风险评估。风险评估对产品的整体食品安全和环境风险提供一个以科学知识为基础的评估决定。是否批准产品商业化，或是在需要防止或减轻潜在危害的前提下批准该产品商业化则由风险管理来决定。根据所涉及的特定法律，审批过程可能会考虑成本、收益和社会经济影响等问题。因此，一些国家选择将风险管理决策交给政治责任更高、能够反映公众意见的机构。例如，在欧盟，GE作物和食品的批准需要成员国的代表表决；在巴西，最终审批权由内阁部长负责。在美国和加拿大，进行风险评估和做出产品批准决定是由同一机构负责。由于审批决议主要是基于风险评估的安全问题，美国和加拿大的方法将最终审批权授予那些更不受政治和公众影响的机构。

以上介绍的监管方式都试图解决在不同背景下所产生的专业知识和民主问责之间的紧张关系（Liberatore and Funtowicz，2003），在这样的环境下，一些公众越来越不信任专家（Fisher，2009），包容性方法并不总能成功。例如，Hatanaka 和 Konefal（2013）提出了一个监管流程，该流程尝试通过参与式方法来确立可持续性标准的合理性和完整性。合理性有三个相互关联的要素：输入、程序运行和输出。一般认为这三者之间存在着相互促进的关系，即任何一方的合理性都有助于其他方面的合理性。然而，强调输入的合理性有可能削弱程序运行和输出的合理性（Tamm Hallström and Boström，2010；Hatanaka and

---

1　目前没有进行"非转基因"宣传的国家标准，美国食品和药物管理局已经为自愿标识提供了指导，以确保此类标识不会产生误导（FDA，2015b）。一个大型的自愿认证和标识计划由非转基因项目运作，根据该计划，经认证符合项目标准的食品可以在包装上贴上"非转基因项目认证"标签（www.nongmoproject.org）。该项目表示，该计划有1500 个品牌参与，年销售额超过 110 亿美元。最近，美国农业部批准对一家食品公司使用美国农业部的"非转基因/转基因工艺验证"标签（NGFA，2015）。其他"非转基因"标签正在美国市场上不断出现（Strom，2015）。

Konefal，2013）。Hatanaka 和 Konefal 发现，可持续性标准缺乏输出合法性，因为在标准制定过程中输入太多持不同观点的参与者的意见将淡化标准，关键参与者在争议性谈判中就会选择退出竞争过程。在另一个例子中，Endres（2005）报告了在创建共存工作组过程中也出现类似的结果；该小组就促进有机作物、非 GE 作物和 GE 作物生产共存的相关"最佳管理措施"几乎达成了一致的共识。然而，在对拟定的"最佳管理措施"进行初步表决后，该小组的五名成员撤回了支持票并停止参与该项目（Endres，2005），尽管前期输入合理合法，但他们的退出导致了合理性结果的失败。

尽管失败了，但各机构（包括国家科学院和国家研究委员会）通过推进提高透明度和公众参与的进程，也已经对信任度和民主合法性的相关担忧做出了回应。各国在寻找创新的方式将公众纳入涉及技术或科学问题的决策方面已经做出了许多努力（Rowe and Frewer，2005）。

如第 2 章所述，国际人权法保护获取信息和公众参与的权利，并要求尽可能缩小这些权利的例外范围。国家研究委员会长期的实践认识到，无论是在一般科学问题的风险分析方面，还是在 GE 作物方面，都需要透明度和强有力的公众参与。在第 2 章的"理解风险：为民主社会的决策提供信息"中提到，1996 年国家研究委员会的报告指出在整个风险评估过程中，特别是在风险特征评估的最后阶段，利益相关者的参与是非常重要的（NRC，1996：11）：

> 风险特征描述涉及面复杂，有价值的判断需要技术专家与感兴趣和受影响的公民之间进行有效对话，这些公民可能缺乏技术专长，但却拥有必要的信息，并且往往在我们的民主社会中拥有强势的观点和实力。

该报告指出，利益相关方的审议和专家分析对风险定性同样有益。该过程应涉及"由感兴趣的各方和受影响的各方充分、多样化参与，以确保重要信息纳入决策程序，重要观点得以考虑，各方对审核进度的包容性和开放性的合理关注得以实现"（NRC，1996：4）。

另一份国家研究委员会报告"科学与决策：发展中的风险评估"，提出了类似的建议，敦促更多的公众参与风险评估过程，特别是在问题出现的早期阶段，这不仅是为了提高公众对审批意见的接受度，更是为了改进风险管理的评估方法（NRC，2009）。对于新兴的GE 技术（包括合成生物学等领域）以及相应的管理方法（如组学技术的应用），公众沟通和包容性尤为重要。因此，参与管理 GE 作物的机构应特别注意与公众沟通，并征求公众对这些机构如何管理新兴技术及其产品以及如何使用组学技术的意见。

有关 GE 政策涉及的问题很复杂，特别是在考虑新技术和新应用时，需要许多利益相关者的参与（Oye et al.，2014）。在 2002 年国家研究委员会"GE 植物的环境影响"报告中，特别强调了透明度和公众参与对 GE 作物风险评估的重要性。在评估环境风险时，利益相关者和公众的参与是非常重要的，因为目前在什么会造成环境风险、什么是需要保护的这些问题上还没有足够的共识（NRC，2002）。国家研究委员会发现，"为使公众建立对生物技术的信心，对环境风险和社会经济影响都应该进行评估，同时代表不同价值观的人都应有机会参与到判断技术所造成的影响中"（NRC，2002：245）。

本委员会并没有关于其他国家监管审批程序的充分信息，无法就风险评估和风险管理期间透明度的充分性和公众参与的机会做出完整评价。无论如何，本委员会认为欧盟和其他国家及地区在评判 GE 作物和食品安全问题方面，除了正常的产品批准程序之外，在引入利益相关者和公众参与方面做出了许多努力（Medlock et al.，2007）。

在美国，利益相关者和公众参与监管机构产品批准程序的透明度和机会受到相关的保护商业机密信息、规定机构如何和何时与公众沟通的法律限制。尤其是《信息自由法》，它为政府行为的透明度提供了总体框架，而《行政程序法》为公众参与制定条例法规提供了规则。各机构做出了许多值得称赞的努力，包括在网上公布了更多拟议的行动和决定，使公众能够更容易地了解和评论具体行动。此外，除了机构条例制定所需的"通知和评论"程序之外，各机构还试图创造与利益相关者和公众讨论的机会。2015 年，为了给利益相关者和公众更灵活地参与生物技术法规的制定提供机会，APHIS 暂停了一项规则制定程序（USDA-APHIS，2015）。

然而，公共参与机构决策过程的机会是有限的，为申请产品批准而提交给机构的许多信息仍然作为商业机密信息加以保护。本委员会意识到，特别是由于公众缺乏对开发商提交的健康和安全数据的访问渠道，从而造成利益相关者的不信任问题[1]。虽然各机构公布了其根据数据所做出决定的摘要，但公众无法自行判断所提交材料的质量、客观性和全面性。由于开发人员具有获得产品批准的自身利益及其对所提供给机构的审批资料的可控权，因此公众缺乏访问权限会对数据质量产生怀疑。为了解决这一问题，EFSA 计划在未来几年公开行业提交的数据（Rabesandratana，2015）。一些利益相关者评论说，应该增加提供给科研工作者使用的进行 GE 作物安全研究的基金以进行同行评审和提供公开可获取的信息，但该经费不由生物技术产业提供。2002 年，美国总会计办公室（现在的政府问责办公室）建议 FDA 随机验证开发商提交的原始测试数据，以强化评估过程和提高可信度（GAO，2002）。当本委员会撰写本报告时，FDA 尚未明确表示是否采纳该建议。

本委员会承认基于商业信息保密的原因导致公众无法获取所有数据这一事实的合理性，并理解美国机构在公开披露信息方面受到各种法律的约束。然而，在这一框架内，委员会根据研究结果认为透明度和公众参与至关重要，并敦促各机构尽可能缩小披露豁免的范围。本委员会还敦促开发商自发地向各机构披露尽可能多的有关健康和安全的信息。

发现：研究表明，透明度和公众参与对于恰当的、健全的和令人信服的管理 GE 作物的开发、部署和使用的各个方面至关重要。

建议：管理当局应积极主动地向公众宣传新出现的 GE 技术（包括基因组编辑和合成生物学）或其产品可能会被如何管理，以及新的管理方法（如使用组学技术）可能如何应用于其中。他们也应该积极主动地向公众征求建议。

建议：在决定将哪些信息作为商业机密信息或基于其他的法律理由不公开披露时，监管当局应铭记透明度、信息获取和公众参与的重要性，并确保豁免范围尽可能窄。

1　关于 FDA 的咨询过程，公众可以通过提交《信息自由法》申请，从机构处获得开发商提交的资料和相关数据中的非商业秘密或机密信息。通常作为最终审批资料提交到 FDA 的有关健康和安全数据中一部分内容是可以根据需求向公众提供的。

9.3.3 审批后环境监测

上市前安全审查旨在防止有害食品或植物进入市场。然而，在许多情况下，监管者知道已知风险的存在或面临风险的不确定性。管理这些情况的一种方式是对商业用途设置限制，以减轻潜在的危害，并要求进行审批后监测以确保没有不良事件的意外发生。对产品上市后的控制和监测是风险管理的关键工具。

本报告中提到的大多数国家的 GE 作物监管系统通常会强制实施持续性监测，如在作物获得批准后进行监测。大多数监管机构特别要求对具有抗除草剂或抗虫特性的作物制定当地的管理计划，包括监测抗性以及尚未预料到的不利影响，从而减少昆虫和杂草抗性的产生（如 EFSA，2010，第 4 部分；EFSA，2011a）。

动植物卫生检验局（APHIS）的立场是，要求对 GE 作物和食品进行上市后状况调查或监测缺乏法律权限。根据 APHIS 的规定，对于特定 GE 作物监管步骤的最后一步是解除监管，这实际上是基于该机构认定该作物不是有害生物，因此它也就不再具有继续管制该作物的任何法律权限。这样带来的一个后果就是 APHIS 不要求开发商在 GE 作物批准后制定任何降低杂草对草甘膦抗性的管理措施，也不要求开发商监测抗性产生的情况或其他无法预期的影响。提出监测要求可能会阻止第 4 章中讨论的抗草甘膦杂草的快速传播。对于风险管理机构来说，建立和执行审批后监管是减少产生抗性概率或减轻其他环境影响的一个关键工具[1]。与之前提到的 APHIS 相比，EPA 根据 FIFRA 行使其权力要求对 Bt 作物实施批准后监测和害虫抗性管理方案，并且在最近提出了一些对抗除草剂作物的除草剂抗性管理方案。当风险评估的不确定性增加，更加需要谨慎对待，批准后监管机构还允许风险管理者对 GE 作物的使用施加一定的限制，如旨在减少基因漂流可能性的限制。同样，批准后的监测也可以使 APHIS 对抗草甘膦杂草在早期蔓延预警，并使其能够在发展中期就进行纠正。

建议：负责环境风险的监管机构应有权要求实施持续监测，并要求对获批商业化释放的 GE 作物的非预期影响进行环境监测。

9.4 上市前监管安全评估的产品范围

如上所述，一个持续的监管问题是，在进入市场之前，新的作物和食品应该在什么时候受到监管审查以确保安全？为了提高监管效率，任何产品监管体系的目标都应该是在产品上市前评估那些最有可能造成不可接受的风险。当然，实际的困难在于监管机构在允许安全和有用的产品进入市场之前如何能够事先鉴定出此类产品。

许多国家采用了基于过程评价的规则，要求以特定方式实现 GE 作物或食品在上市前通过食品安全和环境保护审批，评价依据部分是基于假定 GE 过程或 GE 引入的新特性使这些新作物比通过其他育种技术培育的新作物更具风险。

---

1 后市场授权还使监管机构能够与受影响的利益相关者合作，制定和推广自发的基于社区的害虫抗性管理计划（Iowa State University，2015）。

之前国家研究委员会的报告一直明确表示，引入新性状的育种过程并不是新的或增加危害的特别有用的指标。1989 年国家研究委员会的一份报告指出，"通过分子和细胞方法改良的作物与传统遗传育种方法改良的相似性状有相同的风险"（NRC，1989：67）。正如 2000 年国家研究委员会的一份报告所述，"两种方法都有可能产生高风险或低风险的生物体"（NRC，2000：43）。此外，国家科学院和国家研究委员会的报告得出结论，GE 技术不会产生"独特"的危害类别（NAS，1987；NRC，2000，2002）。正如 2000 年的报告所指出的，"无论是传统育种还是 GE 育种获得的抗有害生物的植物品种，其毒性、过敏性、基因漂移的影响、抗性植物的产生以及对非靶标生物的影响等都是需要考虑的"（NRC，2000：6）。实际上，本委员会发现很难设想不同植物育种过程可能产生完全不同的危害类型[1]。

仅仅关注 GE 育种技术，基于过程的监管方法可能会降低对其他育种技术培育植物的安全性管理，而这些技术可能造成相同或更大的危害、增加暴露或对风险产生更大的不确定性。2004 年国家研究委员会的报告《遗传工程食品的安全性：评估非预期健康影响的方法》中指出，有些育种过程，包括诱变，比其他育种过程更可能引起非预期影响（NRC，2004）。这些意外的变化是否会造成环境或人类健康风险取决于在植物中产生的具体变化（NRC，2004）；许多意外的变化可能是良性的[2]。

包括基因组编辑和合成生物学在内的一系列新兴 GE 技术清楚地表明，监管机构通过定义特定技术来定义监管系统的范围的所有尝试都将迅速地被新的方法淘汰。许多新兴技术不被现有规则涵盖。一些新兴的技术可能导致新的植物品种在遗传学上与传统杂交育种的产品非常相似，而另一些技术可能引入人工设计合成基因序列，由于没有天然对照物，从而无法确定是否可能造成危害。区分什么是 GE、什么是传统育种将会越来越困难。

尽管美国监管体系避免了其中一些问题，但它对产品类别的强调也造成了类似的环境风险不一致的问题。动植物卫生检验局（APHIS）只管理狭义的植物性有害生物。因此，一些具有新特性（如除草剂抗性）的植物，如果它们含有来自植物性有害生物的 DNA 序列，那么在获得批准前会先审查其是否有成为植物性有害生物的风险；而其他具有相似性状的植物，但采用的是不需要使用植物性有害生物遗传序列技术的，则可以在没有任何 APHIS 监管审查的情况下进行商业化。同样，作为一项政策，美国环保署（EPA）已经对通过常规育种引进的具有抗有害生物特性的植物采取豁免审查；因此，虽然 EPA 正在考虑 RNAi 技术（EPA，2014b）和其他 GE 技术进行审查时还未涵盖可能的数据要求，但基因组编辑很可能不在 EPA 的现行管理条例中。

此外，EPA 和 APHIS 审查的作物性状是那些已经在其他作物及品种中被审查过并且已经广泛使用的。早期的国家研究委员会报告强调，风险的确定需要根据改造后的特性和拟引入的特定环境来确定。为了确保这一监管方案的一致性，一种更有效的对植物进行上市前审查的监管方法是，无论植物的培育过程如何，只要表现出对已有的栽培作物来说是

1　一个可能的例外是植物的基因驱动。当本委员会撰写本报告时，另一个国家学术委员会正在调查基因驱动研究。其报告《地平线上的基因驱动：科学推进，驾驭不确定性，使研究与公共价值观保持一致》发表于 2016 年。

2　除了植物本身的意外变化外，风险评估人员还需要考虑有意引入植物的性状的非预期或非计划的后果。例如，在环境评估中，监管者需要考虑除了植物保护剂的预期目标有机体以外的有机体是否会通过直接作用（如毒性）或间接作用（如栖息地丧失）受到无意伤害。

新的性状，都被认为会对环境造成危害。在概念上，这是加拿大对具有新性状的植物所采用的方法。该政策适当地侧重于风险评估的两个关键要素：风险和暴露。

在已广为栽培的作物中引入新性状代表着一种新的环境暴露，因此增添了环境影响风险的不确定性。相反，熟悉的物种、性状和预期环境影响会降低风险评估的不确定性。相比之下，一种已经存在于环境中，性状变化相对较小的作物不太可能造成环境的破坏，因为有机体的性状已经暴露于环境之中，环境反应已经确立。作物品种性状的新颖性及其表达能力与风险评估分析的暴露程度有关。

除了暴露之外，还必须考虑危害——即一种导致某些不良环境后果或增加食品安全风险的因素或机制。例如，一种新的 GE 性状可能会影响有益昆虫在田间的繁殖，或者某种植物可能含有一种具有已知潜在过敏性的蛋白质。

在许多情况下，对于是否存在危险或危险有多严重，都可能存在很大的不确定性。随着生物技术为植物育种家提供了更强大的工具，它引入的新性状也创造出一种可能性，使育种家和监管机构没有明确的比较参照物或管理经验。尽管这种情况可能很少见，但考虑到可能出现新的暴露，在此类植物释放到环境之前对其进行审查是一种合理的政策回应。风险管理者可以从田间试验条件下获得额外的信息，要求采取封闭和其他风险缓解措施，以防止不受控制的释放。

9.4.1 上市前监管测试的分层分析方法

基于栽培植物性状的新颖性而监管产生的一个直接关注是，需要将上市前进行全面测试的品种范围扩大，这是因为不可能排除任何 GE 或传统育种过程中的意外变化会导致新的生物性状的可能性。如前所述，即使是一个小的基因变化也可能导致作物发生生物学上重大的变化，因此不可能豁免具有小的基因变化的植物。

然而，在过去的 20 年里，不仅 GE 技术在迅速发展，其他基因组方法也在迅猛发展，其中一些被称为组学技术，能够更准确地评估一个传统育种或 GE 植物品种中是否发生了意想不到的生物学变化。正如第 5 章和第 7 章中详细讨论的，已经开发出一系列能扫描几乎整个植株 DNA 序列及其 mRNA 定量图谱的组学筛选方法。尽管用于解读和量化植物蛋白质、表观基因组和其他分子（代谢物）的组学不是那么先进，但这些方法正在迅速发展。目前，监管机构并不要求这些方法，但正如第 5 章所述，研究人员正在使用这些方法来比较 GE 作物与非 GE 作物对照物。当对这些研究进行认真执行时（使用按相同的栽培条件、相同的田块种植的近等基因系做对照，适当的重复性试验和良好的实验室实验条件），与对照相比，在 mRNA、蛋白质和代谢物谱上的差异应该是可预期的差异。在第 5 章中介绍的研究证明了这一点。其他一些比较目前 GE 作物和同一作物的一系列品种的研究通常也没有发现非预期的变化。

在第 7 章中，本委员会述评了组学技术的科学基础及其目前的局限性。尽管本委员会强调，发现差异并不意味着存在安全风险，但既然没有发现任何非预期差异，这就有力地证明不太可能存在造成安全风险的非预期变化。本委员会规划了在降低风险分析成本的同时可以提高精确度的研究投资。最重要的是，本委员会制定了一个流程图（图 7-6），解释了在风险的分层分析方法中如何使用组学技术来对许多新品种测试。

采用组学技术对食品安全和环境安全以外的学科中监管审查的可能性也已经被探讨了。例如，Marx-Stoelting 等（2015）讨论了工作会评价组学技术在毒理监管方面的未来潜在应用的结果。监管毒理学的局限性与诠释差异的能力有关，因为大多数待测化合物预计会引起一些差异。Liebsch 等（2011）测试了用组学方法替代某些动物试验的潜在可能性。他们也将诠释差异的问题视为一个挑战。诠释差异的局限性并不构成将组学技术用于作物和食品检验的巨大障碍，因为在通常情况下待检作物和食品与对照物比较，无差异的可能性更大，也更有用。然而，正如第 7 章所指出的，如果要在现有风险评估范例中，将组学技术与未来的 GE 技术和传统育种技术进行分层管理，则需要投入经费对公共可访问数据库和方法进行改进。

9.4.2 取消上市前监管的替代性监管政策

本委员会还考虑了一项替代性监管政策，对于所有新植物品种，无论其经过何种方式培育，可以允许其在没有上市前监管审查和批准的情况下进入市场，并允许监管人员在出现食品安全或环境安全的问题后做出回应。当然，药物和农药等产品仍然受适用法律的约束。这样可以让植物育种家和食品制造商对于他们的产品负有主要责任，这和对于传统育种的植物和食品的要求是一样的。支持者提出，过去 20 年中 GE 作物和食品的安全记录表明，GE 作物和传统育种作物一样安全，不应该在食品安全这个层面消耗大量的政府监管精力和经费。如第 6 章所述，用于监管上的成本可以成为产品上市的障碍，特别是对公共研究人员、小型种子公司和特种作物开发商，他们要么缺乏财政资源，要么看不到在市场下收回成本的能力。因此，批评人士认为，生物技术的监管正在且已经让具有重要价值和有益的新作物和植物远离市场，通过限制竞争保护了大型种子公司。

然而，这项政策选项也有缺点。尽管大多数新的作物品种看起来可能和那些已经上市的品种一样安全，但有些品种可能还是存在合理的担忧。如上所述，应该根据可能的风险来区分不同的植物，同时考虑到暴露和危害的可能性。另外，在第 7 章讨论的新的基因编辑技术正在极大地提升科学家们培育潜在有效的新作物性状的能力。在第 8 章讨论的未来 GE 作物能够极大地扩展农业生物技术在生物燃料开发、林业恢复和工业生物加工中的应用，从而可能导致新的风险评估和风险管理问题（NRC，2015）。因此，这一政策选项可能带来将风险转移给公众的结果，这取决于所产生的后市场问题的性质，减缓措施有可能是昂贵且无效的。

这项政策还有实际的缺点。其中一个主要的经济问题是共存的问题，以及将未经批准或不良的基因性状排除在各种食品和饲料供应渠道之外。目前，监管者对于田间试验的条件非常重视，希望以此减少来自田间试验未经批准的转化事件的基因漂流，然而偶然出现仍有发生（由于未遵守和未达到条件带来的不良后果见第 6 章和框 3-2）。如果没有类似的管理体系，市场出现代价昂贵的偶然出现的概率可能会大幅增加。

同样，监管审批制度对于全球贸易的运作至关重要。进口国很少进口未经出口国相关监管机构批准的 GE 食品或饲料或 GE 种子种植。

最后，监管体系的一个重要作用是通过建立一个可信和独立的检测过程来验证产品的安全性，从而使市场得以发展。如第 2 章所述，包括美国在内的许多国家的公众对 GE 作物和食品的安全持谨慎态度。如果 GE 作物和食品在未经政府安全审查的情况下上市，应关注其对公众舆论的影响。如果不能保证已经对安全进行了第三方审查，消费者对 GE 食品和作物安全的看法可能会完全丧失。虽然消费者信心不是产品批准制度的唯一理由，但必须认识到它是一个重要的社会和经济因素（OSTP，2015）。

发现：没有政府对 GE 作物的监管，将会引起安全、贸易和其他方面的问题，并会削弱公众的信任。

建议：在确定新植物品种是否应获得上市前政府对健康和环境安全的批准时，监管者应关注植物品种的新性状（包括预期的和非预期的）在多大程度上可能对健康或环境造成风险，其潜在危害的严重性以及暴露的可能性的不确定程度，无关乎新植物品种的培育过程。

本 章 小 结

当前的国际协议和国家监管制度反映了对 GE 作物和食品的各种政策和监管方法。本报告中回顾的所有监管系统均采用类似的风险评估方法，在与现有食品和作物进行比较的基础上，对 GE 作物和食品具有的食用安全和环境风险进行分析。然而，监管系统在风险管理的方法和政策决策以及"可接受"风险水平上存在差异。因此，一些国家采取了更多的预防性措施，并在产品批准中纳入了社会经济因素，如 GE 作物和非 GE 作物种植体系共存以及消费者知情权。

尽管美国监管机构通常不考虑此类非安全问题，但它们仍然是重要的技术管理问题，可由决策者、私营部门、公众通过各种政府和非政府手段，考虑利益相关者的竞争利益和任何决策所涉及的内在权衡来解决。

准确性和信任对于技术管理至关重要。本委员会重申了先前国家研究委员会向监管机构提交的报告的建议，积极努力使公众参与他们的审议，并使他们的决定和做出决定所依据的信息尽可能透明，认识到各种保护商业机密信息和其他敏感数据的法律限定。同样，本委员会强调，管理当局应积极寻求公众对决策的参与，包括关于如何对待新兴遗传工程技术（如基因组编辑和合成生物学）及其管理的决策。

在作物获得上市批准后，对其保有继续监测或控制的权力是监管机构的一个重要方案，特别是在存在已知风险或批准时存在一些不确定性的情况下。由于对规模化商业种植已有经验，假如 APHIS 有权进行上市批准后的中途纠正，那么杂草的除草剂抗性进化可能会减缓。

先前的国家研究委员会研究报告认为，在风险方面，遗传工程和其他形式的植物育种之间没有严格的区分。基因组编辑和其他新兴的遗传工程技术的最新进展更加明显表明，以某种形式的育种"过程"为风险指标的监管方法在技术上的防护能力越来越弱。一些新兴的遗传工程技术可能会创造出与传统植物育种不可分辩的新作物品种，而其他技术，如诱变等现有法律未涵盖的技术，可能会创造出植物表型发生实质性变化的新作物品种。遗传转化的大小和程度与植物的变化程度以及由此对环境或食品安全造成的风险相关性相对较小。本委员会建议制定一种分级的管理办法，该办法不以育种过程为基础，而是以新颖性、潜在危险和暴露为标准。无论使用什么育种技术，应用组学技术有助于对不会引入非预期的差异提供更大的保证。

参 考 文 献

Annaluru, N. , H. Muller, L. A. Mitchell, S. Ramalingam, G. Stracquadanio, S. M. Richardson, J. S. Dymond, Z. Kuang, L. Z. Scheifele, E. M. Cooper, Y. Cai, K. Zeller, N. Agmon, J. S. Han, M. Hadjithomas, J. Tullman, K. Caravelli, K. Cirelli, Z. Guo, V. London, A. Yeluru, S. Murugan, K. Kandevlou, N. Agier, G. Fischer, K. Yang, J. A. Martin, M. Bilgel, P. Bohutskyi, K. M. Boulier, B. J. Capaldo, J. Chang, K. Charoen, W. J. Choi, P. Deng, J. E. DiCarlo, J. Doong, J. Dunn, J. I. Feinberg, C. Fernandez, C. E. Floria, D. Gladowski, P. Hadidi, I. Ishizuka, J. Jabbari, C. Y. L. Lau, P. A. Lee, S. Li, D. Lin, M. E. Linder, J. Ling, J. Liu, M. London, H. Ma, J. Mao, J. E. McDade, A. McMillan, A. M. Moore, W. C. Oh, Y. Ouyang, R. Patel, M. Paul, L. C. Paulsen, J. Qiu, A. Rhee, M. G. Rubashkin, I. Y. Soh, N. E. Sotuyo, A. Srinivas, A. Suarez, A. Wong, R. Wong, W. R. Xie, Y. Xu, A. T. Yu, R. Koszul, J. S. Bader, J. D. Boeke, and S. Chandrasegaran. 2014. Total synthesis of a functional designer eukaryotic chromosome. Science 344: 55-58.

Belhaj, K. , A. Chaparro-Garcia, S. Kamoun, N. J. Patron, and V. Nekrasov. 2015. Editing plant genomes with CRISPR/Cas9. Current Opinion in Biotechnology 32: 76-84.

Bergkamp, L. , and L. Kogan. 2013. Trade, the precautionary principle, and post-modern regulatory process. European Journal of Risk Regulation 4: 493-507.

CAC (Codex Alimentarius Commission). 2003a. Guideline for the Conduct of Food Safety Assessment of Foods Using Recombinant DNA Plants. Doc CAC/GL 45-2003. Rome: World Health Organization and Food and Agriculture Organization.

CAC (Codex Alimentarius Commission). 2003b. Principles for the Risk Analysis of Foods Derived from Modern Biotechnology. Doc CAC/GL 44-2003. Rome: World Health Organization and Food and Agriculture Organization.

CAC (Codex Alimentarius Commission). 2011. Compilation of Codex Texts Relevant to Labelling of Foods Derived from Modern Biotechnology. Doc CAC/GL 76-2011. Rome: World Health Organization and Food and Agriculture Organization.

Camacho, A. , A. Van Deynze, C. Chi-Ham, and A. B. Bennett. 2014. Genetically engineered crops that fly under the US regulatory radar. Nature Biotechnology 32: 1087-1091.

Canadian General Standards Board. 2004. Voluntary Labeling and Advertising of Foods That Are and Are Not Products of Genetic Engineering. CAN/CGSB-32. 315-2004. Available at http://www. tpsgc-pwgsc. gc. ca/ongc-cgsb/programme-program/normes-standards/internet/032-0315/documents/commite-commmittee-eng. pdf. Accessed April 9, 2016.

Cardoso, T. A. O. , M. B. M. Albuquerque Navarro, B. E. C. Soares, F. H. Lima e Silva, S. S. Rocha, and L. M. Oda. 2005. Memories of biosafety in Brazil: Lessons to be learned. Applied Biosafety 10: 160-168.

CFIA (Canadian Food Inspection Agency). 1994. Directive 94-08. Assessment Criteria for Determining Environmental Safety Plants with Novel Traits. Available at http://www. inspection. gc. ca/plants/plants-with-novel-traits/applicants/directive-94-08/eng/1304475469806/1304475550733. Accessed December 1, 2015.

CFIA (Canadian Food Inspection Agency). 2000. Directive Dir2000-07: Conducting Confined Research Field Trials of Plant with Novel Traits in Canada. Available at http://www. inspection. gc. ca/plants/plants-with-novel-traits/applicants/directive-dir2000-07/eng/1304474667559/1304474738697. Accessed December 1, 2015.

CFIA (Canadian Food Inspection Agency). 2005. DD2005-50: Determination of the Safety of the BASF Canada Imidazolinone-Tolearnt CLEARFIELD™ Sunflower (*Helianthus annuus* L.) Hybrid X81359. Available at http://www. inspection. gc. ca/plants/plants-withnovel-traits/approved-under-review/decision-documents/dd2005-50/eng/1311804702962/1311804831279. Accessed December 1, 2015.

CFIA (Canadian Food Inspection Agency). 2007. DD2007-66: Determination of the Safety of BASF's Imidazolinone-Tolerant CLEARFIELD ® Wheat Event BW7. Available at http://www. inspection. gc. ca/plants/plants-with-novel-traits/approved-under-review/decisiondocuments/dd2007-66/eng/1310920107214/1310920203993. Accessed December 1, 2015.

CFIA (Canadian Food Inspection Agency.) 2008. DD2008-73: Determination of the Safety of BASF Canada Inc's Imidazolin-one-Tolerant CLEARFIELD ® Canola Quality Indian Mustard Event S006. Available at http://www. inspection. gc. ca/plants/plants-with-noveltraits/approved-under-review/decision-documents/dd2008-73/eng/1310605979718/1310606047946. Accessed December 1, 2015.

CFIA (Canadian Food Inspection Agency). 2009. Directive 2009-09: Plants with Novel Traits Regulated under Part V of the Seeds Regulations: Guidelines for Determining when to Notify the CFIA. Available at http://www. inspection. gc. ca/plants/plants-with-noveltraits/applicants/directive-2009-09/eng/1304466419931/1304466812439. Accessed December 1, 2015.

Chambers, J. A. , P. Zambrano, J. B. Falck-Zepeda, G. P. Gruère, D. Sengupta, and K. Hokanson. 2014. GM agricultural technologies for Africa: A state of affairs. Washington, DC: International Food Policy Research Institute.

Dessureault, D. , and M. Lupescu. 2014. Canada: Agricultural Biotechnology Annual - 2014. U. S. Department of Agriculture-Foreign Agricultural Service. Available at http://gain. fas. usda. gov/Recent%20GAIN%20Publications/Agricultural%20Biotechnology%20Annual _ Ottawa _ Canada _ 7-14-2014. pdf. Accessed December 1, 2015.

Driesen, D. 2013. Cost-benefit analysis and the precautionary principle: Can they be reconciled? Michigan State Law Review 771.

EC (European Commission). 2000. Communication from the Commission on the precautionary principle. COM (2000) 1 final. Available at http://eur-lex. europa. eu/legal-content/EN/TXT/PDF/? uri = CELEX: 52000DC0001&from = EN. Accessed April 9, 2016.

EC (European Commission). 2001. Commission improves rules on labeling and tracing of GMOs in Europe to enable freedom of choice and ensure environmental safety. Brussels.

EC (European Commission). 2015a. Commission authorises 17 GMOs for food/feed uses and 2 GM carnations. Available at http://europa. eu/rapid/press-release _ IP-15-4843 _ en. htm. Accessed November 30, 2015.

EC (European Commission). 2015b. Fact sheet: Questions and answers on EU's policies on GMOs. Available at http://europa. eu/rapid/press-release _ MEMO-15-4778 _ en. htm. Accessed November 30, 2015.

EC (European Commission). 2015c. Review of the decision-making process on GMOs in the EU: Questions and Answers. Available at http://europa. eu/rapid/press-release _ MEMO-15-4779 _ en. htm. Accessed November 30, 2015.

EFSA (European Food Safety Authority). 2010. Guidance on the environmental risk assessment of genetically modified plants. EFSA Journal 8: 1879-1989.

EFSA (European Food Safety Authority). 2011a. Scientific opinion on guidance on the postmarket environmental monitoring (PMEM) of genetically modified plants. EFSA Journal 9: 2316.

EFSA (European Food Safety Authority). 2011b. Scientific opinion on guidance for risk assessment of food and feed from genetically modified plants. EFSA Journal 9: 2150.

EFSA (European Food Safety Authority). 2014. Explanatory statement for the applicability of the guidance of the EFSA scientific committee on conducting repeated-dose 90-day oral toxicity study in rodents on whole food/feed for GMO risk assessment. EFSA Journal 12: 3871.

Endres, A. B. 2005. Revising seed purity laws to account for the adventitious presence of genetically modified varieties: A first step towards coexistence. Journal of Food Law and Policy 1: 131-163.

EPA (U. S. Environmental Protection Agency). 1988. Guidance for the Reregistration of Pesticide Products Containing *Bacillus thuringiensis* as the Active Ingredient. Washington, DC: EPA.

EPA (U. S. Environmental Protection Agency). 1998. Guidelines for Ecological Risk Assessment. Federal Register 63: 26846-26294.

EPA (U. S. Environmental Protection Agency). 2001a. Opportunity to Comment on Implications of Revised Bt Crops

Reassessment for Regulatory Decisions Affecting These Products, and on Potential Elements of Regulatory Options; Announcement of Public Meeting. Federal Register 66: 37227-37229.

EPA (U. S. Environmental Protection Agency). 2001b. Regulations Under the Federal Insecticide, Fungicide, and Rodenticide Act for Plant-Incorporated Protectants (Formerly Plant-Pesticides); Final Rule. Federal Register 66: 37772-37817.

EPA (U. S. Environmental Protection Agency). 2001c. Biopesticides Registration Action Document—*Bacillus thuringiensis* Plant-Incorporated Protectants. Available at http://www3. epa. gov/pesticides/chem _ search/reg _ actions/pip _ bt _ brad. htm. Accessed November 22, 2015.

EPA (U. S. Environmental Protection Agency). 2014a. Final Registration of Enlist Duo™ Herbicide. Available at http://www2. epa. gov/sites/production/files/2014-10/documents/final _ registration _ - _ enlist _ duo. pdf. Accessed November 24, 2015.

EPA (U. S. Environmental Protection Agency). 2014b. Minutes of the FIFRA SAP Meeting Held January 28, 2014 on "RNAi Technology as a Pesticide: Problem Formulation for Human Health and Ecological Risk Assessment. Available at http://www. regulations. gov/#! documentDetail; D = EPA-HQ-OPP-2013-0485-0049. Accessed February 8, 2016.

EPA (U. S. Environmental Protection Agency). 2015. EPA Proposal to Improve Corn Rootworm Resistance Management; Notice of Availability. Federal Register 80: 4564-4565.

Executive Office of the President. 2011. Executive Order 13563 of January 18, 2011: Improving Regulation and Regulatory Review. Federal Register 76: 3821-3823.

FDA (U. S. Department of Health and Human Services-Food and Drug Administration). 1992. Statement of Policy: Foods Derived From New Plant Varieties. Federal Register 57: 22984-23005.

FDA (U. S. Department of Health and Human Services-Food and Drug Administration). 1994. Calgene, Inc. ; Availability of Letter Concluding Consultation. Federal Register 59: May 23.

FDA (U. S. Department of Health and Human Services-Food and Drug Administration). 2001. Premarket Notice Concerning Bioengineered Foods; Proposed Rule. Federal Register 66: 4706-4738.

FDA (U. S. Department of Health and Human Services-Food and Drug Administration). 2015a. Biotechnology Consultations on Food from GE Plant Varieties. Available at http://www. accessdata. fda. gov/scripts/fdcc/? set = Biocon. Accessed April 11, 2016.

FDA (U. S. Department of Health and Human Services-Food and Drug Administration). 2015b. Guidance for Industry: Voluntary Labeling Indicating Whether Foods Have or Have Not Been Derived from Genetically Engineered Plants. Available at http://www. fda. gov/food/guidanceregulation/guidancedocumentsregulatoryinformation/ucm059098. htm#B. Accessed February 16, 2016.

Finardi Filho, F. 2014. Situación de los cultivos MG en Brasil. Available at http://www. foroagrario. com/140623 _ BBr/20140623 _ Finardi. pdf. Accessed December 15, 2015.

Fisher, F. 2009. Democracy and Expertise: Reorienting Policy Inquiry. Oxford: Oxford University Press.

Flint, S. , T. Heidel, S. Loss, J. Osborne, K. Prescott, and D. Smith. 2012. Summary and Comparative Analysis of Nine National Approaches to Ecological Risk Assessment of Living Modified Organisms in the Context of the Cartagena Protocol on Biosafety, Annex III. Montreal: Secretariat of the Convention of Biological Diversity.

GAO (General Accounting Office). 2002. Genetically Modified Foods: Experts View Regimen of Safety Tests as Adequate, but FDA's Evaluation Process Could be Enhanced. Washington, DC: GAO.

Gillam, C. March 31, 2015. EPA will require weed-resistance restrictions on glyphosate herbicide. Online. Reuters. Available at http://www. reuters. com/article/2015/03/31/usmonsanto-herbicide-weeds-idUSKBN0MR2JT20150331 #qsv4p0WODueFQIF8. 97. Accessed November 30, 2015.

Glaser, J. A. , and S. R. Matten. 2003. Sustainability of insect resistance management strategies for transgenic *Bt* corn. Biotechnology Advances 22: 45-69.

Hammit, J. , M. Rogers, P. Sand, and J. B. Wiener, eds. 2013. The Reality of Precaution: Comparing Risk Regulation in the United States and Europe. New York: RFF Press.

Hartung, F. , and J. Schiemann. 2014. Precise plant breeding using new genome editing techniques: Opportunities, safety and regulation in the EU. The Plant Journal 78: 742-752.

Hatanaka, M. and J. Konefal. 2013. Legitimacy and standard development in multi-stakeholder initiatives: A case study of the Leonardo Academy's sustainable agriculture standard initiative. International Journal of Sociology of Agriculture and Food 20: 155-173.

Health Canada. 1994, amended 2006. Guidelines for the Safety Assessment of Novel Foods. Available at http://www. hc-sc. gc. ca/fn-an/legislation/guide-ld/nf-an/guidelineslignesdirectrices-eng. php. Accessed December 1, 2015.

Health Canada. 2015. GM Foods and Their Regulation. Available at http://www. hc-sc. gc. ca/fn-an/gmf-agm/fs-if/gm-foods-aliments-gm-eng. php. Accessed April 29, 2015.

Henckels, C. 2006. GMOs in the WTO: A critique of the panel's legal reasoning in *EC—Biotech*. Melbourne Journal of International Law 7: 278-305.

Horna, D. , P. Zambrano, and J. B. Falck-Zepeda, eds. 2013. Socioeconomic Considerations in Biosafety Decisionmaking: Methods and Implementation. Washington, DC: International Food Policy Research Institute.

Housenger, J. E. 2015. EPA's Perspective on Herbicide Resistance in Weeds. Presentation at USDA Stakeholder Workshop on Coexistence, March 12, Raleigh, NC.

Iowa State University. 2015. Resistance Management: Whose Problem and Whose Job? Summary Report. Available at http://www. ipm. iastate. edu/files/page/files/Resistance%20Management%20Meeting%20Summary%20Report%202015 _ 0. pdf. Accessed February 9, 2016.

Jones, H. 2015. Regulatory uncertainty of genome editing. Nature Plants 1: 1-3.

Jornal DCI (Diário Comércio Indústria & Serviços/Sao Paulo). August 17, 2012. Justiça manda Nestlé avisar sobre transgênicos. Online. Available at http://www. dci. com. br/capa/justica-manda-nestle-avisar-sobre-transgenicos-id307870. html. Accessed December 3, 2015.

Klein, T. M. , E. D. Wolf, R. Wu, and J. C. Sanford. 1987. High-velocity microprojectiles for delivering nucleic acids into living cells. Nature 327: 70-73.

Klinke, A. , and O. Renn. 2002. A new approach to risk evaluation and management: Riskbased, precaution-based, and discourse-based strategies. Risk Analysis 22: 1071-1094.

Kosuri, S. , and G. M. Church. 2014. Large-scale de novo DNA synthesis: Technologies and applications. Nature Methods 11: 499-507.

Liberatore, A. , and S. Funtowicz. 2003. Democratising expertise, expertising democracy: What does it mean, and why bother? Science and Public Policy 30: 146-150.

Liebsch, M. , B. Grune, A. Seiler, D. Butzke, M. Oelgeschläger, R. Pirow, S. Adler, C. Riebeling, and A. Luch. 2011. Alternatives to animal testing: Current status and future perspectives. Archives of Toxicology 85: 841-858.

Liu, W. , J. S. Yuan, and C. N. Stewart, Jr. 2013. Advanced genetic tools for plant biotechnology. Nature Reviews Genetics 14: 781-793.

Liu, W. , and C. N. Stewart, Jr. 2015. Plant synthetic biology. Trends in Plant Science 20: 309-317.

Liu, W. , and C. N. Stewart, Jr. 2016. Plant synthetic promoters and transcription factors. Current Opinion in Biotechnology 37: 36-44.

Liu, W. , M. Mazarei, Y. Peng, M. H. Fethe, M. R. Rudis, J. Lin, R. J. Millwood, P. R. Arelli, and C. N. Stewart, Jr. 2014. Computational discovery of soybean promoter *cis*-regulatory elements for the construction of soybean cyst nematode-inducible synthetic promoters. Plant Biotechnology Journal 12: 1015-1026.

Ludlow, K. , S. J. Smyth, and J. Falck-Zepeda. 2013. Socio-Economic Considerations in Biotechnology Regulation. New York: Springer-Verlag.

Lusser, M. , C. Parisi, D. Plan, D. , and E. Rodríguez-Cerezo. 2012. Deployment of new biotechnologies in plant breeding. Nature Biotechnology 30: 231-239.

Lusser, M., and H. V. Davies. 2013. Comparative regulatory approaches for groups of new plant breeding techniques. New Biotechnology 30: 437-446.

Mahfouz, M. M., A. Piatek, and C. N. Stewart, Jr. 2014. Genome engineering via TALENs and CRISPR/Cas9 systems: Challenges and perspectives. Plant Biotechnology Journal 12: 1006-1014.

Marchant, G. E., and K. L. Mossman. 2004. Arbitrary and Capricious: The Precautionary Principle in the European Union Courts. Washington, DC: AEI Press.

Marchant, G., L. Abbott, A. Felsot, and R. Griffin. 2013. Impact of the precautionary principle on feeding current and future generations. CAST Issue Paper 52-QC. Available at http://www.cast-science.org/download.cfm?PublicationID=276208&File=1030df6c4bf9e6d2086d211a3c242a317a7cTR. Accessed February 9, 2016.

Marcoux, J. M., and L. Létourneau. 2013. A distorted regulatory landscape: Genetically modified wheat and the influence of non-safety issues in Canada. Science and Public Policy 40: 514-528.

Marx-Stoelting, P., A. Braeuning, T. Buhrke, A. Lampen, L. Niemann, M. Oelgeschlaeger, S. Rieke, F. Schmidt, T. Heise, R. Pfeil, and R. Solecki. 2015. Application of omics data in regulatory toxicology: Report of an international BfR expert workshop. Archives in Toxicology 89: 2177-2184.

Medlock, J., R. Downey, and E. Einsiedel. 2007. Governing controversial technologies: Consensus conferences as a communications tool. Pp. 308-326 in The Public, The Media and Agricultural Biotechnology, D. Brossard, J. Shanahan, and T. C. Nesbitt, eds. Cambridge, MA: CAB International.

Mendonça-Hagler, L., L. Souza, L. Aleixo, and L. Oda. 2008. Trends in biotechnology and biosafety in Brazil. Environmental Biosafety Research 7: 115-121.

Migone, A., and M. Howlett. 2009. Classifying biotechnology-related policy, regulatory and innovation regimes: A framework for the comparative analysis of genomics policymaking. Policy and Society 28: 267-278.

Miller, H. I., and D. L. Kershen. 2011. A label we don't need. Nature Biotechnology 29: 971-972.

Millstone, E., A. Stirling, and D. Glover. 2015. Regulating genetic engineering: The limits and politics of knowledge. Issues in Science and Technology 31: 23-26.

Munch, R. 1995. The political regulation of technological risks: A theoretical and comparative analysis. International Journal of Comparative Sociology 36: 109-130.

NAS (National Academy of Sciences). 1987. Introduction of Recombinant DNA-Engineered Organisms into the Environment: Key Issues. Washington, DC: National Academy Press.

NBT Platform. 2013. Legal briefing paper: The regulatory status of plants resulting from New Breeding Technologies. Available at http://www.nbtplatform.org/background-documents/legal-briefing-paper---the-regulatory-status-of-plants-resulting-from-nbts-final-.pdf. Accessed November 10, 2015.

NGFA (National Grain and Feed Association). 2015. USDA Grants First Process Verified Claim for Non-GMO Corn, Soybeans. May 29. http://www.ngfa.org/2015/05/29/usdagrants-first-process-verified-claim-for-non-gmo-corn-soybeans/. Accessed June 17, 2015.

NRC (National Research Council). 1983. Risk Assessment in the Federal Government: Managing the Process. Washington, DC: National Academy Press.

NRC (National Research Council). 1989. Field Testing Genetically Modified Organisms: Framework for Decisions. Washington, DC: National Academy Press.

NRC (National Research Council). 1994. Science and Judgment in Risk Assessment. Washington, DC: National Academy Press.

NRC (National Research Council). 1996. Understanding Risk: Informing Decisions in a Democratic Society. Washington, DC: National Academy Press.

NRC (National Research Council). 2000. Genetically Modified Pest-Protected Plants: Science and Regulation. Washington, DC: National Academy Press.

NRC (National Research Council). 2002. Environmental Effects of Transgenic Plants: The Scope and Adequacy of

Regulation. Washington，DC：National Academy Press.

NRC（National Research Council）. 2004. Safety of Genetically Engineered Foods：Approaches to Assessing Unintended Health Effects. Washington，DC：National Academies Press.

NRC（National Research Council）. 2009. Science and Decisions：Advancing Risk Assessment. Washington，DC：National Academies Press.

NRC（National Research Council）. 2015. Industrialization of Biology：A Roadmap to Accelerate the Advanced Manufacturing of Chemicals. Washington，DC：National Academies Press.

OECD（Organisation for Economic Co-operation and Development）. 1986. Recombinant DNA Safety Considerations. Paris：OECD.

OECD（Organisation for Economic Co-operation and Development）. 1993. Safety Considerations for Biotechnology：Scale-up of Crop Plants. Paris：OECD.

OSTP（Executive Office of the President，Office of Science and Technology Policy）. 1986. Coordinated Framework for Regulation of Biotechnology. Federal Register 51：23302. Available at https：//www. aphis. usda. gov/brs/fedregister/coordinated _ framework. pdf. Accessed December 18，2015.

OSTP（Executive Office of the President，Office of Science and Technology Policy）. 1992. Exercise of Federal Oversight Within Scope of Statutory Authority：Planned Introductions of Biotechnology Products into the Environment. Federal Register 57：6753-6762.

OSTP（Executive Office of the President，Office of Science and Technology Policy）. 2015. Memorandum for Heads of Food and Drug Administration，Environmental Protection Agency，and Department of Agriculture. Available at https：//www. whitehouse. gov/sites/default/files/microsites/ostp/modernizing _ the _ reg _ system _ for _ biotech _ products _ memo _ final. pdf. Accessed September 25，2015.

Oye, K. A.，K. Esvelt, E. Appleton, F. Catteruccia, G. Church，T. Kuiken, S. B.-Y. Lightfood, J. McNamara, A. Smidler, and J. P. Collins. 2014. Regulating gene drives. Science 345：626-628.

Paarlberg, R. L. 2000. Governing the GM Crop Revolution：Policy Choices for Developing Countries. Washington，DC：International Food Policy Research Institute.

Rabesandratana，T. 2015. Europe's food watchdog embraces transparency. Science 350：368.

Rehder, L. E. 2015. Germany：CRISPR and other NBT's classified as GMOs. Report GM15034，October 30，2015. U. S. Department of Agriculture-Foreign Agricultural Service. Available at http：//gain. fas. usda. gov/Recent% 20GAIN%20Publications/CRISPR% 20and% 20other% 20NBT% E2% 80% 99s% 20classified% 20as% 20GMO% E2% 80%98s _ Berlin _ Germany _ 10-30-2015. pdf. Accessed December 4，2015.

Renn, O.，and C. Benighaus. 2013. Perception of technological risk：Insights from research and lessons for risk communication and management. Journal of Risk Research 16：293-313.

Rowe，G.，and L. J. Frewer. 2005. A typology of public engagement mechanisms. Science，Technology & Human Values 30：251-290.

Schnepf, R. 2003. Genetically Engineered Soybeans：Acceptance and Intellectual Property Rights Issues in South America. Washington，DC：Congressional Research Service.

Silva，J. F. 2014. Brazil：Agricultural Biotechnology Annual - 2014. U. S. Department of Agriculture-Foreign Agricultural Service. Available at http：//gain. fas. usda. gov/Recent% 20GAIN% 20Publications/Agricultural% 20Biotechnology%20Annual _ Brasilia _ Brazil _ 7-8-2014. pdf. Accessed December 4，2015.

Smith，M. J.，and A. J. Smith. 2013. 2012 Insect Resistance Management（IRM）Compliance Assurance Program Report for Corn Borer-Protected *Bt* Corn，Corn Rootworm-Protected *Bt* Corn，Corn Borer/Corn Rootworm-Protected Stacked and Pyramided *Bt* Corn. Available at http：//www. regulations. gov/#! documentDetail；D = EPA-HQ-OPP-2011-0922-0040. Accessed December 15，2015.

Smyth，S. J.，and A. McHughen. 2012. Regulation of genetically modified crops in USA and Canada：Canadian Overview. Pp. 15-34 in Regulation of Agricultural Biotechnology：The United States and Canada，C. Wozniak and A.

McHughen, eds. Heidelberg, Germany: Springer.

Soares, E. 2014. Restrictions on Genetically Modified Organisms: Brazil. Washington, DC: Law Library of Congress.

Stirling, A. 2008. Science, precaution, and the politics of technological risk: Converging implications in evolutionary and social scientific perspectives. Annals of the New York Academy of Sciences 1128: 95-110.

Strom, S. April 26, 2015. Chipotle to stop using genetically altered ingredients. Online. New York Times. Available at http://www. nytimes. com/2015/04/27/business/chipotle-to-stopserving-genetically-altered-food. html. Accessed November 5, 2015.

Tamm Hallström, K. , and M. Boström. 2010. Transnational Multi-stakeholder Standardization: Organizing Fragile Non-state Authority. Cheltenham, UK: Edward Elgar.

Thomas, K. , and S. Yarrow. 2012. Regulating the environmental release of plans with novel traits in Canada. Pp. 147-162 in Regulation of Agricultural Biotechnology: The United States and Canada, C. Wozniak and A. McHughen, eds. Heidelberg, Germany: Springer.

Turner, J. 2014. Regulation of Genetically Engineered Organisms at USDA-APHIS. Presentation to the National Academy of Sciences' Committee on Genetically Engineered Crops: Past Experience and Future Prospects, December 10, Washington, DC.

UNEP (United Nations Environment Programme). 2014. Convention on Biological Diversity: Ad Hoc Technical Expert Group on Risk Assessment and Risk Management Under the Cartagena Protocol on Biosafety. Bonn, 2-6 June 2014. Available at https://www. cbd. int/doc/meetings/bs/bsrarm-05/official/bsrarm-05-01-en. pdf. Accessed February 16, 2016.

USDA Advisory Committee. 2012. Enhancing Coexistence: A Report of the AC21 to the Secretary of Agriculture. Available at http://www. usda. gov/documents/ac21 _ report-enhancingcoexistence. pdf. Accessed June 16, 2015.

USDA-APHIS (U. S. Department of Agriculture-Animal and Plant Health Inspection Service). 1987. Plant Pests: Introduction of Genetically Engineered Organisms or Products: Final Rule, Federal Register 52: 22892-22815.

USDA-APHIS (U. S. Department of Agriculture-Animal and Plant Health Inspection Service). 2011. Dow Agro-Sciences Petition (09-233-01p) for Determination of Nonregulated Status of Herbicide-Tolerant DAS-40278-9 Corn, *Zea mays*, Event DAS-40278-9: Draft Environment Assessment. Available at https://www. aphis. usda. gov/brs/aphisdocs/09 _ 23301p _ dea. pdf. Accessed November 30, 2015.

USDA-APHIS (U. S. Department of Agriculture-Animal and Plant Health Inspection Service). 2015. APHIS announces withdrawal of 2008 Proposed Rule for Biotechnology Regulations. Available at https://www. aphis. usda. gov/stakeholders/downloads/2015/sa _ withdrawal. pdf. Accessed December 4, 2015.

USDA-APHIS (U. S. Department of Agriculture-Animal and Plant Health Inspection Service). 2016. Environmental Impact Statement: Introduction of the Products of Biotechnology. Federal Register 81: 6225-6229.

Vogel, D. 2012. The Politics of Precaution: Regulating Health, Safety, and Environmental Risks in Europe and the United States. Princeton, NJ: Princeton University Press.

Von Schomberg, R. 2012. The precautionary principle: Its use within hard and soft law. European Journal of Risk Regulation 2: 147-156.

Voytas, D. F. , and C. Gao. 2014. Precision genome engineering and agriculture: Opportunities and regulatory challenges. PLoS Biology 12: e1001877.

Wesseler, J. 2014. Biotechnologies and agrifood strategies: Opportunities, threats, and economic implications. Biobased and Applied Economics 3: 187-204.

WTO (World Trade Organization). 2006. Dispute Settlement. Dispute DS291. European Communities-Measures Affecting Approval and Marketing of Biotech Products. Panel Report.

Yu, Q. , A. Jalaludin, H. Han, M. Chen, R. D. Sammons, and S. B. Powles. 2015. Evolution of a double amino acid substitution in the 5-enolpyruvylshikimate-3-phosphate synthase in Eleusine indica conferring high-level glyphosate resistance. Plant Physiology 167: 1440-1447.

附录 A   委员会成员简介

Fred Gould（主席）：北卡罗来纳州立大学昆虫学杰出教授和遗传工程与社会中心联合主任。他的研究方向是害虫的生态学和遗传学，通过该研究改善食品生产，保障人类和环境健康。Gould 博士关于进化生物学和生态遗传学在可持续虫害管理中应用的研究对全球范围内农作物虫害的管理有着深远的影响，同时还包括人类疾病的传播媒介——节肢动物。他一直是美国和全球 *Bt* 作物部署的科学监管框架的领导者。他的研究和主要贡献为他赢得了许多国家和国际奖项，包括 2004 年的亚历山大·冯·洪堡奖（Alexander von Humboldt Award），该奖每年颁发给被认为在过去 5 年对美国农业做出了最重要贡献的人。2011 年，他当选为美国国家科学院（NAS）院士。Gould 博士曾在美国国家科学院的多个国家研究委员会（National Research Council Committees）任职，研究遗传工程作物商业化产生的影响。他目前服务于国家科学院、工程院及医学院的农业自然资源委员会。他是美国昆虫学学会和美国科学促进会会员。Gould 博士作为作者或合著者，发表了 180 多篇论文。他在英国皇后学院获得生物学学士学位，在纽约州立大学石溪分校获得生态学和进化生物学博士学位。

Richard M. Amasino：威斯康星大学麦迪逊分校生物化学系的教授。他的研究重点是植物如何感知季节信号，如日照时间长度和温度的改变，以及植物如何利用这些信号来确定开花时间。近些年，他的一个研究内容是了解春化这一生物化学途径，植物通过这种途径能够感知冬季的寒冷，从而指导春天开花的时机。Amasino 博士还是五大湖生物能源研究中心的成员，该中心是美国能源部设立的三个生物能源研究中心之一。他在该中心的工作包括研究植物生物量积累的生化基础，同时指导该中心的教育和推广计划。Amasino 博士是霍华德休斯医学研究院教授，美国国家科学院院士，美国科学促进会会员。他的教学和研究已经获得了多项国家和国际奖项，包括 1999 年亚历山大·冯·洪堡奖。他曾担任美国植物生物学家协会主席和理事会主席。Amasino 博士在宾夕法尼亚州立大学获得生物学学士学位，在印第安纳大学获得生物学和生物化学硕士和博士学位。

Dominique Brossard：威斯康星大学麦迪逊分校生命科学传播系的教授和主任。她就职于威斯康星大学麦迪逊分校 Robert and Jean Holtz 科学技术研究中心、威斯康星大学麦迪逊分校全球研究中心和莫格里奇研究所。Brossard 博士讲授战略沟通理论和研究课程，重点在科学和风险沟通方面。她的研究属于科学、媒体和政策之间的交叉学科。她是美国科学促进会会员，也是国际公共科学技术传播网络委员会的前成员，她是一位国际知名的舆论动力学专家，其研究领域是那些有争议的科学问题，如 GE 作物。她在 *Science*、*Science Communication*、*PNAS*、*The International Journal of Public Opinion Research*、

Public Understanding of Science 和 *Communication Research* 等杂志发表了大量研究文章，是 2007 年出版的 *The Media*，*the Public*，*and Agricultural Biotechnology* 一书的合著者。Brossard 博士具有多种专业背景，包括在实验室和企业界的经验。她在 Accenture 公司的变革管理服务部工作了 5 年。她还是农业生物技术支持项目 II（ABSP II）的沟通协调员，该工作需要将公共关系与营销沟通和战略沟通结合起来。Brossard 博士获得了图卢兹国家农业经济学校的植物生物技术硕士学位，以及康奈尔大学的传播学硕士和博士学位。

C. Robin Buell：在基因研究所工作了 9 年后，于 2007 年 10 月加入了密歇根州立大学植物生物学系。她致力于植物基因组生物学和植物病原体基因组的研究。她的研究也揭示了植物基因组组成在植物功能和表型，以及以植物为食的微生物中的作用。Buell 博士在植物基因组学和生物信息学方面发表了大量论文。她研究过拟南芥、水稻、土豆、玉米、柳枝稷和药用植物的基因组。Buell 博士在马里兰大学获得学士学位，在华盛顿州立大学获得硕士学位，在犹他州立大学获得博士学位。她的研究小组由博士后、研究助理、研究生、本科生和高中实习生组成，并与美国和世界各地的很多科学家合作。Buell 博士曾担任 *Plant Physiology*、*The Plant Genome*、*Crop Science*、*Frontiers in Plant Genetics and Genomics* 及 *The Plant Cell* 杂志的编辑。她是美国科学促进会会员，美国植物生物学家协会的研究员，密歇根州立大学基金会教授，密歇根州立大学 William J. Beal 杰出教师奖获得者。

Richard A. Dixon：BioDiscovery 研究所所长和北得克萨斯大学生物科学系杰出教授。他从 1988 年到 2013 年就职于俄克拉何马州阿德莫尔市的 Samuel Roberts Noble 基金会，在那里他曾被聘为杰出教授、研究主席、资深副主席，以及植物生物学部的创始主任。Dixon 博士的研究集中在植物天然产物途径的生物化学、分子生物学和代谢工程方面，及其对农业和人类健康的影响。他还对调控木质纤维素生物量、提高饲料和生物能源原料的产量感兴趣。他在国际期刊上发表了 450 多篇相关主题的论文及出版物。他是五家国际期刊的编辑委员会成员，并被科学信息研究所评为植物和动物科学领域十位被引用数量最多的作者之一。Dixon 博士是美国国家科学院院士，也是美国国家发明家学会和美国科学促进会会员。他在英国牛津大学获得生物化学和植物学学士和博士学位，是剑桥大学植物生物化学博士后。2004 年，他因在研究中的卓越表现被牛津大学授予 Doctor of Science 博士学位［译者注：DSc 通常是颁授给在各学科领域中有极杰出贡献者，属于高级博士学位（Senior Doctorates）的一种，带有荣誉学位的性质］。

José B. Falck-Zepeda：于 2004 年成为国际食物政策研究所（IFPRI）的研究员。他现在是生物安全系统项目的高级研究员和政策研究团队的组长。他在 IFPRI 的工作重点是对农业生物技术、生物安全和其他新兴技术进行经济和社会影响评估。Falck-Zepeda 博士还研究发展中国家的农业研发、科学政策、投资和技术创新能力。他的研究考察了多个不同的内容，如 *Bt* 和 Roundup Ready 棉花、玉米及其他 GE 植物的社会经济影响，遵守生物安全法规的成本及其对投资流的影响，拉丁美洲和非洲的生物技术能力以及在发展中国家和发达国家采用技术的决定因素。在加入 IFPRI 之前，Falck-Zepeda 博士在荷兰海牙的国家农业研究国际服务处（ISNAR）担任研究员。他曾是奥本大学的博士后，洪都拉斯泛美农业学校（Zamorano 大学）的助理教授和讲师。Falck-Zepeda 博士是很多书籍、期刊文章和其他出版物的作者，曾受邀在全球高层政策对话和专业会议上做报告。他是洪都拉斯人，拥有泛美农业学校（Zamorano 大学）的农学学位，得克萨斯农工大学动物科学学士学位，奥本大学农业经济学硕士和博士学位。

Michael A. Gallo：罗格斯大学罗伯特·伍德·约翰逊医学院环境和职业医学的退休名誉教授。他还是罗格斯大学公共卫生学院和 Ernest Mario 药学院药理学和毒理学系的兼职教授。他是新泽西癌症研究所的创始（临时）主任，也是罗格斯大学环境和职业健康科学研究所的创始人。此外，他还担任医学院高级研究副院长。他的研究专长包括二噁英和多氯联苯（PCBs），药理学和毒理学实验模型，细胞质和细胞表面受体，激素生物学，激素和环境致癌机制。Gallo 博士曾在多个国家科学院和国家研究委员会任职，如环境卫生科学、研究和医学圆桌会议、婴幼儿食品中杀虫剂委员会、风险评估方法委员会以及安全饮用水委员会。他被授予毒理学会教育奖，担任激素致癌作用和毒性机制戈登研究会议主席，并担任中大西洋毒理学会毒理学大使。Gallo 博士从罗素·贤者学院获得生物学和化学学士学位，并从联合大学奥尔巴尼医学院获得毒理学和实验病理学博士学位。

Ken Giller：瓦格宁根大学农业生态学和系统分析中心的植物生产系统教授。他领导了一组科学家，他们在应用系统分析来探索未来如何利用土地保证粮食生产上具有丰富的经验。Giller 博士的研究重点是非洲撒哈拉以南的小农户耕作系统，特别是土壤肥力问题和热带豆科植物固氮作用，重点是作物–牲畜耕作系统中资源的时空动态及其相互作用。他是热带作物系统固氮标准的制定者，该标准的第二版于 2001 年出版。他提出了一些倡议，如 N2Africa（非洲的小农户能够实现固氮）、NUANCES（动物和种植系统中的营养利用：效率和规模），以及主张自然资源的使用优先权。Giller 博士在伦敦大学怀伊学院和津巴布韦大学获得教授职位后，于 2001 年成为瓦格宁根大学植物生产系主任。他拥有谢菲尔德大学生态学博士学位。

Leland L. Glenna：宾夕法尼亚州立大学农业经济、社会和教育系的一名农村社会学和科技社会学副教授。他的研究和教学分为三个重点领域：农业科学技术的社会和环境影响，科学技术在农业和环境政策制定中的作用，以及科学技术民主化的社会和伦理意义。他的国内研究重点是大学研究资金的投入和产学研成果如何顺应农业和食品科学的时代发展，特别是在遗传工程技术方面。他目前的国际研究项目侧重于农业和社区发展，以及农业研究资金投入和创新的国际性比较分析。在宾夕法尼亚州立大学任职之前，他曾在康奈尔大学做博士后和讲师，在加州大学戴维斯分校任研究社会学科学家，并在华盛顿州立大学担任助理教授。Glenna 博士在哈姆林大学获得了历史学士学位，在哈佛神学院获得了神学硕士学位，在密苏里大学获得了农村社会学博士学位。

Timothy S. Griffin：塔夫茨大学弗里德曼营养科学与政策学院的副教授。他承担了农业、食品和环境的跨学科研究生课程，讲授美国农业、农业科学和政策以及生态与技术的交叉课程。他是全校研究生课程"水：系统、科学和社会"的指导委员会委员，也是塔夫茨大学环境研究所的助理所长，并任职于塔夫茨大学国际环境与资源政策中心。他的研究重点是区域粮食系统的困境和激励政策、农业的环境影响、气候变化和农业系统的保护实践。在 2008 年进入弗里德曼营养科学与政策学院之前，Griffin 博士曾于 2000 年至 2008

年在缅因州奥罗诺市的美国农业部农业研究局担任研究农艺师和首席科学家。他对美国东北部农业生产的许多方面进行了研究，包括营养循环和有机奶牛场的粮食生产、作物管理以及高价值生产系统的长期可持续性发展。他还发起了关于温室气体排放、土壤碳氮循环以及这些系统中土壤保护的研究。1992 年到 2000 年，Griffin 博士是缅因大学的可持续农业推广专家，这是美国当时首次设立这样的职位。他制定并实现了一个广泛的教育和应用研究计划，内容涉及作物生产、养分供应和作物-牲畜一体化。他在内布拉斯加大学获得饲料和牧场管理学士学位，农学硕士学位，在密歇根州立大学获得作物和土壤科学博士学位。

Bruce R. Hamaker：著名的食品科学教授，印第安纳州西拉斐特普渡大学惠斯勒碳水化合物研究中心主任，食品科学系碳水化合物科学 Roy L. Whistler 主席。他在印第安纳大学获得了生物科学学士学位，他在普渡大学获得了人类营养学硕士学位和食品化学博士学位；他在秘鲁利马营养研究所完成博士后研究。1977 年到 1979 年，他在利比里亚的美国维和部队工作。Hamaker 博士在食品科学、人类营养、生物化学等各类期刊上发表了170 多篇学术论文和许多书籍的章节。他目前指导着 50 多名硕士生和博士生及近 20 名博士后。Hamaker 博士的研究项目以其对食品碳水化合物和蛋白质在卫生与健康有关方面的应用而闻名。与此相关的，他在与质量和生理反应相关的蛋白质和碳水化合物消化模式、膳食纤维对肠道微生物群的影响方面有许多临床和营养科学合作及研究经验。Hamaker 博士主要与配料和加工食品公司合作，帮助提高加工产品的营养或健康品质。他积极参与非洲和亚洲的国际研究合作。在非洲，他从事了 20 年以上的政府和基金会资助项目，致力于改善谷类食品的利用和营养特性，并建立以技术为基础的与当地企业家合作的孵化中心。

Peter M. Kareiva：加州大学洛杉矶分校环境与可持续发展研究所所长，自然保护协会科学会主席。他是自然资产项目的共同创始人（与 Gretchen Daily 和 Taylor Ricketts 合作），该项目是自然保护协会（Nature Conservancy）、斯坦福大学和世界自然基金会（WWF）的先驱合作项目。自然资产项目开发了对自然资产量化（或生态系统服务）的模型，目的是为人们根据当地社区和区域的规模做出符合国家和全球协议的行为提供参考。Kareiva 博士在 *Nature*、*Science* 和 *PNAS* 等期刊上发表了 150 多篇学术论文。他发表了有关遗传工程作物的基因漂移问题和环境风险分析。2011 年，他被提名为国家科学院院士。他还是美国艺术科学院院士，美国生态学会和保护生物学学会会员。Kareiva 博士获得杜克大学动物学学士学位，加州大学欧文分校环境生物学硕士学位，康奈尔大学生态学和进化生物学博士学位。

Daniel Magraw：约翰斯·霍普金斯大学高级国际研究院（SAIS）外交政策研究所的教授级讲师和高级研究员。他在国际法、机构、程序和政策方面具有丰富的经验，特别是在环境保护、争端解决和人权方面。他曾在政府、非政府组织、政府间组织、商业和学术界工作。Magraw 先生是美国国家研究委员会（National Research Council Committee）遗传工程生物学隔离（Biological Confinement of Genetically Engineered Organisms）学部的成员，也是美国政府贸易与环境政策咨询委员会（Trade and Environment Policy Advisory Committee）的成员。1992～2001 年在美国政府任职期间，他参与了白宫对遗传工程生物法规的评估，并担任国际环境法办公室主任和美国环保署国际事务办公室代理首席副助理行政官。他曾在加州大学伯克利分校、科罗拉多大学、迈阿密大学和乔治城大学法律中心任教。他在印度作为一名维和部队志愿者担任经济学家和商业顾问。Magraw 先生在加州大学伯克利分校获得法学博士学位，他曾任《加州法律评论》（*California Law Review*）主编，在哈佛大学以优异成绩获得经济学学士学位。

Carol Mallory-Smith：俄勒冈州立大学作物和土壤科学系的杂草学教授。她在爱达荷大学获得了植物保护学学士学位和植物科学博士学位。她的主要研究方向是作物（包括遗传工程和常规育种来源）与杂草间基因漂移和杂交、除草剂抗性、农艺作物杂草管理和杂草生物学。她发表了 120 多篇学术论文，撰写了 8 个书籍的章节，以及大量延伸的大众报刊文章。Mallory-Smith 博士作为基因漂移和其他杂草问题的专家受邀到澳大利亚和韩国进行学术交流。她受邀到澳大利亚、法国、韩国和泰国做报告，探讨引进 GE 作物的潜在风险和收益。Mallory-Smith 博士在阿根廷担任 Fulbright 学者讲师。她是西部杂草科学协会（WSWS）和美国杂草科学学会（WSSA）的会士，担任 WSSA 的主席和财务主管，以及国际杂草科学学会的秘书兼财务主管。Mallory-Smith 博士所获奖项包括 2007 年艾奥瓦大学农业学院校友成就奖，2009 年俄勒冈州立大学研究生优秀导师奖，2009 年 WSWS 杰出杂草科学家，2014 年俄勒冈农业厅颁发的农业产业个人贡献杰出服务奖，2016 年 WS-SA 杰出研究员奖。

Kevin Pixley：2011 年以来一直担任国际玉米小麦改良中心（CIMMYT）基因资源项目主任。他于 1990 年在 CIMMYT 做博士后，1993 年成为玉米育种科学家，1997 年在津巴布韦 Harare 研究站担任研究组长。在非洲工作 11 年后，他回到墨西哥的 CIMMYT 总部，在全球玉米计划的指导岗位工作，主要负责亚洲和拉丁美洲，指导 CIMMYT 和来自全球不同学科的科学家组成的联合体开发营养增强型玉米的育种工作。他的职责包括督导 CIMMYT 进行 GE 玉米和小麦相关基因资源和生物安全特点和应用的研究。Pixley 博士还是威斯康星大学的兼职教授，教授农业、健康和营养以及它们在农户生计和国际发展中的作用。他的成就包括指导 12 名本科生和 12 名研究生的毕业论文，发表 50 多篇学术论文和书籍章节，并且领导提高抗病性和营养、质量的玉米育种国际合作项目。Pixley 博士在普渡大学获得学士学位，在佛罗里达大学获得作物生理学硕士学位，在艾奥瓦州立大学获得植物育种博士学位。

Elizabeth P. Ransom：里士满大学社会学和人类学系的社会学副教授。她的研究重点是国际发展和全球化、农业和食品社会学以及科学技术社会研究。她特别关注农业和粮食系统中科学和技术政策的交叉，尤其是政策变化如何影响美国和非洲撒哈拉以南的农户和他们的生产实践。她之前的研究主要集中在农业生物技术和跨国农药法规。她目前有两个在研项目。一个是研究南非（南非、博茨瓦纳和纳米比亚）红肉产业与全球农业和粮食系统管理之间的联系。第二个分析了发展中国家的国际农业发展援助，重点分析了农业援助如何针对妇女，提高女性权利。她发表了多篇关于农业生物技术、现代食品消费模式和问题、全球红肉贸易、性别和农业发展援助的文章。作为 2005～2006 年美国科学促进会政策研究员、美国农业部的国际贸易专家，Ransom 博士专注于国际食品法典委员会农产品标准。除了在里士满大学的职位之外，她还是威廉玛丽学院国际关系理论与实践研究所的研究助理。Ransom 博士在西卡罗来纳大学获得社会学和政治学学士学位，在密歇根州立大学获得社会学硕士和博士学位。

Michael Rodemeyer：于 2015 年结束了他在弗吉尼亚大学工程与社会学系的兼职教授职位，在那里他教授和指导科学与技术政策实习项目。Rodemeyer 先生发起了食品与生物科技的皮尤倡议，并于 2000 年至 2005 年担任执行主任。在此之前，他在联邦政府工作了近 25 年。1998 年和 1999 年，他是白宫科学技术政策办公室环境部助理主任。他在众议院科学委员会工作了 15 年，其中 7 年是民主党首席顾问。1976 年到 1984 年，Rodemeyer 先生是联邦贸易委员会的一名工作律师。2000 年到 2004 年，他还担任约翰斯·霍普金斯大学文理学院的兼职教授，主讲国会和环境政策制定。Rodemeyer 先生于 1975 年毕业于哈佛法学院，1972 年获得普林斯顿大学社会学学士学位。

David M. Stelly：由得克萨斯农工大学和得克萨斯农工农业研究所联合聘任。他是土壤和作物科学系的教授，在二倍体和多倍体作物育种、种质创新、生殖生物学和细胞学、细胞遗传学、遗传学和基因组学方面拥有 30 多年的专业经验。Stelly 博士指导的研究、育种和研究生项目强调利用自然种质资源进行作物改良。研究的共同要素是野生种子资源的利用、染色体工程、倍性调控、传统和分子细胞遗传学、遗传分析、标记开发、标记辅助选择、生殖细胞学和遗传学，以及绘制各种类型的基因组图谱（连锁图谱、BAC 物理图谱和辐射杂交图谱）、测序及其整体数据的整合。他的大部分工作都致力于陆地棉的遗传改良，但也有一部分工作致力于开发高粱远源杂交平台和培育新能源作物。Stelly 博士在得克萨斯农工大学项目负责人（PI）理事会工作，在那里他助力 PI 发展，目前他在得克萨斯农工大学基因组科学与社会研究所任职。他还担任该系教师的驱动核心农业基因组学实验室的副主任。他是国际棉花基因组计划的第一任主席，最近又再次当选为主席。他还担任国家植物育种学会主席。Stelly 博士在艾奥瓦州立大学获得了植物育种和细胞遗传学硕士学位，在威斯康星大学麦迪逊分校获得了遗传学学士学位和植物育种及植物遗传学博士学位。

C. Neal Stewart：田纳西大学的植物学教授，获得了植物分子遗传学 Ivan Racheff Chair of Excellence 奖项。他还是田纳西州植物研究中心的副主任。在佐治亚大学做完博士后研究，Stewart 博士加入了北卡罗来纳大学格林斯伯勒分校，先后担任生物学助理教授、副教授，并成为 Racheff 主席。他教授植物生物技术和研究伦理方面课程。他的课题组研究涉及植物生物技术、合成生物学、基因组学和生态学，对理解和调控与农业生产和环境功能相关的系统感兴趣。Stewart 博士在北卡罗来纳州立大学获得园艺和农业教育学士学位，在阿巴拉契亚州立大学获得教育学硕士学位。随后，他获得了弗吉尼亚理工学院暨州立大学的生物学和植物生理学硕士学位和博士学位。Stewart 博士还是一名歌手和作曲家。

Robert Whitaker：于 1982 年在纽约州立大学宾汉姆顿分校获得生物学博士学位。毕业后，他加入 DNA Plant Technology 公司做博士后，并最终担任该公司蔬菜研发副总裁和产品开发副总裁。在任期内，Whitaker 博士负责蔬菜作物的植物组织培养、育种、食品科学、化学及遗传工程功能。1998 年，他加入 NewStar 公司，担任产品开发和质量副总裁；在那里，他制定了公司食品安全计划，并领导产品开发。2008 年 4 月，他成为农产品营销协会（Produce Marketing Association）的首席科技官，负责监督从田间到餐桌的食品安全和技术手段。他曾担任联合新鲜农产品协会（United Fresh Produce Association）的志愿者领导和国际新鲜农产品协会（International Fresh-Cut Produce Association，IFPA）的主席，并直接参与了许多行业和政府的食品安全和技术提案。2006 年，Whitaker 博士因在食品安全和产品开发方面的工作获得了 IFPA 的技术成就奖。他还于 2015 年获得了 NSF 食品安全领导奖。Whitaker 博士于 2007 年被任命为生产安全中心（CPS）执行委员会成员，并在 2013 年之前担任 CPS 技术委员会主席。他目前仍然是 CPS 技术委员会的成员，该委员会负责监督食品安全研究生产资金的筹集和发放，他仍然是 CPS 董事会执行委员会成员。

附录 B 任务书的修订

构建和更新以前美国国家研究委员会在报告中提出的概念和问题，其中涉及食品安全、环境、社会、经济、管理，以及遗传工程（GE）作物的其他相关概念和问题；以传统育种方法培育的作物为参照，本委员会将在当代全球粮食和农业系统的范围内对 GE 作物的现有资料进行广泛审查。这项研究将阐明如下问题：

- 审查 GE 作物在美国和国际上的发展和引进历史，包括未商业化的 GE 作物，以及不同国家的 GE 作物开发商和生产者的经验。

- 评估提出 GE 作物及其配套技术存在负面影响的基础证据，如减产、对人类和动物健康有害、增加杀虫剂和除草剂的使用量、产生"超级杂草"、减少遗传多样性、导致生产商面临更少的种子选择，以及其他对发展中国家农民和非 GE 作物生产者产生的负面影响等。

- 评估提出 GE 作物及其配套技术存在很多优点的基础证据，如减少杀虫剂的使用、通过与免耕措施协同作用减少土壤流失并改善水质、减少害虫和杂草对作物造成的损失、增加生产商在种植时间上的灵活性、减少腐烂和霉菌毒素污染、提升营养价值潜力、增强对干旱和盐碱的耐受性等。

- 审查当前对 GE 作物和食品进行的环境和食品安全评估所涉及的科学基础及相关技术，以及额外检测的必要性和潜在价值的证据。在适当的情况下，这项研究将探索如何对非 GE 作物和食品进行评估。

- 从农业创新和农业可持续发展的视角，探索 GE 作物科学与技术的新发展以及这些技术未来可能带来的机遇和挑战，包括研发、监管、所有权、农艺、国际以及其他机遇和挑战。

本委员会在介绍其研究结果时，将指出在收集 GE 作物和 GE 食品对多领域（如经济、农学、健康、安全及其他领域）造成影响的信息上存在不确定性及信息的缺乏性，并使用来自其他类型生产实践、与作物和食品具有可比性的信息，以便在恰当的情况下进行展望。要在世界当前背景下和预计的粮食与农业体系的背景下审查研究结果。本委员会建议开展研究或采取其他措施，以填补安全评估方面的空白，提高监管透明度，提升 GE 技术的创新性，拓宽获取 GE 技术的途径。

本委员会将撰写一份针对决策者的报告，作为非专业人员设计衍生产品的基础。

修改于 11/18/2014

附录 C　信息收集会议日程

　　信息收集会议包括委员会于 2014 年 9 月至 2015 年 5 月举行的现场公开会议和网络研讨会。以下各会议按时间顺序进行总结，并列出了所有现场会议的地点。在公开会议现场通过互联网所做的报告也已在文中标注出来。

2014 年 9 月 15—16 日

《遗传工程作物：经验与展望》委员会第一次面对面公开会议
在华盛顿特区的国家科学院大楼举行

大会议程
2014 年 9 月 15 日　星期一
1：00PM—6：15PM

1：00　**欢迎仪式**
　　　　Fred Gould，委员会主席，北卡罗来纳州立大学昆虫学杰出教授，遗传工程与社会中心联合主任

　　　　介绍委员会（国家研究委员会）研究进展
　　　　Kara Laney，美国国家科学研究院研究主任

　　　　介绍委员会成员

1：20　*Major Goodman*，美国国家科学院院士，北卡罗来纳州立大学威廉·尼尔·雷诺兹作物科学、统计学、遗传学和植物学杰出教授

1：40　*R. James Cook*，美国国家科学院院士，华盛顿州立大学名誉教授

2：00　*Ian Baldwin*，美国国家科学院院士，（德国）马克斯·普朗克化学生态学研究所教授

2：20　**委员会与报告人讨论环节/专家点评**

2：40　茶歇

3：00　***Chuck Benbrook***，华盛顿州立大学可持续农业和自然资源中心研究教授

3：20　***Glenn Stone***，圣路易斯华盛顿大学人类学和环境学教授

3：40　***Hope Shand***，"侵蚀、技术和集中问题行动小组"（Action Group on Erosion，Technology and Concentration，ETC）独立顾问和高级顾问

4：00　**委员会与报告人讨论环节/专家点评**

4：45　茶歇

5：00　**向公众评议会介绍**
　　　Fred Gould，委员会主席，北卡罗来纳州立大学昆虫学杰出教授，遗传工程与社会中心联合主任

　　　介绍委员会（国家研究委员会）研究进展
　　　Kara Laney，美国国家科学研究院研究主任

5：15　**公众评议/大会讨论**

6：15　**当天会议结束**

2014 年 9 月 16 日　星期二
9：00 AM－6：15 PM

9：00　**欢迎仪式**
　　　Fred Gould，委员会主席，北卡罗来纳州立大学昆虫学杰出教授，遗传工程与社会中心联合主任

　　　介绍委员会（国家研究委员会）研究进展
　　　Kara Laney，美国国家科学研究院研究主任

　　　介绍委员会成员

9：30　***Dietram Scheufele***，美国国家科学研究院生命科学公共界面圆桌会议联席主席，威斯康星大学麦迪逊分校科学传播学 John E. Ross（以该系前系主任名字命名）

教授

9：50　*Jennifer Kuzma*，北卡罗来纳州立大学 Goodnight-Glaxo Wellcome 杰出教授，遗传工程与社会中心联合主任

10：10　*Carmen Bain*，艾奥瓦州立大学社会学副教授

10：30　茶歇

10：50　*Gilles-Éric Séralini*[1]，法国卡昂大学分子生物学教授，风险、质量和可持续环境网络主任

11：10　*Jeffrey Smith*[1]，责任技术研究所创始执行董事

11：30　*Janet Cotter*[1]，国际绿色和平组织高级科学家

11：50　**委员会与报告人讨论环节/专家点评**

12：30　茶歇

1：30　*Greg Jaffe*，公共利益科学中心生物技术项目主任

1：50　*Jon Entine*，基因科学普及项目执行董事，加州大学戴维斯分校世界食品中心食品和农业科普研究所高级研究员

2：10　*Doug Gurian-Sherman*，食品安全中心可持续农业主任、高级科学家
　　　Bill Freese，食品安全中心科学政策分析员

2：30　*Tamar Haspel*，华盛顿邮报记者

2：50　茶歇

3：10　*Tim Schwab*，"食品和水观察"组织高级研究员

1　报告人通过网络做的报告。

3：30　*Michael Hansen*，消费者联盟高级研究员

3：50　*Lisa Griffith*，美国家庭农场联盟外联主任

4：10　**委员会与报告人讨论环节/专家点评**

4：45　茶歇

5：00　**向公众评议会介绍**
　　　Fred Gould，委员会主席，北卡罗来纳州立大学昆虫学杰出教授，遗传工程与社会中心联合主任

　　　介绍委员会（国家研究委员会）研究进展
　　　Kara Laney，美国国家科学研究院研究主任

5：15　**公众评议/大会讨论**

6：15　**当天会议结束**

2014 年 10 月 1 日

美国农业推广专家出席的遗传工程作物发展展望网络研讨会
报告人：*Dominic Reisig*，北卡罗来纳州合作推广部副教授兼推广专家
　　　　Mohamed Khan，北达科他州立大学、明尼苏达大学教授兼推广专家
　　　　Rick Kersbergen，缅因州大学合作推广部推广教授
　　　　Ben Beale，马里兰大学推广部农业科学推广教育家

2014 年 10 月 8 日

遗传工程作物和国际商业网络研讨会
报告人：*Lee Ann Jackson*，世界贸易组织顾问
　　　　Randal Giroux，嘉吉（Cargill）公司食品安全、质量和监管副总裁
　　　　Lynn Clarkson，Clarkson 谷物公司总裁

2014 年 10 月 22 日

美国农业推广专家出席的遗传工程作物发展展望网络研讨会
报告人：*Russel Higgins*，伊利诺伊大学推广部、北伊利诺伊州农学研究中心推广教育家

Jeff Lannom，田纳西大学威克莱县推广部主任

Diana Roberts，华盛顿州立大学推广部区域推广专家

Dallas Peterson，堪萨斯州立大学教授、推广杂草技术专家

2014 年 11 月 6 日

遗传工程作物病害防治网络研讨会

报告人：*Richard Sayre*，洛斯阿拉莫斯国家实验室、新墨西哥联合会高级研究科学家

　　　　Anton Haverkort，（荷兰）瓦格宁根大学研究中心研究员

　　　　Ralph Scorza，美国农业部（USDA）阿巴拉契亚水果研究站园艺研究专家

　　　　Dennis Gonsalves，美国农业部太平洋流域农业研究中心主任（退休）

2014 年 12 月 10 日

《遗传工程作物：经验与展望》委员会第二次面对面公开会议

在华盛顿特区的国家科学院大楼举行

大会议程

2014 年 12 月 10 日　周三

10：30AM－6：15 PM

10：30　**欢迎仪式**

Fred Gould，委员会主席，北卡罗来纳州立大学昆虫学杰出教授，遗传工程与社会中心联合主任

　　　　介绍委员会（国家研究委员会）研究进展

Kara Laney，美国国家科学研究院研究主任

　　　　介绍委员会成员

10：45　**研究发起人**

Michael Schechtman，美国农业部农业研究局害虫管理政策办公室生物技术协调员

戈登和贝蒂·摩尔基金会的声明

11：00　**应用于遗传工程作物的新兴技术和合成生物学方法**

Dan Voytas，明尼苏达大学基因组工程中心主任，遗传学、细胞生物学和发育学教授

· 379 ·

Andreas Weber，杜塞尔多夫大学植物生物化学研究所所长

11：40　委员会与报告人讨论环节/专家点评

12：00　茶歇

1：00　美国监管机构代表
John Turner，美国农业部动植物卫生检验局生物技术监管服务部环境风险分析项目主管
William L. Jordan，美国环保署农药项目办公室项目副主任
Chris A. Wozniak，美国环保署杀虫剂项目办公室生物技术特别助理
Jason Dietz，美国食品和药物管理局食品安全和应用营养中心食品添加剂安全办公室政策分析师

2：05　委员会与报告人讨论环节/专家点评

2：45　茶歇

3：00　来自遗传工程作物研发公司的代表

产品研发
Sandy Endicott，杜邦先锋公司高级农艺经理
Ray Shillito，拜耳作物科学公司研究与发展研究员

对农业生产的影响
Robb Fraley，孟山都公司

新技术
Steve Webb，陶氏农业科学公司对外技术和知识产权投资组合开发负责人

4：15　委员会与报告人讨论环节/专家点评

4：45　茶歇

5：00　向公众评议会介绍
Fred Gould，委员会主席，北卡罗来纳州立大学昆虫学杰出教授，遗传工程与社会中心联合主任

5：15　**公众评议/大会讨论**

6：15　**会议结束**

2015 年 1 月 27 日

公共机构植物育种网络研讨会
报告人：*Jim Holland*，北卡罗来纳州立大学教授
　　　　Jane Dever，得克萨斯农工农业研究所教授
　　　　Irwin Goldman，威斯康星大学麦迪逊分校教授

2015 年 2 月 4 日

遗传工程作物应用与社会效应的社会科学研究网络研讨会
报告人：*Mary Hendrickson*，密苏里大学助理教授
　　　　Matthew Schnurr，达尔豪斯大学副教授
　　　　Abby Kinchy，伦斯勒理工学院副教授

2015 年 2 月 26 日

重温 2004 年国家研究委员会《遗传工程食品的安全性：评估非预期健康影响的方法》报告网络研讨会
报告人：*Lynn Goldman*，乔治·华盛顿大学教授
　　　　Bettie Sue Masters，得克萨斯大学圣安东尼奥分校健康科学中心杰出教授

2015 年 3 月 5 日

《遗传工程作物：经验与展望》委员会第三次面对面公开会议
在华盛顿特区的 Keck 中心举行

大会议程
2015 年 3 月 5 日　周四
12：30AM—6：15 PM

12：30　**欢迎仪式**
　　　　Fred Gould，委员会主席，北卡罗来纳州立大学昆虫学杰出教授，遗传工程与社会中心联合主任

介绍委员会（国家研究委员会）研究进展
Kara Laney，美国国家科学研究院研究主任

介绍委员会成员

12：45 **食物安全：监管视角**
Jason Dietz，美国食品和药物管理局食品安全和应用营养中心食品添加剂安全办公室政策分析师
William L. Jordan，美国环保署农药项目办公室项目副主任
John Kough，美国环保署杀虫剂项目办公室高级科学家
Anna Lanzoni[1]，欧洲食品安全局 GMO 部门高级科学官员

2：25 **委员会与报告人讨论环节/专家点评**

3：00 **茶歇**

3：15 **食物安全：潜在的健康后果**

评估遗传工程食品来源的过敏风险：方法、缺口和展望
Richard Goodman，内布拉斯加州大学林肯分校食物过敏研究和资源项目研究教授

遗传工程食品对胃肠道黏膜的潜在影响
Alessio Fasano，马士革儿童医院基础、临床和转化研究副主任，儿科胃肠病和营养科主任

植物中转基因效应的代谢组学分析
Timothy Tschaplinski，橡树岭国家实验室代谢组学和生物转化组学杰出研究科学家、小组组长

4：45 **委员会与报告人讨论环节/专家点评**

5：15 **茶歇**

5：30 **向公众评议会介绍**
Fred Gould，委员会主席，北卡罗来纳州立大学昆虫学杰出教授，遗传工程与社

1　报告人通过网络做的报告。

会中心联合主任

5：45　**公众评议/大会讨论**

6：15　**会议结束**

2015 年 3 月 19 日

工业化国家中与遗传工程作物有关的社会经济问题网络研讨会
报告人：*Keith Fuglie*，美国农业部经济研究所经济学家
　　　　Lorraine Mitchell，美国农业部经济研究所农业经济学家
　　　　Seth Wechsler，美国农业部经济研究所农业经济学家
　　　　Peter Phillips，萨斯喀彻温大学杰出教授

2015 年 3 月 27 日

遗传工程林木网络研讨会
报告人：*Steve Strauss*，俄勒冈州立大学教授
　　　　Les Pearson，ArborGen 监管事务总监
　　　　Bill Powell，纽约州立大学环境科学与林业学院教授

2015 年 4 月 6 日

遗传工程作物和微生物组学网络研讨会
报告人：*Jonathan Eisen*，加州大学戴维斯分校教授

2015 年 4 月 21 日

遗传工程品质性状网络研讨会
报告人：*Neal Carter*，奥卡诺根特种水果公司总裁
　　　　Mark McCaslin，国际饲料遗传公司（Forage Genetics International，FGI）研究
　　　　部副总裁
　　　　Craig Richael，辛普劳植物科技公司研发总监

2015 年 4 月 30 日

农业遗传工程与捐助网络研讨会

报告人：*Rob Horsch*，比尔及梅琳达·盖茨基金会全球发展部副主任

    John McMurdy，美国国际开发署食品安全局国际研究和生物技术顾问

    Brian Dowd-Uribe，和平大学（获联合国授权）助理教授

2015 年 5 月 6 日

遗传工程作物知识产权研讨会

报告人：*Alan Bennett*，加州大学戴维斯分校特聘教授，农业公共知识产权资源执行董事

    Diana Horvath，双叶基金会主席

    Richard Jefferson，Cambia 创始人兼首席执行官，昆士兰科技大学科学、技术和法律教授

2015 年 5 月 7 日

RNA 干扰技术网络研讨会

报告人：*Stephen Chan*，哈佛医学院医学助理教授

    David Heckel，（德国）马克斯·普朗克化学生态学研究所教授

2015 年 5 月 13 日

发展中国家与遗传工程作物有关的社会经济问题网络研讨会

报告人：*Samuel Timpo*，非洲发展新伙伴关系、非洲生物安全专门知识网络副主任

    Marin Qaim，戈廷根大学国际粮食经济学和农村发展教授

    Justus Wesseler，（荷兰）瓦格宁根大学农业经济学和农村政策教授

附录 D 不同种植制度下病虫害防治措施对环境的影响研讨会议程

2015 年 3 月 4 日 周三

华盛顿 西北第五大街 500 号 Keck 中心

8：15 am－8：30 am 欢迎仪式
Noman Scott，国家研究委员会农业自然资源委员会主席，研讨会主持人

8：30 am－9：15 am 主题报告：控制农业害虫的实践对环境的影响
May Berenbaum[1]，伊利诺伊大学厄巴纳-香槟分校昆虫学教授兼系主任
主题：围绕农业生产系统的环境问题进行广泛讨论，包括农药残留、生物多样性、杂草抗性的出现及其对环境和生产的影响、土壤健康、土壤和养分流失、水量水质、能源使用、空气质量、产量权衡、规模效应

9：15 am－9：30 am 讨论

9：30 am－9：45 am 茶歇

9：45 am－11：05 am 专题 I：杂草防治的当代实践
Jay Hill，新墨西哥州农民
主题：玉米和蔬菜生产中的病虫害防治
Steven Mirsky，美国农业部农业研究局生态学家
主题：在作物长期种植中基于生态的杂草管理研究
David Mortensen，宾夕法尼亚州立大学杂草和应用植物生态学教授
主题：抗除草剂作物系统中的可持续杂草管理
Jennifer Schmidt，马里兰州农民，注册营养师
主题：农业中杂草、病虫害和疾病管理的有机整合

11：05 am－12：00 pm 环境影响、权衡和协同效应的讨论

---

1 报告人通过网络做的报告。

12：00 pm—1：00 pm　午餐时间

1：00 pm—2：20 pm　专题Ⅱ：跨生产系统的昆虫管理
Galen Dively，马里兰大学名誉教授，害虫管理策略（IPM）顾问
主题：*Bt* 玉米技术对欧洲玉米螟的区域性抑制及其对其他寄主作物的影响
Jonathan Lundgren，美国农业部农业研究局昆虫学家
主题：农业生态系统中的昆虫群落调控
John Tooker，宾夕法尼亚州立大学昆虫学副教授、推广专家
主题：害虫治理手段的复杂生态效应
Frank Shotkoski，康奈尔大学农业生物技术支持项目Ⅱ主任
主题：*Bt* 茄子在孟加拉国应用检测现状

2：20 pm—3：00 pm　环境影响、权衡和协同效应的讨论

3：00 pm—3：15 pm　茶歇

3：15 pm—4：00 pm　专题Ⅲ：林木害虫管理
Harold Browning，柑橘研究和发展基金会首席执行官
主题：柑橘害虫防治：过去、现在和未来
Marc Fuchs，康奈尔大学副教授
主题：抗病毒：教训与展望

4：00 pm—4：30 pm　环境影响、权衡和协同效应的讨论

4：30 pm—5：15 pm　会议总结

主题：讨论总结不同病虫害管理实践和农业生产系统的信息缺口和研究需求

附录 E　受邀但未能参加会议的报告人

该名单包括未能出席委员会会议、没有接受委员会邀请和未对委员会邀请做出答复的受邀人。

David Andow，明尼苏达大学昆虫学系 McKnight 杰出教授

Rachel Bezner Kerr，康奈尔大学发展社会学副教授

Mark Bittman，《纽约时报》作家

Adam Bogdanove，康奈尔大学综合植物科学学院植物病理学和植物微生物学教授

Edward Buckler，美国农业部农业研究局遗传学家

Daniel Cahoy，宾夕法尼亚州立大学商学院商法教授

Amy Harmon，《纽约时报》记者

Harry Klee，佛罗里达大学园艺科学系植物分子和细胞生物学项目教授

Susan McCouch，康奈尔大学植物育种和遗传学系教授

Craig Mello，马萨诸塞大学医学院、布莱斯大学分子医学教授，兼 RNA 治疗学研究所联合主任、杰出教授

T. Erik Mirkov，得克萨斯农工大学植物分子病毒学教授

Bill Moseley，玛卡莱斯特学院地理学教授兼系主任

William Munro，伊利诺伊卫斯理大学政治学教授

Kurt Nolte，亚利桑那大学尤马县推广主任

Michael Pollan，加州大学伯克利分校环境新闻学教授、作家

Daphne Preuss，Chromatin 公司首席执行官。

José Sarukhán，国家委员会和生物多样性研究所国家间协调人

Ron Phillips，明尼苏达大学 Regents 教授，基因组学 McKnight 主席

Rachel Schurman，明尼苏达大学社会学教授

先正达公司代表，先正达北美分公司

Terry Torneten，艾奥瓦州立大学推广部区域推广教育总监

Sarah Zukoff，堪萨斯州立大学昆虫学助理教授

附录 F　来自公众的评价报告

　　表 F-1，表 F-2，表 F-3 将收集到的公众对于 GE 作物潜在作用的观点，以及疑问、建议进行了小结。如果对于同一个主题有多种观点，我们就选取其中最具有代表性的观点。表格的第二列对每个观点进行基本的描述和归纳，第三列列出该观点在本书中出现的页码。

表 F-1　公众讨论的 GE 作物及其相关技术可能存在的潜在不利影响

议题	基本描述	页码
农业		
GE 作物的净收益/产量增加被夸大了	遗传工程对产量的影响	65-70
抗虫 GE 作物依赖于 Bt 蛋白。这些额外的蛋白质以牺牲植物的生产力为代价。由于抗虫基因通常会成为文本，"最好的" Bt 基因可以有效地杀死一些近交幼苗	遗传工程对产量的影响	70-78
美国农业的土壤侵蚀率在引入 HR 作物之前有所下降，而自从引入 HR 作物以来没有下降	对土壤品质和流失的影响	103-104
如果一种作物的某个特定杂交种或品种对市场主要地理部分占有重要地位，就应引起关注。具有一两个性状的 GE 作物的广泛种植可能会因白叶枯病而颗粒无收	作物品种的遗传多样性	97-99
更多地使用抗一种以上除草剂的作物将导致抗药性杂草的严重程度增加	对害虫和杂草抗性的影响	92-95
环境		
抗除草剂作物促进了对有毒除草剂的更多使用和依赖，损害人类健康和环境	农药残留的影响	90-91
当前占主导地位的 GE 作物和性状加剧了工业农业中的一些问题，如增加了杀虫剂的使用和害虫抗药性	对杀虫剂和除草剂使用的影响 对害虫和杂草抗性的影响	79-82， 83-86， 90-91， 92-95
对 Bt 的抗性进化正在迅速出现和蔓延	对杀虫剂和除草剂使用的影响	83-86
抗虫特性并没有阻止新烟碱类杀虫剂使用量的增加，因为对 Bt 毒素敏感的昆虫谱很窄。新烟碱对许多脊椎动物具有高度毒性，并在环境中持续存在	对杀虫剂和除草剂使用的影响	81-82，96
与 GE 作物相关的除草剂使用导致了抗除草剂杂草出现。抗除草剂杂草的快速进化创造了一个 "GE 训练器"（随着抗除草剂杂草的进化，需要培育更新的 GE 作物）。它还导致更多的耕作，从而导致更多的土壤侵蚀	对害虫和杂草抗性的影响	92-95， 103-104

议题	基本描述	页码
连续种植 GE 玉米具有间接景观效应，如中西部地区马利筋的消亡、硝酸盐污染增加、缺氧海岸带等间接景观效应。由于玉米根系较浅，与其他利用过量硝酸盐作物的轮作导致硝酸盐的流失	对景观生物多样性的影响 对土壤品质和流失的影响	100-101， 103-104
像草甘膦和 2,4-D 这样的除草剂正在杀死蜜蜂	农场和农田的生物多样性	90-91
抗草甘膦作物对帝王蝶种群有负面影响	农场和农田的生物多样性	100-101
抗虫作物危害生物多样性，包括农业害虫的天敌	农场和农田的生物多样性	95-96
Bt 蛋白可以杀死有益的昆虫，如蜻蜓和瓢虫。研究表明，有可能是在设计上存在缺陷，昆虫实际上不会摄入 Bt 蛋白	农场和农田的生物多样性	95-96
基于 RNAi 的杀虫剂和 GE 作物对非目标生物的潜在危害包括目标外基因沉默、在非目标生物中沉默目标基因、免疫刺激和 RNAi 机制饱和。环境中杀虫小 RNA 的持续性尚不清楚。实验室毒性试验是否能准确预测这项技术的现场效应，目前尚不清楚	农场和农田的生物多样性	293-295， 354-355
GE 技术促进了单一种植的推广。单一栽培系统与多种后果有关，包括虫害压力增加、产量降低（通常由较高的购买投入使用补偿）、营养物质泄漏导致水污染、CO_2 气体排放、空气污染和生物多样性减少	农场和农田的生物多样性	95-104
GE 作物导致的种子公司的合并已经威胁到了生物多样性	在农村和田间的生物多样性 作物品种的遗传多样性	97-99
人类健康和食品安全		
GE 玉米含有更高水平的鱼藤酮，是一种植物源杀虫剂，可能会导致帕金森病	*Bt* 作物对健康的影响	162-163
一些 Bt 蛋白可以完整地进入血液，一些 Bt 蛋白和/或碎片可以在上消化道的酸性条件下存在。这些蛋白在胃肠道中的存在可能与近年来胃肠道疾病的增加有关	*Bt* 作物对健康的影响	151-152， 155-158
出生时脐带血中发现 Bt 蛋白或碎片	*Bt* 作物对健康的影响	155-158
Bt 蛋白对肠壁、血细胞、胎儿发育和免疫系统造成损害	*Bt* 作物对健康的影响	157-158
GE 食品对人类健康有害，导致不育、癌症、哮喘、孤独症、出生缺陷、儿童慢性病和肝肾问题。它们导致了肥胖、糖尿病、癌症和过敏症的流行	*Bt* 作物对健康的影响 与抗除草剂作物相关的除草剂对健康的影响	145-155
哺乳动物喂养研究中有证据表明，长期喂养 GE 玉米和大豆会对肾脏、肝脏和骨髓造成损害，这可能意味着会导致产生慢性病	*Bt* 作物对健康的影响 与抗除草剂作物相关的除草剂对健康的影响	128-138
GE 食品的消费者更容易出现多种健康问题和消耗更多的减少加工碾磨的玉米。因此，这些人群暴露于 GE 的特性可能会造成与健康状况相关的独特风险	*Bt* 作物对健康的影响 与抗除草剂作物相关的除草剂对健康的影响	145-158， 162-163
遗传工程可能导致新的动植物疾病、新的癌症来源和新的流行病	*Bt* 作物对健康的影响 植物病害造成的影响 与抗除草剂作物相关的除草剂对健康的影响	145-158， 162-163
GE 作物通过影响肠道通透性、肠道细菌不平衡、免疫激活和过敏、消化不良和肠壁损伤而引起麸质敏感	*Bt* 作物对健康的影响 抗除草剂作物对健康的影响	151-152， 155-158
与食用非 GE 饲料的牲畜相比，食用 GE 饲料的牲畜需要更多的抗生素，并且有更多的胃肠道疾病和更低的出生率/产仔率	*Bt* 作物对健康的影响 抗除草剂作物对健康的影响	136-138， 208-212

遗传工程作物：经验与展望

续表

议题	基本描述	页码
GE 大豆增加了抗营养素大豆凝集素和过敏原胰蛋白酶抑制剂的含量，降低了蛋白质、脂肪酸、必需氨基酸和植物雌激素的含量，提高了木质素含量	与抗除草剂作物相关的除草剂对健康的影响	135
农药混合物配方尚未进行长期毒性调查，需要在体内进行长期和多代试验	与抗除草剂作物相关的除草剂对健康的影响	162-163
GE 玉米转入的抗草甘膦的 EPSPS 基因和其他突变效应及其产生的代谢产物变化导致内分泌紊乱	与抗除草剂作物相关的除草剂对健康的影响	140
草甘膦阻断莽草酸途径；肠道细菌利用这种途径产生芳香氨基酸，如 L-色氨酸，它是血清素和褪黑素的前体	与抗除草剂作物相关的除草剂对健康的影响	162-163
草甘膦对人体细胞有毒性	与抗除草剂作物相关的除草剂对健康的影响	149
草甘膦干扰其他代谢途径，包括细胞色素 P-450 途径，需要适当的肝脏解毒	与抗除草剂作物相关的除草剂对健康的影响	162-163
由于 IARC 严格和独立的审查，草甘膦和癌症之间的相关性已经大大加强。这种有毒的除草剂可能会致癌。这一严重威胁健康的新证据为草甘膦的紧急重新评估提供了额外的理由，将草甘膦与化学物质的生态危害区别对待，足以立即引发对其使用的评估和限制	与抗除草剂作物相关的除草剂对健康的影响	145-149，162-163
使用 Englit Duo 会增加人体在 2,4-D 下的暴露，因为 2,4-D 会更多地存在于水、食物和空气中，可能由于意外而被摄入	与抗除草剂作物相关的除草剂对健康的影响	126-128
抗草甘膦作物有新的代谢产物	抗除草剂作物对健康的影响	121-125
在抗草甘膦的大豆中可能存在四个可变拼接的、超长的 RNA 转录产物，这些新的蛋白质会带来健康风险	抗除草剂作物对健康的影响	163-164
基于 RNAi 的 GE 作物不会产生新的蛋白质，但它们可能仍然存在生态和食品安全风险。食品的"安全性"可能取决于消费者的生理状态	RNAi 技术对健康的影响	163-164，293-295
农药混合物配方中的佐剂比农药化学品中的活性成分毒性更大。因此，农药可接受的每日摄入量阈值在这里是无效的，因为摄入量阈值只考虑活性成分，而不是佐剂	恰当的动物试验	128-141
在 MON810 玉米中检测到一种著名的致敏蛋白 T-玉米醇溶蛋白。许多种子贮藏蛋白呈截短形式（蛋白质序列变短）	Bt 作物对健康的影响	143
在肠道中产生的大多数血清素是对色氨酸存在的响应。小麦是色氨酸的良好来源，但当小麦被草甘膦污染时，肠道细胞会加速产生过多的血清素，从而出现许多常见的腹腔疾病症状，如腹泻	无抗除草剂小麦存在，不在研究范围内	152-153
收割前用草甘膦处理小麦会引起乳糜泻。小麦上的草甘膦残留物进入食物，导致乳糜泻，因为它会破坏肠道中的绒毛。草甘膦还会阻止身体分解一种在小麦里面存在的蛋白——麦谷蛋白		在编委会编写本报告的时候，还没有耐草甘膦的 GE 小麦
经济		
GE 品种在市场上的主导地位导致了私人育种项目的减少，即产业的整合	农业整合	227-231
由于 GE 作物的出现，种子公司合并并导致了基于适当遗传学的投入密集型单一农业体系的巩固	农业整合	222-231

续表

议题	基本描述	页码
GE 作物成本推高，导致种子公司的合并	农业整合	227-228
专利实践已经封锁了来自竞争对手和公共育种项目的种质，这使得非 GE 种子很难买到	作物品种的遗传多样性	222-231
种子公司因 GE 作物的合并缩小了农民的种子选择范围	作物品种的遗传多样性	227-228
对草甘膦的依赖为解决抗除草剂杂草的问题创造了昂贵的成本。对 Bt 的依赖可能会造成在昆虫抗性管理中类似的情况	对杀虫剂和除草剂使用的影响	83-86，92-95
由于美国未采用在全球大多数市场采用的转基因标识原则，因此种植 GE 作物将可能导致美国的粮食和粮食制品被其他国家禁止进口。	对全球化市场的影响	215-218

公共及社会资源

议题	基本描述	页码
由于 GE 作物导致的种子公司合并使得一些公司能够主宰市场。其结果是，这些产品即使能够产生利润，但也没有技术优势或社会意义	农业整合	227-228
GE 作物的出现使种子公司合并，进一步限制了农民保存和交换种子的权力	种子保护	222-228
遗传工程严重削弱了农民培育和选择种子的能力	种子保护	222-228
GE 作物的出现扭曲了公共部门的研发重点，导致种子公司合并	公共部门研究	228-231
资助者对 GE 作物发展的支持将发展中国家的植物育种工作从传统植物育种工作转向遗传工程。研究的注意力投入到目前没有进行遗传工程的作物和农业生态改善的努力上	公共部门研究	200-203，228-231
历史上的农业公共产品，由于知识产权的专利保护，如发展中国家的作物改良和特产或小作物，正在进入私人产品领域。这一变化影响了对这些类型作物研究的速度	公共部门研究 知识产权	222-231
在采用 GE 作物的美国和发展中国家，种植 GE 作物加快了农民丧失种植经验（去技术化）的速度	农民的受教育程度	203-205
抗除草剂和抗虫性状的社会效益一直是模棱两可、多变和不确定的。生产力的提高主要是由于技术和方法，如育种，而不是遗传工程。到目前为止，遗传工程在应对气候变化、保护生物多样性、减少污染以及保护有限或稀缺资源方面的贡献微乎其微	遗传工程对产量的影响 对景观生物多样性的影响	65-78，87-90，95，231-232，295-297
对生活和文化，特别是土著人的生活和文化，都有负面影响	对土著人的影响	203-205

科学进展

议题	基本描述	页码
由于 GE 作物导致种子公司合并，使得一些大公司能够确定全球农业研究的优先事项和未来方向	农业整合	227-228
由于 GE 作物的出现，种子公司的合并已经阻碍了独立研究	农业整合	222-231
在大学系统中专注于分子生物学的转变已经耗尽了公共育种项目的资金	公共部门研究	228-231
企业对大学研究的支持使得公立大学的科学家偏向于 GE 作物的支持者。大学里私人农业研究经费大幅增加，而同时公共经费却减少了，这引发了关于公共和私人领域对于遗传工程研究进程之间关系的问题	公共部门研究	228-231
GE 种子的存在，导致了非 GE 种子和本地种子的使用减少以及公众的接受度降低	作物品种的遗传多样性	222-223

表 F-2　关于遗传工程（GE）作物及其相关技术潜在效益的公众评论

议题	基本描述	页码
农业		
GE 作物促进了全球大豆和玉米产量的增长	遗传工程对产量的影响	65-70
GE 水稻可以提供改良的具有消费者利益的农艺性状	黄金大米的作用	158-160，200-201
使农作物种子具有抗病性是一种简便、环保、有效的农作物病害防治手段。基因抗病性可以通过常规育种来实现，但在某些情况下，利用遗传工程技术可能（使种子）更快获得抗性、抗性更强大，也可能是实现抗性的唯一途径	在植物病害上的作用	199-200，286-287，293
环境		
GE 作物有助于提高产量，同时减少对环境的影响	对环境的影响 遗传工程对产量的影响	65-70，95-104
由于拖拉机燃料使用减少和土壤中碳固定量的增加，全球使用 GE 作物减少了温室气体排放	对环境的影响	103-104
遗传工程可以经济有效地提高养分利用效率和对气候变化影响的恢复能力	对环境的影响	296，297-299
GE 树木可能是对抗因气候变化而引起的树木病虫害压力增加的最佳方法	对环境的影响	290-293
GE 品种改变了美国农业，帮助美国农民通过降低成本保持国际竞争力，促进实现重要的环境和可持续发展目标	对景观生物多样性的影响 对美国社会经济的影响	183-192
将（通过遗传工程培育的）抗白叶枯的美洲栗返回东部森林，特别是那些私人土地上，可以帮助恢复这些森林的结构和功能	对景观生物多样性的影响	290-293
遗传工程技术给科学家提供了可以对抗生态重要物种（如树木等）的衰退和最终灭绝的一种方法	对景观生物多样性的影响	290-293
遗传工程产品，如美洲栗，具有消灭本地物种（如树木）的入侵性疾病，并修复生物群落的能力	对景观生物多样性的影响	290-293
东北部森林的白蜡树和铁杉树都因为入侵害虫消失了。在当地森林的一些地区，森林帐篷毛毛虫已经摧毁了糖枫，并且，如果亚洲长角甲虫广泛传播，森林覆盖率将减少 50％以上。GE 树木是抵御这种悲剧的一种方法。GE 美洲栗对野生动物有巨大的好处，因此它（对于保持森林多样性）尤为重要	对景观生物多样性的影响	290-293
美洲栗的树形美丽、茎干坚硬而且抗腐烂病。不像橡树，美洲栗每年给野生动物提供了大量的食物。如果缺少它，整个生态系统就不一样了。遗传工程技术是将该物种从灭绝的边缘挽救回来的关键技术。如果仅依赖抗性品种的转育不可能实现美洲栗的资源恢复	对景观生物多样性的影响	290-293
采用遗传工程作物在全球范围内大量地减少了杀虫剂的使用量	对杀虫剂和除草剂使用的影响	72-73，79-82，90-91
从活性成分使用量的角度上来看，利用草甘膦和抗草甘膦作物避免了使用毒性更大的除草剂	对杀虫剂和除草剂使用的影响	90-91
抗除草剂作物有助于保护性耕作方式的扩展，有助于减少土壤侵蚀	对土壤品质和流失的影响	103-104

续表

议题	基本描述	页码
人类健康和食品安全		
对第二代遗传工程作物的监管审批延误给生产率和人类健康带来了影响		218-222
在印度，种植遗传工程棉花提高了产量，使得自杀事件减少	遗传工程对产量的影响 对发展中国家社会经济的影响	75-77
在 Bt 玉米的田间研究中发现因为减少了害虫对玉米的危害，所以来自黄曲霉毒素和伏马菌素的污染也就减少了。尤其是中度至高度潮湿环境中特别容易发生穗腐病和霉菌毒素污染	Bt 作物对健康的影响	161-162
经济		
2012 年，遗传工程作物在农业层面创造了 188 亿美元的净经济效益，17 年里（从 1996 年全球开始种植 GE 作物开始计算）创造了 1166 亿美元的净经济效益。发达国家农民和发展中国家农民的经济收益各占 50%	对发达国家和发展中国家农民的影响	183-203
一些非洲国家正在开发的遗传工程作物，如乌干达的抗黑穗病香蕉和加纳的抗马鲁卡豇豆，将有助于改善小农户的生活，因为这种技术与他们的需求和利益相关。为了有效，该项技术还应该是农民能够负担、容易接触到并且能够带来利润	对发展中国家农民的影响	200-201
据估计，遗传工程大米的全球总收益每年将达到 640 亿美元	黄金大米的作用	158-160
公共及社会资源		
遗传工程之所以有用，是因为它可以为一些濒临绝种的作物或一些对发展中国家农民有重要意义的作物在作物品种改良方面取得一些突破性进展，而这些进展是常规育种技术无法企及的	对发展中国家社会经济的影响	286-287
在一些非洲国家，将遗传工程等技术引入农业，将使农业现代化，更具盈利能力，这将使农业这一职业对年轻人更有吸引力，并阻止人口从农村地区流失	对发展中国家社会经济的影响	192-203
一项又一项的研究表明遗传工程作物是安全的。就树木而言，它可以帮助拯救一个产业（如黄龙病危害的柑橘）并帮助一个受人喜爱的本土物种（如美洲栗）重新繁衍	对社会经济的影响	158, 290-293
科学进展		
直接操纵基因表达与"询问生物体"实验设计相结合，为理解自然机制提供了最快的途径		294
遗传工程技术对树木是有利的，因为它们的繁殖周期长，难以导入新的基因，并且在鉴定显性基因方面具有难度。遗传工程技术能为树木品种的发展提供多样的性状	对树木的特殊影响	290-295
传统育种在树木中的应用既单一又费时。以遗传工程培育美洲栗为例，遗传工程对于带回一个有价值的物种，是一个更快更可靠的方法	对树木的特殊影响	286-289

表 F-3　公众评论中关于对 GE 作物及其相关技术提出的建议或质疑

议题	基本描述	页码
环境		
遗传工程是人类可利用的最安全、最环保的技术之一，它的广泛应用对人类和自然的利益至关重要	对环境的影响	70-104，165-166
为了应对日益复杂和严峻的环境问题，所有的选择都需要冷静地评估，而不是被基于恐惧和无知的情绪诉求所迷惑	对产品研发的作用	355-358
同行评审的科学研究表明，遗传工程过程是安全的。农药和杀菌剂的替代品将对环境和人类造成更大的危害	对环境的影响 对杀虫剂和除草剂使用的影响 Bt 作物对健康的影响 抗除草剂作物对健康的影响	79-82，90-91，128-145，165-166
环保署需要建立一个系统，能够主动监测并解决抗药性昆虫的数量	抗性害虫和抗性杂草的影响	83-86
环保署应强制实施除草剂抗性管理，并为杂草综合管理提供激励措施	抗性害虫和抗性杂草的影响	92-95
美洲栗是一种可以提供高木材质量的树种。它消失了一个世纪，在美国东部森林的生态和食物链上留下了一个空白。这个物种的消失是一个几乎无法理解而大多数人并没有意识到的生态损失	对景观生物多样性的影响	290-293
政策制定者可能会青睐遗传工程，而不是其他潜在的方法或系统，如传统育种和农业生态学，因为遗传工程被视为可以为工业带来更大的利益。例如，与工业农业相比，农业生态方法通常对种子、肥料或农药等购买投入的依赖性较小	与非遗传工程系统的对比	200-203
一些健全的农业生态和其他经证明可持续的小规模及当地生产性耕作方法（也许更适合许多较小的非洲和亚洲农户）被忽略所带来的机会成本不容忽视	与非遗传工程系统的对比 农民的受教育情况	200-203
遗传工程作物开发所用资金通常不是来源于能够长期支持的资金。农业生态和农场管理介入是引进遗传工程等技术的先决条件，但它们往往缺乏资助和被忽视	与非遗传工程系统的对比	200-203，231-232
农业生态学有时是通过遗传工程来替代作物改良。这些不一定是"非此即彼"的，没有理由不能将转基因特性融入可以用于农业生态系统的当地作物品种中	与非遗传工程系统的对比 农民的受教育情况	200-205
人类健康和食品安全		
FDA 对遗传工程作物的审查不足以缓解人们对健康的担忧。FDA 的审查并不全面	FDA 的监管	128-144，328-335
FDA 目前的手段可能不能充分分析进口的遗传工程作物产品的安全问题	FDA 的监管	128-144，328-335
FDA 应要求所有遗传工程作物上市前进行安全评估，包括复合性状品种	FDA 的监管	328-335，355-358
由于所有的研究都是由技术开发人员或他们的承包商进行的，所以遗传工程性状、作物和食品安全检测方法和结果本身就值得怀疑。这些研究的细节没有公布，完整的序列信息也没有披露。遗传工程性状专利持有人经常对谁能用他们的种子和性状进行科学研究施加限制，并中伤那些对遗传工程性状、作物安全性、性能提出质疑的科学家	对检测遗传工程作物和食品的偏见	128-144，222-231

续表

议题	基本描述	页码
政府没有资助独立的科学家评估转基因作物和食品安全	对检测遗传工程作物和食品的偏见	120，128-144
工业界资助对遗传工程作物和食品的大部分研究，因此他们的结果不可信	对检测遗传工程作物和食品的偏见	120，128-144
对遗传工程作物进行的大多数营养研究并没有评估对健康的影响，而是集中在动物体重是否增加以及是否影响动物产奶量或产蛋量上	健康检测的充分性	125-144
没有研究测试是否存在特定的与遗传工程获得的复合性状产品相关的人类健康和环境风险。现在，大多数遗传工程食品都含有由多个启动子和调控序列调控的多个性状。这一根本变化会导致一系列新的且更为复杂的改变，包括环境变化导致基因模式的改变，以及新的毒素和过敏原的出现及量的变化。	健康检测的充分性	125-144，326-345
目前有关遗传工程玉米和大豆品种中一个或多个遗传工程性状的任何健康研究的分析或阐述，还没有在同行评议的期刊上发表。	健康检测的充分性	125-144
EPA 对 *Bt* 甜玉米、*Bt* 茄子等食品中 *Bt* 的剂量水平评价不足。转基因茄子和转 Bt 蛋白对人类生殖和神经发育的影响还没有研究	健康检测的充分性	125-158
对供人类食用的新遗传工程食品应进行完整的"组学"分子图谱分析以及 siRNA/miRNA 图谱分析，以确定在同一地点同时种植的遗传工程品种和对照非转基因品种之间的差异。这些数据将排除潜在的毒素、过敏原和由 GE 转化引起的组成/营养紊乱的存在。在大鼠和/或小鼠中应进行 2 年喂养研究，随后进行大型农场动物毒性研究，然后进行人体剂量递增试验。这种测试应该由政府支付费用	健康检测的充分性	140
目前还没有可靠的动物模型来检测新的、基于食物的人类过敏原，因此遗传工程食品公司将不得不在人类志愿者身上进行测试，以发现新的和意想不到的过敏原	健康检测的充分性 恰当的动物试验	141-144
目前的过敏测试不够严格	健康检测的充分性	141-144
遗传工程作物和食品对每个人都有负面影响，特别是那些有慢性疾病问题的人	健康检测的充分性	141-158
在食品中高浓度的遗传工程 Bt 蛋白尚未成为人类或动物饮食的一部分，它们对胃肠道健康的影响以及其成为抗营养剂的可能性尚未被研究	健康检测的充分性	151-158
对草甘膦还没有进行长期安全性试验或评估。独立研究表明它对动物和人类都是有高度毒性的	健康检测的充分性	149，162-163
遗传工程作物或食品对肠道细菌的影响（水平基因转移、草甘膦的抗生素作用、芳香族氨基酸的阻断生产等）及其对个人和新生儿健康的影响尚不清楚	健康检测的充分性	155-158
遗传工程作物试验地点应公开张贴。传统和有机作物被污染使农民的生计处于危险之中，并对一般人群成过敏和毒性影响，这也严重影响了医生的诊断能力	健康检测的充分性 遗传工程作物和非遗传工程作物的共存	125-158，208-212

议题	基本描述	页码
必须在大鼠、小鼠或其他物种中开展慢性影响的研究（2年喂养试验、多代研究），用来发现与已知毒素相似而没有被怀疑的风险，但目前这样的研究就算有也很少。许多提交给诸如食品和化学毒理学、管制毒理学和药理学的期刊的研究都有明显的设计问题，结果并不完全可靠，特别是对人类风险的表征。通常，测试材料没有很好的特性，使用了不适当的控制措施，发表的研究报告了"统计上的显著差异"，而没有对数据的生物相关性进行任何检测或确认。因此，从与人类食品安全相关的角度来看，这些研究应该也必须受到质疑。在我们要求对科学上相对容易评估的产品进行大量不必要的、昂贵的和可能混淆的测试之前，我们需要使用科学的第一原则	健康检测的充分性	128-138
回顾有关遗传工程作物的适当的同行评议文献，可以发现遗传工程作物的安全性和实用性由来已久。据记载，多年来，全球有几十亿只动物食用转基因饲料，但没有发现对这些动物的健康有影响。很明显，这么长时间以来，有这么多动物一直在吃遗传工程来源的饲料。没有任何理由轻视这一极其重要的事实	健康检测的充分性	136-138
应进行批准后监督（如2004 NRC报告所要求的）	USDA管理方式	141-144，326-345
需要有双链RNA的安全评估方案	RNAi技术对健康的影响	163-164，253-254，294-295
遗传工程作物体系（包括种子和涂层、杀虫剂和惰性成分，以及隐藏在知识产权壁垒背后的研究结果）不应被用作暗示地方监管会成为遗传工程作物的障碍的一种方式加以界定，同时对健全的风险评估和向公众公开遗传工程研究数据的透明度只是口头上承诺	关于遗传工程争论的影响	3-18
经济		
最近一项由工业界资助的研究发现，通过遗传工程开发一种性状的平均成本约为1.36亿美元（主要来自研发而非监管成本），而使用传统育种开发典型性状的粮食作物成本约为100万美元	研发成本 监管成本	218-222
美洲栗的再生将是家具和木材工业产业发展的一大推动因素	美国社会经济的影响	290-293
公共及社会资源		
通常，在发展中国家用快速的科学评估来支撑遗传工程作物对这些国家农民有用的说法	在发展中国家的社会经济作用	183-203
随着时间的推移，需要更多的努力来了解哪些发展中国家的人群受益于遗传工程作物的引进	在发展中国家的社会经济作用	192-203，205-207
据记载，哥伦比亚采用Bt棉花受到了当地妇女的欢迎，因为这减少了她们不得不雇用喷洒杀虫剂的工人的数量	在发展中国家的社会经济作用	205-207
农业生物技术可以提高生产力，保障和提高产量，生产更优质的作物。这对农业的可持续性至关重要。如果要增加粮食产量以满足下一代人口增长的预期，那么种植者应该可以选择使用基因改造和其他生物技术	养活不断增长的世界人口	231-232，307-311
关于社会经济的争议降低了遗传工程推进可持续农业和确保食品安全的长期潜力	关于遗传工程争论的影响	213-231，307-311

续表

议题	基本描述	页码
缺乏公共部门对遗传工程应用研究的支持，阻碍了性状的数量和类型的发展	公共部分的研究	200-203，228-231
创造和销售遗传工程种子的垄断势力具有不正当的动机	农业整合	222-231
经过十多年的发展，黄金大米的产量低于对照水稻，而且还没有展现出在社区条件下解决维生素 A 缺乏问题的能力	黄金大米的作用	158-160，304-307
信息获取		
食品安全机构和当局以及私营公司不公布他们研究的原始数据	数据报告的透明度	352-354
试验田的位置不应保密，农作物、市场和社区的农民可能会因为接近这些地块而受到损害	透明度 遗传工程作物和非遗传工程作物的共存	208-212，352-354
美国农业部应要求提供所有田间试验的序列信息	透明度 遗传工程作物的管理	328-335，355-356
把关于转基因作物的争论局限于同行评议的文献是精英主义者的行为	数据质量和全面性	24-28
缺少标签会剥夺消费者的选择权	公众知情权	213-215，325，351
一些遗传工程作物因为是农杆菌转化的而受到管控，但如果用基因枪进行转化则不然，这样的管理是否有科学依据？	基因编辑的管理	328-335，345-350
对遗传工程作物的知识产权保护对于鼓励投资作物开发和确保其在农业上的最佳利用非常重要。专利保护可以用来阻止竞争对手，但也可以用来促进技术的广泛使用，因为它通过提供保护这些想法的安全性，鼓励发明人提出新的想法	知识产权	222-227
遗传工程作物最大的问题是周边政策和专利滥用，而不是其身后的科学本身	知识产权 监管成本	222-227
科学进展		
由转化方法诱导突变的频率及其作为潜在生物安全危害的重要性目前还不清楚	遗传工程的非预期影响	266-276
遗传工程是对大自然不必要的干预	遗传工程的伦理学	42-47
分子标记辅助选择（MAS）育种可以实现与遗传工程相同的要求，且没有缺点。商业化的遗传工程性状数量较少，这证明该技术并不那么成功。同时因为传统育种和分子标记辅助选择可以在更快的时间尺度上获得更好的结果，因此并不是一定要使用遗传工程方法	遗传工程对产量的影响 与非遗传工程系统的比较	250-252，286-288
生物的基因组编码成千上万的蛋白质，改变或添加一个单一的基因并不能创造出某种畸形的杂种。它也不会改变植物本身的基本性质	遗传工程的伦理学	42-47，286-288
疾病导致了树木的灭绝（如美洲栗）和正在毁灭树木（如柑橘黄龙病）。现代育种有助于控制这些疾病，保护树种和森林的多样性和健康	对植物病害的影响	290-295
RNAi 的效率和效果因物种、传递方式和靶向基因的不同而不同。由于对 RNAi 信号如何在昆虫细胞中被放大和传播的认识不完全，目前预测针对特定昆虫的理想 RNAi 实验策略的能力有限	RNAi	294-295

附录 G　术语表

庇护所：避免遭受危险的地方。在本报告中特指一个农场或农田的一部分，在该区域作物不产生杀虫毒素，毒素敏感基因型的害虫能够存活。

表达：指一个基因转录成 RNA 并表现性状的结果。

表达盒：一段 DNA 序列，含有一个或多个目的基因及其各自的表达启动子，通常两侧还有一组有助于插入和选择受体生物体基因组的序列。

表观基因组：在不改变基因组实际 DNA 序列的基础上影响基因表达的物理因素。

表观基因组学：使用高通量技术研究表观基因组。

表型：一个有机体的可见的和/或可测量的特征（体现在外表和生理上的），与其基因型或遗传特征相对。

参考基因组：一个物种的单个个体的 DNA 序列，在其他个体的测序中作为参考。

草甘膦：一种广泛使用的除草剂，商品名称叫 RoundUp®。

产量滞后：由于遗传连锁导致的减产基因伴随着转入基因，一个具有转基因的品种比没有新性状的优良品种有一个初始产量低的趋势。随着时间的推移，转入基因会与减产基因分离，产量滞后通常会消失。

产量拖累：是由于转基因的插入或位置效应而导致的产量潜力降低。通过常规育种的努力来提高品种的产量，平衡产量拖累的影响，可以克服产量拖累。

常规植物育种：选择合适的植物作为亲本，通过有性杂交（不同基因组）或用化学或辐射方法诱变植物基因组，改变植物的遗传（物质）组成。

成簇有规律的间隔回文重复序列（CRIPSRS）：在细菌中发现的一种天然发生的病毒免疫机制，包括识别和降解外来 DNA。这一机制已被研究人员用来开发基因编辑技术。

重测序：利用鸟枪法测序产生的全基因组序列能够覆盖整个参考基因组。

重组 DNA：利用遗传工程产生的新的 DNA 序列。

代谢组学：非多肽类小分子的系统的全局分析，如维生素、糖、激素、脂肪酸和其他代谢物。它不同于传统的只针对单个代谢物或途径的分析。

单核苷酸多态性（SNP）：在基因组中特定位置发生的单个 DNA 碱基对的变异。

蛋白质组学：研究一种细胞乃至一种生物所表达的全部蛋白质。蛋白质组学不仅包括蛋白质的鉴定和定量，还包括蛋白质的定位、修饰、相互作用和活性的测定。

等位基因：基因在染色体上特定位置（即位点）的变异形式之一。不同的等位基因会导致遗传特征的变异，如血型。

地方品种：由当地传统农场主（农民）培育和保持的某个作物的一些品种。它们和现代商业品种的遗传信息不一致，而且通常具有当地农业社区感兴趣的性状。

定向诱导基因组局部突变技术（TILLING）：一种快速有效地从（诱变过的）突变群体中鉴定出点突变的方法。

反义 RNA：一种互补的 RNA 序列，与自然产生的信使 RNA 分子结合从而阻断其转录。

非同源末端连接：一种自然发生的修复双链断裂的 DNA 分子的机制。通常会导致（碱基的）插入和删除。

分子标记辅助育种：利用 DNA 序列来区别哪些植物或有机体具有目的基因的特定版本（等位基因）。标记不会成为植物基因组的一部分。

共存：共同存在或同时存在。在本报告的背景下，GE 和非 GE 作物共同存在于农场。

害虫管理策略（IPM）：一种基于确定经济阈值的害虫控制策略，该阈值指示害虫种群何时接近为防止净收益下降而必须采取控制措施的水平。原则上，IPM 是一种基于生态的策略，依赖于自然死亡因素，如天敌、天气和作物管理，并寻求尽可能少地破坏这些因素的控制策略。

合成生物学：利用合成的基因或将多个有机体的基因结合在一起产生新特征或有机体的能力，也被定义为通过计算设计出的不是直接在自然中存在的 DNA 或试剂来产生新的性状或有机体的能力。

核苷酸：脱氧核糖核酸（DNA）和核糖核酸（RNA）的四个可重复亚单位之一，由五碳糖、磷酸和含氮的有机碱组成。组成 DNA 的核苷酸是腺嘌呤、鸟嘌呤、胞嘧啶和胸腺嘧啶；尿嘧啶在 RNA 中作为胸腺嘧啶的替代物。

活动者（活动家）：一种社会科学概念，用于指个人或团体（如政府机构、公司、零售商、非营利组织和公民团体），他们的行为是有意识和相互合作的。

基因驱动：一种有偏向性的遗传体系，其中一种遗传元素通过有性生殖从父母传给后代的能力更强。因此，基因驱动的结果是特定基因型的优先（富集），即决定一个特定表型（性状）的有机体的遗传组成从一代到下一代遗传，直至整个种群。

基因型：个体的遗传特性。基因型通常通过外在特征表现出来。

基因组：一个生物体的全部 DNA 序列。

基因组编辑：对生物体的 DNA 进行特殊的修饰，以产生突变或引入新的等位基因或新的基因。

基因组测序：生物体（全基因组）DNA 序列的测定。

基因组学：对基因组的研究，通常包括对基因组进行测序，鉴定基因及其功能。

家庭收入：在一个特定家庭或居住地的所有人的收入总和。它包括各种形式的收入，如工资和奖金、退休收入、类似现金的政府转移支付（如食品券）和投资收益。

近等基因系：一个个体与另一个个体在基因上只有少数遗传位点不同。

净收益：总收入减去所有开支。通常是针对特定资源进行估算的。

抗营养因子：食物中抑制营养物质吸收利用或本身有毒的特殊成分（化合物）。

利润：总收入减去成本费用。

内源的：（生物体内）自然产生的物质或特征。

农场净收入：总收入与总费用之间的差额，包括出售资产的损失或收益。

偶然出现（偶然事件）：在种子、谷物或食物中意外地出现低剂量的遗传工程性状。

品种：为特定的表型特征（如产量）而有意选择培育的农艺性状改良作物品种，对于作物，通常销售和种植的属于品种。

去技术化：通过引进新技术来支付（降低）劳动力成本和增加利润，从而有效地消除技术工人的需求。

生物技术：除选择育种和有性杂交外，赋予生物体新性状的多种方法。

试剂：在科学实验中通常使用的化学物质；在基因组编辑中，指用来修改 DNA 的化学物质。

事件：特指一个遗传工程植物株系，以外源基因在植物基因组中的位置作为特征进行鉴定。

收益：总收入。

数量性状位点（QTL）：基因组中的一个区域对表型的影响是可以量化的。

双链 RNA（dsRNA）：通过碱基互补配对相互结合的两个 RNA 分子。

体细胞变异：表观遗传或遗传变化，有时表现为一种新的性状，由高等植物的离体培养引起。

同源介导修复：一种自然发生的通过双链断裂修复细胞中 DNA 序列的机制。这种修复机制用来自同源染色体的 DNA 或人工添加具有同源序列的 DNA 作为修复模板。

小分子干扰 RNA（siRNA）：在 RNA 干扰中起作用的 RNA 分子。

信使 RNA（mRNA）：一种核酸分子，DNA 转录而来，为细胞的翻译机制提供指令，以产生特定的蛋白质。

性状：植物育种家的目标和在作物生产中起重要作用的遗传特性或条件。

遗传工程：通过人为操作引入或改变 DNA、RNA 或蛋白质，来改变生物体基因组或表观基因组。

遗传工程改造：指基因型已经改变的有机体，包括利用遗传工程和非遗传工程方法完成的改变。

遗传修饰：修饰生物体基因组的过程。

原核生物：不含有膜包裹的细胞器的有机体。

真核生物：具有由膜包裹的细胞器的有机体，包括含有 DNA 的细胞核、线粒体，在植物中还有质体。

质粒载体：一种细菌内源性的环状 DNA 分子，用于 DNA 复制并将其转移到新细胞中。

质体基因组：叶绿体等质体的基因组。

种间遗传工程植物：一种用来源于不同植物的 DNA 进行遗传工程的植物，所有 DNA 都来自植物自身品种或有性相容亲缘关系相近的基因，然后插入到基因组中。

种内遗传工程植物：从有性相容的物种获得内源基因的遗传工程植物，也就是说，它也可以通过传统的植物育种来完成基因转移。

种质资源：代表一个物种遗传多样性并可用于育种的一系列可用的种质，包括品种、地方品种和具有亲缘关系的野生物种。

转基因：通过遗传工程的手段将基因转移到一个有机体中。

转基因生物：一种生物包含的基因是通过遗传工程引入另一个物种的或合成的序列。

转录后修饰：RNA 转录（合成）后进行的修饰。

转录组学：转录本的研究，包括转录本的数量、类型和修饰；其中许多可以影响表型。

总利润：总收入减去所有成本后的数值。

总收入：不计算任何花销，农场或企业收到的全部收入，包括现金和非现金收入。

作物：为供给粮食、改善环境或经济利益而种植的维管植物。

RNA 干扰（RNAi）：几乎在所有生物体中发现的一种天然机制，导致转录水平降低或被抑制。

彩　　图

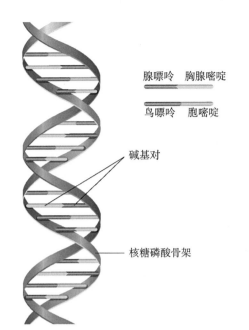

腺嘌呤　胸腺嘧啶

鸟嘌呤　胞嘧啶

碱基对

核糖磷酸骨架

图 3-2　DNA 结构（来源于美国国家医学图书馆的插图）
DNA 是由一系列核苷酸链组成的分子，该核苷酸链包括
核糖、磷酸盐和核苷酸的四个碱基［腺嘌呤（A）、鸟嘌呤
（G）、胸腺嘧啶（T）和胞嘧啶（C）］中的任何一个。
DNA 分子的骨架是核糖和磷酸基团，A、G、T 或 C 碱基
从每一种核糖中伸出来。每两条链通过碱基之间的弱键互
相结合在一起，如 A 与 T 配对、G 与 C 配对。因此，这两
条链是互补的。

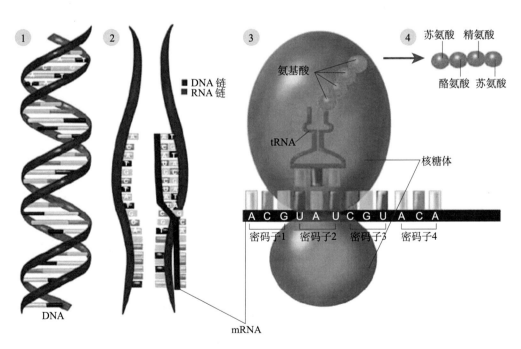

图 3-3　DNA 转录成 RNA，RNA 被翻译成蛋白质进而表现相应的遗传性状
（National Institute of General Medical，2010）
遗传性状的表达首先是把包含在 DNA 中的信息复制（转录）到核糖核酸 RNA 分子中；然后 RNA 分子指导特定蛋白质
的合成，蛋白质为由氨基酸构成的链状分子。当 DNA①转录为 RNA②时，遗传信息被表达。在转录过程中，一条 DNA
链作为模板转录成信使 RNA（mRNA）的互补链。接下来，信使 RNA 从细胞核移动到细胞质中，核糖体附着于其上
③，通过阅读遗传密码指导氨基酸链合成蛋白质④。氨基酸链折叠成蛋白质，参与一个或多个性状的形成。

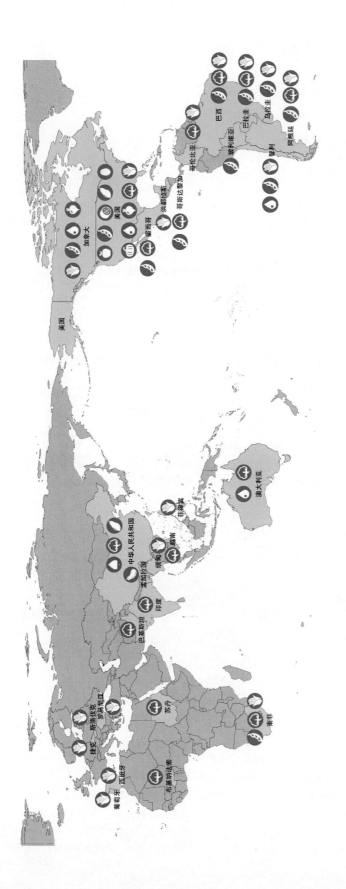

图 3-4 2015 年全球商业化种植的 GE 作物分布（改编自 James，2014，2015）

除了地图上标注的作物外，转基因康乃馨（蓝花色）在哥伦比亚，厄瓜多尔和澳大利亚种植，并在加拿大、美国、欧盟、日本、美国、澳大利亚、俄罗斯和阿拉伯联合酋长国的切花市场批发销售（S. Chandler，皇家墨尔本理工大学，私人通讯，2015 年 12 月 7 日；Florigene Flowers：一种产品，可在 http://www. florigene. com/product/查阅。访问于 2015 年12 月 15 日）。转基因玫瑰已在日本种植并进行商业化销售（S. Chandler，皇家墨尔本理工大学，私人通讯，2015 年 12 月 7 日）。

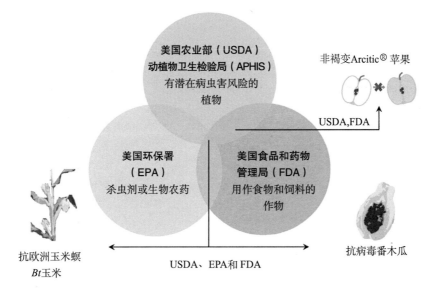

图 3-5 美国负责 GE 作物监管的机构（Turner，2014）

根据所讨论的 GE 特性，在 GE 作物商业化释放之前，可能需要由协调框架内的一个或所有三个机构进行评估。例如，GE 抗病毒番木瓜商业化通过了这三个机构的监管程序。具体如下，首先利用根癌农杆菌转移病毒抗性被 APHIS 归类为使用植物害虫；EPA 将病毒抗性归类为杀虫质量并完成评估（因为 GE 番木瓜是供人食用的）。相比之下，GE 非褐变的苹果只需要两个机构的评估，因为使用了根癌农杆菌而需要 APHIS 评估，也需要 FDA 评估，但是不需要 EPA 的评估，因为负责非褐变性状的基因没有被归类为植物嵌入式杀虫剂。

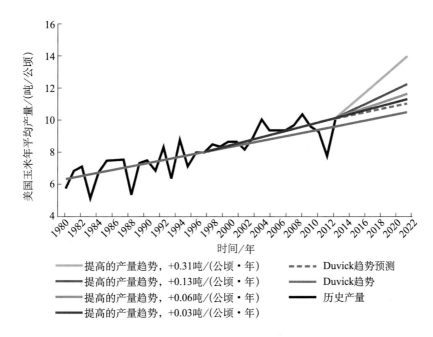

图 4-3 美国玉米的历年产量和预测产量（Leibman et al.，2014）

蓝色实线表示 Duvick（2005）提出的粮食产量每年增加 0.10 吨/公顷的趋势。紫色实线表示自 1996 年种植转基因玉米以来，粮食产量有较大的年平均增长趋势［0.13 吨/（公顷·年）］。蓝色虚线表示未来粮食产量将恢复到以前的历史平均年增长率［0.10 吨/（公顷·年）］。红色、橙色和浅绿色线条分别代表 0.03～0.31 吨/（公顷·年）产量增长趋势的预测并高于 0.10 吨/（公顷·年）的历史平均水平。

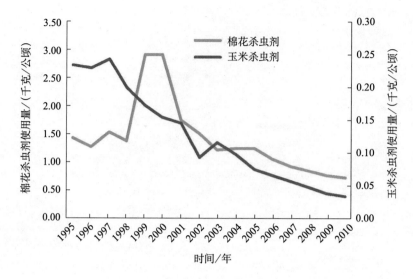

图 4-4　1995~2010 年美国玉米和棉花的杀虫剂使用量
(Fernandez-Cornejo et al. ，2014)

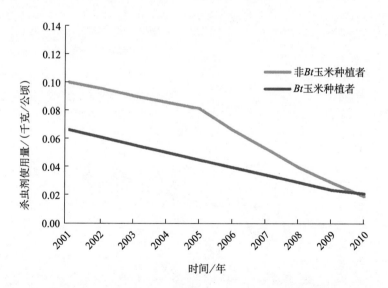

图 4-5　2001~2010 年美国 *Bt* 玉米种植者和非 *Bt* 玉米种植者杀虫剂使用量
(Fernandez-Cornejo et al. ，2014)

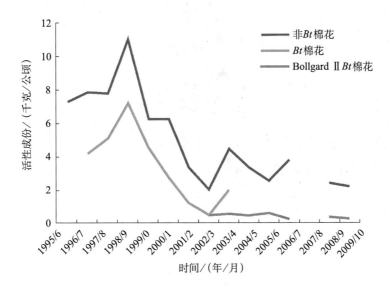

图 4-6　澳大利亚非 *Bt* 棉花、Ingard® 和 Bollgard Ⅱ® *Bt* 棉花杀虫剂的使用情况
（Wilson et al.，2013）

2007～2008 年没有收集数据，因为干旱导致棉花生产面积很小。

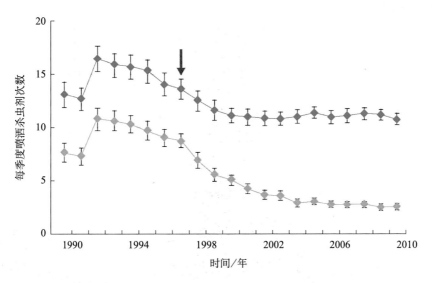

图 4-7　中国每季棉花喷洒杀虫剂的次数（Lu et al.，2012）

蓝点表示杀虫剂总用量，绿点表示针对棉铃虫的杀虫剂用量。红色箭头表示 *Bt* 棉花首次商业化的年份。

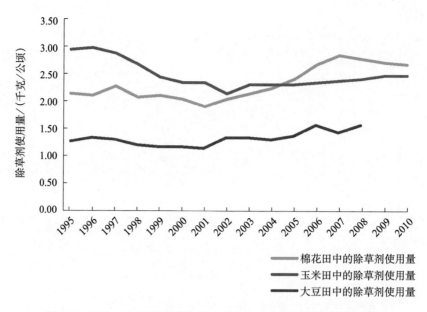

图 4-8　1995～2010 年美国棉花、玉米和大豆田中的除草剂使用量

(Fernandez-Cornejo et al.，2014)

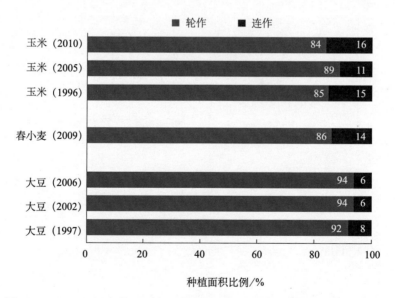

图 4-9　1996～2010 年美国玉米、春小麦和大豆连作和轮作的种植面积比例

(Wallander，2013)

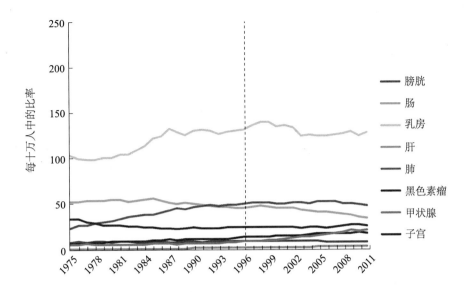

图 5-4　1975～2011 年美国女性癌症发病率趋势（NCI，2014）

将年龄调整为 2000 年美国标准人口，并根据报告延迟进行调整。1996 年的虚线表示遗传工程大豆和玉米
在美国首次商业化种植。

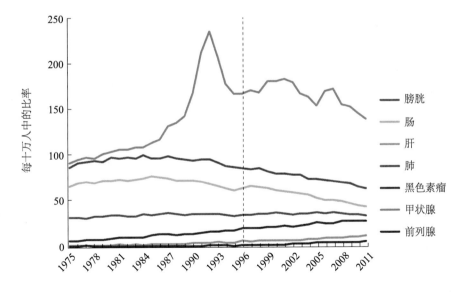

图 5-5　1975～2011 年美国男性癌症发病率趋势（NCI，2014）

将年龄调整为 2000 年美国标准人口，并根据报告延迟进行调整。1996 年的虚线表示遗传工程大豆和玉米
在美国首次商业化种植。

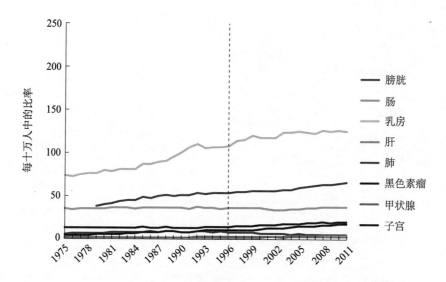

图 5-6　1975～2011 年英国女性癌症发病率趋势（英国癌症研究中心，
见 http://www. cancerresearchuk. org/health-professional/cancer-statistics。2015 年 10 月 30 日数据）
1996 年的虚线表示遗传工程大豆和玉米在美国首次商业化种植。

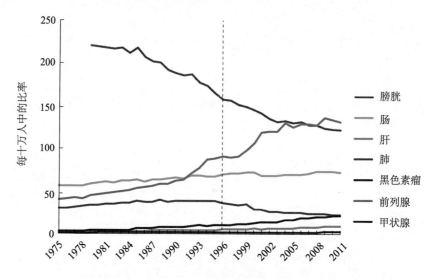

图 5-7　1975～2011 年英国男性癌症发病率趋势（英国癌症研究中心，
见 http://www. cancerresearchuk. org/health-professional/cancer-statistics。2015 年 10 月 30 日数据）
1996 年的虚线表示遗传工程大豆和玉米在美国首次商业化种植。

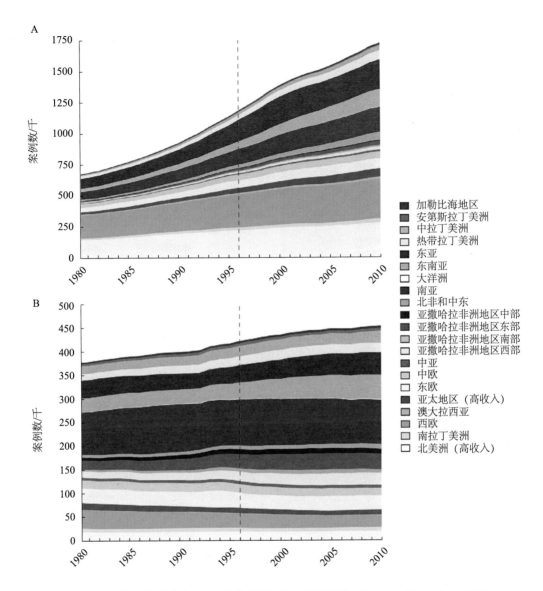

图 5-8　全球范围内乳腺癌（A）和宫颈癌（B）的发病率（Forouzanfar et al.，2011）

北美（高收入群体）：加拿大、美国；西欧：安道尔、奥地利、比利时、塞浦路斯、丹麦、芬兰、法国、德国、希腊、冰岛、爱尔兰、以色列、意大利、卢森堡、马耳他、荷兰、挪威、葡萄牙、西班牙、瑞典、瑞士、英国（译者注：以色列地处亚洲）。1996 年的虚线表示遗传工程大豆和玉米在美国首次商业化种植。

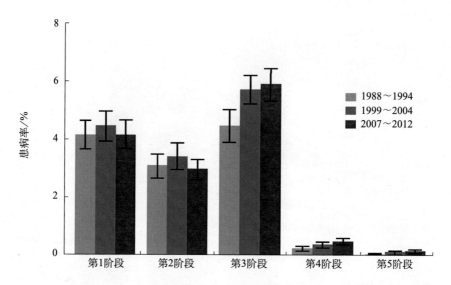

图 5-9　1988～2012 年全美健康和营养检查普查（NHANES）参与者中各阶段慢性肾病的患病率
（NHANES 1988～1994、1999～2004 和 2005～2012，参与者年龄在 20 岁及以上，见 USRDS，2014）
误差线表示 95%的置信区间。

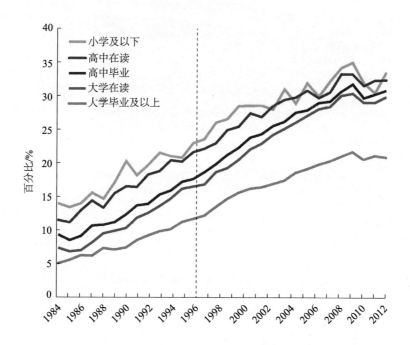

图 5-10　1984～2013 年美国不同受教育水平成年人肥胖患病率的年度趋势（An，2015）
肥胖患病率根据性别、年龄、民族或种族进行了调整。1996 年的虚线表示遗传工程大豆和玉米在美国首次
商业化种植。

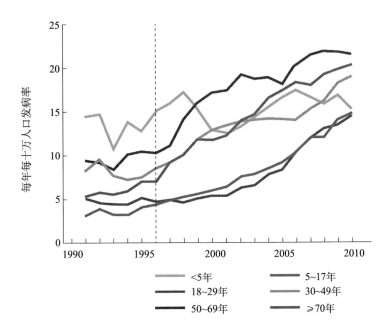

图 5-11 1990～2011 年英国不同年龄阶段乳糜泻平均发病率（West et al.，2014）

1996 年的虚线表示遗传工程大豆和玉米在美国首次商业化种植。

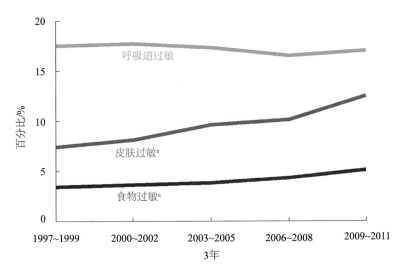

图 5-12 1997～2011 年前 12 个月美国 0～17 岁儿童过敏状况的百分比

（Jackson et al.，2013）

a 从 1997～1999 年到 2009～2011 年，食物和皮肤过敏比率呈显著线性上升趋势。

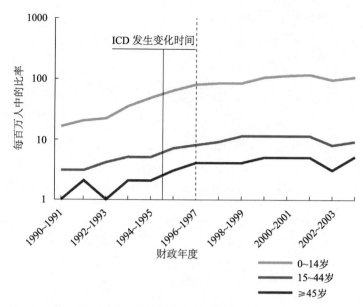

图 5-13　1990～2004 年英国不同年龄段与食物过敏相关的过敏反应住院率的变化趋势

（Gupta et al.，2007）

ICD 为国际疾病分类。绿色为 0～14 岁；蓝色为 15～44 岁；红色为 45 岁以上。1996 年的虚线表示
遗传工程大豆和玉米在美国首次商业化种植。

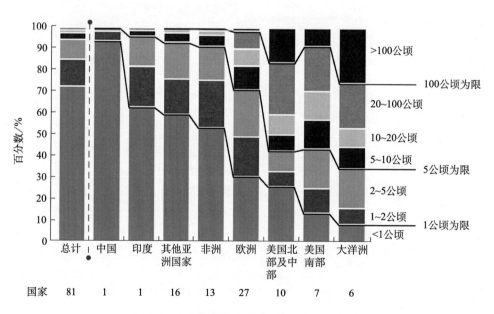

图 6-1　农场规模的多样性（HLPE，2013）

图表基于 81 个国家的数据。

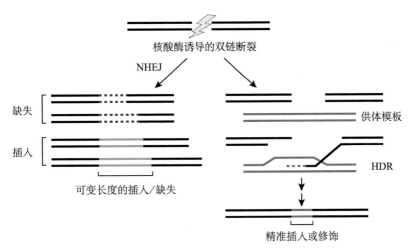

图 7-1　细胞内基于基因组编辑技术的 DNA 切割结果（Sander and Joung，2014）

序列特异性核酸酶，如大型核酸酶、锌指、转录激活因子样效应子和成簇有规律的间隔回文重复序列/Cas9（由闪电表示）切割双链 DNA 后，双链断裂的 DNA 分子可以通过细胞内天然的非同源末端连接（NHEJ）机制进行修复，导致 DNA 序列的缺失（红色虚线）或插入（绿色实线）改变。在有供体 DNA 模板存在的情况下（如蓝色 DNA 片段所示），细胞内的同源介导修复（HDR）机制可将供体分子插入位点，这也会导致基因或靶标区段的编辑（蓝色区域示准确插入或修饰）。

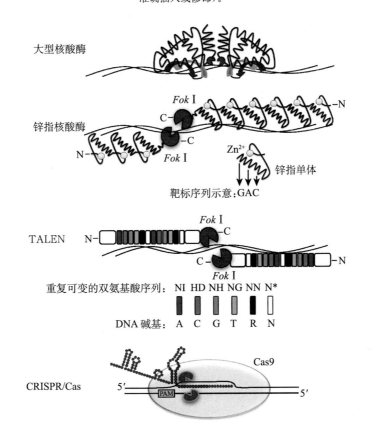

图 7-2　基因组编辑技术：大型核酸酶、锌指核酸酶（ZFN）、转录激活因子样效应核酸酶（TALEN）和成簇有规律的间隔回文重复序列（CRISPR）/Cas（Baltes and Voytas，2014）

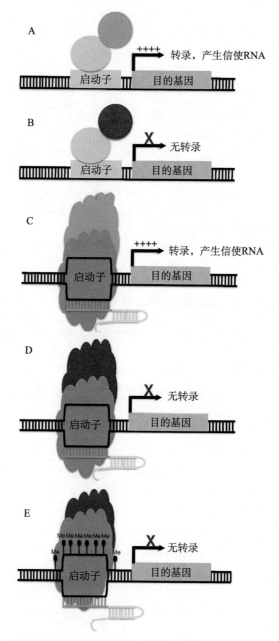

图 7-3　基因组编辑技术的其他用途（插图由 C. R. Buell 提供）

A. 锌指或转录激活因子样效应子（TALE）（蓝色）可以与转录激活子（绿色）融合，以增强目的基因的转录。B. 锌指或 TALE（蓝色）可以与转录抑制子（红色）融合，以抑制目的基因的转录。C. 无催化活性的 Cas9 核酸酶（紫色）可以与转录激活子（绿色）融合，在向导 RNA（橙色和黄色）的存在下，将复合物引导至目的基因的启动子，并增强靶标基因的转录。D. 无催化活性的 Cas9 核酸酶（紫色）可以与转录抑制子（红色）融合，在向导 RNA（橙色和黄色）的存在下，将复合物引导至目的基因的启动子，并降低靶标基因的转录。E. 无催化活性的 Cas9 核酸酶（紫色）可与 DNA 甲基化酶融合，在向导 RNA（橙色和黄色）的存在下，将复合物引导至目的基因的启动子，使基因甲基化进而抑制转录。

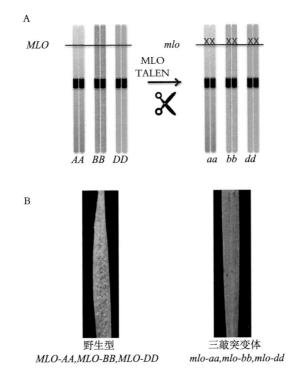

图 7-4　通过两种基因组编辑策略引入功能获得型性状的一个例子

（模式图由 C. R. Buell 提供；小麦图片来自 Wang et al.，2014）

A. 多倍体小麦基因组编码三种显性 MLO 基因，导致小麦对真菌白粉病病原菌的易感性。图中显示了同源染色体上的三个 MLO 位点，每个 MLO 位点都是纯合的（MLO-AA，MLO-BB，MLO-DD）。利用靶向 MLO 基因的转录激活因子样效应核酸酶（TALEN）敲除三个 MLO 位点，然后通过自交在三个位点产生纯合的基因敲除株系（mlo-aa，mlo-bb，mlo-dd）。B. 野生型小麦对小麦白粉病的病原菌敏感，但 mlo 基因的三敲植株是抗病的。

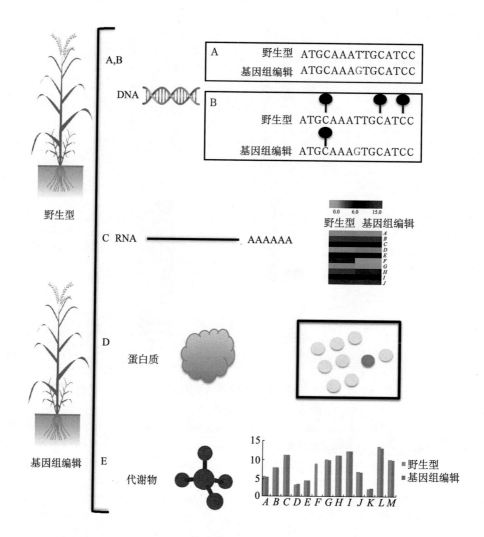

图 7-5 基因组编辑的 GE 植株在基因组、表观基因组、转录组、蛋白质组和代谢组中的差异检测
（插图由 C. R. Buell 提供）

对基因组编辑植株的组学评估涉及基因组测序、表观基因组鉴定、转录组分析、蛋白质组分析和代谢物分析，以及其
与野生型对照（未编辑的单株）的比较。A. 对野生型和基因组编辑的单株进行基因组测序，并且利用生物信息学方法
检测 DNA 序列（红色 G）的差异。B. 通过亚硫酸氢盐测序和染色质免疫沉淀（利用抗体靶向染色质上组蛋白的修饰）
来评估表观基因组的变化；棒棒糖符号表示甲基化的胞嘧啶残基。C. 转录组测序用于定量野生型（WT）和基因组编
辑材料（GE）的表达丰度；如图例所示，基因 A 至 J 的表达范围为 0～15；所有基因的差异一目了然，仅基因 F 在野
生型和基因组编辑的材料之间表现出明显的表达差异，和敲除材料的预期是一致的。D. 蛋白质组学用于分析野生型与
基因组编辑材料中蛋白质丰度的差异；所有的蛋白质都同时存在于野生型和基因组编辑的材料中（黄点），而蛋白质 F
仅存在于野生型材料（绿点）中，和敲除材料的预期是一致的。E. 野生型和基因组编辑的材料中代谢物 A 至 M 的水平；
与野生型相比，代谢物 F 的水平为零，和敲除材料的预期是一致的。